Cours De Mécanique Appliquée Aux Constructions ...

Edouard Collignon

COURS
DE MÉCANIQUE
APPLIQUÉE AUX CONSTRUCTIONS

SECONDE PARTIE

HYDRAULIQUE

PARIS. — IMPRIMERIE ARNOUS DE RIVIÈRE, RUE RACINE, 26.

COURS
DE MÉCANIQUE
APPLIQUÉE AUX CONSTRUCTIONS

SECONDE PARTIE

HYDRAULIQUE

PAR

Édouard COLLIGNON
INGÉNIEUR EN CHEF DES PONTS ET CHAUSSÉES

DEUXIÈME ÉDITION, REVUE ET AUGMENTÉE

PARIS
DUNOD, ÉDITEUR
LIBRAIRE DES CORPS NATIONAUX DES PONTS ET CHAUSSÉES, DES MINES
ET DES TÉLÉGRAPHES
Quai des Augustins, 49
1880

PRÉFACE

———

L'*Hydraulique* que nous donnons aujourd'hui fait suite à la *Résistance des matériaux*, publiée l'année dernière. C'est en deux volumes le résumé de l'enseignement dont nous sommes chargé depuis quatre ans à l'École des ponts et chaussées. Le titre général : *Cours de mécanique appliquée aux constructions*, comprend l'hydraulique aussi bien que la résistance des matériaux. C'est surtout en effet au point de vue des travaux publics que nous nous plaçons dans ces ouvrages, et c'est à des ingénieurs qu'ils s'adressent principalement tous les deux. Cependant on trouvera dans le second volume quelques théories qui appartiennent à la mécanique pure, et qu'il nous a paru utile de rappeler avant de passer aux études spéciales où l'on en fait de nombreuses applications. Malgré cet appui de la science abstraite, l'hydraulique n'est jusqu'ici pour ainsi dire qu'une science dans l'enfance, où domine l'empirisme. Nous n'avons pas cherché à dissimuler ce caractère, tout en signalant les travaux analytiques qui récemment ont ouvert à la science de nouvelles voies, et qui permettent d'espérer pour l'avenir la création d'une hydraulique plus rationnelle et moins encombrée d'hypothèses.

ÉDOUARD COLLIGNON.

Paris, 14 juin 1870.

INTRODUCTION

MÉCANIQUE DES FLUIDES ET RÉSUMÉ DES PRINCIPES DE LA MÉCANIQUE GÉNÉRALE

CHAPITRE PREMIER

HYDROSTATIQUE

DÉFINITION DES FLUIDES. — FLUIDES PARFAITS.

1. Les corps que nous trouvons dans la nature se présentent à nous sous trois états principaux : l'état solide, l'état liquide et l'état gazeux (*). Le même corps peut passer d'un de ces états à un autre; par exemple, l'eau, qui aux températures ordinaires est à l'état liquide, passe à l'état solide en *se congelant* si la température s'abaisse à un certain degré du thermomètre; elle passe, au contraire, à l'état de gaz en *se vaporisant*, si la température monte à un degré suffisamment élevé.

Quels sont les caractères fondamentaux de chacun de ces trois

---

(*) Les expériences récentes de M. Crookes conduisent à admettre un quatrième état des corps; sous le nom de *matière radiante* on désigne l'état d'un gaz tellement raréfié, que chaque molécule puisse suivre sa trajectoire rectiligne comme si elle existait seule : le gaz perd la quasi-continuité que lui donne la présence d'une multitude de molécules dans un petit espace; il se transforme pour ainsi dire en une pluie de molécules indépendantes. On conçoit que cet état particulier exigerait de nouvelles définitions de la pression dans les fluides. Voir sur ce sujet un article de M. Wurtz dans la *Revue des Deux-Mondes*, 1ᵉʳ février 1880.

états des corps ? — On peut les déterminer en observant que tout corps à l'état solide possède une forme particulière, et que, pour altérer cette forme, il faut appliquer au corps un effort plus ou moins grand (*), tandis que les corps liquides et les corps gazeux subissent les petites variations de formes sans résistance appréciable. Un liquide, par exemple, prend exactement la forme du vase dans lequel il est versé, et remplit ce vase jusqu'à un certain niveau. Nous pouvons donc définir *fluide parfait* un système de molécules matérielles qui ont une liberté complète de glisser sans effort les unes sur les autres; un tel système peut être déformé d'une infinité de manières sans qu'il y ait développement de travail intra-moléculaire. A la vérité, il n'existe pas de fluides parfaits dans la nature; le fluide parfait est un type dont les fluides naturels sont plus ou moins rapprochés, et les propriétés mécaniques qui appartiennent à ce fluide idéal ne subsistent pas sans modifications dès qu'on veut les appliquer aux fluides réels. L'étude des fluides parfaits est donc entièrement théorique; de même, les *solides invariables* de la mécanique rationnelle ne doivent pas être confondus avec les solides naturels : ce sont des types abstraits, comme on est autorisé à en admettre dans les sciences de raisonnement. Remarquons d'ailleurs l'analogie des définitions de ces types de diverses espèces. Un solide invariable, qu'on pourrait aussi appeler un *solide parfait*, est un système tel, que chaque molécule ait une place fixe par rapport à toutes les autres molécules, et tel qu'il n'y ait pas de force, si grande qu'elle soit, qui puisse modifier ces positions relatives. Dans un fluide parfait au contraire, chaque molécule est pour ainsi dire libre malgré la présence des molécules voisines, et elle cède à la moindre force qui lui serait appliquée individuellement. Les fluides naturels n'ont pas cette mobilité absolue, de même que les solides naturels n'ont pas cette résistance indéfinie.

2. Les caractères que nous venons d'indiquer peuvent servir à distinguer les fluides d'avec les solides. Reste à partager les fluides

---

(*) V. *Résist.*, § 1.

en deux classes, les corps liquides et les corps gazeux. La considération des variations de volume permet d'établir entre ces deux états des corps une distinction bien tranchée.

Lorsqu'on cherche à comprimer un liquide, de manière à réduire le volume qu'il occupe, on éprouve une résistance extrêmement grande, et l'on n'obtient la réduction demandée qu'au prix de très grands efforts. Ce n'est qu'en répétant avec des précautions particulières ces essais de compression des liquides, que les physiciens modernes ont déterminé les valeurs très petites des coefficients de compressibilité. Quant aux anciens physiciens, ils ont cru, sur la foi d'expériences trop peu rigoureuses, que l'eau et les liquides sont incompressibles d'une manière absolue.

Si, au lieu de comprimer un liquide, on veut lui faire occuper un volume plus grand, le liquide ne s'étend pas à proportion de la liberté qu'on lui donne. Un liquide versé dans un vase ouvert, se termine à une surface horizontale parfaitement nette, et ne manifeste aucune tendance à s'élever au-dessus de ce niveau. Sur cette surface libre, s'exerce la pression de l'atmosphère. Mais la physique indique des moyens de la supprimer, ou au moins de la réduire. Qu'on fasse cette opération avec la machine pneumatique, le liquide va-t-il augmenter sensiblement de volume? Non; les molécules se répandent sous la cloche où l'on vient de faire le vide, mais elles s'y répandent à l'état de *vapeurs*, c'est-à-dire enfin, à l'état gazeux. Le liquide s'est à peine dilaté, et un phénomène d'un autre genre s'est accompli.

Ainsi, compressibilité très faible, dilatabilité également faible, voilà les caractères des liquides naturels.

Pour les gaz, au contraire, la compressibilité et la dilatabilité peuvent être constatées par les expériences les moins délicates. Un mètre cube d'air, pris sous la pression normale atmosphérique, est réduit à un volume moitié moindre si on lui fait supporter une pression double; il est réduit au quart sous une pression quadruple : et il en est de même de tous les gaz, sauf lorsqu'ils arrivent à l'état dit de *saturation*, parce qu'alors l'augmentation de la pression peut transformer une partie du gaz en liquide. Mais, à part ce voisinage du changement d'état, dans lequel le gaz comprimé devient une vapeur, un gaz suit sensiblement la *loi de Mariotte*, entre des limites très étendues, c'est-à-dire qu'un même poids de gaz, pris entre les limites convenables de pression, occupe un volume réciproquement proportionnel à la pression qu'on lui fait supporter.

Dans cet énoncé, nous négligeons les températures. La chaleur joue cependant un grand rôle dans tous les phénomènes naturels, et notamment dans ceux qui ont rapport aux gaz. La *loi de Gay-Lussac* complète la loi de Mariotte, en introduisant dans les formules les *binomes de dilatation* qui renferment la température. Mais la température n'est pas, comme on l'a longtemps cru, une sorte de variable indépendante, sans liaison avec la pression et qu'on puisse toujours donner à part pour achever de déterminer l'état d'une masse gazeuze. Les physiciens ont reconnu que la question est beaucoup plus complexe, et que les variations de pression d'un certain poids de gaz ne peuvent s'opérer sans entraîner dans la température de ce gaz des variations correspondantes, à moins qu'on ne communique au gaz ou qu'on ne lui enlève certaines quantités de chaleur. On arriverait à des conséquences physiques tout à fait fausses si, dans les problèmes relatifs aux gaz, on perdait de vue les circonstances calorifiques.

Quoi qu'il en soit, nous pourrons donner du liquide parfait et du gaz parfait les définitions suivantes : un liquide parfait sera pour nous un fluide incompressible d'une manière absolue; un gaz parfait, un fluide indéfiniment compressible et indéfiniment dilatable conformément à la loi de Mariotte, tant que la température reste la même; en d'autres termes, un liquide parfait est un fluide dont la densité est constante, et un gaz parfait, un fluide dont la densité varie proportionnellement à la pression, à égalité de température.

DÉFINITION DE LA PRESSION EN UN POINT D'UN FLUIDE.

3. Conformément à l'hypothèse qui sert de base à toutes les théories de la physique moderne, nous admettons que les fluides sont formés de molécules qui exercent les unes sur les autres des actions mutuelles et égales (*).

Dans une masse fluide en repos, chaque molécule est tenue en équilibre par les actions qu'elle subit de la part de toutes les autres et par la force extérieure qui lui est individuellement appliquée.

Au lieu de considérer l'ensemble des actions moléculaires qui s'exercent sur une molécule A, si on prend seulement l'ensemble des actions moléculaires qui s'exercent d'un côté d'un élément de surface plane BC partageant la molécule, on aura pour toutes ses forces une résultante R qui sera la *pression* exercée par le fluide sur la molécule A, suivant le plan BC. La pression est donc ici une *résultante* d'actions moléculaires, c'est-à-dire une force fictive équivalente à ces actions (**).

Fig. 1.

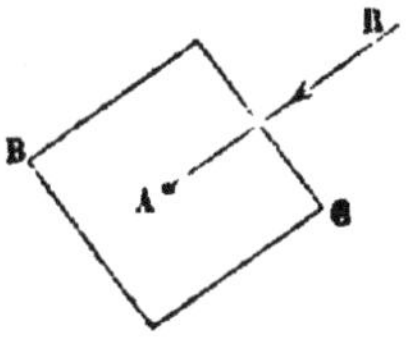

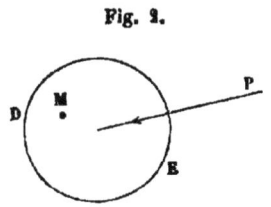

Si nous considérons, non plus une molécule unique, mais toute la série des molécules comprises dans un élément infiniment petit de surface plane DE, l'ensemble des pressions subies individuellement par chacune de ces molécules suivant ce plan DE donnera une résultante totale P, qui correspondra à toute l'étendue de la surface DE ; soit ω cette surface, on pourra diviser P par ω, et le quotient $\frac{P}{\omega}$ sera la *pression moyenne* exercée sur l'élément DE, ou la *pression rapportée à l'unité de surface*. La pression en un point géométrique M d'un fluide est la vraie valeur du rapport $\frac{P}{\omega}$, lorsqu'on fait décroître indéfiniment la section ω, de manière à y conserver toujours le point M.

Fig. 2.

Cette définition suppose, à la rigueur, que les molécules fluides sont juxtaposées sans intervalle, de manière à créer la continuité du

---

(*) V. *Résist.*, § 2.
(**) V. *Résist.*, § 31.

fluide. La théorie moléculaire repousse cette hypothèse. Cependant on opère dans l'hydrostatique et dans l'hydraulique comme si la continuité avait lieu. Cela revient à répartir uniformément dans l'espace la matière fluide qui est concentrée en divers points très rapprochés les uns des autres. La mécanique des solides présente des exemples tout à fait semblables (*).

4. *Dans un fluide parfait, la pression sur un élément de surface plane est normale à cet élément.* En effet, si la force P n'était pas normale à l'élément DE, on pourrait la décomposer en deux forces, l'une normale à l'élément et l'autre tangentielle. Or l'existence de la composante tangentielle est contradictoire avec la définition des fluides parfaits, pour lesquels on admet que les diverses parties en contact n'exercent aucun frottement les unes sur les autres. A cet égard, il en est de même des fluides parfaits et des fluides naturels à l'état de repos, parce que la viscosité (**), ou frottement mutuel des diverses parties des fluides naturels, dépend des vitesses relatives dont ces parties sont animées les unes par rapport aux autres, et s'annule quand il n'y a pas mouvement.

Qu'il s'agisse donc d'un fluide naturel ou d'un fluide parfait, *la pression en un point d'un fluide en équilibre est normale à la surface plane sur laquelle cette pression s'exerce.*

LEMME PRÉLIMINAIRE.

5. L'*hydrostatique*, ou *statique des fluides*, a pour objet de résoudre ce problème général :

(*) Recherche des centres de gravité, des moments d'inertie ; attraction des sphères, des ellipsoïdes, etc.

(**) L'expression de *viscosité*, pour désigner la propriété qu'ont les fluides en mouvement d'exercer et de subir des frottements, est consacrée par l'usage. Elle n'en est pas moins impropre, puisque cette propriété appartient aux gaz comme aux liquides, et que l'air, par exemple, n'a aucune viscosité dans le sens vulgaire du mot.

« Trouver la répartition des pressions au sein d'une masse fluide
« en équilibre sous l'action de forces données. »

La solution de ce problème exige que nous établissions d'abord le
lemme suivant :

*La pression par unité de surface en un point donné d'un fluide
est la même sur tout élément de surface passant par ce point, quelle
que soit l'orientation de cet élément.*

Cette proposition se démontre facilement en observant que les
forces extérieures appliquées à un certain volume fluide sont du
même ordre de grandeur que la masse fluide, ou que le volume,
tandis que les pressions qui s'exercent sur ses faces sont du même
ordre de grandeur que les surfaces pressées.

Menons par un même point O, pris dans un fluide en équilibre,

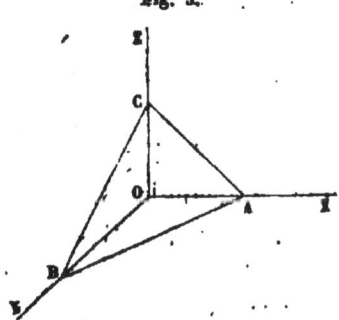

Fig. 3.

trois axes rectangulaires OX, OY, OZ, et
sur chacun prenons des quantités OA,
OB, OC arbitraires, mais infiniment
petites. Menons un plan par les trois
points A, B et C, et considérons la masse
fluide infiniment petite contenue sous
les quatre faces du tétraèdre OABC.
Cette masse est en équilibre sous l'action de la force extérieure qui y est
directement appliquée et des pressions qui s'exercent normalement à ses quatre faces (§ 4). La force extérieure peut s'exprimer par le produit de la masse du tétraèdre fluide et d'une
quantité finie φ, accélération que cette force agissant seule impri-
merait à une masse égale, libre dans l'espace. Posons OA = a,
OB = b, OC = c, quantités infiniment petites, et soit ρ la densité
du fluide contenu dans le tétraèdre. Le volume du tétraèdre sera
$\frac{1}{2} ab \times \frac{1}{3} c = \frac{1}{6} abc$, sa masse sera $\frac{\rho}{6} abc$, et la force extérieure, projetée sur les trois axes, aura pour composantes

$$\frac{\rho}{6} abc \times \varphi \cos \alpha, \quad \frac{\rho}{6} abc \times \varphi \cos \beta, \quad \frac{\rho}{6} abc \times \varphi \cos \gamma,$$

α, β et γ étant les angles de l'accélération φ avec les trois axes coordonnés.

Appelons p, p', p'' et P les pressions par unité de surface exercées par le liquide sur les faces triangulaires BOC, COA, AOB, ABC du tétraèdre. Nous savons qu'elles sont respectivement normales à ces faces; soient λ, μ, ν, les angles de la normale au plan ABC avec les axes OX, OY, OZ; ce sont aussi les angles que fait le plan ABC avec les plans coordonnés YOZ, ZOX, XOY. Écrivons les équations d'équilibre que l'on obtient en projetant successivement sur les trois axes les forces qui sollicitent le tétraèdre; il viendra

$$p \times \text{surf. BOC} = P \times \text{surf. ABC} \times \cos\lambda + \frac{1}{6}\rho \times abc \times \varphi\cos\alpha,$$

$$p' \times \text{surf. COA} = P \times \text{surf. ABC} \times \cos\mu + \frac{1}{6}\rho \times abc \times \varphi\cos\beta,$$

$$p'' \times \text{surf. AOB} = P \times \text{surf. ABC} \times \cos\nu + \frac{1}{6}\rho \times abc \times \varphi\cos\gamma,$$

mais surf. ABC $\times \cos\lambda$ est la projection du triangle ABC sur le plan YOZ, et, par suite, ce n'est autre chose que le triangle BOC. De même surf. ABC $\times \cos\mu$ est égal à surf. COA, et surf. ABC $\times \cos\nu$ est égal à surf. AOB. Divisant donc la première équation par surf. BOC, la seconde par surf. COA, la troisième par surf. AOB, nous aurons

$$p = P + \rho \times \frac{\frac{1}{6} abc}{\text{surf. BOC}} \times \varphi\cos\alpha = P + \rho\varphi\cos\alpha \times \frac{1}{3}a,$$

$$p' = P + \rho \times \frac{\frac{1}{6} abc}{\text{surf. COA}} \times \varphi\cos\beta = P + \rho\varphi\cos\beta \times \frac{1}{3}b,$$

$$p'' = P + \rho \times \frac{\frac{1}{2} abc}{\text{surf. AOB}} \times \varphi\cos\gamma = P + \rho\varphi\cos\gamma \times \frac{1}{3}c.$$

Faisons décroître indéfiniment les dimensions du tétraèdre; à la limite a, b et c deviennent nuls, et les équations se réduisent à

$$p = p' = p'' = P,$$

ce qui montre qu'en un point O, la pression par unité de surface est la même quelle que soit l'orientation du plan sur lequel on la considère, ou qu'enfin la pression par unité de surface en un point donné est la même dans toutes les directions autour de ce point.

Remarquons que cette conclusion est vraie pour tous les fluides en équilibre, parce que les forces dues à la viscosité y sont nulles; et qu'elle est encore vraie dans l'état de mouvement pour les fluides parfaits, parce qu'alors on peut considérer les diverses parties de ces fluides comme en équilibre sous l'action des pressions, des forces extérieures, et des *forces d'inertie*, qui sont, comme les forces extérieures, proportionnelles aux masses. Mais pour les fluides naturels à l'état de mouvement, pour lesquels la viscosité n'est pas négligeable, la démonstration ne s'applique plus, car elle suppose les pressions normales aux faces du tétraèdre; par suite, il n'est pas rigoureusement vrai de dire que la pression est la même dans toute direction autour d'un même point. Si on l'admet encore, c'est à titre d'hypothèse approximative propre à simplifier les calculs, ou bien c'est parce qu'on fait entrer les réactions tangentielles développées à la surface d'une portion de fluide, dans les forces extérieures qui agissent sur cette portion.

ÉQUATION DE L'HYDROSTATIQUE.

6. La pression p par unité de surface en un point quelconque est une fonction continue des coordonnées de ce point. Si l'on détermine cette fonction, on aura résolu le problème général de l'hydrostatique.

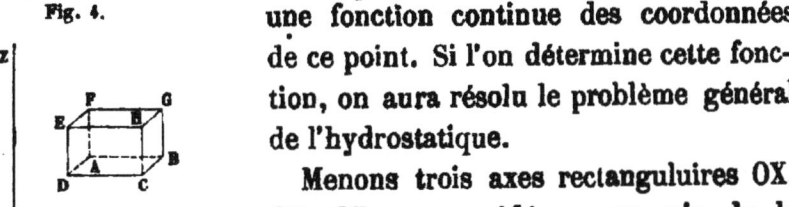
Fig. 4.

Menons trois axes rectanguluires OX, OY, OZ, et considérons au sein de la masse fluide un parallélépipède rectangle infiniment petit, dont les arêtes soient respectivement parallèles à ces troix axes; soient x, y, z, les coordonnées du point A ; les dimensions du parallélépipède seront représentées par les différentielles dx, dy, dz.

Nous allons exprimer que ce volume fluide est en équilibre sous l'action de la force extérieure qui y est appliquée et des pressions normales à ses six faces développées par les portions de fluide voisines (*).

Soit p la pression au point A ; on peut admettre, en négligeant les variations infiniment petites de cette pression dans l'étendue de la face ADEF, qu'elle s'exerce normalement sur toute l'étendue de cette face ADEF, et, par suite, le parallélépipède subit une poussée parallèle à OX et égale à $p\,dy\,dz$. Sur la face opposée BCHG, la pression p est augmentée de sa différentielle relative à x, et est devenue $\left(p + \dfrac{dp}{dx}\,dx\right)$ par unité de surface ; le parallélépipède subit donc une poussée égale à $\left(p + \dfrac{dp}{dx}\,dx\right)\,dy\,dz$, parallèle à OX, mais dirigée dans le sens négatif XO. Les autres pressions sont normales à l'axe OX et ne donnent par conséquent rien en projection sur cet axe. Il faut tenir compte enfin de la force extérieure appliquée à l'élément fluide. Soient X, Y, Z, les composantes suivant les trois axes de cette force *rapportée à l'unité de masse* (**) ; la force extérieure projetée par l'axe OX sera égale à X multipliée par la masse du parallélépipède fluide ; si l'on appelle ρ sa densité, $dx\,dy\,dz$ étant son volume, la masse sera $\rho\,dx\,dy\,dz$, et la force projetée sur l'axe OX

$$\rho X\,dx\,dy\,dz.$$

L'équation des forces projetées sur l'axe OX est donc

$$p\,dy\,dz - \left(p + \frac{dp}{dx}\,dx\right)dy\,dz + \rho X\,dx\,dy\,dz = 0.$$

(*) Euler, *Mém. de Berlin*, 1755.

(**) Les attractions à distance insensible exercées sur la masse liquide élémentaire par les masses liquides voisines, ou par les parois du vase dans lequel le liquide est renfermé, doivent entrer dans les expressions des composantes X, Y, Z, si l'on veut tenir compte de la capillarité. Nous en faisons abstraction dans ce qui suit.

Réduisant et supprimant le facteur commun $dx\,dy\,dz$, il vient

$$(1) \qquad \frac{dp}{dx} = \rho X.$$

On trouverait de même, en projetant les forces sur les axes OY et OZ, les deux équations

$$(2) \qquad \frac{dp}{dy} = \rho Y,$$

$$(3) \qquad \frac{dp}{dz} = \rho Z.$$

Ces trois équations peuvent se fondre en une seule. Pour cela, multiplions la première par dx, la seconde par dy, la troisième par dz, et ajoutons. La somme $\frac{dp}{dx}\,dx + \frac{dp}{dy}\,dy + \frac{dp}{dz}\,dz$ est la différentielle totale de la fonction p; on peut donc la représenter par dp, et poser l'équation unique

$$(4) \qquad dp = \rho(X\,dx + Y\,dy + Z\,dz).$$

Cette équation nous montre comment la pression varie d'un point M de la masse fluide à un autre point M′

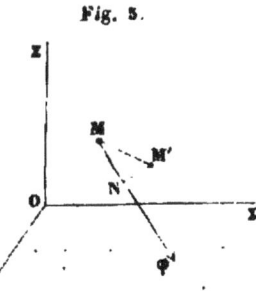

Fig. 5.

voisin du premier. La force φ, dont les composantes rapportées à l'unité de masse sont X, Y, Z pour le point M, a dans l'espace une direction définie Mφ. Or, on sait que $Xdx + Ydy + Zdz$ est le travail élémentaire de la force dont les composantes sont X, Y et Z, lorsque son point d'application décrit un chemin dont les composantes sont dx, dy, dz; en d'autres termes, $Xdx + Ydy + Zdz$ est le produit de la force φ par la projection MN de l'élément MM′ sur la direction de cette force. On peut donc dire que, *dans un fluide en équilibre, la variation de la pression par unité de surface, quand on passe d'un point à un autre infiniment voisin, est égale au produit*

*de la densité du fluide par le travail que produirait la force exté-
rieure rapportée à l'unité de masse, si son point d'application se
transportait du premier point au second.*

L'équation (4) est l'équation différentielle de l'hydrostatique ; il
n'y a plus qu'à l'intégrer ; dès que l'on connaît les expressions analytiques des composantes X, Y, Z, en fonction des coordonnées x, y, z,
le problème est ramené à une question d'analyse.

Nous n'avons pas eu recours aux équations des moments, qui sont
nécessaires pour l'équilibre d'un système matériel quelconque. Ici
ces équations sont satisfaites d'elles-mêmes, car la résultante de
toutes les pressions subies par une face ABCD est normale à
cette face, et passe par son centre de figure ; elle passe donc
aussi par le centre de gravité du parallélépipède. La force extérieure
$\rho \varphi dx dy dz$ est la résultante de forces sensiblement parallèles et
proportionnelles aux masses des molécules contenues dans le parallélépipède. Elle passe donc au centre de gravité de ce système matériel, ou au centre de gravité du volume géométrique qu'il occupe,
puisque ces deux points ne peuvent être distants que d'une quantité
infiniment petite. Toutes les forces qui se font équilibre passant par
le même point ont une résultante unique. Il suffit donc pour
l'équilibre d'exprimer que cette résultante a des composantes nulles
suivant les trois axes.

SURFACES DE NIVEAU.

7. On appelle *surface de niveau* dans un fluide en équilibre le
lieu géométrique des points pour lesquels la pression p est la même.
L'équation générale des surfaces de niveau est donc $dp = 0$, ou
bien, en vertu de l'équation (4),

$$X\, dx + Y\, dy + Z\, dz = 0.$$

Sous cette forme, on voit qu'en tous les points d'une surface de niveau la force extérieure φ est normale à la surface; en effet, $\frac{X}{\varphi}, \frac{Y}{\varphi}, \frac{Z}{\varphi}$, sont les cosinus des angles que la direction de la force φ fait avec les trois axes; $\frac{dx}{ds}, \frac{dy}{ds}, \frac{dz}{ds}$, sont les cosinus des angles que fait avec les mêmes axes la direction d'un élément ds quelconque pris sur la surfrce; $\frac{Xdx + Ydy + Zdz}{\varphi ds}$ est donc le cosinus de l'angle de ces deux directions; ce cosinus étant nul, les deux directions sont rectangulaires.

Si le fluide a une surface libre, la pression p est la même en tous les points de cette surface, et c'est une surface de niveau.

APPLICATION AUX FLUIDES PESANTS.

8. Supposons que la pesanteur soit la seule force extérieure agissant sur le fluide. On pourra prendre l'axe OZ parallèle à la pesanteur et le diriger de bas en haut; les axes OX, OY, auront une direction quelconque dans le plan horizontal. La force φ se réduira à sa composante Z, et l'on pourra poser

$$X = 0, \quad Y = 0, \quad Z = -g,$$

car l'accélération g due à la pesanteur représente le poids d'un corps par unité de masse.

L'équation des surfaces de niveau se réduit à

$$-gdz = 0$$

ou à

$$dz = 0,$$

ce qui, en intégrant, donne $z =$ constante

Les surfaces de niveau sont donc des plans horizontaux, ce qu'on pouvait prévoir en observant que les plans horizontaux coupent à angle droit les directions des forces qui sont ici verticales.

9. L'équation (4) devient en même temps

$$dp + \rho g dz = 0, \quad \text{ou bien} \quad dp + \Pi dz = 0,$$

en observant que ρg est le poids spécifique Π du fluide.

Pour l'intégrer, il y a lieu de distinguer plusieurs cas.

1° *Liquide homogène.* — Dans les liquides, la densité ρ, ou le poids spécifique Π, sont constants. L'équation s'intègre donc sans difficulté et on trouve

$$p + \Pi z = C,$$

C étant une constante arbitraire.

Cette équation peut se mettre sous la forme

$$z + \frac{p}{\Pi} = H,$$

H étant une nouvelle constante.

Soit AB le plan horizontal à partir duquel on compte les or-données z. Prenons un point M dans le li-quide; puis élevons à partir de ce point une verticale MN égale à $\frac{p}{\Pi}$. L'équation précé-dente nous montre qu'en quelque point que nous fassions cette construction, nous obtiendrons un niveau constant, c'est-à-dire que tous les points N seront situés dans un même plan CD, horizontal, et défini par l'ordonnée H. C'est ce plan CD qu'on appelle en hydrostatique le *plan de charge*.

Fig. 6.

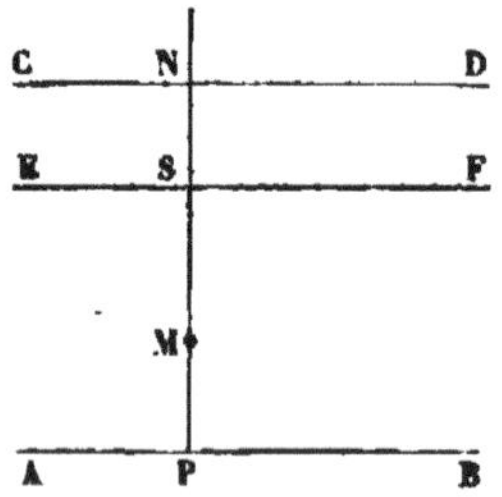

Le liquide, on le voit, ne peut pas dépasser le niveau CD, car, au-dessus, il aurait une pression négative; il serait soumis à une tension, ce qui est inadmissible, un liquide ne pouvant être en équilibre sous l'action de forces qui tendent à disjoindre ses parties. Si le liquide a sa surface libre dans l'air, il supporte sur cette surface la pression atmosphérique p_0; prenons donc au-dessous de CD une longueur $NS = \frac{p_0}{\Pi}$. Le plan horizontal EF, conduit par le point S, sera la surface libre, et le liquide ne pourra dépasser ce niveau sans altérer la distribution de pressions qui existe actuellement dans sa masse.

Les rapports $\frac{p}{\Pi}$, $\frac{p_0}{\Pi}$, représentent des hauteurs. Il est facile de la vérifier : la pression p est une force rapportée à l'unité de surface ; c'est donc le quotient d'une force F par une aire $a \times b$. Le poids spécifique Π est un poids ou une force, F', rapportée à l'unité de volume, ou divisée par un volume $a' \times b' \times c'$; donc le rapport $\frac{p}{\Pi}$ est égal à

$$\frac{\left(\dfrac{F}{a \times b}\right)}{\left(\dfrac{F'}{a' \times b \times c'}\right)} = \frac{F}{F'} \times \frac{a'}{a} \times \frac{b'}{b} \times c' = c' \times \text{un nombre} = \text{une longueur.}$$

Étant donnée une hauteur de liquide, on trouvera la pression par unité de surface que cette hauteur représente en la multipliant par le poids spécifique du liquide.

L'équation $dp + \Pi\, dz = o$ est susceptible d'une autre interprétation géométrique. Les diverses valeurs de z peuvent être supposées portées sur une verticale PN, à partir du point P pour lequel $z = o$. Prenons ensuite, à une échelle arbitraire, des ordonnées perpendiculaires à NP et proportionnelles aux valeurs correspondantes de la pression. L'équation

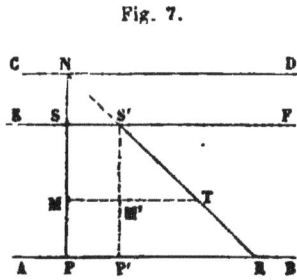

Fig. 7.

intégrée nous donne $p + \Pi z = C$; elle représente une droite, et cette droite NR passe au point N par lequel la pression est nulle. Elle a pour coefficient angulaire la quantité Π. L'angle RNP dépend d'ailleurs du choix arbitraire de l'échelle des z et de l'échelle des pressions.

En général, on prend une échelle des pressions telles que l'angle RNP soit égal à un demi-droit. Il suffit pour cela de convenir, que la pression au point P est représentée par une longueur PR égale à la hauteur PN du *plan de charge* au-dessus de ce point.

La plupart du temps, on n'a besoin d'évaluer que les différences de pressions entre divers points d'un même liquide ; il est inutile alors de tenir compte de la pression atmosphérique qui s'ajoute à chaque pression particulière, et disparaît dans les différences. Cela revient à transporter l'axe NP parallèlement à lui-même en S′ P′. Les pressions seront représentées par les ordonnées MT de la droite S′R, prises jusqu'au nouvel axe S′P′, abstraction faite de la pression atmosphérique qui est représentée sur la figure par l'ordonnée SS′.

Observons que dans l'épure, la portion de droite S′N est une ligne parasite, dont les ordonnées ne représentent pas de pression effective, puisque le liquide ne monte pas au-dessus du plan EF.

10. — 2° *Liquides superposés.* — Lorsque des liquides non solubles les uns dans les autres sont versés ensemble dans un même vase, ils se superposent par ordre de densité, les plus légers au-dessus des plus denses, et les surfaces qui les séparent sont des plans horizontaux.

Considérons dans le liquide une verticale OZ ; soit A le point où elle rencontre la surface libre du liquide supérieur, B, le point où elle pénètre dans le liquide placé au-dessous, C, le point où elle passe dans le liquide placé plus bas, etc. Nous aurons à appliquer successivement l'équation $dp + \Pi dz = 0$ à chacun des intervalles AB,

Fig. 8.

BC, CD,....; dans chacun, Π doit être traité comme une constante ; mais Π varie de l'un à l'autre.

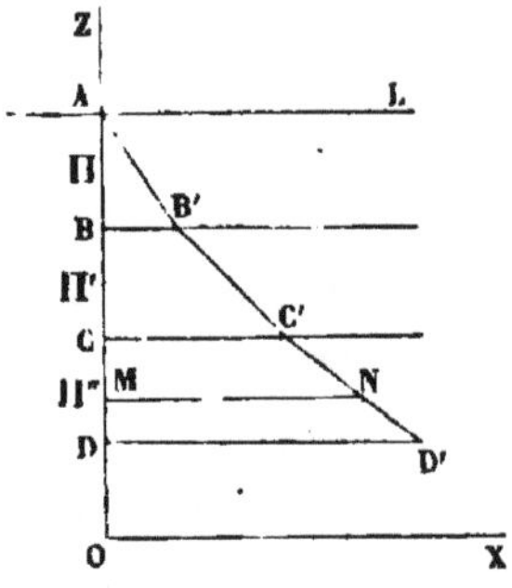

Représentons, comme tout à l'heure, les pressions p, en chaque point de la verticale OZ par des ordonnées perpendiculaires à OZ ; l'équation $dp + \Pi dz = 0$ représentera un contour polygonal AB′C′D′..., dont les côtés successifs seront inscrits entre les droites BB′, CC′, DD′,... et auront des inclinaisons mesurées dans chaque intervalle par la valeur correspondante du coefficient Π; la pression par unité de surface en un point quelconque M de la verticale OZ sera donnée par l'ordonnée MN du polygone, c'est-à-dire par la somme

$$\Pi \times AB + \Pi' \times BC + \Pi'' \times CM;$$

à quoi il faut ajouter la pression atmosphérique p_0, si elle s'exerce sur la surface libre AL.

De là résulte que les surfaces de séparation des liquides sont des plans horizontaux. Il suffit de démontrer ce théorème pour deux liquides superposés.

Soient AA' la surface libre horizontale du liquide supérieur, et BB'

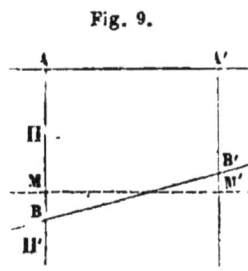

Fig. 9.

la surface de séparation des deux liquides ; soient Π et Π' les poids spécifiques. Prenons deux points M et M' appartenant à un même plan horizontal, et ayant par suite la même pression (§ 8), mais situés l'un dans le liquide supérieur, l'autre dans l'inférieur, ce qui est toujours possible si la surface BB' n'est pas horizontale. Nous devons avoir

$$\Pi \times AM = \Pi \times A'B' + \Pi' \times B'M'.$$

On tire de cette équation

$$\Pi \times (AM - A'B') = \Pi \times B'M' = \Pi' \times B'M',$$

et par suite $\Pi = \Pi'$, ce qui est contraire à notre hypothèse.

Π et Π' étant différents, il faut en conclure que la surface de séparation BB' est une surface de niveau. Nous verrons d'ailleurs plus loin une généralisation de ce théorème.

Enfin, nous avons dit que les liquides pesants se superposaient par ordre de densité, les plus légers sur les plus lourds. Cette condition n'est pas essentielle pour l'équilibre; mais elle est nécessaire pour en assurer la stabilité. Si l'équilibre est troublé, certaines masses liquides sont amenées à subir la poussée d'un liquide ambiant d'une autre nature qu'elles-mêmes; cette poussée tend à les faire monter ou descendre, suivant qu'elles sont moins denses ou plus denses que le liquide ambiant. La superposition d'un liquide plus lourd sur un plus léger ne tend donc pas à se rétablir si elle est altérée infiniment peu; tandis que la superposition du liquide le plus léger sur le plus lourd se rétablit d'elle-même si elle est momentanément troublée. Il résulte de là que le contour brisé AB'C'D'... est nécessairement convexe par rapport à la droite OA.

La théorie des vases communiquants repose sur ces principes.

11. 3° *Gaz parfaits.* — Un gaz parfait est celui qui suit la loi de Mariotte, et dans lequel la pression et la densité sont proportionnelles. Nous remplacerons donc dans l'équation

$$dp + \Pi \, dz = 0$$

le poids spécifique Π par sa valeur en fonction de p. Pour cela considérons l'unité de volume de gaz à la pression atmosphérique et à la température de 0° centigrade; soit Π_0 son poids; sous la pression p et à la température de θ degrés, nous aurons pour le poids spécifique, en appliquant les lois de Mariotte et de Gay-Lussac,

$$\frac{\Pi}{\Pi_0} = \frac{p}{p_0} \times \frac{1}{1 + \alpha\theta},$$

α étant le coefficient de dilatation des gaz.

Donc

$$\Pi = p \times \frac{\Pi_0}{p_0(1 + \alpha\theta)};$$

substituant, il vient

$$dp + p \times \frac{\Pi_0}{p_0(1 + \alpha\theta)} \, dz = 0.$$

Divisons par p pour séparer les variables, et intégrons, *en admettant que θ soit constant*; nous aurons

$$\log \text{nép. } p + \frac{\Pi_0}{p_0(1 + \alpha\theta)} z = C;$$

de sorte que si, au niveau défini par l'ordonnée z_1, nous constatons la pression p_1, nous aurons encore

$$\log \text{nép. } p_1 + \frac{\Pi_0}{p_0(1 + \alpha\theta)} z_1 = C,$$

d'où il suit, en éliminant la constante C,

$$\log \text{nép.} \frac{p}{p_1} + \frac{\Pi_0}{p_0(1 + \alpha\theta)}(z - z_1) = 0.$$

12. C'est cette formule qui, appliquée à l'atmosphère terrestre, sert de base au nivellement barométrique, car elle permet de déterminer la hauteur $z - z_1$ en fonction du rapport $\frac{p}{p_1}$ (*). Toutefois, pour l'appliquer à l'atmosphère, il faut lui faire subir diverses modifications. Le poids, Π_0, de l'unité de volume d'air à zéro et sous la

---

(*) V. Laplace, *Exposition du système du monde*, liv. 1er, chap. XVI ; *Mécanique céleste*, liv. X. — Ramond, *Mémoires sur la formule barométrique*. — *Annuaires du Bureau des longitudes*.

Formule de Laplace :

$$z = \log \frac{h}{H} \times 18{,}336^m \left(1 + 0.0028371 \cos 2\lambda\right)\left(1 + \frac{2(t + t')}{1.000}\right) \times$$
$$\times \left(1 + \frac{\log \frac{h}{H} + 0.868589}{\log \frac{h}{H}} \times \frac{z}{a}\right),$$

λ est la latitude du lieu ;

z la différence de hauteur des points où se font les observations ;

h la hauteur barométrique. . . ⎫

T la température du mercure. . ⎬ à la station inférieure ;

t la température de l'air. . . . ⎭

h' la hauteur barométrique. . . ⎫

T' la température du mercure. . ⎬ à la station supérieure ;

t' la température de l'air. . . . ⎭

$H = h'\left(1 + \frac{T - T'}{5412}\right)$ la hauteur h' corrigée (on fait porter toute la correction sur la hauteur observée à la station supérieure) ;

a le rayon moyen de la terre, 6.366.198 mètres.

Ramond employait la formule suivante dans ses nivellements des Pyrénées et de l'Auvergne :

$$z = 18.393^m (1 + \alpha t_1) \log \frac{h}{H},$$

t_1 étant la température moyenne, et α le coefficient de dilatation de l'air, 0.004.

Dans ces deux formules, les logarithmes sont ceux des tables.

Comme règle générale, applicable à de faibles différences de niveau, on peut admettre qu'un millimètre de mercure correspond à une différence d'altitude de 10 mètres.

On possède aujourd'hui des appareils hypsométriques très portatifs : ce sont simplement de petits baromètres anéroïdes, gradués de manière à donner par une lecture la hauteur correspondante à la pression.

pression atmosphérique, est égal au produit de la densité, ou masse spécifique, ρ_0, par l'accélération g due à la pesanteur. Le facteur g n'a pas rigoureusement la même valeur en tous les points situés à la surface de la terre, et varie très sensiblement pour les points plus ou moins éloignés de cette surface, suivant la loi de l'attraction, c'est-à-dire en raison inverse du carré des distances au centre du globe. Il faut introduire ces éléments variables dans la formule pour avoir l'équation exacte du nivellement barométrique. Une autre difficulté résulte de la présence du facteur $1 + \alpha\theta$, que nous avons supposé constant pour l'intégration, et qui, au contraire, varie à mesure qu'on s'élève dans l'atmosphère. Comme on ignore la loi qui lie l'une à l'autre ces deux variables, la température et la hauteur, on se contente de prendre pour θ la moyenne des températures observées aux deux stations extrêmes. Enfin, on substitue au coefficient α, qui est égal à 0,00366, un nombre un peu plus fort, 0,004, pour tenir compte de la vapeur d'eau que l'air atmosphérique tient en dissolution.

On peut représenter par une courbe les valeurs successives de la pression p. L'équation de cette courbe sera, en supposant Π_0 et θ constants,

$$\log \frac{p}{p_1} + \frac{\Pi_0}{p_0(1 + \alpha\theta)}(z - z_1) = 0.$$

Les coordonnées sont ici p et z; la courbe est une logarithmique, MN, asymptote à l'axe des z.

Si l'on voulait avoir la courbe indicatrice des pressions de l'atmo-

Fig. 10.

sphère à diverses hauteurs, pour une même latitude, il faudrait introduire dans l'équation différentielle les valeurs variables de Π_0 et de θ. Les valeurs de θ décroissent très rapidement à mesure qu'on s'élève : ainsi à 3000 mètres d'élévation, MM. Coxwell et Glaisher ont observé, sous la latitude de Londres, dans leur ascension de 1862, une température de 0°, et, à 10460 mètres, une température de — 27°; à une hauteur suffisamment grande, la température devient sans doute tellement basse, que l'air n'y a plus de pression sensible. La loi de Gay-Lussac, appliquée à la lettre, montre qu'il en serait ainsi à la température $\theta = -\dfrac{1}{\alpha}$, ou $\theta = -273°$; c'est cette température que l'on prend pour le zéro absolu de l'échelle thermométrique dans la théorie mécanique de la chaleur. Mais il est probable que l'air atmosphérique se convertirait en liquide longtemps avant d'avoir atteint ce minimum absolu des températures.

La formule nous montre que, s'il n'y a qu'une faible différence de niveau, $z - z_1$, entre les points où l'on a observé les pressions p et p_1, ces pressions sont nécessairement très peu différentes, car le logarithme du rapport $\dfrac{p}{p_1}$ est alors très voisin de zéro. La pression est donc sensiblement la même en tous les points d'une masse gazeuze de petite étendue.

13. Nous n'avons pas à nous occuper de la superposition des gaz, comme nous l'avons fait pour les liquides : les gaz se mélangent au lieu de se superposer, et leurs pressions s'ajoutent comme si chacun existait seul. Notons cependant que certains gaz d'une densité très grande par rapport à celle de l'air, l'acide carbonique par exemple, tendent à se comporter comme un liquide, et, dans un air parfaitement calme, se séparent pour occuper les points les plus bas (*).

DISTRIBUTION DES PRESSIONS DE L'AIR ATMOSPHÉRIQUE DANS UN PUITS PERCÉ VERTICALEMENT JUSQU'AU CENTRE DE LA TERRE.

14. Nous supposerons que la température reste constante, et que la densité intérieure du globe terrestre soit uniforme. Dans ces conditions, la pesanteur varie dans l'intérieur de la terre proportionnellement à la distance au centre. Soit r la distance d'un point du puits

---

(*) Les proportions du mélange des différents gaz qui composent l'atmosphère terrestre ne sont pas rigoureusement les mêmes à toutes hauteurs. *Voir* Duhamel, *Méca-, nique*, IIᵉ partie, § 158. *Voir* aussi notre traité de *Mécanique*, t. IV, § 97 (Hachette, 1876).

au centre de la terre; g étant l'accélération de la pesanteur à la surface, ou à une distance a du centre égale au rayon terrestre, cette accélération à la distance r sera réduite à $\dfrac{gr}{a}$, et l'équation de l'hydrostatique sera

$$dp = -\rho \times \frac{gr}{a}\, dr.$$

La densité ρ de l'air est liée à la pression par la relation $p = k\rho$, k étant constant, puisque la température est supposée constante. Donc

$$\frac{dp}{p} = -\frac{gr}{ka}\, dr,$$

et par conséquent, on aura

$$\log \text{nép.}\ \frac{p}{p_0} = -\frac{g}{2ka}(r^2 - a^2),$$

en appelant p_0 la pression atmosphérique à la surface du globe. Donc

$$p = p_0 e^{-\frac{g}{2ka}(r^2 - a^2)}.$$

Au centre du globe on aurait, pour $r = o$,

$$p = p_0 e^{\frac{ga}{2k}}.$$

Mais $p_0 = k\rho_0$, et $\rho_0 = \dfrac{\Pi_0}{g}$. Donc $\dfrac{k}{g} = \dfrac{p_0}{\Pi_0} = \text{H}$, H désignant la hauteur d'une colonne liquide qui aurait partout le poids spécifique Π_0, et qui représenterait la pression atmosphérique p_0. En définitive, $p = p_0 e^{\frac{a}{2\text{H}}}$ au centre de la terre; si l'on fait $p_0 = 10{,}330$ kilog. par mètre carré, $\Pi_0 = 1^{\text{kil}}{,}3$, on aura $\text{H} = \dfrac{10{,}330}{1{,}3} = 7{,}946^{\text{m}}$; $a = 6{,}366{,}400^{\text{m}}$, rayon qui correspond à peu près à la latitude de 45°. $\dfrac{a}{2\text{H}}$ est égal environ à 400. Le rapport $\dfrac{p}{p_0} = e^{400}$ a pour logarithme tabulaire $173{,}7177928$; le rapport lui-même est égal au nombre

522147×10^{148}, nombre qui exprime la pression en atmosphères ; pression énorme, sous laquelle l'air atmosphérique serait évidemment ramené à l'état liquide, ou même solide.

APPLICATION A UN CAS D'ÉQUILIBRE RELATIF.

15. Nous appliquerons notre formule (4) à un problème d'équilibre relatif : nous supposerons une masse fluide pesante, animée d'un mouvement de rotation uniforme autour d'un axe vertical OZ.

Pour traiter ce problème de mouvement comme un problème d'équilibre, il suffit de joindre aux forces réelles, c'est-à-dire à la pesanteur, les forces apparentes qui, dans le cas du repos relatif, se réduisent à la force d'inertie d'entrainement, ou enfin à la force centrifuge.

Prenons un point M dans la masse en repos relatif ; du point M abaissons sur l'axe OZ une perpendiculaire MP, que nous représenterons par r. Appelons ω la vitesse angulaire uniforme de la masse fluide autour de l'axe OZ. La force centri

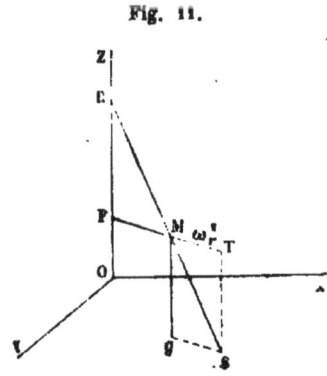

Fig. 11.

fuge aura pour direction le prolongement du rayon PM, et pour valeur $m\omega^2 r$, m étant la masse du point. Par unité de masse elle est donc égale à $\omega^2 r$; la pesanteur, par unité de masse, a pour valeur g, et pour direction une parallèle à OZ, dirigée de haut en bas. Décomposons la force $\omega^2 r$ suivant les trois axes OX, OY, OZ ; suivant OZ, elle n'a pas de composante, puisque l'angle ZPM est droit. Suivant OX, elle a pour composante $\omega^2 r$ multiplié par le cosinus de l'angle de PM avec OX, c'est-à-dire $\omega^2 x$, x désignant l'abscisse du point M. De même, suivant OY la composante de la force centrifuge est $\omega^2 y$.

En résumé, nous avons à faire dans l'équation (4)

$$X = \omega^2 x, \quad Y = \omega^2 y, \quad Z = -g.$$

et elle devient

$$dp = \rho(\omega^2 x\, dx + \omega^2 y\, dy - g\, dz).$$

L'équation des surfaces de niveau est donc

$$\omega^2(x\, dx + y\, dy) = g\, dz,$$

ce qui donne, en intégrant,

$$\frac{1}{2}\,\omega^2(x^2 + y^2) = gz + C.$$

Cette équation représente une infinité de surfaces de révolution ayant pour axe OZ ; et pour en avoir la méridienne, il suffit de déterminer l'intersection de ces surfaces et du plan ZOX, ce qui donne

$$\frac{1}{2}\,\omega^2 x^2 = gz + C,$$

équation d'une parabole. Les surfaces de niveau et la surface libre, s'il s'agit d'un liquide, sont donc des paraboloïdes de révolution.

Nous avons là l'exemple d'un équilibre entre la pesanteur et la force centrifuge : le problème du pendule conique se présente sous une forme analogue, et, si l'on veut que l'équilibre relatif du pendule soit indifférent pour une vitesse angulaire ω donnée, on trouve en effet qu'il faut lui faire décrire la parabole que nous venons de déterminer ; on obtient alors le *régulateur parabolique*, dont le *régulateur à bras croisés* de M. Farcot n'est qu'une imitation approximative.

On explique par les mêmes principes le relèvement de la ligne d'eau vers la rive concave, dans la coupe en travers d'un cours d'eau qui dessine une courbe sur le plan horizontal. Les plus grandes profondeurs se trouvent près de la rive concave, et c'est là aussi que la corrosion du lit s'opère avec le plus d'intensité.

16. Nous pourrions traiter géométriquement le même problème. Composons les forces ω²r et *g* appliquées au point M ; nous aurons pour résultante une force dirigée suivant la diagonale MS ; donc MS est normale à la surface de niveau qui passe au point M. Cette droite SM est contenue dans le plan MOZ. Prolongeons-la jusqu'à sa ren-

contre en R avec l'axe OZ (*). La longueur PR sera la sous-normale de la méridienne de la surface de niveau. Or les triangles MPR, MTS sont semblables, et donnent la proportion

$$\frac{PR}{PM} = \frac{TS}{MT} = \frac{g}{\omega^2 r},$$

donc

$$PR = \frac{g}{\omega^2 r} \times PM = \frac{\omega^2}{g}, \text{ quantité constante.}$$

La sous-normale de la méridienne est donc constante, et par suite la méridienne est une parabole.

Le problème de la figure des corps célestes, l'un des trois grands problèmes de l'astronomie analytique, peut être considéré comme une extension très élevée de la question élémentaire que nous venons de traiter. On y retrouve comme forces prépondérantes la force centrifuge due au mouvement de rotation du corps, et la pesanteur, ou attraction mutuelle de ses diverses parties. Mais ici les forces ne sont pas connues d'avance et dépendent des formes que l'on se propose de déterminer.

17. Soit ABCD un vase cylindrique, à base circulaire, rempli d'un liquide de densité ρ jusqu'en HB. On fait tourner uniformément ce vase autour de l'axe OR, avec une vitesse angulaire ω, qui se communique bientôt à tout le liquide. On demande la répartition de pression sur la base CD.

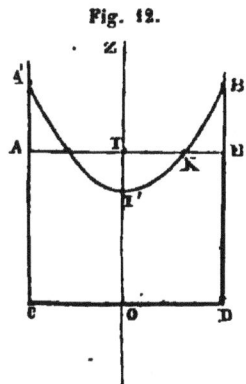
Fig. 12.

La pression p à la distance de l'axe, et à la hauteur z au-dessus du plan CD est donnée par la formule

$$dp = \rho[\omega^2(x\,dx + y\,dy) - gz].$$

ou bien, en intégrant, et en observant que

$$x^2 + y^2 = r^2,$$

$$p = C + \frac{\rho \omega^2 r^2}{2} - \rho g z.$$

Déterminons d'abord la constante C. Pour cela, exprimons que la surface libre A'I'B', qui correspond à $p = p_0$, pression atmosphérique, laisse au liquide un volume A'I'B'DC égal à celui qu'il occupait précédemment. La condition s'exprime par l'équation

$$\int_0^a 2\pi r z \, dr = \pi a^2 h,$$

en appelant a le rayon OD du vase, et h la hauteur initiale OI; le z de cette équation se rapporte à la surface libre. Or, pour cette surface on a

$$z = \frac{C + \frac{\rho \omega^2 r^2}{2} - p_0}{\rho g},$$

et par suite

$$\int_0^a 2\pi r z \, dr = 2\pi \left(\frac{C}{\rho g} \int_0^a r \, dr + \frac{\omega^2}{2g} \int_0^a r^3 dr - \frac{p_0}{\rho g} \int_0^a r \, dr \right)$$

$$= \pi \left(\frac{C}{\rho g} a^2 + \frac{\omega^2}{g} \frac{a^4}{4} - \frac{p_0}{\rho g} a^2 \right) = \pi a^2 h.$$

Donc

$$C = \rho g h - \rho \omega^2 \frac{a^2}{4} + p_0,$$

et l'équation de la surface libre est

$$p_0 = \rho g h - \frac{\rho \omega^2 a^2}{4} + p_0 + \frac{\rho \omega^2 r^2}{2} - \rho g z,$$

ou bien

$$0 = \rho g (h - z) - \frac{\rho \omega^2}{2} \left(\frac{a^2}{2} - r^2 \right).$$

Sous cette forme on voit que la surface passe par le parallèle $z = h$, $r = \frac{a}{\sqrt{2}}$, indépendant de la vitesse de rotation ω et de la densité ρ.

---

l'on puisse avoir à la fois $x' = 0$, $y' = 0$; par suite les points de la surface satisfont à l'équation aux dérivées partielles $py - qx = 0$, dont l'intégrale générale est $z = \varphi(x^2 + y^2)$.

Ce théorème correspond, dans la géométrie de l'espace, à la propriété que le cercle possède dans le plan de couper à angle droit ses rayons.

La distribution des pressions est donnée par la formule

$$p = \rho g h - \tfrac{1}{4} \rho \omega^2 a^2 + p_0 + \frac{\rho \omega^2 r^2}{2} - \rho g z,$$

et dans le plan du fond du vase, où $z = 0$,

$$p = p_0 + \rho g h - \tfrac{1}{2} \rho \omega^2 \left(\frac{a^2}{2} - r^2 \right),$$

Mais

$$p = p_0 + \rho g h \text{ est la pression à l'état statique.}$$

Elle est diminuée pour tous les points pour lesquels $r < \dfrac{a}{\sqrt{2}}$;

Elle reste la même si $r = \dfrac{a}{\sqrt{2}}$, ou pour la projection du point K.

Elle augmente au delà, pour les points pour lesquels $r > \dfrac{a}{\sqrt{2}}$.

Il en résulte un phénomène curieux. Supposons qu'on mette dans le vase de l'eau et de l'huile. Si l'on fait tourner le vase avec une vitesse angulaire ω, l'huile, étant plus visqueuse que l'eau, prendra la première la vitesse angulaire ω ; l'eau, plus liquide, restera plus longtemps en repos et prendra d'abord des vitesses moindres. Elle formera donc dans les premiers instants comme un fond déformable sous les pressions de l'huile, qui, pressant plus fortement la région au delà du cercle $r = \dfrac{a}{\sqrt{2}}$ que la région centrale, fera prendre à la surface de séparation une forme concave vers le bas. A mesure que le mouvement se prolonge, la communication du mouvement se fait entre l'huile et l'eau, de manière que l'eau finit par acquérir la vitesse angulaire de l'huile ; en même temps la surface de séparation s'aplatit graduellement, puis passe par la forme plane, devient concave vers le haut, et prend enfin la forme du paraboloïde de révolution qui correspond à la vitesse ω commune à toute la masse.

Le temps que met le mouvement à se propager d'un liquide à l'autre peut servir à mesurer la viscosité relative des deux liquides. Sur ces phénomènes si curieux on peut consulter, dans le *Politecnico* de 1874, vol. XXII, un mémoire de M. Stanislao Vecchi, suivi d'une note de M. Marangoni. (V. Nazzani, *Idraulica*, vol. I, p. 391.)

DISCUSSION ANALYTIQUE DE L'ÉQUATION (4).

18. Revenons à l'équation générale

$$(4) \qquad dp = \rho(X dx + Y dy + Z dz)$$

pour en déduire certaines conséquences analytiques.

X, Y, Z sont des fonctions données de x, y, z.

Si dans ces conditions l'équilibre d'un fluide a lieu, la pression p est déterminée en chaque point du fluide, ainsi que la densité ρ, et par suite on est certain que l'équation (4) a une intégrale, et que la fonction $\rho(X dx + X dy + Z dz)$ est une différentielle exacte, ce qui peut avoir lieu de deux manières.

1° $X dx + Y dy + Z dz$ peut être la différentielle exacte d'une fonction $f(x, y, z)$ des coordonnées x, y et z. On a alors

$$dp = \rho df.$$

L'équation $f(x, y, z) = C$ représente toutes les surfaces de niveau : la pression p est constante le long de chacune de ces surfaces. Donc p est fonction de C, et par suite ρ est constant, ou bien fonction de p. Le premier cas se présente lorsque le fluide est un liquide homogène ; le second, lorsque le fluide est un gaz soumis à la loi de Mariotte, car alors on a entre p et ρ la relation $p = K\rho$, où K représente une constante. Nous retrouvons comme conséquence un théorème déjà obtenu quand il s'agissait de la pesanteur : *la surface de séparation entre deux liquides superposés de densités différentes est une surface de niveau.* Autrement, le long d'une même surface de niveau ρ serait variable, ce qui est incompatible avec la relation $\rho = \dfrac{dp}{df}$.

La densité ρ d'un fluide gazeux en équilibre étant la même tout le long d'une surface de niveau, la température θ y est aussi constante ; si la température varie, l'équilibre ne saurait subsister. De là les mouvements incessants de l'atmosphère terrestre, produits par l'inégal échauffement que le soleil communique à ses différents points.

De l'équation

$$dp = \rho df$$

on tire, en observant que $df = Xdx + Ydy + Zdz$ est le travail élémentaire de la force φ, et que cette force est normale à la surface de niveau du point où elle est appliquée,

$$dp = \rho\varphi ds,$$

où ds représente la distance de la surface de niveau p à la surface de niveau $p + dp$.

La densité ρ étant constante pour toute la couche comprise entre ces deux surfaces, ainsi que la différence dp, le produit φds est constant en tous points de cette couche. Donc *la distance de deux surfaces de niveau infiniment voisines est en chaque point réciproquement proportionnelle à l'intensité de la force extérieure en ce point.*

2°. Il est possible que la fonction $Xdx + Ydy + Zdz$ ne soit pas une différentielle exacte; si l'équilibre existait néanmoins, il faudrait que l'équation

$$Xdx + Ydy + Zdz = 0$$

fût intégrable, car elle représenterait encore les surfaces de niveau, c'est-à-dire les surfaces le long desquelles les pressions du liquide sont égales. Dans ce cas, c'est le facteur ρ qui rendrait cette équation intégrable, mais alors ρ ne pourrait plus être constant, ni fonction de p seul : autrement, la fonction $\dfrac{dp}{\rho}$ aurait une intégrale qui appartiendrait aussi à la fonction $Xdx + Ydy + Zdz$, laquelle n'a pas d'intégrale, par hypothèse. Ce cas ne se présente jamais dans les applications, les conditions physiques du problème étant généralement incompatibles avec la nécessité analytique d'une variation de densité.

19. De là il faut conclure que l'équilibre n'est possible, en général, que si la fonction $Xdx + Ydy + Zdz$ est par elle-même une différentielle exacte, ou si les directions des forces dans l'espace sont telles, qu'il existe une série de surfaces les rencontrant à angle droit. On sait que, pour que cette propriété appartienne à la fonction proposée, il faut et il suffit que les équations de condition

$$\frac{dX}{dy} = \frac{dY}{dx}, \quad \frac{dX}{dz} = \frac{dZ}{dx}, \quad \frac{dY}{dz} = \frac{dZ}{dy},$$

soient identiquement vérifiées.

La fonction f, dont la différentielle totale est égale à $Xdx + Ydy + Zdz$, s'obtiendra en effectuant trois quadratures. On peut poser, en effet,

$$f = U + V + W,$$

U étant une fonction de x, de y et de z; V une fonction de y et de z, et W une fonction de z seul. De ces hypothèses, on déduit successivement :

$$\frac{df}{dx} = X = \frac{dU}{dx},$$

$$\frac{df}{dy} = Y = \frac{dU}{dy} + \frac{dV}{dy},$$

$$\frac{df}{dz} = Z = \frac{dU}{dz} + \frac{dV}{dz} + \frac{dW}{dz};$$

donc

$$\frac{dU}{dx} = X,$$

$$\frac{dV}{dy} = Y - \frac{dU}{dy},$$

$$\frac{dW}{dz} = Z - \frac{dU}{dz} - \frac{dV}{dz}.$$

Les équations de condition montrent d'ailleurs qu'on a $\frac{d^2V}{dy\,dx} = 0$, $\frac{d^2W}{dz\,dx} = 0$, $\frac{d^2W}{dz\,dy} = 0$, de sorte que, conformément aux hypothèses, $\frac{dV}{dy}$ ne contient pas x, et $\frac{dW}{dz}$ ne contient ni x ni y. On obtiendra donc U, V, W, en faisant l'intégration de Xdx comme si y et z étaient des constantes, de $\left(Y - \frac{dU}{dy}\right)dy$ comme si z était constant, enfin de $\left(Z - \frac{dU}{dz} - \frac{dV}{dz}\right)dz$; et l'on aura la formule définitive

$$f = \int Xdx + \int\left(Y - \frac{dU}{dy}\right)dy + \int\left(Z - \frac{dU}{dz} - \frac{dV}{dz}\right)dz.$$

Cauchy a mis la solution sous une forme élégante :

$$f = \int_{x_0}^{x} X(x,y,z)dx + \int_{y_0}^{y} Y(x_0,y,z)\,dy + \int_{z_0}^{z} Z(x_0,y_0,z)dz.$$

La première intégration porte sur la variable x seule, la seconde sur y, la troisième sur z; x_0, y_0, z_0 sont trois limites complètement arbitraires. Cette relation est aisée à vérifier.

TRANSMISSION DES PRESSIONS.

20. Le principe de la transmission des pressions en tous sens au sein d'une masse fluide est une simple conséquence de l'équation générale de l'équilibre

$$dp = \rho df.$$

La fonction f dépend des forces qui sollicitent le fluide. Si ces forces sont toutes nulles, on aura $f = 0$, et l'équation précédente se réduira à

$$dp = 0,$$

ou à

$$p = \text{constante}.$$

La pression est donc constante en tous les points de la masse, lorsque les points matériels qui la composent ne sont sollicités par aucune force. Si l'on exerce une pression déterminée en un point de l'enveloppe de la masse, cette pression se retrouvera en chaque point de la masse, une fois l'équilibre des molécules rétabli, et sera transmise en tous sens par le fluide.

La même proposition peut se démontrer *à priori* au moyen du théorème du travail virtuel; les géomètres du xviie siècle, Galilée, Descartes, Pascal, qui se sont tous occupés de l'équilibre des fluides, connaissaient cette méthode, et en ont fait un fréquent usage.

Il suffit d'imaginer à l'intérieur du fluide un tuyau fictif ayant partout la même section, et d'exprimer que le fluide compris dans ce tuyau est en équilibre sous l'action des pressions qui s'exercent sur sa surface convexe et sur les aires de ses deux sections extrêmes. S'il en est ainsi, la somme des travaux élémentaires de toutes les forces, tant intérieures qu'extérieures, qui sollicitent le fluide, est nulle pour tout déplacement virtuel donné au système matériel.

Le déplacement virtuel qu'on doit adopter consiste à faire glisser infiniment peu le long du tuyau la masse fluide qui y est renfermée, *sans rien changer au volume qu'elle occupe*; on élimine ainsi à la fois le travail des forces intérieures, puisque les distances mutuelles des molécules ne subissent aucun changement, et le travail des pressions développées sur la surface convexe du tuyau, lesquelles sont normales chacune au chemin décrit par leurs points d'application. Les déplacements des sections extrêmes sont d'ailleurs égaux, et ils ont des directions qui coïncident avec celles des pressions normales subies par les sections correspondantes. Si donc on appelle ε le déplacement commun de ces deux sections, p la pression sur l'une d'elles, p' la pression sur l'autre, ω l'aire des sections, le théorème du travail virtuel nous donne l'équation

$$p\omega\varepsilon - p'\omega\varepsilon = 0,$$

ou bien

$$p = p'.$$

La pression est donc la même partout.

La même méthode s'étend facilement à l'équilibre des liquides pesants; il suffit de joindre dans l'équation le travail de la pesanteur au travail des pressions sur les sections extrêmes, et on retrouve immédiatement la relation

$$p = p' + \Pi h,$$

que nous avons déduite de l'intégration de l'équation générale.

PRESSION D'UN LIQUIDE PESANT SUR UNE PAROI SOLIDE.

21. Connaissant la répartition des pressions au sein d'une masse fluide qui baigne une paroi solide, plane ou courbe, on pourra déterminer pour chaque élément de cette paroi la pression normale exercée par le fluide; elle est égale au produit de la surface de l'élément par la pression rapportée à l'unité de surface dans la couche de niveau qui aboutit à l'élément considéré. On connaît ainsi en grandeur et en direction la pression exercée sur chaque élément

d'une surface terminée à un contour donné, et s'il arrive que toutes ces forces infiniment petites aient une résultante unique, on pourra dire que cette résultante est la pression totale exercée par le fluide sur la portion de paroi limitée au même contour.

Lorsque la paroi est plane, toutes les pressions élémentaires qu'elle supporte, étant normales à un même plan, sont parallèles entre elles, et ont une résultante normale à ce plan. Le point de passage de cette résultante sur la paroi est nommé le *centre de pression* du contour pressé. Voici comment on peut déterminer ce point et trouver l'intensité de la résultante. Nous supposerons qu'il s'agisse d'un liquide pesant.

Soit AB (fig. 13) le profil du plan de la paroi, sur lequel on considère un contour fermé, compris entre les deux horizontales menées dans ce plan par les points C et D. Soit AE la surface libre du liquide. Appelons α l'angle EAB qui définit l'inclinaison du plan de la paroi. Nous supposerons connues, pour tout point m' du contour donné fg (fig. 14), les deux quantités $am = x$, $mm' = y$, ce qui revient à rapporter le contour fg à deux axes rectangulaires ab et aa', dirigés, l'un suivant l'horizontale, l'autre suivant la ligne de plus grande pente. A chaque abscisse x correspondent nécessairement deux ordonnées *au moins*, $y = mm'$ et $y' = - mm''$; et la différence algébrique de ces deux ordonnées, s'il n'y en a que deux, donne la largeur totale $m'm'' = u$ du contour suivant l'horizontale passant par le point m.

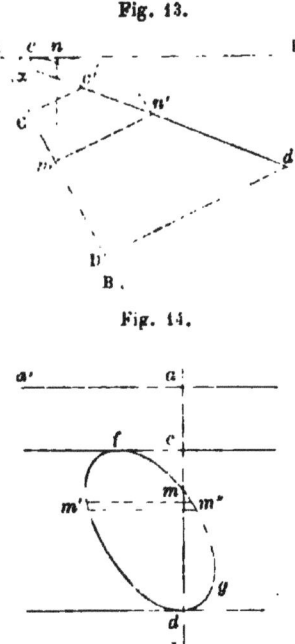

Fig. 13.

Fig. 14.

La pression exercée par le liquide sur la bande infiniment étroite $m'm''$, qui se projette en m sur le profil de la paroi, a pour mesure, rapportée à l'unité de surface, la hauteur d'eau mn ou $x \sin \alpha$. Elle est égale à $\Pi x \sin \alpha$, et la pression totale élémentaire sur cette bande

3

s'exprime par le produit

$$\Pi x \sin \alpha \times u dx.$$

Elle a pour direction une perpendiculaire $n'm$ au plan AB. Toutes ces forces parallèles se composent en une seule P, qui a pour valeur la somme

$$P = \int \Pi x \sin \alpha \times u dx,$$

l'intégrale étant prise entre les limites $x = AC$ et $x = AD$; on obtiendra l'abscisse x_1 du point d'application de cette force P, en prenant les moments par rapport à l'horizontale projetée en A; il vient, en effet,

$$P x_1 = \int \Pi x^2 \sin \alpha \times u dx,$$

cette intégrale étant prise entre les mêmes limites que la précédente.

On a donc

$$x_1 = \frac{\int \Pi x^2 \sin \alpha\, u dx}{\int \Pi x \sin \alpha\, u dx},$$

ou bien, en supprimant les facteurs constants Π et $\sin\alpha$, qui sortent des signes $\int$,

$$x_1 = \frac{\int x^2 u dx}{\int x u dx}.$$

Pour avoir l'autre coordonnée y_1 du centre de pression, on partagerait chaque bande $m'm''$ en éléments infiniment petits, et l'on prendrait les moments par rapport à ab.

La symétrie du contour donné par rapport à une ligne de plus grande pente permet la plupart du temps d'éviter cette seconde opération. Si le contour est symétrique par rapport à l'axe ab, le centre de pression est en effet situé sur cette droite.

La recherche du centre de pression revient, en définitive, à la recherche du centre de gravité d'un cylindre droit tronqué, ayant pour base le contour donné, et terminé au plan $c'd'$, lieu des points n' que l'on obtient en prenant sur les normales à la paroi une longueur $mn' = mn$; la surface convexe de ce cylindre est engendrée par une normale à la paroi dont le pied parcourrait le contour donné. La pression totale est le poids de ce volume liquide (*).

Remarquons en outre que $\int x^2 u dx$ est le *moment d'inertie* de l'aire fg par rapport à l'horizontale aa', tandis que l'intégrale $\int xudx$ est le *moment* de cette aire par rapport à la même horizontale. L'aire a pour mesure $\int udx$; et si l'on appelle ξ l'abscisse de son centre de gravité, on aura

$$\xi \times \int udx = \int uxdx,$$

donc

$$x_1 \xi \times \int udx = \int x^2 udx.$$

Le produit $x_1\xi$ est donc le carré du *rayon de giration* du contour fg par rapport à l'axe aa'. Or, le carré du rayon de giration est nécessairement plus grand que ξ^2, car il est égal à ξ^2 augmenté du carré du rayon de giration du contour autour d'une droite menée par le centre de gravité parallèlement à aa' (**). Donc enfin $x_1 > \xi$, ce qui indique que le centre de pression d'un contour quelconque est toujours situé au-dessous du centre de gravité de ce contour.

(*) Cf. *Résist.*, § 32. Le problème de la recherche du centre de pression d'une aire plane qui subit la poussée d'un liquide pesant, est l'inverse du problème de la répartition des pressions sur la même aire plane sous l'action d'une résultante normale donnée; les deux questions se traitent par les mêmes équations, dès qu'on admet pour la seconde l'hypothèse du plan qui définit par ses ordonnées les pressions locales. On peut donc appliquer à la théorie du centre de pression les résultats obtenus dans les chap. III et IV du livre 1er de la *Résistance des matériaux*. Par exemple, le centre de pression est l'antipôle de la ligne d'eau par rapport à l'ellipse centrale d'inertie de l'aire pressée (*Résist.*, § 57).

(**) V. *Résist.*, § 49.

Enfin, il est facile de reconnaître que *le centre de pression de contour fg est le centre de percussion de l'aire de ce contour par rapport à l'horizontale aa'* (*). Il y a une analogie complète entre les deux théories.

22. APPLICATION. — *Pression sur une paroi rectangulaire. On suppose deux côtés du rectangle horizontaux et se projetant l'un en A, l'autre en D; les deux autres côtés sont dirigés suivant des lignes de plus grande pente de la paroi.*

Soit

$$am = an = \frac{b}{2} \quad \text{et} \quad mp = a,$$

nous aurons :

$$u = b, \quad \int ux\,dx = \int_0^a bx\,dx = b\,\frac{a^2}{2},$$

$$\int ux^2\,dx = \int_0^a bx^2\,dx = b\,\frac{a^3}{3}.$$

Donc $x_1 = \frac{2}{3}\,a$. La construction géométrique du prisme donne le même résultat.

Fig. 15.

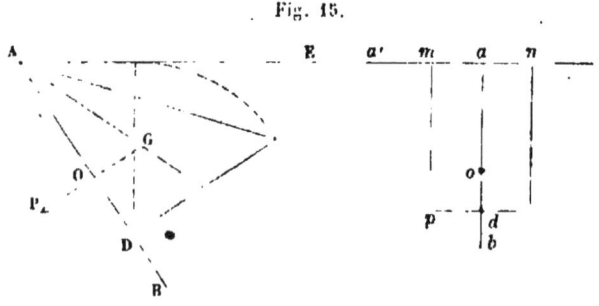

(*) *Résist.*, §§ 58 et 268. — Le centre de percussion d'une aire plane homogène, tournant autour d'une droite tracée dans son plan, n'est autre chose que le point de passage de la résultante des forces d'inertie des divers éléments de cette aire; or les forces d'inertie totales sont toutes parallèles, et proportionnelles aux produits des aires élémentaires par leurs distances à l'axe de rotation. La composition de ces forces parallèles se ramène aisément à la recherche du centre de gravité d'un volume prismatique compris entre le plan de l'aire donnée, un second plan mené arbitrairement par l'axe de rotation, et des arêtes parallèles partant de tous les points du contour de la base.

23. On peut observer qu'en général la pression moyenne par unité de surface, ou

$$\frac{P}{\int u\,dx} = \frac{\int \Pi x \sin\alpha \times u\,dx}{\int u\,dx}.$$

est égale à $\Pi \sin\alpha \times \xi$, ξ étant l'abscisse du centre de gravité. Or $\xi \sin\alpha$ est la distance du centre de gravité à la surface libre, de sorte que $\Pi \times \xi \sin\alpha$ est la pression par unité de surface à la hauteur du centre de gravité. On peut donc énoncer ce théorème : *La pression moyenne exercée par un liquide sur une portion de paroi plane, est égale à la pression du liquide par unité de surface dans le plan de niveau conduit par le centre de gravité de cette portion de paroi.* Ce résultat est d'accord avec la mesure connue du volume du cylindre tronqué.

Dans tous ces calculs nous ne tenons pas compte de la pression atmosphérique p_0, parce qu'on suppose qu'elle s'exerce sur les deux faces du plan, et qu'elle disparaît dans les différences. On pourrait d'ailleurs en tenir compte, s'il en était besoin, en élevant le niveau du liquide de la quantité $\frac{p_0}{\Pi}$.

Les parois sphériques ont aussi des centres de pression, comme les parois planes. En effet, toutes les pressions locales, étant normales à la surface, vont concourir au centre de la sphère, et s'y composent en une force unique qui perce en un point la surface de la paroi.

ÉQUILIBRE D'UN SOLIDE PRESSÉ PARTOUT UNIFORMÉMENT.

24. Considérons un corps solide fini pressé uniformément en chacun de ses éléments superficiels; je dis que ce corps solide est en équilibre.

En effet, imaginons un déplacement virtuel imprimé au solide ; tout élément infiniment petit de surface ω recevra un déplacement δs, faisant un angle α avec la normale, direction de la pression $p\omega$ qu'il subit ; le travail correspondant est donc $p\omega \times \delta s \cos \alpha$. Mais $\omega \delta s \cos \alpha$ est le volume engendré par l'élément ω dans son déplacement. La somme des travaux élémentaires est donc égale à la pression p multipliée par la somme algébrique des volumes engendrés par tous les éléments, c'est-à-dire au produit de p par la variation totale du volume du corps. Cette variation étant nulle, le travail est nul, et l'équilibre est démontré.

M. Lalanne a donné, en 1877, une démonstration élémentaire du même théorème, fondée sur la considération de l'équilibre d'un polyèdre convexe quelconque. Étant donné un polyèdre convexe, sur chaque face A on applique en son centre de gravité, perpendiculairement à la face, une force P proportionnelle à l'aire de cette même force. Pourvu que les forces ainsi définies soient toutes dirigées vers l'intérieur du polyèdre, ou toutes vers l'extérieur, l'équilibre sera assuré. En effet, décomposons chacune des forces P suivant trois axes rectangulaires pris arbitrairement, et considérons les contours apparents du polyèdre par rapport aux trois plans coordonnés formés par ces axes. La composante $P \cos \alpha$, parallèle à l'axe OX, et appliquée au centre de gravité G de la face A du polyèdre, va percer le plan ZOY au point g, centre de gravité de la projection a de la face A sur ce même plan, ce qui revient à regarder cette composante comme une force proportionnelle à l'aire a et appliquée au centre de gravité de cette aire. La composition de toutes les forces parallèles analogues, appliquées respectivement aux centres de gravité des projections des faces du polyèdre qui sont situées d'un même côté du contour apparent, donnera une résultante appliquée au centre de gravité du polygone formé sur le plan ZOY par la projection de ce contour apparent, et proportionnelle à l'aire de ce polygone. Il en sera de même pour les faces du polyèdre situées de l'autre côté du contour apparent, et par conséquent les résultantes des forces $P \cos \alpha$ appliquées aux deux régions du polyèdre que sépare le contour apparent, sont égales, de sens contraires, et appliquées toutes deux au centre de gravité du contour apparent projeté. Donc elles se détruisent. Il en est de même pour les autres composantes P cosβ, P cos γ. En définitive les forces considérées peuvent se décomposer et se recomposer de telle sorte, que les composantes se détruisent deux à deux ; ce qui démontre le théorème, sans qu'on ait besoin d'employer le théorème des moments.

La démonstration donnée pour ce polyèdre convexe s'étend sans difficulté à un polyèdre, puis à un solide de forme quelconque ; car on peut toujours considérer un solide comme formé de la juxtaposition d'une infinité de tétraèdres infiniment petits.

25. On fait souvent usage, dans l'hydrostatique, de la proposition suivante, qui résulte des mêmes principes.

Si un contour plan ABC subit, soit à l'intérieur, soit à l'extérieur,

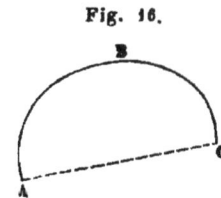

Fig. 16.

une pression normale en tous ses points, *à raison de* p *unités de force par unité de longueur*, ces pressions ont une résultante égale et contraire à la pression totale exercée dans les mêmes conditions sur la droite AC qui ferme le contour. Si le contour est fermé de lui-même, les pressions qu'il subit se font équilibre.

La même proposition a lieu pour une surface terminée à un contour plan. La résultante des pressions, soit intérieures, soit extérieures, réparties uniformément *à raison de* p *kilogrammes par unité de surface*, et toutes normales aux éléments pressés, est égale et contraire à la pression totale exercée dans les mêmes conditions sur le plan qui achève de fermer cette surface.

PRINCIPE D'ARCHIMÈDE.

26. Le théorème d'Archimède fait connaître la résultante de toutes les pressions exercées par un fluide pesant en équilibre, sur un corps solide en repos qui s'y trouve plongé en tout ou en partie. Cette ré-

sultante est une force verticale dirigée de bas en haut, égale au poids du volume de fluide déplacé par le solide, et elle est appliquée au centre de gravité de ce volume.

On démontre très facilement ce théorème en décomposant successivement le solide en éléments prismatiques parallèles à trois axes, dont deux horizontaux et rectangulaires, et le troisième vertical. On reconnaît aisément que les pressions projetées sur les deux axes horizontaux y donnent des composantes qui se détruisent deux à deux, tandis que, quand on projette sur l'axe vertical, chaque élément prismatique entièrement immergé subit sur ses deux bases une différence de pression égale au poids du liquide dont il tient la place, et dirigée de bas en haut.

On remarquera que, pour énoncer le théorème d'Archimède, nous n'employons pas l'expression consacrée de *perte de poids*, expression inexacte, qui a trompé un grand nombre d'inventeurs.

STABILITÉ DES CORPS FLOTTANTS.

27. Lorsqu'un corps solide M est entièrement plongé dans un fluide, la poussée exercée par le fluide sur ce corps est une force verticale, dirigée de bas en haut, et égale au poids du volume de fluide déplacé. Elle a pour point d'application le centre de gravité O de ce volume. Il faut et il suffit pour qu'il y ait équilibre, que la poussée P du fluide soit égale au poids Q du corps, et que le point O, centre de gravité du volume déplacé, et le point G, centre de gravité du corps solide, soient sur la même verticale. Pour la stabilité, il faut de plus que le centre de poussée O soit au-dessus du centre de gravité G du solide; autrement, un petit dérangement du solide ferait naître un couple dont l'effet serait de faire *chavirer* le corps plongé.

Fig. 17.

Dans cet exemple, les points d'application des deux forces P et Q, qui s'équilibrent, sont fixes dans le corps M, comme si le corps était suspendu dans le vide à un fil attaché au point O. Il n'en est plus de même quand il s'agit d'un corps flottant à la surface d'un liquide; ici, la poussée est appliquée au *centre de carène*, c'est-à-dire au

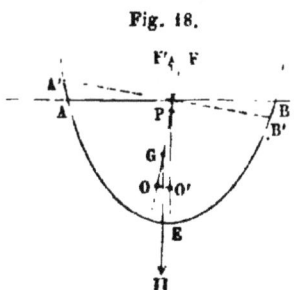

Fig. 18.

centre de gravité de la partie plongée; si l'on imprime au solide un dérangement très petit arbitraire, ce dérangement modifie généralement à la fois la valeur de la poussée et la position de son point d'application, et le problème de la stabilité présente par suite une difficulté d'un ordre plus élevé.

La première théorie proposée sur ce sujet est due à Bouguer (1746); elle manque de généralité, car elle suppose, d'une part, que le solide flottant a un plan de symétrie vertical, et d'autre part, qu'on lui donne un déplacement infiniment petit parallèlement à ce plan de symétrie, sous la condition de laisser constante l'aire AEB de la section transversale immergée. Dans ce mouvement, qui n'altère pas la valeur de la poussée, puisque le volume déplacé ne change pas, le centre de carène O décrit dans la section transversale un élément de courbe OO' parfaitement déterminé. Bouguer a donné le nom de *métacentre* au point P où la verticale O'F', menée par le nouveau centre de carène, coupe la position OF prise par la verticale menée par le point O, centre de carène primitif. Le centre de gravité du corps est situé quelque part en G sur la droite OF. Le corps tendra donc à revenir à sa position d'équilibre sous l'action du couple formé par les forces égales Π et F', si le point P est au-dessus du point G, c'est-à-dire, si le centre de gravité du corps est plus bas que le métacentre.

28. Une théorie plus récente, due à Duhamel, résout la question avec plus de généralité et plus de rigueur, sans toutefois l'épuiser complètement. Elle est fondée sur l'application du théorème des forces vives.

Soit XY le plan horizontal qui forme la surface libre du liquide. Le corps AEB, lorsqu'il est dans sa position d'équilibre, plonge dans le liquide jusqu'à la section AB ; le centre de gravité O de la partie plongée est donc alors situé sur la même verticale, OG, que le centre de gravité G du corps, et la poussée du liquide, qui fait équilibre au poids du corps, est égale au poids du volume AEB de liquide. Appelons a la distance des deux points connus O et G. Imaginons qu'on ait imprimé au solide un déplacement infiniment petit ; la figure le représente plongé jusqu'à la section CD ; à cette position correspondent une quantité $\zeta = MI$, dont s'est abaissé au-dessous de la surface libre le centre de gra-

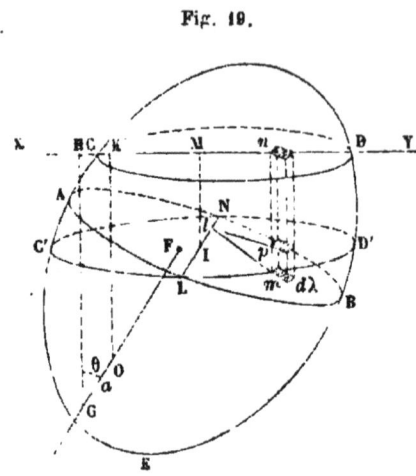

Fig. 19.

vité, I, de la section à fleur d'eau, et un angle $\theta = HGO$, dont la droite GO s'est inclinée sur la verticale, angle égal à celui que fait la section AB, dans sa nouvelle position, avec le plan horizontal. Nous commencerons par chercher le travail de la pesanteur et des poussées, lorsque le solide passe de sa position d'équilibre à la position qu'il a sur la figure. Les poussées, au sens près, sont assimilables à la pesanteur ; car elles se réduisent à des forces verticales agissant de bas en haut, et égales au poids d'un certain volume de liquide ; on pourra donc appliquer à la recherche de leur travail la méthode qui sert à évaluer le travail de la pesanteur.

1° Le travail du poids du corps s'obtient en multipliant ce poids par la quantité verticale dont s'est abaissé son centre de gravité, G. Or le poids du corps est égal au poids du volume liquide AEB, que le corps déplace dans sa position d'équilibre ; appelons V ce volume et Π le poids spécifique du liquide ; le produit ΠV sera le poids du corps.

A l'origine, le centre de gravité était à une distance $GF = z$ de la surface libre ; il est maintenant à la distance $GH = z_1$ du même plan horizontal. Donc il s'est abaissé de la différence $z_1 - z$, et le travail de la pesanteur est égal au produit

$$\Pi V (z_1 - z).$$

2° Le travail des poussées peut s'évaluer en considérant successivement les deux volumes AEB, ABDC; l'un AEB représente le *déplacement* primitif du solide (*), tandis que l'autre, ABDC, provient du dérangement du corps. A l'égard du premier volume, tout se passe comme pour un corps de poids ΠV, dont le centre de gravité se serait *élevé* de la quantité OK — OF ; le travail correspondant est exprimé par le produit

$$- \Pi V (OK - OF).$$

Or

$$OK = GH - a \cos \theta = z_1 - a \cos \theta,$$

et

$$OF = GF - a = z - a.$$

La première partie du travail des poussées est donc égale à

$$- \Pi V [z_1 - z + a (1 - \cos \theta)],$$

ou encore à

$$- \Pi V \left(z_1 - z + 2a \sin^2 \frac{\theta}{2} \right).$$

3° Le volume ABDC peut être confondu, sans erreur sensible, avec un prisme tronqué à arêtes verticales, qui aurait pour base oblique la section AB; car la distance des plans AB, CD, est supposée infiniment petite, et de plus nous admettons que les sections du corps solide varient d'une manière continue dans le voisinage du plan de flottaison. Nous pouvons donc, en négligeant un anneau infiniment petit dans deux dimensions, substituer un prisme à génératrices verticales à l'élément solide compris entre les deux plans de flottaison successifs. Nous pouvons ensuite décomposer ce prisme en éléments prismatiques verticaux, *mn*, ayant pour base oblique dans le plan AB un élément $d\lambda$ de la surface de cette base, et pour hauteur la distance *mn* de cet élément au plan de la section CD. Pour évaluer cette hauteur *mn*, menons par le point I, centre de gravité de la section AB, un plan C′D′ parallèle à CD. Les deux plans AB, C′D′, se couperont suivant une droite LN passant par le point I. Du point *m*

---

abaissons sur cette droite LN une perpendiculaire ml; le plan C'D' coupe le prisme élémentaire mn suivant la section p. Joignons pl; cette droite sera perpendiculaire à LN, et fera avec ml un angle mlp égal à l'angle des deux plans AB, C'D', ou enfin égal à l'angle θ. Soit x la distance ml de l'élément $d\lambda$ à la droite LN, cette distance étant prise positivement au-dessous de la droite LN, et négativement au-dessus. Nous aurons

$$mp = x \sin\theta,$$

et par suite

$$mn = \text{MI} + mp = \zeta + x\sin\theta.$$

La section droite du prisme élémentaire est d'ailleurs égale à $d\lambda\cos\theta$, et son volume est égal à

$$(\zeta + x\sin\theta)\cos\theta\, d\lambda.$$

Il s'agit de trouver le travail de la poussée sur tous ces éléments prismatiques, qui, dans l'état d'équilibre, étaient en dehors du liquide, et qui s'y sont tous enfoncés. Pour cela, considérons d'abord d'une manière générale un prisme droit pq, déjà enfoncé dans un liquide xy jusqu'à une certaine profondeur, $pr = u$. et ayant une section droite ω; supposons qu'on l'enfonce encore d'une quantité infiniment petite $pp' = du$; le travail de la pression du liquide sur la base p sera égal, en valeur absolue, à $\Pi u\omega du$; le travail total correspondant à un enfoncement h déterminé est la somme de tous ces travaux élémentaires, entre les limites $u = 0$ et $u = h$, c'est-à-dire

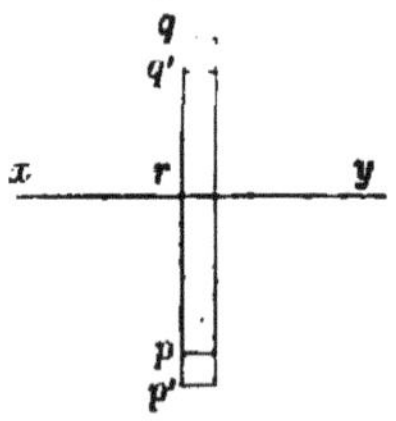

Fig. 20.

$$\int_0^h \Pi u\omega du = \frac{1}{2}\Pi\omega h^2 = \Pi\omega h \times \frac{h}{2}.$$

C'est, en d'autres termes, le produit du poids du volume liquide déplacé, par la distance de son centre de gravité à la surface libre. Le travail ainsi obtenu doit d'ailleurs être pris négativement.

Appliquons cette règle à l'élément prismatique mn (*fig.* 19); nous

obtiendrons le travail cherché en multipliant le poids de l'élément

$$\Pi(\zeta + x \sin \theta) \cos \theta \, d\lambda,$$

par la moitié de sa hauteur $\zeta + x \sin \theta$, et en donnant le signe —
au produit : le résultat est

$$-\frac{1}{2} \Pi(\zeta + x \sin \theta)^2 \cos \theta \, d\lambda,$$

et nous devons faire la somme de toutes les expressions analogues,
en l'étendant à tous les éléments $d\lambda$ de la section AB.

Développant le carré, et indiquant les sommations, il vient :

$$-\frac{1}{2} \Pi \cos \theta \left[\zeta^2 \iint d\lambda + 2\zeta \sin \theta \iint x \, d\lambda + \sin^2 \theta \iint x^2 \, d\lambda\right].$$

Or, $\iint d\lambda$ est l'aire Ω de la section AB; $\iint x \, d\lambda$, somme des
moments des aires élémentaires, est le produit de l'aire Ω par la
distance x' du centre de gravité de la section AB à la droite LN,
c'est-à-dire par zéro, car la droite LN passe par le centre de gravité
de la section; la seconde intégrale est donc nulle. La troisième est
le *moment d'inertie*, I, de la section par rapport à la droite LN. La
fonction précédente se réduit ainsi à

$$-\frac{1}{2} \Pi \cos \theta \left[\Omega \zeta^2 + I \sin^2 \theta\right].$$

Réunissant les trois parties que nous avons séparément calculées,
il vient pour le travail demandé

$$T = \Pi V(z_1 - z) - \Pi V \left(z_1 - z + 2a \sin^2 \frac{\theta}{2}\right) - \frac{1}{2} \Pi \cos \theta \, (\Omega \zeta^2 + I \sin^2 \theta)$$

$$= -\Pi \left[V \times 2a \sin^2 \frac{\theta}{2} + \frac{1}{2} I \cos \theta \sin^2 \theta\right] - \frac{1}{2} \Pi \Omega \zeta^2 \cos \theta.$$

Cette formule n'est vraie que pour de très petites valeurs des variables θ et ζ; et, en nous bornant aux infiniment petits du second

ordre, nous pourrons y remplacer sin θ par θ et cos θ par l'unité ; il vient alors

$$T = -\frac{1}{2} \Pi[aV + I] \theta^2 - \frac{1}{2} \Pi\Omega\zeta^2.$$

29. Introduisons cette expression dans l'équation des forces vives. Soit $\sum mv_0^2$ la somme des forces vives communiquées au corps dans une position initiale définie par les valeurs θ_0 et ζ_0 des variables θ et ζ, T_0 la valeur de la fonction T quand on y fait $\theta = \theta_0$ et $\zeta = \zeta_0$; $\sum mv^2$ la somme des forces vives qu'il possède dans la position représentée par la figure. Nous aurons, en faisant abstraction des frottements du liquide et des résistances afférentes aux mouvements communiqués à ses propres molécules,

$$\sum mv^2 = \sum mv_0^2 + 2T - 2T_0 = C - \Pi(aV + I)\theta^2 - \Pi\Omega\zeta^2,$$

C désignant la constante $\sum mv_0^2 + \Pi(aV + I)\theta_0^2 + \Pi\Omega\zeta^2_0$, qui est nécessairement positive et infiniment petite.

La stabilité de l'équilibre sera assurée si les variables θ et ζ ne peuvent acquérir que des valeurs infiniment petites. Or l'équation précédente, dans laquelle le terme $\sum mv^2$ est essentiellement positif, nous montre que la somme

$$\Pi(aV + I)\theta^2 + \Pi\Omega\zeta^2$$

est toujours moindre qu'une quantité positive C, constante et infiniment petite. Deux cas peuvent se présenter ici, suivant que le point O est au-dessus du point G, ou au-dessous.

1° Si le point O est au-dessus du point G, la quantité a est positive, et par suite la somme

$$\Pi(aV + I)\theta^2 + \Pi\Omega\zeta^2$$

est composée de deux termes essentiellement positifs ; elle est d'ailleurs moindre que C. Donc θ et ζ sont tous deux limités, et la stabilité de l'équilibre est certaine.

2° Si le point O est au-dessous du point G, la distance OG doit être prise négativement dans la formule, ce qui équivaut à changer a en $-a$, en la prenant en valeur absolue. La fonction de θ et de ζ prend alors la forme

$$\Pi(1 - aV)\theta^2 + \Pi\Omega\zeta^2,$$

et la stabilité se trouve encore assurée si $1 - aV$ est positif, ou si $a < \dfrac{I}{V}$.

Mais si l'on avait $a < \dfrac{I}{V}$, le premier terme deviendrait négatif, et par suite l'équation des forces vives n'assignerait aucune limite pour les valeurs de θ et ζ. Dans ce cas, le petit dérangement donné au solide peut s'accroître au point d'amener le corps à chavirer.

Pour que l'équilibre soit stable par le seul jeu des poussées, il Fig. 21. *faut donc et il suffit que le centre de gravité, G, du corps flottant soit situé au-dessous d'un point P, pris au-dessus du centre de carène O, sur la verticale qui passe à la fois par les points O et G, et à une distance OP égale au rapport,* $\dfrac{I}{V}$, *du moment d'inertie de la section de flottaison par rapport à une droite menée dans son plan par son centre de gravité, au volume de liquide déplacé.* C'est à ce point P qu'on peut donner le nom de métacentre.

Le moment d'inertie I de la section AB varie avec la direction de la droite LN, par rapport à laquelle on prend la somme $\iint x^2 d\lambda$.

La condition $a < \dfrac{I}{V}$ doit être remplie pour toute droite passant par le centre de gravité de cette section; il suffit donc qu'elle le soit pour la moindre valeur du moment d'inertie, qui correspond au cas où l'on fait coïncider la droite LN avec la direction du grand axe de l'ellipse centrale d'inertie.

Les actions *dynamiques* du fluide sur le solide immergé sont négligées dans cette analyse. Lorsque le solide subit des déplacements dans un liquide primitivement en repos, les actions dynamiques équivalent à des résistances qui tendent à restreindre les oscillations ; le corps flottant refoule le liquide du côté où il se porte, et appelle au contraire le liquide du côté qu'il abandonne ; il y a augmentation de pression d'un côté, et diminution de pression de l'autre ; les forces ainsi développées tendent à ramener le solide à la position qu'il vient de quitter. Les actions dynamiques augmentent donc alors la stabilité de l'équilibre. Il n'en est pas toujours de même des actions dynamiques qui proviennent des mouvements propres du liquide, et le problème de la stabilité d'un bateau au milieu des vagues, ou plutôt le problème des oscillations auxquelles il est exposé dans de semblables conditions, est loin d'être encore scientifiquement résolu.

30. Lorsqu'un corps de forme prismatique flotte à la surface d'un liquide, de manière que ses arêtes latérales soient horizontales, il peut y avoir plusieurs positions d'équilibre, et l'on passe de l'une de ces positions à l'autre en faisant tourner le corps à la surface du liquide autour d'axes parallèles à ses arêtes latérales. Il est facile de reconnaître alors, que les *positions d'équilibre successives* sont alternativement *stables* et *instables*, et qu'elles sont par conséquent en nombre pair. En effet, deux positions d'équilibre stable successives, A et C, sont caractérisées par la tendance du prisme, quand on le déplace, à revenir à la position qu'il a quittée. Or, si l'on augmente suffisamment le déplacement à partir de la position A, on pourra donner au prisme une position telle, qu'il tende à revenir vers C et non vers A ; entre les positions A et C existe donc une position B, où il y a doute si l'équilibre se détruira vers A ou vers C, c'est-à-dire une position d'équilibre instable. Les déplacements qu'on a en vue ici sont effectués autour d'horizontales parallèles au prisme. On peut comparer les positions A et C à deux vallées parallèles entre lesquelles existe nécessairement un faîte, B. Entre deux positions stables consécutives, il y a une position d'équilibre instable : donc le nombre des positions d'équilibre est pair. On excepte le cas où l'équilibre serait indifférent.

———————

CHAPITRE II.

RAPPEL DES PRINCIPAUX THÉORÈMES DE LA DYNAMIQUE.

――――――

DYNAMIQUE DU POINT MATÉRIEL.

31. Soit AB la trajectoire d'un point mobile M, qui, à des inter-

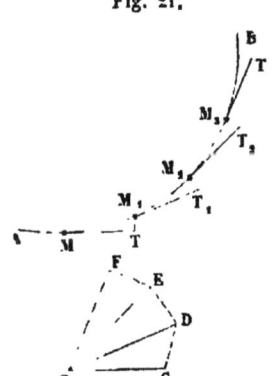

Fig. 21.

valles de temps très petits et égaux à θ, se trouve occuper sur cette ligne les positions successives $M, M_1, M_2, M_3, \ldots\ldots$ Le mouvement peut être supposé défini par une relation $s = f(t)$, entre les arcs parcourus s et le temps t. La *vitesse* du mobile au point M a pour direction, MT, la tangente en M à la trajectoire, et pour valeur, la dérivée $\dfrac{ds}{dt}$ de l'arc de tra-

jectoire par rapport au temps. Elle varie donc en *direction* dès que le mouvement n'est pas rectiligne, et *en grandeur* dès qu'il n'est pas uniforme.

On étudie en cinématique cette loi de variation des vitesses. Pour cela, par un point O quelconque de l'espace, on mène des parallèles OC, OD, aux tangentes MT, M_1T_1, à la trajectoire en deux points très voisins M, M_1; sur ces parallèles, on prend $OC = v$, vitesse du mobile en M, et $OD = v_1$, vitesse du mobile en M_1. On joint les points C, D, et on observe que la vitesse v_1 est la résultante de deux vitesses, savoir $v = OC$, et une vitesse qui est représentée sur la figure par CD, et qu'on appelle *vitesse acquise élémentaire*. La droite CD est infiniment petite, et du même ordre de grandeur que l'arc MM_1; de sorte qu'on peut poser $CD = j\theta$, j étant un coefficient fini, auquel on donne le nom d'*accélération totale*.

Cette manière de décomposer la vitesse v_1 en deux vitesses, dont l'une soit la vitesse v du mobile à l'instant précédent, et dont l'autre est une vitesse infiniment petite $j\theta$, variable avec le temps θ, revient à décomposer, pendant cet intervalle de temps très court, le mouvement du mobile en deux mouvements, l'un uniforme avec la vitesse v le long de la tangente MT, et l'autre uniformément varié, parallèle à la direction CD, et en vertu duquel le mobile *tombe* avec une accélération j du point T où son mouvement uniforme l'aurait amené sur la tangente, au point M_1 qu'il doit occuper réellement sur sa trajectoire. Prenons donc sur la tangente une longueur infiniment petite $MT = v\theta$; l'intervalle TM_1 sera l'espace décrit par le mobile en vertu du second mouvement, c'est-à-dire du mouvement uniformément varié. Le mobile, partant du repos au point T, avec une accélération j, acquiert en arrivant au point M_1 la vitesse $j\theta$, et parcourt dans le temps θ un espace $\frac{1}{2} j\theta^2$. On a donc $TM_1 = \frac{1}{2} j\theta^2$; et il est facile de voir que ces deux mouvements assurent bien au point mobile, lorsqu'il passe au point M_1, une vitesse v_1 dirigée suivant M_1T_1. En effet, le mobile est alors animé de deux vitesses, l'une égale à v et parallèle à MT, l'autre égale à $j\theta$ et dirigée suivant TM_1, c'est-à-dire parallèle à CD. La composition de ces deux vitesses conduit donc à répéter au point M_1 la construction du triangle OCD, dont le côté OD, représentant en grandeur et en direction la vitesse résultante, sera égal à v_1 et dirigé suivant M_1T_1.

32. Par le point O, continuons à mener des parallèles OE, OF,.... aux tangentes M_2T_2, M_3T_3,...... à la trajectoire, et prenons sur ces tangentes des longueurs OE, OF,..... égales aux vitesses du mobile aux points M_2, M_3,.... Nous formerons ainsi un polygone auxiliaire $CDEF$,.... dont les côtés successifs infiniment petits seront égaux aux accélérations totales multipliées par l'élément du temps θ. A la

limite, ce polygone se change en une courbe, et le tracé de cette courbe indique toutes les circonstances du mouvement du point

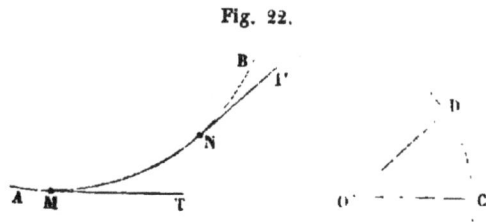

Fig. 22.

donné. A mesure que le mobile se déplace sur la courbe AB, l'extrémité du rayon vecteur OC parcourt la courbe auxiliaire CD ; on peut donc considérer le point C comme un mobile fictif, dont *les vitesses successives sur sa trajectoire CD seraient égales et parallèles aux accélérations totales du mobile sur sa trajectoire AB.* En effet, si pendant le temps θ l'accélération du mobile M est égale à j, le mobile auxiliaire C décrit dans ce même temps, sur la courbe CD, un arc parallèle à j et égal à $j\theta$; sa vitesse est donc égale à j.

Nous appellerons cette courbe auxiliaire l'*indicatrice des accélérations totales*. M. Paul Serret a donné le nom d'*indicatrice sphérique* à la courbe que l'on obtient en menant par un même point O des parallèles aux tangentes successives d'une courbe donnée, et en coupant la surface conique ainsi engendrée par une sphère ayant le point O pour centre (*). Notre indicatrice des accélérations totales devient l'indicatrice sphérique de la courbe AB, si le mouvement du point M sur la courbe AB est uniforme. Car alors tous les rayons OC, OD,... égaux aux vitesses, sont constants, et la courbe CD appartient à une sphère dont le centre est au point O. On peut remarquer aussi l'analogie de l'indicatrice des accélérations totales avec le *polygone de Varignon*, dont on se sert en statique pour établir la théorie des polygones et des lignes funiculaires. Les rayons vecteurs de ces lignes auxiliaires sont proportionnels et parallèles aux vitesses dans un cas, aux tensions dans l'autre, et les arcs ou côtés de ces courbes sont proportionnels et parallèles aux accélérations dans le premier cas,

---

(*) Cette courbe auxiliaire a été souvent employée par Gauss. — *Voir* sur cette question le *Traité de calcul différentiel* de M. J. Bertrand, § 566. — L'indicatrice des accélérations totales est l'*hodographe* de la théorie des quaternions.

aux forces extérieures appliquées à la courbe funiculaire dans le
second.

33. La *dynamique* du point est fondée sur cette décomposition
d'un mouvement quelconque en deux autres mouvements, l'un uniforme et tangentiel, l'autre uniformément varié. On sait qu'elle repose sur trois principes, ou postulata, qu'on ne peut démontrer directement, mais qu'on admet, sauf ensuite à vérifier l'accord de
leurs conséquences logiques avec les faits observés.

Le premier de ces principes est le *principe de l'inertie ;* il consiste
en ce qu'un point matériel ne peut de lui-même modifier son état de
repos ou de mouvement ; s'il est en repos, il y demeure indéfiniment ; s'il est en mouvement, il conserve indéfiniment sa direction
et sa vitesse, tant qu'il ne subit pas d'action extérieure.

Appliquons ce principe à un point mobile qui parcourt une courbe

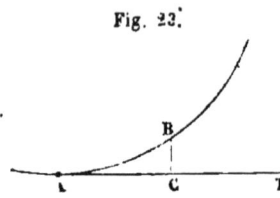

Fig. 23.

avec une vitesse variable de grandeur et de
direction. Au moment où le point est en A,
il a une certaine vitesse *v* dirigée suivant la
tangente AT. Si ce point était abandonné à
lui-même, il parcourrait donc la droite AT
avec une vitesse constante *v*, et au bout

d'un temps très court, θ, il serait parvenu en C, après avoir décrit
l'espace AC $= v\theta$. Or, au bout de ce temps θ, le corps se trouve en B
au lieu d'être en C, ce qui constitue un écart BC entre sa position
réelle et la position que lui assignerait le principe de l'inertie. Cet
écart nous révèle l'existence d'une cause qui agit sur le point mobile, c'est-à-dire d'une *force*, qui, pendant le temps θ, a eu le point
mobile pour point d'application, qui a été dirigée parallèlement à
CB, et qui enfin est proportionnelle à l'écart produit, ou à la distance
CB $= \frac{1}{2} j\theta^2$, ou encore à l'accélération *j*. La décomposition du mouvement en deux, l'un uniforme et tangentiel, l'autre uniformément
varié et dirigé suivant l'accélération totale, conduit donc à assi-
gner le rôle spécial de l'inertie et celui de la force appliquée au
mobile.

34. Le *principe de l'indépendance des effets des forces* les unes
à l'égard des autres, et de chacune à l'égard du mouvement anté-
rieurement acquis, permet d'additionner, de retrancher, de composer
et de décomposer les forces, comme on ferait pour les accélérations
qui leur sont proportionnelles. Puisque l'on peut regarder l'écart CB
subi par le mobile comme décomposé en deux ou plusieurs déplacements simultanés, dont la coexistence équivaut au déplacement
unique CB, on peut aussi regarder la force proportionnelle à CB
comme équivalente à l'action simultanée de diverses forces, proportionnelles à ces divers déplacements composants. On passe ainsi,
à l'aide du second postulatum, d'un fait cinématique, la composition des mouvements, à une loi mécanique, celle de la composition
des forces ; on peut en déduire aussi les lois des mouvements élémentaires produits par une force de grandeur constante, à savoir le
mouvement rectiligne uniformément varié, et le mouvement parabolique.

La force qui intervient dans le mouvement d'un point pour altérer
à chaque instant, d'une certaine manière, la vitesse de ce point en
direction et en grandeur, est, à chaque instant, proportionnelle à
l'accélération j. La mesure de la force s'obtiendra donc en multipliant l'accélération par un certain coefficient, constant pour le
même point matériel, et variable d'un point matériel à l'autre. Ce
coefficient est, pour ainsi dire, la mesure numérique d'une propriété
inhérente au point matériel que l'on considère, propriété en vertu
de laquelle ce point, sollicité par une force donnée, prend une accélération parfaitement définie. On appelle *masse* ce coefficient ; si on
le représente par m, le produit mj sera la mesure de la force, et l'on
pourra poser l'équation $F = mj$; elle suppose cette convention : que
l'on prend pour unité de masse la masse du point matériel auquel
l'unité de force imprime une accélération égale à l'unité.

35. Le troisième principe, ou *principe de l'action égale et contraire
à la réaction*, nous apprend que les forces naturelles sont binaires
et conjuguées, de telle sorte, qu'à une force F, agissant sur le point
matériel A et émanant d'un point matériel B, correspond nécessai-

rement une force égale F', agissant sur le point B et émanant du point A. Si l'on considère en particulier un système de points matériels, les forces qui agiront sur ce système peuvent se partager en deux classes : les *forces inté-rieures*, qui sont des forces mutuelles existant entre deux points faisant partie du système, et les *forces extérieures* exercées sur les points du système par les points matériels situés au dehors.

Fig. 24.

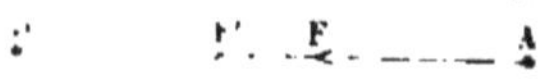

36. Ces préliminaires posés, la dynamique du point se ramène à la cinématique en introduisant le facteur *masse* dans les équations relatives au mouvement, et en observant que le produit *mj* est la mesure de la force appliquée au point mobile.

C'est ce que nous allons montrer par les exemples qui suivent.

Étudions le mouvement d'un point matériel de masse *m* qui parcourt une trajectoire AB, et qui est sollicité par une force F variable en grandeur et en direction. En deux points M et M_1 très voisins, menons les deux tangentes MT, M_1T_1, qui donnent les directions des vitesses v, v_1, et construisons le triangle auxiliaire OCD, dont les côtés OC, OD sont respectivement parallèles à MT, M_1T_1, et égaux à v et v_1. Nous savons que CD est égal au produit $j\theta$ de l'accélération totale par le temps θ, écoulé depuis le passage du mobile en M jusqu'à son passage en M_1. Nous pouvons décomposer l'accélération j en deux composantes, l'une normale, l'autre tangente à la trajectoire. Il suffit, pour opérer cette décomposition, de projeter le point D en E sur la direction OC. On a, en effet, puisque l'angle DOC, égal à l'angle de M_1T_1 avec MT, est infiniment petit, OE = OD, à des infiniment petits d'ordre supérieur près. Donc la composante CE est égale à OD — OC, ou à v_1 — v, ou enfin à dv.

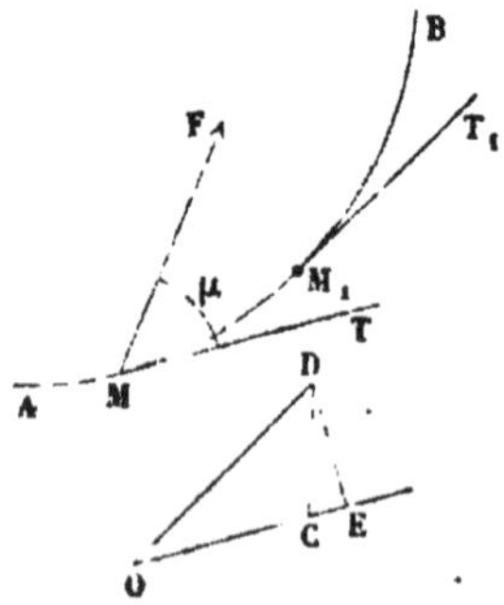

L'autre composante DE est égale au produit de OD par l'angle DOE, ou par l'angle de contingence $d\omega$ de la trajectoire dans la région MM_1.

Fig. 25.

Donc $DE = v_1 d\omega = (v + dv)\, d\omega = v d\omega$, en supprimant les infiniment petits d'ordre supérieur au premier.

De là résulte que CD, ou $j\theta$, ou enfin $j dt$, se décompose en deux éléments, l'un $CE = dv$, parallèle à la tangente, l'autre $DE = v d\omega$, parallèle à la normale principale à la trajectoire au point M. Les composantes de j s'obtiendront donc en divisant par dt les composantes de $j dt$, ce qui donne $\dfrac{dv}{dt}$ pour *composante tangentielle*, et $\dfrac{v d\omega}{dt}$ pour *composante normale* dirigée vers le centre de courbure.

Cette dernière expression se transforme en celle-ci, $\dfrac{v^2}{\rho}$, ρ désignant le rayon de courbure de la trajectoire; soit en effet $ds = MM_1$; on aura $ds = \rho d\omega$; donc

$$\frac{d\omega}{dt} = \frac{ds}{dt} \times \frac{1}{\rho} = \frac{v}{\rho},$$

expression qui, multipliée par v, donne $\dfrac{v^2}{\rho}$ pour la valeur de la *composante centripète* de l'accélération totale.

Multipliant ces accélérations composantes par le facteur m, nous aurons en définitive décomposé la force $F = mj$ en deux composantes, l'une tangentielle, $m\,\dfrac{dv}{dt}$, l'autre centripète, $\dfrac{mv^2}{\rho}$.

On obtiendrait de même, en projetant le triangle OCD sur des axes fixes, et en multipliant les côtés et leurs projections par la masse, les composantes de la force dans le mouvement projeté.

37. Remarquons que, CD étant parallèle à la direction de la force, et CE à la direction de la vitesse ou du mouvement du point, l'angle DCE est l'angle μ que fait la force avec la tangente MT, prise dans le sens du mouvement. Le triangle DCE, rectangle en E, nous donne la relation

$$\operatorname{tang} \mu = \frac{DE}{CE},$$

ou bien, en remplaçant DE par $v d\omega$ et CE par dv,

$$\operatorname{tang} \mu = \frac{v d\omega}{dv},$$

d'où l'on tire l'équation **très** remarquable

$$\frac{dv}{v} = \frac{d\omega}{\operatorname{tang} \mu}.$$

Le premier membre de cette équation est la différentielle de

Fig. 26.

Log. nép. v, et l'intégrale générale, prise entre deux points A et B de la trajectoire, nous donne le rapport des vitesses, v et v', du mobile en ces deux points, en fonction de quantités angulaires. Il vient, en effet,

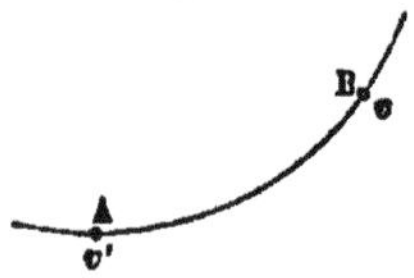

$$\log \text{nép.} \frac{v}{v'} = \int_{A}^{B} \frac{d\omega}{\operatorname{tang} \mu},$$

ou bien

$$v = v' e^{\int_{A}^{B} \frac{d\omega}{\operatorname{tang} \mu}}.$$

C'est une relation *cinématique* dans laquelle la force intervient par sa direction, mais non par sa grandeur.

La discussion de l'équation

$$\frac{dv}{v} = \frac{d\omega}{\operatorname{tang} \mu}$$

montre qu'aux points où $dv = 0$, c'est-à-dire aux points où la vitesse est maximum ou minimum, on a $\mu = \frac{\pi}{2}$: la force est normale à la trajectoire, sauf le cas où $d\omega$ serait nul, ce qui comprend le mouvement rectiligne. Si $d\omega$ est constamment nul, la vitesse v ne peut être variable que si $\mu = 0$ ou $\mu = \pi$, ce qui suppose la force agissant dans la direction même de la trajectoire; si μ avait une autre valeur, dv serait constamment nul, et v serait constant : cela s'explique en observant qu'alors, puisqu'il s'agit d'un point libre, la force est nécessairement nulle et le mouvement uniforme. Dans le mouvement circulaire uniforme on a constamment $\mu = \frac{\pi}{2}$ et $dv = 0$. Enfin nous allons voir que le cas particulier connu sous le nom de *théorème des aires projetées* n'est qu'une application de cette équation.

58. Soit AB la projection sur le plan du papier de la trajectoire d'un point matériel; on suppose que la force qui sollicite le point rencontre constamment un axe normal à ce plan et projeté au point O. Menons par le point O un axe polaire quelconque OX, et rapportons la position du point mobile M aux coordonnées $r = OM$ et $\theta = MOX$. Menons au point M une tangente MT à la trajectoire AB, puis une tangente M'T' au point M' infiniment voisin. Les deux tangentes M'T' et MT se coupent en un point I, et l'angle T'IT est l'angle de contingence $d\omega$. Le rayon vecteur MO est, par hypothèse, la direction de la force projetée sur le plan; donc l'angle TMO, ou son supplément, est ce que nous appelions tout à l'heure l'angle μ; supposons que la force soit dirigée de M vers O; alors μ sera égal à TMO, et par suite l'angle T'M'O sera égal à $\mu + d\mu$. La formule connue des tangentes en coordonnées polaires nous donne d'ailleurs

Fig. 27.

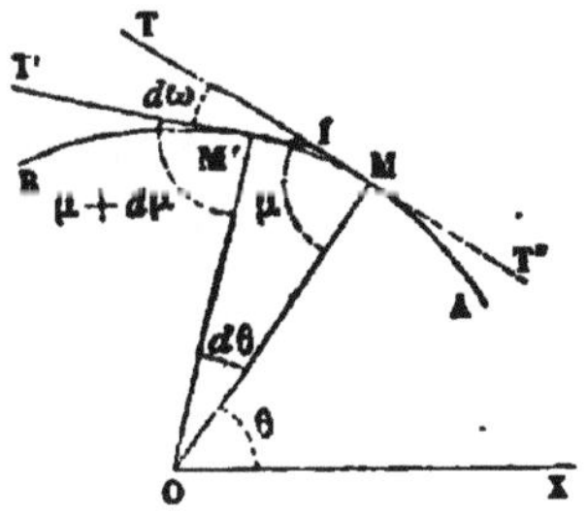

$$\text{tg } OMT'' = \frac{rd\theta}{dr}$$

Donc

$$\text{tg } \mu = -\frac{rd\theta}{dr}.$$

Nous pouvons facilement évaluer l'angle $d\omega$; la somme des angles du quadrilatère MOM'I étant égale à quatre droits, nous aurons l'équation

$$(\pi - d\omega) + \mu + d\theta + (\pi - \mu - d\mu) = 2\pi.$$

Réduisant, il vient

$$d\omega = d\theta - d\mu.$$

Substituons cette valeur de $d\omega$ dans l'équation $\dfrac{dv}{v} = \dfrac{d\omega}{tang\ \mu}$, nous trouverons,

$$\frac{dv}{v} = \frac{d\theta}{tang\ \mu} - \frac{d\mu}{tang\ \mu}.$$

Nous remplacerons tang μ, dans le premier terme du second membre seulement, par sa valeur $-\dfrac{rd\theta}{dr}$, et nous aurons

$$\frac{dv}{v} + \frac{dr}{r} + \frac{d\mu}{tang\ \mu} = 0,$$

équation intégrable qui donne

$$vr \sin \mu = \text{constante}.$$

Or $v \times r \sin \mu$ est le double de l'aire décrite dans l'unité de temps par le rayon vecteur OM; en effet, dans le temps dt, le point M décrit un élément vdt de trajectoire, et le rayon vecteur engendre un triangle qui a pour base vdt et pour hauteur $r \sin \mu$. L'aire décrite par le rayon vecteur OM, dans l'unité de temps, est donc constante, et le théorème des aires est démontré (*).

Enfin l'équation $\dfrac{dv}{v} = \dfrac{d\omega}{tang\ \mu}$ est la traduction analytique d'un théorème très célèbre dans l'histoire de la mécanique, le théorème de la *moindre action*.

39. Nous tirerons une troisième conséquence de la considération du triangle auxiliaire OCD. Nous avons entre les trois côtés de ce triangle la relation

Fig. 28.

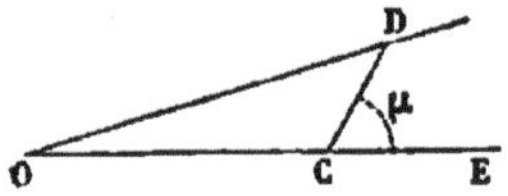

$$\overline{OD}^2 = \overline{OC}^2 + \overline{CD}^2 + 2OC \times CD \times \cos \mu.$$

(*) Il est facile de démontrer géométriquement ce théorème, et de trouver de plus la valeur de l'accélération totale. Voir notre *Traité de Mécanique*, I, §§ 112, 113 et 114 (Hachette, 1880).

Remplaçons OD par v_1, OC par v, CD par $j\theta$:

$$v_1^2 = v^2 + j^2\theta^2 + 2vj\theta\cos\mu.$$

Il est facile d'en déduire le théorème des forces vives.

Fig. 29.

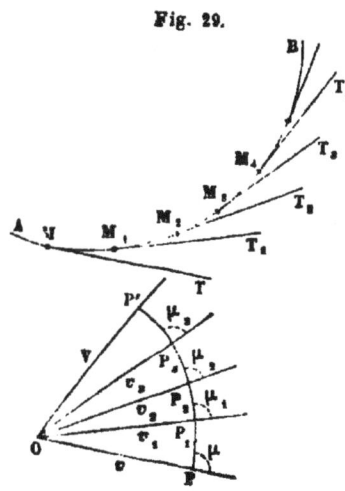

Prenons en effet l'indicatrice des accélérations totales PP', construite en menant par le point O des droites OP, OP$_1$,..... égales et parallèles aux vitesses successives du mobile aux points M, M$_1$,..... de sa trajectoire. Les arcs infiniment petits PP$_1$, P$_1$P$_2$,..... de l'indicatrice représentent les produits $j\theta$, $j_1\theta$, $j_2\theta$,..... des accélérations totales par l'intervalle de temps θ, et nous aurons, en appliquant successivement l'équation précédente aux petits triangles OPP$_1$, OP$_1$P$_2$, OP$_2$P$_3$,..... .

$$v_1^2 - v^2 = 2vj\theta\cos\mu + j^2\theta^2$$
$$v_2^2 - v_1^2 = 2v_1 j_1\theta\cos\mu_1 + j_1^2\theta^2$$
$$v_3^2 - v_2^2 = 2v_2 j_2\theta\cos\mu_2 + j_2^2\theta^2;$$
$$\cdot\;\cdot\;\cdot\;\cdot\;\cdot\;\cdot\;\cdot\;\cdot\;\cdot\;\cdot\;\cdot\;\cdot$$

Et enfin

$$V^2 - v_{n-1}^2 = 2v_{n-1} j_{n-1}\theta\cos\mu_{n-1} + j_{n-1}^2\theta^2.$$

Multiplions toutes ces équations par le facteur m, et ajoutons-les ensuite; observons que mj, mj_1, mj_2,... sont les valeurs successives de la force F, et que les valeurs $v\theta$, $v_1\theta$, $v_2\theta$,... représentent les arcs ds de la trajectoire AB successivement parcourus par le mobile. Observons enfin que la somme

$$m\,(j^2\theta^2 + j_1^2\theta^2 + j_2^2\theta^2 + ... + j_{n-1}^2\theta^2)$$

a pour limite 0, à mesure que le temps θ diminue, parce que chaque terme de cette somme contient θ^2 en facteur. Nous obtiendrons en définitive

$$m\mathrm{V}^2 - mv^2 = 2(mj \times v\theta \times \cos\mu + mj_1 \times v_1\theta \times \cos\mu_1 + \dots + mj_{n-1} \times v_{n-1}\theta \times \cos\mu_{n-1})$$
$$= 2\int \mathrm{F}\,ds\,\cos\mu,$$

équation des forces vives ou du travail. Le produit $\mathrm{F}\,ds\cos\mu$ est en effet le *travail élémentaire* de la force F.

Nous avons donc obtenu sur-le-champ deux équations, l'une $\dfrac{dv}{v} = \dfrac{d\omega}{\tan g\,\mu}$, ou $\mathrm{V} = ve^{\int\frac{d\omega}{\tan g\,\mu}}$, qui nous donne le rapport des vitesses du point mobile en deux points de sa trajectoire, et l'autre, l'équation des forces vives, qui nous donne la différence des carrés de ces mêmes vitesses.

40. Nous déduirons aussi de la considération de l'indicatrice le théorème des quantités de mouvement projetées.

Soit PP′ l'indicatrice, O le centre qui a servi à la former ; OP sera,

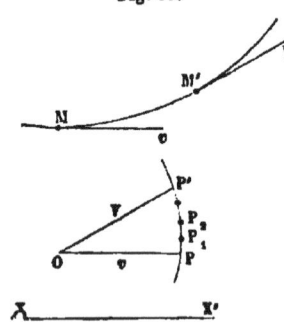
Fig. 30.

en grandeur et en direction, la vitesse v du mobile en un point M de sa trajectoire, et OP′ $= \mathrm{V}$, la vitesse du mobile en un autre point M′. On peut considérer la droite OP′, qui ferme le polygone OPP$_1$ P$_2$... P′, comme la résultante des côtés successifs OP, PP$_1$, P$_1$P$_2$,... de ce polygone ; la projection sur un axe fixe, XX′, de la résultante OP′, sera donc la somme algébrique des projections des côtés successifs OP, PP$_1$, P$_1$ P$_2$,... sur le même axe. Appelons V$_x$, v_x les projections de V et v sur XX′, et soient α, α_1, α_2,... les angles que font avec le même axe les arcs élémentaires PP$_1$, P$_1$P$_2$, P$_2$P$_3$,... de la courbe indicatrice ; nous aurons, en remplaçant ces éléments par leurs valeurs $j\theta$, $j_1\theta$, $j_2\theta$,...

$$\mathrm{V}_x = v_x + (j\theta\cos\alpha + j_1\theta\cos\alpha_1 + j_2\theta\cos\alpha_2 + \dots)$$

ou bien, en multipliant par m, et remplaçant mj, mj_1, mj_2,... par F, F$_1$, F$_2$,...

$$m\mathrm{V}_x - mv_x = \mathrm{F}\cos\alpha\,\theta + \mathrm{F}_1\cos\alpha_1\,\theta + \dots$$

$$mV_x - mv_x = \int F \cos \alpha \, dt,$$

équation qui est l'expression du théorème des quantités de mouvement projetées : F cos α *dt* est l'*impulsion élémentaire de la force* F *projetée sur l'axe fixe* XX'.

En définitive, le théorème des forces vives et le théorème des quantités de mouvement projetées, qui sont d'un usage continuel dans l'hydraulique, expriment simplement des propriétés géométriques de l'indicatrice des accélérations totales.

41. Il existe un troisième théorème, moins employé, que nous nous bornerons à énoncer : c'est celui des *moments des quantités de mouvements* par rapport à un axe fixe. Il consiste en ce que l'accroissement, entre deux époques, du moment de la quantité de mouvement d'un point matériel par rapport à un axe fixe, est égal à la somme des moments des impulsions élémentaires de la force pendant le même intervalle de temps.

Le moment d'une force par rapport à un axe s'obtient en projetant la force sur un plan perpendiculaire à l'axe, et en multipliant la projection par la distance de la force à l'axe ; le produit est d'ailleurs pris positivement ou négativement, suivant que la force tend à entraîner son point d'application autour de l'axe dans le sens positif ou dans le sens négatif.

DYNAMIQUE DES SYSTÈMES MATÉRIELS.

42. Les théorèmes démontrés jusqu'ici s'appliquent à un point matériel libre. Or un point peut toujours être considéré comme libre, car il suffit de substituer aux liaisons auxquelles il peut être assujetti, des forces qui tiennent lieu de ces liaisons. Ainsi, par exemple, un point assujetti à glisser sur une courbe ou sur une surface redevient un point libre si l'on joint aux forces qui le sollicitent la réaction de

la courbe ou de la surface. Il en est de même pour tous les points, pris individuellement, qui font partie d'un système matériel. Chacun peut être considéré comme libre, et les théorèmes peuvent être appliqués à chacun d'eux, à la condition qu'on tienne compte de toutes les forces, soit extérieures, soit intérieures, auxquelles ce point est réellement soumis. Les diverses équations relatives au mouvement d'un point matériel étant posées pour chaque point du système, on en déduit, en les combinant ensemble, des théorèmes applicables au système tout entier ; en général, on doit diriger l'opération de manière à obtenir les résultats les plus simples possibles.

43. *Le théorème des quantités de mouvement projetées sur un axe fixe* donne, pour un point particulier m du système, l'équation suivante :

$$m V_x - m v_x = \int F_x \, dt + \int f_{1,x} \, dt + \int f_{2,x} \, dt + \ldots \int f_{n,x} \, dt.$$

Dans cette équation, l'indice x montre qu'on fait la projection des forces et des vitesses sur un même axe fixe, qu'on prend pour axe des x ; F est la résultante des forces extérieures appliquées au point m ; f_1, f_2, f_3,..... f_n, sont les forces intérieures exercées sur le même point par tous les autres points du même système.

Si l'on écrit successivement cette équation pour chaque point et qu'on fasse la somme, on trouvera pour résultat l'équation suivante, d'où les forces intérieures ont disparu :

$$\sum m V_x - \sum m v_x = \sum \int F_x \, dt.$$

Les forces intérieures disparaissent dans la somme, parce qu'à une force f_k, exercée par le point k sur le point m, correspond une force égale et contraire, $- f_k$, exercée par le point m sur le point k ; ces deux forces projetées sur l'axe des x ont des projections égales et contraires, et leur somme algébrique se réduit à zéro. On obtient donc ce théorème, qui est d'un usage très fréquent dans l'hydraulique : *l'accroissement,*

entre deux époques, de la somme des quantités de mouvement pro-
jetées sur un axe fixe, est égal à la somme des impulsions élémen-
taires des forces extérieures, projetées sur le même axe, pendant le
même intervalle de temps.

Il peut arriver que, parmi ces forces intérieures, il y ait des forces
tenant lieu de certaines liaisons. C'est ce qui a lieu, par exemple,
pour un corps solide assujetti à tourner autour d'un axe fixe ; les
réactions de l'axe sont des forces extérieures au système, dont les
projections doivent entrer dans l'équation des quantités de mouvement.

44. Le théorème du mouvement du centre de gravité est un corollaire de la proposition précédente. Le centre de gravité d'un
système est le point dont les coordonnées x_1, y_1, z_1, sont à chaque
instant définies par les équations

$$x_1 \sum m = \sum mx,$$

$$y_1 \sum m = \sum my,$$

$$z_1 \sum m = \sum mz;$$

x, y, z étant les coordonnées d'un point quelconque m du système,
et les sommes $\sum$ étant étendues à tous les points.

Prenant les dérivées par rapport au temps, et appelant V_1 la vitesse du centre de gravité, nous aurons

$$V_{1,x} \sum m = \sum mV_x,$$

$$V_{1,y} \sum m = \sum mV_y,$$

$$V_{1,z} \sum m = \sum mV_z,$$

les indices x, y, z indiquant toujours les projections sur chacun des
trois axes.

Nous pouvons remplacer les expressions $\sum m V_x - \sum m v_x, \ldots$ dans le premier membre des équations des quantités de mouvement, par les quantités égales $(V_{1,x} - v_{1,x}) \sum m, \ldots$ ce qui nous donnera, en définitive,

$$M V_{1,x} - M v_{1,x} = \sum \int F_x \, dt,$$

$$M V_{1,y} - M v_{1,y} = \sum \int F_y \, dt,$$

$$M V_{1,z} - M v_{1,z} = \sum \int F_z \, dt.$$

M est la masse totale du système, que nous représentions par $\sum m$.

Ces trois équations sont les équations du mouvement d'un point de masse M, sollicité par toutes les forces F transportées en ce point parallèlement à elles-mêmes, et animé de la vitesse v_1 à l'origine du mouvement. Le centre de gravité du système se meut donc comme un point de masse $M = \sum m$, sollicité par les forces extérieures transportées en ce point parallèlement à elles-mêmes, et donnant lieu par leur composition à ce qu'on nomme la *résultante de translation.*

D'où résulte encore ce corollaire, que si les forces extérieures sont toutes nulles, ou se font équilibre, ou se réduisent à un couple unique, le centre de gravité a un mouvement rectiligne et uniforme, ou bien demeure immobile.

45. Le théorème des moments des quantités de mouvement est susceptible d'une pareille extension, qu'on lui donne au moyen d'un artifice tout à fait semblable. On prend pour chaque point, à deux époques, les moments des quantités de mouvement par rapport à un axe fixe; l'accroissement subi par cette quantité, d'une époque à l'autre, est égal à l'intégrale des moments par rapport au même axe des impulsions élémentaires de toutes les forces appliquées à ce point. On distinguera, dans le second membre de cette égalité, les forces extérieures des forces intérieures; puis l'addition de toutes

les équations éliminera ces dernières forces, puisque, à toute force f_k, correspond, comme nous l'avons vu, une réaction $-f_k$, agissant en sens contraire sur la même droite. Les moments de ces forces par rapport à un même axe sont donc égaux en valeur absolue et ont des signes contraires. Leur somme se réduit à zéro, et on arrive, en définitive, au théorème suivant :

L'accroissement, entre deux époques, de la somme des moments des quantités de mouvement par rapport à un axe fixe, est égal à la somme des moments par rapport à cet axe des impulsions élémentaires des forces extérieures pendant le même intervalle de temps.

46. Proposons-nous, en dernier lieu, de généraliser le théorème des forces vives.

Pour un point matériel de masse m, soumis à une force extérieure F, et à des forces intérieures $f_1, f_2, f_3, \dots f_n$, on aura, entre les forces vives mV^2 et mv^2 relatives à deux positions successives du système,

$$\tfrac{1}{2}mV^2 - \tfrac{1}{2}mv^2 = \int F\cos\mu\, ds + \int f_1 \cos\mu_1\, ds + \int f_2 \cos\mu_2\, ds + \dots + \int f_n \cos\mu_n\, ds,$$

$\mu, \mu_1, \dots \mu_n$ étant les angles des forces F et f avec la trajectoire du point.

Si l'on écrit la même équation pour tous les points du système, et qu'on ajoute, on obtiendra pour résultat une équation unique,

$$\sum \tfrac{1}{2} mV^2 - \sum \tfrac{1}{2} mv^2 = \sum \int F \cos\mu\, ds + \sum \int f_1 \cos\mu_1\, ds,$$

les sommes $\sum$ étant étendues à tous les points et à toutes les forces. Le second membre contient deux groupes de termes : le premier groupe est la somme des quantités de travail développées par toutes les forces extérieures pendant le passage de la première position à la seconde; le second groupe est la somme de tous les travaux des forces intérieures. Cette dernière somme peut s'exprimer plus élégamment en observant que les forces intérieures sont toutes mutuelles, et que le travail élémentaire de deux forces conjuguées $(f_1, -f_1)$ est le produit de leur valeur commune par la variation dr de la dis-

Fig. 31.

tance de leurs points d'application. Le travail des forces intérieures peut donc être représenté par une somme d'intégrales de la forme

$\int fdr$; et ces intégrations pourront s'effectuer dès que l'on connaîtra la loi qui lie la force mutuelle f à la distance r des molécules entre lesquelles s'exerce cette action mutuelle.

47. L'équation des forces vives se distingue de celles que nous avons précédemment obtenues, en ce que les forces intérieures ne disparaissent généralement pas. Il y a cependant trois cas princi- paux où l'on n'a pas à en tenir compte : 1° le cas des systèmes *inva- riables*, parce qu'alors les distances r des molécules sont constantes et que tous les dr sont nuls ; — 2° le cas d'un système fluide par- fait, lorsqu'il n'est soumis à aucune variation de volume ; car alors les forces intérieures f sont toutes nulles, ou bien les dr sont tous égaux à zéro ; — 3° enfin, le cas d'un système élastique soumis à des vibrations qui font repasser périodiquement ses molécules par les mêmes positions relatives. Les éléments de la somme $\int fdr$ ne sont pas alors constamment nuls, mais la somme elle-même s'annule pé- riodiquement, et, pourvu qu'on applique l'équation des forces vives entre des époques convenablement choisies, on n'aura pas à y intro- duire les termes relatifs aux forces intérieures.

48. L'équation des forces vives est la plus importante des équa- tions de la mécanique : nous nous arrêterons un instant à la dis- cuter.

Observons d'abord que cette équation laisse de côté toute force dont le travail est nul : ainsi les réactions normales des surfaces et des courbes fixes sur lesquelles les points sont assujettis à glisser, les réactions des points ou des axes fixes, les tensions des liens dont la longueur reste invariable, les réactions mutuelles de corps qui glissent l'un sur l'autre sans développer aucun frottement tangentiel, toutes ces forces, la plupart du temps inconnues dans les questions qu'on a à traiter, n'entrent point dans l'équation des forces vives.

Si le système proposé est *à liaisons complètes*, c'est-à-dire, si le trajectoires des divers points sont connues, et si le mouvement d'un point en particulier suffit pour déterminer le mouvement de tous les autres points, il suffit d'une équation pour définir le mouvement du système, et c'est, en général, l'équation des forces vives qu'on adopte de préférence aux autres. C'est pour cela que cette équation est d'un usage si fréquent dans la théorie des machines. La considération des travaux des forces a, dans ce cas, une importance particulière.

L'équation des forces vives établit l'équivalence entre une somme de travaux élémentaires, et la variation, $\sum \frac{1}{2} m V^2 - \sum \frac{1}{2} m v^2$, de la demi-force vive du système. On peut donc assimiler cette variation à un travail. Il est facile de trouver la force à laquelle ce travail correspond. Observons, en effet, que la différentielle de $\frac{1}{2} m v^2$ est $m v\, dv$, ou bien, en remplaçant v par $\frac{ds}{dt}$,

$$m \frac{dv}{dt} \times ds.$$

Or, $m \dfrac{dv}{dt}$ est la composante tangentielle de la force qui sollicite le point m considéré comme libre; $m \dfrac{dv}{dt} \times ds$ est donc le travail élémentaire de cette force. On donne le nom de *force d'inertie* à une force égale et contraire à la force qui sollicite un point libre; c'est, pour ainsi dire, la réaction du point, égale et opposée à l'action qui s'exerce sur lui. On voit que le produit $m \dfrac{dv}{dt} \times ds$, ou $m v\, dv$, pris avec le signe —, est le travail élémentaire de la force d'inertie. Prenant l'intégrale entre les deux positions du point mobile, on aura pour somme l'accroissement changé de signe de la demi-force vive de ce point, et par suite, faisant la somme pour tous les points du système et réunissant tous les termes dans le même membre de l'équation, on pourra formuler le théorème des forces vives ainsi qu'il suit :

D'une position à une autre d'un même système matériel mobile, la somme des travaux des forces extérieures, des forces intérieures et des forces d'inertie, est constamment égale à zéro.

Cette relation est une conséquence immédiate du théorème général de d'Alembert, en vertu duquel *il y a à chaque instant équilibre entre les forces qui sollicitent un système et les forces d'inertie de ses différents points.*

49. Le travail élémentaire d'une force F appliquée à un point *m* qui subit un déplacement *ds* a pour expression F cos μ*ds*. Si l'on appelle X, Y, Z, les composantes de F parallèles à trois axes rectangulaires, et *dx*, *dy*, *dz*, les projections sur les mêmes axes de l'élément *ds*, on peut remplacer F cos μ*ds* par X*dx* + Y*dy* + Z*dz*. La somme des travaux élémentaires de toutes les forces, tant intérieures qu'extérieures, pour un déplacement infiniment petit, s'exprimera donc par une somme

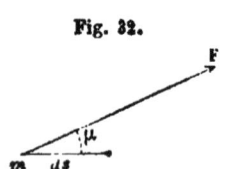

Fig. 32.

$$\sum (\mathrm{X}\,dx + \mathrm{Y}\,dy + \mathrm{Z}\,dz).$$

Si X, Y, Z sont des fonctions des coordonnées x, y, z, x', y', z',.... des différents points du système, il pourra arriver que $\sum (\mathrm{X}\,dx + \mathrm{Y}\,dy + \mathrm{Z}\,dz)$ soit la différentielle exacte d'une fonction φ de ces mêmes coordonnées; alors le second membre de l'équation des forces vives sera immédiatement intégrable, sans qu'on ait besoin de déterminer préalablement le mouvement effectif du système, et l'on aura une équation à laquelle ce mouvement satisfera nécessairement, quel qu'il soit d'ailleurs. Elle aura la forme

$$\sum \tfrac{1}{2} mv^2 - \sum \tfrac{1}{2} mv_0^2 = \varphi(x, y, z, x', y', z', \ldots) - \varphi(x_0, y_0, z_0, x'_0, y'_0, z'_0, \ldots)$$

Si donc, à une certaine époque, tous les points du système repassent à la fois par les positions qu'ils occupaient à une époque antérieure, la force vive à ces deux époques se retrouvera identiquement la même. C'est ce cas particulier qui constitue *le théorème de la conservation des forces vives.*

50. L'équation des forces vives résume toute la statique. Considérons un système matériel sollicité par des forces données. Si pour un déplacement virtuel quelconque, compatible avec les liaisons auxquelles le système est assujetti, la somme des travaux des forces est nulle, le système, s'il est en repos dans la position considérée, demeurera en repos sous l'action de ces forces; car il ne peut se déplacer sans que ses points acquièrent certaines vitesses, c'est-à-dire sans que le système acquière une certaine force vive; or l'équation, appliquée à une position infiniment voisine, montre que la force vive reste nulle, quel que soit le déplacement qu'on ait supposé. Le théorème des forces vives renferme donc le théorème du travail virtuel. Il fait voir de plus que, lorsqu'un système en mouvement passe par une position où les forces se font équilibre, la force vive dans cette position atteint, en général, un maximum ou un minimum.

L'équation des forces vives est encore employée en mécanique pour faire juger de la stabilité ou de l'instabilité d'un système en équilibre. Nous en avons donné un exemple (§ 29). Enfin, l'individualité du théorème des forces vives est surtout mise en évidence par le *théorème de la moindre action,* qui consiste en ce que toutes les équations de la mécanique se déduisent de l'équation des forces vives, quand on y joint une condition unique de minimum, à savoir, le minimum de la fonction $\sum \int mv ds$, la somme $\sum$ étant étendue à tous les points du système; l'intégrale $\int$ est prise pour chacun d'eux entre les mêmes limites du temps, le long d'une trajectoire arbitraire, menée de sa position réelle, à l'époque initiale, à la position réelle qu'il occupe à l'époque finale en vertu de son mouvement effectif.

CHAPITRE III.

ÉQUATIONS GÉNÉRALES DE L'HYDRODYNAMIQUE.

---

51. Le problème général du mouvement des fluides consiste à déterminer, en fonction du temps, pour chaque point de l'espace occupé par le fluide, les valeurs de la pression, de la densité, et des composantes de la vitesse des molécules qui viennent successivement passer en ce point. On renverse, pour ainsi dire, le problème de la mécanique ordinaire. Au lieu de suivre les points mobiles le long de leurs trajectoires, on se place en des points géométriques fixes, et l'on observe les mouvements des points matériels qui sont amenés à y passer. Si l'on connaissait pour chaque point géométrique et pour chaque valeur du temps les composantes de la vitesse des molécules à l'instant de leur passage en ce point, on pourrait en déduire la trajectoire de chaque molécule et la loi du mouvement sur cette trajectoire, c'est-à-dire que l'on reviendrait du nouveau point de vue auquel on s'est placé, au point de vue auquel on se place habituellement.

52. Soit A un point géométrique défini par ses coordonnées rectangulaires x, y, z; soit t le temps. A un moment défini par une valeur de t, une molécule passe en A, avec une vitesse dont les composantes parallèles aux axes sont u, v, w. Cette molécule décrit, dans un temps infiniment court dt, un arc de trajectoire AA', qui a pour projections sur les trois axes, $u\,dt$, $v\,dt$, $w\,dt$.

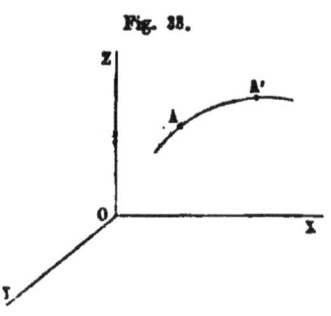

Fig. 18.

Les quantités u, v, w sont variables à la fois avec le temps t et avec la position du point géométrique A; en d'autres termes, ce sont des fonctions des quatre variables indépendantes x, y, z et t.

Outre ces trois fonctions, on doit encore considérer la pression p subie par la molécule qui passe au point A, et la densité ρ de cette molécule. La pression p peut être considérée comme la même en tous sens autour de la molécule, s'il s'agit d'un liquide parfait, pour lequel la viscosité soit nulle, ou si l'on fait entrer les forces de viscosité dans les forces extérieures, s'il s'agit d'un fluide naturel. Les fonctions p et ρ dépendent aussi des quatre variables indépendantes x, y, z et t.

Soit f une fonction quelconque de ces quatre variables; la différentielle totale de la fonction f s'obtient par la formule

$$df = \frac{df}{dx}\,dx + \frac{df}{dy}\,dy + \frac{df}{dz}\,dz + \frac{df}{dt}\,dt,$$

dans laquelle $\frac{df}{dx}$, $\frac{df}{dy}$, etc., représentent les dérivées partielles de f par rapport à x, y, etc., en supposant que les quatre variables reçoivent chacune des accroissements arbitraires dx, dy, dz, dt.

Mais si, au lieu de laisser ces accroissements arbitraires, on prend la différentielle df pour une molécule fluide en particulier le long de sa trajectoire AA', alors il faudra remplacer dx par udt, dy par vdt, dz par wdt, car ce sont là les accroissements pendant le temps dt des coordonnées x, y, z de la molécule mobile. La formule spéciale relative à ce cas devient donc

$$df = \left(\frac{df}{dx}\,u + \frac{df}{dy}\,v + \frac{df}{dz}\,w + \frac{df}{dt} \right) dt,$$

et la quantité entre parenthèses représentera le rapport de df à dt, quand la molécule mobile passe du point A au point A'.

53. Ces préliminaires posés, cherchons les équations du mouvement de la molécule qui passe au point A.

Les équations du mouvement d'un point dont les vitesses parallèles aux axes sont u, v, w, s'expriment en égalant aux projections de la force qui sollicite ce point les produits de la masse par les projections de l'accélération. Nous représenterons par u', v', w', les projections sur les trois axes de l'accélération de la molécule. La quantité u' s'obtiendra en divisant par dt l'accroissement total de la vitesse u, parallèle à OX, quand la molécule passe de A en A'; appliquant donc la formule précédente à la fonction u, nous aurons

$$u' = \frac{du}{dx} u + \frac{du}{dy} v + \frac{du}{dz} w + \frac{du}{dt},$$

et de même

$$v' = \frac{dv}{dx} u + \frac{dv}{dy} v + \frac{dv}{dz} w + \frac{dv}{dt},$$

$$w' = \frac{dw}{dx} u + \frac{dw}{dy} v + \frac{dw}{dz} w + \frac{dw}{dt}.$$

Mais la molécule est sollicitée par une certaine force extérieure, dont les composantes, rapportées à l'unité de masse, seront représentées par X, Y, Z, et, en outre, par les pressions des parties voisines du fluide. Si le fluide était en équilibre, les équations suivantes seraient satisfaites (§ 6):

$$\frac{dp}{dx} = \rho X,$$

$$\frac{dp}{dy} = \rho Y,$$

$$\frac{dp}{dz} = \rho Z,$$

ou bien

$$X - \frac{1}{\rho} \frac{dp}{dx} = 0,$$

$$Y - \frac{1}{\rho} \frac{dp}{dy} = 0,$$

$$Z - \frac{1}{\rho} \frac{dp}{dz} = 0.$$

Sous cette dernière forme, on voit qu'il y a équilibre entre la force X et une force $- \frac{1}{\rho} \frac{dp}{dx}$, parallèle à l'axe des x, et qui représente l'effet des pressions au point A sur l'unité de masse; entre la force Y et une force $- \dfrac{1}{\rho} \dfrac{dp}{dy}$, entre la force Z et une force $- \dfrac{1}{\rho} \dfrac{dp}{dz}$.

Cette interprétation subsiste encore pour l'état de mouvement; seulement, au lieu d'égaler les sommes à zéro, comme pour l'équilibre, on les égalera respectivement à u', v', w', composantes de l'accélération totale, sans introduire le facteur *masse*, puisque nous rapportons tout ici à une masse égale à l'unité. Les équations du mouvement deviennent en définitive :

$$(1) \quad \begin{cases} X - \dfrac{1}{\rho} \dfrac{dp}{dx} = \dfrac{du}{dx} u + \dfrac{du}{dy} v + \dfrac{du}{dz} w + \dfrac{du}{dt}, \\[2mm] Y - \dfrac{1}{\rho} \dfrac{dp}{dy} = \dfrac{dv}{dx} u + \dfrac{dv}{dy} v + \dfrac{dv}{dz} w + \dfrac{dv}{dt}, \\[2mm] Z - \dfrac{1}{\rho} \dfrac{dp}{dz} = \dfrac{dw}{dx} u + \dfrac{dw}{dy} v + \dfrac{dw}{dz} w + \dfrac{dw}{dt}. \end{cases}$$

54. Ces trois équations ne suffisent pas pour déterminer analytiquement les cinq fonctions u, v, w, p et ρ, et les lier aux quatre variables indépendantes x, y, z, t.

Pour achever de poser les équations du problème, cherchons à exprimer la variation subie pendant le temps dt par la densité du fluide compris dans un volume géométrique fixe.

Considérons pour cela le parallélépipède ABCDEFGH, qui a un

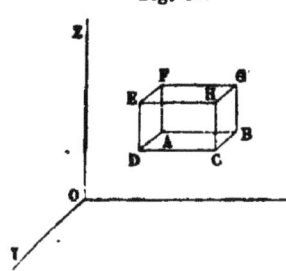

Fig. 34.

sommet A défini par ses coordonnées x, y, z, et dont les dimensions parallèles aux axes sont des quantités infiniment petites arbitraires, AB $= dx$, AD $= dy$, AF $= dz$. Le volume de ce parallélépipède sera $dx\,dy\,dz$; la masse de fluide qu'il contient à l'instant défini par le temps t, est donc $\rho\,dx\,dy\,dz$, et au bout du temps $t + dt$, elle est égale à $\left(\rho + \dfrac{d\rho}{dt}\,dt\right) dx\,dy\,dz$. Cette variation est due aux vitesses qui font entrer dans ce volume, ou en font sortir des molécules fluides·pendant le temps considéré; faisons donc successivement le calcul de toutes les masses de fluide qui passent par chacune des six faces du parallélépipède : en additionnant algébriquement toutes ces quantités, nous aurons l'accroissement de masse subi par le volume entier.

Perpendiculairement à la face ADEF, règne la vitesse u; dans le temps dt, elle amène dans l'intérieur du parallélépipède une masse de fluide égale à

$$\rho \times dy\, dz \times u\, dt = dy\, dz\, dt \times \rho u.$$

Par la face opposée BCHG il sort, pendant le même temps, une masse fluide égale à cette même quantité augmentée de sa différentielle relative à x; par suite, le parallélépipède gagne par l'écoulement opéré perpendiculairement à ces deux faces, un excès de masse égal à la différentielle changée de signe, c'est-à-dire égal à

$$- dy \cdot dz \cdot dt \times \frac{d(\rho u)}{dx}\, dx,$$

ou enfin à

$$- dx\, dy\, dz\, dt \times \frac{d(\rho u)}{dx}.$$

On prouverait de même que l'écoulement parallèle à l'axe OY augmente la masse intérieure du parallélépipède de la quantité

$$- dx\, dy\, dz\, dt \times \frac{d(\rho v)}{dy},$$

et qu'enfin l'écoulement parallèle à OZ l'augmente de

$$- dx\, dy\, dz\, dt \times \frac{d(\rho w)}{dz}.$$

L'addition de ces trois quantités donne pour résultat l'accroissement total, $\frac{d\rho}{dt}\, dt\, dx\, dy\, dz$, de la masse contenue dans ce volume, *pourvu que le mouvement du fluide ne laisse aucun vide à l'intérieur du volume géométrique* ABCDEFGH. En admettant cette condition, qui sera généralement remplie au sein de la masse fluide et dans les points voisins des parois solides, mais qui pourra ne pas l'être pour la région voisine de la surface libre, on parvient à l'équation suivante, dite *équation de continuité* (*) :

$$\frac{d\rho}{dt}\, dt\, dx\, dy\, dz = - \, dx\, dy\, dz\, dt \left[\frac{d(\rho u)}{dx} + \frac{d(\rho v)}{dy} + \frac{d(\rho w)}{dz} \right],$$

ou bien,

$$(2) \qquad \frac{d\rho}{dt} + \frac{d(\rho u)}{dx} + \frac{d(\rho v)}{dy} + \frac{d(\rho w)}{dz} = 0.$$

Cette équation se dédouble dans le cas des liquides parfaits, parce qu'alors ρ est constant pour chaque molécule, bien qu'il puisse être variable d'une molécule à l'autre, si plusieurs liquides sont mélangés.

Elle peut se mettre sous la forme

$$\left(\frac{d\rho}{dt} + \frac{d\rho}{dx} u + \frac{d\rho}{dy} v + \frac{d\rho}{dz} w \right) + \rho \left(\frac{du}{dx} + \frac{dv}{dy} + \frac{dw}{dz} \right) = 0.$$

Or la première parenthèse est le rapport à dt de la différentielle totale de ρ prise le long de la trajectoire d'une même molécule (§ 52). Si donc la molécule conserve la même densité, cette différentielle doit être nulle, et l'équation (2) fournit alors les deux équations

$$(3) \qquad \left\{ \begin{aligned} & \frac{du}{dx} + \frac{dv}{dy} + \frac{dw}{dz} = 0, \\ & \frac{d\rho}{dx} u + \frac{d\rho}{dy} v + \frac{d\rho}{dz} w + \frac{d\rho}{dt} = 0. \end{aligned} \right.$$

Les équations (1) et (3) sont alors au nombre de cinq, et suffisent pour définir analytiquement les cinq fonctions x, y, z, p et ρ.

Si le fluide est un gaz parfait dont la température soit constante, la

---

(*) On peut y parvenir d'une autre manière, en suivant le volume fluide le long de la route qu'il parcourt, et en exprimant que sa masse totale n'a pas changé malgré son altération de forme. V. Poisson, *Mécanique*, t. II, § 642. Voir aussi une *Note sur l'équation de continuité du mouvement des fluides*, par M. G. F. W. Baehr, professeur à l'École polytechnique de Delft (Amsterdam, C. G. Van der Post, 1872).

densité ρ varie pour la même molécule, et, par suite, le dédoublement de l'équation (2) n'est plus possible. Mais alors on connaît une relation

(4) $$P = K\rho,$$

entre la pression et la densité; de sorte qu'on a encore cinq équations, savoir les équations (1), l'équation (2) et l'équation (4), pour définir les cinq fonctions inconnues.

55. Les équations générales de l'hydrodynamique lient entre elles les cinq fonctions

$$p, \rho, u, v, w,$$

et les quatre variables indépendantes

$$x, y, z, t.$$

Elles sont établies en supposant :

1° Que dans le fluide en mouvement, de même que dans un fluide en équilibre, la pression en un point est la même dans toute direction autour de ce point; ce qui revient à admettre une fluidité parfaite, ou une viscosité nulle;

2° Que le mouvement du fluide n'en détruit pas la continuité.

Ces équations ne sont pas intégrables, et les analystes ont renoncé à en chercher la solution générale (*).

Elles se simplifient notablement dans certains cas particuliers. Admettons, par exemple, que la fonction $Xdx + Ydy + Zdz$ soit la différentielle, par rapport à x, y et z, d'une fonction T des variables x, y, z et t; on obtient alors l'expression $Xdx + Ydy + Zdz$ en différentiant la fonction T comme si la variable t était une constante. Supposons de plus que la fonction $udx + vdy + wdz$ soit aussi une différentielle complète, relative à x, y et z, d'une fonction φ des ces trois variables et du temps t. Lagrange a fait voir

---

(*) *V.* **Lagrange**, *Mécanique analytique*, II° partie, section X.

que, si cette condition est satisfaite pour une valeur particulière du temps, elle sera satisfaite pour toute autre valeur, de sorte que les transformations fondées sur cette circonstance analytique ne sont pas accidentelles, mais peuvent s'appliquer à toute la suite du mouvement (*). Il en est ainsi, par exemple, quand le fluide part du repos. On démontre qu'il en est encore ainsi quand les molécules fluides sont animées seulement de petits mouvements oscillatoires autour de leurs positions d'équilibre (**). Admettons cette dernière hypothèse et posons à la fois

$$X\,dx + Y\,dy + Z\,dz = dT,$$

et

$$u\,dx + v\,dy + w\,dz = d\varphi.$$

La petitesse des mouvements permet de simplifier les équations (1), en y effaçant tous les produits $\dfrac{du}{dx}\,u$, $\dfrac{du}{dy}\,v$,... dont les deux facteurs sont très petits chacun. Elles prennent alors la forme

$$X - \frac{1}{\rho}\frac{dp}{dx} = \frac{du}{dt},$$
$$Y - \frac{1}{\rho}\frac{dp}{dy} = \frac{dv}{dt},$$
$$Z - \frac{1}{\rho}\frac{dp}{dz} = \frac{dw}{dt}.$$

Multiplions la première par dx, la seconde par dy, la troisième par dz, et ajoutons; il viendra

$$dT - \frac{dp}{\rho} = \left(\frac{du}{dt}\,dx + \frac{dv}{dt}\,dy + \frac{dw}{dt}\,dz\right) = \frac{d}{dt}(d\varphi),$$

$\dfrac{d}{dt}$ représentant la dérivée partielle de la fonction $d\varphi$ par rapport à t. On peut intervertir l'ordre des différentiations, ce qui donne

$$\frac{d}{dt}(d\varphi) = d\left(\frac{d\varphi}{dt}\right),$$

(*) *Méc. Analytique*, II⁰ partie, section XI, art. 16 et suiv. — L'extension du théorème de Lagrange aux fluides imparfaits a été faite par M. Bresse (*Comptes rendus de l'Académie des sciences*, 8 mars 1880).

(**) Lagrange, *ibid.*, art. 21.

de sorte que l'équation prend la forme intégrable

$$dT - \frac{dp}{\rho} = d\left(\frac{d\varphi}{dt}\right).$$

Supposons qu'il s'agisse d'un liquide homogène; ρ sera alors constant, et l'on aura, en intégrant,

$$T - \frac{p}{\rho} = \frac{d\varphi}{dt}.$$

La constante à introduire peut être supposée renfermée dans la fonction T, qui n'est définie que par sa différentielle relative à x,y,z. On connaîtra donc la pression p au moyen de cette équation, dès qu'on aura déterminé la fonction φ. Mais cette fonction se déduit de la seconde des équations de continuité

$$\frac{du}{dx} + \frac{dv}{dy} + \frac{dw}{dz} = 0.$$

La fonction u est, par hypothèse, la dérivée partielle, $\frac{d\varphi}{dx}$, de φ par rapport à x; de même $v = \frac{d\varphi}{dy}$ et $w = \frac{d\varphi}{dz}$. L'équation de continuité prend la forme

$$\frac{d^2\varphi}{dx^2} + \frac{d^2\varphi}{dy^2} + \frac{d^2\varphi}{dz^2} = 0,$$

équation linéaire du second ordre, qui définit φ en fonction des trois variables indépendantes, x,y,z, la quatrième variable t devant être traitée comme une constante dans l'intégration.

RÉGIME PERMANENT.

56. L'étude du régime permanent fait l'objet principal de l'hydraulique.

On dit que le mouvement d'un fluide est permanent lorsqu'à toute époque et dans toute la masse en mouvement, les molécules qui passent en un même point géométrique sont animées des mêmes vitesses, en grandeur et en direction, sont soumises à la même pression, et possèdent la même densité. Ce phénomène peut s'observer à peu près, lorsque l'eau s'écoule par un canal ou par un tuyau, dès que le *régime est établi*. Alors chaque portion de liquide qui abandonne une région géométrique s'y trouve remplacée par une portion semblable, placée dans des conditions tout à fait identiques. Pour introduire cette hypothèse dans les équations générales, il suffit d'exprimer que les cinq fonctions u, v, w, p, ρ, sont indépendantes de la variable t. L'hypothèse de la permanence revient donc à faire nulles toutes les dérivées partielles de ces fonctions par rapport à t, ou à poser

$$\frac{du}{dt} = 0, \quad \frac{dv}{dt} = 0, \quad \frac{dw}{dt} = 0, \quad \frac{dp}{dt} = 0, \quad \frac{d\rho}{dt} = 0.$$

57. On peut déduire dans ce cas des trois équations (1) le théorème fondamental de l'hydraulique, le *théorème de Daniel Bernoulli*.

Les trois équations (1) deviennent, après suppression des dérivées partielles relatives à t, qui sont nulles d'elles-mêmes,

$$X - \frac{1}{\rho} \frac{dp}{dx} = \frac{du}{dx} u + \frac{du}{dy} v + \frac{du}{dz} w = u',$$

$$Y - \frac{1}{\rho} \frac{dp}{dy} = \frac{dv}{dx} u + \frac{dv}{dy} v + \frac{dv}{dz} w = v',$$

$$Z - \frac{1}{\rho} \frac{dp}{dz} = \frac{dw}{dx} u + \frac{dw}{dy} v + \frac{dw}{dz} w = w'.$$

Multiplions la première par dx, la seconde par dy, la troisième par dz; nous admettrons encore qu'on ait $X dx + Y dy + Z dz = dT$, T étant une fonction des coordonnées x, y, z, où cette fois le temps n'entrera plus; l'addition des trois équations ainsi multipliées donnera pour résultat, dans le premier membre, les deux termes $d\mathrm{T} - \dfrac{dp}{\rho}$,

Fig. 35.

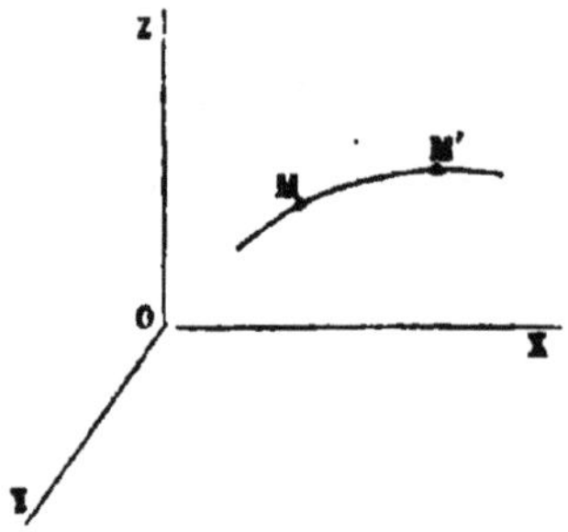

et cela, quels que soient les multiplicateurs infiniment petits dx, dy, dz. Mais pour la transformation du second membre, nous attribuerons à dx, dy, dz, les valeurs définies que prennent ces différentielles lorsqu'on les détermine pour une même molécule M parcourant sa trajectoire MM'; cela revient à faire $dx = udt$, $dy = vdt$, $dz = wdt$; nous aurons donc le long de la trajectoire MM'

l'équation

$$d\mathrm{T} - \frac{dp}{\rho} = u'udt + v'vdt + w'wdt.$$

Or

$$u'dt = du,$$
$$v'dt = dv,$$
$$w'dt = dw;$$

donc

$$d\mathrm{T} - \frac{dp}{\rho} = udu + vdv + wdw = \frac{1}{2}\, d\,(u^2 + v^2 + w^2)$$

$$= \frac{1}{2}\, d(\mathrm{V}^2) = \mathrm{V}d\mathrm{V},$$

en appelant V la vitesse de la molécule. On obtient ainsi l'équation différentielle

$$\mathrm{V}d\mathrm{V} + \frac{dp}{\rho} - d\mathrm{T} = 0.$$

Cette équation est intégrable, que le fluide soit un liquide homogène, ou un gaz à température constante.

Si c'est un liquide homogène, ρ est constant, et l'intégration donne

$$\frac{\mathrm{V}^2}{2} + \frac{p}{\rho} - \mathrm{T} = \text{constante.}$$

Si c'est un gaz à température constante, on a entre p et ρ la relation $p = K\rho$, K étant un coefficient constant; donc $\dfrac{dp}{\rho} = \dfrac{K\,dp}{p}$, dont l'intégrale est K log. nép. p. L'intégration conduit dans ce cas à l'équation :

$$\frac{V^2}{2} + K \log \text{nép.}\ p - T = \text{constante.}$$

Le *théorème de Bernoulli* résulte de l'application de la première de ces deux équations aux liquides pesants. On a alors, en prenant pour l'axe OZ une verticale ascendante,

$$X = 0, \quad Y = 0, \quad Z = -g.$$

. Donc

$$dT = -g\,dz, \quad \text{et} \quad T = -gz.$$

Introduisons cette valeur de T et divisons par g, nous trouverons

$$\frac{V^2}{2g} + \frac{p}{\rho g} + z = H, \quad \text{ou} \quad \frac{V^2}{2g} + \frac{p}{\Pi} + z = H,$$

H étant une hauteur constante, et Π désignant le poids spécifique du liquide.

58. Ce résultat est susceptible d'une interprétation géométrique. L'ordonnée z est la hauteur d'un point pris sur la trajectoire de la molécule liquide, au-dessus d'un plan horizontal arbitraire; c'est la *cote de hauteur* du point considéré; $\dfrac{p}{\Pi}$ est la *hauteur représentative de la pression* p, estimée, comme en hydrostatique, en colonne de liquide; $\dfrac{V^2}{2g}$ est la *hauteur due à la vitesse* V de la molécule liquide qui passe au point considéré. Ces trois hauteurs s'ajoutent pour donner une somme constante.

. . Soit AB la trajectoire d'une molécule; AB sera aussi un *filet fluide*, puisque, en vertu de la permanence du régime, un nombre indéfini de molécules parcourent la même trajectoire, chacune venant remplacer la précédente et acquérant la vitesse que celle-ci possédait lorsqu'elle occupait la même position. Au point M de ce filet, prenons bout à bout sur la verticale les quantités $MP = \dfrac{p}{\Pi}$, et $PN = \dfrac{V^2}{2g}$; nous obtiendrons ainsi un point N, dont la hauteur au-dessus du plan horizontal XOY sera égale à

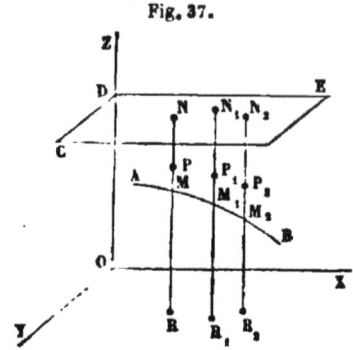

Fig. 37.

$$MR + MP + PN$$

ou à

$$z + \frac{p}{\Pi} + \frac{V^2}{2g}$$

ou enfin à H. Si on répète cette construction en divers points M_1, M_2,... du même filet, on obtiendra une série de points N, N_1, N_2,... qui seront tous situés dans un même plan horizontal CDE. C'est ce plan qu'on appelle le *plan de charge*. Le théorème de Daniel Bernoulli peut donc s'exprimer ainsi : *en tous les points d'un même filet liquide, homogène et sans viscosité, soumis à la seule action de la pesanteur, et satisfaisant aux conditions de la permanence, la hauteur du plan de charge est la même.*

Nous avons vu (§ 9) que dans un liquide pesant en équilibre, le plan de charge a pour ordonnée $z + \dfrac{p}{\Pi}$, et qu'il est le même pour tous les points de la masse liquide, sans qu'il y ait lieu de considérer de filets. Le théorème de Bernoulli ajoute à cette expression un terme destiné à tenir compte de la vitesse, et l'on peut dire, par conséquent, qu'en chaque point une partie de la hauteur, $\dfrac{p}{\Pi}$, due à la pression dans le cas de l'équilibre, se change, dans le cas du mouvement permanent, en une hauteur $\frac{V^{\cdot}}{2g}$. due à la vitesse des molécules liquides à leur passage en ce point. Mais la constance de la hauteur du plan de charge n'est assurée que tout le long d'un même filet.

59. L'élimination qui nous a servi à déduire le théorème de Bernoulli des équations générales, n'est autre que celle qu'on fait en dynamique pour établir le théorème des forces vives. Le théorème de Bernoulli peut, en effet, se démontrer très simplement par l'application du théorème des forces vives, sans qu'on ait besoin de poser d'abord les équations générales de l'hydrodynamique.

Soit AB une portion de filet liquide, de section très petite, animé

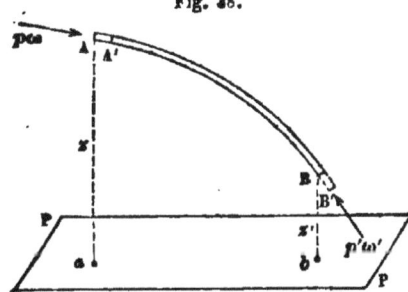

Fig. 28.

d'un mouvement permanent. Appelons ω la section normale du filet au point A, ω' la section normale au point B; p et p', les pressions par unité de surface en A et en B, enfin V et V', les vitesses des molécules liquides en ces mêmes points, vitesses qu'on supposera communes à toutes les molécules liquides qui traversent une même section, à cause de la petitesse de cette section.

Nous pouvons appliquer le théorème des forces vives au système matériel AB. Les forces dont les travaux entreront dans l'équation seront la pesanteur et les pressions extérieures au système. Il n'y aura pas de travail des forces intérieures à évaluer, parce qu'on suppose le liquide dénué de viscosité et incompressible. Dans ces conditions, le filet AB glisse sans frottement sur les filets voisins, et ceux-ci exercent sur lui, normalement à sa direction, certaines pressions dont le travail est nul.

Au bout d'un temps θ, infiniment petit, le système AB s'est déplacé, mais en vertu de la permanence, *il s'est déplacé dans sa propre direction*. La section A est venue en A', à une distance AA' = Vθ de sa position primitive; la section B est parvenue en B', après avoir parcouru une distance BB' = V'θ. La pression sur l'aire A est égale à

$p\omega$; le travail de cette pression est donc $p\omega \times V\theta$, et il est positif. La pression en B est égale à $p'\omega'$, et son travail est négatif et égal à — $p'\omega'V'\theta$.

Observons ici que $\omega V\theta$ est le volume liquide écoulé pendant le temps θ par la section A, c'est-à-dire le volume compris entre les sections A et A′. De même, $\omega'V'\theta$ est le volume BB′; le filet fluide, dans ses deux positions successives, AB et A′B′, a une partie commune A′B; et comme à cause de l'incompressibilité, il occupe le même volume dans ces deux positions, le volume AA′ est égal au volume BB′; en d'autres termes, $\omega V = \omega'V'$.

Le produit ωV représente le volume écoulé par la section A dans un temps égal à l'unité. C'est ce qu'on appelle la *dépense* du filet. Elle est dans le régime permanent constante pour toutes les sections. Nous la représenterons par Q. Les travaux des pressions seront donc égaux à $pQ\theta — p'Q\theta = (p — p')Q\theta$.

Le travail de la pesanteur sur le système AB s'obtient en multipliant le poids total du système par le déplacement vertical de son centre de gravité. Au lieu d'appliquer directement ce théorème, nous pouvons remarquer qu'il est indifférent, au point de vue du travail cherché, de supposer que le système AB se transporte en A′B′, ou que le volume liquide AA′ passe en BB′, la partie commune A′B restant immobile. De cette manière, on voit tout de suite que le travail de la pesanteur est le produit du poids du volume AA′ par la différence, $Aa — Bb$, des hauteurs des sections A et B au-dessus d'un même plan horizontal PP. Le volume AA′ est égal à $Q\theta$; le poids correspondant est donc $\Pi Q\theta$; et appelant z l'ordonnée Aa, z' l'ordonnée Bb, nous aurons pour le travail de la pesanteur :

$$+\Pi Q\theta\,(z — z').$$

Tous les travaux des forces étant ainsi évalués, il nous reste seulement à trouver l'accroissement de la demi-force vive.

Le système matériel, dans ses deux positions AB et A′B′, a une partie commune A′B, et dans cette partie, les mêmes points géométriques se trouvent occupés aux deux époques par des molécules de même masse, et animées de vitesses égales. Donc à cette partie commune ne correspond, dans le passage d'une position à l'autre, aucune altération de la force vive; par suite, il suffit de considérer l'échange de la masse AA' contre la masse égale BB'.

Le poids commun à ces deux masses est $\Pi Q\theta$; la masse est $\frac{\Pi}{g}Q\theta$; la première, AA', est animée d'une vitesse V, la seconde d'une vitesse V'; la première a donc une force vive égale à $\frac{\Pi}{g}Q\theta \times V^2$, la seconde $\frac{\Pi}{g}Q\theta \times V'^2$, et le demi-accroissement des forces vives est égal à

$$\frac{\Pi}{2g}Q\theta(V'^2 - V^2).$$

L'équation des forces vives s'obtiendra en égalant cet accroissement à la somme des travaux des forces, ou en posant

$$\frac{\Pi}{2g}Q\theta(V'^2 - V^2) = \Pi Q\theta(z - z') + (p - p')Q\theta.$$

Divisons par $\Pi Q\theta$, poids des volumes liquides AA', BB', et nous aurons l'équation

$$\frac{V'^2}{2g} - \frac{V^2}{2g} = (z - z') + \left(\frac{p}{\Pi} - \frac{p'}{\Pi}\right),$$

ou bien, en groupant dans le même membre les quantités relatives à une même section,

$$\frac{V'^2}{2g} + \frac{p'}{\Pi} + z' = \frac{V^2}{2g} + \frac{p}{\Pi} + z,$$

ce qui indique que la fonction $\frac{V^2}{2g} + \frac{p}{\Pi} + z$ est constante pour toute section d'un même filet, ainsi que nous l'avions déjà obtenu au moyen des équations générales.

60. Sous sa première forme, l'équation de Daniel Bernoulli nous

apprend que la vitesse au point B du filet liquide AB est égale à celle qu'aurait un corps pesant partant du repos et tombant librement d'une hauteur $\frac{V^2}{2g} + (z - z') + \left(\frac{p}{\Pi} - \frac{p'}{\Pi}\right)$, ou bien celle qu'aurait un corps pesant tombant librement de la hauteur $(z - z') + \left(\frac{p}{\Pi} - \frac{p'}{\Pi}\right)$, mais lancé au point de départ avec une vitesse égale à V. La hauteur de chute qui engendre l'accroissement de vitesse des molécules liquides n'est donc pas la hauteur $Aa - Bb$, dont elles tombent effectivement, mais la hauteur $\left(z + \frac{p}{\Pi}\right) - \left(z' + \frac{p'}{\Pi}\right)$ comprise entre les sommets des colonnes liquides élevées en A et en B pour représenter les pressions qui s'exercent en ces deux points.

On donne à ces colonnes liquides, dont la hauteur $\frac{p}{\Pi}$ représente une pression p, le nom de colonnes *piézométriques*. En hydraulique,

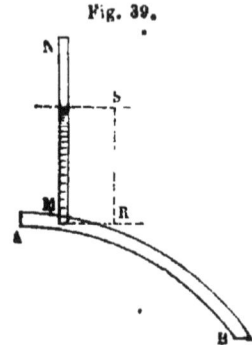
Fig. 39.

un *piézomètre* est un tube MN, ouvert aux deux bouts, qu'on insère en un point M d'un filet liquide en mouvement, AB, et dans lequel s'élève librement une colonne de liquide *en repos*; la hauteur verticale RS de cette colonne mesure la pression du filet au point M, abstraction faite de la pression atmosphérique. Les indications du piézomètre ne peuvent jamais être parfaitement d'accord avec la théorie, parce qu'il est impossible d'appliquer un pareil tube à un filet en mouvement sans apporter une légère perturbation au mouvement qu'on se propose d'étudier.

En introduisant ces définitions dans l'énoncé du théorème de Bernoulli, on pourra l'exprimer ainsi : *La différence des hauteurs dues aux vitesses en deux points d'un même filet est égale à la différence d'altitude des sommets des colonnes piézométriques élevées en ces deux points*, ou plus simplement, *à la dénivellation piézométrique de l'un de ces points à l'autre.*

61. Nous appellerons *charge* en un point M d'un filet en mouvement la somme $\frac{V^2}{2g} + \frac{p}{\Pi}$, ou la distance de ce point au *plan de charge* (*). Elle se compose d'une partie due à la vitesse, et d'une autre partie due à la pression. Si au lieu de négliger la viscosité du liquide, nous avions introduit dans notre formule les travaux des frottements subis par le filet, nous n'aurions pas obtenu en tous les points du filet la même hauteur pour le plan de charge; ou ce qui revient au même, l'effet des frottements eût été une *perte de charge*, ou une diminution de la somme $\frac{V^2}{2g} + \frac{p}{\Pi}$. Nous verrons plus loin l'utilité de ces définitions pour simplifier l'énoncé des propositions d'hydraulique.

Le théorème de Bernoulli nous donne en définitive une équation unique :

$$\frac{V^2}{2g} + \frac{p}{\Pi} + z = \text{constante.}$$

Dans cette équation, z sera connu en chaque point si l'on donne le tracé du filet, et, en supposant qu'on ait déterminé la constante relative à ce filet en particulier, l'équation fera connaître la charge $\frac{V^2}{2g} + \frac{p}{\Pi}$. Elle permet donc de déterminer la vitesse si la pression est connue, ou la pression si la vitesse est donnée. Enfin, les vitesses aux divers points du filet sont liées ensemble par l'équation $V\omega = Q$, de sorte que si l'on connaît la forme du filet, ou les aires de ses sec-

----

(*) Nous adoptons cette définition de la charge en un point d'un filet liquide en mouvement, pour conserver le plus possible l'analogie avec la définition de la charge en hydrostatique. Quelques auteurs attribuent au mot *charge* une autre signification. Pour eux, la *charge entre deux points du même filet* est l'abaissement (positif ou négatif) du niveau piézométrique de l'un à l'autre; ainsi la charge entre les points A et B du filet présenté fig. 37, serait $\left(z + \frac{p}{\Pi}\right) - \left(z' + \frac{p'}{\Pi}\right)$, au lieu que nous appelons *charge au point* A la hauteur $\frac{V^2}{2g} + \frac{p}{\Pi}$, et *charge au point* B, $\frac{V'^2}{2g} + \frac{p'}{\Pi}$. Voyez sur ces définitions le *Cours de mécanique appliquée* de M. Bresse, 2ᵉ partie, § 15.

tions successives, on pourra en déduire les rapports des vitesses en ses différents points, et les vitesses elles-mêmes si l'on définit la dépense. Alors les pressions en chaque point sont fournies par l'équation de Bernoulli.

NOTE

SUR LA CINÉMATIQUE DES FLUIDES.

---

62. M. G. F. W. Baehr, professeur à l'École polytechnique de Delft, a fait connaître en 1876 et 1877, aux congrès de l'Association française pour l'avancement des sciences, des résultats intéressants de ses recherches sur la *cinématique des fluides*. Nous empruntons le théorème suivant à la communication faite le 22 août 1876 par le savant professeur au congrès de Clermont-Ferrand.

Considérons un point A au sein d'un fluide animé d'un mouvement permanent; les molécules qui passeront successivement en ce point auront une vitesse constante en grandeur et en direction; soient u, v, w les composantes de cette vitesse parallèles à trois axes fixes rectangulaires, et x, y, z les coordonnées de A par rapport aux mêmes axes.

Considérons un second point B, à une distance AB $= \rho$ infiniment petite du point A; soient ξ, η, ζ les projections de la distance AB sur les trois axes. Les molécules qui passeront au point B auront aussi en ce point une vitesse constante en grandeur et en direction, et on peut affirmer, en vertu du principe de continuité, que la vitesse en B différera infiniment peu de la vitesse en A; les différences des composantes de ces deux vitesses suivant les trois axes sont les *composantes de la vitesse relative* des molécules B par rapport aux molécules A, et l'on aura, en se bornant aux termes du premier ordre, et en appelant u_r, v_r, w_r les composantes de la vitesse relative,

$$u_r = \frac{du}{dx}\,\xi + \frac{du}{dy}\,\eta + \frac{du}{dz}\,\zeta,$$

$$v_r = \frac{dv}{dx}\,\xi + \frac{dv}{dy}\,\eta + \frac{dv}{dz}\,\zeta,$$

$$v_r = \frac{dw}{dx}\,\xi + \frac{dw}{dy}\,\eta + \frac{dw}{dz}\,\zeta.$$

Projetons la vitesse relative sur la direction AB; les cosinus des angles que AB fait avec les trois axes sont $\frac{\xi}{\rho}$, $\frac{\eta}{\rho}$, $\frac{\zeta}{\rho}$, et l'on aura, en appelant V la vitesse relative projetée,

$$V = u_r \frac{\xi}{\rho} + v_r \frac{\eta}{\rho} + w_r \frac{\zeta}{\rho} = \frac{du}{dx}\frac{\xi^2}{\rho} + \frac{dv}{dy}\frac{\eta^2}{\rho} + \frac{dw}{dz}\frac{\zeta^2}{\rho} + \left(\frac{dv}{dz} + \frac{dw}{dy}\right)\frac{\eta\zeta}{\rho} + \left(\frac{dw}{dx} + \frac{du}{dz}\right)\frac{\zeta\xi}{\rho}$$
$$+ \left(\frac{du}{dy} + \frac{dv}{dx}\right)\frac{\xi\eta}{\rho}.$$

Cela posé, cherchons le lieu des points B tels qu'on ait pour chacun

$$V \times \rho = \text{constante.}$$

Ce lieu sera la surface du second degré représentée par l'équation

$$
(1) \quad
\begin{cases}
\dfrac{du}{dx}\xi^2 + \dfrac{dv}{dy}\eta^2 + \dfrac{dw}{dz}\zeta^2 + \left(\dfrac{dv}{dz} + \dfrac{dw}{dy}\right)\eta\zeta + \left(\dfrac{dw}{dx} + \dfrac{du}{dz}\right)\zeta\xi \\
\qquad + \left(\dfrac{du}{dy} + \dfrac{dv}{du}\right)\xi\eta = \text{constante.}
\end{cases}
$$

Cette surface du second degré peut être rapportée à ses axes principaux; cela revient à dire qu'on peut trouver en chaque point A des axes rectangulaires tels, que l'on ait à la fois

$$
\frac{dv}{dz} + \frac{dw}{dy} = 0, \quad \frac{dw}{dx} + \frac{du}{dz} = 0, \quad \frac{du}{dz} + \frac{dv}{du} = 0,
$$

et alors l'équation de la surface $V\rho = \text{constante}$ sera simplement

$$
(2) \quad \frac{du}{dx}\xi^2 + \frac{dv}{dy}\eta^2 + \frac{dw}{dz}\zeta^2 = C.
$$

L'équation de continuité des liquides,

$$
\frac{du}{dx} + \frac{dv}{dy} + \frac{dw}{dz} = 0,
$$

montre que les trois dérivées partielles qui entrent dans l'équation (4) ne peuvent être de même signe; donc l'équation (2) représente un hyperboloïde, à une nappe ou à deux nappes, suivant le signe de la constante C, et, comme cas particulier, le cône asymptote commun à tous les hyperboloïdes que l'on obtient en faisant varier C.

Les valeurs positives de C correspondent aux valeurs positives de V, c'est-à-dire aux composantes de la vitesse relative dirigée dans le sens AB, ce qui définit un mouvement dans lequel la molécule B tend à s'éloigner de la molécule A. Le contraire a lieu pour C négatif; la molécule B tend alors à se rapprocher de la molécule A. Enfin, pour C = 0, on a V = 0, et le mouvement relatif de la molécule B par rapport à la molécule A s'opère perpendiculairement au rayon AB. Cela a lieu pour tous les points du cône asymptote. En résumé, le cône asymptote partage l'espace autour du point A en deux régions, dont l'une alimente le point A, tandis que l'autre est alimentée par ce point.

LIVRE PREMIER.

ÉCOULEMENT DES LIQUIDES PAR DES ORIFICES.

CHAPITRE PREMIER.

ÉCOULEMENT PERMANENT DES LIQUIDES PARFAITS.

---

63. L'hydraulique (*) est l'ensemble des règles qui peuvent aider l'ingénieur à résoudre les problèmes relatifs au mouvement des eaux. On a pu remarquer dans l'introduction combien l'hydrodynamique est peu avancée; il serait impossible d'attendre les progrès de cette science pour traiter rationnellement une foule de questions qu'on rencontre à chaque instant dans la carrière des travaux publics. L'art de diriger les eaux, d'ailleurs, est contemporain de l'établissement des grandes villes, et il répond à des besoins trop impérieux pour qu'on n'ait pas essayé, à toutes les époques, d'en trouver les solutions les plus convenables et les plus pratiques. L'art a donc précédé la théorie. La théorie, à son tour, redresse beaucoup d'erreurs que les praticiens sont exposés à commettre quand une

---

(*) Le mot *hydraulique* avait autrefois une toute autre signification : « Ce mot est « dérivé du grec ὕδραυλις, *eau sonnante*, formé de ὕδωρ, *eau* et de αὐλός, *flûte*. La rai- « son de cette étymologie est que l'hydraulique chez les anciens, n'était autre chose que « la science qui enseignait à construire les jeux d'orgues, et que dans la première ori- « gine des orgues, où l'on n'avait pas encore l'invention d'appliquer des soufflets, on se « servait d'une chute d'eau pour y faire entrer le vent et les faire sonner. » (*Encycl. Méthod., Art. hydraulique.*)

expérience vulgaire est leur seul guide. L'hydraulique est donc une
science intermédiaire, modeste, mais fort utile; elle n'a en vue que
les applications pratiques, mais elle éclaire les résultats de l'expérience par des théories rationnelles.

L'hydraulique est née en Italie, et l'on peut regarder Torricelli,
élève de Galilée, comme son véritable créateur (*). Aussi l'hydraulique date de la même époque à peu près que la mécanique générale.
Elle est antérieure à l'hydrodynamique, que l'on doit faire remonter
à d'Alembert et à Euler, et qui exigeait la connaissance des nouveaux
calculs. Torricelli découvrit la loi de l'écoulement d'un liquide qui
sort d'un vase par un orifice en mince paroi. En pratiquant l'orifice
dans la paroi d'un tube très court adapté au vase, et de telle manière que le jet fût dirigé de bas en haut, il observa que le liquide
en mouvement remontait, à peu de chose près, au niveau de la surface libre de l'eau contenue dans le vase; il en conclut qu'à sa sortie
le liquide possède la vitesse qu'un corps pesant acquiert en tombant
de cette hauteur. L'équation $v = \sqrt{2gh}$ s'applique donc au mouvement de l'eau sortant d'un vase, v étant la vitesse d'écoulement, et
h la hauteur verticale comprise entre l'orifice et la surface libre.
Torricelli donne ce résultat comme un fait d'expérience (**). Plusieurs
géomètres, entre autres Varignon (***), en 1667, et Newton (****), en
1687, cherchèrent, sans y réussir, à l'expliquer théoriquement. La
théorie proposée par Newton n'est pas admissible; son essai sur
cette matière est, dit Lagrange, l'endroit le moins satisfaisant de
son livre des *Principes;* mais elle présente un véritable intérêt his-
torique, car c'est en en comparant les résultats à l'expérience que
Newton découvrit le phénomène si curieux de la *contraction de la*

(*) *Torricelli*, né en 1608, mourut en 1647. L'érudition moderne fait remonter l'hydraulique plus haut. Sans s'arrêter an père Castelli, qui écrivit vers l'année 1628 un
traité de la mesure des eaux courantes, elle voit déjà la science hydraulique briller d'un
vif éclat vers l'an 1500, dans les manuscrits de Léonard de Vinci, aujourd'hui conservés
à la bibliothèque nationale de Paris. *Voir* sur cette question I. Nazzani, *Idraulica ma-
tematica e pratica,* t. Ier, p. 30.

(**) *De motu naturaliter accelerato.*

(***) Mémoires de l'Académie des sciences de Paris, 1667.

(****) Livre II des *Principes mathématiques,* 7e section, prop. 36.

eine fluide, que l'on n'avait pas observé jusqu'alors ; il en introduisit a notion dans sa seconde édition des *Principes*, qu'il donna en 'année 1714.

La démonstration de la loi de Torricelli résulte de l'application lu théorème que nous avons établi § 59, et que Daniel Bernoulli publia pour la première fois, en 1738, dans son traité d'*Hydrodynamique*. Le théorème ne fut pas démontré sur-le-champ avec la rigueur qu'on y apporte de nos jours depuis les travaux de Poncelet et de Bélanger. Il était fondé sur l'hypothèse du *parallélisme des tranches*, en vertu de laquelle l'écoulement se ferait dans le vase par tranches horizontales, chacune prenant la place que la tranche voisine vient de laisser libre. On sait aujourd'hui se passer de cette hypothèse qui est manifestement contraire à la réalité. Quand on établit, comme nous l'avons fait, le théorème de Bernoulli pour un filet isolé, on n'a pas de peine à l'étendre à plusieurs filets réunis en un même faisceau, pourvu que la viscosité soit négligeable et que la permanence du régime soit assurée.

Nous nous occuperons spécialement dans ce chapitre de l'écoulement des liquides dans des circonstances qui permettent de regarder ces deux conditions comme sensiblement satisfaites. Plus tard, nous passerons à l'étude du mouvement dans les tuyaux et dans les canaux, et alors nous verrons qu'il est nécessaire de tenir compte de la viscosité.

CONDITIONS DANS LESQUELLES LE THÉORÈME DE BERNOULLI PEUT ÊTRE APPLIQUÉ A UN COURANT DE DIMENSIONS FINIES.

64. Le théorème de Daniel Bernoulli a été démontré pour un filet liquide de très petite section dans l'hypothèse du mouvement permanent, et de l'absence de viscosité. En tous les points de ce filet, la somme

$$z + \frac{p}{\Pi} + \frac{v^2}{2g},$$

et égale à une quantité constante, H.

. A quelles conditions pourra-t-on appliquer ce théorème au mouvement d'un courant de section finie, comme ceux qu'on doit considérer dans la pratique?

1° Si les différents filets liquides qui traversent une section de ce courant sont tous sensiblement rectilignes et parallèles, et animés chacun d'une vitesse uniforme, les forces d'inertie des molécules liquides seront toutes sensiblement nulles, et par conséquent, les pressions se distribueront dans cette section comme si le liquide était en repos. Cette conclusion serait tout à fait rigoureuse, si les filets liquides avaient chacun un mouvement rectiligne et uniforme, et si les différences de vitesse des filets ne développaient pas de frottements à leur contact mutuel. La règle ne peut d'ailleurs être appliquée qu'à une *section*, c'est-à-dire à une longueur de courant infiniment petite, car autrement la viscosité, dont l'effet est proportionnel aux surfaces, introduirait de nouvelles forces dont il serait nécessaire de tenir compte.

Ainsi, quand l'écoulement s'opère par filets parallèles, les pressions se distribuent dans une même section transversale conformément aux lois de l'hydrostatique, c'est-à-dire comme si le liquide était en repos dans le canal qui le contient.

On peut le démontrer plus rigoureusement au moyen des équations de l'hydrodynamique.

Reprenons les équations (§ 53 et 54)

$$X - \frac{1}{\rho} \frac{dp}{dx} = u',$$

$$Y - \frac{1}{\rho} \frac{dp}{dy} = v',$$

$$Z - \frac{1}{\rho} \frac{dp}{dz} = w',$$

$$\frac{du}{dx} + \frac{dv}{dy} + \frac{dw}{dz} = 0,$$

et appliquons-les à un mouvement rectiligne et parallèle de toutes les molécules liquides. Si nous prenons l'axe OX parallèle à la direction de ce mouvement, les composantes v et w des vitesses seront toutes nulles, et, par suite, on aura aussi

$$v' = 0, \qquad w' = 0,$$
$$\frac{dv}{dy} = 0, \qquad \frac{dw}{dz} = 0.$$

La quatrième équation nous donne $\frac{du}{dx} = 0$.

Le mouvement du liquide étant d'ailleurs supposé permanent, on a aussi $\frac{du}{dt} = o$ (§ 52).

Mais, l'accélération u' d'une molécule liquide le long de sa trajectoire est exprimée par la relation générale

$$u' = \frac{du}{dx} u + \frac{du}{dy} v + \frac{du}{dz} w + \frac{du}{dt}.$$

Faisant

$$\frac{du}{dx} = 0, \frac{du}{dt} = 0, \quad v = 0, \quad w = 0,$$

il vient

$$u' = 0.$$

Donc, la vitesse u est constante pour un même filet, et par conséquent, le mouvement est uniforme; la vitesse u peut d'ailleurs varier d'un filet à l'autre, car les autres dérivées, $\frac{du}{dy}$ et $\frac{du}{dz}$, peuvent être différentes de zéro.

De plus, les trois premières équations du mouvement se réduisent à

$$\frac{dp}{dx} = \rho X,$$
$$\frac{dp}{dy} = \rho Y,$$
$$\frac{dp}{dx} = \rho Z,$$

c'est-à-dire aux équations de l'hydrostatique. La distribution des pressions au sein de la masse liquide est donc la même que si le fluide était en repos; mais il ne faut pas perdre de vue que l'un des axes, OX, est supposé parallèle à la direction du mouvement commun.

2° Si l'écoulement se fait dans l'air, au lieu de s'opérer dans un canal où le fluide trouve à s'appuyer contre des parois solides, la pression atmosphérique règne dans toute section liquide où l'écoulement se fait par filets parallèles. En effet, soit AB une section normale, faite dans la veine liquide, pour laquelle cette condition soit remplie. Cette section forme généralement la limite entre la région ABC où les filets se rapprochent en parcourant les trajectoires *a*A, *b*B, et la région ABD où ils se meuvent parallèlement, en

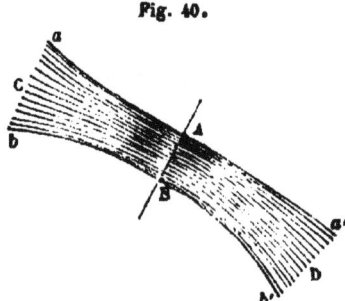

Fig. 40.

décrivant les paraboles A*a'*, B*b'* qu'ils parcourraient chacun sous l'action de la pesanteur s'ils étaient indépendants les uns des autres. La veine, dans tout son trajet, subit sur son pourtour la pression de l'atmosphère. Cette pression est équilibrée en chaque point par les pressions et les forces d'inertie du liquide. Or l'écoulement se fait dans la section AB par filets parallèles et sensiblement rectilignes; chaque filet, au passage dans cette section, se comporte donc comme s'il était seul, et n'exerce point d'action qui tende à faire dévier les filets voisins. Donc la pression intérieure est, en tout point de cette section, égale à la pression du dehors. Si elle était plus grande, la veine subirait de dehors en dedans une poussée qui ne serait équilibrée par aucune force. Il n'en est pas de même dans la région C où les filets sont convergents, car l'excès de pression intérieure de la veine y est équilibré par les forces centrifuges dues au mouvement curviligne suivant les trajectoires *a*A, B*b*.

3° Il est possible, enfin, qu'une veine liquide animée d'un mouvement rectiligne et uniforme traverse un milieu occupé par un liquide en repos. En réalité, il y a alors communication latérale du mouvement entre le liquide qui s'écoule et le liquide que l'on regarde comme fixe. On admet néanmoins que la distribution des pressions dans une section faite à travers toute la masse fluide, et comprenant le liquide en repos et le liquide en mouvement, se fait conformément aux lois de l'hydrostatique. En effet, ces lois s'appliquent séparément aux deux portions de la section : à l'une, parce que le fluide y est en repos ; à l'autre, parce que l'écoulement s'opère par filets parallèles, rectilignes et animés de vitesses uniformes. La pression mutuelle, à la séparation des deux liquides, ne peut d'ailleurs varier brusquement d'un côté à l'autre de cette surface, et par suite la loi de répartition des pressions s'étend d'un côté à l'autre sans solution de continuité.

Ces remarques permettront d'appliquer, dans un grand nombre de cas, le théorème de Bernoulli; car elles font connaître les pressions p, en certains points, ce qui suffit en général pour qu'on puisse tirer de l'équation les vitesses. On ne doit pas oublier que les règles ainsi posées n'ont rien d'absolu; qu'elles reposent sur l'hypothèse du parallélisme des filets, de la permanence du régime et de l'uniformité du mouvement, toutes hypothèses qui, dans les applications, ne sont jamais rigoureusement vérifiées. Il suffit qu'elles soient à peu près vraies pour que les formules de l'hydraulique soient applicables, au moins à titre d'approximation.

65. Les pressions, dans un liquide en mouvement, aussi bien que dans un liquide en repos, ne peuvent être négatives ; car une pression négative équivaut à une tension, et un liquide ne peut subir ce genre d'efforts sans se disjoindre et sans perdre la continuité que supposent les formules. Lorsque le calcul conduit pour certains points, à des pressions négatives, c'est une preuve que l'hypothèse faite sur le mouvement du liquide doit être repoussée ; en général, cela indique que le mouvement réel du liquide ne satisfait pas aux conditions de la permanence. Les formules sont alors en défaut, et il faudrait, pour savoir exactement ce qui se passe, modifier l'hypothèse qui leur sert de base, et chercher une autre théorie.

Théoriquement, la pression dans un liquide doué d'un mouvement permanent peut être aussi petite qu'on veut pourvu qu'elle ne soit jamais nulle. Si toutefois l'écoulement se fait dans l'air, il est impossible que la pression en un point de la veine descende au-dessous de la pression atmosphérique; il semble du moins que dans un tuyau fermé, le mouvement permanent soit compatible avec une pression moindre que cette limite. Cela est possible, en effet, comme le démontre l'expérience des syphons. Mais il ne faut pas perdre de vue que l'eau d'une conduite est toujours saturée d'air, et que si la pression s'abaisse notablement au-dessous de la pression atmosphérique, il se fait dans la conduite un dégagement de gaz aux points insuffisamment pressés ; le gaz mis en liberté tend à interrompre la continuité du mouvement, et, s'il est en trop grande quantité, il peut empêcher l'écoulement d'une manière absolue. Le même effet se produirait encore avec de l'eau privée d'air par l'ébullition ; car l'abaissement de la pression suffirait pour amener le changement de l'eau en vapeur, effet qui se produirait surtout si l'eau était à une haute température (*). Il faut donc avoir soin, quand on fait le projet d'une distribution d'eau, de vérifier que nulle part la pression ne s'abaisse notablement au-dessous de la pression de l'atmosphère.

ÉCOULEMENT PAR UN ORIFICE EN MINCE PAROI.

66. Proposons-nous de résoudre le problème de Torricelli.

Soit un liquide homogène, qui remplit un vase BCD, et qui y est entretenu à un niveau constant AB. On pratique dans la paroi BC de ce vase, une petite ouverture EF, et l'on suppose que l'épaisseur de la paroi, sur le périmètre de l'orifice EF, soit assez petite pour que le liquide jaillisse sans s'attacher à la paroi, de telle sorte que la veine se détache nettement des bords intérieurs E et F de l'orifice. L'expérience montre que cette condition est remplie lorsque l'épaisseur de la paroi est réduite à la moitié au plus de la moin-

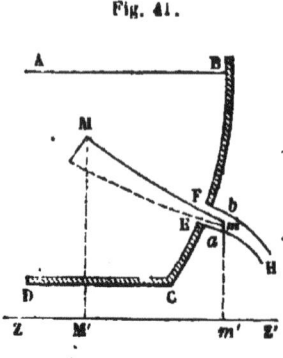

Fig. 41.

(*) C'est pour cela que les siphons ne fonctionnent pas avec de l'eau bouillante.

dre dimension de l'ouverture. On dit alors que l'orifice est en *mince paroi.*

Les filets liquides sortant par cette ouverture sont d'abord convergents sur un petit parcours ; puis on rencontre une section ab, peu éloignée de l'orifice, où ils ont acquis un mouvement parallèle, et à partir de là la veine liquide décrit dans l'air une trajectoire bH sensiblement parabolique, comme ferait un corps pesant lancé au point b dans la direction et avec la vitesse de la veine elle-même. C'est ce mouvement d'abord convergent, puis sensiblement parallèle, qui constitue le phénomène de la *contraction de la veine.*

Cherchons la vitesse de l'écoulement dans cette section ab, supposée assez petite pour qu'on puisse regarder comme égales les vitesses des divers filets liquides qui la traversent. Considérons un de ces filets en particulier, le filet Mm, par exemple. Nous ne connaissons pas son tracé. Mais de quelque point qu'il vienne, il part d'une région M, situé dans l'intérieur du vase, c'est-à-dire d'une région où le mouvement du liquide est à peu près nul, et où, par suite, les pressions se répartissent comme si le liquide était en repos. Prenons un plan de comparaison horizontal ZZ', et appliquons le théorème de Bernoulli au filet Mm, entre les deux sections M et m. Soit z l'ordonnée MM' du point M, p la pression au même point, v la vitesse, appelons de même z', p' et v' l'ordonnée, la pression et la vitesse du filet au point m. Nous pourrons poser

$$\frac{v^2}{2g} + \frac{p}{\Pi} + z = \frac{v'^2}{2g} + \frac{p}{\Pi} + z'.$$

Or, $\frac{v2}{2g}$ est négligeable, parce que, eu égard à la grandeur de la section AB par rapport à la section ab, les vitesses dans l'intérieur du vase sont nécessairement très faibles par rapport aux vitesses de l'écoulement au dehors. L'expérience d'ailleurs confirme cet aperçu.

Le point M n'étant pas défini, nous ne connaissons ni z ni $\frac{p}{\Pi}$; mais tout se passe au point M comme si le liquide était rigoureusement

en repos ; nous avons vu en hydrostatique ($\S$ 9), que $z + \frac{p}{\Pi}$ est l'ordonnée, du *plan de charge* du liquide, lequel est situé au-dessus du
niveau AB d'une quantité $\frac{p_0}{\Pi}$, représentative de la pression atmosphérique. Soit donc Z l'ordonnée de la surface libre AB ; nous pourrons
remplacer le premier membre par la somme $z + \frac{p}{\Pi}$ par $Z + \frac{p_0}{\Pi}$ sans
rien savoir d'ailleurs sur la véritable position du point M. Dans le second membre, nous connaissons l'ordonnée z' ; nous connaissons aussi
la pression p', qui, ainsi que nous l'avons vu ($\S$ 64, 2°), est égale à la
pression atmosphérique p_0 ; nous avons donc en définitive l'équation

$$Z + \frac{p_0}{\Pi} = \frac{v'^2}{2g} + \frac{p_0}{\Pi} + z'.$$

Donc

$$\frac{v'^2}{2g} = (Z - z') = h,$$

h désignant la différence de niveau entre le point m et le plan AB.
Donc

$$v' = \sqrt{2gh}.$$

Cette différence de niveau étant très sensiblement la même pour tous
les points de la section ab, à cause de la petitesse de cette section,
tous les filets liquides qui la traversent ont une même vitesse $\sqrt{2gh}$,
et nous retrouvons le résultat obtenu expérimentalement par Torricelli.

67. La quantité, Q, de liquide qui traverse la section ab dans l'unité
de temps, c'est-à-dire la *dépense* de l'orifice, s'obtiendra en multipliant
l'*aire, ω, de la section contractée* par la vitesse, $\sqrt{2gh}$, qui règne en
tous points dans cette section, et l'on aura par conséquent

$$Q = \omega \sqrt{2gh}.$$

Mais il faut remarquer que la théorie précédente ne donne pas les dimensions de la section contractée. Avant qu'on ait reconnu le phénomène de la contraction, on appliquait la vitesse $\sqrt{2gh}$ à l'orifice lui-même; c'était là une erreur, car dans la section de l'orifice, les pressions étant plus grandes que la pression de l'atmosphère, le théorème de Bernoulli y indiquerait une vitesse moindre que celle que donne la formule de Torricelli.

Newton, qui, le premier, observa la contraction de la veine, employa pour ses expériences un vase dont le fond était percé d'un trou cylindrique; il vit que la veine, à une certaine distance de la paroi, avait encore une section circulaire, mais que son diamètre avait diminué; il mesura les diamètres des deux sections, opération très délicate en ce qui concerne le diamètre de la section contractée, et il trouva que le rapport des diamètres était voisin des nombres $\frac{5}{6}$ et $\frac{11}{13}$. Il mentionne, dans son livre des *Principes*, d'autres observations, où le rapport des diamètres des deux sections serait $\frac{21}{25}$ ou 0,84, et c'est à ce nombre qu'il paraît s'être définitivement arrêté. Il en résulte, pour les surfaces, un rapport égal au carré de 0,84 ou à 0,7056, nombre égal à peu près à $\frac{1}{\sqrt{2}}$. Ce rapport de l'aire ω de la section contractée à la section A de l'orifice, est appelé le *coefficient de contraction;* si on le représente par m, la section ω pourra être remplacée par le produit mA, où le facteur A peut être mesuré exactement, et la dépense par unité de temps sera exprimée par l'équation :

$$Q = m A \times \sqrt{2gh}.$$

Dans l'application de cette formule aux petits orifices, m n'est pas un coefficient de correction, comme le prétendent certains auteurs, qui appellent $\sqrt{2gh}$ la vitesse *théorique*, et $m\sqrt{2gh}$ la vitesse *réelle;* cette manière de présenter la formule n'est pas rigoureuse, car le coefficient m porte sur le facteur A et représente la contraction, et les vitesses réelles constatées par l'expérience sont à très peu près égales à $\sqrt{2gh}$.

La valeur $m = \dfrac{1}{\sqrt{2}} = 0,705$, assignée par Newton au coeffi-

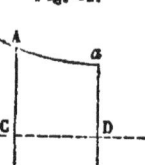

Fig. 42.

cient de contraction, est beaucoup plus élevée que celle qu'on adopte aujourd'hui. Des expériences faites avec plus de soin, et contrôlées par la mesure directe des dépenses, ont montré que pour les orifices circulaires en mince paroi, m est égal à 0,62. On a constaté aussi que la section contractée est située à une distance de l'orifice variant de la moitié aux deux cinquièmes du diamètre de cet orifice. La veine s'échappant d'une paroi verticale prend entre l'orifice AB et la section contractée ab, la forme d'une surface de révolution A ab B, dont l'axe serait le filet moyen CD. On a mesuré les rapports des diamètres AB, ab et de la distance CD des sections : ces dimensions sont proportionnelles aux nombres

	AB.	ab.	CD.
Suivant Michelotti.	100	79	39
Suivant Eytelwein.	100	80	50

Pour relever ces formes, on place de chaque côté de la veine jaillissante des cadres en bois, traversés d'aiguilles métalliques glissant à frottement doux à travers des trous percés à la hauteur de la trajectoire moyenne des filets fluides. On enfonce ces aiguilles jusqu'à ce que leur pointe affleure la veine sans y pénétrer. Il n'y a plus ensuite qu'à relever les courbes dessinées par les deux séries d'aiguilles en leur conservant l'intervalle qu'elles ont dans l'expérience.

L'incertitude qui règne sur la distance CD est faite à expliquer. La section ab est celle qui a le diamètre minimum; les variations du diamètre sont donc peu sensibles aux environs de cette section, et la position précise du minimum n'est pas nettement définie.

68. Le coefficient de contraction change avec la forme de l'orifice; il est moindre pour le carré que pour le cercle. Les expériences de MM. Morin et Lesbros, en 1827, et celles que M. Lesbros fit seul plus tard, constatent que le coefficient m s'abaisse dans ce cas à 0,56

ou à 0,58; il faut noter cependant une expérience dont le résultat a été exceptionnel, et dans laquelle le nombre m est monté à 0,64. Ces variations n'ont pas grande importance au point de vue pratique et il est d'usage d'appliquer la valeur $m = 0,62$ à tous les orifices, soit circulaires, soit carrés.

INVERSION DE LA VEINE.

69. Les expériences de MM. Poncelet et Lesbros sur les veines liquides sortant par des orifices carrés ou rectangulaires, ont fait connaître un phénomène bien curieux, celui de *l'inversion de la veine.* Si l'on prend pour exemple un orifice carré, ouvert dans le paroi verticale d'un vase, et présentant deux côtés horizontaux et deux côtés verticaux, la section droite de la veine affectera les formes suivantes à des distances de l'orifice égales à

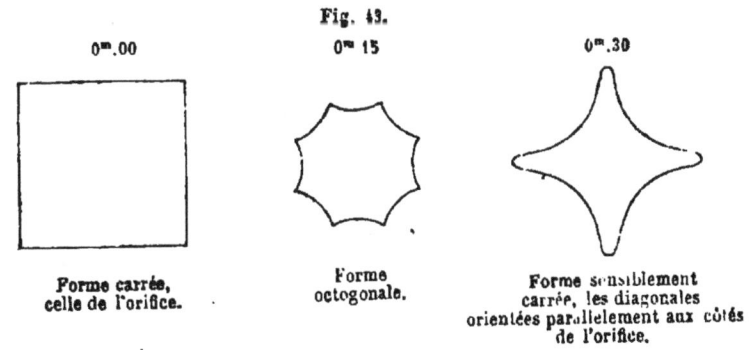

Fig. 43.

0m.00 — 0m.15 — 0m.30

Forme carrée, celle de l'orifice. — Forme octogonale. — Forme sensiblement carrée, les diagonales orientées parallelement aux côtés de l'orifice.

Bidone a observé une transformation analogue, d'une forme pentagonale en une forme étoilée à cinq branches, dont les sommets correspondaient aux milieux des côtés de l'orifice.

Les altérations de forme s'accentuent beaucoup plus encore dans une veine qui s'échappe par une fente rectangulaire très mince, et très longue dans le sens de la hauteur. Voici un exemple donné par M. Lesbros.

Fig. 44.

Formes de la veine (coté en millimètres)

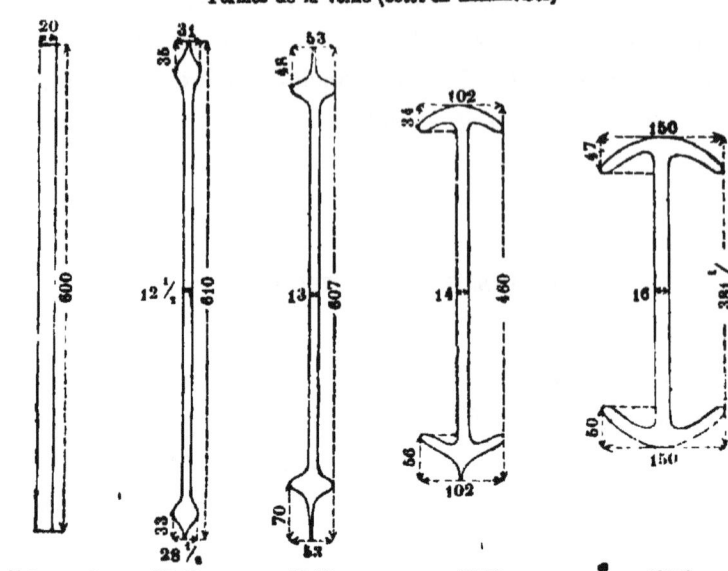

Aux distances 0 . . . 0ᵐ.10 . . . . 0ᵐ.50 . . . . . . 0ᵐ.70 . . . . 1ᵐ.10 . . de l'orifice

Ce phénomène, dont l'analyse ne peut pas encore rendre un compte exact, est dû sans doute à l'action mutuelle des filets liquides qui, pour une veine un peu étendue dans le plan vertical, tendent à décrire des paraboles s'entrecoupant les unes les autres. Si la veine occupe une hauteur AB sur la paroi verticale d'un vase rempli d'eau jusqu'en

Fig. 45.

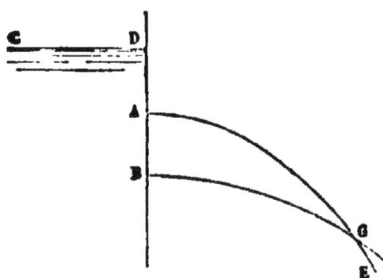

CD, le filet qui s'échappe du point A, s'il était seul, aurait en ce point une vitesse horizontale égale à $\sqrt{2g.\overline{AD}}$, et décrirait une certaine parabole AE, dont le paramètre correspondrait à cette vitesse; le filet qui s'échappe horizontalement du point B aurait, s'il était seul, une vitesse $\sqrt{2g.\overline{AB}}$, plus grande que la vitesse du filet A; il décrirait donc une parabole BF, de moindre courbure que la première; ces deux paraboles se coupent en un point G; ce qui montre que les mouvements attribués aux deux filets sont incompatibles quand ils doivent s'opérer simultanément. Les filets liquides sont ainsi déviés par leurs actions mutuelles. Dans une veine de dimension finie, il en est ainsi pour tous les filets; ceux qui s'échappent dans la région supérieure de la veine tendent à appuyer les autres vers le bas, et ceux-ci tendent à faire remonter les premiers. De là cette tendance de la veine à s'aplatir et à prendre la forme de double T que l'on constate dans l'expérience de M. Lesbros (*).

70. D'après ce qui vient d'être dit, la formule de Torricelli $V = \sqrt{2gh}$ ne s'applique rigoureusement qu'à un orifice très petit.

(*) *Le lieu des intersections successives des paraboles* AE, décrites par les divers filets considérés seuls, *est une ligne droite.* En effet, soit h la distance DA du plan d'eau au sommet de la parabole; appelons x l'espace horizontal décrit par une molécule liquide dans le temps t, et y la quantité dont cette molécule s'est éloignée à la même époque du plan libre CD; on aura les deux équations

$$x = t\sqrt{2gh},$$
$$y = h + \frac{1}{2} g t^2,$$

qui définissent la trajectoire. L'équation de la courbe s'obtient en éliminant t, ce qui donne

$$y = h + \frac{1}{2} \cdot g \frac{2gh}{x^2} = h + \frac{x^2}{4h}.$$

L'équation de l'enveloppe s'obtiendra en éliminant h entre cette équation et sa dérivée prise par rapport à h, c'est-à-dire l'équation

$$0 = 1 - \frac{x^2}{4h^2}.$$

Donc $h = \frac{x}{2}$, et l'équation de l'enveloppe est

$$y = \frac{x}{2} + \frac{x^2}{2x} = \frac{x}{2} + \frac{x}{2} = x.$$

Toutes les paraboles sont donc tangentes à la droite qui partage en deux parties égales l'angle droit formé par la paroi AD avec le plan d'eau CD prolongé : La droite CD est la directrice commune à toutes les paraboles, et si l'on projette sur AD le point M, où une parabole en particulier touche la droite enveloppe, la projection sera le foyer de l courbe.

Ces résultats sont faciles à démontrer par la simple géométrie.

Si l'orifice a de grandes dimensions en hauteur, les filets liquides se gênant dans leur mouvement, la pression dans l'intérieur de la veine pourra s'élever au-dessus de la pression atmosphérique, et le théorème de Bernoulli indiquera alors une diminution de vitesse. On peut cependant admettre l'équation de Torricelli pour le calcul de la dépense, sauf à affecter la vitesse d'un coefficient moindre que l'unité, et que l'on devra déterminer par expérience. A la formule de la dépense par les petits orifices

$$Q = mA \sqrt{2gh},$$

on devra substituer une autre formule

$$Q = mA \times \mu \sqrt{2gh},$$

μ désignant le coefficient de correction. On peut fondre en un seul les coefficients m et μ, et dresser des tables qui donneront les valeurs du produit $m\mu$ pour les divers cas usuels. Mais le coefficient μ est, dans l'écoulement libre, assez voisin de l'unité pour qu'on puisse l'omettre en pratique.

71. Proposons-nous de déterminer la dépense d'un orifice rectangulaire (CD, C'C"C"D') ouvert dans la paroi verticale d'un vase rempli d'eau jusqu'au niveau constant (*fig. 46*).

Soit BD $= h$, BC $= h'$; CC", largeur horizontale de l'ouverture $= a$; considérons une bande infiniment petite (m, $m'm''$) comprise dans la section entre les horizontales définies par leurs distances z,

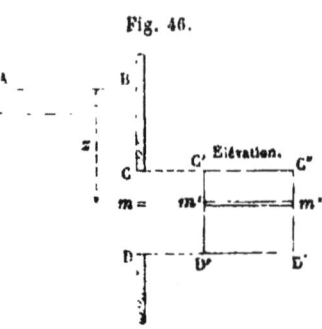

Fig. 46.

$z + dz$, au plan AB. L'aire de cette section élémentaire sera adz, et la vitesse de l'écoulement qui se ferait par cette portion infiniment mince de l'orifice *si elle était seule ouverte*, sera $\sqrt{2gz}$. Donc la dépense de cette partie d'orifice serait $adz\sqrt{2gz}$, et si nous multiplions par un coefficient convenable K, nous aurons la dépense effective, eu égard à la contraction et à toutes les actions exercées par les autres filets. Nous pourrons donc poser $dQ = Ka\,dz\,\sqrt{2gz}$.

Pour avoir la dépense totale, nous n'avons qu'à faire la somme des dépenses partielles, entre les limites $z = h$, $z = h'$, qui correspondent au bord inférieur et au bord supérieur de l'ouverture. Nous aurons

$$Q = \int_{h'}^{h} Ka\,dz\,\sqrt{2gz}.$$

Dans cette intégration, nous regarderons K comme constant pour tous les filets, ce qui revient à lui attribuer une valeur moyenne, et faisant sortir du signe *somme* les facteurs K, a, $\sqrt{2g}$, il viendra

$$Q = Ka\,\sqrt{2g}\int_{h'}^{h} z^{\frac{1}{2}}\,dz = Ka\,\sqrt{2g}\cdot\frac{h^{\frac{3}{2}} - h'^{\frac{3}{2}}}{\frac{3}{2}} = \frac{2}{3}\,Ka\,\sqrt{2g}\left(h^{\frac{3}{2}} - h'^{\frac{3}{2}}\right).$$

Cette formule repose sur plusieurs hypothèses toutes gratuites, entre autres la constance du coefficient K pour tous les filets. Elle a donc besoin d'être contrôlée par l'expérience.

On peut lui donner une forme qui la rende comparable à la formule

$$Q = mA\,\sqrt{2gh}$$

relative aux orifices très petits.

L'aire de l'orifice est $a \times (h - h')$; nous pouvons donc écrire

$$Q = \frac{2}{3}\,K \times A \times \sqrt{2g}\,\frac{h^{\frac{3}{2}} - h'^{\frac{3}{2}}}{h - h'},$$

équation de la forme

$$Q = K \times A \times \sqrt{2gZ}.$$

Si l'on prenait pour Z la distance au plan AB du centre de gravité de l'orifice, on aurait $Z = \dfrac{h + h'}{2}$; cherchons si la formule simplifiée,

$$Q = K \times A \times \sqrt{2g \left(\frac{h + h'}{2} \right)},$$

peut remplacer la formule exacte ; cette substitution est admissible quand la différence $h - h'$ est suffisamment petite par rapport à la demi-somme $\frac{h + h'}{2}$.

Soit

$$\frac{h + h'}{2} = H,$$

et faisons

$$h - h' = \frac{1}{n} H,$$

$\frac{1}{n}$ étant une petite fraction dont les puissances soient négligeables. Nous en déduirons

$$h = H \left(1 + \frac{1}{2n} \right) \quad \text{et} \quad h' = H \left(1 - \frac{1}{2n} \right).$$

Donc

$$h^{\frac{3}{2}} = H^{\frac{3}{2}} \left(1 + \frac{3}{4n} \right), \quad h'^{\frac{3}{2}} = H^{\frac{3}{2}} \left(1 - \frac{3}{4n} \right),$$

en arrêtant au second terme le développement en série des puissances $\left(1 \pm \frac{1}{2n} \right)^{\frac{3}{2}}$.

La différence $h^{\frac{3}{2}} - h'^{\frac{3}{2}}$ est donc sensiblement égale à $H^{\frac{3}{2}} \times \frac{3}{2n}$, et si on la divise par $h - h'$, ou par $\frac{H}{n}$, il vient au quotient

$$\frac{H^{\frac{3}{2}} \times \frac{3}{2n}}{H \times \frac{1}{n}} = \frac{3}{2} H^{\frac{1}{2}}.$$

Donc

$$Z = \frac{4}{9} \times \left(\frac{3}{2} H^{\frac{1}{2}}\right)^2 = H.$$

En résumé, on peut presque toujours appliquer à l'écoulement d'une veine tombant dans l'air par un orifice en *mince paroi*, la formule

$$Q = mA \sqrt{2gZ},$$

dans laquelle A désigne l'aire de l'orifice, Z la distance verticale de son centre de gravité à la surface libre du liquide, et *m* un coefficient qu'on prend en moyenne égal à 0,62.

ÉCOULEMENT PAR UN ORIFICE CIRCULAIRE PERCÉ A TRAVERS UNE PAROI VERTICALE.

72. On suppose que le rayon de l'orifice soit petit par rapport à la hauteur de l'eau au-dessus du centre.

Prenons deux axes dans la paroi, passant par le centre de l'orifice circulaire ; l'un sera horizontal, l'autre vertical. Soient x et y les coordonnées d'un point de l'orifice, x étant compté sur l'axe horizontal. Soit r le rayon du cercle, H la hauteur du plan d'eau au-dessus de son centre.

Au point (x, y) la vitesse de l'écoulement sera

$$\sqrt{2y(H-y)},$$

ce qui, affecté d'un coefficient convenable K, donne un débit par unité de temps égal au produit

$$K \sqrt{2g(H-y)}\, dx\, dy,$$

$dx\,dy$ désignant l'aire élémentaire.

Intégrons d'abord par rapport à x, qui varie, à la hauteur y, entre les limites — $\sqrt{r^2 - y^2}$ et $+ \sqrt{r^2 - y^2}$; la première intégration donne, pour le débit de la tranche située à la hauteur y au-dessus du centre,

$$2K \sqrt{2g(H - y)} \sqrt{r^2 - y^2} dy,$$

expression qu'il faut intégrer entre $y = -r$ et $y = +r$. On aura en définitive

$$Q = 2K \sqrt{2g} \int_{-r}^{+r} \sqrt{H - y} \sqrt{r^2 - y^2} dy.$$

Nous ramènerons approximativement la valeur de Q à la forme

$$Q = m \sqrt{2gH} \times \Omega,$$

Ω désignant l'aire du cercle, et $\sqrt{2gH}$ la vitesse de l'écoulement en son centre. Pour cela posons $\sqrt{H - y} = \sqrt{H} \sqrt{1 - \dfrac{y}{H}}$. Le radical $\sqrt{1 - \dfrac{y}{H}}$ peut s'exprimer approximativement par les deux premiers termes du développement du binome, ce qui donne $1 - \dfrac{y}{2H}$; et on a alors

$$Q = 2K \sqrt{2gH} \int_{-r}^{+r} \left(1 - \frac{y}{2H}\right) \sqrt{r^2 - y^2} dy;$$

Or $2 \int_{-r}^{+r} \sqrt{r^2 - y^2} dy = \Omega$, et $\int_{-r}^{+r} y \sqrt{r^2 - y^2} dy = 0$. Donc on retrouve encore la formule approximative $Q = K\Omega \sqrt{2gH}$, et le coefficient K est égal au coefficient m.

73. MM. Poncelet et Lesbos ont déterminé, dans une série d'expériences, les valeurs du coefficient m pour de grands orifices rectangulaires; elles sont variables avec la hauteur de l'orifice, et aussi avec la hauteur du plan d'eau.

Voici ce tableau pour les orifices en mince paroi :

Tableau du coefficient m *pour les grands orifices rectangulaires en mince paroi.*

Formule $Q = mA \sqrt{2gZ}$.

La hauteur Z est égale à la hauteur de l'eau au-dessus du sommet, augmentée de la moitié de la hauteur de l'orifice.

HAUTEUR de l'eau au-dessus du sommet de l'orifice.	COEFFICIENT m POUR DES HAUTEURS D'ORIFICE ÉGALES.					
	0^m.20	0^m.10	0^m.05	0^m.03	0^m.02	0^m.01
m						
0.02	0.572	0.596	0.616	0.639	0.660	0.695
0.03	0.578	0.600	0. 20	0.641	0.659	0.689
0.04	0.582	0.603	0.623	0.640	0.659	0.684
0.06	0.587	0.607	0.626	0.639	0.657	0.677
0.10	0.592	0.611	0.630	0.637	0.655	0.667
0.20	0.598	0.615	0.631	0.634	0.648	0.655
0.30	0.600	0.616	0.630	0.632	0.645	0.650
0.40	0.602	0.617	0.629	0.631	0.642	0.646
0.60	0.604	0.617	0.627	0.630	0.638	0.641
1.00	0.605	0.615	0.625	0.627	0.632	0.629
1.50	0.602	0.611	0.619	0.621	0.620	0.617
2.00	0.601	0.607	0.613	0.613	0.613	0.613
3.00	0.601	0.603	0.606	0.607	0.608	0.609

AJUTAGE RENTRANT DE BORDA.

74. Le coefficient de contraction *m* se détermine par expérience. Il y a cependant un cas où la théorie peut le faire connaître; c'est le cas où l'orifice, au lieu d'être simplement ouvert en mince paroi, est accompagné d'un *ajutage rentrant*, dit *ajutage de Borda*. Les tonneaux des porteurs d'eau sont généralement munis de cet appareil,

qui réduit la dépense, mais qui donne une veine plus limpide et mieux calibrée que la veine issue des orifices en mince paroi.

Dans la paroi verticale BL d'un vase ABLM, où le liquide est entretenu à la hauteur constante AB, on ouvre un orifice très petit, CF, auquel on adapte, vers le dedans du vase, un fragment de tuyau cylindrique CDEF, assez court pour que la veine liquide, en s'échappant de l'ouverture DE, ne puisse s'attacher à la surface intérieure

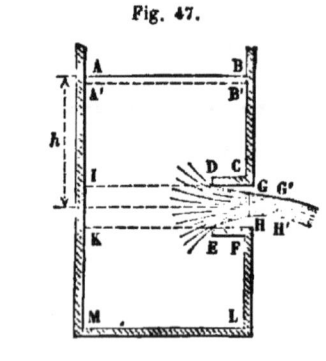

Fig. 47.

de ce tube. Ces portions de tuyaux, qu'on adapte aux orifices, en dehors ou en dedans, sont ce qu'on appelle en hydraulique des *ajutages;* nous verrons qu'ils ont sur l'écoulement une influence très remarquable. Le tuyau CDEF est un *ajutage rentrant*, et la section contractée GH se trouve par cet artifice reportée à l'intérieur.

Les parois ajoutées CD, EF concentrent au dedans du vase tout le mouvement du liquide qui, dans le cas de l'orifice simple, se fait au contact de la paroi latérale. Il résulte de là que, dans toute la région BC, comme dans toute la région FL, le liquide n'est animé que de faibles vitesses; on peut donc admettre que les pressions s'y distribuent suivant la loi de l'hydrostatique. Il en est de même de tout le liquide situé le long de la paroi opposée AM. Aux pressions développées en BC et en FL correspondent donc des pressions égales et contraires développées en AI et en KM, en appelant I et K les limites du contour intercepté par le prolongement du cylindre d'ajutage sur la paroi opposée à l'orifice.

Prenons un axe XX′, parallèle à l'axe de l'ajutage, ou à la direction initiale de la veine, et appliquons au système matériel formé par le liquide compris entre le plan AB et la section contractée GH, le théorème des quantités de mouvement projetées sur l'axe XX′.

Soit θ une durée infiniment petite, pendant laquelle le système matériel passe de la position ABGH à la position infiniment voisine A′B′G′H′. Dans ces deux positions, il a une partie commune, A′B′GH, où, en vertu de la permanence du régime, les masses et les vitesses sont les mêmes; par suite l'accroissement des quantités de mouvement en projection sur un axe quelconque, est nul pour cette portion commune; il reste donc à faire la différence des quantités de mouvement projetées pour l'intervalle GHG'H' et pour l'intervalle ABA'B'. Or, dans ce dernier intervalle, toutes les vitesses sont normales à l'axe de projection XX', ou s'il y a de petits mouvements du liquide dans le plan horizontal, les vitesses correspondantes sont très faibles; par suite, les quantités de mouvement projetées sur XX' sont, ou rigoureusement nulles, ou assez petites pour qu'on puisse les négliger. L'accroissement de la quantité de mouvement projetée est égal, en définitive, au produit de la masse GHH'G' par la vitesse de l'écoulement, laquelle est parallèle à l'axe, ce qui donne :

$$\frac{\Pi}{g} \times \omega v \theta \times v = \frac{\Pi \omega v^2 \theta}{g},$$

ω étant l'aire de la section contractée GH, v la vitesse, et Π le poids spécifique du liquide.

Il faut égaler cet accroissement à la somme des impulsions élémentaires projetées des forces extérieures, qui se réduisent ici à la pression de l'atmosphère, aux pressions du liquide sur le vase et à la pesanteur. Mais la pesanteur, agissant normalement à l'axe XX', ne donne rien en projection. Il en est de même de la pression atmosphérique sur le plan libre AB. Les pressions du vase en BC et en AI, ou bien en FL et en KM, se détruisent deux à deux en projection, puisqu'elles sont réparties suivant la loi hydrostatique. Donc enfin il reste à compter : 1° la pression atmosphérique, qui s'exerce non-seulement sur le pourtour de la veine DGHE, mais encore dans la section contractée GH (§ 64, 2°) ; 2° la pression du vase sur le liquide dans l'étendue du contour IK opposé à l'orifice.

Soit A la section de l'orifice, p_0, la pression atmosphérique par unité de surface; h, la distance verticale du centre de gravité de l'orifice au plan AB; la pression moyenne par unité de surface sur le contour IK sera égale à $p_0 + \Pi h$, et la pression totale sur ce contour sera donc

$$(p_0 + \Pi h) \times A;$$

elle se projette en vraie grandeur sur XX', et a pour impulsion, pendant le temps θ, le produit

$$(p_0 + \Pi h) A\theta.$$

La pression atmosphérique, qui s'exerce sur toute la surface DGHE, est équivalente à la pression qui s'exercerait sur la section plane DE qui ferme cette surface (§ 25), et, par suite, elle a une impulsion projetée égale à $p_0 A\theta$, qu'il faut prendre négativement, parce qu'elle agit dans le sens X'X (*).

La somme des impulsions élémentaires est donc

$$(p_0 + \Pi h) A\theta - p_0 A\theta,$$

ou bien

$$\Pi A h \theta,$$

et l'on a l'équation

$$\frac{\Pi}{g} \omega v^2 \theta = \Pi A h \theta,$$

qui donne

$$\frac{\omega v^2}{g} = A h.$$

Mais, en vertu du théorème de Torricelli,

$$\frac{v^2}{2g} = h.$$

Divisant la première équation par la seconde, il vient

$$2\omega = A.$$

(*) On voit que le vase est sollicité à se mouvoir horizontalement par une force égale à $(p_0 + \Pi h) A - p_0 A$, ou à $\Pi A h$, dans la direction opposée à l'écoulement. C'est le principe des *vases à réaction*. Si le vase était posé sur un plan horizontal sans frottement, il se déplacerait dans ce sens avec une vitesse telle que le centre de gravité du liquide et du vase restât malgré l'écoulement sur une même verticale.

Donc

$$\omega = \frac{1}{2} A$$

et

$$m = \frac{\omega}{A} = \frac{1}{2}.$$

75. Cette démonstration suppose que la paroi d'où s'échappe la veine liquide est verticale. Mais il est aisé de la modifier de manière à ce qu'elle puisse s'appliquer à tout autre cas; la conclusion est toujours la même.

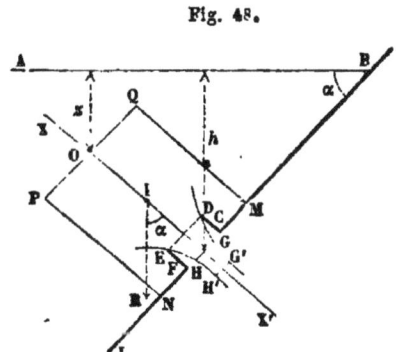

Fig. 48.

Soit BL le profil de la paroi que nous pouvons supposer plane aux environs de l'orifice FC; CDEF est l'ajutage rentrant, et EHGD la veine liquide qui s'en échappe. Le centre de gravité G de la section contractée est un point voisin du centre de gravité de l'orifice.

Prenons pour axe de projection la droite XX', élevée perpendiculairement au plan de l'orifice par son centre de gravité.

Isolons par la pensée, au sein de la masse fluide, un cylindre circulaire MNPQ, ayant pour axe la droite XX', et terminé d'une part à la paroi MN, et de l'autre à un plan quelconque PQ. Les dimensions de ce cylindre sont supposées assez grandes pour que le liquide situé sur toute sa surface soit sensiblement en repos, et que les pressions y soient distribuées par conséquent suivant la loi hydrostatique; nous savons d'ailleurs qu'il en est ainsi le long de la paroi, en CM et FN, à cause de la présence de l'ajutage.

Appliquons le théorème des quantités de mouvement à la masse ainsi définie. Négligeant les vitesses en PQ, qui sont très faibles, nous n'aurons à tenir compte que de la quantité de mouvement de la masse GHH'G', égale à

$$\frac{\Pi}{g}\, \omega v^2 \theta;$$

ce sera l'accroissement des quantités de mouvement projetées pendant le temps θ, égal à la somme des impulsions des forces projetées, c'est-à-dire à la somme des impulsions des pressions et de la pesanteur.

Les pressions sur la surface convexe du cylindre et sur celle de l'ajutage sont normales à l'axe et ne donnent rien en projection.

Les pressions sur PQ ont pour résultante une force normale à PQ, et par suite parallèle à l'axe, et égale au produit de la surface de la base PQ par la pression en O sur son centre de gravité (§ 23). Appelant S la surface PQ, et z la distance du point O à la surface libre, on aura pour cette résultante $(p_0 + \Pi z)$ S. La résultante des pressions développées sur l'espace annulaire CM, FN, sera de même exprimée par $(p_0 + \Pi h)$ (S — A), en appelant A l'aire de l'orifice. La résultante des pressions exercées sur la veine et dans la section contractée est, comme nous l'avons vu, égale à p_0A. La somme de ces impulsions projetées est donc

$$[p_0 + \Pi z)\, S - (p_0 + \Pi h)(S - A) - p_0 A]\theta = \Pi\, [(z - h)\, S + h A]\, \theta.$$

La pesanteur a pour impulsion le poids R du volume PQMN de liquide, multiplié par θ, et projeté sur l'axe XX'; appelons α l'angle de la droite XX' avec la verticale, angle égal à l'angle du plan de la paroi avec le plan horizontal; le volume de liquide contenu dans le cylindre MNPQ est égal à S $\times$ OG; le poids de ce liquide est donc S $\times$ OG $\times$ Π, et enfin l'impulsion de la pesanteur est

$$\text{S} \times \text{OG} \times \Pi \times \theta \cos \alpha.$$

Mais OG $\cos\alpha$ est la projection de OG sur la verticale, c'est-à-dire la différence $h - z$ des niveaux des points O et G. L'impulsion de la pesanteur devient donc

$$\Pi\,(h - z) \text{S}\theta,$$

et nous obtenons l'équation

$$\frac{\Pi}{g}\, \omega c^2 \theta = \Pi\,[(z - h)\, \text{S} + h \text{A}]\, \theta + \Pi\,(h - z) \text{S} \theta,$$

qui se réduit à

$$\frac{\Pi}{g}\,\omega v^2 \theta = \Pi h A \theta$$

ou encore à

$$\frac{\omega}{A}\,\frac{v^2}{g} = h,$$

ce qui donne enfin

$$\omega = \frac{1}{2}A \quad \text{et} \quad m = \frac{1}{2}.$$

Ici donc, le coefficient de contraction est entièrement déterminé, parce qu'on a pu faire usage à la fois du théorème des forces vives et du théorème des quantités de mouvement projetées. On ne peut pas appliquer la même méthode au cas de l'écoulement en mince paroi, parce que les molécules liquides qui glissent avec une grande vitesse contre cette paroi, y exercent des pressions moindres que les pressions hydrostatiques ; elles ne font donc pas équilibre aux pressions développées sur la paroi opposée du vase, et par conséquent, au lieu d'arriver à l'équation

$$\frac{\Pi}{g}\,\omega v^2 \theta = \Pi A h \theta,$$

on parviendrait à une inégalité

$$\frac{\Pi}{g}\,\omega v^2 \theta > \Pi A h \theta,$$

indiquant que l'accroissement de la quantité de mouvement est due à une force supérieure à la force $\Pi A h$. On en déduirait $\frac{\omega}{A} > \frac{1}{2}$. L'expérience confirme tous ces résultats.

76. Le coefficient m peut donc être réduit à 0,50 par une disposition particulière de l'orifice. On peut aussi le rapprocher beaucoup de l'unité. On y parvient en adaptant à l'orifice un ajutage extérieur qui ait exactement la forme de la veine entre l'orifice en mince paroi et la section contractée. La veine sort de cet ajutage par filets pa-

rallèles, et la formule $Q = A\sqrt{2gh}$ est applicable sans coefficient de contraction, A désignant l'orifice effectif par où l'eau s'échappe; mais il faut bien remarquer que cet orifice est celui de l'ajutage et qu'il est distinct de l'orifice réellement ouvert à travers la paroi, lequel, par sa section $\frac{A}{m}$, débiterait la même quantité de liquide une fois l'ajutage enlevé. Une telle addition n'est donc pas un moyen d'accroître la dépense d'un orifice.

On peut augmenter la dépense en garnissant l'orifice d'écoulement, à l'intérieur, d'une *fausse paroi*, ou plaque normale à la section de l'orifice, dont l'objet est de diriger les filets liquides perpendiculairement à cette section. Bidone a étudié l'augmentation de débit que l'on peut obtenir par ce moyen. La loi qu'il a proposée consiste à multiplier le coefficient de contraction, $m = 0.62$, par le nombre $1 + 0.152 \times \frac{n}{p}$, dans lequel p est le périmètre entier de l'orifice, et n la longueur de la portion de ce périmètre garnie de *fausses parois*, et le long de laquelle la convergence des filets fluides est supprimée. Mais cette règle ne s'applique qu'à des valeurs du rapport $\frac{n}{p}$ inférieures à l'unité; car si les fausses parois entouraient tout l'orifice, elles constitueraient un ajutage, et les lois de l'écoulement seraient profondément modifiées.

EXTENSION DE LA FORMULE DE TORRICELLI.

77. La formule $v = \sqrt{2gh}$ suppose que la même pression existe sur la surface libre du liquide et tout autour de la veine fluide. La quantité h est alors la distance verticale entre la surface libre et le centre de la section contractée, qu'on peut confondre approximativement avec le centre de gravité de l'orifice. Quand les pressions extérieures sont inégales, on peut encore se servir de la même formule, en ajoutant à la hauteur h une hauteur équivalente à cette différence

de pression. Si p_1 est la pression extérieure qui s'exerce sur la surface libre, et p_2 la pression extérieure qui s'exerce autour de la veine, l'équation de Bernoulli devient

$$z + \frac{p_1}{\Pi} = \frac{v'^2}{2g} + \frac{p_2}{\Pi} + z',$$

et on en déduit

$$v' = \sqrt{2g\left[(z - z') + \frac{p_1}{\Pi} - \frac{p_2}{\Pi}\right]} = \sqrt{2g\left(h + \frac{p_1}{\Pi} - \frac{p_2}{\Pi}\right)}.$$

La différence $\frac{p_1}{\Pi} - \frac{p_2}{\Pi}$ peut être positive ou négative.

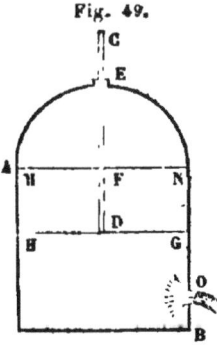

Fig. 49.

Prenons pour exemple l'appareil décrit dans les cours de physique sous le nom de *vase de Mariotte*. C'est un vase AB, percé en O d'une ouverture très petite, et dans lequel on peut introduire, par une tubulure E, un tube CD ouvert à ses deux bouts. Le vase étant plein d'eau, si l'on ouvre l'orifice O, et que le bout du tube D soit maintenu à un niveau HG, supérieur à celui de l'orifice, le tube se vide d'abord, et la pression atmosphérique régne sur le plan horizontal HG; l'écoulement continuant, il rentre par le tube une certaine quantité d'air qui va se loger dans le haut du vase; à mesure que le niveau MN s'abaisse par suite de l'écoulement du liquide par l'ouverture O, l'air extérieur afflue par l'extrémité D du tube, et remplace l'eau sortie du vase. Le plan HG est donc constamment maintenu à la pression de l'atmosphère, et si MN est à un certain moment le niveau de l'eau dans le vase, la pression p_1 sur MN est égale à la pression atmosphérique, p_0, moins la pression due à la hauteur d'eau FD, ou moins FD × Π. Dans ce cas on aura

$$h = NO,$$
$$p_1 = p_0 - FD \times \Pi,$$

et hors du vase.

$$p_2 = p_0.$$

Donc

$$h + \frac{p_1}{\Pi} - \frac{p_2}{\Pi} = h - FD = NO - FD = GO.$$

Donc enfin

$$v = \sqrt{2g \times GO},$$

de sorte que l'écoulement se fera sous une charge constante, et que la vitesse de la veine à la section contractée sera toujours la même, sans qu'on ait besoin pour la maintenir d'entretenir l'eau du vase à un niveau effectif constant.

Dans cet exemple, la différence $\frac{p_1}{\Pi} - \frac{p_2}{\Pi}$ est négative et égale à $- FD$.

78. L'écoulement d'un liquide dans une masse liquide en repos donne un autre exemple de la nécessité où l'on est d'altérer la hauteur h comprise entre le plan d'eau et le filet.

Soit AB le niveau du *bief d'amont* d'un canal, CD le niveau

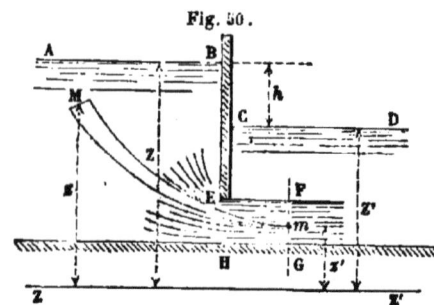

Fig. 50.

du *bief d'aval*. Les deux biefs sont séparés par une paroi BE, au bas de laquelle on a ouvert la vanne EH qui donne passage à l'eau du bief supérieur dans le bief inférieur. On demande les vitesses des filets liquides dans une section FG, voisine de l'orifice et où l'on suppose que l'écoulement a lieu par filets parallèles.

Considérons un filet quelconque Mm, qui a au point M une vitesse à peu près nulle, et au point m la vitesse cherchée. Appliquons le théorème Bernoulli à ce filet; nous aurons l'équation déjà posée

$$z + \frac{p}{\Pi} = z' + \frac{p'}{\Pi} + \frac{v'^2}{2g},$$

en négligeant $\frac{v^2}{2g}$ dans le premier membre.

Or

$$z + \frac{p}{\Pi} \quad \text{est égal à} \quad Z + \frac{p_0}{\Pi},$$

en appelant Z le z du plan AB, ou du niveau d'amont.

Dans la section FG, nous avons vu ($64, 3°) qu'on pouvait regarder les pressions comme réparties suivant la loi de l'hydrostatique ; donc aussi $z' + \dfrac{p'}{\Pi} = Z' + \dfrac{p_0}{\Pi}$, Z' étant le z du niveau d'aval, et par suite

$$v' = \sqrt{2g\,(Z - Z')} = \sqrt{2gh,}$$

h désignant la différence du niveau d'amont AB et du niveau d'aval CD.

La vitesse v' est alors commune à tous les filets, et elle est la même à quelque hauteur qu'on ouvre la vanne EH, tant qu'elle ne dépasse pas le niveau d'aval.

La dépense de l'orifice se calculera donc par la formule $Q = m'A \sqrt{2gh}$, A étant la section de l'orifice, et m le coefficient de contraction, qu'on prendra égal à 0,62, comme si l'écoulement se faisait dans l'air.

79. Si l'écoulement se faisait par un orifice suivi d'un coursier, c'est-à-dire d'un canal soutenant la veine liquide, on pourrait considérer ce cas comme rentrant dans le précédent, lorsqu'à la limite l'épaisseur de la tranche CDEF est réduite à zéro, et la vitesse commune à tous les filets serait $v' = \sqrt{2gH}$, H désignant la hauteur du niveau AB au-dessus du niveau F de l'eau dans le coursier à l'endroit de la contraction ; il serait d'ailleurs très facile de démontrer directement la formule dans ce cas particulier.

CHAPITRE II.

EFFETS DES ÉLARGISSEMENTS BRUSQUES DE SECTION ET THÉORIE DES AJUTAGES.

———

80. Les applications du théorème de Bernoulli supposent que l'écoulement se fait par filets sensiblement parallèles. Nous devons examiner comment ce théorème doit être modifié quand la condition du parallélisme n'est pas remplie.

Dans ce cas, les sections d'une veine, au lieu de varier d'un point à l'autre par degrés insensibles, varient brusquement entre deux points très rapprochés.

Si par exemple en deux points A et B peu éloignés l'un de l'autre

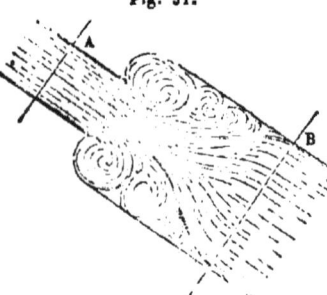

Fig. 51.

on constate, dans une veine liquide, deux sections ω, ω', notablement différentes l'une de l'autre, et où l'écoulement par filets parallèles existe, il y a nécessairement entre ces deux sections des tourbillonnements qui détruisent, sur une petite longueur, le parallélisme des filets. En même temps, les vitesses dans les sections A et B étant désignées par V et V', on aura $V\omega = V'\omega'$, et les vitesses V et V' seront très différentes ; tout se passe donc comme si les molécules liquides, entre les sections A et B, avaient à changer brusquement de vitesse sur un parcours peu considérable ; cet effet est analogue à un choc, et l'on prévoit qu'il en résultera une perte de force vive, comme cela a lieu toutes les fois que deux systèmes matériels viennent se heurter l'un contre l'autre. Alors le travail des forces intérieures n'est plus négligeable comme nous l'avons supposé jusqu'ici, et le théorème de Bernoulli doit être modifié par l'addition d'un terme qui corresponde à ce travail.

81. La perte de forces vives peut s'évaluer en appliquant au système fluide le théorème des quantités de mouvement projetées. On choisit ce théorème parce qu'il élimine les actions intérieures, lesquelles sont inconnues ici. C'est aussi ce théorème qu'on emploie pour étudier le choc des solides dans la mécanique rationnelle.

Soit ABCD un orifice par lequel s'écoule une veine liquide; on suppose que l'orifice soit disposé de telle sorte qu'il n'y ait pas contraction à la sortie (§ 66); la section BC débite l'eau par filets parallèles, perpendiculairement au plan de cette section. La veine jaillissante est reçue dans un tuyau EFGH, de diamètre plus grand que la section BC. Ce tuyau est fermé sur toute la couronne annulaire EB, CF, comprise entre la veine et sa paroi latérale. A une petite distance de l'orifice BC, on fait dans le tuyau une coupe GH, parallèle à cet orifice, et l'on constate que l'écoulement se fait dans la section GH par filets parallèles, dirigés normalement à cette section.

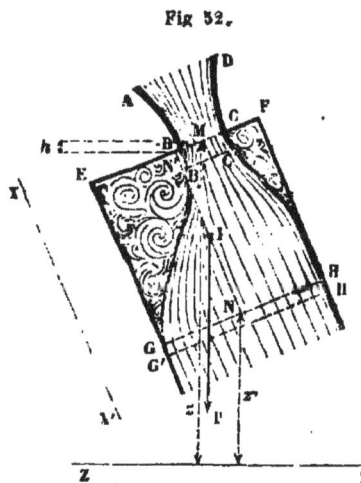

Fig 52.

Entre les plans BC et GH, il y a donc des tourbillonnements de liquide qui détruisent le parallélisme des filets, et qui donnent naissance au travail moléculaire dont on se propose de chercher la valeur.

Considérons à un certain instant le système matériel compris entre les plans EF et GH; il se compose de deux parties : l'une, représentant la veine qui sort de BC et la veine qui traverse GH, est animée de vitesses perpendiculaires aux plans de ces sections; l'autre partie n'a pas de mouvements bien définis, mais on peut admettre que son mouvement général consiste en oscillations peu sensibles qui la laissent à peu près à l'état d'immobilité. Cela revient à admettre, pour ainsi dire, dans l'eau qui occupe le fragment de tuyau EFGH, une portion *vive*, alimentant la veine, et une portion *morte*, qui reste immobile. L'écoulement en BC se faisant par filets parallèles, nous en conclurons que la pression de l'eau morte qui touche au plan EF et la pression de l'eau vive satisfont aux lois de l'hydrostatique (§ 64), et nous adopterons une pression moyenne p, pour tout le liquide qui baigne la section EF.

Appelons p' la pression moyenne qui règne dans la section GH où l'écoulement a aussi lieu par filets parallèles, ce qui rend encore l'hydrostatique applicable, et écrivons l'équation des quantités de mouvement pour le système matériel compris entre ces deux plans. en projetant tout, forces et quantités de mouvement, sur un axe XV parallèle au tuyau ; les quantités de mouvement se projetteront sur cet axe en vraie grandeur.

Soit ω l'aire de la section BC, et Ω l'aire de la section GH, qui est aussi l'aire de la section EF. Cherchons l'accroissement des quantités de mouvement pendant un temps très petit, θ, pendant lequel les sections BC, GH, viennent en B'C', G'H'. En raisonnant comme nous l'avons toujours fait en pareil cas, nous verrons qu'il suffit de retrancher la quantité de mouvement de BCC'B' de la quantité de mouvement de GHH'G'. Appelons v la vitesse en BC, et v' la vitesse en GH ; l'accroissement des quantités de mouvement sera égal à la différence

$$\frac{\Pi}{g}\, \Omega v'\theta \times v' - \frac{\Pi}{g}\, \omega v\theta \times v,$$

ou bien en observant que $\Omega v' = \omega v = Q$, dépense par unité de temps,

$$\frac{\Pi Q \theta}{g}\, (v' - v).$$

Les forces extérieures qui agissent sur le système sont la pesanteur et les pressions.

Le poids total P du système est le poids d'un cylindre liquide ayant pour base Ω et pour longueur EG ; c'est donc $\Pi\Omega \times$ EG ; l'impulsion de cette force est $\Pi\Omega \times EG\theta$; elle est dirigée suivant la verticale, et fait avec l'axe XX' un angle α, égal à l'angle que la verticale fait avec le tuyau. Pour la projeter, il suffit de projeter EG sur la verticale, ce qui donne EG cos α, ou la différence de hauteur des points E et G, pris sur une même génératrice du tuyau, ou encore la différence de hauteur des centres de gravité N et N' des sections égales GH, EF. Désignons par z et z' les distances des centres de gravité M, N des sections BC, GH, au-dessus d'un même plan horizontal ZZ'. Les points M et N ne sont pas généralement situés sur une parallèle à XX' ; soit donc h la hauteur verticale du point M au-dessus du centre de gravité N' de la section EF ; nous aurons

$$EG \cos\alpha = NN' \cos\alpha = (z - h) - z' = z - z' - h.$$

Donc enfin l'impulsion projetée des forces dues à la pesanteur est

$$\Pi\Omega\theta\,(z - z' - h).$$

Les pressions en EF et GH se projettent sur l'axe en vraie grandeur, et ont pour impulsion

$$p\Omega\theta - p'\Omega\theta.$$

Les autres pressions sont supposées normales aux parois du tuyau, et par suite normales à l'axe XX'. Elles ne donnent rien en projection.

Nous avons donc l'équation :

$$\frac{\Pi\Omega\theta}{g}\,(v' - v) = \Pi\Omega\theta\,(z - z' - h) + p\Omega\theta - p'\Omega\theta.$$

Divisons par $\Pi\Omega\theta$, et remplaçons $\dfrac{Q}{\Omega}$ par v', il viendra

$$\frac{v'(v' - v)}{g} = z - z' - h + \frac{p}{\Pi} - \frac{p'}{\Pi}.$$

Or, la pression moyenne p qui règne dans la section EF est égale à celle qui a lieu au centre de gravité N′ de cette section (§ 21), et $p - \Pi h$ est la pression qui a lieu au point M, centre de gravité de la section de la veine. A la place des termes $\frac{p}{\Pi} - h$, nous pouvons donc mettre $\frac{p_1}{\Pi}$, p_1 étant la pression moyenne dans la veine jaillissante. L'équation prend alors la forme :

$$\frac{v'(v'-v)}{g} = z - z' + \frac{p_1}{\Pi} - \frac{p'}{\Pi}.$$

On peut l'écrire

$$\frac{v'^2}{2g} - \frac{v^2}{2g} = \left(z - z' + \frac{p_1}{\Pi} - \frac{p'}{\Pi} \right) - \frac{(v-v')^2}{2g},$$

ou encore

$$z + \frac{p_1}{\Pi} + \frac{v^2}{2g} = \left(z' + \frac{p'}{\Pi} + \frac{v'^2}{2g} \right) + \frac{(v-v')^2}{2g}.$$

Les hauteurs

$$z + \frac{p_1}{\Pi} + \frac{v^2}{2g}, \quad z' + \frac{p'}{\Pi} + \frac{v'^2}{2g},$$

définissent les *plans de charge* pour la section BC et pour la section GH (§ 54) ; on voit que ces deux plans ne sont plus à la même hauteur, et que le second est au-dessous du premier d'une quantité égale à

$$\frac{(v-v')^2}{2g},$$

c'est-à-dire égale à la hauteur due à la différence des vitesses, ou à la vitesse relative de la veine choquante, qui passe en BC, par rapport à la veine choquée, qui passe en GH.

82. Cet abaissement du plan de charge, d'une section à l'autre, lorsqu'il· y a tourbillonnement entre les deux sections, a reçu le nom de *perte de charge*. Le théorème de Bernoulli pourra s'appliquer à des filets qui subissent de telles perturbations, pourvu qu'on

ait égard à la perte de charge; cette perte provient d'une brusque variation des vitesses, analogue à ce qui se passe dans le choc des solides naturels. Il n'y a pas de perte de charge quand les sections du filet liquide varient par degrés insensibles; car alors l'expression de la perte entre deux sections très voisines, serait $\frac{(dV)^2}{2g}$, c'est-à-dire un infiniment petit du second ordre, et l'intégrale de ces infiniment petits donnerait une somme rigoureusement nulle entre deux sections séparées par une distance finie.

83. La formule que nous avons déduite (§ 81) du théorème des quantités de mouvement, peut aussi s'établir par le théorème des forces vives, en s'aidant de l'observation.

Supposons qu'une masse M de liquide, animée d'une vitesse v, vienne tomber dans un vase de profondeur indéfinie, rempli d'un liquide en repos. La masse affluente pénétrera dans le liquide en repos à une certaine profondeur, et se mélangera au liquide environnant, en perdant sa vitesse. La surface libre du liquide dans lequel se fait le mélange reste sensiblement horizontale pendant l'expérience.

La demi-force vive de la masse affluente au moment où elle pénètre dans le vase est égale à $\frac{1}{2} Mv^2$; cette masse est réduite au repos par les résistances que lui oppose le liquide immobile. Sa force vive devient donc sensiblement nulle, et par suite le travail résistant accompli par le liquide immobile a pour mesure $\frac{1}{2} Mv^2$.

Si au lieu de tomber dans un liquide stagnant, la veine affluente tombait dans un liquide animé d'une vitesse v', de même direction que la vitesse v, tout se passerait à l'intérieur du vase comme si le liquide était ramené au repos, et que la vitesse d'affluence fût égale à $v - v'$, vitesse relative des deux liquides en présence, de sorte que le travail négatif des actions moléculaires développées par la pénétration des deux fluides serait égal en valeur absolue à $\frac{1}{2} M (v - v')^2$.

Appliquons ce lemme au mouvement du système matériel compris entre les plans BC et GH. Au bout du temps θ, ce système occupera la position B'C'G'H'; pour appliquer le théorème des forces vives, il faudra retrancher la demi-force vive de la portion BCC'B', de la demi-force vive de la portion GHH'G'. Soit Q la dépense pendant l'unité de temps; la masse de ces deux portions est égale à $\dfrac{\Pi Q \theta}{g}$, et par suite l'accroissement de la demi-force vive est

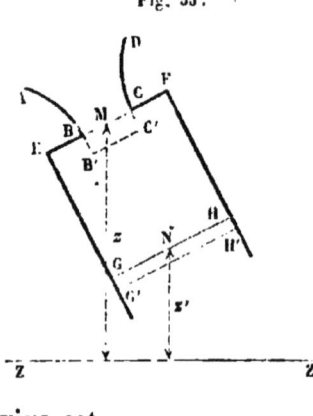

Fig. 5J.

$$\tfrac{1}{2}\,\frac{\Pi Q \theta}{g}\,(v'^2 - v^2).$$

Les forces dont il faut tenir compte sont la pesanteur, les pressions en BC et en GH (les pressions développées dans les régions EB et CF ne produisent aucun travail, puisque leurs points d'application restent immobiles), et enfin les forces moléculaires dont le travail, en vertu du lemme précédemment établi, est égal en valeur absolue à

$$\tfrac{1}{2}\,\frac{\Pi Q \theta}{g}\,(v - v')^2.$$

Le travail de la pression en BC est positif et égal à $p_1\omega \times v\theta = p_1 Q\theta$. Le travail de la pression en GH est négatif et égal à $p'\Omega \times v'\theta = p' Q\theta$.

Le travail de la pesanteur est équivalent au travail développé par le passage du poids BCC'B' à la position GHH'G', ce qui donne en définitive $\Pi Q\theta \times (z - z')$.

Donc enfin nous avons l'équation :

$$\tfrac{1}{2}\,\frac{\Pi Q \theta}{g}\,(v'^2 - v^2) = p_1 Q\theta - p' Q\theta + \Pi Q\theta\,(z - z') - \tfrac{1}{2}\,\frac{\Pi Q \theta}{g}\,(v - v')^2.$$

Divisant par $\Pi Q\theta$, il vient l'équation déjà trouvée,

$$\frac{v'^2}{2g} - \frac{v^2}{2g} = \frac{p_1}{\Pi} - \frac{p'}{\Pi} + z - z' - \frac{(v - v')^2}{2g},$$

ou bien

$$z + \frac{v^2}{2g} + \frac{p_1}{\Pi} = \left(z' + \frac{v^2}{2g} + \frac{p'}{\Pi} \right) + \frac{(v - v'_1)^2}{2g}.$$

84. L'analogie de cette formule avec celle du choc direct de deux corps dépourvus d'élasticité est facile à reconnaître. Soient m et m' les deux masses de deux sphères animées, l'une, d'une vitesse v, l'autre, d'une vitesse v', toutes deux parcourant la même droite dans le même sens. La vitesse u du centre de gravité du système sera égale à

$$\frac{mv + m'v'}{m + m'}.$$

Or on sait

1° Que le mouvement du centre de gravité d'un système matériel n'est pas altéré par l'action des forces intérieures ;

2° Que la force vive d'un système matériel peut se décomposer en deux parties : l'une est la force vive de la masse entière supposée concentrée au centre de gravité ; l'autre est la force vive correspondante au mouvement relatif du système, par rapport à des axes doués d'un mouvement de translation égal et parallèle à celui du centre de gravité.

En vertu du premier théorème, si les deux sphères se choquent, le mouvement du centre de gravité ne sera pas altéré, et comme on admet que le défaut d'élasticité des sphères est tel qu'elles se meuvent d'un commun mouvement après le choc, la vitesse de ce mouvement commun sera nécessairement celle du centre de gravité, c'est-à-dire la vitesse u.

En vertu du second théorème, la force vive du système avant le choc est égale à

$$(m + m')u^2 + m(v - u)^2 + m'(u - v')^2.$$

Après le choc, elle est égale à

$$(m + m')u^2.$$

9

Donc il y a une force vive perdue égale à

$$m(v-u)^2 + m'(u-v')^2.$$

Pour appliquer ce résultat à une veine liquide qui tombe dans un vase rempli d'une eau animée de la vitesse v', il faut admettre que m' est assez grand par rapport à m pour que u soit très sensiblement égal à v'; on a alors $u-v'=0$, et la perte de force vive se réduit à $m(v-v')^2$.

Si la veine affluente animée de la vitesse v tombait dans une masse liquide animée d'une vitesse v' non parallèle à v, on réduirait encore au repos la masse liquide en communiquant à la veine une vitesse fictive, égale et contraire à v'; de sorte que tout se passerait, au point de vue de la perte de force vive, comme si une masse liquide immobile recevait une veine affluente animée de la vitesse résultante des vitesses v et $-v'$. Si l'on appelle u cette vitesse résultante, la perte de force vive par unité de temps sera mu^2, m étant la masse écoulée dans l'unité de temps, et $\frac{1}{2}mu^2$ sera le travail développé dans le même temps par la viscosité du liquide.

AJUTAGES CYLINDRIQUES.

85. Soit CD un orifice ouvert dans la paroi, BL, d'un vase où le liquide est entretenu à un niveau constant AB. A cet orifice on

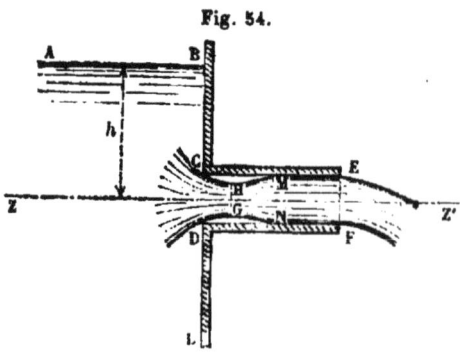

Fig. 54.

adapte un *ajutage cylindrique*, ou fragment de tuyau CEFD, de même diamètre que l'orifice, et dirigé horizontalement. Ce tuyau a une longueur, CE, au moins égale à une fois et demi le diamètre, CD, de l'orifice (*). Dans ces conditions, on constate que la veine liquide, après avoir coulé quelques instants sans toucher la paroi interne de l'ajutage, s'élargit bientôt et sort ensuite à *gueule-bée*, ou à *plein tuyau*, par l'orifice EF. Le mouvement permanent est alors établi; on mesure la dépense de l'orifice, et, au lieu de la trouver égale à

$$0,62 \times A \sqrt{2gh},$$

valeur correspondante à l'écoulement en mince paroi, on la trouve plus grande et égale à

$$0,82 A \sqrt{2gh},$$

A étant toujours la section de l'orifice CD, ou du tuyau EF.

L'élargissement que l'on a constaté dans la veine résulte de l'entraînement de l'air qui se trouvait compris, au commencement de l'expérience, entre la veine et la paroi interne du tuyau. La pression dans l'ajutage décroît graduellement à mesure que l'air est entraîné, et la veine fluide en s'élargissant vient en remplir la section. Le mouvement des molécules liquides continue néanmoins à se faire suivant des trajectoires courbes, qui les amènent toujours à passer

---

(*) Ce rapport d'*une fois et demie* doit être considéré comme une limite extrême, au-dessous de laquelle l'écoulement à gueule-bée n'est pas possible. Des expériences récentes, faites à Palerme par M. Michele Capitò, ont même montré que, sous une faible charge de 0^m.15, l'écoulement ne s'établit pas *à plein tuyau* dans un ajutage de 0^m.05 de longueur et de 0^m.03 de diamètre. Le rapport-limite dépendrait donc de la hauteur du plan d'eau dans le réservoir. Les expériences de M. Michele Capitò ont porté sur des ajutages de 0^m.03 et de 0^m.03976 de diamètre, dont les longueurs variaient de 0^m.10 à 3^m. Les grandes longueurs changent le phénomène; au lieu d'un ajutage, on a affaire à un tuyau, où le frottement des parois joue un rôle. C'est pour pouvoir éliminer cette complication que la théorie des ajutages impose au tuyau la condition d'être court. Les premières expériences de M. Capitò ont été publiées dans les *Atti del collegio degl'Ingegneri ed Architetti di Palermo*, 1878.

dans une section contractée, HG ; mais, plus loin, la section augmente brusquement, et prend la dimension MN. L'intervalle annulaire CHM, DGN, compris entre la veine et le tuyau, se remplit d'eau sans vitesse, ou d'eau morte, qui maintient tout autour de la veine une certaine pression moindre que la pression de l'atmosphère, et il y a de HG et EF une perte de charge, due au changement brusque de la vitesse entre les sections voisines HG, MN, et à la rupture du parallélisme des filets.

Pour soumettre cette question au calcul, appelons A la section de l'orifice CD, et ω la section contractée HG ; soit v la vitesse du liquide en HG, v' sa vitesse en MN, ou en EF à la sortie du tuyau. Soient enfin p_0 la pression atmosphérique, p la pression du liquide dans la section HO, et p' la pression en EF, pression que nous regarderons d'abord comme différente de p_0, pour prévoir le cas où le tuyau EF ne déboucherait pas dans l'air libre.

Prenons pour plan de comparaison le plan horizontal ZZ' mené par l'axe de l'ajutage, et appliquons le théorème de Bernoulli ; nous aurons, entre le niveau AB et la section contractée HG, l'équation

$$h + \frac{p_0}{\Pi} = \frac{v^2}{2g} + \frac{p}{\Pi},$$

et entre la section HG et la section EF,

$$\frac{v^2}{2g} + \frac{p}{\Pi} = \frac{v'^2}{2g} + \frac{p'}{\Pi} + \frac{(v - v')^2}{2g},$$

en tenant compte de la perte de charge.

Appelons m le coefficient de contraction ou le rapport $\frac{\omega}{A}$; les vitesses v et v' sont entre elles dans le rapport inverse des sections ; donc $v = \frac{v'}{m}$. Des équations précédentes on déduit :

$$h + \frac{p_0}{\Pi} = \frac{v'^2}{2g} + \frac{p'}{\Pi} + \frac{(v - v')^2}{2g},$$

et par suite,

$$h + \frac{p_0}{\Pi} = \frac{v'^2}{2g}\left[1 + \left(\frac{1}{m} - 1\right)^2\right] + \frac{p'}{\Pi}.$$

Donc enfin

$$v' = \sqrt{2g\left(h + \frac{p_0}{\Pi} - \frac{p'}{\Pi}\right)} \times \frac{1}{\sqrt{1 + \left(\frac{1}{m} - 1\right)^2}}.$$

Si l'on fait l'expérience en laissant l'eau s'écouler dans l'air libre, il faudra remplacer p' par p_0, et l'on aura simplement

$$v' = \frac{1}{\sqrt{1 + \left(\frac{1}{m} - 1\right)^2}} \sqrt{2gh},$$

ou bien

$$v' = \mu \sqrt{2gh},$$

le coefficient μ étant défini par l'équation

$$\mu = \frac{1}{\sqrt{1 + \left(\frac{1}{m} - 1\right)^2}}.$$

Le coefficient de contraction m du liquide dans l'ajutage peut être pris égal à 0,62 ; on trouve alors $\mu = 0,85$. L'expérience démontre que cette valeur est un peu trop forte, et que l'on a seulement $\mu = 0,82$; la différence entre ces deux valeurs est trop faible pour qu'on puisse accuser la théorie d'inexactitude.

L'écoulement se fait par l'orifice Λ avec la vitesse v' ; la dépense est donc représentée par la formule

$$Q = A v' = A \times \mu \sqrt{2gh}.$$

C'est cette formule qui permet de déterminer μ en mesurant le produit de l'écoulement pendant un temps donné.

On pense que la différence de la valeur calculée, $\mu = 0,85$, à la valeur observée, $\mu = 0,82$, ne doit pas être attribuée à ce qu'on a pris pour m une valeur inexacte, mais qu'elle s'explique par les différences de vitesse des filets liquides, auxquels on a supposé des vitesses communes, ce qui altère l'expression des forces vives.

86. On peut se proposer encore de déterminer la pression p, ou plutôt la diminution de la pression $p_0 - p$, dans l'ajutage à l'endroit de la contraction. On se servira pour cela de la première équation, en y remplaçant v par $\dfrac{v'}{m}$ et v' par $\mu\sqrt{2gh}$. Elle donne

$$\frac{p_0 - p}{\Pi} = \frac{v'^2}{2gm^2} - h = \left(\frac{\mu^2}{m^2} - 1\right)h,$$

et faisant

$$\mu = 0,82, \quad m = 0,62,$$

il vient

$$\frac{p_0 - p}{\Pi} = 0,75\,h.$$

La *dépression* dans l'ajutage est donc les $\dfrac{3}{4}$ de la hauteur h.

L'accord de cette formule avec l'expérience montre bien que le nombre $m = 0,62$ peut être adopté comme coefficient de la con-

Fig. 55.

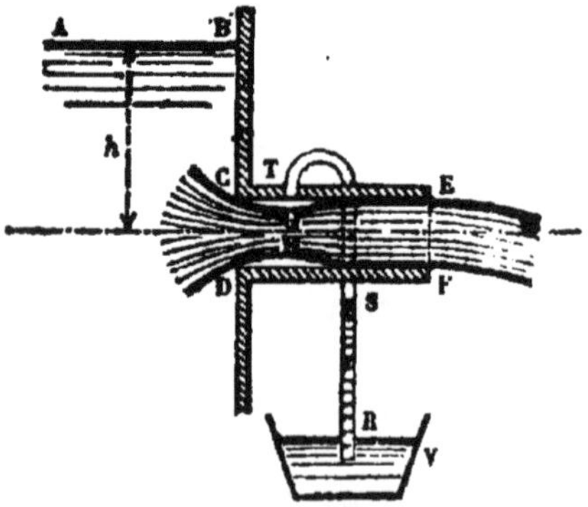

traction dans l'ajutage. Une célèbre expérience de Venturi a mis ce fait en évidence. Il adapta à l'ajutage un tube de verre recourbé TR, inséré au point T où la contraction a lieu. Ce tube recourbé plongeait dans un vase V contenant de l'eau légèrement colorée. La dépression dans l'ajutage était mesurée par la hauteur RS de la colonne liquide qui montait dans le tube. On pouvait comparer cette hauteur RS à la hauteur h. Or Venturi a observé que

pour $h = 0^m,88$, la hauteur RS $= \dfrac{p_0 - p}{\Pi}$ était de $0^m,65$, ou à très

peu près les $\dfrac{3}{4}$ de h.

L'écoulement d'un fluide est donc un moyen de produire une aspiration. Cette idée peut être considérée comme le principe de l'appareil d'alimentation imaginé par M. Giffard.

87. Résumons la théorie de l'écoulement par ajutage cylindrique.

1° La vitesse à la sortie de l'ajutage, par la section entière du tuyau, est donnée par la formule

$$v = 0,82 \sqrt{2gh}.$$

2° La dépense, par la formule

$$Q = 0,82 \times A \sqrt{2gh}.$$

Le coefficient 0,82 porte sur la vitesse $\sqrt{2gh}$ et non sur la section A; le contraire avait lieu dans l'équation de l'écoulement en mince paroi (§ 67).

3° Si l'on compare l'écoulement par ajutage à l'écoulement en mince paroi, à égalité d'orifices, on voit que *l'ajutage diminue la vitesse* dans le rapport de l'unité à 0,82, ou sensiblement dans le rapport de 6 à 5, et qu'il *augmente la dépense* dans le rapport de 0,62 à 0,82, ou sensiblement dans le rapport de 3 à 4.

4° A l'intérieur de l'ajutage, on observe, à l'endroit de la section contractée, une diminution de pression égale aux $\dfrac{3}{4}$ de la hauteur du liquide au-dessus de l'orifice.

Nous pouvons donc représenter comme il suit (*fig.* 56) les hauteurs successives du plan de charge en différents points de la masse liquide.

Prenons un point M dans l'intérieur du vase ; ce point supporte une pression représentée par la hauteur M'M du liquide situé au-dessus de lui, augmentée de la hauteur $M'M'' = \frac{p_0}{\Pi}$ qui correspond

à la pression atmosphérique. On obtient ainsi le niveau M″ du plan de charge qui s'étend à la même hauteur pour tous les points du liquide jusqu'à la section contractée N.

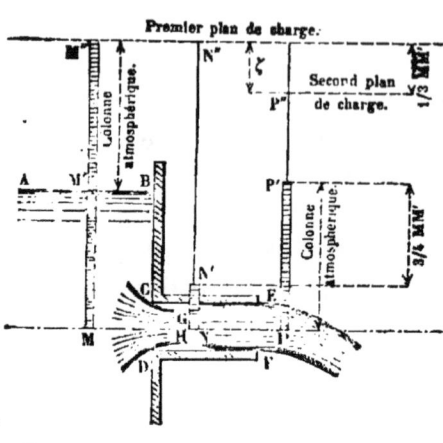

Fig. 56.

A la section contractée, le plan de charge conserve encore le niveau N″; mais la hauteur N″N est partagée différemment. On a d'abord une hauteur piézométrique NN′, inférieure à la colonne atmosphérique, M′M″,

des $\frac{3}{4}$ de la hauteur MM′; on prendra donc $NN' = M'M'' - \frac{3}{4} MM'$, ce qui donnera le point N′. La hauteur N′N″ sera la hauteur due à la vitesse v dans la section contractée.

Au point P, la pression se retrouve égale à la pression atmosphérique, et la hauteur piézométrique, PP′, est égale à M′M″. Mais le plan de charge P″ est plus bas que le plan de charge correspondant au point N. Évaluons la différence, ζ, de leurs niveaux.

Pour cela observons que, s'il n'y avait pas de perte de charge, la hauteur due à la vitesse v' serait exactement égale à MM′ ou à h. Or on a, au contraire,

$$v' = 0{,}82 \sqrt{2gh},$$

d'où l'on tire

$$\frac{v'^2}{2g} = (0{,}82)^2 \times h.$$

La perte de charge, ζ, est donc égale à $h \times (1 - \overline{0{,}82^2}) = h \times 0{,}33$. ou à environ $\frac{1}{3} h$.

Le nouveau plan de charge P″ est au-dessous du plan M″N″ d'une quantité égale au tiers environ de MM′; le point N′ est au-dessous du point P' d'une quantité égale aux trois quarts de cette même hauteur MM'.

AJUTAGES CONIQUES.

88. L'étude expérimentale de l'écoulement par les ajutages coniques montre des phénomènes analogues.

L'ajutage conique peut être convergent ou divergent.

Lorsque l'ajutage est convergent, il y a deux phénomènes à observer : l'un est la perte de charge due à la contraction de la veine, et au renflement dont elle est suivie dans l'intérieur de l'ajutage, l'autre est la contraction de la veine liquide à la sortie, laquelle est causée par la convergence des filets. On a alors un double coefficient à appliquer à la formule de la dépense.

Si l'on appelle h la distance verticale entre le plan d'eau et le centre de l'orifice, la vitesse v à la sortie sera donnée par une équation de la forme

$$v = \mu \sqrt{2gh},$$

et comme cette vitesse s'applique à une section contractée moindre que la section A de l'orifice, il faut pour calculer la dépense Q employer la formule

$$Q = mAv,$$

dans laquelle m est un second coefficient dû à la contraction.

En définitive, l'équation de la dépense est

$$Q = mA \times \mu \sqrt{2gh} = (m\mu)A\sqrt{2gh}.$$

Dans cette formule, les nombres m et μ dépendent de l'angle au sommet du cône. Lorsque cet angle est nul, l'ajutage est cylindrique et l'on sait qu'alors $\mu = 0,82$, et $m = 1$, la contraction à la sortie n'ayant plus lieu. Si l'angle au sommet prend des valeurs croissantes, μ augmente, parce que la vitesse à la sortie devient plus grande en raison de la diminution de la section, et que par

suite la perte de charge $\dfrac{(v-v')^2}{2g}$, devient de plus en plus petite.

Mais en même temps le coefficient de contraction m diminue, à
ause de la plus grande convergence des filets. En résumé, l'expérience donne les résultats suivants, qui font ressortir le maximum
du produit $m\mu$ pour un angle de 12°.

ANGLE du cône.	m COEFFICIENT de contraction.	μ COEFFICIENT dû à la perte de charge.	PRODUIT $m\mu$ coefficient de la dépense.	OBSERVATIONS.
0°	1.00	0.820	0.820	Ajutage cylindrique.
12° 1'	0.99	0.955	0.942	Maximum.
29° 58'	0.92	0.975	0.895	»
48° 50'	0.86	0.984	0.847	»
180° 0'	0.62	1.000	0.620	Écoulement en mince paroi.

Les expériences qui ont servi à dresser ce tableau ont été faites

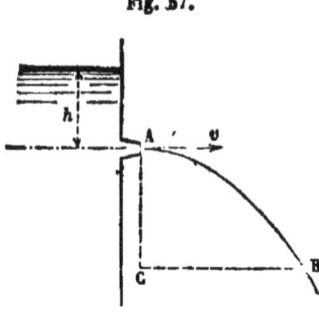

Fig. 57.

sur des ajutages de 15 millimètres ½
de diamètre à l'extrémité, de 39 millimètres de longueur, et sous des
charges d'eau variables de 0m,20 à
3 mètres. Pour mesurer μ, on relevait
la forme de la parabole AB décrite
par la veine liquide; le point A est le
sommet de cette parabole; et si l'on
appelle v la vitesse horizontale de
l'eau en ce point, et t le temps,
l'équation de la parabole s'obtiendra en éliminant t entre les deux
équations

$$CB = vt,$$
$$AC = \tfrac{1}{2} g t^2,$$

donc

$$v = CB \times \sqrt{\dfrac{g}{AC \times 2}}.$$

On déduit ainsi v de la mesure des coordonnées AC, CB d'un même point B de la parabole.

Connaissant v, on trouvera μ par l'équation

$$v = \mu \sqrt{2gh},$$

qui donne

$$\mu = \sqrt{\dfrac{v^2}{2gh}}.$$

Enfin, on obtiendra $m\mu$ en mesurant la quantité d'eau écoulée par l'orifice A pendant l'unité de temps; appelant Q cette quantité, et A la section de l'orifice, on aura

$$Q = \mu m A \sqrt{2gh},$$

ou bien

$$\mu m = \dfrac{Q}{A \sqrt{2gh}}.$$

On connait $m\mu$ et μ; une division donnera donc m.

89. Passons à l'étude des ajutages divergents. Nous supposerons que le profil de l'ajutage soit tracé de manière à éviter toute contraction à l'entrée, entre les sections C'D' et CD, et toute perte de charge à la sortie, entre les sections CD et EF; il faut pour cela ménager de telle sorte l'évasement successif de l'ajutage entre ces deux sections que le liquide passe d'une section à la section voisine par filets sensible-

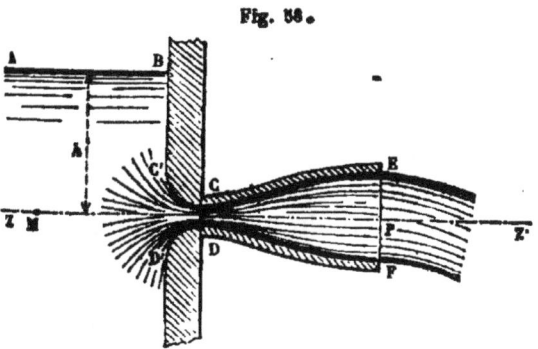

Fig. 58.

ment parallèles, et par suite sans agitation tumultueuse. Nous donnerons au dernier élément de l'orifice EF une forme cylindrique qui permette aux filets liquides de sortir de cet orifice normalement à son plan.

Dans ces circonstances, il n'y aura pas de perte de charge et la vitesse v' à la sortie sera égale à $\sqrt{2gh}$. Soit A la section de l'orifice EF; on aura la dépense $Q = A\sqrt{2gh}$, sans coefficient de contraction, puisque l'écoulement se fait dans la dernière section par filets normaux à cette section.

Il semble donc qu'en augmentant la section A on pourrait augmenter indéfiniment la dépense sans augmenter l'orifice CD; mais il y a une restriction à l'emploi de cette formule, car il faut que la pression en CD ne soit pas négative, et de plus, que l'écoulement se fasse à plein tuyau.

Appliquons le théorème de Bernoulli en prenant pour ligne de comparaison l'axe même ZZ' de l'ajutage; soit p_0 la pression atmosphérique qui s'exerce également en AB et en EF, p la pression en CD, v la vitesse en CD, v' la vitesse en EF, nous aurons pour la hauteur du plan de charge aux trois points M, N, P,

$$h + \frac{p_0}{\Pi} = \frac{v^2}{2g} + \frac{p}{\Pi} = \frac{v'^2}{2g} + \frac{p_0}{\Pi};$$

on a de plus, en appelant ω la section CD de l'orifice à l'endroit le plus étranglé :

$$v\omega = v'A.$$

Cette relation permet d'éliminer v et de déterminer p; on en déduit :

$$v = v' \times \frac{A}{\omega} = \sqrt{2gh} \times \frac{A}{\omega}$$

Donc

$$\frac{p}{\Pi} = h + \frac{p_0}{\Pi} - h\left(\frac{A}{\omega}\right)^2 = \frac{p_0}{\Pi} - h\left[\left(\frac{A}{\omega}\right)^2 - 1\right].$$

La pression p ne peut être négative. Le minimum théorique de p correspondrait donc à $p = 0$, ce qui donnerait pour la valeur maximum de A :

$$A = \omega \sqrt{1 + \frac{p_0}{\Pi h}};$$

cette valeur correspond la dépense maximum

$$Q = \omega \sqrt{1 + \frac{p_0}{\Pi h}} \sqrt{2gh} = \omega \sqrt{2g \left(h + \frac{p_0}{\Pi} \right)}.$$

Ce maximum théorique est la dépense qu'on obtiendrait en faisant couler dans le vide la veine liquide par la section contractée ω.

Mais, en pratique, p ne peut pas descendre beaucoup au-dessous de p_0 (§ 65), et si le rapport $\frac{A}{\omega}$ est trop supérieur à l'unité, le liquide cesse de couler à plein tuyau, ou bien s'il remplit l'ajutage, c'est avec une instabilité telle que quelques coups secs frappés sur le tuyau suffisent pour en détacher la veine.

Venturi a entrepris l'étude expérimentale des ajutages divergents,

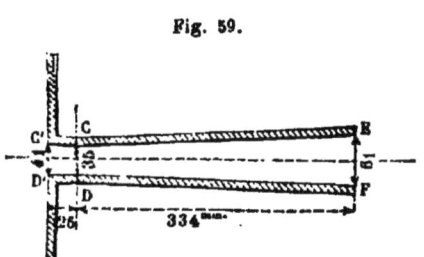

Fig. 59.

à l'aide de l'appareil ci-contre, mais les conditions dans lesquelles il opérait étaient peu conformes à la théorie que nous venons d'exposer. La continuité des filets dans ses ajutages n'était pas assurée par le tracé des contours intérieurs. Le rapport des sections $\frac{A}{\omega}$ était de 3 unités environ, la hauteur h de $0^m,88$. On devait donc avoir, en supposant les conditions théoriques complètement remplies,

$$\frac{p}{\Pi} = \frac{p_0}{\Pi} - 0,88 \times 8 = \frac{p_0}{\Pi} - 7^m,04 = 10^m,33 - 7^m,04 = 3^m,29,$$

c'est-à-dire que la pression p dans la moindre section CD aurait été seulement le tiers de la pression atmosphérique. Cet abaissement de pression paraît tout à fait inadmissible. En réalité, au lieu d'une vitesse de $4^m.15$, que le liquide aurait dû avoir à la sortie de l'ajutage, Venturi n'a constaté qu'une vitesse de $2^m.24$, ce qui représente une perte de charge de $0^m,62$. Il a observé en même temps que le mouvement du liquide était irrégulier et se produisait par saccades. La pression réelle dans la section CD, tout en restant inférieure à la pression de l'atmosphère, était supérieure à la pression calculée, résultat nécessaire de la diminution de la vitesse effective,

Appliquons le théorème de Bernoulli du point M, au point N; la vitesse en CD se déduit, eu égard aux sections, de la vitesse réelle en EF, et l'on trouve pour la pression en CD, $\frac{p}{\Pi} = \frac{p_0}{\Pi} - 4^m.48$ $= 10,33 - 1,48 = 8^m.85$, au lieu de $3^m.29$. Les saccades observées par Venturi résultaient peut-être des variations de pression du liquide en CD, et du dégagement d'air qui en était la conséquence.

90. D'Aubuisson, dans le § 43 de son *Traité d'hydraulique*, explique le phénomène de l'écoulement dans les ajutages par l'attraction exercée sur le fluide par la matière même du tube. Nous avons vu que les faits s'expliquent parfaitement bien sans qu'on ait recours aux actions capillaires. Une expérience de Venturi a d'ailleurs montré que l'attraction était étrangère aux effets produits; car il suffit de percer quelques trous de très petit diamètre dans la paroi de l'ajutage pour l'empêcher de fonctionner; cela équivaut à rétablir dans l'intérieur de la veine la pression atmosphérique, et l'ajutage ne produit plus d'effets, bien que rien ne puisse être changé dans les attractions moléculaires (*).

(*) M. le professeur Turazza n'admet qu'avec certaines réserves l'interprétation que nous donnons ici d'après Bélanger : la capillarité joue, en effet, un certain rôle dans le phénomène, car l'aspiration ne se produit que lorsque le liquide mouille la paroi de l'ajutage, ainsi qu'on peut s'en assurer en opérant avec un ajutage graissé intérieurement. Peut-être l'expulsion totale de l'air par le fait de l'écoulement de la veine est-elle impossible, s'il n'y a pas contact immédiat entre l'ajutage et le pourtour de la veine fluide, et la pression atmosphérique ne subit pas, dans ce cas, la diminution que l'on constate dans les expériences ordinaires.

CHAPITRE III.

ÉCOULEMENT PAR DÉVERSOIR. — APPLICATIONS DIVERSES.

---

91. Un *déversoir* est un orifice découvert à sa partie supérieure. En général, cet orifice a une forme rectangulaire ; l'arête horizontale prend le nom de *seuil.* Les côtés verticaux sont les *joues.*

Un déversoir est en *mince paroi* quand le seuil et les joues de l'ouverture n'ont point d'épaisseur dans le sens du courant. Si au contraire le déversoir a dans cette direction une épaisseur finie, la lame d'eau qui passe sur le seuil s'écoule par filets sensiblement parallèles et horizontaux.

On ne connaît pas encore de théorie rationnelle de l'écoulement par déversoir. Ce n'est qu'au moyen d'une hypothèse qu'on a pu traiter jusqu'à présent le problème dans le plus simple des deux cas qu'on vient d'indiquer, celui du parallélisme des filets.

Soit ABCDEF, la coupe en long d'un cours d'eau, barré par un massif BCDE ; l'écoulement de l'eau s'opère par déversement au-dessus du seuil CD, qu'on suppose avoir une certaine longueur horizontale. Le niveau GH de l'eau dans le *bief d'amont* s'abaisse de H en K ; l'eau coule sur le déversoir en demeurant parallèle au seuil sur une petite longueur KL, après quoi la veine liquide tombe sous la forme d'une nappe

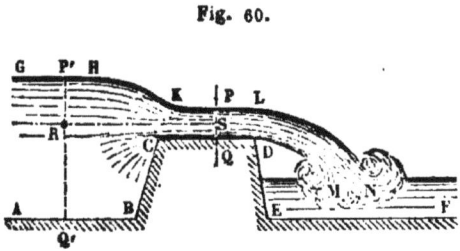

Fig. 60.

LNMD dans le *bief d'aval* qui est à un niveau notablement inférieur.

Faisons une coupe transversale dans la veine par un plan PQ, à
l'endroit où les filets sont parallèles. Faisons une coupe parallèle, P'Q',
en amont du barrage, dans une région où, la section liquide étant
beaucoup plus grande, la vitesse de l'écoulement est assez faible
pour être négligée. Puis établissons l'équation de Bernoulli pour ces
deux sections en partant d'un plan horizontal arbitraire RS. Soit h
la différence entre le niveau GH du bief d'amont et le niveau KL de
l'eau sur le seuil, à l'endroit de sa moindre épaisseur ; le plan de
charge au point R, où les vitesses sont sensiblement nulles, a pour
hauteur :

$$\text{RP}' + \frac{p_0}{\Pi}.$$

Au point S, il a pour hauteur

$$\frac{v^2}{2g} + \frac{p_0}{\Pi} + \text{PS}.$$

Ces deux hauteurs doivent être égales, car il n'y a entre les plans
PQ, P'Q' aucun changement brusque de section qui puisse entraîner
une perte de charge

Il en résulte l'équation

$$\text{RP}' + \frac{p_0}{\Pi} = \frac{v^2}{2g} + \frac{p_0}{\Pi} + \text{PS},$$

ou bien,

$$\frac{v^2}{2g} = \text{RP}' - \text{PS} = h,$$

et enfin

$$v = \sqrt{2gh},$$

ce qu'on savait déjà, par la formule de l'écoulement par un orifice
suivi d'un coursier (§ 79).

Soit H la hauteur du niveau GH au-dessus du seuil CD, et L la largeur du déversoir ; la section d'écoulement dans le plan PQ sera égale à L (H — h), et la dépense Q sera donnée par l'équation

(1) $$Q = L \times (H - h) \sqrt{2gh} \; (^*).$$

Cette équation lie ensemble les deux inconnues Q et h, mais elle ne suffit pas pour les déterminer. Pour achever la solution, on a recours à une hypothèse : on admet que la hauteur h se règle de telle sorte que le débit Q soit maximum. Cette hypothèse admise, le problème devient déterminé, parce qu'on a une seconde relation, $\frac{dQ}{dh} = 0$, qui donne à Q sa plus grande valeur.

On a donc, en prenant la dérivée de Q par rapport à h, et en l'égalant à zéro, après suppression du facteur constant L,

$$(H - h) \times \frac{g}{\sqrt{2gh}} - \sqrt{2hg} = 0,$$

d'où l'on déduit

$$(H - h) \times g = 2gh,$$

c'est-à-dire

$$2h = H - h, \quad \text{et} \quad h = \frac{H}{3}.$$

La chute sur le déversoir serait donc, d'après cette hypothèse, le tiers de la hauteur H du niveau d'amont au-dessus du seuil, et la dépense Q serait fournie par l'équation

(2) $$Q = L \times \frac{2}{3} H \times \sqrt{\frac{2}{3} gH} = 0,385 \, LH \sqrt{2gH}.$$

(*) Si la vitesse moyenne du liquide dans la section P'Q' était différente de 0, et égale à v', les formules devraient être modifiées de la manière suivante :

$$v = \sqrt{2gh + v'^2} \quad \text{et} \quad Q = L(H - h) \sqrt{2gh + v'^2}.$$

La condition du maximum est alors un peu modifiée, et dépend de la vitesse d'amont v'. Mais, ordinairement, cette vitesse v' est assez faible pour qu'on puisse la négliger sans grande erreur.

L'expérience vérifie sensiblement cette formule ; on trouve en effet l'équation

$$(3) \qquad Q = 0,35 \, LH \sqrt{2gH} = 0,35 \times \sqrt{2g} \times LH \sqrt{H}.$$

La différence entre 0,385 et 0,350 peut être attribuée à une légère contraction latérale qui aurait lieu entre les bords verticaux du déversoir.

La théorie n'en est pas moins incomplète, puisqu'elle repose sur une hypothèse toute gratuite, et non sur un théorème mécanique logiquement déduit des principes fondamentaux (*).

92. La formule générale qu'on emploie pour le calcul du débit d'un déversoir en mince paroi est aussi :

$$Q = m LH \sqrt{2gH},$$

dans laquelle m est un coefficient déterminé par l'expérience. Cette formule doit être regardée comme tout à fait empirique ; la théorie précédente serait complètement démontrée, que l'extension de la formule au cas de la mince paroi serait encore arbitraire. La formule réussit pourtant assez bien. L'expérience prouve que le coefficient m varie avec la forme donnée au déversoir : il augmente quand on adopte pour les joues du déversoir un tracé qui assure la convergence des filets et qui supprime, en tout ou en partie, la contraction de la veine. MM. Poncelet et Lesbros ont fait, en 1827, plusieurs séries d'expériences avec un déversoir de 0^m,20 de largeur sous

---

(*) La dépense Q, d'après la formule (1), est nulle pour $h = 0$ et pour $h = H$; elle est maximum pour $h = \dfrac{H}{3}$. Pour une valeur de h peu différente de $\dfrac{H}{3}$, la valeur de la fonction Q diffère de sa valeur maximum d'un infiniment petit du second ordre. La valeur précise de h aux environs de $h = \dfrac{1}{3} H$ est donc sans influence, en quelque sorte, sur la valeur de la dépense, et cette valeur, fournie par l'équation (2), est celle qui a la plus grande probabilité. — L'écoulement par déversoir met en évidence l'une des plus regrettables lacunes de l'hydraulique : la théorie est impuissante, jusqu'à présent, à déterminer les trajectoires suivies par les molécules liquides, et tout ce qu'on sait faire, c'est de trouver, avec plus ou moins d'exactitude, les vitesses des molécules en divers points d'une trajectoire connue ou supposée. L'emploi presque exclusif du théorème des force[s] vives ne permet pas d'en faire davantage.

des hauteurs d'eau, H, variables de 1 à 30 centimètres au-dessus du seuil. Dans la première série, le déversoir était en mince paroi et la contraction n'était ni évitée ni diminuée; dans la seconde, la contraction était supprimée sur le seuil du déversoir par le tracé ABC du fond du coursier d'amont (fig. 61) :

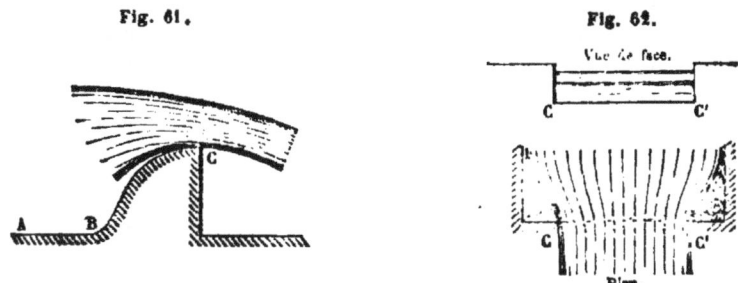

Fig. 61.   Fig. 62.

Dans la troisième série, la contraction était supprimée sur les trois côtés de la section d'écoulement : sur le fond, par le tracé ABC qui vient d'être décrit, et sur les joues, par le tracé représenté ci-dessous :

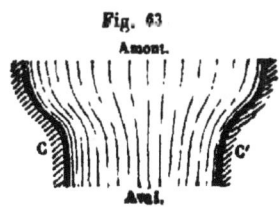

Fig. 63

Les résultats obtenus sont contenus dans le tableau suivant :

CHARGES sur le seuil H	COEFFICIENT m.		
	1re SÉRIE. — Mince paroi.	2e SÉRIE. — Contraction supprimée sur le fond.	3e SÉRIE. Contraction supprimée sur les trois côtés.
m			
0.01	0.424	0.384	0.492
0.02	0.417	0.402	0.473
0.03	0.412	0.410	0.459
0.04	0.407	0.411	0.449
0.05	0.404	0.411	0.442
0.06	0.401	0.410	0.437
0.07	0.398	0.409	0.435
0.08	0.397	0.409	0.434
0.09	0.396	0.409	0.434
0.10	0.395	0.408	0.434
0.12	0.394	0.408	0.434
0.14	0.393	0.408	0.434
0.16	0.393	0.407	0.433
0.18	0.392	0.406	0.432
0.20	0.390	0.405	0.432
0.22	0.386	0.405	0.430
0.26	0.379	0.404	0.428
0.30	0.371	0.403	0.424

En moyenne, on peut, sans acception de cas particuliers, faire $m = 0,40$; et si l'on effectue le produit $m \sqrt{2g}$, on arrive à la formule pratique :

$$Q = 1,77 \, LH \sqrt{H}.$$

En prenant dans le tableau d'autres valeurs de m, on fait varier le coefficient de cette formule de 1,71 à 1,88 suivant les charges d'eau et suivant les précautions prises pour éviter la contraction.

Mais on ne doit pas perdre de vue que la largeur L n'était que de 20 centimètres dans les expériences qui ont conduit MM. Poncelet et Lesbros aux valeurs de ce coefficient. Des expériences plus récentes, faites à Toulouse par MM. Castel et d'Aubuisson, en 1835 et 1836, avec des déversoirs plus larges, et sur lesquels la contraction était complétement évitée, ont donné la formule :

$$Q = 1,96 \, LH \sqrt{H},$$

dans laquelle le cœfficient constant est le plus fort.

L'étude de l'écoulement par les déversoirs a été reprise à Metz par M. P. Boileau (*), qui a étudié avec beaucoup de soin les formes des nappes liquides produites par le déversement.

La formule que M. Boileau propose d'employer est la suivante. Soit L la largeur du déversoir, supposé rectangulaire;

    S la hauteur de la crête du barrage, ou du seuil du déversoir, au-dessus du fond du bief d'amont;

    Q la dépense;

    H la hauteur du plan d'eau d'amont au-dessus du seuil;

    e la hauteur de la tranche d'eau au-dessus du seuil;

    K le rapport $\dfrac{e}{H}$, que M. Boileau a trouvé variable de 0,73 à 0,84.

La section du déversoir sera LH, la section du cours d'eau en amont avec L (S + H), enfin la chute du plan d'eau sur le seuil sera $h = H - e$; et l'on aura pour la dépense

$$Q = \frac{S + H}{\sqrt{(S + H)^2 - H^2}} \sqrt{1 - K} \, . \, LH \sqrt{2gH},$$

ce qui revient à faire dans la formule ordinaire

$$m = \frac{S + H}{\sqrt{(S + H)^2 - H^2}} \sqrt{1 - K}.$$

La formule empirique suivante,

$$Q = LHe \sqrt{\frac{g}{H + e}},$$

(*) *Journal de l'Ecole Polytechnique*, 1850. — *Mémoire sur le jaugeage des cours d'eau à faible ou à moyenne section*, 1re partie. — *Traité de la mesure des eaux courantes*, 1854.

qui exige seulement la mesure des deux hauteurs H et e, donne à peu près les mêmes résultats. Elle est due à M. Clarinval, colonel d'artillerie.

La formule suivante, due à M. Lesbros, représente la dépense d'un déversoir *noyé* ou *incomplet*, c'est-à-dire d'un déversoir dont le seuil est au-dessous du niveau du bief d'aval :

$$Q = m'LH \sqrt{2g(H - H')},$$

H' étant la hauteur du plan d'eau d'aval au-dessus du seuil, et m' un coefficient qui varie de 0,43 à 0,60.

Enfin M. Kleitz, reprenant la question des déversoirs comme un cas particulier du mouvement varié dans les canaux, problème qui nous occupera plus loin, arrive à la formule

$$Q = m \frac{2H}{3 - \frac{z_0 \omega_1^2}{z_1 \omega_0^2}} \sqrt{\frac{2gH}{3 - \frac{z_0 \omega_1^2}{\alpha_1 \omega_0^2}}},$$

où ω_0 est la section du cours d'eau en amont du déversoir;

    ω_1 la section du cours d'eau sur le seuil;

    H la hauteur du niveau d'amont au-dessus du seuil;

    x_c et α_1 des coefficients un peu plus grands que l'unité, et destinés à tenir compte des différences de vitesse des filets fluides dans une même section; ces coefficients sont mal définis, et on peut les prendre égaux à l'unité à titre d'approximation;

    m le coefficient de contraction.

Cette formule suppose, comme les précédentes, que le niveau de l'eau sur le seuil correspond au maximum du débit, ou ce qui revient au même, que, le débit du cours d'eau augmentant progressivement jusqu'à une limite déterminée, le niveau s'arrête au point le plus bas qui correspond à ce débit limite. Cette détermination est toujours hypothétique. Si, par exemple, on considérait des débits successifs décroissants, comme cela a lieu après le passage d'une crue de rivière, le niveau auquel s'arrêterait la rivière serait le niveau le plus élevé permettant l'écoulement de son volume d'eau normal, et non le niveau le plus bas.

93. Les déversoirs en mince paroi sont employés avec avantage pour le jaugeage des petites sources qui s'échappent du flanc d'un coteau. L'appareil consiste dans une planche en bois, AB, dans la-

Fig. 64.

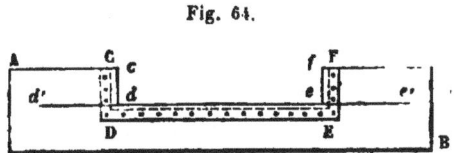

quelle on fait une entaille rectangulaire CDEF ; sur les bords de cette entaille on cloue des bandes de tôle mince CE, DE, EF, de manière que la demi-largeur de ces tôles déborde l'entaille, et forme les arêtes vives d'un déversoir en mince paroi ; la section *cdef* est ainsi parfaitement déterminée. On donne à la dimension horizontale *de* une largeur de $0^m,25$, de $0^m,50$ ou d'un mètre, suivant l'importance de la source dont on veut obtenir le débit. La ligne *de*, qui forme le seuil, est prolongée sur la planche par des traits *ee'*, *dd'*, qui en indiquent le niveau. Pour se servir de cet appareil, on fait le barrage du ruisseau qui s'échappe de la source, en ayant soin de se placer assez loin au-dessous de la source, pour que le gonflement produit dans les eaux ne s'étende pas jusqu'à la source elle-même ; car il en résulterait une augmentation de pression qui pourrait diminuer le débit. Le corps du barrage se fait en pierre maçonnée avec de la terre argileuse ; on y place la planche échancrée, et l'on bouche les joints pour prévenir complètement les fuites. L'eau passe alors par l'échancrure *edef*, et il ne reste plus qu'à mesurer la dépense du déversoir, ce qui revient à mesurer la hauteur H. On peut observer que le niveau général, MN, de l'eau en amont du barrage, s'étend jusqu'aux parties extrêmes de la planche, contre lesquelles l'eau s'appuie sans prendre de vitesse sensible ; l'abaissement du niveau ne se produit

qu'à l'approche de l'échancrure par laquelle l'eau trouve à s'é-
chapper.

On obtiendra donc le niveau d'amont en observant la hauteur de

Fig. 65.

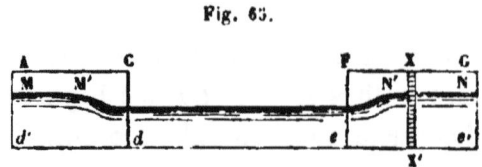

l'eau dans les régions MM' et NN', contre les parties pleines réservées
dans la planche; la dépression de l'eau ne commence qu'aux points
M' et N', et s'étend de là sur toute la longueur du seuil. On peut
lire la hauteur H sur une échelle graduée XX', dont le zéro serait à
la hauteur du trait ee' prolongeant le côté de l'échancrure. Mais il
est préférable de conserver par un repère la hauteur de l'eau en
NN', et d'ajourner la lecture à la fin de l'expérience. On suspend

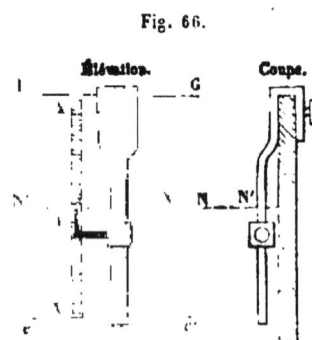

Fig. 66.

pour cela à la planche, par un retour à
angle droit formant étrier, une tige munie
d'un curseur P, terminé en pointe; on
amène cette pointe à affleurer la surface
NN' de l'eau; on fixe le curseur dans cette
position à l'aide d'une vis de pression.
L'affleurement de la pointe avec le plan
d'eau peut être établi avec une extrême
précision, au moment où la pointe, plongée
tout entière dans l'eau, vient en soulever
la surface. Le baromètre de Fortin présente une disposition analogue, sauf que la pointe est extérieure au mercure à la surface duquel on doit la faire affleurer, parce que le mercure a des propriétés
capillaires inverses de celles de l'eau, et qu'il se creuse au contact
d'un corps étranger au lieu de se soulever pour le rejoindre. On conserve ainsi le niveau d'amont, et on mesure plus tard la hauteur H
au moyen de l'échelle XX'.

Il y a encore d'autres précautions à prendre pour qu'on soit sûr du résultat du jaugeage. Il faut que le déversement se fasse dans l'air, ou, en d'autres termes, que le barrage ne soit pas noyé ; sans quoi on ne pourrait plus appliquer la formule

$$Q = 1,77 \, L H \sqrt{H}.$$

Cette condition est remplie, en général, pour les ruisseaux à grande pente qui s'échappent d'une source un peu élevée sur les coteaux. Si le ruisseau issu de la source se divise en plusieurs bras, il faut, ou bien les barrer tous à la fois, et prendre les hauteurs sur chacun des déversoirs pendant qu'ils fonctionnent simultanément, ou bien, si on ne peut les barrer que successivement, se placer assez loin du point où ils se divisent, pour qu'on soit sûr que le gonflement produit sur l'un d'eux, en amont du barrage, ne s'étend pas jusqu'à l'autre branche, ce qui en accroîtrait le débit. Sans cette précaution, on pourrait rejeter, pendant chaque observation, une fraction du débit partiel dans le bras qu'on laisse libre, et la somme des débits obtenus ne représenterait pas le débit total que l'on cherche.

On remarquera que ce procédé de jaugeage se résume dans la mesure d'une hauteur. C'est à quoi il faut tendre dans les problèmes de ce genre. La dépense Q est une fonction du temps, mais le temps est plus difficile à mesurer avec précision que les longueurs. Aussi donne-t-on généralement la préférence aux procédés de jaugeage qui évitent l'emploi des chronomètres.

APPLICATIONS DIVERSES.

94. *Barrage à poutrelles.* — On suppose qu'un cours d'eau passe dans un pertuis compris entre deux murs, dont l'un, $T_1 L_1 P_1 R_1$, est seul représenté dans la figure 67. Le tracé de ces murs y ménage une feuillure représentée en plan par l'angle droit $S_1 L_1 P_1$, et en élévation par l'arête verticale PQ.

Cette feuillure a pour objet de soutenir les extrémités de poutrelles égales, à section rectangulaire, projetées verticalement en A, A′, A″, A‴, et horizontalement en A₁; en plaçant successivement un certain nombre de ces poutrelles, on barre le pertuis; le niveau d'amont E s'exhausse, et il arrive un moment où le cours d'eau tombe dans le bief d'aval CD par *déversement* au-dessus de la dernière poutrelle posée,

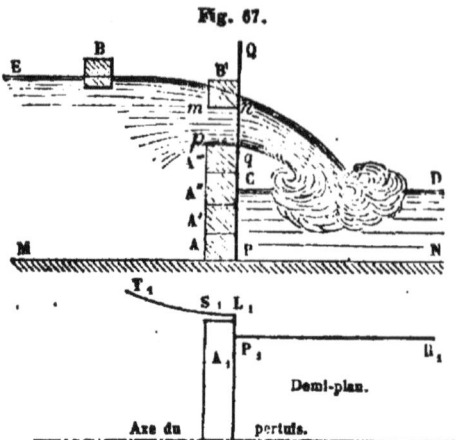

Fig. 67.

Demi-plan.

Axe du   pertuis.

A‴. Alors il devient très facile d'exhausser encore le barrage par l'addition d'une nouvelle poutrelle : l'éclusier fait flotter la poutrelle B dans le bief d'amont, en l'orientant parallèlement aux poutrelles déjà posées. Le courant l'entraîne et l'amène contre la feuillure PQ, en B′. Dès qu'elle en a touché les deux bords, on la voit descendre en glissant sur la surface L₁ P₁ et la surface symétrique, et elle vient d'elle-même se placer au-dessus de la poutrelle A‴.

On explique ce fait en observant que l'écoulement s'opérant entre les faces *mn*, *pq*, ces deux faces forment une sorte d'ajutage, dans lequel la pression du liquide décroît et s'abaisse au-dessous de la pression atmosphérique. La poutrelle n'est donc plus soutenue par la poussée de l'eau, et elle descend le long de la feuillure en vertu de l'excès de son poids et de la pression atmosphérique sur la pression réduite qui agit sous la face inférieure *mn*, et sur les frottements développés contre la maçonnerie.

Cet exemple montre à quel danger s'expose un bateau qui, dans une rivière à fort courant, est chassé en travers contre les piles d'un pont. Le bateau forme alors un barrage superficiel; le niveau de l'eau s'élève en amont et s'abaisse en aval, et l'eau coule par-dessous avec une grande vitesse, due à la différence de ces deux niveaux. Mais il se produit en même temps, dans cet ajutage, une diminution de pression qui peut suffire pour faire couler le bateau.

95. *Bateau-vanne.* — Le bateau-vanne est un appareil destiné à maintenir le niveau AB d'un cours d'eau à une hauteur sensiblement constante. Pour cela, on établit dans le cours d'eau un pertuis compris entre deux piles en maçonnerie, dont l'une LH est seule représentée sur la figure. Un radier EF,

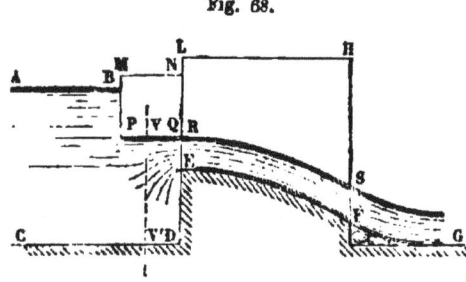

Fig. 68.

est élevé entre les deux piles, à une hauteur E, supérieure à celle du fond CD du bief d'aval. Le bateau-vanne MNQP est appuyé contre les deux piles, le long desquelles il peut glisser en montant ou en descendant. L'écoulement se fait entre le radier EF et le fond PQ du bateau, avec une vitesse due à la hauteur du niveau AB au-dessus du sommet, R, de la nappe liquide RS. Les pressions suivant RE se répartissent suivant la loi de l'hydrostatique; au point R, la pression est égale à la pression atmosphérique. Mais dans une section VV', située en amont du radier, les vitesses du liquide sont moindres, à cause de l'augmentation des sections, et par suite les pressions sont plus grandes. On règle le poids du bateau au moyen des robinets d'admission placés sur la face d'amont MP, et des robinets d'émission placés sur la face d'aval NQ, de manière qu'il y ait équilibre entre le poids du bateau et les pressions du liquide. Une fois équilibré, le bateau s'élève si le niveau AB monte; car cette élévation augmente les sous-pressions du liquide; l'élévation correspondante du bateau a pour effet d'accroître la section d'écoulement RE, ce qui tend à faire descendre le niveau AB. L'effet inverse se produit si AB s'abaisse. Enfin, on peut, par une manœuvre des robinets d'admission et d'émission, faire monter ou descendre à volonté le bateau, et accroître ou diminuer arbitrairement la dépense de l'orifice libre RE.

VANNE CHAUBARD.

96. Le système de vanne connu sous le nom de *vanne Chaubard*[*]

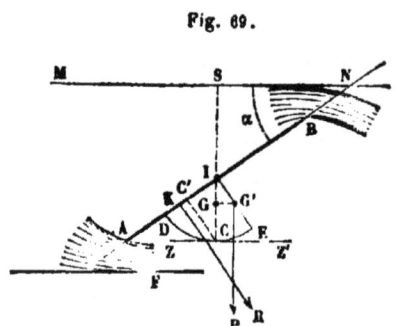

Fig. 69.

consiste essentiellement dans une plaque rectangulaire AB, à laquelle est attachée un fragment de cylindre droit, DE, assujetti à rouler sans glisser sur un plan fixe horizontal ZZ'. La plaque est mobile entre les deux bajoyers d'un pertuis, où elle fait obstacle à l'écoulement de l'eau; elle limite en effet la section d'écoulement, d'une part à l'espace AF compris entre le fond du lit et le point le plus bas de la vanne, et de l'autre, à l'espace BN situé au-dessus de la vanne jusqu'au niveau du bief supérieur. On peut disposer du poids de la partie mobile et de la forme de la courbe DE, de telle manière que la vanne soit en équilibre indifférent dans toutes ses positions, pour une hauteur constante du plan d'eau MN. S'il en est ainsi, tout changement de hauteur du plan d'eau produira pour la vanne un changement de position; elle s'inclinera davantage si le niveau s'élève, et alors le débit du barrage sera augmenté; elle se relèvera si le niveau s'abaisse et le débit en sera diminué. Dans les deux cas, les mouvements de la vanne auront pour conséquence de ramener, par la variation du débit, le niveau de l'eau à sa hauteur normale MN; cet effet obtenu, la vanne s'arrête dans la dernière position qu'elle a occupée, puisque l'équilibre y est satisfait comme dans toute autre. On a donc avec le système Chaubard un moyen de régler automatiquement la hauteur du niveau d'un bief.

---

[*] V. *Annales des Ponts et Chaussées*, 1855. — Mémoire de M. Schlœsing. — Bress : *Mécanique appliquée, hydraulique*, § 41 et suiv.

La solution la plus simple de ce problème consiste à prendre pour la courbe DE un cercle décrit du point I, milieu de AB, comme centre, avec un rayon arbitraire, et à amener le centre de gravité du système formé par la vanne et par son cylindre à coïncider avec un point G de la droite IE, élevée au point I perpendiculairement à AB; le poids P de la vanne et du cylindre dépend, comme nous allons le voir, de cette distance IG et des autres dimensions de la figure. Nous admettrons ici que de A en B, les pressions du liquide sur la vanne sont réparties conformément à la loi hydrostatique; ce n'est pas rigoureux, surtout dans le voisinage des arêtes A et B, près desquelles les filets liquides acquièrent de grandes vitesses et perdent une partie de leur pression. L'hypothèse que nous faisons est donc seulement approximative. Elle est nécessaire pour soumettre la question au calcul; autrement, il faudrait qu'on eût préalablement déterminé la loi de répartition des pressions du li-

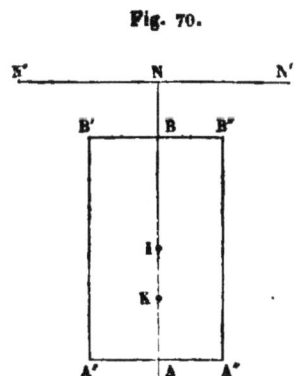

Fig. 70.

quide en mouvement sur le plan AB, ce qu'on ne sait pas faire avec exactitude dans l'état actuel de l'hydraulique. Prolongeons le plan AB jusqu'à la rencontre en N avec le plan d'eau dans le bief supérieur; soient (fig. 70) N'N'' l'intersection des deux plans, projetée en N dans la figure 68; B'B'', A'A'', les côtés horizontaux de la vanne, projetés en B et en A; I le centre de gravité du rectangle. Proposons-nous d'abord de trouver le *centre de pression* K du rectangle A'A''B''B'', sous l'action du liquide en repos.

Nous savons (§ 21) que le point K est le *centre de percussion* de la surface du rectangle par rapport à la droite NN' qui représente la ligne de pression nulle, et en nous reportant au § 39 de la *résistance des matériaux* où l'on a donné les rayons de giration du rectangle, nous voyons que le point K satisfait à la condition

$$IK \times IN = \frac{1}{3} \overline{IB^2}.$$

La résultante des pressions passe en ce point K, et elle est égale au produit de l'aire de la vanne par la pression, rapportée au mètre carré, qui existe au centre de gravité I. Appelons a la dimension horizontale A'A″, de la vanne, b la dimension A'B'; la surface de la vanne sera $a \times b$, et la pression par mètre carré au point I sera mesurée par le poids de la colonne liquide IS, ou par $\Pi \times$ IN sin α; donc la poussée totale subie par la vanne est définie en grandeur et en position par les deux équations :

$$R = \Pi ab \times \text{IN sin } \alpha$$

et

$$IK = \frac{1}{3}\,\frac{\overline{IB^2}}{IN} = \frac{1}{12}\,\frac{b^2}{IN}.$$

La vanne sera en équilibre dans la position que représente la figure, si les moments des forces P et R sont égaux par rapport au point C, centre instantané de rotation du système mobile. On doit donc avoir

$$P \times GG' = R \times C'K.$$

Soit

$$IE = IC = \rho, \text{ rayon du cylindre}$$

et

$$IG' = c.$$

La distance GG', bras de levier de la force P, est égale à c sin α; la distance C'K est la différence IK — IC', ou bien IK — ρ sin α. Faisons IN $= x$, puis substituons dans l'équation des moments les valeurs des bras de levier; il viendra

$$P \times c \sin \alpha = \Pi\,abx \sin \alpha \times \left(\frac{1}{12}\,\frac{b^2}{x} - \rho \sin \alpha \right).$$

Divisant par sin α

$$Pc = \Pi ab \left(\frac{1}{12}\,b^2 - \rho x \sin \alpha \right).$$

Mais x sin $\alpha =$ IS; or cette quantité est constante, car la somme IS + IC est la hauteur constante du niveau normal, dans le bief supérieur, au-dessus du plan horizontal de roulement ZZ'. On obtient donc une valeur constante IS en retranchant de cette hauteur le rayon du cylindre. Soit $h =$ IS; l'équation précédente devient

$$Pc = \Pi ab \times \left(\frac{1}{12} b^2 - \rho h \right),$$

et elle montre que le produit Pc est constant. Il suffit par suite, pour résoudre la question telle qu'elle a été posée, de déterminer le poids P et la distance IG de manière que le produit Pc vérifie la relation qu'on vient d'établir.

CALCUL DU TEMPS NÉCESSAIRE POUR REMPLIR LE SAS D'UNE ÉCLUSE.

97. Soit S la surface du sas,

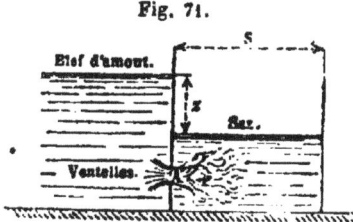

Fig. 71.

A la surface des ventelles, lesquelles sont supposées constamment noyées;

z la distance verticale, variable avec le temps t, du plan d'eau dans le sas au plan d'eau fixe du bief d'amont.

La vitesse v de l'écoulement à cet instant sera $\sqrt{2gz}$; cette formule n'est pas ici tout à fait rigoureuse, car le régime n'est pas permanent puisqu'il y a modification continuelle des niveaux. Mais on peut l'employer par approximation. La quantité d'eau donnée par les ventelles pendant le temps dt sera donc $mA\sqrt{2gz}\,dt$, en admettant un coefficient de contraction m.

Le niveau de l'eau dans le sas, pendant le même temps dt s'élève d'une quantité égale à $-dz$; ce qui suppose l'introduction dans le sas d'une quantité d'eau égale à

$$-S\,dz,$$

de sorte qu'on a l'équation différentielle

$$mA\sqrt{2gz}\,dt + S\,dz = 0.$$

Séparant les variables, il vient

$$\frac{mA}{S}\,dt + \frac{dz}{\sqrt{2gz}} = 0,$$

et intégrant, on a

$$\frac{m\mathrm{A}}{\mathrm{S}}t + \frac{1}{g}\sqrt{2gz} = \text{constante.}$$

Soit H la distance initiale du plan d'eau dans le sas au plan d'eau du bief d'amont; on aura $z = \mathrm{H}$ pour $t = 0$. Donc la constante est égale à

$$\frac{1}{g}\sqrt{2g\mathrm{H}},$$

et par suite,

$$\frac{m\mathrm{A}}{\mathrm{S}}t + \sqrt{\frac{2z}{g}} = \sqrt{\frac{2\mathrm{H}}{g}}.$$

La durée du remplissage sera donnée par la valeur T de t qui rend $z = 0$. On aura donc

$$\frac{m\mathrm{A}}{\mathrm{S}} \times \mathrm{T} = \sqrt{\frac{2\mathrm{H}}{g}},$$

et

$$\mathrm{T} = \frac{\mathrm{S}}{m\mathrm{A}}\sqrt{\frac{2\mathrm{H}}{g}}.$$

Supposons par exemple une écluse de 6^m de largeur et de 25^m de longueur, avec une chute de 2^m.50, et admettons qu'il y ait dans chaque vantail une vanne présentant un orifice libre d'un mètre de large sur 0^m.50 de hauteur; ce qui fera, pour l'ensemble des deux orifices, A = 1^{mq}.

On trouvera pour le temps du remplissage

$$\mathrm{T} = \frac{25 \times 6}{m \times 1}\sqrt{\frac{2 \times 2.50}{g}},$$

et faisant

$$g = 9,8 \quad \text{et} \quad m = 0,62,$$

on trouve

$$\mathrm{T} = 172 \text{ secondes} = 2^m 52^{sec}, \text{ ou 3 minutes environ.} \quad (*)$$

_____

(*) Les principaux résultats obtenus dans ce livre sont résumés dans le tableau A.

SUPPLÉMENT AU LIVRE PREMIER.

PROBLÈME DE MOUVEMENT NON PERMANENT.

98. Le problème suivant montre à la fois l'usage que l'on peut faire de l'ancienne hypothèse du *parallélisme des tranches*, et la manière dont on peut traiter la question de l'écoulement d'un liquide quand le régime permanent n'est pas encore établi.

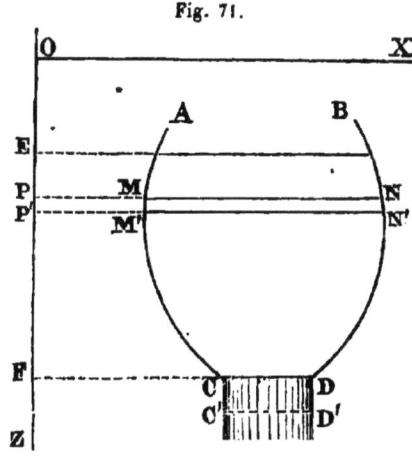

Fig. 71.

Un vase ABCD est rempli d'eau jusqu'au niveau AB. On ouvre l'orifice CD, et l'écoulement commence ; pendant tout le temps qu'il dure, on suppose que le niveau AB est maintenu à la même hauteur, sans quoi le régime permanent ne tendrait pas à s'établir.

La forme du vase est quelconque ; cependant nous admettrons que les *sections horizontales varient d'une manière continue*, et que l'orifice d'écoulement, CD, occupe la totalité de la section la plus basse. En dehors de ces conditions, l'hypothèse du parallélisme des tranches serait par trop contraire à la vérité.

Le problème consiste à déterminer en fonction du temps la vitesse de l'écoulement dans la section CD, et la quantité d'eau débitée en un temps donné. Le mouvement de l'eau s'effectue, d'après notre hypothèse, par tranches parallèles horizontales MN, M'N' ; les molécules contenues dans une même tranche sont animées au même instant d'une même vitesse u ; la tranche subit sur ses faces horizontales MN, M'N', des pressions également réparties. Enfin, nous donnerons à chaque tranche une hauteur PP' telle, que les molécules situées dans le plan supérieur MN atteignent le plan M'N' au bout du temps infiniment petit dt, le même pour toutes les tranches.

Rapportons le vase à un plan de comparaison horizontal, OX, et à un axe vertical descendant, OZ. Les sections ω, faites dans le vase par des plans horizontaux, seront connues en fonction de l'ordonnée z qui définit la position de cette tranche ; la vitesse u de la tranche sera exprimée en fonction de z, et du temps t qui marque l'instant où on la considère. La vitesse v de l'écoulement en CD est fonction de la variable t seule.

Nous désignerons par p la pression par unité de surface qui règne sur toute l'étendue de la section horizontale correspondante à une valeur de z. Cette pression est fonction à la fois de z et de t.

Appelons encore :

a l'ordonnée OE de la surface libre du liquide AB;
b l'ordonnée OF de l'orifice d'écoulement CD;
h la distance verticale EF, différence de ces deux ordonnées;
A l'aire de la section AB;
Ω l'aire de l'orifice CD.

Écrivons l'équation du mouvement de la tranche infiniment petite, MN M'N' en projection sur l'axe OZ. Cette tranche est animée d'une vitesse *u* parallèle à cet axe. Soit *u'* son accélération. Le volume liquide est égal au produit ωdz, la masse est $\frac{\Pi}{g} \omega dz$, en appelant Π le poids spécifique du liquide. Nous obtiendrons donc l'équation cherchée en égalant $\frac{\Pi}{g} \omega u' dz$ à la somme des projections des forces sur l'axe vertical.

Ces forces sont la pesanteur, et les pressions du liquide et du vase.

Le poids de la tranche est $\Pi\omega dz$; il agit dans le sens positif.

La pression en MN agit aussi dans le sens positif; elle est égale à $p\omega$.

La pression en M'N' agit dans le sens négatif; elle est égale en valeur absolue à la pression $p\omega$ augmentée de sa différentielle partielle relative à z; car nous devons considérer les forces qui agissent sur la tranche à un même instant t; par conséquent la pression sur M'N', prise avec son signe, est égale à

$$- \left(p\omega + \frac{d(p\omega)}{dz} dz \right). \quad .$$

Enfin, les pressions du vase sur le liquide, le long des parois profilées en MM', NN' sont sensiblement égales par unité de surface à la pression p, et en projection sur OZ, elles donnent une force totale égale à $+ pd\omega$.

Réunissant toutes ces parties, on a l'équation du mouvement :

$$(1) \qquad \frac{\Pi}{g} \omega u' dz = \Pi\omega dz + p\omega - \left(p\omega + \frac{d(p\omega)}{dz} dz \right) + pd\omega;$$

Réduisant, et observant que ω est fonction de z seul, ce qui permet de remplacer $\frac{d\omega}{dz} dz$ par $d\omega$, puis divisant par $\Pi\omega dz$, on la ramène à la forme très simple :

$$(2) \qquad \frac{u'}{g} = 1 - \frac{1}{\Pi} \frac{dp}{dz}.$$

L'accélération u' est une fonction de z et de t, mais on peut séparer, pour ainsi dire, ces variables, au moyen de l'équation

$$(3) \qquad \omega u = \Omega v,$$

laquelle exprime que le liquide MNDC occupe un volume constant, en vertu de son incompressibilité, quand il passe de la position MNDC à la position infiniment voisine M'N'D'C'; en d'autres termes, cette équation exprime que le volume MN N'M', ou $\omega u dt$, est égal au volume CDD'C', ou $\Omega v dt$.

De l'équation (3) on déduit

$$u = \frac{\Omega v}{\omega},$$

et par suite

$$du = \Omega \left(\frac{dv}{\omega} - \frac{v\,d\omega}{\omega^2} \right).$$

Divisant par dt les deux membres de cette équation, il vient

$$u' = \Omega \left(\frac{1}{\omega} \frac{dv}{dt} - \frac{v}{\omega^2} \frac{d\omega}{dt} \right).$$

Comme ω est une fonction de z, nous remplacerons la fraction $\frac{d\omega}{dt}$ par le produit $\frac{d\omega}{dz} \frac{dz}{dt}$, et nous observerons que $\frac{dz}{dt}$, ou $\frac{PP'}{dt}$, n'est autre chose que la vitesse u des molécules de la tranche MNN'M'. Donc on a

$$u' = \Omega \left(\frac{1}{\omega} \frac{dv}{dt} - \frac{uv}{\omega^2} \frac{d\omega}{dz} \right),$$

ou encore, en remplaçant u par sa valeur $\frac{\Omega v}{\omega}$,

$$(4) \qquad u' = \Omega \left(\frac{1}{\omega} \frac{dv}{dt} - \frac{\Omega v^2}{\omega^3} \frac{d\omega}{dz} \right).$$

Substituons dans l'équation (2) et résolvons par rapport à $\frac{dp}{dz}$. Nous aurons

$$(5) \qquad \frac{dp}{dz} = \Pi - \frac{\Pi}{g} \Omega \left(\frac{1}{\omega} \frac{dv}{dt} - \frac{\Omega v^2}{\omega^3} \frac{d\omega}{dz} \right).$$

Cette équation est intégrable par rapport à la variable z; car $\frac{dv}{dt}$ et v sont des fonctions de t seul, qui doivent être traitées comme des constantes dans cette intégration. Quant à ω, c'est une fonction de z connue d'après la forme du vase. On obtient, en définitive,

$$(6) \quad p = C + \Pi z - \frac{\Pi}{g} \Omega \frac{dv}{dt} \int \frac{dz}{\omega} + \frac{\Pi}{g} \Omega^2 v^2 \int \frac{d\omega}{\omega^3} = C + \Pi z - \frac{\Pi}{g} \Omega \frac{dv}{dt} \int_a^z \frac{dz}{\omega} - \frac{\Pi}{2g} \frac{\Omega^2 v^2}{\omega^2}.$$

Nous prendrons $z = a$ pour limite inférieure de l'intégrale $\int \frac{dz}{\omega}$, ce qui revient à modifier la valeur de l'arbitraire C; cette arbitraire est une constante relativement à z, c'est-à-dire une fonction de t.

Dans l'équation (6) faisons successivement $z = a$, et $z = b$; nous devons trouver pour p la pression atmosphérique p_0, qui s'exerce à la fois sur la surface libre AB, et sur la veine liquide sortant par CD. Donc

$$p_0 = C + \Pi a - \frac{\Pi}{2g} \frac{\Omega^2}{A^2} v^2, \quad \text{dans le plan AB,}$$

$$p_0 = C + \Pi b - \frac{\Pi}{g} \Omega \frac{dv}{dt} \int_a^b \frac{dz}{\omega} - \frac{\Pi}{2g} v^2, \quad \text{dans le plan CD.}$$

Retranchons; les quantités p_0 et C s'éliminent, et on a pour l'équation du mouvement

$$\Pi(b-a) - \frac{\Pi}{g}\Omega\frac{dv}{dt}\int_a^b\frac{dz}{\omega} - \Pi\frac{v^2}{2g}\left(1 - \frac{\Omega^2}{A^2}\right) = 0.$$

Divisons par Π, puis remplaçons $b-a$ par h, $\int_a^b\frac{dz}{\omega}$ par m, quantité dépendante de la forme et des dimensions du vase, enfin $1 - \frac{\Omega^2}{A^2}$ par μ^2; l'équation prend la forme

$$(7)\qquad\qquad \frac{m\Omega}{g}\frac{dv}{dt} + \frac{\mu^2 v^2}{2g} = h.$$

Pour l'intégrer résolvons-la par rapport à dt, puis décomposons la fraction dans le second membre en fraction simple :

$$(8)\qquad dt = \frac{m\Omega}{gh}\frac{dv}{1 - \frac{\mu^2}{2gh}v^2} = \frac{m\Omega}{2gh}\left[\frac{dv}{1 + \frac{\mu v}{\sqrt{2gh}}} + \frac{dv}{1 - \frac{\mu v}{\sqrt{2gh}}}\right].$$

Il vient en intégrant

$$(9)\quad\begin{cases} t = \dfrac{m\Omega}{2gh}\times\dfrac{\sqrt{2gh}}{\mu}\left[\log\text{ nép.}\left(1 + \dfrac{\mu v}{\sqrt{2gh}}\right) - \log\text{ nép.}\left(1 - \dfrac{\mu v}{\sqrt{2gh}}\right)\right] \\[3mm] = \dfrac{m\Omega}{\mu\sqrt{2gh}}\log\text{ nép.}\left[\dfrac{1 + \dfrac{\mu v}{\sqrt{2gh}}}{1 - \dfrac{\mu v}{\sqrt{2gh}}}\right]. \end{cases}$$

Nous n'ajoutons pas de constante, pour avoir $v=0$ et $t=0$ en même temps; ce qui revient à compter le temps à partir de l'époque où l'écoulement commence.

L'équation (9) résolue par rapport à v, donne la vitesse de l'écoulement en fonction du temps t :

$$(10)\qquad v = \frac{\sqrt{2gh}}{\mu}\times\frac{1 - e^{-\frac{\mu\sqrt{2gh}}{m\Omega}t}}{1 + e^{-\frac{\mu\sqrt{2gh}}{m\Omega}t}} = \frac{\sqrt{2gh}}{\mu}\times\frac{e^{\frac{\mu\sqrt{2gh}}{2m\Omega}t} - e^{-\frac{\mu\sqrt{2gh}}{2m\Omega}t}}{e^{\frac{\mu\sqrt{2gh}}{2m\Omega}t} + e^{-\frac{\mu\sqrt{2gh}}{2m\Omega}t}}.$$

La dépense totale, Q, s'obtiendra en faisant l'intégrale

$$(11)\qquad Q = \int_{t=0}^{t}\Omega v\,dt = \frac{2m}{\frac{1}{\Omega^2} - \frac{1}{A^2}}\log\text{ nép.}\frac{e^{\frac{\mu\sqrt{2gh}}{2m\Omega}t} + e^{-\frac{\mu\sqrt{2gh}}{2m\Omega}t}}{2}.$$

Au bout d'un temps t suffisamment long, les exponentielles $e^{-\frac{\mu\sqrt{2gh}}{2m\Omega}t}$ et $e^{-\frac{\mu\sqrt{2gh}}{m\Omega}t}$

deviennent négligeables, et les formules (10) et (11) se simplifient en les supprimant : on a alors

$$v = \frac{1}{\mu} \sqrt{2gh},$$

$$(12) \begin{cases} Q = \dfrac{2m}{\dfrac{1}{\Omega^2} - \dfrac{1}{A^2}} \times \dfrac{\mu \sqrt{2gh}}{2m\Omega} \, t - \dfrac{2m \log 2}{\dfrac{1}{\Omega^2} - \dfrac{1}{A^2}} = \dfrac{\sqrt{1 - \dfrac{\Omega^2}{A^2}}}{\left(\dfrac{1}{\Omega^2} - \dfrac{1}{A^2}\right)\Omega} \sqrt{2gh} \, t - \dfrac{2m \log \text{nép.} \, 2}{\dfrac{1}{\Omega^2} - \dfrac{1}{A^2}} \\[2em] = t \sqrt{\dfrac{2gh}{\dfrac{1}{\Omega^2} - \dfrac{1}{A^2}}} - \dfrac{2m \log 2}{\dfrac{1}{\Omega^2} - \dfrac{1}{A^2}}. \end{cases}$$

Ces simplifications seront d'autant plus tôt admissibles que Ω sera plus petit. Dans les conditions ordinaires de la pratique, Ω est beaucoup plus petit que A, et on peut négliger $\frac{1}{A^2}$ devant $\frac{1}{\Omega^2}$; par la même raison on peut remplacer μ par l'unité; enfin le terme constant $\frac{2m \log 2}{\frac{1}{\Omega^2} - \frac{1}{A^2}}$, qui se retranche de la dépense, devient négligeable vis-à-vis du premier, qui croît indéfiniment avec le temps; de sorte que les équations sont ramenées à la forme que leur assigne l'hydraulique, bien qu'on les obtienne à l'aide d'hypothèses toutes différentes :

$$v = \sqrt{2gh},$$
$$Q = t\Omega \sqrt{2gh}.$$

On reconnaîtrait, en suivant une méthode analogue, que, quand l'orifice Ω est suffisamment petit par rapport aux dimensions horizontales du vase, la vitesse $\sqrt{2gh}$ s'établit sensiblement au bout d'un temps très court, même quand la hauteur h est variable, de sorte que l'écoulement tend à s'opérer à chaque instant dans les conditions du régime permanent.

On peut consulter sur ce sujet :

Poisson, *Traité de mécanique*, tome II, §§ 548 et suivants.

Duhamel, *Cours de mécanique*, 2ᵉ année, §§ 177 et suivants.

DURÉE DU REMPLISSAGE D'UNE ÉCLUSE QUAND LA DENSITÉ DE L'EAU DU SAS EST PLUS GRANDE QUE LA DENSITÉ DE L'EAU DU BIEF D'AMONT (*).

99. L'exemple suivant montre à quels mécomptes on peut s'exposer en appliquant aveuglément les formules à des cas différents de ceux pour lesquels elles ont été établies.

Lorsque l'eau du sas et l'eau du bief d'amont ont la même densité, la durée du rem-

(*) Les faits signalés ici ont été observés en 1872 par M. Guérard, ingénieur des ponts et chaussées, lors du premier remplissage de l'écluse du *canal Saint-Louis* (Bouches-du-Rhône). Il s'agissait de remplir avec de l'eau douce un sas contenant de l'eau de mer.

plissage est donnée (§ 97) par la formule approximative

$$T = \frac{S}{mA} \sqrt{\frac{2H}{g}}.$$

Cherchons la solution du même problème, en admettant que l'eau du bief d'amont ait un poids H moindre que le poids spécifique H_0 du liquide contenu dans le sas.

ÉTUDE GÉOMÉTRIQUE DE LA MARCHE DU PHÉNOMÈNE.

100. Soit AB le niveau fixe du bief d'amont;

CD le niveau inférieur dans le sas, ou niveau du bief d'aval;

H = BC la chute primitive;

E l'orifice d'écoulement.

Nous supposerons d'abord que cet orifice ait une hauteur extrêmement petite, sa lar-

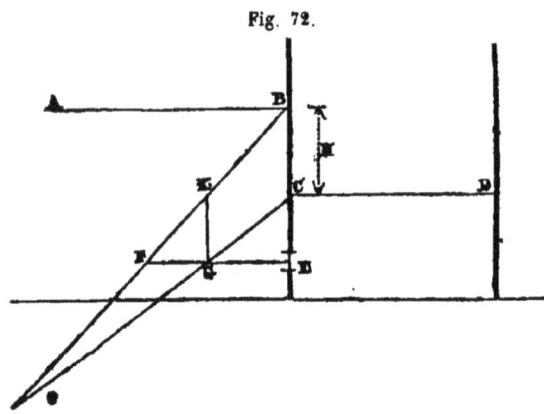

Fig. 72.

geur étant déterminée de manière à lui assurer une section
ω suffisante. On verra plus
loin l'utilité de cette hypothèse. Nous supposerons que
ω soit l'aire de la section, af-
fectée du coefficient de contraction.

Par le point B menons une
droite BO, dont les ordonnées
horizontales EF, mesurées à
une échelle arbitraire, soient
égales aux pressions du liquide d'amont à chaque niveau. La pression exercée par
le liquide sur l'orifice E sera
mesurée par l'ordonnée EF.

Par le point C menons de même une droite CO, dont les ordonnées EG, évaluées à la même échelle, soient les pressions exercées en sens contraire par le liquide du sas. L'ordonnée EG représentera la contre-pression subie par l'orifice E, ou la pression résistante que doit vaincre la veine liquide à son entrée dans le liquide d'aval.

La droite CO sera plus inclinée sur la verticale que la droite BO, puisque le liquide CD est plus dense que le liquide AB. La différence FG des deux ordonnées est la pression qui règle la vitesse de la veine à travers la section E.

Menons par le point G une verticale GK jusqu'à la rencontre de BO; tout se passe, au point de vue de la vitesse de l'écoulement, comme si le liquide d'amont s'écoulait à l'air libre sous une charge d'eau égale à la hauteur GK.

Par conséquent, la vitesse d'écoulement dépend du niveau de l'orifice; elle est d'autant plus grande que l'orifice, toujours noyé, est plus voisin du niveau CD du bief d'aval. Si la profondeur des deux biefs était indéfinie, on pourrait placer l'orifice assez bas pour que l'écoulement eut lieu du bief d'aval vers le bief d'amont; il suffirait pour cela de le descendre au-dessous du niveau du point O, intersection des droites BO, CO. Enfin l'ouverture de l'orifice E ne donnerait lieu à aucun mouvement de liquide, dans un sens ni dans l'autre, si les points E et O étaient à la même hauteur.

L'écoulement de l'amont vers l'aval commencera dès l'ouverture de l'orifice E, si le point E est au-dessus du point O. Mais aussitôt la densité de l'eau du sas va changer par suite de l'affluence de l'eau du bief supérieur. Admettons que le mélange soit immédiatement opéré; il aura pour effet de diminuer la densité de l'eau d'aval; en même temps le niveau CD se relève. La droite CO va donc se déplacer; son point de départ remonte graduellement le long de CB, pendant que l'angle qu'elle fait avec la verticale diminue, et qu'elle s'approche de plus en plus d'être parallèle à la droite BO.

Cherchons comment varie pendant ce mouvement la position du point O sur la droite BO. Rapportons les droites représentatives des pressions à deux axes rectangulaires, BX, BY.

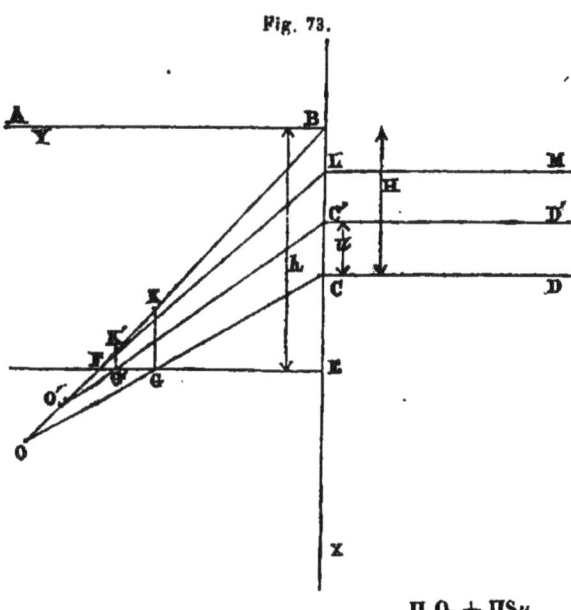

Fig. 73.

Soit Π_0 le poids spécifique de l'eau du sas au commencement du remplissage;

Q_0 la quantité d'eau qu'il contient à ce moment;

S l'aire de sa section horizontale;

u la quantité CC′ dont s'est relevé le plan d'eau.

Ce relèvement introduit dans le sas un volume d'eau Su, emprunté au bief d'amont, et ayant le poids spécifique Π, et par suite le poids spécifique Π' correspondant à la hauteur C′D′ est donné par la formule :

$$\Pi' = \frac{\Pi_0 Q_0 + \Pi Su}{Q_0 + Su}.$$

La droite BO a pour équation. . . . . . $y = \Pi x,$

La droite CO. . . . . $y = \Pi_0(x - H),$

et l'abscisse x du point O est, par conséquent,

$$x = \frac{\Pi_0 H}{\Pi_0 - \Pi}.$$

Pour avoir l'abscisse du point O′, il suffit de changer dans cette dernière formule H en H — u, et Π_0 en Π', ce qui donne

$$x' = \frac{\Pi_0 Q_0 + \Pi Su}{Q_0 + Su} \times \frac{H - u}{\left(\dfrac{\Pi_0 Q_0 + \Pi Su}{Q_0 + Su} - \Pi\right)} = \frac{(\Pi_0 Q_0 + \Pi Su)(H - u)}{(\Pi_0 - \Pi)Q_0} = \frac{\left(\Pi_0 + \dfrac{\Pi S}{Q_0} u\right)(H - u)}{\Pi_0 - \Pi}.$$

Nous admettrons ici que le volume d'eau Q_0, contenu à l'origine dans le sas, soit plus grand que la tranche liquide SH qu'il faut y ajouter pour que le sas soit plein jusqu'au niveau d'amont. Si cette condition n'est pas remplie dès l'origine du remplissage, elle ne tardera pas à l'être, moyennant qu'on prenne un niveau suffisamment élevé, CD, comme niveau primitif de l'eau du sas. Supposons qu'il en soit ainsi dès le commencement de l'expérience; on aura

$$SH < Q_0.$$

Donc *a fortiori*, puisque $\Pi < \Pi_0$,

$$\Pi SH < Q_0\Pi_0$$

et

$$\Pi SH < Q_0\Pi_0 + \Pi Su.$$

De cette dernière inégalité on déduit successivement

$$\Pi S (H - u) < Q_0\Pi_0,$$
$$\frac{\Pi S}{Q_0} (H - u) < \Pi_0.$$

Multiplions par le nombre positif u, et faisons passer $\Pi_0 u$ dans le premier membre :

$$\frac{\Pi Su}{Q_0} (H - u) - \Pi_0 u < 0.$$

Ajoutant enfin de part et d'autre $\Pi_0 H$, il vient

$$\Pi_0 H - \Pi_0 u + \frac{\Pi Su}{Q_0} (H - u) = \left(\Pi_0 + \frac{\Pi Su}{Q_0}\right)(H - u) < \Pi_0 H, \quad \text{et par suite} \quad x' < x.$$

De la condition $SH < Q_0$, on déduit donc que le point O' est plus élevé que le point O, ou bien que le point O remonte le long de la droite fixe BO à mesure que le sas se remplit.

Lorsque l'eau a atteint dans le sas le niveau C'D', la vitesse d'écoulement se règle sur la hauteur G'K', qui est moindre que GK. La vitesse d'écoulement va donc constamment en décroissant, jusqu'à ce que l'eau du sas soit parvenue à une hauteur LM telle, que la droite des pressions correspondantes passe par le point F. Alors l'écoulement s'arrête, et le sas ne gagne plus rien. L'orifice E se trouve dans la situation qu'il aurait tout d'abord, si on l'avait ouvert à la hauteur du point O.

Soit h la distance de l'orifice E au plan d'eau fixe AB; le sas ne pourra se remplir que d'une tranche d'eau dont l'épaisseur u est donnée par l'équation

$$(1) \qquad \frac{\left(\Pi_0 + \dfrac{\Pi S}{Q_0} u\right)(H - u)}{\Pi_0 - \Pi} = h.$$

Voyons si ce remplissage incomplet permettra la manœuvre des portes de l'écluse.

Designons par L la hauteur des portes d'écluse comprise entre le radier et le niveau AB; la poussée exercée par l'eau d'amont sur la porte est proportionnelle à

$$\Pi L^2,$$

et la poussée sur la face d'aval, qui est baignée sur la hauteur $L - H + u$ par un liquide dont le poids spécifique est

$$\frac{\Pi_0 Q_0 + \Pi Su}{Q_0 + Su},$$

est proportionnelle à

$$\frac{\Pi_0 Q_0 + \Pi S u}{Q_0 + S u} \times (L - H + u)^2.$$

Pour que la porte s'ouvre sans résistance de la part de la poussée de l'eau, il faut et il suffit qu'on ait l'égalité

$$(2) \qquad \Pi L^2 = \frac{\Pi_0 Q_0 + \Pi S u}{Q_0 + S u} \times (L - H + u)^2.$$

De l'équation (2) on tirera pour u une valeur positive et plus petite que H; cette valeur substituée dans (1) fera connaître la hauteur à laquelle il convient d'ouvrir l'orifice E pour que le remplissage incomplet de l'écluse permette d'ouvrir sans effort les vantaux.

101. Nous avons supposé l'ouverture E infiniment petite en hauteur; cette hypothèse nous a permis d'admettre qu'une seule et même pression s'exerce à chaque instant sur tous les points de sa surface. Si l'on passe au cas de la pratique, où la ventelle a une hauteur finie, l'épure montre qu'au fur et à mesure du remplissage, le point O remonte toujours, et il arrive bientôt un moment où ce point atteint et dépasse le niveau inférieur de l'orifice. Alors la section d'écoulement se partage en deux parties. La partie située au-dessous du point O débitera de l'eau d'aval qui passera dans le bief d'amont, tandis que la portion supérieure continuera à débiter de l'amont à l'aval. Le sas ne gagnera plus, à partir de ce moment, que la différence entre ces deux courants en sens contraires, et la loi de variation du poids spécifique sera profondément modifiée. On peut admettre que le poids spécifique Π reste constant, en considérant la quantité d'eau contenue dans le bief d'amont comme indéfinie; quant au poids spécifique de l'eau dans le sas, il diminuera plus rapidement que tout à l'heure, puisque non seulement le sas reçoit une certaine quantité d'eau à la densité Π, mais encore il perd une certaine quantité de l'eau qui lui appartient en propre, ce qui augmente l'importance relative de la veine affluente. Par contre, le remplissage du sas ne se continuera qu'avec une extrême lenteur, car le contre-courant lui enlève une partie du volume que le courant lui apporte. Si le sas achève de se remplir, c'est au bout d'un temps très long, et après la parfaite égalisation des densités.

Les courants en sens contraires à différents niveaux pour une même section verticale s'observent dans la nature; par exemple, au goulet de la rade de Brest, et au détroit de Gibraltar. Ils sont dus, dans le premier cas, à la différence des densités de l'eau de l'océan et de l'eau de la rade; dans le second, à la différence entre les densités de l'océan et de la Méditerranée.

CALCUL DE LA DURÉE DU REMPLISSAGE.

102. 1° Revenons au premier cas examiné, celui où la hauteur de l'orifice E est infiniment petite. Nous déterminerons la durée du remplissage *jusqu'au niveau* LM par la méthode suivante.

Soit z la hauteur comprise à l'instant t entre le niveau AB et le niveau du sas;
Π le poids spécifique de l'eau du sas à cet instant.

Les pressions d'amont et d'aval sur l'orifice E seront respectivement Πh et $\Pi'(h - z)$;

et par suite la vitesse v de l'écoulement sera donnée par la formule

$$(3) \qquad \sqrt{2g \frac{\Pi h - \Pi'(h-z)}{\Pi}}.$$

Le sas reçoit dans le temps dt une quantité d'eau égale à $\omega v dt$, qui réduit la chute de la quantité dz; on a donc

$$(4) \qquad \omega v dt + S dz = 0.$$

Reste à calculer Π'.

Soit Q le volume de liquide contenu dans le sas à l'instant t; ce liquide a le poids spécifique Π'; il s'accroît de $dQ = \omega v dt$, dont le poids spécifique est Π; le poids spécifique résultant est donc

$$\Pi' + d\Pi' = \frac{\Pi' Q + \Pi dQ}{Q + dQ}.$$

D'où l'on tire, en réduisant et en effaçant le terme infiniment petit du second ordre.

$$Q d\Pi' + (\Pi' - \Pi) dQ = 0,$$

ou, en intégrant,

$$(5) \qquad Q(\Pi' - \Pi) = A.$$

A est une constante, qu'on déterminera à l'origine du remplissage en faisant le produit $Q_0(\Pi_0 - \Pi)$.

On a de plus

$$dQ = - S dz,$$

et par suite

$$(6) \qquad Q = B - Sz,$$

B étant une autre constante, égale à $Q_0 + SH$, pour qu'on ait $Q = Q_0$, quand $z = H$.

Donc enfin

$$(7) \qquad \Pi' = \Pi + \frac{A}{B - Sz}.$$

Substituons dans l'équation (3), puis substituons la valeur de v résultante dans l'équation (4); il viendra

$$(8) \qquad \omega dt \sqrt{2g\left[h - (h-z)\left(1 + \frac{A}{\Pi(B - Sz)}\right)\right]} + S dz = 0,$$

et

$$dt = - \frac{S}{\omega\sqrt{2g}} \frac{dz}{\sqrt{\dfrac{(A - \Pi B)z - Ah + \Pi S z^2}{\Pi(B - Sz)}}},$$

expression qu'on devra intégrer entre les limites $z = BC = H$, et $z = BL$.

L'intégrale dépend en général des fonctions elliptiques.

103. 2° Le calcul devient bien autrement compliqué dans le cas général, où la section de l'orifice, supposée rectangulaire, a une hauteur finie EE', dès que le niveau du point 0

d'intersection des droites BO, CO, partage l'orifice en deux parties E'M, ME, traversées par des courants en sens contraires.

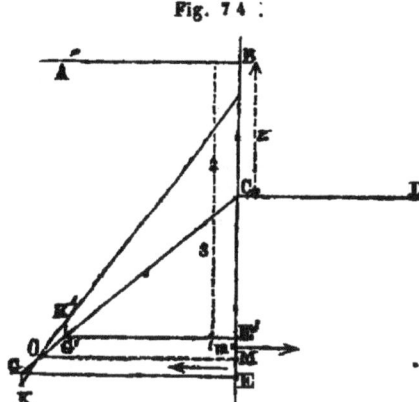

Fig. 74 :

Soient :

l la largeur horizontale de la section;

s la distance Bm, d'un point de la section au niveau AB; s_0 et s_1 les valeurs de S qui définissent les valeurs de E' et E;

σ la distance BM, valeur particulière de s correspondante au point M où l'écoulement change de signe;

Π et Π' les poids spécifiques, le premier constant, le second variable, de l'eau d'amont et de l'eau du sas;

z la chute BC;

δQ le volume d'eau d'amont qui passe dans le sas par la section E'M, pendant le temps dt;

Q' le volume d'eau du sas qui passe dans le bief d'amont, pendant le temps dt, par la section ME;

S la section horizontale du sas.

On aura, abstraction faite des coefficients de contraction,

$$\left. \begin{array}{l} Q = dt \displaystyle\int_{s=s_0}^{s=\sigma} l\,ds \sqrt{2g\,\frac{\Pi s - \Pi'(s-z)}{\Pi}} \\[2ex] Q' = dt \displaystyle\int_{s=\sigma}^{s=s_1} l\,ds \sqrt{2g\,\frac{\Pi'(s-z) - \Pi s}{\Pi'}} \end{array} \right\} \quad \text{Ces intégrations doivent être faites par rapport à la variable } s \text{ seule.}$$

La valeur de passage σ est celle qui rend Πs égal à $\Pi'(s - z)$: d'où l'on déduit

$$\sigma = \frac{\Pi' z}{\Pi' - \Pi}.$$

On aura pour la variation de la densité Π',

$$Q\,d\Pi' + (\Pi' - \Pi)\,\delta Q = 0.$$

On ne tient compte ici que de l'eau affluente, et non de l'eau qui sort du sas. Cette équation n'a pas la même intégrale que l'équation analogue du cas précédent, parce que δQ n'est pas la différentielle de Q; car on a $d Q = \delta Q - \delta Q'$.
Enfin, l'équation

$$dQ = \delta Q - \delta Q' = - S\,dz$$

établit la relation cherchée entre t et z. On devra l'intégrer en faisant varier z jusqu'à la limite $z = 0$, qui correspond au remplissage complet du sas, et à $\Pi = \Pi'$.

BATEAU-EXTRACTEUR DE M. BAZIN.

104. M. Bazin d'Angers, ingénieur civil, fait usage, pour opérer les dévasements et les curages des ports et rivières, d'un bateau-extracteur analogue au bateau de Saint-

Nazaire (*), mais qui en diffère cependant par quelques points particuliers. La principale différence consiste en ce que le tuyau aspirateur du bateau-Bazin débouche à
fond de cale, tandis que, dans les bateaux de Saint-Nazaire, l'orifice du tuyau est situé
au-dessus de la flottaison. Cette disposition nouvelle avait pour but à l'origine, dans la
pensée de M. Bazin, d'utiliser la charge naturelle de l'eau extérieure pour produire à
l'intérieur du tube le courant nécessaire à l'entraînement des matières; la machine du
bateau est ainsi employée plutôt à refouler le dragage dans les compartiments destinés
à le recevoir, qu'à produire dans le tuyau une aspiration énergique.

Mais l'expérience a montré depuis que le niveau auquel on fait aboutir le tube
extracteur est loin d'être indifférent, et que, plus on l'abaisse, la charge sur l'orifice ou
profondeur d'eau restant la même, plus le courant liquide recueilli est riche en matières
entraînées.

Ce résultat semble paradoxal au premier abord, car la place de la pompe centrifuge
qui aspire le liquide d'un côté et le refoule de l'autre paraît sans influence sur le
travail qu'on se propose de développer. Néanmoins le fait annoncé est admissible, et
l'analyse sommaire suivante va nous en donner une démonstration. Soient (fig. 75)
MM' le fond à affouiller, supposé horizontal;

Fig. 75.

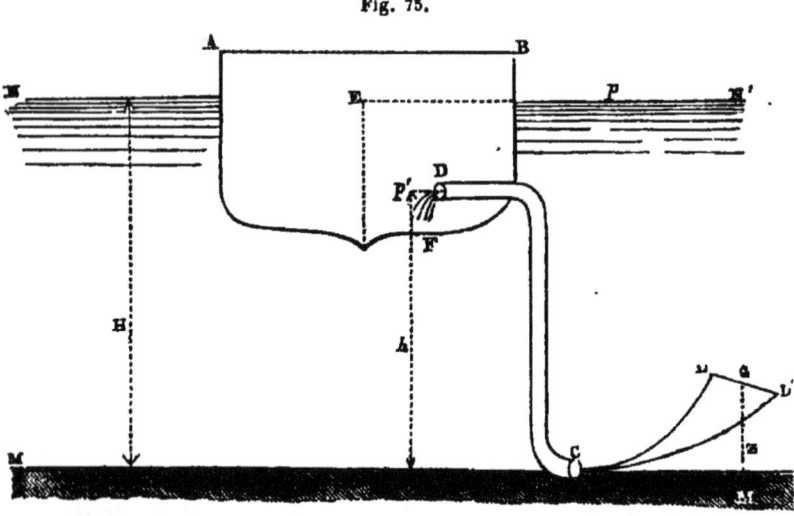

NN' le niveau de l'eau;
H   la profondeur;
AB   le bateau;
CD   le tube extracteur ouvert aux deux bouts, affleurant en C le fond à affouiller, et
        débouchant en D à fond de cale du bateau, à une hauteur h au-dessus du
        plan MM'.

Nous supposerons que la machine à vapeur qui met en mouvement la pompe centrifuge maintienne constamment une certaine pression p' dans la chambre EF où s'ouvre
le tuyau. Soient

(*) Voir *Annales des ponts et chaussées,* 1869, mémoire nᵒ 227, par M. Leferme, ingénieur des ponts
et chaussées, sur le curage du port de Saint-Nazaire.

ω   la section du tube, constante en tous ses points;

Π   le poids de l'unité de volume d'eau;

$\Pi' > \Pi$ le poids de l'unité de volume du sol formant le fond MM';

P   le poids d'eau débité dans l'unité de temps par le tube CD;

Q   le poids des matières solides entraînées dans le même temps par le courant; ces quantités doivent être regardées comme constantes une fois le régime établi.

Enfin, soit v la vitesse du courant liquide au point D, et dans toute section du tuyau CD.

On se tromperait gravement si l'on voulait calculer la vitesse v par la formule de Bernoulli, même en supposant négligeable le frottement dans le tuyau. La formule de Bernoulli suppose en effet constante la densité des filets liquides; or ici le liquide qui sort en P a une densité plus grande que le liquide extérieur, puisqu'il s'est chargé de matières étrangères à son passage en C. Nous pouvons reprendre la démonstration ordinaire du théorème Bernoulli, en la modifiant d'après les conditions spéciales du nouveau problème que nous avons à traiter. Considérons donc au sein du liquide une section plane arbitraire LL', qui sera supposée alimenter le courant du tube; soit G son centre de gravité, et z sa cote au-dessus du plan MM'. La section LL' sera supposée assez grande pour que la vitesse moyenne des filets qui la traversent soit sensiblement nulle : nous désignerons toutefois la section LL' par Ω, et la vitesse moyenne par u.

Suivons pendant un temps infiniment petit θ le système matériel compris entre le plan LL' et l'extrémité D du tuyau, et écrivons l'équation des forces vives. Le poids écoulé en

D sera, pendant le temps θ, égal à $(P + Q)\theta$; la masse, $\dfrac{(P + Q)\theta}{2g}$, et la demi-force vive,

$\dfrac{(P + Q)\theta}{2g} v^2$.

La demi-force vive de la tranche LL' est négligeable; celle de la portion solide, qui part du repos en C pour entrer dans le tube, est nulle.

Évaluons les travaux des forces.

En LL', nous avons une pression mouvante, égale à

$$[p + \Pi(H - z)]\, \Omega ;$$

le point d'application de cette force parcourt un chemin $u\theta$, ce qui donne un travail

$$[p + \Pi(H - z)]\, \Omega u\theta = \left(\frac{p}{\Pi} + H - z\right) P\theta,$$

en observant que Ωu est le volume, $\dfrac{P}{\Pi}$, de l'eau qui passe pendant l'unité de temps dans la section LL'.

En D la pression $p'\omega'$ est résistante, et développe le travail négatif $- p'\omega v\theta$.

La pesanteur donne lieu à deux travaux : l'un consiste dans l'échange de la tranche d'eau LL' contre une tranche de même poids qui passe par la section D, et qui donne un travail égal à $P\theta(z - h)$; l'autre est le travail négatif, $- Q\theta h$, du poids $Q\theta$ de matière solide qui passe du point C au point D, en franchissant la hauteur h.

Enfin on doit compter au point C le travail des pressions, le travail négatif de l'affouillement, et un travail équivalent à la perte de charge qui résulte du changement de vitesse du courant liquide, à l'instant où la densité augmente par l'introduction des matières solides entraînées.

Ces quantités de travail sont inconnues, et probablement très difficiles à déterminer avec exactitude. Nous admettrons, ce qui est vraisemblable, qu'en somme elles sont proportionnelles à l'effet produit, c'est-à-dire au poids $Q\theta$, et nous en représenterons la somme par $-BQ\theta$, B désignant une constante positive.

L'équation des forces vives, divisée par θ, prend la forme suivante :

$$(1) \quad \begin{cases} (P+Q)\dfrac{v^2}{2g} = \left(\dfrac{p}{\Pi}+H-z\right)P - p'\omega v + P(z-h) - Q(h+B) \\[2mm] \qquad = \left(\dfrac{p}{\Pi}+H-h\right)P - p'\omega v - Q(h+B). \end{cases}$$

Il n'y reste plus de trace de la position arbitraire attribuée à la section LL'.

Cette équation renferme trois inconnues, v, P et Q; mais nous pouvons y joindre deux équations nouvelles.

L'une indique que le poids Q des matières affouillées est une fonction déterminée de la vitesse v du courant et de la section ω du tube; toutes les analogies conduisent à admettre que Q est proportionnel à ω et au carré de v, en sorte qu'on peut poser

$$(2) \qquad Q = A\omega v^2,$$

A étant une constante à déterminer empiriquement, d'après la nature du terrain.

L'autre équation indique simplement que le volume ωv, qui sort par l'orifice du tube dans l'unité du temps, est la somme $\dfrac{P}{\Pi}+\dfrac{Q}{\Pi'}$ des volumes d'eau et de matière solide qui composent la veine. On a donc

$$(3) \qquad \omega v = \frac{P}{\Pi} + \frac{Q}{\Pi'}.$$

Entre les équations (2) et (3) éliminons v ; nous aurons

$$(4) \qquad Q\omega = A\left(\frac{P}{\Pi}+\frac{Q}{\Pi'}\right)^2.$$

Remplaçons de même dans (1) le produit ωv par sa valeur (3), et v^2 par sa valeur déduite de (2) ; il viendra

$$\frac{P+Q}{2g}\times\frac{Q}{A\omega} = \left(\frac{p}{\Pi}+H-h\right)P - p'\left(\frac{P}{\Pi}+\frac{Q}{\Pi'}\right) - Q(h+B),$$

ou bien

$$(5) \qquad P = Q \times \frac{\dfrac{Q}{2A g\omega}+\dfrac{p'}{\Pi'}+h+B}{\dfrac{p-p'}{\Pi}+H-h-\dfrac{Q}{2Ag\omega}}.$$

Construisons (*fig. 76*) les courbes qui ont pour coordonnées rectangulaires Q et P. Leur intersection fournira la solution cherchée.

L'équation (4) représente une parabole dont l'axe est parallèle à la droite

$$\frac{P}{\Pi} + \frac{Q}{\Pi'} = 0,$$

c'est-à-dire à une droite OH menée par le point O, et dont le coefficient angulaire est égal à $-\dfrac{\Pi}{\Pi'}$. La droite OH est un diamètre de cette courbe, qui est tangente au point O à l'axe OP.

L'équation (5) représente une hyperbole qui passe au point O, et qui a pour asymptotes, d'une part la verticale RS, définie par l'équation

$$\frac{Q}{2gA\omega} = \frac{p - p'}{\Pi} + H - h,$$

d'autre part une droite parallèle à la bissectrice OK de l'angle QOP'. Pour construire cette seconde asymptote, déterminons, sur la droite QO prolongée, un point A à la distance $OA = \left(\frac{p'}{\Pi'} + h + B\right) \times 2A g\omega$. Le point A appartiendra à la courbe, et on aura

Fig. 76.

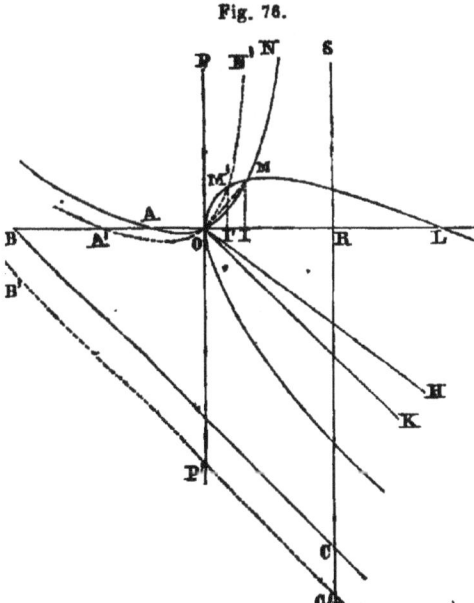

un point B de la seconde asymptote en prenant au delà une longueur AB = OR : il suffira de mener par le point B ainsi obtenu une parallèle BC à la bissectrice OK ; ce sera la seconde asymptote, qui déterminera en C le centre de la courbe.

Traçons l'hyperbole AON ; elle coupe la parabole OML en deux points, dont l'un est le point O lui-même, et l'autre, un point M qui donne la solution cherchée. L'ordonnée MI représente le poids P d'eau, et l'abscisse OI le poids Q de matière entrainée.

Or supposons qu'on change la hauteur h sans modifier la charge sur l'orifice supérieur du tuyau, c'est-à-dire, que l'on conserve constante la somme $\frac{p - p'}{\Pi} + H - h$, dont la valeur règle la position de la première asymptote RS : la somme $h + \frac{p'}{\Pi}$ res-

tant la même, la somme $h + \frac{p'}{\Pi'}$ varie dans le même sens que h, car le dénominateur Π' est plus grand que le dénominateur Π.

Donc, à mesure qu'on élève l'orifice du tuyau, le point A s'éloigne vers la gauche, l'asymptote BC se déplace parallèlement à elle-même dans le même sens ; elle prend une position B'C', et l'hyperbole correspondante devient la courbe A'ON', qui coupe la parabole OML en un point M' plus voisin du point O. La nouvelle solution est alors fournie par les coordonnées du point M',

$$OI' = Q', \quad I'M' = P';$$

de sorte que le rapport du déblai entrainé à l'eau qui l'entraine est mesuré par le rapport $\frac{OI'}{I'M'}$, au lieu de l'être par le rapport $\frac{OI}{IM}$, ou, en d'autres termes, par la tangente de l'angle POM' au lieu de la tangente de l'angle POM. Ce rapport, qui mesure *le coefficient d'utilisation de l'appareil, décroît donc à mesure que la hauteur h augmente*, même lorsque l'on compense cet excès de hauteur par une réduction de pression équivalente au point de vue de l'hydrostatique.

Cet effet sera d'autant plus sensible que le poids spécifique Π' du sol différera davantage du poids spécifique de l'eau. Il est possible qu'il passe inaperçu tant qu'on opère sur de la vase, surtout si elle est récemment déposée; elle se comporte alors en effet comme un véritable liquide. Mais il en serait tout autrement des sables désagrégés, qui sont beaucoup plus lourds que l'eau.

L'analyse précédente renferme deux constantes inconnues A et B, que l'expérience seule pourrait déterminer d'après les diverses natures de terrains.

Peut-être faudrait-il modifier aussi l'exposant de la vitesse dans la formule (2), et poser d'une manière générale

$$Q = A\omega v^n,$$

en désignant par n un troisième nombre à déterminer empiriquement. La conclusion à laquelle nous sommes parvenu subsisterait encore pour des valeurs de n voisines de deux unités.

Remarquons l'analogie du principe du bateau-extracteur de M. Bazin avec la *pompe à sable*, dont on s'est servi en Amérique pour les fouilles du pont de Saint-Louis, sur le Mississipi (*).

ÉCOULEMENT PAR DÉVERSOIRS.

105. Nous renverrons le lecteur à un article inséré dans le 46e cahier du *Journal de l'École polytechnique* (1879), par M. le lieutenant-colonel E. Clarinval, et intitulé : *Méthode nouvelle pour mesurer la dépense des déversoirs*. L'auteur applique sa formule, que nous avons donnée (§ 91),

$$Q = LHe \sqrt{\frac{g}{H + e}},$$

à un barrage vertical à biseau, alimenté par un canal de même largeur; c'est pour lui le type des déversoirs, et la discussion des travaux antérieurs, de MM. Lesbros, Boileau, Castel, le conduit à établir des relations simples entre les quantités H et e, permettant de calculer H dès qu'on a mesuré l'épaisseur e de l'eau sur le seuil. Enfin il discute avec beaucoup de soin l'influence de la contraction, sur le seuil ou sur les joues.

La relation entre H et e paraît devoir être de la forme

$$H = Ae - B,$$

A et B étant deux coefficients qui varient avec la largeur du déversoir et l'épaisseur e de la lame fluide, suivant une loi qui n'est pas encore bien connue.

(*) *Travaux publics des États-Unis en* 1870, Rapport de mission par M. Malézieux, ingénieur en chef des ponts et chaussées. P. 87, fondation de la pile de l'est du pont de Saint-Louis.

RESUMÆCES.

DÉSIGNATION DES CAS.	OBSERVATIONS.
1. Orifice très petit en mince paroi (§ 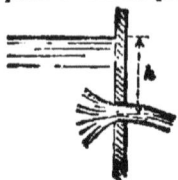 t con- ssion A, aire de l'orifice. ω, aire de la section contractée.	Valeur moyenne de m : $m = 0,62$.
8. Orifice rectangulaire en mince parq **9.** Ajutage conique convergent (§ 8ǐ 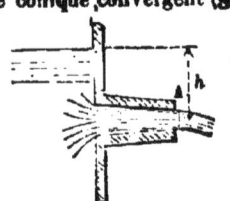 A, aire de la section extrême de l'ori	Maximum de ($m\mu$) et de la dépense, pour un angle au sommet du cône de 12°. $m = 0,99$ $\mu = 0,955$ $m\mu = 0,912$.
9 Ajutage conique divergent (§ 89) 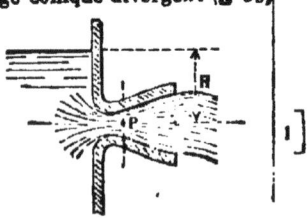 A, Aire extrême de l'orifice. ω, aire minimum.	Maximum théorique de A : $A = \omega \sqrt{1 + \dfrac{l'_0}{\Pi h}}$, $Q = \omega \sqrt{2g\left(h + \dfrac{l'_0}{\Pi}\right)}$, (correspondant à $p = 0$).
10. Déversoir rectangulaire en m (§ 91). 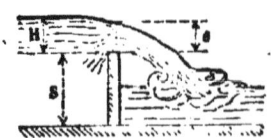 L, dimension horizontale de l'échan H, hauteur d'eau en *amont*, au-dessu e, épaisseur de l'eau *sur le seuil*. S, hauteur du seuil au-dessus du fou	Formule de M. Boileau. $Q = \dfrac{S + H}{\sqrt{(S+H)^2 - H^2}} \times$ $\times \sqrt{1 - \dfrac{e}{H}} LH \sqrt{2gH}$. Formule de M. Clarinval. $Q = LHe \sqrt{\dfrac{g}{H + e}}$.

LIVRE II.

MOUVEMENT DE L'EAU DANS LES TUYAUX.

——

INTRODUCTION.

106. Dans tous les problèmes traités jusqu'ici, nous avons fait abstraction du frottement des liquides, et la viscosité ne s'est révélée à nous que dans les régions où le parallélisme des filets est complètement détruit, et où les molécules liquides se heurtent les unes contre les autres. Nous allons aborder de nouvelles questions, et nous verrons le frottement intervenir même lorsque le liquide s'écoule par filets à peu près parallèles. Le mouvement de l'eau dans les tuyaux et dans les canaux en est un exemple.

Une observation bien simple montre l'existence du frottement dans les liquides qui s'écoulent. Un corps solide, placé sans vitesse sur un plan incliné et soumis à l'action de la pesanteur, tend à glisser le long de la ligne de plus grande pente, et il glisse en effet, quand le frottement est nul, en prenant des vitesses graduellement croissantes. Si ce corps subit un frottement de la part du plan incliné, la loi de son mouvement se modifie. Au-dessous d'une inclinaison limite particulière du plan, le corps reste en repos sous l'action du frottement et de la pesanteur; si l'inclinaison est supérieure à cette limite, le corps prend un mouvement uniformément accéléré; enfin, si l'inclinaison est égale à la limite, le corps, supposé lancé avec

12

une certaine vitesse dans la direction de la ligne de plus grande pente du plan, se meut d'un mouvement uniforme. Les conditions du mouvement. dépendent donc de l'inclinaison donnée au plan fixe sur lequel il est placé.

Il suffit d'observer un cours d'eau pour reconnaître qu'il en est autrement des liquides. L'écoulement d'un liquide sur une surface inclinée a lieu, quelque petite que soit l'inclinaison de cette surface ; de plus, le régime permanent ne tarde pas à s'établir, et sur de grandes longueurs de rivières par exemple, on trouve une masse d'eau glissant le long du lit avec une vitesse sensiblement constante quelle que soit la pente. Un tel phénomène ne peut s'expliquer en étendant aux liquides glissant sur les solides, les lois trouvées pour le frottement des solides entre eux; car la proportionnalité du frottement à la pression pendant le glissement aurait deux conséquences incompatibles avec l'uniformité du mouvement constatée pour les cours d'eau : pas de glissement si l'inclinaison est au-dessous d'une certaine limite; glissement accéléré, et non uniforme, si elle est au-dessus.

107. On rend compte de l'uniformité du mouvement des liquides glissant dans un canal ou dans un tuyau, en admettant que le frottement du liquide contre les parois solides avec lesquelles il est en contact, est indépendant de la pression mutuelle et est une fonction de la vitesse de l'écoulement ; cette fonction doit s'annuler quand la vitesse est nulle et croître avec la vitesse. On admet aussi que le frottement est proportionnel à l'étendue des surfaces de contact. Ces hypothèses s'accordent avec l'absence de tout frottement sensible dans les liquides en repos, puisque alors les vitesses relatives sont nulles. L'indépendance du frottement et de la pression peut être regardée comme un corollaire du défaut de compressibilité des liquides. Des expériences directes, les unes anciennes et dues à Dubuat (1780), les autres plus modernes et dues à Darcy, ont démontré cette propriété fondamentale. Dubuat faisait écouler par un tuyau l'eau d'un réservoir dans un autre réservoir situé plus bas que le premier; dans ces deux réservoirs, le liquide était maintenu à

un même niveau pendant toute la durée de chaque expérience. Les pressions développées aux divers points du tuyau, et la vitesse de l'écoulement dépendent de la situation des deux niveaux dans le réservoir d'amont et dans le réservoir d'aval. Or Dubuat observa que si l'on élevait d'une même quantité les niveaux dans chaque réservoir, le débit du tuyau restait identiquement le même. Les pressions étaient cependant augmentées, et si le frottement avait varié avec la pression, la résistance au mouvement s'étant accrue, le débit aurait dû se trouver plus petit. Darcy confirma cette loi par les nombreuses expériences dont nous aurons à parler plus loin.

La proportionnalité du frottement à l'étendue des surfaces en contact peut être considérée comme un résultat de la liberté presque absolue des molécules liquides les unes à l'égard des autres ; les résistances que chacune subit s'ajoutent pour former la résistance totale au mouvement de leur ensemble. C'est aussi une conséquence probable de l'indépendance reconnue entre le frottement et la pression dans les liquides. Pour les solides au contraire, le frottement est à la fois proportionnel à la pression, et indépendant de l'étendue des surfaces frottantes, parce que ces surfaces ne peuvent augmenter sans que la pression moyenne subie par chaque élément individuel ne diminue en conséquence.

Enfin Dubuat posa comme principe, et tous les hydrauliciens, jusqu'à Darcy, ont admis depuis, que le frottement est indépendant de la nature de la paroi sur laquelle le liquide glisse ; ce qui revient à supposer qu'une couche d'eau très mince s'attache à cette paroi, et que le glissement a lieu entre cette couche fixe et le liquide. Nous verrons que les nouvelles expériences ne permettent plus de conserver cette opinion.

CHAPITRE PREMIER.

THÉORIE DE PRÔNY.

ÉQUATION DU MOUVEMENT. CONSTRUCTION DE LA LIGNE DE CHARGE.

108. De Prôny doit être considéré comme le véritable fondateur de la théorie de l'écoulement dans les tuyaux et dans les canaux. C'est en 1804 qu'il fit paraître ses *Recherches physico-mathématiques sur le mouvement des eaux courantes*. Il reprit dans cet ouvrage les idées théoriques émises quelque temps auparavant par Coulomb (*), et s'aidant des anciennes expériences de Couplet, de Bossut et de Dubuat, il arriva à poser des formules qui, pendant plus de cinquante ans, furent l'unique ressource des ingénieurs. En 1825, il réunit dans un petit volume les résultats usuels de son premier travail, et publia son *Recueil de cinq tables*, fort apprécié des praticiens.

La théorie de l'écoulement par les tuyaux se déduit très simplement de l'application des théorèmes de la mécanique et des lois du frottement des liquides. Pour simplifier ce premier exposé, nous admettrons que le mouvement de l'eau se fasse, dans chaque section du tuyau, par filets parallèles et doués d'une vitesse commune. Si le tuyau a un diamètre constant et, par suite, une même section en tous ses points, si enfin l'eau y coule partout à *plein tuyau*,

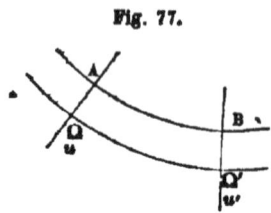

Fig. 77.

(*) *Mémoires de l'Institut*, t. III.

la vitesse de l'écoulement sera partout la même. Considérons l'intervalle compris entre deux sections A et B, et supposons que l'écoulement se fasse dans le sens AB. La quantité d'eau qui entre par la section A, dans l'espace géométrique AB, sera exactement égale à celle qui sort du même espace par la section B pendant le même temps. Or ces quantités sont respectivement égales par unité de temps à Ωu et $\Omega' u'$, si l'on appelle Ω et Ω' les sections, u et u' les vitesses moyennes ; on a donc

$$\Omega u = \Omega' u'$$

et par suite, si $\Omega = \Omega'$, on a aussi $u = u'$.

Le produit Ωu est ce qu'on appelle la *dépense* du tuyau ; nous la représenterons par la lettre Q, de sorte que la *vitesse moyenne u*, attribuée à tous les filets, est égale au quotient $\dfrac{Q}{\Omega}$.

109. Soit un fragment de tuyau AB, assez court pour qu'on puisse le considérer comme rectiligne. Le mouvement du liquide compris entre les deux plans A et B devient uniforme dès que le régime permanent est établi, et par suite les forces qui sollicitent le système matériel AB se font équilibre. Ces forces sont :

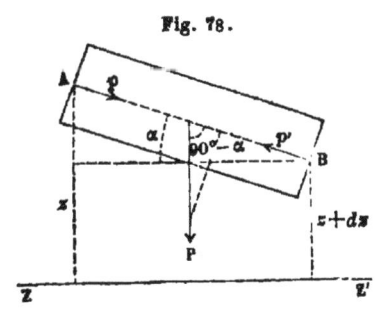

Fig. 78.

1° La pesanteur, ou le poids P du liquide AB ;

2° Les pressions exercées sur le liquide AB par les portions liquides situées au delà des sections A et B ; nous admettrons que ces pressions sont normales aux plans A et B ; l'une p est mouvante, l'autre p' résistante ; p et p' représentant les pressions moyennes rapportées à l'unité de surface, les pressions totales subies par le liquide AB seront $p\Omega$, dans le sens du mouvement, et $p'\Omega$, en sens contraire.

3° Enfin, les réactions du fragment de tuyau sur le liquide AB ; chacune de ces réactions se décompose en deux forces, l'une normale au tuyau, l'autre tangentielle, et c'est celle-ci que nous appelons le *frottement.* Toutes les réactions tangentielles sont parallèles à l'axe du tuyau, et s'ajoutent pour former le frottement total subi par le liquide AB. Quant aux réactions normales, nous les éliminerons en projetant toutes les forces sur l'axe du tuyau. Le frottement s'y projettera en vraie grandeur. Il est proportionnel à la surface de contact du liquide et du tuyau dans l'intervalle AB; soit donc ds la longueur AB; soit χ le *périmètre mouillé* de la section du tuyau, lequel est ici le périmètre total. La surface de contact sera χds; et pour avoir le frottement, il faudra multiplier cette surface par une certaine fonction, $f(u)$, de la vitesse u de l'écoulement. Le frottement total est donc égal à

$$\chi ds \times f(u),$$

$f(u)$ étant une fonction qui s'annule par $u = 0$, qui croît avec la variable u, et qu'on devra déterminer par une série d'expériences.

Le poids P est égal à $\Pi\Omega ds$; projeté sur l'axe du tuyau, il a pour composante

$$\Pi\Omega ds \sin \alpha,$$

α étant l'angle que fait l'axe du tuyau avec l'horizon. Or $ds \sin \alpha$ est égal à $-dz$, en appelant d'une manière générale z la hauteur du centre A d'une section quelconque au-dessus d'un plan horizontal de comparaison, ZZ'.

Enfin les pressions sur les sections A et B donnent en projection sur l'axe du tuyau la force

$$(p - p')\Omega.$$

Nous poserons donc l'équation :

$$(p - p')\,\Omega - \Pi\Omega dz - \chi ds f(u) = 0.$$

On peut remplacer la différence $p' - p$ par la différentielle dp; divisant par $\Pi\Omega$ et changeant les signes, il viendra

$$\frac{dp}{\Pi} + dz + \frac{\chi}{\Omega}\frac{f(u)}{\Pi} ds = 0,$$

équation intégrable. Comme on suppose que le tuyau a une section constante, la vitesse u est la même partout; χ et Ω sont d'ailleurs aussi des constantes, et l'on a par suite en intégrant :

$$\frac{p}{\Pi} + z + \frac{\chi}{\Omega} \frac{f(u)}{\Pi} s = \text{constante};$$

Mais u étant constant, $\frac{u^2}{2g}$ est aussi constant, de sorte qu'on peut écrire cette équation sous la forme

$$\left(z + \frac{p}{\Pi} + \frac{u^2}{2g} \right) + \frac{\chi}{\Omega} \frac{f(u)}{\Pi} s = \text{H}.$$

H étant une nouvelle constante, qui représente une hauteur, et qui définit un plan horizontal.

$z + \frac{p}{\Pi} + \frac{u^2}{2g}$ est la hauteur du *plan de charge* en un point quelconque de la conduite (§ 61). On voit que, dans un tuyau où le régime permanent est établi, la hauteur du plan de charge est variable d'un point à l'autre, et qu'entre deux sections, il y a une *perte de charge* due au frottement; elle est égale à $\frac{\chi}{\Omega} \frac{f(u)}{\Pi} s$, et elle est proportionnelle, par conséquent, à la longueur s du tuyau compris entre les deux sections considérées.

110. Supposons que l'on ait déterminé les valeurs numériques de la fonction $f(u)$ et que l'on connaisse le tracé et les dimensions du tuyau; on pourra déterminer la vitesse u.

Soit MN (fig. 79) un réservoir entretenu à un niveau constant, dont l'altitude h est donnée;

M'N', un second réservoir entretenu à un niveau constant, à l'altitude h';

OD, un tuyau de diamètre uniforme qui fait communiquer le premier réservoir au second, et dans lequel on suppose le régime permanent établi. Nous admettrons qu'à l'entrée du tuyau, en O, on ait pris les précautions nécessaires pour éviter la contraction et la perte de charge qui en serait la conséquence (§ 35). Pour déterminer la constante H, prenons un point C dans l'intérieur du premier réservoir, et construisons le plan de charge en ce point. Il suffira de prendre au-dessus du niveau MN une hauteur piézométrique $C'C'' = \frac{p_0}{\Pi}$. Le point C'' sera un point du plan cherché, lequel s'étend à tout le réservoir MN. Donc $H = h + \frac{p_0}{\Pi}$. En un point P quelconque du tuyau, le niveau du plan de charge doit être abaissé de la quantité P''P''' égale au produit $\frac{\chi}{\Omega} \times \frac{f(u)}{\Pi} s$, s étant la longueur de tuyau OP. Mais nous

Fig. 79.

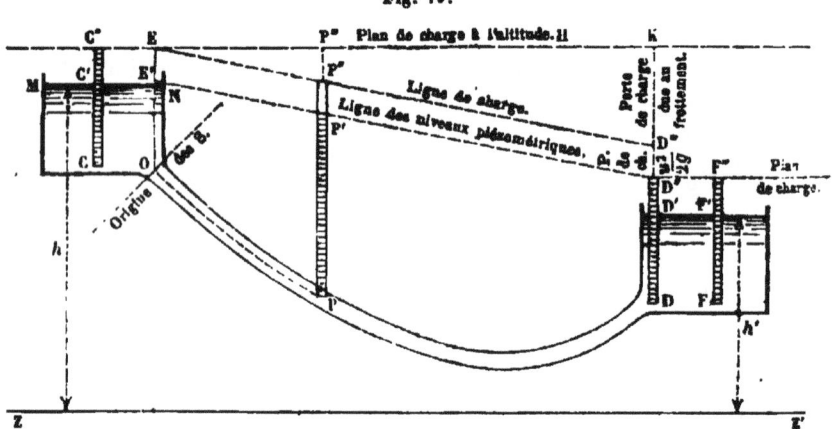

ne connaissons pas encore cette perte de charge P'''P'', parce qu'elle dépend de la vitesse u, qui n'est pas déterminée.

Pour trouver u, prenons le niveau du plan de charge au point D où la veine liquide fournie par le tuyau afflue dans le réservoir inférieur. Cette veine est animée de la vitesse u, et elle subit la pression du liquide en repos qui l'environne; la hauteur du plan de charge au point D est donc $h' + \frac{p_0}{\Pi} + \frac{u^2}{2g}$. On l'obtiendra donc en élevant au-dessus du point D' une colonne $D'D'' = \frac{p_0}{\Pi}$, et en prenant ensuite $D''D''' = \frac{u^2}{2g}$. Si l'on cherchait le plan de charge, F'', en un point F du réservoir plus éloigné de la veine, et pour lequel le liquide fût sensiblement en repos, on le trouverait seulement à l'altitude $h' + \frac{p_0}{\Pi}$;

la quantité $\frac{u^2}{2g} = D''D'''$ est en effet la *perte de charge* due à l'entrée de la veine liquide dans un réservoir où l'eau est sans vitesse (§ 77).

Faisant $s = L$, longueur totale du tuyau OD, on aura pour la perte de charge totale KD''' due au frottement,

$$\frac{\chi}{\Omega} \frac{f(u)}{\Pi} L = KD''' = \left(h + \frac{p_0}{\Pi}\right) - \left(h' + \frac{u^2}{2g}\right) = h - h' - \frac{u^2}{2g}.$$

En résumé, la vitesse moyenne, dans une conduite simple à diamètre constant, est donnée par l'équation suivante :

$$\frac{f(u)}{\Pi} = \frac{h - h' - \frac{u^2}{2g}}{L} \times \frac{\Omega}{\chi}.$$

ou, si l'on néglige le terme $\frac{u^2}{2g}$,

$$\frac{f(u)}{\Pi} = \frac{h - h'}{L} \times \frac{\Omega}{\chi}.$$

111. On donne habituellement une autre forme à cette équation. Le poids spécifique Π est une constante absolue. On peut donc la faire entrer dans la fonction $f(u)$, en écrivant à la place de $\frac{f(u)}{\Pi}$ une nouvelle fonction, $\varphi(u)$.

On appelle en hydraulique *rayon moyen* le rapport, $\frac{\Omega}{\chi}$, de la *section d'écoulement*, Ω, au *périmètre mouillé*, χ. Cette expression est due à Dubuat. Pour un tuyau circulaire du diamètre D, la section Ω est égale à $\frac{1}{4}\pi D^2$, et le périmètre χ, à πD ; donc $\frac{\Omega}{\chi} = \frac{D}{4}$. Le rayon moyen est alors la moitié du rayon du tuyau, ou la moyenne des rayons de toutes les couches liquides concentriques qui se meuvent à l'intérieur du tuyau.

Le rapport $\frac{h - h'}{L}$, ou plus exactement le rapport $\frac{h - h' - \frac{u^2}{2g}}{L}$, se représente par une lettre J ; ce rapport est la *perte de charge par*

unité de longueur de tuyau. En introduisant ces notations dans l'é-
quation qui doit donner u, on a en définitive :

$$\varphi(u) = \frac{1}{4}\,DJ,$$

formule de l'écoulement dans les tuyaux à diamètre constant; la
nature de la fonction φ reste seule à déterminer. Connaissant D et J,
on en déduira u, et, par suite, $Q = \Omega u = \frac{1}{4}\,\pi D^2 u$.

112. La *ligne de charge* dont les ordonnées sont les valeurs successives de $z + \frac{p}{\Pi} + \frac{u^2}{2g}$ aux divers points de la conduite, est donc
une ligne inclinée EP″D″ qui part de la hauteur $h = \frac{p_0}{\Pi}$, à l'aplomb
de l'entrée du tuyau, et qui va aboutir à la hauteur $h' + \frac{p_0}{\Pi} + \frac{u^2}{2g}$
à l'aplomb de l'autre extrémité. Si l'on abaisse cette ligne parallèlement à elle-même de la quantité EE′ = D″D″ = $\frac{u^2}{2g}$, on a une nouvelle ligne E′D″, qu'on peut appeler *ligne des niveaux piézométriques,*
et dont les ordonnées sont $z + \frac{p}{\Pi}$. En un point quelconque P de la conduite, la pression p est représentée par la hauteur verticale PP′ comprise entre le centre du tuyau et la ligne E′F′. L'épure nous donne
ainsi les pressions en chaque point du tuyau dès que nous connaissons la vitesse. Tout dépend donc en résumé de la détermination
de la fonction φ.

DÉTERMINATION EXPÉRIMENTALE DE LA FONCTION $\varphi(u)$.

113. La fonction $\varphi(u)$, ou la fonction $f(u)$, qui est égale au produit de $\varphi(u)$ par le poids spécifique Π de l'eau, entre en facteur dans
l'expression

$$\chi f(u)ds$$

du frottement de l'eau contre la paroi du tuyau sur une longueur
infiniment petite ds. Le produit $\chi f(u)$ est donc la valeur du frotte-

ment rapportée à l'unité de longueur, et $f(u)$ la valeur du frottement sur l'unité de surface de la paroi. Enfin $\varphi(u)$ est la valeur du frottement par unité de surface divisée par le poids sphérique Π du liquide. C'est donc le frottement évalué en hauteur de colonne liquide, à la manière des pressions.

114. Pour déterminer $\varphi(u)$ Prony s'est servi d'anciennes expériences faites par Couplet, Bossut et Dubuat. Ces expériences étaient au nombre de 51, savoir :

7 de Couplet.

26 de Bossut.

45 de Dubuat.

Les expériences de Couplet avaient porté sur les tuyaux de conduite de Versailles, déjà en service depuis de longues années. La plupart des tuyaux expérimentés avaient 5 pouces ($0^m.135$) de diamètre; l'un seulement avait un diamètre beaucoup plus gros, 18 pouces ou $0^m.487$. Les expériences de Dubuat et de Bossut, au contraire, avaient été faites sur des tuyaux neufs en fer-blanc, de très petit diamètre : Bossut avait employé des diamètres variables de 1 à 2 pouces; Dubuat s'était servi de tuyaux de 1 pouce ($0^m.027$).

Dans chaque expérience on avait mesuré la *perte de charge totale*, $h - h'$, d'un bout de tuyau à l'autre, et la longueur totale, L, du tuyau; on pouvait donc calculer le rapport $\dfrac{h - h'}{L} = J$, et former le produit $\dfrac{1}{4} DJ$. L'expérience consistait à évaluer le débit Q des tuyaux ; divisant le débit par la section $\dfrac{\pi}{4} D^2$, on obtient la vitesse moyenne u. On dressait ainsi un tableau contenant les valeurs de u, et, en regard de ces nombres, les valeurs de $\dfrac{1}{4} DJ$, c'est-à-dire de $\varphi(u)$. Ce tableau faisait donc connaître la valeur numérique de la fonction φ pour tous les cas examinés.

Colomb paraît être le premier qui ait remarqué que cette fonction φ croissait plus rapidement que la variable u, mais moins rapidement que le carré de la variable, u^2, et qui ait proposé pour cette fonction l'expression

$$\varphi(u) = au + bu^2,$$

où a et b représentent des constantes. Prôny admit cette loi, et se proposa de déterminer les coefficients a et b: il est parvenu à simplifier notablement ce problème de la façon suivante.

L'expérience donnant les valeurs de u, on peut former le rapport $\dfrac{\frac{1}{4}DJ}{u}$, et si l'on a l'équation

$$\tfrac{1}{4} DJ = au + bu^2$$

on en déduit

$$\frac{\frac{1}{4}Dj}{u} = a + bu.$$

Soit $\dfrac{\frac{1}{4}DJ}{u} = y$; l'équation précédente devient

$$y = a + bu,$$

équation d'une ligne dont y et u sont les coordonnées.

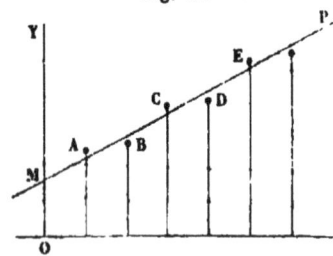
Fig. 80.

A chaque expérience correspond un groupe de valeurs des coordonnées u et y; on peut les représenter sur une épure par des points A,B,C,..... Si la formule était exacte, tous ces points devraient se trouver en ligne droite. En général, il n'en est pas rigoureusement ainsi ; mais du moins l'épure indiquera une direction moyenne MP qui s'écarte peu de l'ensemble des points A,B,C,..... et qui peut être prise pour la droite $y = a + bu$. On a d'ailleurs des méthodes analytiques pour déterminer avec exactitude les coefficients a et b, entre autres, la *méthode des moindres carrés des erreurs* (*).

(*) Voir le résumé de cette méthode, due à Legendre, et des méthodes analogues de Laplace et de Cauchy, dans un mémoire de M. de Saint-Venant sur les *formules du mouvement des eaux courantes*. (*Annales des mines,* 4ᵉ série, t. XX.) Les trois méthodes s'accordent à faire passer la droite MP par le centre de gravité G des points A, B, C,..... La méthode de Cauchy la fait passer en outre par les centres de gravité particuliers des deux groupes que l'on obtient en séparant les points A, B, C,..... par une parallèle à l'axe Ou menée par le point G. On peut aussi employer à la détermination des deux

Les **51** expériences qui ont servi à Prôny sont résumées dans un même tableau au n° **13** du *Recueil des Cinq Tables*. Les colonnes **12** et **13** donnent l'une la valeur de la vitesse *u* déduite de l'expérience, et l'autre la valeur de la vitesse *u* calculée par la formule que Prôny établie. Les vitesses observées ont varié de 0^m.04 à 2^m.30. Prôny arrivera aux valeurs suivantes des coefficients *a* et *b* :

$$a = 0.00001733 14$$
$$b = 0.0003 482590,$$

Et à l'aide de la formule

$$\frac{1}{4} DJ = au + bu^2.$$

l calcula une table, contenue dans une colonne de la table première le son recueil, et dans laquelle, pour toutes les valeurs de *u* de centimètre en centimètre jusqu'à **3** mètres, il donne les valeurs correspondantes de $au + bu^2$, ou de $\frac{1}{4} DJ$.

EFFETS DES DIFFÉRENCES DE VITESSE DES FILETS LIQUIDES.

115. La formule de Prôny

$$\frac{1}{4} DJ = au + bu^2$$

---

coefficients *a* et *b* une méthode graphique rapide, que nous empruntons au *Dictionnaire des mathématiques appliquées* de M. Sonnet (article : *Calcul par le trait*).

Soient y_1 et u_1, y_2 et u_2, y_3 et u_3, ... y_n et u_n, *n* couples de valeurs obtenues par l'expérience. Si la théorie est exacte, on devra avoir

$$y_1 = au_1 + b,$$
$$y_2 = au_2 + b,$$
$$\cdots \cdots \cdots$$
$$y_n = au_n + b.$$

Ces équations, où l'on peut regarder *a* et *b* comme les coordonnées variables d'un point, représentent chacune une droite, définie de position sur le plan par les coefficients donnés y_1, u_1, y_2, ... u_n. Il est facile de construire ces *n* droites, qui passeraient toutes par un même point, si l'hypothèse était rigoureusement admissible. Les coordonnées de ce point seraient les valeurs cherchées de *a* et *b*. En réalité, les *n* droites qui résument les expériences ne passent pas par un même point, mais elles enveloppent un petit espace sur l'épure, et on prendra pour valeurs probables de *a* et de *b* les coordonnées du centre de cet espace. La petitesse de l'espace enveloppé donne une idée de l'exactitude de l'hypothèse.

a servi à l'établissement d'une foule de distributions d'eau sur lesquelles
on a pu procéder à des vérifications de la théorie. De notables écarts
furent alors constatés entre les résultats du calcul et ceux des expériences pratiques. La formule de Prony n'est donc pas complétement
exacte. Cependant, il n'y avait pas grand inconvénient à l'employer ;
si elle assignait aux tuyaux neufs des débits trop faibles, plus tard,
les dépôts qui se forment toujours à l'intérieur des conduites en
service, réduisaient notablement ces débits. L'emploi de la formule
était une sorte de sauvegarde contre cette réduction.

La théorie que nous avons exposée donne prise à une objection.
Nous avons supposé que les filets liquides contenus à l'intérieur du
tuyau sont tous animés d'une même vitesse. Or il est certain que
cette vitesse commune est tout à fait fictive, et qu'en réalité, les
filets glissent les uns sur les autres avec des vitesses différentes, ce
qui met en jeu, non seulement les frottements du liquide contre la
paroi du tuyau, mais encore les frottements du liquide contre lui-
même. Ces frottements intérieurs ne doivent pas entrer, il est vrai,
dans l'équation fondamentale du mouvement, parce qu'ils font partie
des forces intérieures qui disparaissent en projection. Mais le frottement contre la paroi, au lieu d'avoir pour expression

$$\chi \, ds \times f(u),$$

produit de la surface de contact χds, par une certaine fonction, $f(u)$,
de la vitesse moyenne u, devrait être exprimé par le produit

$$\chi \, ds \times F(w),$$

w étant la vitesse particulière des filets liquides qui glissent le long
de la paroi du tuyau. Les deux expressions donneront nécessairement
des résultats différents, à moins que la vitesse w à la paroi ne soit
exprimable par une fonction de la vitesse moyenne u, ce qui paraît
peu admissible *à priori*, et ce qui est démenti par les observations.

116. Au lieu de supposer que le liquide s'écoule d'un seul morceau
à l'intérieur du tuyau, on doit se figurer les sections transversales
comme partagées en anneaux concentriques, qui servent de base à

des surfaces cylindriques animées chacune, parallèlement au tuyau, d'une vitesse particulière. Si l'on appelle v la vitesse à la distance r de l'axe du tuyau, cette vitesse s'appliquera à tout un anneau de rayon r et d'épaisseur dr; la section de cet anneau est $2\pi r\,dr$; et par suite le débit dans l'unité de temps de cette section est

$$2\pi r v\,dr.$$

Additionnant tous ces débits entre les limites $r = 0$ et $r = R$, R étant le rayon du tuyau, on aura pour le débit total

$$Q = 2\pi \int_0^R v r\,dr,$$

et par suite la vitesse moyenne u sera égale au quotient $\dfrac{Q}{\pi R^2}$, on a

$$u = \frac{2 \int_0^R v r\,dr}{R^2},$$

expression que l'on pourra calculer dès que l'on connaîtra la loi qui lie les variables r et v. Des expériences ont été faites pour déterminer cette relation, mais on n'est pas jusqu'à présent tombé d'accord sur les résultats de ces recherches; elles ont du moins fait reconnaître que l'hypothèse des couches concentriques animées d'une même vitesse était très sensiblement vérifiée. Le problème a été aussi attaqué par l'analyse; moyennant une hypothèse sur l'expression du frottement mutuel de deux filets liquides voisins et animés de vitesses différentes, v et $v + dv$, on peut faire pour chaque couche concentrique ce que nous avons fait pour la section entière du tuyau et chercher la relation qui doit exister entre v et r pour assurer l'uniformité du mouvement de chacune de ces couches. Les premiers essais de ce genre sont dus à Navier (*); M. Sonnet (**), en 1845, Dupuit (***),

---

(*) Tome IV des *Mémoires de l'Académie des Sciences*.

(**) *Recherches sur le mouvement uniforme des eaux, en ayant égard aux différences de vitesse des filets* (1845).

(***) *Études sur les eaux courantes.*

en 1848, complétèrent ces premières recherches sans modifier sensiblement les hypothèses qui leur servaient de base. Les études expérimentales de Darcy l'ont amené à des résultats différents (*). Navier avait admis que le frottement entre deux couches voisines est proportionnel à leur vitesse relative, ou plutôt à la dérivée partielle, $\frac{dv}{dr}$, de cette vitesse par rapport au rayon de la couche; Darcy fut conduit à penser qu'il est proportionnel au carré de cette même dérivée, et il donna des formules empiriques qui font connaître, en fonction de la vitesse moyenne, la vitesse dans l'axe du tuyau, la vitesse à la paroi, et enfin la vitesse à une distance quelconque de l'axe. Ces formules ne sont plus admises sans contestation aujourd'hui, et des recherches plus récentes, appuyées les unes sur les expériences de M. Bazin (**), les autres sur les travaux analytiques de M. Lévy (***), semblent devoir faire rejeter l'hypothèse de Darcy, pour admette une nouvelle loi plus compliquée pour le frottement mutuel.

117. Bien que l'hypothèse de Navier ne soit pas entièrement satisfaisante, nous nous arrêterons un moment à en développer les résultats.

Soit AB la section d'un tuyau de diamètre D; sur le rayon OA

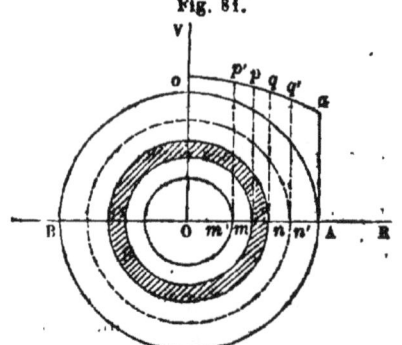

Fig. 81.

de ce tuyau, élevons en chaque point, O, m', m, n, n', A, des perpendiculaires Oo, m' p', mp, nq, n' q, Aa, proportionnelles à la vitesse v du filet liquide qui passe en ce point. Nous obtiendrons ainsi une courbe représentative des vitesses v des couches liquides en fonction de leurs rayons r. La

(*) *Recherches expérimentales relatives au mouvement de l'eau dans les tuyaux* (1857), chapitre V.

(**) Darcy et Bazin, *Écoulement de l'eau dans les canaux.*

(***) *Annales des Ponts et Chaussées*, 1867, Mémoire n° 151, par M. Maurice Lévy.

vitesse moyenne est la même partout dans le tuyau, puisque son diamètre est constant. Nous admettrons aussi que la distribution des vitesses est la même dans toutes les sections, de sorte que v est une fonction de r, indépendante de la section considérée.

Exprimons l'équilibre d'une longueur infiniment petite de l'anneau liquide compris entre les deux cercles m et n, dont les rayons sont r et $r + dr$. Cet anneau est en équilibre, puisque son mouvement est uniforme, sous l'action de son poids, des pressions d'amont et d'aval, et des réactions des deux couches voisines, savoir, de la couche intérieure mm', qui, ayant une vitesse plus grande, tend à accélérer son mouvement, et de la couche extérieure nn', qui a une vitesse plus petite et tend à le retarder. Projetons toutes ces forces sur l'axe du tuyau : les composantes normales des réactions des deux couches voisines disparaîtront, et il ne restera plus que les composantes tangentielles, ou frottements, qui se projetteront en vraie grandeur.

Soit ds la longueur du fragment d'anneau dont nous voulons exprimer l'équilibre. Sa base a pour surface $\pi(r + dr)^2 - \pi r^2$, ou $2\pi r dr$; son volume est $2\pi r dr ds$; son poids est le produit $2\pi r dr ds \times \Pi$. et si l'on projette cette force verticale sur l'axe du tuyau, supposé incliné de l'angle α sur l'horizon, on aura pour composante :

$$2\pi r dr\, ds \times \Pi \sin \alpha = -2\pi r dr\, dz \times \Pi,$$

Ingénieur des ponts et chaussées. — M. Lévy a poussé plus loin ses recherches, dans un mémoire sur l'*Hydrodynamique des liquides homogènes, et en particulier sur l'écoulement rectiligne et permanent.* Au lieu d'admettre, comme Navier, que la résistance au glissement de deux couches contiguës est exprimée par la fonction : $\dfrac{dv}{dr}$, M. Lévy ne fait aucune hypothèse particulière sur cette fonction; il suppose seulement que les composantes, suivant trois axes rectangulaires, des actions subies par les faces d'un parallélipipède élémentaire, soient développables en séries contenant au premier degré toutes les dérivées des composantes de la vitesse par rapport aux coordonnées; et il exprime la condition nécessaire pour que ces séries soient composées avec les mêmes coefficients lorsqu'on opère un changement quelconque de coordonnées rectangulaires. Le nombre de coefficients indéterminés introduits dans les calculs permet d'établir l'accord entre les formules et les résultats de l'observation. — *Voir* les *Comptes rendus de l'Académie des Sciences*, t. LXVIII, séance du 8 mars 1869, rapport de M. Barré de Saint-Venant.

en appelant, comme nous l'avons déjà fait, z la cote de hauteur du centre de la section d'amont, et $z + dz$ la cote du centre de la section d'aval.

Les pressions sur les sections d'amont et d'aval s'obtiendront en multipliant la pression moyenne dans chacune d'elles, par l'aire de la section transversale de l'anneau, ou par $2\pi r dr$; la pression d'amont doit être prise positivement, la pression d'aval négativement, et comme elles se projettent en vraie grandeur sur l'axe, elles donnent pour composante

$$(p - p') \times 2\pi r dr,$$

ou bien

$$- 2\pi r dr dp,$$

en observant que p' est égal à $p + dp$.

Cette fonction p, qui représente la pression moyenne pour l'anneau mn dans la section d'amont, est la même pour tous les anneaux liquides qui traversent cette section. En effet, l'écoulement étant supposé se faire par filets parallèles, les pressions se répartissent dans chaque section transversale suivant la loi de l'hydrostatique. La pression moyenne sur une aire quelconque est donc égale à la pression sur le centre de gravité de cette aire. Or tous les anneaux sont concentriques, et ont pour centre de gravité le point 0. Donc la fonction p est la même pour tous; en d'autres termes p est indépendant de r, et dépend seulement de la longueur s mesurée sur l'axe du tuyau.

Nous n'avons plus qu'à évaluer les frottements du liquide. Occupons-nous d'abord du frottement exercé sur la surface cylindrique qui passe au point m. L'aire de la surface frottante a pour mesure $2\pi r ds$. La vitesse du filet mn étant représentée par v, celle du filet $m'm$ sera représentée par $v - \dfrac{dv}{dr} dr$, car le filet $m'm$ a un rayon $r - dr$; et le frottement moteur éprouvé par le filet mn de la part du filet $m'm$ qui marche plus vite, sera, si l'on admet la loi de Navier, exprimé par le produit

$$- \varepsilon \frac{dv}{dr} \times 2\pi r ds = - 2\pi \varepsilon ds \times r \frac{dv}{dr}$$

ε étant un facteur constant.

Nous donnons à cette expression le signe — pour en faire une force mouvante, en observant que la dérivée $\frac{dv}{dr}$ est négative.

La même expression se retrouvera, augmentée de sa différentielle relative à r et changée de signe, pour représenter la force retardatrice due au glissement de l'anneau mn sur l'anneau nn' qui marche plus lentement. Cette force aura donc pour valeur

$$+ 2\pi \varepsilon ds \times \left[\left(r \frac{dv}{dr} \right) + \frac{d}{dr} \left(r \frac{dv}{dr} \right) dr \right],$$

de sorte que la somme algébrique des deux frottements subis par l'anneau mn sur ses deux faces est égale en grandeur et en signe à

$$2\pi \varepsilon ds \times \frac{d}{dr} \left(r \frac{dv}{dr} \right) dr.$$

L'équation du mouvement uniforme est par suite

$$- 2\pi r \, dr \, dz \times \Pi - 2\pi r \, dr \, dp + 2\pi \varepsilon ds \frac{d}{dr} \left(r \frac{dv}{dr} \right) dr = 0.$$

Divisons l'équation par $2\pi r \, dr \, ds \times \Pi$, et changeons les signes. Il vient:

$$\frac{dz}{ds} + \frac{dp}{\Pi ds} - \frac{\varepsilon}{\Pi r} \frac{d}{dr} \left(r \frac{dv}{dr} \right) = 0,$$

équation où figurent deux variables indépendantes s et r, mais où z et p sont des fonctions de s seul, tandis que v est fonction de r et indépendant de s.

Laissons le rayon r constant, c'est-à-dire voyons ce qui se passe pour un seul et même anneau. Nous pourrons intégrer l'équation, en regardant s comme la seule variable indépendante, ce qui nous conduit à l'équation :

$$z + \frac{p}{\Pi} - \frac{\varepsilon s}{\Pi} \times \frac{1}{r} \frac{d}{dr} \left(r \frac{dv}{dr} \right) = \text{constante.}$$

Or $z + \dfrac{p}{\Pi}$ est la hauteur piézométrique du centre de la section ; elle est indépendante du rayon r des différents anneaux liquides ; la formule de l'écoulement de l'ensemble des anneaux liquides nous montre d'ailleurs que $z + \dfrac{p}{\Pi}$ est une fonction linéaire de s (§ 109). Donc le coefficient de s,

$$\frac{1}{r} \frac{d}{dr} \left(r \frac{dv}{dr} \right)$$

doit se réduire à une constante. La loi qui lie la vitesse v au rayon r s'obtiendra par suite en intégrant l'équation différentielle

$$\frac{1}{r} \frac{d}{dr} \left(r \frac{dv}{dr} \right) = A,$$

A désignant une quantité constante. On en déduit successivement

$$\frac{d}{dr} \left(r \frac{dv}{dr} \right) = Ar$$

$$r \frac{dv}{dr} = \frac{1}{2} Ar^2 + C.$$

$$\frac{dv}{dr} = \frac{1}{2} Ar + \frac{C}{r}.$$

$$v = \frac{1}{4} Ar^2 + C \log r + C'.$$

Pour $r = 0$, c'est-à-dire au centre du tuyau, la vitesse v doit atteindre son maximum, tout en restant finie ; donc $C = 0$, et l'équation finale devient

$$v = \frac{1}{4} Ar^2 + C'$$

Ou bien

$$v = v_1 + \frac{1}{4} A r^2,$$

en appelant v_1 la vitesse du filet central. La constante A est négative; si on remplace $\frac{A}{4}$ par $-B$, B étant un nombre positif, l'équation prend la forme

$$v = v_1 - B r^2,$$

ou bien

$$v_1 - v = B r^2.$$

Dans l'hypothèse de Navier, la courbe *opqa*, qui représente la distribution des vitesses, est donc une parabole ayant pour axe la droite Oθ.

La vitesse moyenne, *u*, est donnée par la formule

$$u = \frac{2 \int_0^R (v_1 - B r^2)\, r dr}{R^2} = \frac{v_1 R^2 - B \frac{R^4}{2}}{R^2} = v_1 - \frac{1}{2} B R^2$$

et la vitesse à la paroi, *w*, par l'équation

$$w = v_1 - B R^2 = u - \frac{1}{2} B R^2.$$

Donc enfin, on a dans cette hypothèse $v_1 + w = 2u$, et la vitesse moyenne est la demi-somme des vitesses extrêmes.

118. Cette question, qui présente un vif intérêt théorique, n'a pas une aussi grande importance au point de vue des applications. Il nous suffit ici de constater que la formule de Prôny renferme une source d'erreurs, résultant de ce qu'on y exprime le frottement à la paroi *en fonction de la vitesse moyenne seule*, tandis que, vraisemblablement, la *vitesse à la paroi*, variable *propre* de la fonction qui mesure le frottement, dépend, non seulement de la vitesse moyenne, mais encore des dimensions de la section. En un mot, l'étude sommaire que nous venons de faire nous conduit à reconnaître qu'il y a lieu de substituer aux coefficients a et b de l'équation

$$\frac{1}{4} DJ = au + bu^2$$

des coefficients variables avec le diamètre de la conduite.

MODIFICATIONS PROPOSÉES A LA FORMULE DE PRONY.

119. Les premiers travaux entrepris pour perfectionner la théorie de Prony eurent pour objet la détermination de valeurs moyennes plus exactes des coefficients constants a et b. Ils sont fondés sur les mêmes expériences. D'Aubuisson, s'attachant plus aux expériences relatives aux gros tuyaux, crut reconnaître que Prony avait adopté une valeur de a un peu trop faible et une valeur de b un peu trop forte, et il proposa les valeurs :

$$a = 0.000\,018\,8 \qquad b = 0.000\,343.$$

120. Eytelwein introduisit dans la détermination des coefficients un perfectionnement de détail; il tint compte de la perte de charge due à la contraction à l'entrée des tuyaux, que Prony avait complétement négligée.

Fig. 82.

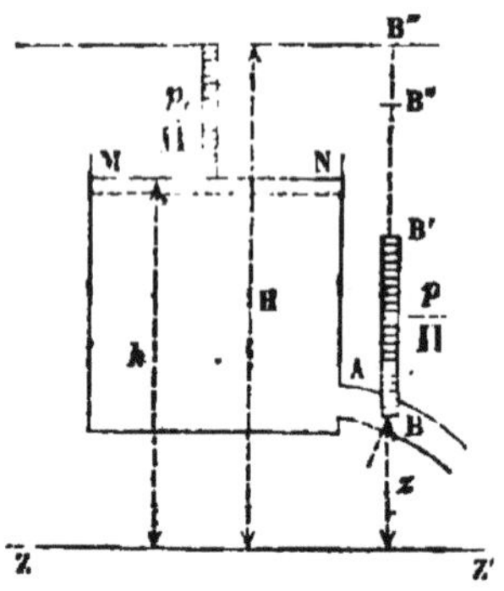

Elle n'est négligeable en réalité que si l'entrée du tuyau présente un évasement parfaitement ménagé.

Supposons que cette précaution n'ait pas été prise. Soit A l'origine du tuyau; un peu au delà de ce point dans la section B, nous trouverons la vitesse u de l'écoulement en appliquant la formule des ajutages cylindriques, savoir :

$$u = 0{,}82 \sqrt{2g \left[h + \frac{p_0}{\Pi} - \left(z + \frac{p}{\Pi} \right) \right]}$$

en appelant $\frac{p}{\Pi}$ la hauteur piézométrique au point B, et z la hauteur du point B au-dessus du plan de comparaison ZZ'. Résolvant par rapport à $h + \frac{P_0}{\Pi}$, on a

$$h + \frac{p_0}{\Pi} = z + \frac{p}{\Pi} + \left(\frac{1}{0,82}\right)^2 \frac{u^2}{2g} = \left(z + \frac{p}{\Pi} + \frac{u^2}{2g}\right) + 0.49\,\frac{u^2}{2g}.$$

La perte de charge B″ B‴ à l'entrée du tuyau est donc égale à $0.49\,\frac{u^2}{2g}$; cette perte de charge doit être déduite de la différence de niveau, $h - h'$, des deux bassins, de sorte qu'au lieu de poser

$$J = \frac{h - h' - \frac{u^2}{2g}}{L}$$ comme nous l'avons fait, il faut prendre

$$J = \frac{h - 1,49\,\frac{u^2}{2g} - h'}{L},$$

et c'est cette valeur de J qui doit entrer dans l'équation $\frac{1}{h}\,DJ = \varphi(u)$.

Cette équation se résoudra par approximations successives. On négligera d'abord le terme $1,49\,\frac{u^2}{2g}$, qui est toujours assez petit ; on aura une valeur de J trop grande, qui conduira à une valeur de u trop grande aussi. Cette valeur de u servira à calculer la correction $-\frac{1.49\,\frac{u^2}{2g}}{L}$ de la valeur de J ; la correction étant trop grande, on aura une seconde valeur de J trop faible, qui conduira à une nouvelle valeur trop faible de u. La vraie valeur de u est donc comprise entre les deux premières valeurs approximatives calculées.

Eytelwein entreprit le calcul des coefficients a et b en tenant compte de la perte de charge $\frac{u^2}{2g} \times 0.49$ dont Prôny ne s'était pas inquiété; et il trouva les valeurs suivantes :

$$a = 0.0000222 \quad b = 0.000280.$$

121. Les formules d'Eytelwein et de d'Aubuisson laissaient subsister la forme de l'équation de Prôny, et ne modifiaient que les coefficients. Dupuit proposa une amélioration plus radicale; il observa que le coefficient a, étant beaucoup plus petit que le coefficient b ($\frac{1}{20}$ suivant Prôny, $\frac{1}{14}$ suivant Eytelwein), le terme au était négligeable devant le terme bu^2, sauf dans le cas où la vitesse u est très petite. Au-dessus de $0^m.10$ de vitesse, on peut s'en tenir au second terme (*), et poser l'équation simplifiée :

$$\tfrac{1}{4}\,\mathrm{DJ} = bu^2.$$

Cette équation peut être résolue par rapport à u :

$$u = \sqrt{\frac{\tfrac{1}{4}\,\mathrm{DJ}}{b}}.$$

Dupuit, en supprimant le terme du 1er degré, modifia légèrement le terme du second degré, et proposa de faire $b = 0.0003855$. Il en résulte l'équation

$$u = 50{,}931 \sqrt{\tfrac{1}{4}\,\mathrm{DJ}}$$

ou, approximativement,

$$u = 51 \sqrt{\tfrac{1}{4}\,\mathrm{DJ}}$$

formule d'un usage extrêmement commode.

(*) Pour les très petites vitesses, par exemple pour l'écoulement par des tubes capillaires, on doit prendre, au contraire, le premier terme au à l'exclusion du second.

122. Enfin, M. Barré de Saint-Venant, reprenant les données expérimentales qui avaient servi à Prôny, chercha à exprimer la fonction $\varphi(u)$, non pas sous forme de polynome entier, mais sous la forme de monome calculable par logarithmes. Il posa donc l'équation

$$\varphi(u) = cu^m,$$

où le coefficient c et l'exposant m sont des nombres à déterminer par expérience. L'emploi des logarithmes réduit encore la recherche de ces nombres au tracé d'une droite qui passe le plus près possible de points donnés (*). De l'équation

$$cu^m = \tfrac{1}{4} DJ$$

on tire en effet, en prenant les logarithmes,

$$\log c + m \log u = \log \left(\tfrac{1}{4} DJ \right)$$

équation d'une droite dont les coordonnées sont les variables $\log \left(\tfrac{1}{4} DJ \right)$ et $\log u$, et dont $\log c$ est l'ordonnée à l'origine et m le coefficient angulaire. La discussion des résultats des expériences, et l'emploi des méthodes analytiques ont conduit M. de Saint-Venant à prendre pour valeurs moyennes des constantes

$$c = 0.0002955$$

et

$$m = \frac{11}{7}.$$

(*) La substitution des logarithmes aux nombres dans la recherche de la fonction a l'avantage de conduire à l'atténuation et à la compensation des *écarts relatifs* ou proportionnels entre les valeurs observées et les valeurs calculées, au lieu des *écarts absolus*. Voir Barré de Saint-Venant, *Formules et tables nouvelles, Annales des mines*, 4ᵉ série, t. XX.)

L'équation du mouvement dans les tuyaux serait donc, d'après M. de Saint-Venant,

$$\frac{1}{4} DJ = 0.0002955 \times u^{\frac{11}{7}}.$$

Elle diffère de l'équation de Dupuit,

$$\frac{1}{4} DJ = 0.0003955 \times u^2,$$

en ce que l'exposant de u et le coefficient sont plus faibles dans la première formule que dans la seconde. La formule de M. de Saint-Venant donne des résultats inférieurs à ceux de la formule de Dupuit, et aussi à ceux d'Eytelwein.

123. Ces formules, sauf la formule de Dupuit : $u = 51 \sqrt{\frac{1}{4} DJ}$, n'ont pas été adoptées dans la pratique, et, jusqu'à l'apparition des travaux de Darcy, les ingénieurs chargés d'un service de distribution d'eau ont employé presque exclusivement la formule de Prony ou la table qui en tient lieu. D'autres tables, plus commodes pour les besoins journaliers, ont été déduites de la table de Prony. L'une a été dressée par M. Mary, à l'époque où il dirigeait le service des eaux de Paris. Elle donne immédiatement la perte de charge par mètre, J, et la vitesse, u, nécessaires pour écouler, par un tuyau de diamètre donné, un certain volume d'eau par seconde. C'est une table à double entrée. M. Mary a admis 15 diamètres différents de tuyaux, depuis 0^m.05 jusqu'à 0^m.60. Il a choisi les diamètres usuels de la distribution dont il avait à s'occuper. Les volumes à écouler, exprimés en mètres cubes par seconde (*), forment la seconde entrée

---

(*) M. Mary a exprimé aussi les volumes en *pouces de fontainier*. Le pouce de fontainier représente un volume liquide de 19^{mc}.195 en 24 heures. C'est le volume écoulé par un orifice d'un pouce de diamètre, sous une charge d'eau de 7 lignes au-dessus de son centre.

de la table. Ils varient de 0,000 022.2 (ou $^1/_{10}^{me}$ de pouce de fontainier) à 0,266 604 (1200 pouces). On entre donc dans la table par le
diamètre D du tuyau et le volume Q à débiter; la table donne immédiatement les deux résultats cherchés, la perte J et la vitesse u.
Elle épargne la série d'opérations suivante :

$$u = \frac{Q}{\frac{\pi}{4} D^2}$$

et

$$J = \frac{au + bu^2}{\frac{1}{4} D}.$$

Des interpolations permettent de passer des résultats inscrits
dans la table aux résultats intermédiaires. Cette table est très commode pour résoudre par voie de tâtonnement le problème de l'établissement d'une distribution d'eau, surtout lorsqu'on doit faire
usage des diamètres inscrits. M. Mary a publié cette table à la suite
de son *Cours de navigation intérieure* à l'école des ponts et
chaussées.

124. L'autre table dont nous voulons parler est celle de M. Fourneyron (*). C'est une table à simple entrée qui donne le produit J²Q
en fonction de la vitesse. On a à la fois les deux équations :

$$Q = \frac{\pi}{4} D^2 u,$$

$$\frac{1}{4} DJ = au + bu^2.$$

Éliminons D; pour cela multiplions la première équation par la
seconde élevée au carré, il viendra, en supprimant le facteur D^2,
commun aux deux membres :

$$J^2 Q = 4\pi u (au + bu^2)^2$$

La table qui donne J²Q en fonction de u est la plus commode

(*) *Comptes rendus de l'Académie des Sciences*, août 1843.

qu'on puisse employer pour déterminer le diamètre d'une conduite dont la dépense, Q, et la perte de charge par mètre, J, sont données. On forme le produit J^2Q; on le cherche dans la table. On trouve en regard la vitesse U, que l'on corrige par une interpolation si cela est nécessaire. Puis on divise la dépense Q par cette vitesse, et on a la section $\frac{\pi}{4}D^2$. Des tables spéciales servent à calculer D.

Supposons par exemple qu'on veuille débiter un volume de

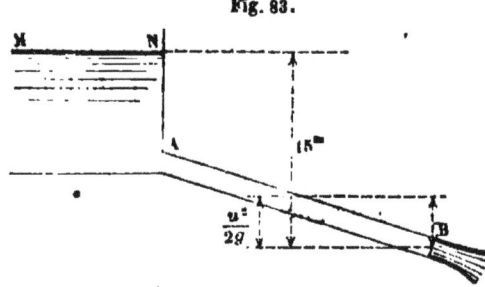
Fig. 83.

40 litres par seconde au moyen d'un tuyau AB, long de 300 mètres. On sait que ce tuyau débouche dans l'air au point B et que le niveau MN est élevé de 15 mètres au-dessus du point B. On demande le diamètre à donner au tuyau.

D'après la formule de Prôny, on aura

$$J = \frac{15^m - \frac{u^2}{2g} \times 1.49}{L} = \frac{15^m - \frac{u^2}{2g} \times 1.49}{300}.$$

Comme u n'est pas encore connu, on prendra, comme première approximation,

$$J = \frac{15,}{300} = \frac{1}{20} = 0.05, \quad Q = 0^{m.c}.040, \quad J^2Q = \frac{0.040}{(20)^2} = \frac{1}{10000} = 0.0001.$$

La table donne pour ce nombre $2^m.29$.

Cette valeur servira à corriger la valeur de J. Il faut, en effet, retrancher de 15 mètres, d'abord $\frac{u^2}{2g}$, pour tenir compte de la hauteur du plan de charge au-dessus de B, puis $0.49\frac{u^2}{2g}$, pour tenir compte de la perte à l'entrée en A. Si l'on fait

$$u = 2.29$$

on a

$$\frac{u^2}{2g} = 0.2676$$

Donc

$$\frac{u^2}{2g} \times 1.49 = 0.3987,$$

$$J = \frac{15 - 0.3987}{300} = 0.0487,$$

$$J^2 = 0.00237169 \quad et \quad J^2 Q = 0.00237169 \times 0.040 = 0.0000948676.$$

La table donne pour ce produit $u = 2.27$ environ. La vraie valeur de u serait très voisine de ce dernier nombre, et il est inutile de recourir à une seconde correction.

On en déduit

$$\frac{\pi}{4} D^2 = \frac{0.040}{2.27} = 0^{mc}.01768.$$

Et l'on trouve dans les tables qui donnent l'aire d'un cercle en fonction de son diamètre que cette surface correspond à un diamètre de $0^m.15$.

CHAPITRE II.

EXPÉRIENCES ET FORMULES DE DARCY.

———

125. La base expérimentale de la théorie de Prôny était peu solide. Les observations de Couplet, de Dubuat, de Bossut portaient les unes sur des tuyaux de trop petit diamètre, les autres sur de vieux tuyaux en fonte encombrés de dépôts. La concordance approximative des résultats obtenus, en vertu de laquelle Prôny a pu les comprendre tous dans une seule et même formule à coefficients constants, paraissait à beaucoup d'ingénieurs l'effet d'une compensation accidentelle entre toutes les causes de divergence, plutôt que la révélation d'une loi positive. Darcy, chargé après Mary du service des eaux de Paris, chargé d'un service analogue à Dijon, sa ville natale, qu'il dota d'une magnifique distribution d'eau, entreprit de lever ces doutes par de nouvelles expériences, où il ferait varier la nature des tuyaux, leur diamètre, les pressions et les vitesses. Il employa, en effet, des tuyaux de fer étiré, de plomb, de fer bitumé, de verre, de fonte neuve et de fonte altérée par les dépôts. Les tuyaux de fer et de fonte avaient 100 mètres et plus de longueur ; ceux de plomb, 50 mètres ; ceux de verre, $44^m,80$. Ils étaient parfaitement calibrés, et leur diamètre était déterminé avec le plus grand soin. Les diamètres étaient très différents d'un tuyau à l'autre. Pour les tuyaux en plomb, Darcy employait les diamètres de 14, 21 et 41 millimètres; pour le fer et la fonte, les diamètres

ont varié de 12 millimètres à 50 centimètres. On déterminait avec soin les débits en recueillant, dans des bassins de jauge, l'eau fournie par le tuyau. Les vitesses observées ont été poussées jusqu'à 6 mètres. La pente de la conduite était soigneusement réglée pour éviter toutes les perturbations dues aux coudes et aux déviations brusques, ou à la présence de l'air provenant d'une pose irrégulière. Enfin, pour la mesure des pressions, Darcy employait de nombreux tubes piézométriques : il en avait un dans le réservoir, à l'entrée du tuyau, un autre dans le tuyau à l'endroit où l'écoulement par filets parallèles est rétabli sur la section entière. D'autres piézomètres étaient implantés sur le tuyau, à des distances égales, de 50 mètres pour les uns, de 25 mètres pour les autres. C'est dans ces conditions que Darcy fit 198 expériences qui lui servirent à déterminer les nouvelles lois de l'écoulement, et à dresser une table qui résume ces lois pour les tuyaux en fonte neuve, l'exemple le plus intéressant dans la pratique.

Nous ne pouvons pas suivre Darcy dans tout le détail de ces expériences, et nous nous bornerons à en faire connaître les résultats principaux.

126. Darcy a vérifié l'indépendance entre le frottement des liquides et la pression mutuelle, et la proportionnalité du frottement à l'aire des surfaces frottantes. Mais il a reconnu que la nature de la paroi avait sur le frottement une influence très notable, entièrement méconnue dans la théorie de Prôny. Par exemple, les conduites en fer bitumé et les tuyaux en verre donnent des produits plus grands d'un tiers que ceux qu'indiquent les formules de Prôny, tandis que les tuyaux en fonte, dès que des dépôts, même infiniment minces, se sont fixés sur leurs parois, ont un débit bien moindre que leur débit originaire, sans qu'il y ait eu cependant réduction appréciable du *rayon moyen apparent* (*). La variation des diamètres, pour une même nature de tuyaux, a permis de constater,

---

(*) Le *rayon moyen apparent* est celui que l'on peut mesurer; c'est le quotient

comme nous l'avions fait pressentir plus haut, que la fonction $\varphi(u)$ décroît quand le diamètre augmente, de sorte que les coefficients a et b de la formule de Prôny, que l'on regardait comme constants, sont des fonctions du diamètre, diminuant quand celui-ci devient plus grand.

Relativement à la forme de l'équation de Prôny, Darcy admit, avec Girard, d'Aubuisson et Dupuit, qu'on pouvait la simplifier par la suppression du terme bu^2, quand les vitesses sont très petites, ou du terme au, quand les vitesses sont supérieures à $0^m.10$.

En définitive, à la formule de Prôny

$$\tfrac{1}{4} DJ = au + bu^2,$$

Darcy a substitué la formule suivante

$$RJ = b_1 u^2,$$

où R est le rayon du tuyau, et b_1, une fonction de R qui décroît quand R augmente, et à laquelle Darcy a donné la forme

$$b_1 = \alpha + \frac{\beta}{R},$$

α et β étant des constantes dépendant de la nature du tuyau. Voici leurs principales valeurs numériques :

Pour le fer étiré et la fonte lisse,

$$\alpha = 0.000507,$$
$$\beta = 0.00000647;$$

Pour la fonte altérée par de légers dépôts,

$$\alpha = 0.001014,$$
$$\beta = 0.000043.$$

$\dfrac{\Omega}{\chi}$. Dans cette fraction, la section Ω peut être évaluée avec une parfaite exactitude.

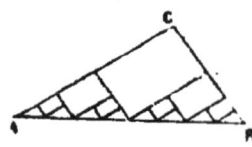

Fig. 84.

Mais le périmètre χ peut varier beaucoup en réalité, par suite des dépôts arrêtés à la surface du tuyau, sans varier le moins du monde en apparence. Par exemple une dent de scie imperceptible à éléments respectivement parallèles aux côtés AC et CB, allant de A en B le long du côté AB, sera comptée pour la droite AB, tandis qu'elle a une longueur effective AC + CB.

On voit que cette substitution revient au fond à introduire le rayon R là où Prôny introduisait la vitesse. Mettons l'équation

$$\frac{1}{4} DJ = au + bu^3$$

ou

$$RJ = 2au + 2bu^2$$

sous la forme

$$\frac{RJ}{u^2} = 2b + \frac{2a}{u} = \alpha' + \frac{\beta'}{u}.$$

La loi formulée par Prôny fait de α' et β' des constantes. La loi de Darcy consiste à poser

$$\frac{RJ}{u^2} = \alpha + \frac{\beta}{R}.$$

127. Cette formule de Darcy ne s'applique qu'aux vitesses supérieures à $0^m.10$. Pour prévoir tous les cas et les englober dans une seule et même équation, Darcy a déterminé les valeurs de quatre constantes α, α_1, β, β_1, entrant dans la formule à deux termes :

$$RJ = \left(\alpha + \frac{\alpha_1}{R^2}\right) u + \left(\beta + \frac{\beta_1}{R}\right) u^2,$$

et il a obtenu, toujours pour les parois lisses :

$$\alpha = 0.000\,064, \qquad \beta = 0.000\,1286,$$
$$\alpha_1 = 0.000\,0000752, \qquad \beta_1 = 0.000\,01294.$$

On trouve dans l'ouvrage de Darcy, pages 119 et 120, une table des valeurs des coefficients $\alpha + \frac{\alpha_1}{R^2}$ et $\beta + \frac{\beta_1}{R}$ pour toutes les valeurs des diamètres de $0^m.01$ à $1^m.00$. Une 3e colonne contient les valeurs qu'il faut attribuer au coefficient de u quand la vitesse est très-petite et que l'on supprime le terme en u^2.

Darcy a réduit la première formule en une table à double entrée (*) ; les arguments de la table sont la vitesse u, variant de

---

(*) *Du mouvement de l'eau dans les tuyaux*, pages 230 et suiv.

$0^m.10$ à $3^m.00$, et le diamètre D, variant de $0^m.01$ à $1^m.00$. La table donne à la fois le débit Q et la perte de charge pour 100 mètres de longueur du tuyau, c'est-à-dire le produit $J \times 100$.

128. On peut encore résoudre l'équation de Darcy par rapport à u :

$$u = \sqrt{\dfrac{RJ}{\alpha + \dfrac{\beta}{R}}} = \sqrt{\dfrac{\frac{1}{4}DJ}{\dfrac{\alpha}{2} + \dfrac{\beta}{D}}}.$$

Le dénominateur est variable puisqu'il contient D ; or, faisons successivement

$$D = 0^m.01, \quad \text{nous trouverons :} \quad \frac{\alpha}{2} + \frac{\beta}{D} = 0.000\,900,$$
$$D = 0^m.50, \quad \dots\dots\dots\dots\dots \quad \dots\dots = 0.000\,266,$$
$$D = 1^m.00, \quad \dots\dots\dots\dots\dots \quad \dots\dots = 0.000\,259.$$

Introduits dans la formule, ces nombres donnent

$$u = 33 \sqrt{\tfrac{1}{4}DJ} \quad \text{pour} \quad D = 0.01,$$
$$u = 63 \sqrt{\tfrac{1}{4}DJ} \quad \dots \quad D = 0.50,$$
$$u = 63 \sqrt{\tfrac{1}{4}DJ} \quad \dots \quad D = 1.00.$$

Le terme en $\dfrac{\beta}{D}$ n'a donc pas d'influence sensible dès que D dépasse une certaine limite, de sorte qu'abstraction faite des petits diamètres, on peut se servir, pour les parois lisses, de l'équation très simple,

$$u = 63 \sqrt{\tfrac{1}{4}DJ},$$

analogue à celle que Dupuit avait adoptée pour les tuyaux depuis longtemps en service.

FORMULES DIVERSES.

129. M. Maurice Lévy, développant l'hypothèse de Navier sur l'action mutuelle de deux filets liquides, et s'aidant des expériences de Darcy, est parvenu aux formules suivantes :

La vitesse moyenne u est égale à la racine carrée de la pente par mètre J, multipliée par un certain coefficient μ, qui dépend du rayon R de la conduite et de la structure de la paroi mouillée.

On a

$$\mu = 20{,}5 \sqrt{R(1 + 3\sqrt{R})} \text{ pour la fonte encombrée de dépôts ;}$$

et

$$\mu = 36.4 \sqrt{R(1 + \sqrt{R})} \text{ pour la fonte neuve,}$$

la vitesse $u = \mu \sqrt{J}$, et la dépense $Q = \mu \pi R^2 \sqrt{J}$.

M. Lévy a dressé une table à simple entrée qui donne en fonction du diamètre les valeurs de la section πR^2, du coefficient μ pour une nature déterminée de paroi, et le produit $\mu \pi R^2$, qui entre dans l'expression de la dépense.

Poiseuille s'est occupé du mouvement de l'eau dans les tubes capillaires. Sa formule

$$Q = KD^4J$$

se ramène à celle de Darcy quand on supprime le terme en u^2, et qu'on néglige la partie constante du coefficient de u. On a, en effet, alors :

$$RJ = \frac{\beta_1}{R} u,$$

et, comme $u = \frac{Q}{\pi R^2}$, il vient $Q = \frac{\pi}{\beta_1} R^4 J$, formule équivalente à $Q = KD^4J$.

La même loi a été adoptée par Hagen.

Weisbach a donné une forme analogue à l'équation du mouvement dans les tuyaux pour le cas général : il pose

$$J = \frac{K}{D} \frac{u^2}{2g}$$

avec

$$K = \alpha + \frac{\beta}{\sqrt{u}},$$

α et β étant des constantes.

CHAPITRE III.

PROBLÈMES USUELS SUR L'ÉCOULEMENT DANS LES TUYAUX.

---

130. Nous nous servirons exclusivement dans les problèmes suivants de la formule monome de Darcy :

$$RJ = b_1 u^2 = \left(\alpha + \frac{\beta}{R} \right) u^2,$$

où R représente le rayon du tuyau ;

J la pente de la ligne de charge par unité de longueur mesurée sur l'axe du tuyau ;

u, la vitesse moyenne dans une section quelconque,

et α et β deux constantes, déterminées par M. Darcy, dans le cas des parois lisses et dans le cas des parois recouvertes de dépôts.

Les principaux problèmes qu'on peut se proposer sur les conduites simples à diamètre constant consistent à déterminer deux des quatre quantités u, J, Q et R en fonction des deux autres. Ces problèmes sont au nombre de six, puisque sur une collection de quatre objets, il y a six manières distinctes d'en prendre deux.

131. 1ᵉʳ PROBLÈME. — On donne le diamètre D du tuyau et la vitesse u de l'écoulement ; on demande de déterminer la pente par mètre et le débit.

La table de Darcy donne immédiatement le résultat cherché.

On cherche dans la table la ligne horizontale qui correspond au diamètre D et la colonne verticale qui correspond à la vitesse u. On trouve à l'intersection de ces deux lignes la valeur de 100 J, et la valeur de Q.

La table est comme on le sait, dressée pour les tuyaux neufs ou à parois lisses.

Pour traiter cette question par le calcul direct, on remarquera que le rayon R est la moitié du diamètre D; connaissant R et u, on aura :

$$Q = \pi R^2 u,$$

et pour avoir J on résoudra l'équation

$$RJ = b_1 u^2,$$

où b_1 doit être remplacé par sa valeur en fonction de R. La table suivante donne les valeurs numériques de b_1 pour différents diamètres : elle est extraite d'une table insérée dans l'ouvrage de Darcy, pages 111 et 112.

DIAMÈTRE.	RAYONS.	VALEURS NUMÉRIQUES CORRESPONDANTES DE b_1.	
		Parois lisses.	Parois recouvertes de dépôts.
m			
0.01	0.005	0.001801	0.003602
0.05	0.025	0.000765	0.001530
0.10	0 05	0.000636	0.001272
0.20	0.10	0.000571	0.001142
0.30	0.15	0.000550	0.001100
0.40	0.20	0.000539	0.001078
0.50	0.25	0.000532	0.001064
1.00	0.50	0.000519	0.001038

132. 2ᵉ PROBLÈME. — On donne la perte de charge par unité de longueur J et la dépense Q. On demande de calculer la vitesse u et le diamètre D.

Entre les deux équations :

$$RJ = \left(\alpha + \frac{\beta}{R} \right) u^2$$

et

$$Q = \pi R^2 u,$$

éliminons u. Pour cela il n'y a qu'à élever la seconde au carré, et à diviser ensuite membre à membre. Il vient :

$$\frac{RJ}{Q^2} = \frac{\alpha + \frac{\beta}{R}}{\pi^2 R^4}.$$

D'où résulte l'équation

$$\frac{\alpha + \frac{\beta}{R}}{\pi^2 R^3} = \frac{J}{Q^2}.$$

Connaissant J et Q, on en déduira le rapport $\frac{J}{Q^2}$; et on sera ramené à résoudre une équation au sixième degré en R :

$$\pi^2 R^4 \frac{J}{Q^2} - \alpha R - \beta = 0.$$

Cette équation a une racine réelle positive, et n'en a qu'une. C'est cette racine qui répond à la question. Pour la trouver, on observera que β est un nombre très petit; on le négligera d'abord, ce qui donne pour R une valeur approximative

$$R = \sqrt[5]{\frac{\alpha Q^2}{\pi^2 J}}.$$

Cette valeur sert à calculer une valeur approchée de $\alpha R + \beta$. D'où résultera une deuxième approximation :

$$R = \sqrt[6]{\frac{(\alpha R + \beta) Q^2}{\pi^2 J}},$$

valeur qu'on pourra encore corriger de la même manière si la variation de R est trop grande.

Connaissant R, on en déduit le diamètre D et la vitesse u par les formules

$$D = 2R, \quad u = \frac{Q}{\pi R^2}.$$

M. Bresse a dressé une table qui facilite la résolution de ce problème. C'est la table III du recueil joint à son cours d'hydraulique.

Elle donne les valeurs du quotient $\frac{J}{Q^2}$ en fonction du diamètre ; elle se rapporte aux valeurs de α et β qui conviennent aux tuyaux dont les parois sont déjà garnies de dépôts. La disposition de la table est la suivante :

DIAMÈTRE.	AIRE.	VALEUR du coefficient $1000 b^2$	$\frac{J}{Q^2}$.	LOGARITHMES de $\frac{J}{Q^2}$.	DIFFÉRENCES premières.	DIFFÉRENCES secondes.

On abrège le calcul en employant les logarithmes. Alors les tables des différences premières et secondes facilitent les interpolations entre les nombres de la table, et permettent de les faire suivant la *loi parabolique*, qui serre de plus près la loi rigoureuse, au lieu d'opérer l'interpolation par parties proportionnelles.

Si l'on donne J et Q, on formera le nombre $\frac{J}{Q^2}$, qu'on cherchera dans la table. On trouvera, en regard, le diamètre demandé, et l'aire correspondante de la section. Il n'y a plus qu'à diviser la dépense par cette aire pour avoir la vitesse. Les diamètres de la table sont compris entre les limites 0m.01 et 1m.20.

133. 3ᵉ PROBLÈME. — On donne la pente J et le diamètre D ; on demande la dépense et la vitesse.

On peut résoudre ce problème de plusieurs manières :

1° Au moyen de la table de Darcy. On cherche dans cette table le diamètre D ; on trouve en regard différentes valeurs de J ; on choisit celle qui se rapproche le plus de la valeur donnée. A côté, dans la même colonne, on trouve la dépense Q correspondante ; en tête de cette colonne, on lit la vitesse u.

2° Au moyen de la table de M. Bresse. On y cherche D ; on trouve la valeur correspondante de $\dfrac{J}{Q^2}$. On connaît J. On en déduit donc la valeur de Q, puis on obtient u par la division $u = \dfrac{Q}{\dfrac{\pi}{4}D^2}$. Le diviseur $\dfrac{\pi}{4}D^2$ est inscrit dans la seconde colonne de la table.

On peut aussi résoudre ce problème sans avoir recours aux tables. Prenant la moitié de D, on a R ; et, par suite, on peut calculer

$$b_1 = \alpha + \frac{\beta}{R}.$$

L'équation

$$RJ = b_1 u^2$$

fait connaître u,

$$u = \sqrt{\frac{RJ}{b_1}} \, ;$$

on a ensuite

$$Q = \pi R^2 \times u.$$

134. 4° Problème. — Connaissant la pente J et la vitesse u, trouver le diamètre D ou le rayon R, et la dépense Q.

De l'équation

$$RJ = b_1 u^2$$

on tire

$$\frac{J}{u^2} = \frac{b_1}{R} = \frac{\alpha + \dfrac{\beta}{R}}{R} \, ;$$

on connaît $\dfrac{J}{u^2}$, et par conséquent R peut être trouvé par la résolution d'une équation du second degré.

Cette équation peut se résoudre par approximations successives. On supprime d'abord le terme en β, ce qui donne

$$R = \frac{\alpha u^2}{J}.$$

On substitue ensuite cette valeur dans le terme supprimé, ce qui donnera une seconde approximation

$$R = \frac{u^2}{J}\left(\alpha + \frac{\beta J}{\alpha u^2}\right) = \frac{\alpha u^2}{J} + \frac{\beta}{\alpha}.$$

La correction $\frac{\beta}{\alpha}$ est constante; elle est de plus très petite, car β est fort petit par rapport à α.

Pour résoudre le même problème à l'aide d'une table, il faudrait en construire une donnant $\frac{J}{u^2}$ en fonction du diamètre D. Cette table a été dressée par Darcy (*); elle donne pour toutes les valeurs de D, de centimètre en centimètre, les valeurs de b_1, de $\frac{b_1}{R}$ et de $\sqrt{\frac{R}{b_1}}$. La colonne (4) contient les valeurs de $\frac{b_1}{R}$ ou de $\frac{J}{u^2}$. La colonne (5) donnant $\sqrt{\frac{R}{b_1}}$, abrège le calcul des vitesses par la formule

$$u = \sqrt{\frac{R}{b_1}}\sqrt{J}.$$

135. 5e PROBLÈME. — On donne le diamètre D et la dépense Q; on demande de déterminer la vitesse u et la pente J.

On trouve en regard du diamètre D, dans la table de Darcy, une dépense Q égale à la dépense donnée. A côté, on lit la pente J correspondante, pour 100 mètres de conduite; divisant par 100, on aura

---

(*) *Du mouvement de l'eau dans les tuyaux*, page 111.

J pour 1 mètre. La vitesse u est inscrite en tête de la double colonne J et Q.

On peut aussi calculer u au moyen de la formule

$$u = \frac{Q}{\frac{\pi}{4} D^2}.$$

On est alors ramené au premier problème pour la détermination de J.

136. 6° ET DERNIER PROBLÈME. — On donne la vitesse u et la dépense Q. On demande la pente J et le diamètre D.

On divisera Q par u; on aura πD^2. Les tables de cercle donneront D. Connaissant D et u, on est ramené au premier problème pour la détermination de J.

137. Ces problèmes peuvent aussi se résoudre très simplement au moyen d'un tableau graphique donnant à la fois le diamètre D et la dépense Q en fonction de J et de U.

Prenons sur un axe horizontal des abscisses proportionnelles aux valeurs successives de la pente par mètre J; sur un axe vertical, portons des longueurs proportionnelles aux vitesses u. Chaque point du plan des deux axes correspondra donc à des valeurs définies des quantités J et u; or, entre ces deux éléments, on a la relation

$$RJ = b_1 u^2,$$

dans laquelle b_1 est une fonction, $\alpha + \dfrac{\beta}{R}$, du rayon R du tuyau. Si donc on attribue au paramètre R des valeurs successives, on pourra représenter par une série de paraboles tracées sur le plan des deux axes, la relation qui lie entre elles les variables J et u pour toute détermination du rayon ou du diamètre du tuyau. Chaque détermination pourra être inscrite le long de la courbe correspondante.

En chaque point du plan, le diamètre du tuyau, la pente J et la vitesse u se trouvent ainsi déterminés; donc la dépense Q l'est aussi;

et, par suite, sur le même tableau, on pourra tracer les courbes d'égal débit.

Au lieu de construire les courbes avec les coordonnées J et u, on peut construire des lignes ayant pour coordonnées les logarithmes de ces variables; on obtient alors des lignes droites parallèles au lieu de paraboles, et l'épure est plus facile à construire. On peut d'ailleurs inscrire le long des axes les valeurs mêmes de J et u, au lieu des valeurs de leurs logarithmes; l'épure construite avec des droites se prête à la même lecture que l'épure construite avec des paraboles; seulement, la graduation des axes est modifiée (*).

138. M. Jean Gay, professeur à l'Université de Lausanne, a mis sous une forme très commode la table de Darcy.

Des équations

$$RJ = \left(\alpha + \frac{\beta}{R} \right) u^2,$$

$$Q = \pi R^2 u,$$

on déduit, en éliminant u,

$$Q = \frac{\pi R^2}{\sqrt{\alpha R + \beta}} \sqrt{J},$$

Ce qu'on peut écrire $Q = K \sqrt{J}$, K étant un coefficient qui ne dépend que du rayon R de la conduite. La table de M. Gay donne le logarithme de K en fonction de R pour les tuyaux à paroi lisse et pour les tuyaux à parois recouvertes de dépôts. Comme on passe simplement d'une hypothèse à l'autre en doublant les coefficients α et β, les logarithmes des facteurs K correspondants à ces deux hypothèses diffèrent, pour une même valeur du rayon R, d'une quantité con-

---

(*) Voir sur ce sujet un *Mémoire sur les tables graphiques et sur la géométrie anamorphique*, par M. Léon Lalanne, *Annales des ponts et chaussées*, 1846. — M. Lalanne a réduit en tableau graphique la formule de Prony; ce tableau est inséré dans le supplément ajouté par M. Cousinery aux *Tables de Gewieys*. — Comme on peut disposer de l'angle des axes coordonnés, et des échelles des ordonnées et des abscisses, on peut rendre horizontales les droites correspondantes aux divers diamètres. — Les lignes d'égal débit sont sensiblement droites dans le tableau I qu'on trouvera à la fin de ce volume.

stante, et par suite la série de leurs valeurs successives auront des différences communes.

L'aire de la section Ω est aussi une fonction de R, qu'on peut écrire dans la table. La table donne, en outre, le logarithme de Ω.

Si l'on donne J, on pourra donc calculer, à l'aide des logarithmes, le produit $K\sqrt{J} = Q$, puis déduire la vitesse u de l'équation $Q = \Omega u$.

Voici la table de M. Gay :

| R Rayon de la conduite. | LOG. K. | | | Ω Aire de la section. | LOG. Ω |
	Conduites neuves.	Différences.	Conduites anciennes.		
m.				m. c.	
0.010	$\bar{1}$,96605		$\bar{1}$,81553	0,000314	$\bar{4}$,49715
0.015	0,45120	0,48515	0,30068	0,000707	$\bar{4}$,84933
0.020	0,79006	0,33886	0,63954	0,001257	$\bar{3}$,09921
0.025	4,04994	0,25988	0,89943	0,001963	$\bar{3}$,29303
0,0"0	1,26048	0,21054	1,10997	0,002827	$\bar{3}$,46159
0,035	1,43731	0,17683	1,28680	0,003818	$\bar{3}$,58529
0,040	1,58967	0,15236	1,43916	0,005027	$\bar{3}$,70127
0,045	1,72346	0,13379	1,57295	0,006362	$\bar{3}$,80357
0,050	1,84271	0,11925	1,69220	0,007854	$\bar{3}$,89509
0,055	1,95024	0,10753	1,79973	0,009503	$\bar{3}$,97788
0,060	2,04815	0,09791	1,89764	0,011310	2,05315
0,065	2,13800	0,08985	1,98749	0,013273	2,12298
0,070	2,22103	0,08303	2,07051	0,015894	2,18735
0,075	2,29818	0,07715	2,14766	0,017671	2,24727
0,080	2,37023	0,07205	2,21971	0,020106	2,30333
0,085	2,43782	0,06759	2,28730	0,022698	2,35599
0,090	2,50146	0,06364	2,35094	0,025447	2,40563
0,095	2,56159	0,06013	2,41107	0,028353	2,45260
0,10	2,61857	0,05698	2,46805	0,031416	2,49715
0,11	2,72429	0,10572	2,57378	0,038013	2,57994
0,12	2,82065	0,09636	2,67014	0,045239	2,65551
0,13	2,90917	0,08852	2,75866	0,053093	2,72591
0,14	2,99102	0,08185	2,84051	0,061575	2,78941
0,15	3,06714	0,07612	2,91663	0,070686	2,84933
0,16	3,13828	0,07114	2,98777	0,080425	2,90539
0,17	3,20504	0,06676	3,05453	0,090792	2,95805

R Rayon de la conduite.	LOG. K. Conduites neuves.	Différences.	LOG. K. Conduites anciennes.	Ω Aire de la section.	LOG. Ω
m.				m. c.	
0,17	3,20504		3,05453	0,090792	$\bar{2}$,95805
		0,06291			
0,18	3,26795		3,11744	0,101788	$\bar{1}$,00769
		0,05946			
0,19	3,32741		3,17690	0,113411	$\bar{1}$,05466
		0,05638			
0,20	3,38379		2,23328	0,12566	$\bar{1}$,09921
		0,05359			
0,21	3,43738		3,28687	0,13854	$\bar{1}$,14159
		0,05108			
0,22	3,48846		3,33795	0,15205	$\bar{1}$,18200
		0,04878			
0,23	3,53724		3,38673	0,16619	$\bar{1}$,22061
		0,04668			
0,24	3,58392		3,43341	0,18096	$\bar{1}$,25757
		0,04477			
0,25	3,62869		3,47817	0,19635	$\bar{1}$,29303
		0,04298			
0,26	3,67167		3,52116	0,21237	$\bar{1}$,32710
		0,04136			
0,27	3,71303		3,56252	0,22902	$\bar{1}$,35968
		0,03983			
0,28	3,75286		3,60235	0.24630	$\bar{1}$,39147
		0,03843			
0,29	3,79129		3,64078	0,26421	$\bar{1}$,42195
		0,03711			
0,30	3,82840		3,67789	0,28274	$\bar{1}$,45139
		0,03589			
0,31	3,86429		3,71378	0,30191	$\bar{1}$,47987
		0,03474			
0,32	3,89903		3,74852	0,32170	$\bar{1}$,50745
		0,03366			
0,33	3,93269		3,78218	0.34212	$\bar{1}$,53418
		0,03265			
0,34	3,96534		3,31483	0,36317	$\bar{1}$,56011
		0,03170			
0,35	3,99704		3,84652	0,38484	$\bar{1}$,58529
		0,03084			
0,36	4,02784		3,87732	0,10715	$\bar{1}$,60975
		0,02995			
0,37	4,05779		3,90727	0,43008	$\bar{1}$,63355
		0,02914			
0,38	4,08693		3,93641	0,45365	$\bar{1}$,65672
		0,02839			
0,39	4,11532		3,96480	0,47784	$\bar{1}$,67928
		0,02766			
0,40	4,14298		3,99246	0,50266	$\bar{1}$,70127
		0,05329			
0,42	4,19627		4,04575	0,55418	$\bar{1}$,74365
		0,05080			
0,44	4,24707		4,09655	0,60821	$\bar{1}$,78406
		0,04853			
0,46	4,29560		4,14508	0,66176	$\bar{1}$,82267
		0,04645			
0,48	4,34206		4,19153	0,72382	$\bar{1}$,85763
		0,04455			
0,50	4,38660		4,23608	0,78640	$\bar{1}$,89509

CHAPITRE IV.

DU MOUVEMENT DE L'EAU DANS LES CONDUITES
A DIAMÈTRE VARIABLE.

———

139. Nous examinerons successivement dans ce chapitre le cas où le diamètre varie brusquement, et le cas où les variations du diamètre sont graduelles. Le premier cas est le plus important dans la pratique.

CHANGEMENTS BRUSQUES. — ÉVALUATION DES PERTES DE CHARGE. — 1° Soit AB un tuyau dont le diamètre D est donné et où l'eau s'é-coule par filets parallèles avec une vitesse u.

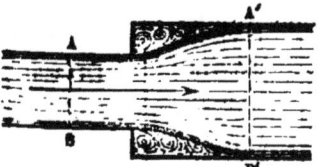

Fig. 85.

Le tuyau A'B', qui a un diamètre D, plus grand que D, fait suite au tuyau AB; en une section A'B', l'écoulement par filets parallèles est rétabli, et se fait avec une vitesse moyenne u'. On a entre les vitesses u et u' la relation

$$u \times \frac{\pi}{4} D^2 = u' \times \frac{\pi}{4} D'^2.$$

Nous savons qu'entre les sections AB et A'B' il y a une perte de charge mesurée par la hauteur due à la vitesse relative $u - u'$; le plan de charge s'abaisse donc, en passant du point A au point A', d'une quantité égale à

$$\frac{(u - u')^2}{2g}.$$

S'il y a des changements de section dans une conduite, et si l'eau passe d'une moindre section dans une plus grande, il faudra donc, pour calculer J avec exactitude, retrancher de la différence de niveau, $h - h'$, entre le bassin d'amont et le bassin d'aval, les quantités $\frac{(u - u')^2}{2g}$ correspondantes à tous ces changements brusques, qui diminuent d'autant la charge.

C'est cette règle que nous avons suivie quand nous avons retranché de $h - h'$ la hauteur $\frac{u^2}{2g}$, pour tenir compte de l'affluence de la veine liquide dans l'eau tranquille du bassin d'aval.

2° Supposons que le plus petit tuyau fasse suite au grand; nous trouvons alors en AB un écoulement par filets parallèles avec une vitesse u; à l'entrée du petit tuyau, une section contractée A″B″, suivie d'un changement brusque de vitesse, qui ramène la veine à la section A′B′ du second tuyau; par suite, entre les points A″ et A′, nous constatons une perte de charge. En d'autres termes, l'entrée du tuyau de moindre diamètre présente le phénomène de l'ajutage cylindrique.

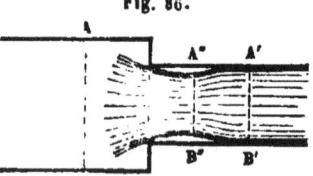

Fig. 86.

Si donc u' est la vitesse dans le second tuyau, vitesse liée à la vitesse u par l'équation

$$\Omega u = \omega u',$$

Ω et ω étant les sections de chaque tuyau, la perte de charge due au rétrécissement sera égale à

$$0,49 \frac{u'^2}{2g}.$$

On calculerait d'une manière analogue la perte de charge due au passage de la veine à travers un orifice

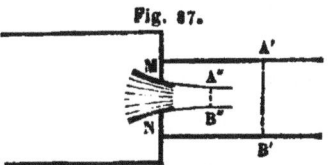

Fig. 87.

en mince paroi ouvert dans un diaphragme. séparant un tuyau d'un autre tuyau qui fait suite au premier(*); on admet que la contraction à l'intérieur de ce tuyau est égale à la contraction dans l'air. A étant l'aire de l'orifice, ω la section du tuyau A'B', il y a une perte de charge entre la section contractée A''B'' et la section A'B'; or, la section A''B'' est égale à mA, m désignant le coefficient de contraction; u' étant la vitesse en A'B', la vitesse en A''B'' est égale à $\frac{\omega u'}{mA}$; et par suite la perte de charge a pour valeur

$$\frac{u'^2}{2g} \cdot \left(\frac{\omega}{mA} - 1\right)^2.$$

On fera dans cette expression $m = 0.62$ en moyenne. Cette valeur est entièrement arbitraire et aurait besoin d'être contrôlée par l'expérience.

140. Il resterait à apprécier les pertes de charge dues aux coudes de la conduite. En l'absence de théorie satisfaisante à ce sujet, on pourrait se servir des résultats empiriques donnés par Dubuat, et que Navier a exprimés par une formule:

Si l'on désigne par r le rayon de courbure de l'axe du tuyau, par c la longueur développée de l'arc qu'il dessine, par u la vitesse moyenne, et par ζ la perte de charge due au coude, la formule de Navier est la suivante :

$$\zeta = \frac{u^2}{2g}(0,0039 + 0,0186\,r) \times \frac{c}{r^2}.$$

Mais cette formule mérite d'autant moins de confiance, qu'elle ne fait pas entrer en compte le diamètre de la conduite; le mieux est

(*) C'est ce qui a lieu, par exemple, lorsqu'on introduit dans la conduite un *robinet-vanne*, pour en régler à volonté le débit.

d'éviter dans les conduites les coudes trop brusques, de manière à n'avoir pas de perte de charge sensible causée par la déviation des filets. Autrefois, on admettait comme règle qu'il en est ainsi quand le rayon de courbure de la ligne d'axe est au moins égal à dix fois le diamètre du tuyau; mais cette règle conduirait à des rayons de courbure inadmissibles avec les gros tuyaux dont on fait maintenant usage. Les rayons de 2 mètres pour les coudes d'une conduite sont aujourd'hui considérés comme assez grands pour qu'on puisse négliger la perte de charge correspondante (*).

141. En résumé, au lieu de prendre pour la quantité J, le quotient obtenu en divisant la différence, de niveau des deux réservoirs, $h - h'$, par la longueur L de la conduite, on doit diminuer la différence $h - h'$ de toutes les pertes de charge dues aux changements brusques de section, savoir :

1° De $0.49 \dfrac{u^2}{2g}$ à tous les points où le diamètre de la conduite

---

(*) Une conduite dans laquelle l'eau coule tend à être entraînée dans le sens du mouvement par le frottement des filets liquides. Le frottement développé étant égal à $\chi ds f'(u)$ ou à $\Pi \chi ds \varphi(u)$ pour une longueur ds, il est nécessaire que les attaches du tuyau soient capables de résister à un effort de $\Pi \chi \varphi(u)$ kilogrammes par mètre courant de conduite.

En outre, dans les coudes, le mouvement curviligne des filets liquides produit une poussée latérale qui tend à reporter la conduite vers l'extérieur du cercle qu'elle dessine. Considérons un élément ds pris sur l'axe de la conduite; soit ρ le rayon de courbure de cet arc; la masse d'une tranche liquide comprise entre deux sections transversales distantes en moyenne de ds sera $\dfrac{\Pi \Omega ds}{g}$, et la force centrifuge sera

$$\frac{\Pi \Omega ds}{g} \times \frac{u^2}{\rho};$$

rapportée à l'unité de longueur, la force centrifuge est donc égale à $\dfrac{\Pi \Omega u^2}{g \rho}$.

La résultante de toutes les forces centrifuges appliquées à la courbe entière est égale au produit de cette force par la corde; et la corde divisée par ρ donne 2 fois le sinus de la moitié de l'angle au centre. Appelant α cet angle, on aura donc pour la résultante F, qu'il faut équilibrer par les attaches du tuyau,

$$F = 2 \frac{\Pi \Omega u^2}{g} \times \sin \frac{\alpha}{2} = \frac{2 \Pi \Omega}{g} \times u \sin \frac{\alpha}{2}.$$

diminue, la vitesse u étant prise dans le tuyau du plus petit diamètre. Cette règle s'applique notamment à l'entrée de la conduite, sauf le cas où elle serait évasée suivant la forme naturelle de la veine contractée;

2° De $\dfrac{(u-u')^2}{2g}$ à tous les points où le diamètre de la conduite augmente brusquement : u et u' étant les vitesses moyennes avant et après ce changement de section. Cette règle s'applique notamment au point où le tuyau aboutit au réservoir inférieur; la vitesse de l'eau s'y perd rapidement en agitations, et la perte de charge correspondante est $\dfrac{u'^2}{2g}$, u étant la vitesse dans le tuyau;

3° De $\dfrac{u^2}{2g}\left(\dfrac{\omega}{m\mathrm{A}}-1\right)^2$ à tous les points où l'écoulement se fait à travers un orifice percé dans un diaphragme; A est la section de cet orifice, ω celle du tuyau qui y fait suite, u la vitesse correspondante à la section ω, et m le coefficient de contraction, qu'on prend égal à 0.62.

La figure suivante résume ces divers cas particuliers :

Fig. 88.

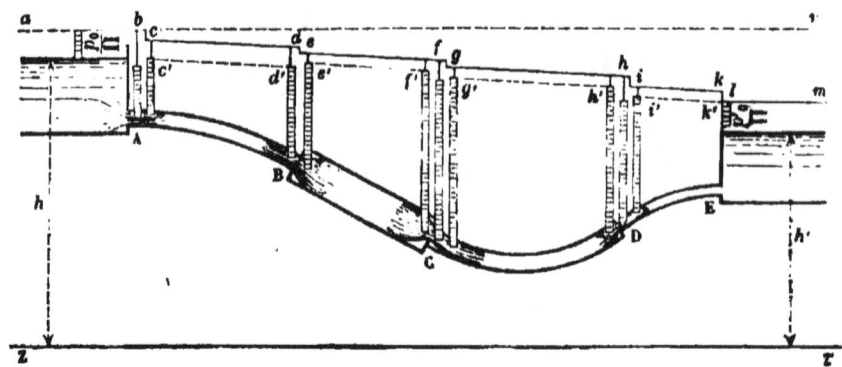

	Tuyau AB.	Tuyau BC.	Tuyau CD.	Tuyau DE.
Diamètre.	D	D'	D''	D'''
Section.	Ω	Ω'	Ω''	Ω'''
Vitesse.	u	u'	u''	u'''
Longueur.	L	L'	L''	L'''
Périmètre de la section. .	χ	χ'	χ''	χ'''

abn, plan de charge du réservoir d'amont, à l'altitude $H = h + \dfrac{p_0}{\Pi}$.

lm, plan de charge du réservoir d'aval.

$abcdefghijklm$, ligne de charge.

$c'd'$, $e'f'$, $g'h'$, $i'k'$, lignes des niveaux piézométriques pour chaque tuyau.

$bc = 0.49 \dfrac{u^2}{2g}$, perte de charge à l'entrée A du tuyau AB.

$de = \dfrac{(u - u')^2}{2g}$, perte de charge en B, due au passage du liquide du tuyau AB dans le tuyau de plus grande section, BC.

$fg = \dfrac{u''^2}{2g}\left(\dfrac{\Omega''}{mA} - 1\right)^2$, perte de charge en C. A, aire de l'orifice ouvert dans un diaphragme.

$hi = 0.49 \dfrac{u'''^2}{2g}$, perte de charge en D, due au passage du liquide du tuyau CD dans le tuyau de plus petite section, DE.

$kl = \dfrac{u'''^2}{2g}$, perte de charge en E, à l'entrée du réservoir d'aval.

ZZ', plan horizontal de comparaison.

Les vitesses u, u', u'', u''' sont liées entre elles par les relations

$$u\Omega = u'\Omega' = u''\Omega'' = u'''\Omega''',$$

qui permettent d'exprimer u', u'', u''' en fonction de u. Pour déterminer cette inconnue, on exprimera que la différence $\left(h' + \dfrac{p_0}{\Pi}\right) - \left(h + \dfrac{p_0}{\Pi}\right)$, ou $h - h'$, est la somme de toutes les pertes de charge, dues les unes aux changements brusques de section, les autres au frottement des conduites. On aura donc l'équation

$$h - h' = 0.49\,\frac{u^2}{2g} + \frac{L\chi}{\Omega}\,\varphi(u) + \frac{(u - u')^2}{2g} + \frac{L'\chi'}{\Omega'}\,\varphi(u') + \frac{u''^2}{2g}\left(\frac{\Omega''}{mA} - 1\right)^2$$
$$+ \frac{L''\chi''}{\Omega''}\,\varphi(u'') + 0.49\,\frac{u'''^2}{2g} + \frac{L'''\chi'''}{\Omega'''}\,\varphi(u''') + \frac{u'''^2}{2g}.$$

On emploiera la formule de Darcy $\varphi(u) = \dfrac{1}{2}\left(\alpha + \dfrac{\beta}{R}\right)u^2$, et on remplacera u', u'', u''' par leurs valeurs en fonction de u. On sera ramené par là à une équation donnant $\dfrac{u^2}{2g}$, et par suite u.

La figure indique les hauteurs piézométriques aux divers points de la conduite.

142. Pour vérifier par expérience ces variations de hauteur, on peut se servir de l'appareil imaginé par Bélanger, et appelé *piézomètre diffé- rentiel*. Les hauteurs piézométriques peuvent être très grandes, mais leurs différences pour deux points voisins sont toujours assez faibles, et ce sont les différences qu'il importe surtout d'évaluer pour contrôler les résultats de la théorie. On obtient cette différence en réunissant en un seul les deux tubes implantés dans la conduite, l'un au point A, l'autre au point B. On les fait aboutir en C et D à

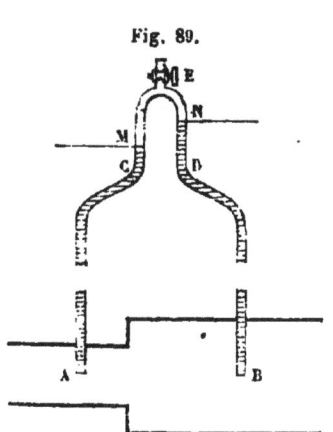

Fig. 89.

un même tube recourbé, en verre, CED, au sommet duquel on a pratiqué une ouverture E, munie d'un robinet. L'eau monte dans le piézomètre et comprime l'air qui y est contenu. On ouvre avec précaution le robinet E pour faire écouler une partie de cet air, jusqu'à ce que l'eau arrive dans les deux branches du tube en verre ; elle s'arrête en M dans la branche AC, en N dans la branche BD. La différence de niveau entre M et N mesure en colonne liquide la différence des pressions cherchées. Car la pression en B est mesurée par la hauteur du plan N au-dessus de B, augmentée de la hauteur représentative de la pression de l'air qui est resté dans le tube. De même la pression en A est mesurée par la hauteur de M au-dessus de A, augmentée de la même colonne. La différence des pressions est donc égale à la différence des niveaux M et N, qu'on lit sur l'échelle de l'instrument.

RÈGLE DE DUPUIT.

143. Dans l'équation précédemment obtenue, on peut remarquer que, si les longueurs L, L',..., sont suffisamment grandes, et si au contraire les variations des diamètres des tuyaux sont assez restreintes, les termes afférents au frottement formeront la portion principale du second membre, et les autres termes pourront être négligés, au moins à titre provisoire. Admettons aussi que les diamètres de tous les tuyaux soient assez grands pour que le coefficient b_1 soit sensiblement le même pour tous (§ 128) ; on aura approximativement (*)

$$h - h' = \frac{L\chi}{\Omega}\frac{1}{2}b_1 u^2 + \frac{L'\chi'}{\Omega'}\frac{1}{2}b_1 u'^2 + \frac{L''\chi''}{\Omega''}\frac{1}{2}b_1 u''^2 + \frac{L'''\chi'''}{\Omega'''}\frac{1}{2}b_1 u'''^2,$$

et, remplaçant u', u'', u''', par leurs valeurs,

$$\frac{u\Omega}{\Omega'}, \quad \frac{u\Omega}{\Omega''}, \quad \frac{u\Omega}{\Omega'''},$$

(*) Nous mettons la formule de Darcy sous la forme $\frac{1}{2}RJ = \frac{1}{2}b_1 u_1$, pour la rendre comparable à la formule théorique de Prony : $\frac{1}{4}DJ = \varphi(u)$; on en déduit $\varphi(u) = \frac{1}{2}b_1 u^2$.

il viendra

$$h - h' = \frac{1}{2} b_1 u^2 \left(\frac{L\chi}{\Omega} + \frac{L'\chi'}{\Omega'} \times \frac{\Omega^2}{\Omega'^2} + \frac{L''\chi''}{\Omega''} \cdot \frac{\Omega^2}{\Omega''^2} + \frac{L'''\chi'''}{\Omega'''} \cdot \frac{\Omega^2}{\Omega'''^2} \right)$$

$$= \frac{1}{2} b_1 u^2 \left(\frac{4L}{D} + \frac{4L' \times D^4}{D'^5} + \frac{4L''D^4}{D''^5} + \frac{4L'''D^4}{D'''^5} \right)$$

$$= \frac{2L}{D} b_1 u^2 \left(1 + \frac{L'}{L} \times \frac{D^5}{D'^5} + \frac{L''}{L} \times \frac{D^5}{D''^5} + \frac{L'''}{L} \times \frac{D^5}{D'''^5} \right),$$

c'est-à-dire que la conduite à diamètres variables se comporte comme une conduite qui aurait le diamètre constant D, et dont la longueur totale serait égale à

$$L \times \left[1 + \frac{L'}{L} \times \left(\frac{D'}{D} \right)^5 + \frac{L''}{L} + \left(\frac{D}{D''} \right)^5 + \frac{L'''}{L} \times \left(\frac{D}{D'''} \right)^5 \right].$$

Donc enfin la longueur L' du tuyau de diamètre D' *équivaut* à une longueur $L' \left(\frac{D}{D'} \right)^5$ avec un diamètre D ; la longueur L'' de diamètre D'' équivaut à la longueur $L'' \left(\frac{D}{D''} \right)^5$, et ainsi de suite.

On peut encore poser l'équation

$$h - h' = 2 b_1 u^2 D^4 \left(\frac{L}{D^5} + \frac{L'}{D'^5} + \frac{L''}{D''^5} + \frac{L'''}{D'''^5} \right) = 2 b_1 u^2 D^4 \sum \frac{L}{D^5},$$

D étant, en dehors du signe Σ, le diamètre commun auquel on réduit fictivement toute la conduite, et la somme Σ s'étendant à toute la longueur des tuyaux qui la composent.

Cette loi d'équivalence, posée pour la première fois par Dupuit (*), abrège beaucoup le calcul du débit d'une conduite à diamètres variables. On corrige ensuite ce premier calcul, si l'on veut parvenir à une entière exactitude, par l'introduction des pertes de charge qu'on avait d'abord négligées.

Cette règle est un cas particulier de la théorie de la similitude de l'écoulement dans les tuyaux.

(*) *Traité de la conduite et de la distribution des eaux*, 2ᵉ édition, chap. VII, p. 158.

CONDITIONS DE LA SIMILITUDE DE L'ÉCOULEMENT DANS LES TUYAUX.

144. Considérons un tuyau de diamètre constant, et soient

L sa longueur ;

R son rayon ;

H et h les cotes de niveau du réservoir qui l'alimente en amont, et
du réservoir qu'il alimente en aval ;

u la vitesse moyenne de l'eau ;

Q le débit par unité de temps.

Si l'on fait abstraction des pertes de charges dues au phénomène
de l'ajutage, et à l'entrée du liquide dans le réservoir d'aval, la vitesse et le débit s'obtiendront par les équations suivantes, d'après la
théorie de Darcy :

$$(1) \qquad J = \frac{H - h}{L},$$

$$b = \alpha + \frac{\beta}{R},$$

α et β étant des coefficients constants pour une même nature de
paroi ;

$$RJ = b u^2,$$

$$Q = \pi R^2 u.$$

Considérons un second tuyau, de même nature que le premier, et
pour lequel nous aurons les mêmes équations avec des accents sur
toutes les lettres, sauf α, β et π ; comparons les quantités L',
R', etc., qui correspondent au second tuyau, aux quantités analogues
qui correspondent au premier. Soient

λ le rapport des longueurs $\dfrac{L'}{L}$;

ρ le rapport des rayons $\dfrac{R'}{R}$;

γ le rapport des cotes de niveau, $\dfrac{H'}{H}$ ou $\dfrac{h'}{h}$;

ε le rapport des vitesses $\dfrac{u'}{u}$;

φ le rapport des pentes par mètre $\dfrac{J'}{J}$;

θ le rapport des débits $\dfrac{Q'}{Q}$;

ω le rapport.des coefficients $\dfrac{b'}{b}$.

On pourra remplacer, dans les équations relatives au second tuyau, L′ par λL, R′ par ρR, H′ par γH, h' par γh, u' par εu, J′ par φJ, Q par θQ, et b' par ωb. Il viendra

$$(2)\quad\begin{cases}\varphi J = \dfrac{\gamma(H-h)}{\lambda L},\\[2mm]\omega b = a + \dfrac{R}{R\rho},\\[2mm]\rho R \times \varphi J = \omega b \times \varepsilon^2 u^2,\\[2mm]\theta Q = \pi\rho^2 R^2 \varepsilon u.\end{cases}$$

Comparant le groupe (2) au groupe (1), on en déduit

$$\varphi = \frac{\gamma}{\lambda},$$
$$\rho\varphi = \omega\varepsilon^2,$$
$$\omega\left(\alpha + \frac{\beta}{R}\right) = \alpha + \frac{\beta}{\rho R},$$
$$\theta = \rho^2\varepsilon.$$

Si donc on donne les rapports λ, ρ et γ, ces quatre équations font connaître φ, ω, ε et θ, et l'on pourra ainsi passer, par de simples multiplications, du premier tuyau au second sans refaire les calculs. On a

$$\varphi = \frac{\gamma}{\lambda},$$
$$\omega = \frac{\alpha + \dfrac{\beta}{\rho R}}{\alpha + \dfrac{\beta}{R}},$$
$$\varepsilon = \sqrt{\frac{\rho\varphi}{\omega}} = \sqrt{\frac{\rho\gamma}{\omega\lambda}},$$
$$\theta = \rho^2\sqrt{\frac{\rho\gamma}{\omega\lambda}} = \sqrt{\frac{\rho^5\gamma}{\omega\lambda}}.$$

Le coefficient ω est toujours.compris entre l'unité et $\dfrac{1}{\rho}$; en effet, on a identiquement

$$\frac{\frac{\beta}{\rho R}}{\frac{\beta}{R}} = \frac{1}{\rho},$$

et, si l'on ajoute aux deux termes de la fraction $\frac{\frac{\beta}{\rho R}}{\frac{\beta}{R}}$ un même nombre

positif α, la fraction se rapproche de l'unité. Donc ω est toujours compris entre l'unité et $\frac{1}{\rho}$, et, si ρ est lui-même peu différent de 1, on peut faire également $\omega = 1$. Cela vient à regarder comme constant le coefficient b_1 de la formule de Darcy. Or on sait qu'il en est ainsi pour des valeurs du diamètre supérieures à $0^m,30$ ou $0^m,40$.

Supposons donc que ω soit égal à 1. Il viendra

$$\varepsilon = \sqrt{\frac{\rho \gamma}{\lambda}} \quad \text{et} \quad \theta = \sqrt{\frac{\rho^5 \gamma}{\lambda}}.$$

Ces formules donnent lieu aux remarques suivantes :

1° Si l'on veut que les rapports obtenus par la comparaison que l'on vient de faire, ne soient pas altérés quand on introduira dans un calcul plus exact les pertes de charges accessoires, qui sont homogènes à $\frac{u^2}{2g}$, il faut que ces pertes de charges soient multipliées par γ comme les autres hauteurs, et par suite qu'on ait $\varepsilon^2 = \gamma$. On en déduit $\rho = \lambda$. La condition est donc remplie si le diamètre du tuyau est amplifié dans le même rapport que sa longueur, ce qui assure aux deux tuyaux une sorte de similitude géométrique.

2° Supposons que les cotes de hauteur soient les mêmes pour les deux tuyaux. On aura $\gamma = 1$. Pour que les débits soient aussi les mêmes, il faudra que $\theta = 1$, ou que $\rho^5 = \lambda$, c'est-à-dire que

$$\frac{R'^5}{R^5} = \frac{L'}{L},$$

ou enfin que la fonction $\frac{L}{R^5}$ soit la même dans les deux conduites.

On retrouve ainsi la *loi d'équivalence* posée par Dupuit. Elle est incompatible, sauf le cas évident de $\rho = \lambda = 1$, avec la condition $\rho = \lambda$.

3° Les différences $p - p_0$ entre la pression en un point de la conduite et la pression atmosphérique, se mesurant par une hauteur sur l'épure, seront multipliées par le coefficient γ qui affecte les cotes de niveau; de sorte qu'abstraction faite de la pression atmosphérique, les pressions sont multipliées par le coefficient γ. Mais, pour que ce résultat soit complètement exact, il faut que les pertes de charges et les hauteurs dues aux vitesses soient multipliées aussi par γ, ce qui exige, comme on l'a vu, que les coefficients ρ et λ soient égaux.

MOUVEMENT DE L'EAU DANS UN TUYAU DONT LE DIAMÈTRE VARIE D'UN POINT A L'AUTRE D'UNE MANIÈRE CONTINUE.

145. Supposons que le diamètre D d'un tuyau MN soit une fonction continue de la longueur s, mesurée suivant la ligne d'axe, et que les variations soient assez lentes pour qu'il n'y ait aucune perte de charge due à une rupture du parallélisme des filets liquides. Proposons-nous de trouver l'équation du mouvement de l'eau dans ce tuyau.

Coupons le tuyau par une infinité de plans P, P′, P″... normaux à

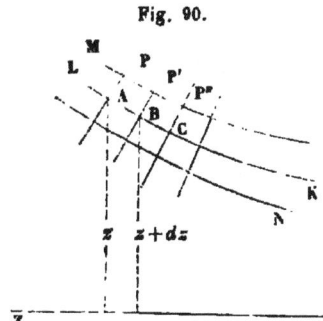
Fig. 90.

la ligne d'axe LK, et tellement espacés, que chacun de ces plans, s'il était entraîné par le mouvement moyen du liquide, sans cesser d'être normal à LK, vienne coïncider avec la position du plan suivant au bout du temps dt. Le plan P, animé de la vitesse moyenne u que le liquide possède dans la section A, vient donc occuper la position P′ au bout du temps dt, en parcourant sur l'axe une longueur $AB = ds = udt$; de même, le plan P′, animé de la vitesse u', ou $u + du$, du liquide dans la section B, passe dans ce même temps dt de P' en P''. Les quantités de liquide comprises entre deux plans consécutifs PP', PP''..... seront donc toujours les mêmes, et chacune va, dans le mouvement commun, occuper la place que la quantité suivante vient de laisser libre. La vitesse u étant variable d'un point à l'autre du tuyau, le mouvement n'est plus uniforme comme quand le diamètre était le même partout.

Soit p la pression moyenne dans cette section A,

     ω, l'aire de cette section,

     χ, son périmètre mouillé.

Les quantités $p + dp$, $\omega + d\omega$, $u + du$ représenteront les valeurs de la pression moyenne, de l'aire et de la vitesse pour la section B.

Admettons que les vitesses u, $u + du$ soient communes à tous les filets. Suivons le mouvement de la masse liquide comprise entre les deux sections A et B, laquelle se transporte pendant le temps dt de la position AB à la position BC, et passe de la vitesse u, correspondante au point A, à la vitesse $u + du$, correspondante au point B.

Le poids de cette quantité de liquide est $\Pi \omega \times u dt$; sa masse a pour valeur $\dfrac{\Pi}{g} \omega \times u dt$; l'accélération tangentielle est d'ailleurs égale à $\dfrac{du}{dt}$; donc la composante tangentielle de la force qui sollicite l'élément liquide AB est égale à

$$\frac{\Pi}{g} \omega \times u dt \times \frac{du}{dt} = \frac{\Pi}{g} \omega\, u\, du.$$

Cette composante doit être égalée à la somme des projections sur la direction de l'élément AB des forces extérieures qui agissent sur la masse élémentaire AB.

Ces forces sont

1° La pesanteur;

2° Les pressions en A et en B, la première mouvante, la seconde résistante, si l'on admet que le mouvement s'effectue de A vers B, et les pressions normales de la paroi;

3° Enfin le frottement exercé par cette paroi.

1° La pesanteur donne une force verticale, dirigée de haut en bas et égale à $\Pi \omega \times$ AB ; il faut la projeter sur la direction AB, ce qui revient à la multiplier par le sinus de l'angle que cette direction fait avec l'horizontale ; mais le produit de AB par le sinus de cet angle est la hauteur du point A au-dessus du point B, c'est-à-dire — dz ; la pesanteur a donc pour composante — $\Pi \omega dz$.

Les pressions en A et B, et les pressions developpées par la paroi latérale, varient entre les limites p en A, et $p + dp$ en B ; on peut donc admettre que la pression p enveloppe uniformément tout le liquide compris entre les sections A et B, et que la pression dp s'exerce seulement, dans le sens opposé au mouvement, sur la section B. La pression uniforme p se détruisant en projection sur un axe quelconque, puisqu'elle s'exerce sur un espace fermé de toute part, il reste la pression dp sur la surface $\omega + d\omega$, ce qui donne en définitive — ωdp, en supprimant l'infiniment petit du second ordre $d\omega dp$.

Le frottement s'exprime approximativement par le produit $\chi \times$ AB $\times f(u) = \chi \times ds \times f(u)$.

On prendra pour $f(u)$ la fonction que l'on adopte pour les tuyaux de section constante ; cette substitution est permise lorsque la conicité du tuyau est très petite, ce qui est nécessaire aussi pour que l'écoulement s'opère sans perte de charge appréciable due au défaut de parallélisme des filets.

Nous aurons donc l'équation du mouvement en égalant le produit de la masse par l'accélération tangentielle à la somme des forces projetées sur la tangente à la trajectoire :

$$\frac{\Pi}{g} \omega u du = - \Pi \omega dz - \omega dp - \chi ds f(u).$$

Divisons par $\Pi \omega$ et intégrons, il viendra

$$\frac{u^2}{2g} + z + \frac{p}{\Pi} + \int \frac{\chi}{\omega} ds \frac{f(u)}{\Pi} = \text{constante}.$$

La constante sera déterminée d'après les conditions particulières dans lesquelles le tuyau se trouve placé, et d'après les limites de l'intégration.

146. L'emploi du théorème des forces vives permet d'arriver plus

rapidement à cette équation, pourvu qu'on ait évalué préalable-ment le travail total dû à l'action mutuelle des filets et au frotte-ment de la paroi. Pour faire cette évaluation, supposons d'abord que la section ω soit constante, ce qui rend la vitesse u aussi constante.

L'équation du mouvement dans les tuyaux à section constante nous donne la relation suivante, entre deux points A et B pris sur la conduite

$$p + \Pi z + \frac{\chi f(u)}{\omega} s = p' + \Pi z' + \frac{\chi f(u)}{\omega} s',$$

ou bien

$$p - p' + \Pi(z - z') = \frac{\chi f(u)}{\omega}(s' - s).$$

Appliquons maintenant le théorème des forces vives à la portion de liquide comprise entre les sections A et B; imaginons que cette masse liquide reçoive un déplacement égal à $u\,dt$, en vertu duquel la section A se transporte en A', et la section B en B'. Les forces vives des tranches AA' et BB' étant égales, puisque les sections et les vitesses sont les mêmes, il n'y aura pas d'accroissement de force vive entre ces deux positions, et la somme des travaux des forces, tant extérieures qu'intérieures, sera nulle. Or le travail des pressions p et p' est

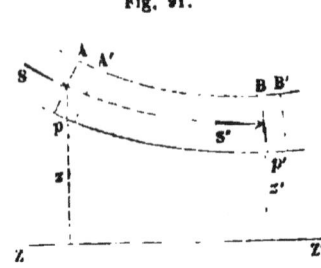

Fig. 91.

$$p\omega \times u\,dt - p'\omega \times u\,dt.$$

Le travail de la pesanteur est

$$\Pi\omega\,u\,dt \times z - \Pi\omega\,u\,dt \times z'.$$

Le travail des pressions normales de la paroi est nul; il reste le travail négatif du frottement et des forces mutuelles. Nous représenterons ce travail inconnu par $-T$. Il viendra donc l'équa-tion

$$p\omega u\,dt - p'\omega u\,dt + \Pi\omega u\,dt z - \Pi\omega u\,dt z' - T = 0,$$

d'où résulte

$$T = [p - p' + \Pi(z - z')]\omega u dt.$$

Remplaçant $[p - p' + \Pi(z - z')]$ par $\dfrac{\chi f(u)}{\omega}(s' - s)$, il vient

$$T = \chi f(u)(s' - s) \times u dt.$$

Au point de vue du travail, le frottement et les actions intérieures équivalent donc à une force $\chi f(u)(s' - s)$, dont le point d'application subirait, dans la direction même de cette force, un déplacement égal à udt.

147. Nous admettrons que cette formule soit applicable à un élément infiniment petit de tuyau à diamètre variable.

Considérons un fragment de tuyau AB; soient z, z' les hauteurs des centres de gravité des deux sections extrêmes; p, p' les pressions moyennes dans ces sections; u, u' les vitesses moyennes, que nous regarderons comme communes à tous les filets; Q la dépense du tuyau par unité de temps. Prenons le système AB à deux époques séparées par un intervalle très court dt; la section A sera parvenue en A', la section B en B', à des distances udt, $u'dt$, de leurs positions premières, et par suite le demi-accroissement des forces vives sera égal à

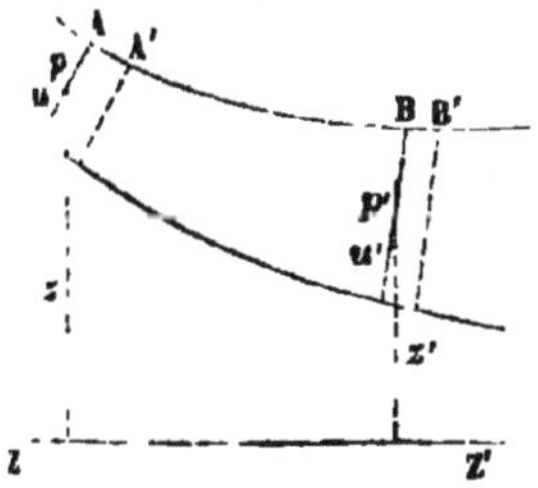

$$\frac{1}{2}\frac{\Pi}{g}Qdt \times (u'^2 - u^2. \text{(*)}$$

Fig. 92.

Il faut égaler cette quantité à la somme des travaux des forces :

(*) Bélanger affecte cette expression d'un coefficient α, un peu plus grand que l'unité, pour tenir compte des différences de vitesse des filets. Il est facile de voir, en effet, que la somme des forces vives des filets liquides animés de vitesses différentes est toujours plus grande que la force vive de la même masse quand toutes ses parties sont animées de la vitesse moyenne. Du reste, le calcul du coefficient α est une conséquence de l'hypothèse faite sur la distribution des vitesses dans l'étendue d'une même section ; c'est dire que ce coefficient est mal connu. On le fait souvent égal à 1, 1 ; en général, on le supprime tout à fait.

or la pression en A produit un travail égal à $p\omega \times u\,dt = pQ\,dt$; la pression en B, un travail égal à $-p'Q\,dt$. Le travail de la pesanteur est équivalent au transport du poids AA' en BB', ou à $\Pi Q\,dt \times (z-z')$. Enfin le travail des frottements et des forces moléculaires intérieures, pour une tranche infiniment petite, étant égal en valeur absolue à

$$\chi f(u)ds \times \frac{Q\,dt}{\omega}, \quad \text{ou à} \quad Q\,dt \times \frac{\chi f(u)}{\omega}\,ds,$$

la somme de tous ces termes pour le système AB est égale à l'intégrale

$$Q\,dt \int_{A}^{B} \frac{\chi f(u)}{\omega}\,ds,$$

et nous avons en définitive l'équation

$$\frac{1}{2}\frac{\Pi}{g}Q\,dt(u'^2-u^2) = (p-p')Q\,dt + \Pi Q\,dt(z-z') - Q\,dt\int_{A}^{B}\frac{\chi f(u)}{\omega}\,ds,$$

ou bien, en divisant par $\Pi Q\,dt$ et en groupant les termes,

$$z + \frac{p}{\Pi} + \frac{u^2}{2g} = z' + \frac{p'}{\Pi} + \frac{u'^2}{2g} + \int_{A}^{B}\frac{\chi f(u)}{\Pi\omega}\,ds,$$

équation identique à celle que nous avons obtenue par une autre méthode.

148. Soit $\dfrac{f(u)}{\Pi} = \varphi(u) = \dfrac{1}{2}b_1 u^2$, suivant la formule de Darcy (§ 143. note). Substituons aussi à $\dfrac{\chi}{\omega}$ l'inverse $\dfrac{2}{R}$ de la moitié du rayon du tuyau.

La dépense Q, constante pour toute section, est égale à $u \times \pi R^2$. Donc $u = \dfrac{Q}{\pi R^2}$. Substituant, l'intégrale devient,

$$\frac{Q^2}{\pi^2}\int_{A}^{B}\frac{b_1}{R^5}\,ds,$$

intégrale qu'on peut calculer dès qu'on connaît la relation qui lie R et s (*). On peut de même remplacer $\dfrac{u^2}{2g}$ et $\dfrac{u'^2}{2g}$ par $\dfrac{Q^2}{2g\pi^2} \times \dfrac{1}{R^4}$ et

(*) La règle de Dupuit aurait conduit directement à une expression de cette forme pour le terme correspondant au travail du frottement; abstraction faite des variation.

$\dfrac{Q^2}{2g\pi^2} \times \dfrac{1}{R'^4}$; R et R′ étant les rayons des sections A et B ; de sorte que l'équation est ramenée à ne plus contenir que l'inconnue Q et les pressions p et p' :

$$Q^2 \left(\frac{1}{2g\pi^2 R^4} - \frac{1}{2g\pi^2 R'^4} - \frac{1}{\pi^2} \int_A^B \frac{b_1}{R^5} ds \right) = \left(z' + \frac{p'}{\Pi} \right) - \left(z + \frac{p}{\Pi} \right).$$

Connaissant la dénivellation piézométrique entre deux points donnés, on pourra déduire de cette équation la valeur de la dépense du tuyau, et par suite déterminer les vitesses dans une section quelconque, construire la ligne de charge et la ligne des pressions.

Mais les formules ne sont applicables avec un peu d'exactitude que lorsque la variation de diamètre est très douce, et que le parallélisme des filets n'est nulle part sensiblement altéré.

SERVICE EN ROUTE DE DUPUIT.

149. La théorie du *service en route* de Dupuit se rattache à celle du mouvement de l'eau dans les tuyaux de diamètre variable. Supposons un tuyau de diamètre constant, qui donne issue d'une manière continue *à un volume* q *d'eau par unité de longueur* Il s'agit ici de l'état-limite vers lequel tend le régime du tuyau lorsqu'on y ouvre à distances égales des orifices calculés pour débiter un même volume d'eau, et qu'on multiplie indéfiniment le nombre de ces orifices. Proposons nous de tracer la ligne de charge d'un tuyau dans ces conditions.

---

peu sensibles du facteur b_1, la longueur ds' de tuyau R′ qui équivaut à la longueur ds de rayon R est donnée par l'équation

$$\frac{ds'}{R'^5} = \frac{ds}{R^5},$$

et la longueur, S, du tuyau réduit à un rayon uniforme ρ est fournie par l'équation

$$\frac{S}{\rho^5} = \int_A^B \frac{ds}{R^5}.$$

Soit z la cote de hauteur d'un point A, pris sur l'axe du tuyau ; $z + dz$ la cote d'un second point B, pris à la distance infiniment petite $AB = ds$ du premier.

Le tuyau perdra dans l'intervalle la quantité qds, et son débit en B sera réduit à $Q - qds$, en désignant par Q le débit en A. On aura donc $dQ = - qds$.

Relativement au volume $Q - qds$ qui traverse successivement les sections A et B, tout se passe comme s'il coulait dans un tuyau de section variable qui obligeât la vitesse égale à u dans la section A à prendre la valeur $u + du$ dans la section B. Au point A, le plan de charge est à la cote

$$z + \frac{p}{\Pi} + \frac{u^2}{2g},$$

en appelant p la pression en ce point. Au point B, cette cote se retrouve augmentée de sa différentielle

$$d\left(z + \frac{p}{\Pi} + \frac{u^2}{2g}\right),$$

laquelle représente la perte de charge due aux frottements sur le parcours ds ; or cette perte de charge peut s'exprimer approximativement par le produit

$$\frac{1}{2} \frac{\chi}{\Omega} b_1 u^2 ds = b_1 \frac{Q^2 ds}{\pi^2 R^5},$$

où b_1 représente le coefficient de la formule de Darcy. L'équation de la ligne de charge est donc

$$d\left(z + \frac{p}{\Pi} + \frac{u^2}{2g}\right) = - b_1 \frac{Q^2 ds}{\pi^2 R^5},$$

équation où Q et u sont variables, bien que R soit constant.

Q est lié à s par l'équation

$$dQ = - qds,$$

ou

$$Q = A - qs,$$

A étant le débit à l'entrée du tuyau.

Q et u sont liés ensemble par l'équation $Q = \pi R^2 u$, ce qui donne $u = \dfrac{A - qs}{\pi R^2}$. Si, pour simplifier, on suppose b_1 constant, on aura, en intégrant,

$$\left(z + \frac{p}{\Pi} + \frac{(A - qs)^2}{2\pi^2 g R^4} \right) = C - \frac{b_1}{\pi^2 R^5} \int (A - qs)^2 \, ds$$
$$= C - \frac{b_1}{\pi^2 R^5} \left(A^2 s - A q s^2 + \frac{1}{3} q^2 s^3 \right),$$

équation qui fait connaître la cote piézométrique en fonction de s.

C désigne la constante arbitraire. Supposons, par exemple, que le tuyau perde toute son eau par le service en route, en sorte qu'on ait $A = qL$, L étant la longueur du tuyau. Si h est la cote du réservoir d'amont, h_1 la cote de l'extrémité aval, on aura, pour $s = o$,

$$h + \frac{A^2}{2\pi^2 g R^4} = h + \frac{q^2 L^2}{2\pi^2 g R^4} = C,$$

et, pour $s = L$,

$$h_1 = C - \frac{1}{3} \frac{b_1}{\pi^2 R^5} q^2 L^3.$$

Donc

$$h - h_1 = \frac{1}{3} \frac{b_1}{\pi^2 R^5} q^2 L^3 - \frac{q^2 L^2}{2\pi^2 g R^4},$$

équation qui fait connaître le rayon R nécessaire pour débiter la quantité q d'eau par unité de longueur sur une longueur totale L, avec une différence de niveau $h - h_1$.

CHAPITRE IV.

CONDUITES BRANCHÉES.

150. On rencontre fréquemment dans les distributions d'eau des conduites CD, qui viennent s'embrancher sur une conduite AB de plus grand diamètre. Le débit Q de la conduite AB en amont du branchement, se partage alors en deux parties : l'une, Q_1, continue à suivre la conduite principale en aval du branchement ; l'autre, q, suit la conduite CD.

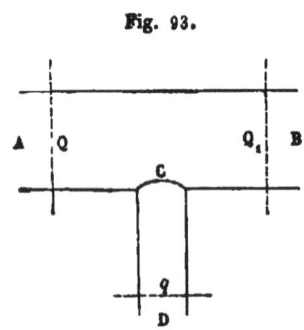

Fig. 93.

La direction des filets liquides qui entrent dans la conduite CD fait un angle plus ou moins grand avec la direction qu'avaient ces mêmes filets dans la conduite principale. Le parallélisme est donc rompu à l'égard de ces filets à l'entrée du tuyau CD ; il ne se rétablit qu'à une certaine distance du point C, et par suite, entre ce point et une section D peu éloignée en aval, on doit constater une perte de charge.

L'expérience pourrait seule nous apprendre la valeur de cette perte de charge, et les variations des pressions dans les sections A, B et D. Lorsque l'angle du tuyau CD avec le tuyau AB est droit, on admet, en se fondant sur un petit nombre d'expériences peu précises, que le niveau piézométrique en D est au-dessous du niveau piézométrique en A de trois fois la hauteur due à la vitesse u qui règne dans le petit tuyau (*), et que les pressions en A et en B, dans le grand tuyau, sont sensiblement les mêmes. Dans la pratique on évite ces branchements à angle vif, et on fait en sorte que les trajectoires des filets liquides soient déviées le plus doucement possible.

Si cette condition est bien observée, il n'y a plus d'autre perte de charge à compter que celle qui résulte des changements brusques de vitesse. Si donc u est la vitesse en amont du branchement, u_1 et u_2 les vitesses en aval dans chacun des deux tuyaux, la perte de charge est $\dfrac{(u_1 - u)^2}{y}$ dans le premier, et $\dfrac{(u_2 - u)^2}{2g}$ dans le second.

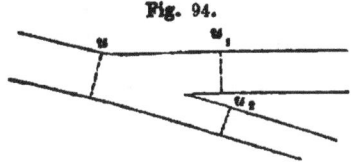

Fig. 94.

Du reste, les pertes de charge pour branchements, tout aussi bien que les pertes de charge pour variations brusques de diamètre, peuvent être négligées vis-à-vis des pertes de charge dues au frottement, au moins dans une première approximation. C'est ce qu'on fait toujours pour la solution des problèmes de distributions d'eau par des conduites à plusieurs branches.

151. Proposons-nous de déterminer la répartition des débits dans une conduite AB qui se partage au point B en deux branches BC, BD; on suppose que la conduite AB sort d'un réservoir où l'eau est entretenue à un niveau constant MN, et que les conduites BC, BD amènent l'eau dans deux autres réservoirs où les niveaux M'N', M"N" sont donnés.

On donne les diamètres D, D', D" des trois conduites AB, BC, BD

(*) C'est une limite supérieure qui se rapporte au cas où l'angle des deux conduites est droit. A mesure que l'angle devient plus aigu, la dénivellation piézométrique tend à disparaître.

et leurs longueurs L, L', L''. On demande les vitesses u, u', u'' et les débits correspondants Q, Q', Q''.

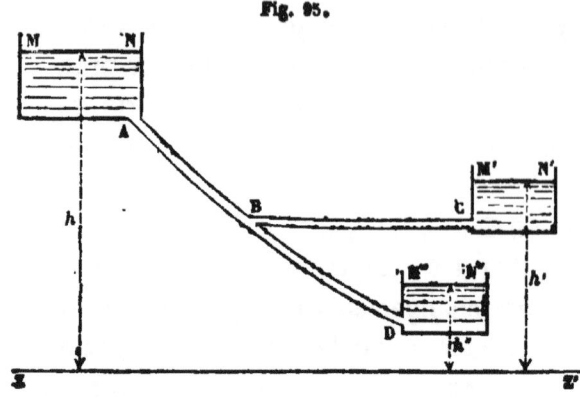

Fig. 95.

Puisque nous négligeons toutes les pertes de charge à l'entrée du tuyau A, au branchement B et à l'extrémité des tuyaux C et D, nous devons admettre que les vitesses seront calculées par la formule

$$\frac{4}{4} DJ = \varphi(u),$$

J étant le rapport $\dfrac{h - h'}{L}$ de la différence des niveaux piézométriques aux deux extrémités du tuyau à sa longueur L.

Soit p la pression inconnue au point B; la hauteur piézométrique en ce point sera $\dfrac{p}{\Pi}$; mais il faut en retrancher $\dfrac{p_0}{\Pi}$ pour la rendre comparable aux hauteurs h, h', h'', du liquide au-dessus des orifices du tuyau. Soit $h > h' > h''$; nous poserons $\dfrac{p - p_0}{\Pi} = z$; et nous aurons par suite pour le tuyau AB, $J = \dfrac{h - z}{L}$,

pour le tuyau BC, $J' = \dfrac{z - h'}{L'}$,

et pour le tuyau BD, $J'' = \dfrac{z - h''}{L''}$,

en supposant d'abord que z soit plus grand que h'.

Les équations qui donneront la vitesse et les débits sont donc, en employant la notation de Darcy,

$$R \frac{h-z}{L} = b_1 u^2, \qquad Q = \pi R^2 u,$$

$$R' \frac{z-h'}{L'} = b'_1 u'^2, \qquad Q' = \pi R'^2 u',$$

$$R'' \frac{z-h''}{L''} = b_1'' u''^2, \qquad Q'' = \pi R''^2 u'';$$

enfin

$$Q = Q' + Q'',$$

ce qui fait 7 équations pour déterminer les 7 inconnues u, u', u'', Q, Q', Q'', et z.

Nous avons supposé $z > h'$. Si z était $< h'$, les deux réservoirs A et C contribueraient à alimenter le troisième tuyau BD et le réservoir D. Les équations subsisteraient, sauf la seconde qui deviendrait $R' \frac{h'-z}{L'} = b'_1 u'^2$ et la septième qui se changerait en celle-ci : $Q + Q' = Q''$.

Pour savoir laquelle des deux hypothèses on doit admettre, on fera $z = h'$; des équations

$$R \frac{h-h'}{L} = b_1 u^2, \quad R'' \frac{h'-h''}{L''} = b_1'' u''^2,$$

on tirera u et u'', et par suite Q et Q''. Si $Q < Q''$, on sera sûr que z doit être diminué, et la seconde hypothèse, $z < h'$, sera seule admissible. Si au contraire $Q > Q''$, il faut relever le niveau piézométrique au point B, et le réservoir le plus élevé alimente les deux autres. Nous admettrons qu'il en soit ainsi.

152. On résout facilement le système de ces sept équations par tâtonnement. On attribue à z une valeur particulière z_1; on en déduit u, u', u'', Q, Q', Q''. Si cette valeur z_1 est trop petite, le débit Q sera trop grand, et chacun des débits Q', Q'' trop petit. Le résultat conduira donc à une inégalité

$$Q > Q' + Q''.$$

Si au contraire z_1 est trop grand, on aura

$$Q < Q' + Q''.$$

On augmentera z dans le premier cas, on le diminuera dans le second, et en général il sera facile de trouver très rapidement deux valeurs z_1 et z_2, dont l'une rende Q plus grand que $Q' + Q''$, et dont l'autre renverse le sens de cette inégalité. On essayera alors une valeur intermédiaire, et, en quelques essais, on arrivera à la valeur exacte de z. L'esprit de cette méthode, indiquée par Bélanger, consiste, comme on le voit, à imaginer au branchement B un bassin analogue aux réservoirs situés en A, en C et en D, et qui, alimenté par le tuyau AB, alimente à son tour les tuyaux BC et BD. On cherche le niveau à attribuer au plan d'eau dans ce bassin fictif. Ce procédé convient à toutes les conduites branchées. Après avoir obtenu ce premier degré d'approximation, on peut, puisqu'on connaît les vitesses, tenir compte des pertes de charge à l'entrée, à la sortie, au branchement, et faire varier en conséquence la hauteur z, et les valeurs des pentes J, J', J''. Ces tâtonnements conduiront plus sûrement et plus rapidement au résultat cherché, que la méthode algébrique qui consisterait à faire l'élimination de six inconnues entre les sept équations, surtout si l'on y introduisait tout d'abord les termes représentant les pertes de charge accessoires.

153. Nous allons résoudre un problème inverse.

On donne les dépenses Q' et Q'' des tuyaux BC et BD ; on en déduit la dépense Q du tuyau AB, laquelle est la somme $Q' + Q''$. On donne encore les cotes de niveau, h, h', h'', des trois réservoirs. On demande de déterminer les rayons R, R', R'' des conduites et les vitesses u, u', u''.

Ainsi posé, le problème est indéterminé ; on a en effet seulement six équations pour lier entre elles sept inconnues, savoir les trois rayons, les trois vitesses et la hauteur piézométrique z au point du branchement. On pourrait donc satisfaire aux conditions proposées d'une infinité de manières.

Pour achever de déterminer le problème, nous demanderons que l'on choisisse la solution qui réduit au minimum les frais d'établissement des conduites. Nous admettons, conformément à l'usage, que le prix d'un tuyau, pose comprise, est proportionnel à son rayon (*). La condition nouvelle à remplir consiste donc à rendre la plus petite possible la somme

$$LR + L'R' + L''R''.$$

Dans cette expression remplaçons R, R', R'' par leurs valeurs en fonction des dépenses et des vitesses, savoir

$$R = \sqrt{\frac{Q}{\pi}} \times \frac{1}{\sqrt{u}},$$

$$R' = \sqrt{\frac{Q'}{\pi}} \times \frac{1}{\sqrt{u'}},$$

$$R'' = \sqrt{\frac{Q''}{\pi}} \times \frac{1}{\sqrt{u''}}.$$

La quantité à rendre minimum prendra la forme :

$$P = L\sqrt{Q}\,\frac{1}{\sqrt{u}} + L'\sqrt{Q'}\,\frac{1}{\sqrt{u'}} + L''\sqrt{Q''}\,\frac{1}{\sqrt{u''}},$$

en laissant de côté le facteur commun constant $\frac{1}{\sqrt{\pi}}$.

Dans cette expression u, u', u'' sont des fonctions de la quantité z, et sont liées à cette quantité par les trois équations :

$$\sqrt{\frac{Q}{\pi}}\,\frac{h - z}{L} = b_1\, u^2\, \sqrt{u},$$

$$\sqrt{\frac{Q'}{\pi}}\,\frac{z - h'}{L'} = b'_1\, u'^2\, \sqrt{u'},$$

$$\sqrt{\frac{Q''}{\pi}}\,\frac{z - h''}{L''} = b''_1\, u''^2\, \sqrt{u''}.$$

Rigoureusement b_1, b'_1, b''_1, sont des fonctions des rayons R, R', R'', et il faudrait par suite y remplacer les rayons par leurs valeurs en fonction des vitesses. Cependant nous savons qu'au-dessus d'un

---

(*) Lorsque la fonte est à 0'.20 le kilogramme, le prix d'un mètre de tuyau, mis en place, peut être évalué à 1 franc par centimètre de diamètre. Un tuyau de 60 centimètres par exemple, reviendrait, posé, à 60 francs par mètre de longueur.

diamètre de $0^m.30$ à $0^m.50$, les nombres b_1 n'éprouvent plus de variations bien sensibles. Admettons que la distribution cherchée doive
se faire avec des diamètres au-dessus de cette limite; alors nous
pourrons prendre pour b_1, b'_1, b''_1, une même valeur moyenne, et le
problème sera notablement simplifié.

La condition du minimum s'exprimera par l'équation

$$\frac{dP}{dz} = 0,$$

ou bien

$$L \sqrt{Q} \quad \frac{1}{u^{\frac{3}{2}}} \frac{du}{dz} + L' \sqrt{Q'} \frac{1}{u'^{\frac{3}{2}}} \frac{du'}{dz} + L'' \sqrt{Q''} \frac{1}{u''^{\frac{3}{2}}} \frac{du''}{dz} = 0.$$

Mais les équations qui lient u, u', u'' à z donnent par la différen-
tiation, en traitant b, b'_1, b''_1 comme des constantes égales,

$$\frac{5}{2} b_1 u^{\frac{3}{2}} \frac{du}{dz} = - \frac{1}{L} \sqrt{\frac{Q}{\pi}},$$

$$\frac{5}{2} b_1 u'^{\frac{3}{2}} \frac{du'}{dz} = \frac{1}{L'} \sqrt{\frac{Q'}{\pi}},$$

$$\frac{5}{2} b_1 u''^{\frac{3}{2}} \frac{du''}{dz} = \frac{1}{L''} \sqrt{\frac{Q''}{\pi}}.$$

Remplaçons les dérivées, dans l'équation $\frac{dP}{dz} = 0$, par leurs valeurs
déduites des équations précédentes; il viendra

$$L \sqrt{Q} \times \frac{1}{u^{\frac{3}{2}}} \times \left(- \frac{1}{L} \cdot \sqrt{\frac{Q}{\pi}} \times \frac{2}{5 b_1 u^{\frac{3}{2}}} \right) + L' \sqrt{Q'} \frac{1}{u'^{\frac{3}{2}}} \times \left(\frac{1}{L'} \sqrt{\frac{Q'}{\pi}} \times \frac{2}{5 b_1 u'^{\frac{3}{2}}} \right)$$

$$+ L'' \sqrt{Q''} \times \frac{1}{u''^{\frac{3}{2}}} \times \left(\frac{1}{L''} \sqrt{\frac{Q''}{\pi}} \times \frac{2}{5 b_1 u''^{\frac{3}{2}}} \right) = 0,$$

ou, en réduisant et supprimant les facteurs communs $\frac{2}{5 b_1 \sqrt{\pi}}$,

$$\frac{Q}{u^3} = \frac{Q'}{u'^3} + \frac{Q''}{u''^3}.$$

La détermination de la conduite la plus économique revient donc à la résolution des 4 équations suivantes :

$$\sqrt{\frac{Q}{\pi}}\,\frac{h-z}{L} = b_1 u^2 \sqrt{u},$$

$$\sqrt{\frac{Q'}{\pi}}\,\frac{z-h'}{L'} = b_1 u'^2 \sqrt{u'}\,.$$

$$\sqrt{\frac{Q''}{\pi}}\,\frac{z-h''}{L''} = b_1 u''^2 \sqrt{u''}$$

$$\frac{Q}{u^3} = \frac{Q'}{u'^3} + \frac{Q''}{u''^3}.$$

On sait d'ailleurs que $Q = Q' + Q'$.

On résout ce système d'équations par tâtonnements. On prend arbitrairement une valeur de z ; on déduit des trois premières équations des valeurs de u, u', u'', qu'on substitue dans la quatrième ; si z a été pris trop petit, u est trop grand, u' et u'' sont trop petits ; donc $\dfrac{Q}{u^3}$ est plus petit que $\dfrac{Q'}{u'^3} + \dfrac{Q''}{u''^3}$. On prendra alors une valeur plus grande de z, qu'on essayera de même. En quelques essais, on arrivera à comprendre la valeur convenable de z entre deux limites suffisamment voisines pour qu'on puisse achever le calcul par une simple interpolation.

154. Cette solution peut être étendue à une conduite contenant

Fig. 98.

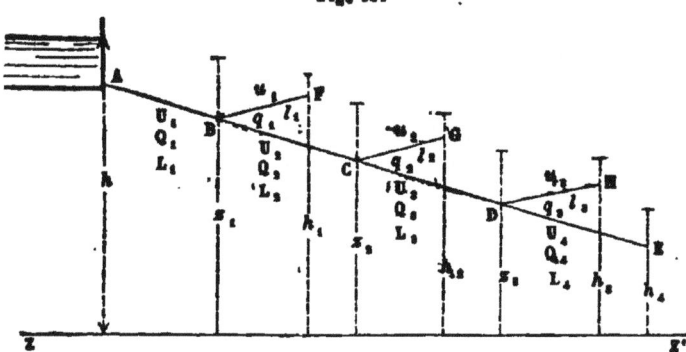

autant de branchements qu'on voudra. Soit ABCDE une conduite qui se bifurque aux points B, C, D, pour alimenter les branchements BF, CG, DH. On donne les dépenses q_1, q_2, q_3, Q_4, des orifices situés en F, G, H, E, et les hauteurs des niveaux piézométriques h, h_1, h_2, h_3, h_4, du réservoir qui fournit l'eau à la conduite, et des réservoirs situés en F, G, H, E, qui sont alimentés par les orifices (*). On demande les diamètres qu'il faut attribuer aux différents tronçons AB, BC, BF,... de la conduite, pour que les frais d'établissement soient les moindres possibles.

On calculera d'abord le débit $Q_3 = Q_4 + q_3$ de la conduite CD; puis le débit $Q_2 = Q_4 + q_3 + q_2$ de la conduite BC; enfin, le débit $Q_1 = Q_4 + q_3 + q_2 + q_1$ de la conduite AB; appelons U_1, u_1, U_2, u_2, U_3, u_3, U_4 les vitesses dans chacune des branches de la distribution; L_1, l_1, L_2, l_2, L_3, l_3, L_4 les longueurs de ces branches, et z_1, z_2, z_3 les hauteurs des niveaux piézométriques aux branchements, nous aurons les équations suivantes :

$$\text{(AB)} \qquad \sqrt{\frac{Q_1}{\pi}}\,\frac{h - z_1}{L_1} = b_1 U_1^{\frac{5}{2}} \qquad\qquad (1)$$

$$\text{(BF)} \qquad \sqrt{\frac{q_1}{\pi}}\,\frac{z_1 - h_1}{l_1} = b_1 u_1^{\frac{5}{2}} \qquad\qquad (2)$$

$$\text{(BC)} \qquad \sqrt{\frac{Q_2}{\pi}}\,\frac{z_1 - z_2}{L_2} = b_1 U_2^{\frac{5}{2}} \qquad\qquad (3)$$

$$\text{(CG)} \qquad \sqrt{\frac{q_2}{\pi}}\,\frac{z_2 - h_2}{l_2} = b_1 u_2^{\frac{5}{2}} \qquad\qquad (4)$$

$$\text{(CD)} \qquad \sqrt{\frac{Q_3}{\pi}}\,\frac{z_2 - z_3}{L_3} = b_1 U_3^{\frac{5}{2}} \qquad\qquad (5)$$

$$\text{(DH)} \qquad \sqrt{\frac{q_3}{\pi}}\,\frac{z_3 - h_3}{l_3} = b_1 u_3^{\frac{5}{2}} \qquad\qquad (6)$$

$$\text{(DE)} \qquad \sqrt{\frac{Q_4}{\pi}}\,\frac{z_3 - h_4}{l_4} = b_1 U_4^{\frac{5}{2}}. \qquad\qquad (7)$$

La quantité à rendre minimum est la fonction

$$P = L_1 \sqrt{Q_1}\,\frac{1}{\sqrt{U_1}} + l_1 \sqrt{q_1}\,\frac{1}{\sqrt{u_1}} + \dots + l_4 \sqrt{Q_4}\,\frac{1}{\sqrt{U_4}},$$

(*) Si l'un de ces tuyaux débouche dans l'air, il faut prendre pour hauteur h correspondante la hauteur même du centre de l'orifice d'écoulement; car la hauteur piézométrique en ce point, abstraction faite de la pression atmosphérique, est égale à zéro.

dans laquelle U_1, u_1, U_2, u_2,... U_4, sont des fonctions des variables indépendantes z_1, z_2, z_3. La condition du minimum fournira donc 3 équations,

$$\frac{dP}{dz_1} = 0, \quad \frac{dP}{dz_2} = 0, \quad \frac{dP}{dz_3} = 0,$$

à joindre aux *sept* qui sont déjà écrites : en tout *dix* équations, qui font connaître les 10 inconnues, savoir les 7 vitesses et les 3 cotes de niveaux piézométriques z_1, z_2, z_3.

Par un calcul tout semblable à celui qui a été fait pour le cas de trois tuyaux, on ramènera les 3 équations du minimum à la forme

$$\frac{Q_1}{U_1^3} = \frac{Q_2}{U_2^3} + \frac{q_1}{u_1^3} \qquad (8)$$

$$\frac{Q_2}{U_2^3} = \frac{Q_3}{U_3^3} + \frac{q_2}{u_2^3} \qquad (9)$$

$$\frac{Q_3}{U_3^3} = \frac{q_3}{u_3^3} + \frac{Q_4}{U_4^3}. \qquad (10)$$

Ce système de 10 équations se résoudra encore par approximations successives. Le tâtonnement est facile à diriger. On donnera arbitrairement une valeur à z_1; on en déduira U_1 et u_1 par les équations (1) et (2); l'équation de condition (8) fait alors connaître U_2, et par suite on déduira z_2 de l'équation (3); la valeur de z_2 servira à trouver u_2 par l'équation (4); puis la seconde équation de condition (9) donnera U_3, qui, substitué dans l'équation (5), donnera z_3. Alors les équations (6) et (7) déterminent u_3 et U_4, et la dernière équation de condition doit être satisfaite si la valeur arbitraire de z_1 a été convenablement choisie. L'erreur commise sur z_1 est donc mise en évidence par le sens de l'inégalité à laquelle on parvient pour les quantités $\frac{Q_3}{U_3^3}$, et $\frac{q_3}{u_3^3} + \frac{Q_4}{U_4^3}$. Il ne s'agit plus que de savoir dans quel sens il faut altérer la première valeur de z_1 pour approcher de la valeur exacte.

Or il est facile de voir qu'une augmentation de z_1 entraîne une diminution de U_1 [équation (1)], et une augmentation de u_1 [équation

(2)], une diminution de U_2 [équation (8)], une augmentation de z_2 [équation (3)], une augmentation de u_2 [équation (4)], une diminution de U_3 [équation (9)], une augmentation de z_3 [équation (5)], une augmentation de u_3 [équation (6)], et enfin une augmentation de U_4 [équation (7)]. Le signe $+$ indiquant les variations dans le même sens, et le signe $-$ les variations en sens contraires, on peut donc former le tableau suivant, dont la loi est manifeste :

z_1	U_1	u_1	U_2	z_2	u_2	U_3	z_3	u_3	U_4
$+$	$-$	$+$	$-$	$+$	$+$	$-$	$+$	$+$	$+$

Si donc le résultat de la première valeur adoptée pour z_1 était l'inégalité

$$\frac{Q_3}{U^3_3} > \frac{q_3}{u^3_3} + \frac{Q_4}{U^3_4},$$

au lieu de l'équation (10), il faudrait augmenter z_1; car il en résulterait pour U_3 une diminution qui aurait pour effet d'augmenter le premier membre de cette inégalité, et pour u_3 et U_4 des augmentations qui auraient pour effet de diminuer le second membre. On parviendra donc, en augmentant graduellement z_1, à renverser le sens de l'inégalité. Alors on aura deux limites comprenant la valeur exacte de z_1, et on obtiendra approximativement cette valeur au moyen d'une interpolation (*).

La solution obtenue par cette méthode algébrique est quelquefois inadmissible. Il en est ainsi quand elle conduit, pour certains points de l'un quelconque des tuyaux, à des pressions trop faibles, soit négatives, soit simplement inférieures à la pression

_____

(*) Le principe de cette solution est emprunté à un travail de M. Bresse *sur la détermination la plus avantageuse des diamètres d'un système de conduites à plusieurs branches.* (Voir *Cours lithographié d'hydraulique* de Bélanger, p. 190). — La suppression du terme en au de la formule de Prony introduit une notable simplification dans les calculs, et évite l'emploi de la table spéciale construite par M. Bresse. — La méthode que nous venons de développer consiste à éliminer les rayons des tuyaux et à opérer sur les vitesses. On peut aussi éliminer les vitesses et conserver les rayons dans le calcul. Les équations du mouvement prennent alors la forme

$$\frac{h-z}{L} = \frac{b_1}{\pi^2} \frac{Q^2}{R^5}$$

et les équations du minimum, la forme $\dfrac{R^6_1}{Q^7_1} = \dfrac{R^6_2}{Q^3_2} + \dfrac{r_1^6}{q^3_1}.$

atmosphérique (§ 65). Lorsque ce cas se présente, il faut relever graduellement le niveau piézométrique, z, du branchement qui alimente le tuyau où il y a insuffisance de pression, jusqu'à ce que la pression y soit ramenée à sa limite inférieure. On doit effacer en même temps celle des équations du minimum qui est relative à ce branchement en particulier. La solution modifiée ne satisfait plus aux conditions algébriques du minimum absolu, mais elle définit toujours la conduite la plus économique parmi toutes les combinaisons de tuyaux admissibles.

Les calculs seraient beaucoup plus longs si on admettait les variations du coefficient b_1 avec les rayons du tuyau. Ce coefficient b_1 est celui de l'équation de Darcy

$$RJ = b_1 u^2.$$

On peut le prendre en moyenne égal à 0.000530 pour des tuyaux dont le diamètre surpasse $0^m.30$.

155. M. Bresse est revenu en 1876 sur cette question pour tenir compte de la variabilité du coefficient b_1. Lorsqu'on suppose ce coefficient constant, la condition du minimum s'exprime soit par les équations

$$\frac{Q_1}{U_2^3} = \frac{Q_2}{U_1^3} + \frac{q_1}{u_2^3},$$
. . . .

soit par les équations équivalentes

$$\frac{D_1^6}{Q_1^2} = \frac{D_2^6}{Q_2^2} + \frac{d_1^6}{q_1^2},$$
. . . .

où D_1, D_2, d_1,... sont les diamètres des conduites successives. Si l'on remplace b_1 par la fonction $a + \frac{\beta}{R}$ de Darcy, les dérivations portant aussi sur b_1, on arrive pour le minimum à des conditions plus compliquées : les sixièmes puissances des diamètres sont remplacées par le rapport

$$\frac{D^7}{D + C},$$

où C représente une constante, de sorte que les équations de condition deviennent

$$\frac{\left(\dfrac{D^7{}_1}{D_1 + C}\right)}{Q^2{}_1} = \frac{\left(\dfrac{D^7{}_2}{D_2 + C}\right)}{Q^2{}_2} + \frac{\left(\dfrac{d^7{}_1}{d_1 + C}\right)}{q^2{}_1},$$

. . . .

La marche générale de la solution reste la même, moyennant qu'on ait une table qui donne en fonction de D les valeurs de la fonction $\dfrac{D^7}{D+C}$.

M. Bresse a dressé cette table, en donnant à la constante C la valeur 0,03062722; cette valeur reste la même, qu'il s'agisse de tuyaux en fonte vieille ou de tuyaux neufs : elle ne dépend en effet que du rapport des nombres α et β de la formule $b_1 = \alpha + \dfrac{\beta}{R}$, lesquels subissent en cas de dépôts des altérations proportionnelles.

Cette table, que nous reproduisons ici, fait connaître aussi le logarithme de la fonction $\varphi(D) = \dfrac{D^7}{D+c}$.

D.	$\varphi(D)$.	LOG $\varphi(D)$.	D.	$\varphi(D)$	LOG $\varphi(D)$.
m. 0.010	$\left(\dfrac{1}{10}\right)^{10}\times 0.002461$	$\overline{13}.39118$	m. 0.030	$\left(\dfrac{1}{10}\right)^{8}\times 0.036073$	$\overline{10}.55718$
0.011	0.004681	$\overline{13}.67037$	0.032	0.054864	$\overline{10}.73929$
0.012	0.008406	$\overline{13}.92458$	0.034	0.081271	$\overline{10}.90994$
0.013	0.014383	$\overline{12}.15785$	0.036	0.11762	$\overline{9}.07047$
0.014	0.023621	$\overline{12}.37330$	0.038	0.16672	$\overline{9}.22199$
0.015	0.037447	$\overline{12}.57342$	0.040	0.23198	$\overline{9}.36515$
0.016	0.057571	$\overline{12}.76020$	0.042	0.31743	$\overline{9}.50165$
0.017	0.086156	$\overline{12}.93529$	0.044	0.42783	$\overline{9}.63127$
0.018	0.12590	$\overline{11}.10003$	0.046	0.56875	$\overline{9}.75492$
0.019	0.18012	$\overline{11}.25556$	0.048	0.74665	$\overline{9}.87312$
0.020	0.25283	$\overline{11}.40283$	0.050	0.96897	$\overline{9}.98631$
0.021	0.34886	$\overline{11}.54266$	0.052	1.2442	$\overline{8}.09490$
0.022	0.47397	$\overline{11}.67575$	0.054	1.5821	$\overline{8}.19925$
0.023	0.63491	$\overline{11}.80271$	0.056	1.9937	$\overline{8}.29966$
0.024	0.83959	$\overline{11}.92407$	0.058	2.4913	$\overline{8}.39643$
0.025	1.0972	$\overline{10}.04029$	0.060	3.0889	$\overline{8}$ 48980
0.026	1.4184	$\overline{10}.15179$	0.062	3.8019	$\overline{8}.58000$
0.027	1.8152	$\overline{10}.25892$	0.064	4.6478	$\overline{8}.66725$
0.028	2.3015	$\overline{10}.36201$	0.066	5.6456	$\overline{8}.75171$
0.029	2.8929	$\overline{10}.46134$	0.068	6.8167	$\overline{8}.83358$
0.030	3.6073	$\overline{10}.55718$	0.070	8.1841	$\overline{8}.91297$

D.	φ(D).	LOG φ(D).	D.	φ(D).	LOG φ(D).
m.			m.		
0.072	$\left(\frac{1}{10}\right)^{8} \times$ 9.7738	$\overline{8}$.99006	0.35	$\left(\frac{1}{10}\right)^{4} \times$ 16.903	$\overline{3}$.22798
0.074	11.614	$\overline{7}$.06498	0.36	20.061	$\overline{3}$.30236
0.076	13.735	$\overline{7}$.13783	0.37	23.696	$\overline{3}$.37467
0.078	16.171	$\overline{7}$.20872	0.38	27.864	$\overline{3}$.44504
0.080	18.957	$\overline{7}$.27777	0.39	32.625	$\overline{3}$.51355
			0.40	38.047	$\overline{3}$.58032
0.080	$\left(\frac{1}{10}\right)^{6} \times$ 0.18957	$\overline{7}$.27777			
0.085	0.27725	$\overline{7}$.44287	0.40	$\left(\frac{1}{10}\right)^{2} \times$ 0.38047	$\overline{3}$.58032
0.090	0.39651	$\overline{7}$.59825	0.41	0.44199	$\overline{3}$.64542
0.095	0.55588	$\overline{7}$,74498	0.42	0.51160	$\overline{3}$.70893
0.100	0.76554	$\overline{7}$.88397	0.43	0.59011	$\overline{3}$.77093
0.105	1.03748	$\overline{6}$.01598	0.44	0.67841	$\overline{3}$.83149
0.110	1.3857	$\overline{6}$.14168	0.45	0.77746	$\overline{3}$89068
0.115	1.8266	$\overline{6}$.26164	0.46	0.88829	$\overline{3}$.94855
0.120	2.3788	$\overline{6}$.37636	0.47	1.01198	$\overline{2}$.00517
0.125	3.0640	$\overline{6}$.48628	0.48	1.1497	$\overline{2}$.06058
0.130	3.9065	$\overline{6}$.59178	0.49	1.3027	$\overline{2}$.11485
0.135	4.9341	$\overline{6}$.69320	0.50	1.4723	2.16800
0.140	6.1780	$\overline{6}$.79085	0.51	1.6599	$\overline{2}$.22009
0.145	7.6733	$\overline{6}$.88498	0.52	1.8671	$\overline{2}$.27117
0.150	9.4590	$\overline{6}$.97585	0.53	2.0954	2.32126
			0.54	2.3464	2.37040
0.15	$\left(\frac{1}{10}\right)^{4} \times$ 0.09459	$\overline{6}$.97585	0.55	2.6221	$\overline{2}$.41864
0.16	0.14082	$\overline{5}$.14866	0.56	2.9242	$\overline{2}$.46600
0.17	0.20453	$\overline{5}$.31075	0.57	3.2548	$\overline{2}$.51252
0.18	0.29067	$\overline{5}$.46339	0.58	3.6159	$\overline{2}$.55822
0.19	0.40515	$\overline{5}$.60762	0.59	4.0099	$\overline{2}$.60313
0.20	0.55501	$\overline{5}$.74430	0.60	4.4390	$\overline{2}$.64729
0.21	0.74850	$\overline{5}$.87419	0.61	4.9057	$\overline{2}$.69070
0.22	0.99525	$\overline{5}$.99793	0.62	5.4126	$\overline{2}$.73341
0.23	1.3064	$\overline{4}$.11607	0.63	5.9625	$\overline{2}$.77543
0.24	1.6948	$\overline{4}$.22911	0.64	6.5581	2.81678
0.25	2.1750	$\overline{4}$.33745	0.65	7.2025	$\overline{2}$.85748
0.26	2.7636	$\overline{4}$.44148	0.66	7.8988	$\overline{2}$.89756
0.27	3.4795	$\overline{4}$.54152	0.67	8.6504	$\overline{2}$.93704
0.28	4.3438	$\overline{4}$.63787	0.68	9.4606	$\overline{2}$.97592
0.29	5.3800	$\overline{4}$.73079	0.69	10.3332	$\overline{1}$.01423
0.30	6.6147	$\overline{4}$.82051	0.70	11.272	$\overline{1}$.05199
0.31	8.0770	$\overline{4}$.90725			
0.32	9.7995	$\overline{4}$.99120	0.70	0.11272	$\overline{1}$.05199
0.33	11.818	$\overline{3}$.07254	0.71	0.12280	$\overline{1}$.08921
0.34	14.171	$\overline{3}$.1514	0.72	0.13363	$\overline{1}$.12590

17

156. Proposons-nous de déterminer de la façon la plus économique possible le diamètre d'un tuyau de longueur L, dans lequel une machine à vapeur refoule un certain volume d'eau jusqu'à un réservoir situé à une hauteur donnée H. Appelons f le prix moyen du cheval-vapeur, y compris le capital qui représente la consommation et l'entretien annuels de la machine; et f', le prix de l'unité de longueur de tuyau, pose comprise, pour un diamètre égal à l'unité. Soient encore N le nombre de chevaux de la machine, et R le rayon du tuyau; la dépense d'installation de la prise d'eau, grossie du capital d'exploitation et d'entretien, sera exprimée par la somme.

$$P = Nf + 2RLf'.$$

Plus on réduira le rayon R de la conduite, plus on augmentera le frottement de l'eau, et, par suite, plus il faudra une machine puissante; diminuer R, c'est donc augmenter N; et l'on conçoit qu'il y ait un certain diamètre, 2R, qui corresponde au minimum de la somme P.

Soit Q le volume d'eau que doit débiter le tuyau en une seconde, et u la vitesse moyenne. Le rayon R de la conduite sera donné par l'équation

$$\pi R^2 u = Q, \quad \text{ou} \quad R = \sqrt{\frac{Q}{\pi u}}.$$

Nous adopterons pour équation du mouvement l'équation de Darcy; appelant J la pente des niveaux piézométriques d'une extrémité à l'autre de la conduite, nous aurons

$$RJ = b_1 u^2,$$

et nous supposerons que b_1 ait une valeur constante; ce qui revient à admettre que le diamètre du tuyau soit supérieur à une certaine limite, de $0^m.30$ environ.

Le travail utile des pompes en une seconde se composera de deux parties : l'une est le travail correspondant à l'élévation de l'eau; il est égal à ΠQH; l'autre est le travail du frottement de l'eau dans le tuyau; nous avons vu (§ 146) qu'il était égal par unité de temps à

$$\chi f(u)(s' - s) \times u,$$

c'est-à-dire ici à

$$2\pi R \times \frac{\Pi}{2} b_1 u^3 \times L, \quad \text{ou} \quad \pi\Pi b_1 RL u^3,$$

ou enfin à

$$\Pi \sqrt{\pi Q}\, b_1 L u^{\frac{5}{2}},$$

en remplaçant R par la valeur $\sqrt{\dfrac{Q}{\pi u}}$,

Le travail total qui doit être développé par la machine, si l'on appelle *m* son rendement, ou le rapport du travail utile au travail moteur, sera donc égal à

$$\frac{\Pi}{m}\left(\sqrt{\pi Q}\, b_1 L u^{\frac{5}{2}} + QH\right),$$

et le nombre N de chevaux s'obtiendra en divisant ce résultat par 75.

La fonction P devient après toutes ces substitutions :

$$P = \frac{\Pi f}{75m}\sqrt{\pi Q}\, b_1 L u^{\frac{5}{2}} + \frac{\Pi f}{75m} QH + 2L f' \sqrt{\frac{Q}{\pi u}}.$$

Pour en trouver le minimum, égalons à zéro la dérivée de P par rapport à *u*; il vient

$$\frac{dP}{du} = \frac{\Pi f}{75m}\sqrt{\pi Q}\, b_1 L \times \frac{5}{2} u^{\frac{3}{2}} - L f' \sqrt{\frac{Q}{\pi}}\,\frac{1}{u^{\frac{3}{2}}} = 0.$$

On en déduit

$$u^3 = \frac{2}{5}\frac{L f' \sqrt{\dfrac{Q}{\pi}}}{\dfrac{\Pi f}{75m}\sqrt{\pi Q}\, b_1 L} = \frac{f'}{f} \times \frac{30m}{\pi \Pi b_1}.$$

Connaissant *u*, on pourra calculer R et N. La formule montre que la détermination de la vitesse la plus convenable ne dépend que des prix *f* et *f'*, et du rendement de la machine.

Supposons, par exemple, que la machine à vapeur ait un rendement de 0.60; qu'elle brûle à 4 kilogrammes de charbon par heure et par cheval, et qu'elle doive fonctionner huit heures chaque jour. Le prix de la machine est fixé à 800 francs par cheval, et le prix du charbon à 35 francs la tonne. La dépense afférente à la machine pourra donc s'établir comme il suit :

Dépense annuelle par cheval.

Combustible : $0^t.004 \times 8^h \times 365^{j}\frac{1}{4} \times 35^f =$ $409^f.08$

Somme à valoir pour entretien et réparations. . . . . $50^f.92$

Total de la dépense annuelle. . . . $460^f.00$

Ce qui, capitalisé à $4\frac{1}{2}$ p. 0/0, représente une dépense une fois faite de. . . . . $10.222^f.22$

Ajoutons pour prix d'acquisition de la machine. . . . . . $800^f.00$

$11.022^f.22$

Soit, en grossissant les chiffres. . . . . $11.050^f.00$

On aura donc

$$f = 11050.$$

Le prix des tuyaux, calculé à raison de 1 franc par centimètre de diamètre, donne $f = 100$ francs.

D'ailleurs

$$m = 0.60$$
$$\pi = 3.14$$
$$\Pi = 1000$$
$$h_1 = 0.000530.$$

Donc

$$u^3 = \frac{100}{11000} \times \frac{30 \times 0,60}{3.14 \times 1000 \times 0.00053} = 0.1.$$

Ce qui nous donne environ

$$u = 0^m.47.$$

On calculera ensuite R par l'équation

$$R = \sqrt{\frac{Q}{\pi u}}.$$

Or cette équation met en évidence un fait intéressant : la vitesse u est indépendante de Q, de sorte que l'on peut poser

$$R = \theta \sqrt{Q},$$

en appelant θ un nombre qui sera égal à

$$\frac{1}{\sqrt{\pi u}} \quad \text{ou à} \quad \sqrt{\frac{1}{\pi \sqrt[3]{\frac{f'}{f} \times \frac{30m}{\pi \Pi b_1}}}},$$

ou enfin au produit de $\sqrt[6]{\dfrac{f}{f'm}}$ par des facteurs constants. Dans la pratique, $f'm$ est toujours beaucoup plus petit que f, mais le rapport $\dfrac{f}{f'm}$ reste compris entre certaines limites; les racines sixièmes de ces limites sont peu différentes l'une de l'autre, de sorte que le coefficient θ est peu variable, malgré les variations de la vitesse u.

M. Bresse a proposé la formule

$$R = 0{,}75 \sqrt{Q}$$

qui peut s'appliquer à peu près dans tous les cas. R est évalué en mètres, et Q en mètres cubes par seconde.

CONDUITES FORCÉES.

157. On appelle *conduite forcée* le tuyau qui établit la communication entre deux tronçons d'un même canal interrompu de part et d'autre d'une vallée. Ainsi, soient AA′, BB′, deux portions de canal tracées à flanc de coteau le long de deux contre-forts. Le canal est interrompu au passage de la vallée qui sépare ces deux contre-forts; pour faire passer l'eau de l'une des portions du canal à l'autre, on peut se servir d'un tuyau ACB qui suivra les flancs de la vallée suivant leurs lignes de plus grande pente, et qui évitera la construction d'un grand ouvrage d'art (*).

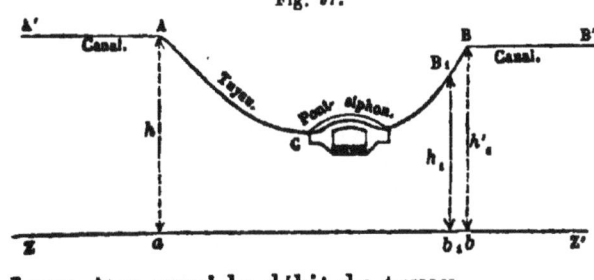

Fig. 97.

Soit Q donné le débit du canal, qui devra être aussi le débit du tuyau.

(*) Il y a trois solutions principales du problème qui consiste à faire franchir une vallée à un canal de dérivation : 1° doubler le fond de la vallée, sans interrompre a ligne de pente du canal; 2° employer une conduite forcée; 3° construire un

Soit R le rayon du tuyau : on le suppose aussi connu. On peut se demander à quelle hauteur il faut placer l'origine du canal du côté B de la vallée, pour que le débit du tuyau soit égal à Q. On donne la cote h du point A, origine d'amont, et l'on cherche la cote h' du point B, extrémité d'aval du tuyau. Soit L la longueur du tuyau.

Nous aurons $J = \dfrac{h - h'}{L}$; la vitesse u dans le tuyau est connue par l'équation $u = \dfrac{Q}{\pi R^2}$. Nous avons donc à résoudre l'équation

$$R \frac{h - h'}{L} = b_1 \times u^2,$$

par rapport à la hauteur h', ou, ce qui revient au même, par rapport

---

pont-aqueduc. L'économie sur les frais de construction et l'*économie sur la pente* décident du choix entre ces diverses solutions. Les anciens n'avaient pas la ressource des conduites forcées à grande flèche, parce que leurs tuyaux de poterie n'auraient pas résisté à une pression intérieure un peu considérable. « De là ces magnifiques ponts-« aqueducs que les Romains ont laissés dans tous les pays qu'ils ont occupés, et que « *nous devons admirer et ne pas imiter.* » (Dupuit, *Traité de la conduite des eaux,* p. 256.) Tel est en France le pont du Gard, près de Nîmes. On connaît aussi un certain nombre de *ponts-siphons,* solution mixte au moyen de laquelle les anciens ingénieurs évitaient de construire un grand aqueduc, tout en réduisant beaucoup la charge inté-rieure des tuyaux de conduite ; on n'emploie plus guère cet artifice que pour faire fran-chir une rivière à une conduite forcée. Dans ce cas, il faut prendre des précautions pour que l'air ne gêne pas l'écoulement au point culminant de la conduite. — Les *souterazi* de Constantinople paraissent avoir été imaginés pour éviter cet inconvénient. C'est une sorte d'aqueduc réduit à ses piles ; chaque pile porte un bassin librement ouvert : des conduites forcées amènent l'eau de l'un de ces bassins au bassin suivant, en descen-dant le long d'une des piles et en remontant le long de la pile voisine. Il est difficile de comprendre l'utilité d'une pareille disposition : elle augmente le développement des con-duites sans réduire les pressions maxima, et elle exige un grand cube de maçonnerie, qu'une simple conduite forcée permettrait de supprimer. — Du reste, les souterazi ne sont employés que là où il y a un excès de pente ; les bassins successifs placés au haut des piles fractionnent la chute totale en étages, et facilitent la distribution des eaux aux environs de la conduite, les prises d'eau particulières se faisant toujours dans les bassins.— Le P. Secchi a fait connaître, le 11 décembre 1876, à l'Académie des sciences, qu'on venait de découvrir à Alatri un siphon romain en poterie, de $0^m,30$ de diamètre, noyé dans une couche de béton, et amenant des eaux à la ville *sous une flèche de* 110 *mètres,* ce qui représente au point le plus bas une pression d'environ 11 atmos-phères. Il serait curieux de savoir si ce siphon a résisté longtemps à cette énorme pression intérieure. — On a essayé récemment à Paris des conduites forcées en maçon-nerie, fonctionnant sous une faible charge. (V. *Résistance des matériaux,* 2ᵉ édition, § 71.)

à la différence $h - h'$. Cette équation donne

$$h - h' = \frac{b_1 u^2 L}{R}.$$

Si l'on connaissait d'avance la longueur exacte L, le problème serait résolu. Mais lorsqu'on fait le tracé du canal, L n'est pas tout de suite rigoureusement connu. On s'arrête d'abord à un point B_1, voisin du point cherché; le chaînage fait connaître la longueur L_1 jusqu'à ce point B_1, et le nivellement donne la différence $h - h_1$ des cotes de niveau du point B_1 et du point A. Si l'on substitue dans l'équation, il arrivera généralement qu'elle ne sera pas satisfaite.

Or on peut corriger rigoureusement et d'un seul coup la position B_1 qu'on vient d'attribuer au point B, pourvu que ces points se trouvent dans une région où le coteau ait sensiblement une inclinaison uniforme, ce qui arrive presque toujours.

Soit, en effet, i la pente par mètre du coteau : le nivellement et

Fig. 98.

les chaînages déjà faits permettent d'évaluer cette pente avec exactitude. Appelons λ ce qu'il faut ajouter à la longueur L_1 pour donner la longueur rigoureuse L; la longueur $\lambda = B_1B$ a pour projection verticale

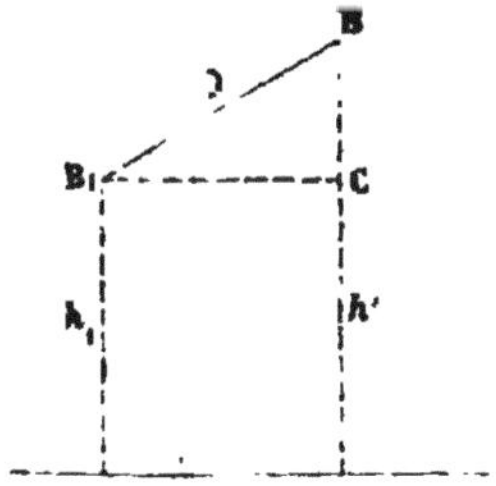

$$CB = \lambda \times \frac{i}{\sqrt{1 + i^2}},$$

et, par suite,

$$h' - h_1 = \frac{\lambda i}{\sqrt{1 + i^2}}.$$

On connaît $h - h_1$, quantité fournie par le nivellement; on connaît aussi L_1; remplaçons dans notre équation $h - h'$ par $h - h_1 - (h' - h_1)$ ou par $h - h_1 - \frac{\lambda i}{\sqrt{1 + i^2}}$, et L par $L_1 + \lambda$, et nous aurons

$$h - h_1 - \frac{\lambda i}{\sqrt{1 + i^2}} = \frac{b_1 u^2}{R} \times (L_1 + \lambda),$$

équation qui fait connaître λ :

$$\lambda = \frac{(h - h_1) - \dfrac{b_1 u^2 L_1}{R}}{\dfrac{b_1 u^2}{R} + \dfrac{i}{\sqrt{1 + i^2}}}.$$

Les opérations faites pour déterminer les valeurs approchées de L et de la différence de niveau $h - h'$, conduisent donc à la correction rigoureuse de ces mêmes valeurs, pourvu que la pente i soit constante sur une certaine étendue du versant.

Il faut observer que les chaînages destinés à l'évaluation des longueurs L doivent être faits, non pas suivant l'horizontale, mais *à plat sur le terrain*, ou plus généralement suivant les inflexions que doit présenter le tracé du tuyau.

ÉCOULEMENT DANS UN SIPHON.

158. Soit CED un tuyau de diamètre constant, faisant communiquer le réservoir A, à la cote h, avec le réservoir B, à la cote h'. Appelons L la longueur CED du tuyau.

Fig. 99.

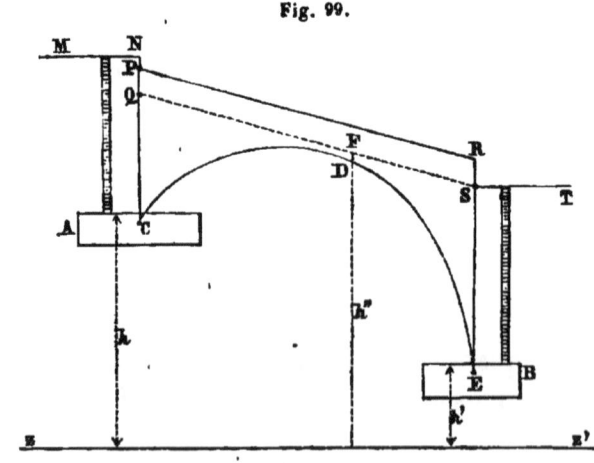

On aura $J = \dfrac{h - h' - 1{,}49 \dfrac{u^2}{2g}}{L}$, et la vitesse du liquide sera donnée par l'équation

$$RJ = b_1 u^2.$$

On pourra donc calculer u connaissant h, h', L et R, et construire la ligne de charge MNPRST; l'horizontale MN représente le plan de charge dans le réservoir d'amont, à la hauteur $\frac{p_0}{\Pi}$ au-dessus de niveau de ce réservoir; à l'entrée du tuyau la ligne de charge s'abaisse brusquement de la quantité PN $= 0,49 \, \frac{u^2}{2g}$, à cause du phénomène de l'ajutage. A partir de P, elle s'abaisse proportionnellement à la longueur du tuyau, et dessine la ligne PR.

Une nouvelle perte de charge brusque RS $= \frac{u^2}{2g}$ représente la vitesse perdue par le liquide dans le bassin d'aval, et l'on retrouve le niveau ST, à la cote $h' + \frac{p_0}{\Pi}$.

La ligne des niveaux piézométriques se déduit sur la ligne PR en l'abaissant verticalement de $\frac{u^2}{2g}$, ce qui donne la ligne QS. L'intervalle compris sur la verticale entre le tuyau et la ligne QS représente la pression dans le tuyau.

Cet intervalle est minimum en un certain point D, où les deux lignes QS et CDE ont des tangentes parallèles; et si l'on appelle s la longueur CD du tuyau jusqu'à ce point, et h'' la cote de hauteur du même point, on aura

$$FD = h + \frac{p_0}{\Pi} - 0,49 \, \frac{u^2}{2g} - Js - h'',$$

et cette hauteur mesure la pression minimum développée au point D. Le siphon ne peut fonctionner si FD est notablement inférieur à la hauteur $\frac{p_0}{\Pi}$, qui représente la pression atmosphérique.

LIVRE III.

DU MOUVEMENT DE L'EAU DANS LES CANAUX DECOUVERTS.

CHAPITRE PREMIER.

DU MOUVEMENT UNIFORME DE L'EAU DANS LES CANAUX PRISMATIQUES.

THÉORIE DE PRONY.

159. Les lois du frottement des liquides, telles que nous les avons données pour l'écoulement par les tuyaux, s'appliquent aussi à l'écoulement de l'eau dans les canaux découverts. La résistance due au frottement du lit est une fonction de la vitesse; elle est proportionnelle à l'aire des surfaces frottantes; enfin, elle est indépendante de la pression. Les anciens expérimentateurs avaient ajouté qu'elle était indépendante de la nature de la paroi; mais les expériences récentes de MM. Darcy et Bazin ont démenti cette assertion.

La théorie de l'écoulement dans les canaux est plus simple que celle de l'écoulement dans les tuyaux, en ce que la surface libre du

liquide coulant est toujours soumise à la pression atmosphérique.
Par contre, les mouvements des molécules liquides étant plus libres,
le problème de la répartition des vitesses dans l'étendue d'une section transversale est plus compliqué. Enfin, la surface libre du liquide
éprouve parfois des *ressauts* brusques qui rompent le parallélisme
des filets, et dont nous aurons à rechercher la loi. Tant que l'écoulement s'opère par filets sensiblement parallèles, les pressions varient
dans l'intérieur d'une même section transversale suivant la loi de
l'hydrostatique.

Admettons d'abord, comme nous l'avons fait pour les tuyaux, que
le mouvement uniforme de la masse liquide dans un canal prismatique à pente constante s'effectue *tout d'une pièce*, c'est-à-dire
que tous les filets soient animés à la fois d'une vitesse commune
perpéndiculairement à la section transversale. Soit u cette vitesse, Ω l'aire de la section ABDC, χ la longueur du périmètre
mouillé AC + CD + BD. Appelons p_0 la pression atmosphérique par
unité de surface, et h la distance GI du centre de gravité à la ligne
d'eau. Considérons la masse liquide comprise entre deux sections

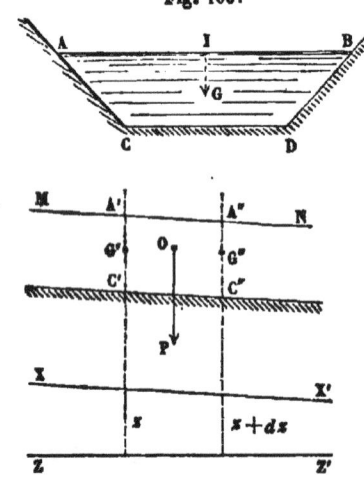

Fig. 100.

transversales A'C', A"C", infiniment
voisines ; la pente du canal étant
supposée très faible, ces sections
sont à peu près verticales. Exprimons que les forces qui agissent sur
cette masse se font équilibre en
projection sur un axe XX' mené
parallèlement au courant. Ces forces sont :

La pesanteur ;

Les pressions, savoir, la pression
atmosphérique en A'A", les pressions
sur les sections A'C', A"C", la réaction normale du lit C'C" ;

Enfin, le frottement de la paroi, qui s'exerce sur une surface
(AC + CD + DB) $\times$ C'C".

Soit C'C" $= ds$; le poids de la quantité d'eau contenue entre les plans A′C′, A″C″ est égal à $\Pi\Omega ds$; cette force OP fait avec l'axe XX′ un angle égal au complément de l'angle que fait l'axe du canal avec l'horizon ; le cosinus de l'angle de OP avec XX′ est donc égal au sinus de l'angle de C′C″ avec l'horizon, et par suite la projection de $\Pi\Omega ds$ sur XX′ est égale au produit de $\Pi\Omega$ par la hauteur du point C′ au-dessus du point C″, ou du point A′ au-dessus du point A″. Soit z l'ordonnée du point A′ au-dessus d'un plan horizontal de comparaison, ZZ′ ; nous aurons en définitive

$$\Pi\Omega ds \times \cos\left(\widehat{\mathrm{OP,\ XX'}}\right) = -\,\Pi\Omega\,dz.$$

La pression atmosphérique agit directement sur la surface A′A″ ; mais elle se transmet sur les autres faces du volume liquide, et si l'on projette toutes ces forces sur l'axe XX′, la résultante de toutes leurs projections est nulle.

Passons donc aux pressions du liquide, abstraction faite de la pression atmosphérique.

La pression moyenne dans la section A′C′ est égale à Πh, et la pression totale est

$$\Pi h \times \Omega.$$

Pour la projeter sur XX′, il faut la multiplier par le cosinus de l'angle de XX′ avec l'horizon. Dans la section A″C″, nous trouverons de même une pression $\Pi h \times \Omega$ à multiplier par le cosinus du même angle, et à prendre négativement ; les deux pressions se détruisent donc en projection. Les pressions normales du fond et des parois latérales étant normales à l'axe ne donnent rien.

Le frottement est une force dirigée en sens contraire du mouvement, et égale à $\chi ds f(u)$, $f(u)$ étant une fonction de la vitesse u à déterminer par l'expérience.

En définitive, on parvient à l'équation

$$\Pi\Omega\,dz + \chi\,ds\,f(u) = 0,$$

ou bien

$$dz + \frac{\chi}{\Omega}\frac{f(u)}{\Pi}\,ds = 0,$$

ce qui, par l'intégration, donne

$$z + \frac{\chi}{\Omega} \frac{f(u)}{\Pi} s = \text{constante}.$$

Appliquons cette équation à deux points quelconques M et N de la ligne d'eau d'un canal à pente constante ; il viendra

$$z + \frac{\chi}{\Omega} \frac{f(u)}{\Pi} s = z' + \frac{\chi}{\Omega} \frac{f(u)}{\Pi} s'$$

ou bien

$$z - z' = \frac{\chi}{\Omega} \frac{f(u)}{\Pi} (s' - s).$$

$z - z'$ est la *pente totale* NL de la superficie du cours d'eau entre les deux points donnés ;

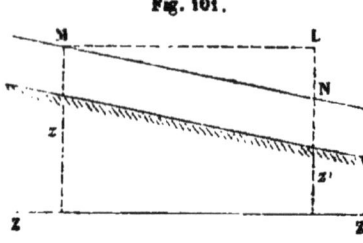

Fig. 101.

$s' - s$ est la longueur MN prise sur l'axe du cours d'eau ; cette longueur est très sensiblement égale à sa projection horizontale ML, à cause de la petitesse de l'angle NML.

Le rapport $\frac{z - z'}{s' - s}$ est donc sensiblement égal à la *pente par mètre* I, de la surface MN.

On pouvait parvenir à ce résultat sans intégration, puisque l'équation différentielle définit la pente I par le rapport $-\frac{dz}{ds}$, aussi bien que l'équation intégrale par le rapport $\frac{z - z'}{s' - s}$.

Le rapport $\frac{\Omega}{\chi}$ est ce qu'on appelle le *rayon moyen* de la section. On le représente par la lettre R. Si enfin nous remplaçons $\frac{f(u)}{\Pi}$ par une nouvelle fonction $\varphi(u)$, l'équation prendra la forme suivante, qui est consacrée par l'usage :

$$RI = \varphi(u).$$

Il reste donc à déterminer par expérience la fonction $\varphi(u)$.

160. Pròny détermina le premier cette fonction en s'aidant de 30 expériences de Dubuat et d'une expérience de Chésy, et publia la formule à laquelle il parvint dans ses *Recherches physico-mathématiques* (1804). Plus tard, Eytelwein s'occupa du même problème, en se fondant sur les expériences qui avaient servi à Pròny, et sur 61 observations nouvelles dues à Woltmann, à Funk et à Brünings (*Mémoires de Berlin*, 1814 à 1815); d'autres expériences, faites par Bidone, par Bonati et par les ingénieurs de l'École des ponts et chaussées des États pontificaux (*), servirent à contrôler les résultats obtenus. Les données sur lesquelles Eytelwein établit sa formule sont au nombre de 99, savoir :

36 de Dubuat,
4 de Woltmann,
35 de Funk,
16 de Brünings,
3 de Bidone,
3 de Bonati,
2 de l'École romaine des ponts et chaussées.

En tout 99.

La table II du *Recueil de cinq tables*, publié par Pròny en 1825, contient le résumé de ces quatre-vingt-dix-neuf expériences. Elle donne pour chacune l'aire de la section transversale, le périmètre mouillé, le rayon moyen R, la déclivité I, le produit RI, la vitesse observée, la vitesse calculée par la formule donnée par Pròny en 1804, et la vitesse calculée par la formule donnée par Eytelwein quelques années plus tard. Ces deux formules diffèrent par les valeurs des coefficients constants qui y figurent. Les deux auteurs ont admis, avec Coulomb et Girard, que la fonction $\varphi(u)$

(*) Recherches géométriques et hydrométriques faites dans l'École des ingénieurs des eaux et routes des États romains, en l'année 1821 (Milan, 1822. Texte italien).

croît avec u, plus rapidement que la vitesse u, et moins rapidement que le carré de la vitesse u^2, et ils ont posé

$$\varphi(u) = au + bu^2.$$

Des opérations en tout semblables à celles que nous avons fait connaître à propos des tuyaux, les ont conduits à déterminer les valeurs des coefficients a et b. Prôny avait trouvé

$$a = 0.000\ 044\ 449\ 9, \quad b = 0.000\ 309\ 314\ 0.$$

Eytelwein trouva de son côté

$$a = 0.000\ 024\ 265\ 1, \quad b = 0.000\ 365\ 543\ 0.$$

Les deux formules ont servi à dresser des tables, que l'on trouve toutes deux sous la forme suivante dans le Recueil de Prôny :

VITESSE moyenne u.	VALEURS CORRESPONDANT A CELLES DE u		de $\frac{1}{4}$ DJ dans les tuyaux.
	de RI dans les canaux.		
	Eytelwein.	Prôny.	
u 0.01	0.000 000 3	0.000 000 5	
⋮	⋮	⋮	
0.36	0.000 056 1	0.000 056 1	
⋮	⋮	⋮	
1.00	0.000 389 8	0.000 353 8	
⋮	⋮	⋮	
2.00	0.001 510 7	0.001 326 2	
⋮	⋮	⋮	
3.00	0.003 362 7	0.003 186 3	

Les deux formules s'accordent pour $u = 0^m.36$; au-dessous, la formule d'Eytelwein donne pour RI des valeurs plus petites que la formule de Prôny. Au-dessus, l'inégalité est renversée, mais les écarts sont toujours assez petits pour n'avoir pas une grande influence au point de vue de la pratique, d'autant plus que les vitesses de l'écoulement dans les canaux sont généralement faibles et voisines de la vitesse $0^m.36$, pour laquelle il y a accord complet entre les deux formules.

On accordait autrefois plus de confiance à la formule d'Eytelwein qu'à celle de Prôny, parce qu'elle reposait sur un plus grand nombre d'observations.

161. Ces expériences étaient malheureusement fort disparates, et ne permettaient guère de fonder une véritable théorie. Si nous en reprenons le détail, nous voyons que les trente et une expériences qui avaient servi au premier travail de Prôny se partageaient comme il suit :

Trente de Dubuat, dont vingt-trois sur des canaux en bois de petite section, et sept sur le canal du Jard et la rivière de Hayne,

Et une expérience de Chésy, sur la rigole de Courpalet (*).

Les vingt-trois premières sont donc relatives à des canaux de petites dimensions, sur lesquels Dubuat avait étudié la distribution des vitesses des divers filets liquides et déterminé la vitesse moyenne; les huit autres s'appliquent à des rivières ou à des rigoles de section beaucoup plus grande, pour lesquelles Dubuat et Chésy s'étaient contentés de donner la vitesse de l'eau à la superficie. Prôny, ayant besoin de connaître la vitesse moyenne, s'était servi pour la calculer de la relation entre la vitesse moyenne et la vitesse superficielle que Dubuat avait déduite de ses observations sur les canaux en bois de petite section. Cette généralisation arbitraire diminue l'autorité des huit dernières déterminations indiquées par Prôny.

(*) Cette dernière expérience, qui n'a pas été employée par Eytelwein, n'est pas portée dans la table II du *Recueil des cinq Tables.*

Les quatre-vingt-dix-neuf expériences employées par Eytelwein contiennent les trente expériences de Dubuat, dont vingt-trois seulement paraissent à l'abri de toute objection. Elles comprennent en outre des expériences de Funk et de Brünings sur de grands cours d'eau. Les seize expériences de Brünings, faites en 1790 et 1792, avaient pour objet de déterminer le partage du débit du Rhin entre ses différents bras ; dans ces observations Brünings n'a pas eu égard aux pentes de superficie, et ce n'est que cinq ans plus tard, en 1797, qu'elles ont été déterminées à l'aide de nivellements. On ne peut donc pas affirmer que les pentes admises par Éytelwein pour le calcul des coefficients de la formule soient bien celles qui correspondaient aux vitesses observées par Brünings. Les expériences de Funk sur le Weser offrent de même quelques incertitudes : de sorte que ni Prôny ni Eytelwein ne pouvaient avoir une confiance absolue dans l'exactitude des résultats qu'ils avaient déduits d'expériences offrant de si nombreuses lacunes. Quelques observations démontrèrent la nécessité de remanier les formules, et surtout d'y faire entrer un élément qu'on avait jusque-là entièrement négligé, la nature de la paroi. Les expériences commencées en 1855 par Darcy, à Dijon, mirent en évidence l'insuffisance de l'ancienne théorie. « M. Darcy, dit M. Bazin (*), établit successivement cinq « canaux rectangulaires de 0ᵐ.80 à 2 mètres de largeur, ayant tous « une même pente de 0ᵐ.005 par mètre, et ne différant que par la « nature de la paroi. Le premier était en ciment, le deuxième en « planches, le troisième en briques, le quatrième et le cinquième « étaient recouverts de gravier engagé dans du ciment, de manière « à simuler un fond de rivière. En y faisant couler un même volume « d'eau de 1ᵐ.236 par seconde, on obtint pour le rapport $\frac{RI}{u^2}$ qui, « d'après la formule de Prôny, eût été presque constant, les valeurs « suivantes :

(*) *Recherches hydrauliques*, 1ʳᵉ partie, Introduction, p. 6.

	VALEURS DE $\frac{RI}{u^2}$ DONNÉES	
	par l'expérience.	par la formule de Prôny.
Canal en ciment..	0.000172	0.000327
— en planches.	0.000229 .	0.000329
— en briques.	0.000277	0.000330
— revêtu de petit gravier..	0.000472	0 000335
— revêtu de gravier un peu plus gros. .	0.000661	0.000338

« Le rapport $\frac{RI}{u^2}$ qui, d'après la formule de Prôny, aurait dû être « sensiblement constant, a donc varié dans le rapport de 1 à 4. »

En répétant ces expériences sur les rigoles d'alimentation du canal de Bourgogne, on trouva les résultats suivants (*) :

	VALEURS DE $\frac{RI}{u^2}$ DONNÉES	
	par l'observation.	par la formule de Prôny.
Canal en terre, fond et talus vaseux.	0.000749	0.000407
— en terre, fond et talus pierreux.. . . .	0.001300	0.000383
— revêtu d'un perré couvert de mousse.	0.002331	0.000343
Même canal, après que la mousse qui recouvrait le perré eut été enlevée.	0,001024	0.000335

L'influence de la nature, ou plutôt de la *structure* de la paroi, était mise en parfaite évidence par ces observations, tout à fait d'accord du reste avec les observations relatives aux tuyaux. Nous verrons bientôt les résultats importants auxquels ont été conduits MM. Darcy et Bazin, une fois entrés dans ce nouvel ordre d'idées.

(*) *Recherches hydrauliques*, ibid, p. 8.

TRANSFORMATIONS PROPOSÉES POUR LES FORMULES DE PRÒNY ET D'EYTELWEIN, ET CONSÉQUENCES DE LA THÉORIE DE L'ÉCOULEMENT UNIFORME DANS LES CANAUX.

162. Admettons provisoirement la théorie de Pròny ou d'Eytelwein, comme on l'a fait jusqu'à la publication des travaux de MM. Darcy et Bazin. Nous aurons l'équation

$$RI = au + bu^2,$$

dans laquelle le coefficient a est beaucoup plus petit que b; dès que la vitesse dépasse $0^m.10$, le terme bu^2 l'emporte sur le terme au, et la formule peut se simplifier par la suppression du terme du premier degré. On a alors

$$RI = bu^2,$$

ou bien

$$u = \frac{1}{\sqrt{b}} \sqrt{RI}.$$

La formule d'Eytelwein ainsi transformée donne

$$u = 52 \sqrt{RI}.$$

Les hydrauliciens italiens emploient une formule analogue, qui donne des vitesses un peu moindres,

$$u = 50 \sqrt{RI}.$$

Le général Dufour a même réduit le coefficient à 41.

Enfin M. Barré de Saint Venant, appliquant aux canaux les mêmes méthodes qu'aux tuyaux, est parvenu à la formule

$$RI = 0.000\,401\,02\, u^{\frac{11}{11}},$$

laquelle est calculable par logarithmes.

163. Appliquons l'une quelconque de ces formules à l'écoulement dans un aqueduc voûté, tel que celui dont la coupe ACB est donnée dans la figure 102.

Si nous supposons la ligne d'eau placée en MN, nous aurons

$$\Omega = \text{surf. MNDE},$$
$$\chi = \text{AE} + \text{BD} + \text{ED};$$

nous pourrons calculer $R = \dfrac{\Omega}{\chi}$, et, admettant que la pente I soit donnée, nous en déduirons la vitesse u, puis le débit $Q = u \times \Omega$. Ce

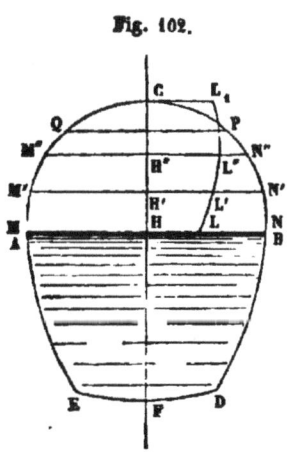

Fig. 102.

débit variera avec la hauteur MN attribuée à la ligne d'eau dans l'aqueduc. Portons à partir de l'axe vertical CF, sur la ligne MN, une longueur HL proportionnelle au débit Q. Nous pourrons répéter cette construction pour d'autres lignes d'eau, M'N', M"N", et nous obtiendrons ainsi des ordonnées H'L', H"L" qui représenteront à l'échelle les valeurs du débit lorsque l'aqueduc se remplit jusqu'au niveau M'N' ou au niveau M"N". L'ensemble des points L, L', L"... dessinera donc la *courbe des débits*. On peut pousser les opérations jusqu'au moment où la section de l'aqueduc est entièrement remplie; on obtient alors un certain débit CL$_1$. Or on observe que la courbe LL'L"..L$_1$ a un maximum en un point P, situé au-dessous de la clef de la voûte. C'est à cette hauteur qu'il faut remplir l'aqueduc pour lui assurer le plus grand débit possible. Au delà, les ordonnées de la courbe décroissent pour une élévation de la ligne d'eau. Ce fait s'explique en observant qu'un léger accroissement de la hauteur de cette ligne, dans la région voisine de la clef, augmente notablement le périmètre mouillé χ, et augmente très peu la section Ω. Le rayon moyen diminuant, la vitesse moyenne diminue assez rapidement pour faire décroître le produit Ωu qui mesure la dépense.

En appliquant cette construction à différents aqueducs voûtés, on

reconnaît qu'une section de cette forme permet d'écouler un volume
d'eau supérieur de 4 à 6 p. 100 au volume débité à plein tuyau.

Proposons-nous de déterminer la position de la ligne qui correspond au maximum du débit, en faisant usage de la formule simplifiée

$$\mathrm{R}\mathrm{I} = bu^2,$$

ou bien

$$\frac{\Omega}{\chi}\mathrm{I} = bu^2,$$

où b désigne un coefficient constant. Le débit $\mathrm{Q} = \Omega u$. Le maximum de Q entraîne la condition $d\mathrm{Q} = 0$. Donc

$$\Omega du + u d\Omega = 0.$$

Mais u est lié à Ω et à χ par l'équation du mouvement, qui, différentiée, donne

$$\frac{\chi d\Omega - \Omega d\chi}{\chi^2}\mathrm{I} = 2bu\,du.$$

Remplaçons dans cette équation du sa valeur $-\dfrac{u d\Omega}{\Omega}$, déduite de l'équation précédente; il viendra, en remplaçant bu^2 par $\dfrac{\Omega}{\chi}\mathrm{I}$,

$$\frac{\chi d\Omega - \Omega d\chi}{\chi^2}\mathrm{I} = -2bu \times \frac{u d\Omega}{\Omega} = -2\frac{d\Omega}{\Omega} \times \frac{\Omega}{\chi}\mathrm{I},$$

ou bien, en supprimant les facteurs communs,

$$3\frac{d\Omega}{\Omega} = \frac{d\chi}{\chi}.$$

C'est la condition du maximum. Appliquons cette théorie à une section circulaire de rayon a, et soit θ le demi-angle au centre qui correspond à l'arc mouillé. On aura

$$\Omega = a^2(\theta - \tfrac{1}{2}\sin 2\theta) \quad \text{et} \quad \chi = 2a\theta,$$

$$d\Omega = a^2 d\theta(1 - \cos 2\theta) = 2a^2 \sin^2\theta\, d\theta, \quad d\chi = 2a\,d\theta,$$

et l'équation de condition deviendra

$$3 \times \frac{2 \sin^2 \theta}{\theta - \frac{1}{2} \sin 2\theta} = \frac{1}{\theta},$$

ou bien

$$6 \sin^2 \theta = 1 - \frac{\sin 2\theta}{2\theta}.$$

Si dans cette équation on fait successivement $\theta = \frac{\pi}{2}$ et $\theta = \pi$, on trouve d'abord $6 > 1$, puis $0 < 1$, par la comparaison des valeurs que prennent les deux membres. Le renversement de l'inégalité montre qu'il y a une racine réelle de l'équation comprise entre $\theta = \frac{\pi}{2}$ et $\theta = \pi$.

L'interpolation par parties proportionnelles entre ces deux valeurs fait connaître une valeur approchée de l'inconnue. On trouve ainsi $\theta = \frac{11}{12} \pi$. Cette valeur pourrait être corrigée en appliquant le même procédé, mais si l'on veut seulement déterminer la valeur du maximum du débit, on peut, sans erreur sensible, se contenter de cette première approximation, puisque le caractère d'un maximum est précisément de varier peu quand on fait varier la quantité dont il dépend. On trouve, en achevant le calcul pour l'aqueduc plein, le rayon a étant pris pour unité,

$$\Omega_1 = 3{,}14159,$$
$$\chi_1 = 6{,}28318,$$
$$R_1 = 0{,}50,$$
$$Q_1 = \sqrt{\frac{I}{b}} \sqrt{0{,}50} \times 3{,}14159,$$

et pour l'aqueduc rempli jusqu'au point où $\theta = \frac{11}{12} \pi$ (165°),

$$\Omega = 3{,}12980,$$
$$\chi = 5{,}7596,$$
$$R = 0{,}543,$$
$$Q = \sqrt{\frac{I}{b}} \sqrt{0{,}543} \times 3{,}12980.$$

Donc enfin

$$\frac{Q}{Q_1} = \frac{\sqrt{0,543} \times 3,12980}{\sqrt{0,500} \times 3,14159} = 1,0382,$$

ou environ 4 p. 100 de plus que le débit à plein tuyau.

164. Remarquons à ce propos qu'au moment où l'écoulement s'établit dans la section entière, le *canal* devient à proprement parler un *tuyau*, de sorte que les coefficients de la formule d'Eytelwein devraient changer brusquement de valeur pour être d'accord avec la formule de Prôny pour l'écoulement par les tuyaux. Une théorie complètement rationnelle ferait disparaître cette variation.

165. La formule $RI = \varphi(u)$ montre que le rayon moyen intervient de la même manière que la pente dans la détermination de la vitesse u. C'est grâce à cette influence que l'on peut drainer et dessécher au moyen de canaux des terrains ayant de très faibles déclivités. Les anciens ingénieurs, préoccupés d'une fausse assimilation entre l'écoulement d'un liquide et le mouvement d'un corps solide qui glisse sur un plan incliné, paraissent n'avoir pas connu cette loi.

166. Si l'on veut avec une pente constante écouler le plus grand volume d'eau possible par une section dont la largeur AB au plan d'eau et le périmètre mouillé χ sont seuls donnés, il faut accroître le plus possible la section, puisque de cette manière on accroît à la fois la vitesse u et le produit Ωu, ou la dépense. La question est donc ramenée à un cas particulier du fameux *problème des isopérimètres* (*) : tracer du point A au point B une courbe ACB ayant la longueur donnée χ, et renfermant entre elle et la corde AB la plus grande surface possible. Il est facile de reconnaître que

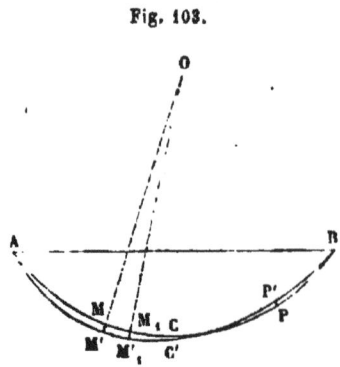

Fig. 103.

(*) *Voir* **Lagrange**, *Leçons sur le calcul des fonctions*, Leçon XXI.

cette courbe est un arc de cercle. Voici la démonstration que nous en donnerons, d'après M. O. Bonnet (*).

Soit ACB la courbe cherchée qui a une longueur donnée ACB $= \chi$, et qui renferme la surface maximum. Traçons une seconde courbe AC'B infiniment voisine de la courbe ACB, terminée aux mêmes extrémités, et ayant la même longueur χ. Cette courbe renfermera la même aire que la première, à cause de la propriété du maximum, aux environs duquel les variations de la quantité variable sont des infiment petits d'ordre supérieur au premier. Rapportons les points M' de cette nouvelle courbe à la première courbe ACB, en abaissant les perpendiculaires M'M sur celle-ci; appelons s l'arc AM, et y la longueur de l'ordonnée MM', que nous compterons positivement si elle tombe d'un côté de la courbe ACB, négativement si elle tombe de l'autre côté; la courbe AC'B sera définie par une certaine relation entre y et s, et l'aire comprise entre les deux courbes, du point A à une ordonnée PP' quelconque, aura pour expression $\int_0^{AP} y\,ds$; prise entre les limites o et χ qui correspondent aux extrémités des deux courbes, cette aire doit être nulle pour qu'il y ait maximum. On a donc

$$\int_0^\chi y\,ds = 0.$$

Les deux courbes ont la même longueur χ. Calculons l'arc M'M'$_1$ de la courbe C', correspondant à l'arc élémentaire MM$_1 = ds$ de la courbe ACB; soit O le centre de courbure de cette dernière courbe au point M, et ρ le rayon de courbure OM; l'angle de M'M'$_1$ avec MM' est par hypothèse infiniment petit; nous aurons donc la proportion

$$\frac{M'M'_1}{ds} = \frac{OM'}{OM} = \frac{\rho + y}{\rho}.$$

(*) Mémoire sur la théorie générale des surfaces, *Journal de l'École polytechnique*, t. XIX, 32e cahier, p. 44, 1848. — M. Bonnet applique sa méthode à un problème plus général, celui de l'aire maximum parmi les isopérimètres sur une surface donnée; et il trouve que la courbe qui satisfait à cette condition est celle dont la *courbure géodésique* est constante.

Donc

$$\frac{M'M'_1 - ds}{ds} = \frac{y}{\rho},$$

et, par suite,

$$M'M'_1 - ds = \frac{yds}{\rho}.$$

Si nous ajoutons ensemble toutes les équations analogues écrites pour tous les arcs infiniment petits dans lesquels on peut décomposer les courbes ACB, AC'B, nous aurons pour résultat

$$\chi - \chi \quad \text{ou} \quad 0 = \int_0^\chi \frac{yds}{\rho}.$$

On a donc à la fois les deux équations

$$\int_0^\chi yds = 0 \quad \text{et} \quad \int_0^\chi \frac{yds}{\rho} = 0.$$

Posons avec M. Bonnet, d'après un procédé indiqué par Cauchy,

$$\int_0^s yds = \varphi(s),$$

φ étant une fonction définie par cette équation pour toutes les valeurs de s comprise entre o et χ, et s'annulant à ces deux limites; il viendra en différentiant

$$y = \varphi'(s).$$

Substituons dans la seconde équation, elle devient

$$\int_0^\chi \frac{\varphi'(s)ds}{\rho} = 0.$$

L'intégration par parties nous donne l'intégrale générale

$$\int \frac{\varphi'(s)ds}{\rho} = \frac{\varphi(s)}{\rho} - \int \varphi(s) \times d\left(\frac{1}{\rho}\right),$$

qu'il faut prendre entre les limites o et χ; or, aux limites le terme $\frac{\varphi(s)}{\rho}$ s'annule et disparaît. Donc

$$\int_0^\chi \frac{\varphi'(s)\,ds}{\rho} = -\int_0^\chi \varphi(s)\,d\left(\frac{1}{\rho}\right) = 0.$$

Mais $\varphi(s)$ est arbitraire pour toute valeur de s comprise entre o et χ. La relation précédente exige donc que l'on ait en tous points de la courbe ACB

$$d\left(\frac{1}{\rho}\right) = 0, \quad \text{ou} \quad \rho = \text{constante},$$

sans quoi on pourrait disposer de la fonction φ de telle sorte, que tous les éléments de l'intégrale aient un même signe; la somme ne pourrait donc être nulle. L'équation finale définit l'arc de cercle de longueur χ tracé du point A au point B.

167. La simple géométrie conduit presque aussi rapidement à cette conclusion.

1° Proposons-nous d'abord de construire avec quatre côtés donnés le plus grand quadrilatère possible.

Supposons le problème résolu, et soit ABCD le quadrilatère cherché,

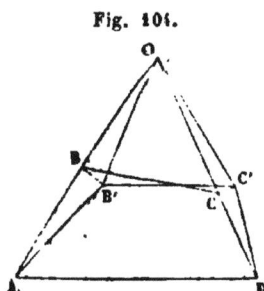

Fig. 101.

dont les côtés AB, BC, CD, AD ont des longueurs connues. Nous pouvons déformer infiniment peu ce quadrilatère, sans changer la position des sommets A et D; le point B viendra en B', le point C ira en C', et le contour polygonal ABCD prendra, sans altération des longueurs, la forme AB'C'D. Or, le point 0, intersection des normales AB, DC, aux trajectoires décrites par les points B et C, est le *centre instantané de rotation* du côté BC; et par conséquent le triangle OB'C' est égal au triangle OBC, ou plutôt n'est autre chose que ce triangle lui-même, déplacé d'un certain angle autour du point O, centre de rotation.

La condition du maximum s'exprimera par l'égalité

$$\text{surf. (AB'C'D)} = \text{surf. (ABCD)},$$

Ajoutons de part et d'autre les deux triangles égaux OB'C' et OBC;

il viendra

$$\text{surf. (OB'ADC'O)} = \text{surf. (OBADCO)}.$$

Or la première surface se déduit de la seconde en ajoutant le triangle ODC', et en retranchant le triangle OAB'; l'égalité des deux surfaces entraîne donc l'équivalence des deux triangles, dont les aires sont respectivement égales à $\frac{1}{2}$ CC'$\times$OD et à $\frac{1}{2}$ BB'$\times$OA. Donc

$$\text{CC}' \times \text{OD} = \text{BB}' \times \text{OA}.$$

D'un autre côté, CC' et BB' sont les déplacements linéaires simultanés des deux points C et B, qui appartiennent tous deux au côté rigide BC; et qui tournent d'un même angle autour du point O; leurs déplacements sont donc proportionnels à leurs distances OC, OB, au centre de rotation.

.Donc enfin

$$\text{OC} \times \text{OD} = \text{OB} \times \text{OA}.$$

Cette équation montre que les quatre points A, B, C, D sont sur une même circonférence.

Le plus grand quadrilatère que l'on puisse construire avec quatre côtés donnés est donc le quadrilatère inscriptible.

2° La même proposition s'étend à un polygone d'un nombre quelconque de côtés et dont les côtés sont supposés donnés. En effet, soient A, B, C, D, E cinq sommets consécutifs du polygone cherché dont la surface est maximum. Menons la diagonale AD qui retranche du polygone le quadrilatère ABCD. Je dis que ce quadrilatère est inscriptible, car s'il en était autrement, on pourrait, sans rien changer aux autres sommets, augmenter l'aire du quadrilatère, et par suite l'aire du polygone, en altérant la position des sommets B et C, de manière à amener la figure ABCD à être inscriptible dans un cercle. Donc les quatre sommets A, B, C, D sont sur une même circonférence. On prouverait de même que les quatre sommets B, C, D, E, sont aussi sur une même circonférence, et par suite ils sont situés sur la même circonférence que les sommets A, B, C, D, puisque ces deux circonférences ont trois points communs B, C, D. Donc enfin tous les sommets du polygone cherché appartiennent à une seule et même circonférence.

3° Étant donnés deux points A et B, on propose de mener du point A au point B une ligne ACB d'une longueur donnée χ, et telle que l'aire ACB soit maximum.

Fig. 105.

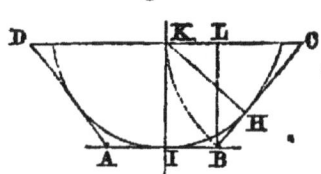

Partageons la longueur donnée χ en une infinité de parties infiniment petites que l'on pourra regarder comme autant de côtés donnés. La figure ACB devient alors un polygone dont tous les côtés sont donnés, y compris le côté AB, et qui doit rendre la plus grande surface possible. Il est inscriptible dans le cercle, en vertu de la proposition qu'on vient d'établir, et par suite le contour ABC se confond avec la circonférence et ne diffère pas de l'arc de cercle de longueur χ, passant par les deux points donnés A et B.

168. Proposons-nous de même de déterminer le plus grand trapèze isoscèle, connaissant l'inclinaison des côtés latéraux sur les côtés parallèles, et la longueur du *périmètre mouillé*, considéré comme égal à la somme des deux côtés latéraux et de la petite base.

Fig. 106.

Dans le trapèze isoscèle ABCD, on donne l'inclinaison commune des côtés BC, AD sur la base AB, et la somme $DA+AB+BC=\chi$.

On demande de déterminer les dimensions du trapèze, $AB = x$ et $LK = y$, de manière que l'aire Ω soit maximum, ce qui assure aussi le maximum du débit.

Soient n l'inclinaison de BC sur AB prolongée. On aura

$$(x + ny)y = \Omega,$$
$$x + 2y\sqrt{1 + n^2} = \chi.$$

Différentiant ces deux équations, et égalant à zéro, il vient

$$(x + ny)dy + y(dx + ndy) = 0,$$
$$dx + 2dy\sqrt{1 + n^2} = 0.$$

Eliminons entre ces deux équations le rapport $\dfrac{dy}{dx}$; on aura l'équation finale

$$\frac{y}{1} = \frac{x + 2ny}{2\sqrt{1 + n^2}},$$

ou

$$\frac{x}{2} + ny = y\sqrt{1 + n^2}.$$

Or $\dfrac{x}{2} + ny = KC$ et $y\sqrt{1 + n^2} = BC$. La condition du maximum est donc $BC = KC$, ou bien $BL = KH$, en abaissant BL et KH perpendiculaires sur DC et sur BC; et comme $BL = KL$, on voit que les trois côtés DA, AB, BC, sont tangents à un même cercle, ayant son centre au milieu K de la base supérieure ou de la ligne d'eau. La construction d'un trapèze satisfaisant à ces conditions est aisée en s'aidant du principe des figures semblables.

169. Nous ferons une dernière remarque sur cette équation $RI = \varphi(u)$.

Les cours d'eau qui sillonnent une contrée ont creusé leur lit dans les terrains qu'ils traversent; plus ils sont rapides, plus l'affouillement qu'ils produisent est grand, plus aussi la section augmente; ce qui, si le débit reste le même, tend à réduire la vitesse, et par suite l'affouillement. Le régime d'une rivière est établi dès qu'il y a équilibre entre la tendance à la corrosion, qui dépend de la vitesse, et la résistance du terrain; car alors l'affouillement s'arrête. Si donc une rivière traverse un même terrain sur une grande étendue de son cours, on trouvera sensiblement la même vitesse moyenne en tous ses points, et par suite le produit RI sera à peu près constant. Mais es rivières, à mesure qu'on se rapproche de leur embouchure, reçoivent les affluents qui en grossissent le volume; la vitesse restant la même, la section augmente graduellement de l'aval à l'amont, et avec la section le rayon moyen R. Le produit RI étant constant, la pente I doit diminuer. Aussi observe-t-on que les pentes superficielles des grands fleuves diminuent successivement de l'amont à l'aval; mais cette loi suppose que le débit augmente, et elle n'est pas applicable à un canal artificiel où le même débit serait conservé partout. C'est pour n'avoir pas compris la vraie raison de cette diminution de pente, que Girard a fait varier graduellement les pentes du canal de l'Ourcq destiné à amener des eaux à Paris. Les travaux n'étaient pas encore terminés qu'on reconnut l'erreur; on revint à la pente primitive pour la portion restant à construire, et on établit dans une portion de ce canal des écluses que le projet primitif ne comportait pas, et qu'un tracé à pente constante aurait permis d'éviter, au grand avantage de la navigation.

RECHERCHES EXPÉRIMENTALES DE MM. DARCY ET BAZIN.

170. Les expériences de Darcy ont porté sur une rigole détachée du canal de Bourgogne et allant rejoindre la rivière d'Ouche. Elle a une longueur de 596^m,50 ainsi répartie :

200^m.00	en pente de	0^m.0049
250^m.	»	0^m.0020
146^m.50	»	0^m.8084
596^m.50		

La coupe en travers de la rigole a une forme rectangulaire de 2 mètres de large et de 0^m,50 de profondeur moyenne.

La prise d'eau se faisait dans le bief n° 57 du canal, à 157 mètres en aval de l'écluse n° 56; elle était formée de 4 vannes, pouvant offrir chacune un orifice d'écoulement de 0^{mq},40. Si l'on s'était borné à alimenter directement la rigole avec l'eau du canal, la hauteur d'eau dans la rigole eût subi toutes les variations de la hauteur du plan d'eau dans le bief n° 57; le passage d'un bateau dans les écluses 56 ou 57 eût modifié les conditions de l'expérience. Pour prévenir ces variations, on établit en amont de la rigole une sorte de sas ou chambre à niveau constant; elle avait 14 mètres de long sur 5ᵐ.40 de large; elle était alimentée par les vannes de prise d'eau, et elle alimentait à son tour la rigole par un second vannage formé de 12 petites vannes en cuivre, présentant chacune à l'écoulement un orifice carré de 0ᵐ.20 de côté. L'écoulement s'opérait en mince paroi à travers ces orifices. Un flotteur placé dans la chambre de prise d'eau, et communiquant le mouvement à l'aiguille d'un cadran, permettait de juger des moindres déplacements de la surface libre dans le sas. On pouvait, en modifiant convenablement la levée des vannes d'admission, y maintenir le niveau à une hauteur invariable de 0ᵐ.80 au-dessus du centre des 12 orifices. Un aide-opérateur était chargé de cette surveillance pendant toute la durée des observations. L'éclusier, de son côté, devait faciliter la tâche de l'aide-opérateur en maintenant le plus possible à une même hauteur le niveau du bief n° 57.

Les formules de l'écoulement par orifice noyé auraient pu donner le débit des vannes alimentant la rigole. Mais ce procédé n'eût pas été complétement rigoureux, parce qu'on n'était pas sûr du coefficient de contraction, et parce que, le sas étant très court, l'affluence de l'eau écoulée par les vannes d'amont n'était pas sans action sur le débit du second vannage. On a donc déterminé la quantité d'eau versée dans la rigole par des observations spéciales.

On obtenait le profil en long de la surface de l'eau en mesurant avec une règle les distances de cette surface à des points de repère placés sur des traverses en bois reliant, à des intervalles réguliers de 1ᵐ.50, les montants verticaux des cadres de la rigole. Le nivellement du fond de la rigole se faisait très simplement en barrant la rigole à son extrémité d'aval, et en la remplissant d'eau. L'écoulement étant interrompu, la surface de l'eau devenait horizontale, pourvu toutefois que le temps fût calme, et l'on pouvait mesurer avec exactitude la profondeur du fond de la rigole au-dessous de la surface du liquide prise pour plan de comparaison.

Après avoir déterminé par des opérations de tarage très précises les valeurs du débit qui correspondent à l'ouverture du premier orifice, des deux premiers, des trois premiers,... enfin des douze orifices levés à la fois, on pouvait procéder aux expériences en levant successivement la première vanne, les deux premières, les trois premières,... enfin les douze vannes, la hauteur d'eau étant toujours maintenue la même dans le sas de prise d'eau. On savait par conséquent le volume exact que la rigole avait à écouler à chaque expérience. Une des vannes, munie d'une tige à vis, pouvait se lever partiellement, ce qui permettait de faire quelques expériences avec des débits intermédiaires.

La rigole était construite en planches et avait une forme rectangulaire. Pour soumettre aux expériences d'autres formes de sections ou d'autres natures de parois, on établissait en dedans de la rigole un revêtement, suivant le profil convenable. Les joints étaient soigneusement étanchés.

171. La mesure des vitesses de superficie se faisait au moyen de flotteurs en liége lestés par une plaque de plomb, que l'on abandonnait au courant, et dont on suivait le mouvement avec le chronomètre à pointage. Ce procédé est le seul qui ait été suivi par les anciens observateurs. Mais Darcy rendit à l'hydraulique un service signalé en perfectionnant le tube jaugeur proposé par Pitot en 1732, et en en faisant un appareil vraiment pratique. Nous nous arrêterons un moment à le décrire.

Soit AB la surface d'un courant liquide dont tous les filets sont

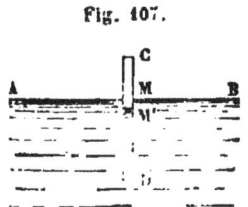

Fig. 107.

animés, parallèlement à la droite AB, d'une même vitesse u. Si l'on enfonce dans le liquide un tube CD, ouvert aux deux bouts, l'eau s'élèvera dans ce tube à un niveau M′ sensiblement égal à celui de l'eau environnante; l'eau contenue dans le tube est alors immobile, et forme la colonne piézométrique qui mesure, à la pression atmosphérique près, la pression du liquide au point D. Mais l'insertion de ce piézomètre dans la masse liquide ne peut s'opérer sans déranger légèrement l'écoulement des filets qui passent aux environs de ce point; de là

19

résulte une petite *perte de charge* qui abaisse le niveau M d'une faible quantité MM', laquelle a un rapport constant avec la hauteur $\dfrac{u^2}{2g}$ due à la vitesse des filets liquides.

Si, au lieu de laisser le tube droit, on le recourbe en sens contraire du courant, la quantité de liquide qui pénètre dans la branche D, tend à y conserver sa vitesse; il en résulte une augmentation de pression dans le tube : la colonne liquide qui y demeure en repos doit, non seulement équilibrer la pression statique de l'eau, mais encore développer une force capable de faire dévier les filets liquides, qui, animés de la vitesse *u*, tendent incessamment à pénétrer par l'orifice ouvert au point D. On constate en effet que le niveau N de la colonne liquide s'élève au-dessus de la surface N' de l'eau.

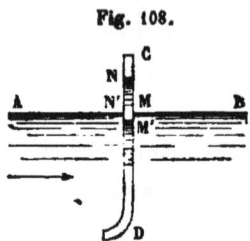

Fig. 108.

Pitot a le premier proposé d'utiliser ce phénomène pour la mesure de la vitesse *u*. Il admettait que la hauteur NN' est égale à la hauteur due à la vitesse *u*. Si cette loi était exacte, on pourrait trouver la vitesse par l'observation de la hauteur NN'.

Mais Pitot négligeait la dépression MM' du tube droit plongé verticalement dans l'eau. Le niveau N est influencé par une perte de charge analogue à celle que nous avons constatée pour le niveau M; l'égalité indiquée par Pitot n'existe donc pas rigoureusement entre NN' et $\dfrac{u^2}{2g}$, et l'on doit poser

$$\frac{u^2}{2g} = NN' + MM';$$

or MM' est proportionnel à $\dfrac{u^2}{2g}$; donc $\dfrac{u^2}{2g}$ est proportionnel à NN', et, le coefficient de proportionnalité μ restant à déterminer, on pourra écrire

$$\frac{u^2}{2g} = \mu \times NN'.$$

Pitot remarqua aussi que, si l'on dirige le tube recourbé dans le

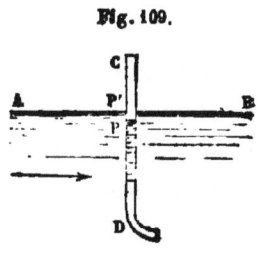

Fig. 109.

sens du courant, ou même qu'on le dévie dans une direction perpendiculaire, la pression intérieure diminue et tombe au-dessous de la pression hydrostatique; de sorte que le niveau, P, de l'eau dans le tube sera au-dessous du niveau, P', de l'eau à l'extérieur. On pourra encore poser $\dfrac{u^2}{2g} = \mu' \times PP'$, μ' étant un second coefficient constant.

L'ancien tube de Pitot se terminait en entonnoir, de manière à embrasser un grand nombre de filets fluides. Cette disposition amenait dans le tube des oscillations très gênantes pour la lecture des hauteurs PP', NN'; elle avait de plus l'inconvénient de faire intervenir un grand nombre de filets dans la production des variations de hauteur, et par suite de fournir, non pas la vitesse d'un filet en particulier, mais une sorte de moyenne entre les vitesses de tous ces filets.

172. Le perfectionnement dû à Darcy corrige tous ces inconvénients et transforme le tube de Pitot en un appareil exact et commode. Un tube en verre ABC est prolongé aux points A et C par deux

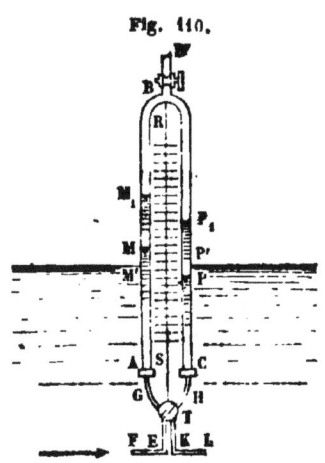

Fig. 110.

tubes en cuivre de très petit diamètre; l'un GEF vient déboucher contre le courant, l'autre HKL est dirigé en sens contraire, ou s'ouvre à angle droit sur le premier. Supposons, pour la description de l'appareil, que les branches EF, KL soient dirigées en sens contraire l'une de l'autre. Au point B est un robinet qui permet d'ouvrir et de fermer à volonté le haut du tube en verre; un fragment de tube B' permet à l'observateur d'exercer une aspiration à l'intérieur du tube ABC. Une échelle graduée RS sépare les deux branches AB, BC.

On plonge l'appareil dans l'eau en l'orientant dans le sens du courant, et en ayant soin qu'il soit placé verticalement. Il est maintenu dans cette position, à l'aide d'une vis, le long d'une tige de fer solidement fichée dans le lit du cours d'eau, au point où l'on veut chercher les vitesses. On ouvre le robinet T, qui donne entrée à l'eau dans les tubes d'amont et d'aval. L'eau monte aussitôt dans ces deux tubes, et s'arrête en deux points M et P, l'un un peu au-dessus du niveau M' de l'eau, l'autre un peu au-dessous du même niveau; et en appelant μ, μ' deux coefficients, constants pour un même appareil, on aura

$$\frac{u^2}{2g} = \mu \times MM',$$

$$\frac{u^2}{2g} = \mu' \times PP',$$

ou bien

$$\frac{1}{\mu}\frac{u^2}{2g} = MM',$$

$$\frac{1}{\mu'}\frac{u^2}{2g} = PP'.$$

Donc

$$\left(\frac{1}{\mu} + \frac{1}{\mu'}\right)\frac{u^2}{2g} = MM' + PP',$$

et

$$u = \sqrt{\frac{1}{\frac{1}{\mu} + \frac{1}{\mu'}} \times 2g\,(MM' + PP')} = K \times \sqrt{2g\,(MM' + PP')}.$$

La vitesse u s'obtiendra donc en mesurant la somme $MM' + PP'$, et en multipliant par un coefficient unique, K, la vitesse due à une hauteur égale à cette somme.

Pour mesurer commodément la somme $MM' + PP'$, on transporte, par une simple aspiration exercée en B', les deux sommets des colonnes d'une même quantité $MM_1 = PP_1$; puis on ferme le robinet B. On amène ainsi les sommets des deux colonnes en une région de l'échelle où la lecture est facile. En même temps, on ferme le robinet inférieur T, pour empêcher les oscillations auxquelles les niveaux M et P sont exposés tant qu'ils communiquent librement avec les filets en mouvement.

La petitesse des diamètres des branches F et L permet de déterminer la vitesse propre à un filet unique. La réunion des deux tubes, celui d'amont et celui d'aval, double la hauteur à mesurer, ce qui permet une précision plus grande. Le peu d'épaisseur de la partie basse de l'appareil a pour objet de réduire à sa plus faible limite la perturbation produite par la présence de l'instrument au sein des filets liquides. Enfin l'aspiration élève d'une même quantité les sommets des colonnes et facilite des lectures qui seraient presque impossibles au niveau même de l'eau. On reconnaît là un artifice analogue à celui du piézomètre différentiel.

173. Le coefficient K doit être déterminé pour chaque instrument par un tarage spécial.

Le tube qui a servi à MM. Darcy et Bazin a été taré par trois procédés différents :

1° En comparant les vitesses superficielles, déterminées par l'emploi de flotteurs, aux vitesses déduites des indications du tube ; la moyenne de 92 expériences a donné K = 1.007.

2° En faisant mouvoir, à l'aide d'une barque, l'instrument dans une eau tranquille ; la moyenne de 32 expériences a donné K = 1.034 ; mais ce nombre paraît beaucoup trop fort. M. Bazin attribue l'excès de cette valeur à la forme même de la barque qu'il avait employée pour cette détermination.

3° Enfin en mesurant, à l'aide du tube, la vitesse en un grand nombre de points de la section d'un courant dont le débit est connu d'avance. On a pu comparer le débit connu avec le débit calculé d'après les vitesses accusées par l'instrument, et par suite déterminer la valeur de K. La moyenne de 31 expériences a donné K = 0.993.

M. Bazin, écartant la valeur 1.034, qui paraît exagérée, a pris pour valeur définitive de K, la moyenne entre les deux autres valeurs, ce qui donne K = 1 pour le coefficient applicable à son instrument.

Nous renvoyons au mémoire de M. Bazin pour la description des procédés de tarage employés pour déterminer le débit des vannes.

174. Le travail de MM. Darcy et Bazin peut se diviser en trois parties :

1° Établissement de nouvelles formules du mouvement uniforme de l'eau dans un canal à section prismatique, en tenant compte à la fois de la forme de la section et de la nature de la paroi.

2° Recherche de la répartition des vitesses entre les différents filets d'une section transversale.

3° Enfin, examen des lois du mouvement varié.

Nous ajournerons provisoirement cette troisième partie, qui suppose connue une théorie spéciale, et nous nous occuperons seulement des deux premières.

MODIFICATIONS DES FORMULES DE PRÒNY ET D'EYTELWEIN.

175. Nous avons déjà vu à quelles erreurs on s'expose en suivant strictement les anciennes formules. Des expériences faites en 1855 par Baumgarten sur différents canaux, entre autres sur le canal de Marseille, sur le canal de Crapone et sur d'autres canaux de la Provence, confirmèrent les résultats déjà obtenus par Darcy; elles sont rapportées dans le chapitre premier de la deuxième partie du mémoire de M. Bazin (pages 73 et 74). Darcy, voulant apprécier exactement l'influence de la nature de la paroi, fit recouvrir les parois de la rigole de revêtements en ciment pur, en briques posées à plat, en gravier de différentes grosseurs; puis pour ces divers revêtements, il fit sept séries de 12 expériences chacune, déterminant à chaque fois le rayon moyen R, la pente I, et la vitesse moyenne u.

Il put donc calculer exactement la fraction $\dfrac{RI}{u^2}$, qui aurait dû rester sensiblement constante si la théorie de Pròny était vraie.

Pour le canal revêtu en ciment, il a trouvé $\frac{RI}{u^2}$ variable de 0.000 242 à 0.000 172

"	"	en planches	"	de	0.000 411 à 0.000 229
"	"	en briques	"	de	0.000 408 à 0.000 277
"	"	en petit gravier	"	de	0.000 862 à 0.000 472
"	"	en gros gravier	"	de	0.001 454 à 0.000 661

Des expériences analogues ont été répétées en grand, en 1857 et en 1859, sur les grandes rigoles d'alimentation du canal de Bourgogne, les rigoles de Gros-bois et de Chazilly. La grande variation du rapport $\frac{RI}{u^2}$ montra, d'une part, qu'il y avait lieu d'introduire dans la formule du mouvement des eaux des coefficients variables avec la nature de la paroi, de l'autre, que pour une même nature de paroi la fonction $\frac{RI}{u^2}$ variait, soit avec la vitesse, soit avec le rayon moyen, soit enfin avec ces deux éléments. L'équation rigoureuse paraît donc devoir être de la forme

$$\frac{RI}{u^2} = \alpha + f(R, u)$$

α étant un nombre constant, et f une fonction des deux variables R et u, qui tend vers zéro quand ces variables augmentent. La présence d'une fonction à deux variables rendrait pénible l'usage de l'équation du mouvement. Aussi a-t-on admis que la fonction $f(R, u)$ peut s'exprimer au moyen de l'une ou de l'autre des deux variables R ou u, et on lui a attribué la forme $\alpha + \frac{\beta}{u}$, ou $\alpha + \frac{\beta'}{R}$, pour satisfaire à la condition de rendre infiniment petit le terme variable lorsque la vitesse ou le rayon moyen augmente indéfiniment.

176. La recherche des valeurs de α, de β et de β', se fait par un procédé semblable à celui qu'a suivi Prony pour les tuyaux. On porte en abscisses sur une épure les valeurs de $\frac{1}{u}$, en ordonnées les valeurs correspondantes de $\frac{RI}{u^2}$ fournies par l'expérience, et le tracé

d'une droite moyenne fait connaître les meilleures valeurs des coefficients constants dans la relation

$$\frac{RI}{u^2} = \alpha + \frac{\beta}{u}.$$

De même, en adoptant la forme $f(R, u) = \frac{\beta'}{R}$, on construira les points ayant pour coordonnées $x = \frac{1}{R}$ et $y = \frac{RI}{u^2}$, et on obtiendra, par le tracé d'une droite moyenne, les valeurs des inconnues α et β' à introduire dans l'équation

$$\frac{RI}{u^2} = \alpha + \frac{\beta'}{R}.$$

Or, tant qu'on opère sur un canal de même pente, les deux formules conviennent également bien ; les points obtenus sont sensiblement en ligne droite. Si, au contraire, on compare des canaux ayant des pentes différentes, tous les éléments étant égaux d'ailleurs, on reconnaît que le tracé de la droite, dans la première hypothèse, est tout à fait impraticable, tandis qu'il devient possible si l'on adopte la seconde. En d'autres termes, les coefficients α, β, β', sont variables avec la pente I ; mais les variations du système (α, β') laissent subsister une valeur moyenne qu'on peut appliquer à tous les canaux sans erreur notable ; au contraire, les variations du système (α, β) sont trop grandes pour se prêter à une telle évaluation.

177. On a étudié l'influence des formes de la section après celle de la nature de la paroi. On a soumis aux expériences des sections rectangulaires, trangulaires, trapézoïdales, demi-circulaires. Les séries 18 à 27, composées chacune de douze expériences, ont fait reconnaître que les formes polygonales, quelles qu'elles soient, donnent des résultats sensiblement identiques : pour une forme triangulaire ou quadrangulaire, la pente et le rayon moyen déterminent complétement la vitesse moyenne. Pour les sections circulaires, on a trouvé une augmentation de débit d'un dixième environ sur le débit

d'un canal à section rectangulaire auquel les formules assigneraient un débit égal. M. Bazin observe d'ailleurs que les profils circulaires sont peu usités malgré leur supériorité au point de vue du maximum du débit (*), sauf pour les égouts et aqueducs à forme ovoïde que l'on applique maintenant au drainage des villes et aux distributions d'eau. Les nouvelles formules ont donc été établies pour des sections quadrangulaires ou trapézoïdales, et quand on les applique à des formes courbes, il faut se rappeler qu'elles donnent un débit un peu trop petit.

178. En résumé, M. Bazin a reconnu qu'on peut partager, au point de vue de l'écoulement, les parois des canaux en quatre catégories qui correspondent aux cas les plus ordinaires de la pratique, et i. applique à chacune de ces catégories la formule

$$RI = Au^2,$$

dans laquelle il donne à A les valeurs suivantes :

1ʳᵉ CATÉGORIE. — *Parois très unies :* ciment lissé, bois raboté, etc. . . . . $\left. \right\}$ $A = 0.00015\left(1 + \dfrac{0.03}{R}\right)$

2ᵉ CATÉGORIE. — *Parois unies :* pierres de taille, briques, planches. . . . . $\left. \right\}$ $A = 0.00019\left(1 + \dfrac{0.07}{R}\right)$

3ᵉ CATÉGORIE. — *Parois peu unies :* maçonnerie de moellons. . . . . $\left. \right\}$ $A = 0.00024\left(1 + \dfrac{0.25}{R}\right)$

4ᵉ CATÉGORIE. — *Parois en terre* (**). . . . $A = 0.00028\left(1 + \dfrac{1.25}{R}\right)$

Les séries d'expériences 22 et 31 ont en outre permis d'établir une formule $\dfrac{RI}{u} = \beta$, dans laquelle la vitesse u n'entre qu'à la première puissance et qui convient au cas où le rayon moyen R est très petit. Dans ces expériences R était inférieure à 3 centimètres.

(*) La supériorité des formes circulaires subsiste encore malgré la variation du coefficient A, parce que A décroît à mesure que R augmente. Pour un périmètre donné, la section qui possède la plus grande surface est celle qui assure les plus grandes valeurs au rayon moyen R, et par suite à la vitesse u et au débit Q.

(**) A ces quatre catégories, MM. Ganguillet et Kutter en ont ajouté une cinquième, celle des *parois en gravier,* pour laquelle on aurait

$$A = 0,00040\left(1 + \dfrac{1.75}{R}\right).$$

(Journal de la Société des ingénieurs et architectes de Vienne, 1869).

Le rapport β est variable avec la pente; mais pour un même canal à pente uniforme, β est constant et u est proportionnel au rayon moyen. Cette formule n'a pas d'application pratique.

179. Les quatre formules de M. Bazin ont été développées par lui en tables.

La première table donne, pour les quatre catégories de parois, les valeurs de $\frac{RI}{u^2}$ en fonction de R; les valeurs extrêmes de R étant $0^m.01$ et 6 mètres.

La seconde donne, pour les mêmes catégories, les valeurs de $\frac{u}{\sqrt{RI}}$ en fonction de R, variant encore de $0^m.01$ à 6 mètres.

Si l'on connaît, par exemple, la pente I d'un canal, la forme de sa section, la nature de la paroi mouillée, on pourra calculer le rayon R, et cherchant ce rayon dans la seconde table, on trouvera en regard, dans la colonne correspondante à la nature de la paroi, la valeur de $\frac{\sqrt{RI}}{u}$. On connaît d'ailleurs le produit RI; on peut donc calculer $\sqrt{RI}$ et en déduire u. On obtiendra ensuite Q en multipliant par u la section transversale (*).

(*) Les problèmes sur les tuyaux étaient au nombre 6, parce qu'on avait à combiner deux à deux les quatre quantités, R, J, u, Q, mais la section était alors une fonction connue de R, et Q pouvait s'exprimer en fonction de R et u. Pour les canaux découverts, il n'en est plus de même. La connaissance du rayon moyen R ne suffit pas pour définir la section. On doit alors laisser de côté la dépense Q, et les problèmes à traiter ne sont plus qu'au nombre de trois. Les tables de M. Bazin donnent I ou u, étant donnés R et u, ou R et I. Quand on donne I et u, et qu'on demande R, il serait utile d'avoir à sa disposition une table des valeurs de $\frac{I}{u^2}$ en fonction de R. On peut y suppléer au moyen d'un tâtonnement. La planche II contient, sous forme de tableau graphique, les relations entre R, I et u pour les diverses catégories de parois. — M. Ed. Pellis a publié, dans le *Bulletin de la Société vaudoise des ingénieurs et architectes*, juin 1878, des tableaux graphiques des débits des cours d'eau, d'après la formule $Q = K\Omega \sqrt{RI}$, K étant le coefficient de la vitesse, $\frac{1}{\sqrt{A}}$, déduit des formules de M. Bazin, variable avec la nature de la paroi et le rayon moyen R. La courbe qui, en coordonnées rectangulaires, lie entre elles les quantités K et R, pour une nature donnée de paroi, diffère très peu d'un arc de cercle dans les limites des valeurs de R.

MM. Ganguillet et Kutter ont également donné des tableaux graphiques de l'écoule-

Les nouvelles formules de M. Bazin reposent en définitive sur 31 séries d'expériences, comprenant chacune en général 12 expériences particulières ; elles sont contrôlées par 29 séries d'expériences pratiques sur les rigoles d'alimentation du canal de Bourgogne, et par la discussion rationnelle des observations des autres expérimentateurs : Dubuat, Funk, Poirée, Emmery, Léveillé.

Des tableaux placés à la fin de l'ouvrage de M. Bazin résument toutes ces expériences au nombre de cinq cents.

DISTRIBUTION DES VITESSES DANS L'ÉTENDUE D'UNE SECTION TRANSVERSALE.

Recherche de la vitesse maximum.

180. Dubuat avait déterminé par expérience la répartition des vitesses des divers filets fluides en opérant sur des canaux en bois de section très restreinte. Les lois qu'il tira de cette étude ont été appliquées par Prôny et par Eytelwein à des courants d'une section quelconque. On admettait donc autrefois les lois suivantes : 1° la vitesse la plus grande, V, a lieu pour un filet voisin du milieu de la surface liquide, mais situé un peu au-dessous de cette surface ; 2° la vitesse moyenne, u, peut s'exprimer en fonction de la vitesse maximum V ; 3° enfin la vitesse la plus petite W a lieu pour un point du fond du canal, et la vitesse moyenne est la demi-somme des deux vitesses extrêmes.

La table 5 du *Recueil des cinq tables* de Prôny contient le résumé des dix-sept expériences qui ont servi à déterminer la relation entre la vitesse moyenne et la vitesse maximum. Deux de ces expériences, la neuvième et la quinzième, donnent des résultats anormaux qu'on doit attribuer à quelque perturbation accidentelle. Prôny les rejette ; on trouve en effet pour les quinze autres expériences que le rapport

$\dfrac{V}{V-u}$ reste compris entre les nombres 4 et 6.80 ; tandis que pour

ment de l'eau dans les petits canaux ; M. R. Hering, membre de la Société américaine des ingénieurs civils, a fait paraître, dans les transactions de cette société (Janvier 1879), des tables graphiques du même genre spécialement destinée au calcul des débits des égouts.

la neuvième et la quinzième ce rapport monte à 22.17 et 20.17. On n'a pas tenu compte de ces deux résultats exceptionnels; et Prôny a résumé dans la formule suivante les quinze autres expériences :

$$u = V \times \frac{V + 2.37}{V + 3.15}.$$

Les vitesses u et V peuvent être considérées comme les coordonnées rectangulaires d'une hyperbole dont les asymptotes ont pour équation

$$V = -3.15 \text{ (droite AB)}$$

et

$$u = V - 0.78 \text{ (droite CD)}.$$

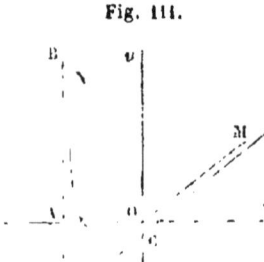

Fig. 111.

La courbe passe à l'origine O, et touche en ce point la direction $\frac{u}{V} = \frac{2.37}{3.15} = 0.75$.

La branche OM a pour asymptote la droite CD, parallèle à la bissectrice de l'angle des axes; l'autre branche ON correspond à des valeurs négatives de V, et constitue une branche parasite du lieu cherché. Le rapport $\frac{u}{V}$ varie donc entre 0.75 et l'unité, et comme les expériences ont porté seulement sur les petites valeurs des vitesses, il convient de faire en moyenne $\frac{u}{V} = 0.80$. C'est le rapport auquel Prôny s'est arrêté.

187. La troisième loi se traduit par la formule

$$2u = V + W.$$

Cette loi a été contestée par M. Sonnet, qui a proposé la formule

$$3u = 2V + W.$$

Connaissant la vitesse u, on en déduira la vitesse maximum V par l'équation

$$u = 0.80 \times V,$$

et la vitesse W par l'équation

$$W = 2u - V,$$

si l'on adopte la formule de Prôny, ou

$$W = 3u - 2V,$$

si l'on se sert de la formule de M. Sonnet.

182. La connaissance de la vitesse de fond, W, est utile à l'ingénieur pour apprécier le degré de résistance de la paroi le long de laquelle se fait l'écoulement. La table suivante fait connaître à quelle vitesse les différents terrains commencent à être affouillés.

NATURE DU TERRAIN.	Vitesse au fond.	Vitesse moyenne.
	m	m
Terres détrempées.	0.076	0.101
Argiles.	0.152	0.203
Sables.	0.305	0.407
Graviers.	0.609	0.812
Cailloux.	0.614	0.819
Pierres cassées.	1.220	1.630
Poudingues et schistes tendres.	1.520	2.020
Roches stratifiées.	1.830	2.440
Roches dures.	3.0 0	4.066

183. Ces formules, comme toute la théorie de Prôny, ne tiennent aucun compte de la nature de la paroi, laquelle a, comme nous l'avons vu une influence capitale sur l'écoulement. MM. Darcy et Bazin ont étudié le problème de la relation à établir entre la vitesse moyenne et la vitesse maximum. Ils ont vérifié la première loi de Dubuat. Le filet animé de la plus grande vitesse n'est pas à la surface du liquide, mais il est voisin de cette surface; le retard du filet superficiel ne peut d'ailleurs être attribué, comme Dubuat le pensait, à la résistance de l'air; car alors il devrait y avoir excès de vitesse pour les filets superficiels quand le vent souffle de l'amont vers l'aval. Or, dans ces conditions mêmes, le filet doué de la plus grande vitesse n'est pas le filet superficiel (*). M. Bazin a observé que le rapport $\frac{u}{V}$

(*) Les ingénieurs américains, dans leurs expériences sur le Mississipi, ont reconnu que le filet qui possède la plus grande vitesse, ou plutôt, l'axe de la parabole représentative des vitesses aux divers points d'une même verticale, est situé à une distance verticale y de la surface libre, positive s'il est au-dessous, négative s'il est au-dessus, exprimée par

varie de 0.60 à 0.85 ; la limite inférieure se rapporte aux canaux en terre, et la plus élevée aux canaux à parois lisses. S'il n'y avait pas de résistance à la paroi, tous les filets liquides s'écouleraient avec une vitesse commune. Cette résistance est en quelque sorte mesurée pour chaque section par le nombre $A = \dfrac{RI}{u^2}$; on peut donc admettre que le rapport $\dfrac{V}{u}$ est égal à $1 + f(A)$, la fonction f devant s'annuler en même temps que A. M. Bazin a ensuite déterminé empiriquement cette fonction, et a reconnu qu'on pouvait lui donner la forme

$$f(A) = K \sqrt{A},$$

K étant un coefficient constant. On trouvera dans l'ouvrage de M. Bazin, pages 155 et suivantes, un tableau résumé de toutes ces expériences avec le calcul du coefficient K. Ce coefficient a varié de 10 à 19 ; mais si l'on écarte les résultats exceptionnels, et si l'on se place dans les conditions habituelles de la pratique, on reconnaît que le nombre K est peu variable, et qu'il est possible de le remplacer en moyenne par le nombre 14. La formule

$$\frac{V}{u} = 1 + 14 \sqrt{A},$$

ou bien

$$V - u = 14 u \sqrt{A} = 14 \sqrt{RI},$$

peut s'appliquer sans erreur sensible tant que le nombre A est moindre que 0.001.

---

une équation de la forme

$$y = R(a + bf),$$

où a et b sont deux constantes, R le rayon moyen de la section, et f un coefficient qui mesure en quelque sorte la force du vent ; ce coefficient est négatif si le vent souffle dans le sens du courant, et positif dans le cas contraire. Un ouragan correspond à $f = 10$ en valeur absolue. Quant aux constantes a et b, les observateurs ont trouvé comme moyennes applicables au Mississipi,

$$a = 0,317, \quad b = 0,06.$$

L'axe de la parabole des vitesses coïncide avec le niveau même de l'eau lorsque la force du vent, soufflant de l'amont à l'aval, est mesurée par le coefficient

$$f = -\frac{a}{b} = -5,3.$$

Il ne faut pas oublier que la fixité de cette parabole des vitesses n'est pas absolue, et qu'en réalité, la courbe subit des oscillations incessantes, dues aux variations périodiques des vitesses des divers filets liquides.

La formule de Pròny concorde avec la nonvelle pour les petites valeurs de A, c'est-à-dire pour les résistances faibles au glissement sur la paroi.

RÉPARTITION DES VITESSES DANS L'ÉTENDUE DE LA SECTION.

184. La répartition des vitesses dans l'étendue des sections trans-

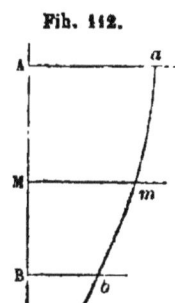

Fib. 112.

versales a été l'objet de quelques expériences déjà anciennes; les principales sont dues à Defontaine, qui a opéré sur un bras du Rhin, et à Baumgarten, sur la Garonne. Ils ont employé tous deux par la mesure des vitesses le *moulinet de Woltmaun*, instrument qui donne de bons résultats, mais qui exige la mesure d'une durée, et qui fournit, non pas la vitesse à un instant précis, mais une moyenne entre toutes les vitesses qui ont pu se succéder pendant l'expérience. Defontaine a observé que sur une même verticale les vitesses des différents filets étaient représentées par les ordonnées d'une parabole dont les abscisses seraient les profondeurs, et il a proposé la formule suivante pour résumer ses observations; cette formule est relative à la verticale menée au milieu du courant :

$$V = 1.266 - 0.25247 y^2.$$

A étant le niveau de l'eau, AB la verticale, les vitesses aux points A, M, B sont représentées par les ordonnées, M*a*, M*m*, B*b*,... qui dessinent l'arc parabolique *amb*.

SECTION RECTANGULAIRE DE LARGEUR INDÉFINIE.

185. Soit

AB le niveau de l'eau,
CD le fond du lit (Fig. 113).

Le régime permanent est supposé établi, et l'écoulement se fait uniformément par filets rectilignes tous parallèles.

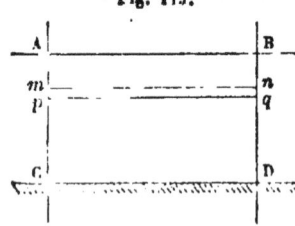

Fig. 113.

Les pressions sont dans chaque section distribuées d'après la loi hydrostatique.

Menons deux sections transversales parallèles AC, BD, à la distance AB = l, et considérons le mouvement d'une tranche $mnpq$ comprise entre deux plans parallèles au plan AB, et ayant une largeur égale à l'unité.

Soit

$$Am = y,$$
$$mp = dy.$$

Le fluide compris dans la tranche $mnpq$ est en équilibre sous l'action des pressions en mp et nq, de la pesanteur, et des actions des parties fluides voisines. Nous admettrons que tous les filets contenus dans cette tranche soient doués de la même vitesse v, fonction de la seule variable y. Les pressions en mp et en nq sont égales. et se détruisent en projection sur une droite parallèle au courant. Les composantes normales des pressions sur les quatre autres faces du parallélépipède ne donnent rien en projection sur ce même axe. Les frottements sur les faces latérales de ce polyèdre sont d'ailleurs nuls, puisqu'il n'y a pas glissement relatif; il reste seulement les frottements sur la face supérieure et sur la face inférieure, et la pesanteur.

Le poids de la tranche liquide est $\Pi l dy$; estimé suivant la direction du courant, il donne $\Pi l dy \times I$ en désignant par I la pente du canal.

Le frottement dû au glissement sur la face mn est, suivant l'hypothèse de Navier, égal au produit de l'aire l de cette face par une constante K, et par la dérivée, $\dfrac{dv}{dy}$, de la vitesse par rapport à la profondeur, ou enfin égal à $Kl\dfrac{dv}{dy}$, expression à laquelle il faut donner le signe $-$; car si v croît avec y, $\dfrac{dv}{dy}$ est positif, et en même temps l'action des filets supérieurs est retardatrice.

L'action des filets situés au-dessus de *mn* est donc exprimée par

$$- \mathrm{K}l\, \frac{dv}{dy}.$$

L'action des filets inférieurs à *pq* est représentée par la même fonction changée de signe et augmentée de sa différentielle, ou par

$$\mathrm{K}l\, \frac{dv}{dy} + \mathrm{K}l\, d\, \frac{dv}{dy},$$

et l'équation du mouvement uniforme s'obtient en égalant à zéro la somme algébrique des trois termes, ce qui donne

$$\Pi l\, dy\, + \mathrm{K}l d\, \frac{dv}{dy} = 0.$$

Divisons par $\Pi l dy$, il vient

$$\mathrm{I} + \frac{\mathrm{K}}{\Pi}\, \frac{d^2 v}{dy^2} = 0.$$

D'où l'on tire successivement

$$\frac{d^2 v}{dy^2} = -\, \frac{\Pi \mathrm{I}}{\mathrm{K}},$$
$$\frac{dv}{dy} = \mathrm{C} - \frac{\Pi \mathrm{I}}{\mathrm{K}}\, y,$$
$$v = \mathrm{V} + \mathrm{C}y - \frac{1}{2}\, \frac{\Pi \mathrm{I}}{\mathrm{K}}\, y^2.$$

La constante V représente la vitesse de superficie.

La courbe qui représenterait *v* serait donc une parabole, ce qui est d'accord avec les observations de Defontaine. Si l'on admet que les filets superficiels soient ceux qui ont la plus grande vitesse, on devra faire $\mathrm{C} = 0$.

La vitesse moyenne *u* serait alors fournie par l'équation

$$u = \frac{\displaystyle\int_0^h vdy}{h} = \mathrm{V} - \frac{1}{6}\, \frac{\Pi \mathrm{I}}{\mathrm{K}}\, h^2,$$

où *h* désigne la profondeur totale du courant.

La vitesse au fond, w, serait égale à $w = V - \frac{1}{2}\frac{\mathrm{III}}{K}h^2$.

Donc

$$3u - w = 2V,$$

et

$$3u = 2V + w,$$

résultat obtenu par M. Sonnet (*).

M. Maurice Lévy, dans ses recherches les plus récentes, est parvenu à une relation analogue. Sa formule est en effet

$$v = \frac{\mathrm{III}}{2\varepsilon_0}\, y^2 + A \cos y \sqrt{\frac{\varepsilon_0}{\varepsilon_1}} + B \sin y \sqrt{\frac{\varepsilon_0}{\varepsilon_1}} + C,$$

où ε_0 et ε_1 représentent des coefficients constants, et A, B, C, des arbitraires à déterminer dans chaque cas particulier. Si l'on suppose le rapport $\frac{\varepsilon_0}{\varepsilon_1}$ très-petit, on pourra remplacer le cosinus par l'unité, et le sinus par l'arc lui-même, ce qui donnera pour v un trinome du second degré en y.

186. M. Bazin a répété ces expériences en employant le tube de

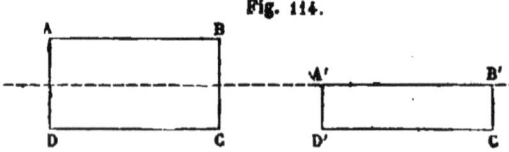

Fig. 114.

Pitot perfectionné. Il a opéré sur des sections de diverses formes, de diverses dimensions, et ayant des parois de diverses natures. Il a aussi entrepris l'étude comparative de la répartition des vitesses dans un tuyau et dans un canal de même forme. Par exemple, il a étudié successivement la répartition des

---

(*) Pour la répartition des vitesses dans une section de forme quelconque, V. l'hydraulique de M. Bresse, § 71, p. 214. Sa méthode, empruntée à M. Sonnet, consiste à décomposer par des plans verticaux la tranche $mnpq$ en filets prismatiques infiniment petits dans les deux sens, et à introduire dans l'équation d'équilibre les actions tangentielles subies par le filet élémentaire sur ses quatre faces. On arrive ainsi à une équation aux différences partielles facile à intégrer.

vitesses dans le tuyau fermé ABCD, et dans le canal A'B'CD, que l'on obtient en ouvrant le tuyau suivant le plan moyen A'B'. Après

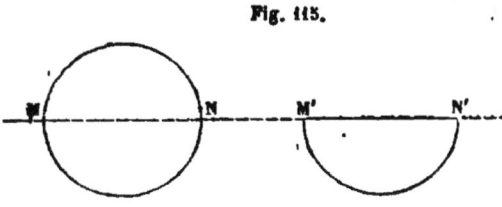

Fig. 115.

avoir expérimenté ces rectangles avec les dimensions DC = 0^m.80, AD = 0^m.40, il a recommencé les observations sur des rectangles plus petits, pour lesquels DC = 0^m.48 et AD = 0^m.30. Puis il a étudié les tuyaux circulaires MN, en les comparant au canal M'N' obtenu en coupant le tuyau par un plan diamétral.

Il a aussi soumis aux expériences des sections trapézoïdales, triangulaires, des sections dont les parois n'étaient pas toutes de même nature, comme serait, par exemple, la section d'un canal dont le fond serait en terre, une paroi latérale maçonnée presque verticale, et la paroi opposée, inclinée et recouverte d'un perré.

Dans chacune de ces sections, M. Bazin faisait généralement quarante-cinq observations, aux points situés à la rencontre de cinq lignes horizontales et de neuf lignes verticales également espacées. Le tube jaugeur permettait d'obtenir, sans chronomètre, les vitesses en ces quarante-cinq points, et de juger si elles étaient constantes ou variables; puis on réunissait par un trait les points d'égale vitesse. Des précautions particulières étaient prises pour faciliter l'introduction du tube jaugeur dans les tuyaux fermés, sans changer la pression intérieure et sans altérer sensiblement le mouvement des filets liquides.

Le tracé des lignes d'égale vitesse dans les tuyaux se faisait avec une grande facilité, parce que le régime du liquide était très sensiblement uniforme. Les lignes d'égale vitesse sont des cercles concentriques dans les travaux circulaires, et des rectangles concentriques dans les tuyaux rectangulaires (*). Mais, si de ces sections

(*) M. Maurice Lévy, dans ses premiers travaux hydrauliques, a reconnu analytiquement que dans *toute section transversale, les courbes d'égale vitesse, qui sont aussi les courbes*

fermées on passe aux sections moitié moindres, ouvertes suivant leur diamètre supérieur, on ne retrouve plus le dessin régulier qu'on croirait devoir attendre sur cette moitié de la figure. Les filets liquides voisins de la surface libre ont des mouvements désordonnés; leurs trajectoires ne sont ni rectilignes ni constantes, et si l'on note sur la figure les courbes correspondantes aux moyennes des observations, on obtient des lignes tout à fait irrégulières.

Fig. 116.

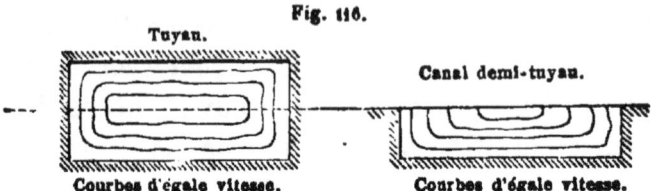

Tuyau.

Canal demi-tuyau.

Courbes d'égale vitesse.   Courbes d'égale vitesse.

M. Bazin, après avoir constaté cette irrégularité du régime des filets dans les canaux découverts, a renoncé à chercher une théorie générale du phénomène. Il a donné des formules empiriques, et seulement dans deux cas particuliers, celui d'un canal rectangulaire de largeur indéfinie, et celui d'un canal circulaire.

Dans le premier cas, les parois latérales perdent leur influence, et les lignes d'égale vitesse sont des droites horizontales. M. Bazin a donné une formule qui lie la vitesse v en un point situé à la profondeur h au-dessous du plan d'eau, à la vitesse V à la surface, et appelant H la profondeur totale, I la pente, et K un nombre constant, il a posé l'équation :

$$V - v = K \sqrt{HI} \left(\frac{h}{H}\right)^2$$

---

de frottement maximum, sont équidistantes et ont la même développée. Mais cette conclusion suppose que l'écoulement se fait par filets parallèles, et la même théorie constate qu'à tout frottement mutuel de deux filets voisins correspond une tendance à la déviation des mêmes filets, de sorte que le mouvement rectiligne rigoureux est impossible; la loi approche d'autant plus d'être vérifiée que le mouvement du liquide est assujetti à des liaisons plus étroites : elle est sensiblement exacte pour les tuyaux; elle l'est beaucoup moins dans les canaux découverts. D'ailleurs, cette loi ne peut être absolue; on se demande, par exemple, ce qu'elle donnerait pour un canal dont la section serait très irrégulière, ou pour un tuyau annulaire, limité extérieurement et intérieurement à des cercles non concentriques.

Le nombre K a été trouvé égal à 24. Cette équation justifie sensiblement la loi exprimée par Defontaine d'après ses expériences sur le Rhin.

Dans les canaux circulaires, M. Bazin admet que les lignes d'égale vitesse sont des cercles concentriques : si r est le rayon de l'un de ces cercles, R le rayon total (qu'il ne faut pas confondre avec le rayon moyen), v la vitesse pour le cercle de rayon r, V la vitesse au centre de la section, on obtient la formule :

$$V - v = K \sqrt{RI} \left(\frac{r}{R}\right)^{2}.$$

Le nombre constant K est ici égal à 21.

Il semble que cette formule puisse s'appliquer aux tuyaux : or elle ne coïncide, ni avec la formule proposée par Darcy pour la répartition des vitesses dans les tuyaux,

$$V - v = 11,3 \sqrt{RI} \left(\frac{r}{R}\right)^{\frac{3}{2}},$$

ni avec la formule que nous avons déduite (§ 117) de l'hypothèse de Navier.

Les expériences de M. Bazin ont montré en définitive que l'hypothèse de Darcy n'était pas admissible, et que celle de Navier, adoptée par Dupuit et par M. Sonnet, était beaucoup plus près de la vérité. Il a indiqué une nouvelle loi, qui expliquerait mieux encore les phénomènes observés : le frottement mutuel, par unité de surface, de deux filets infiniment voisins, animés de vitesses différentes v et $v + dv$, et séparés par une distance dr, serait encore représenté par le produit $K \dfrac{dv}{dr}$, mais le cofficient K dépendrait en outre de la vitesse absolue v de ces filets. Nous avons déjà fait connaître la nouvelle loi proposée par M. Maurice Lévy, qui, admettant un nombre illimité de termes, permet de satisfaire aux observations. Mais en même temps on perd en simplicité ce qu'on peut gagner en exactitude. Cette difficulté du problème n'a échappé ni à Navier ni à M. Bazin.

« La question se complique et s'obscurcit davantage, dit ce dernier,
« à mesure que de nouvelles expériences, plus nombreuses et plus
« précises, paraîtraient devoir y jeter une plus grande lumière. Que
« conclure de ces résultats si divers et en apparence contradictoires,
« si ce n'est que nous ne possédons pas encore de notions saines sur
« les mouvements intérieurs des fluides et sur les actions mutuelles
« de leurs molécules ? Peut-être cette partie si délicate de la
« science doit-elle rester longtemps encore dans le domaine de
« l'empirisme (*). »

_____

(*) *Recherches hydrauliques*, introduction, p. 30. Parmi les recherches analytiques
faites en ces dernières années pour donner une meilleure théorie du mouvement des
fluides naturels, nous devons citer, en même temps que les travaux de M. Lévy, le mémoire de M. Kleitz, inspecteur général des ponts et chaussées, pour compléter le théorème
de Bernoulli, et déterminer les termes additifs qui correspondent au travail des forces intérieures. Toutes ces recherches dérivent de l'application à l'hydraulique des méthodes
qui ont amené Cauchy et Lamé à fonder la théorie mathématique de l'élasticité des
corps solides. Elles s'appliquent d'ailleurs au régime permanent, sorte d'intermédiaire
entre le mouvement et l'équilibre. Or on ne doit pas perdre de vue que la permanence
du régime n'est qu'une hypothèse, et qu'en réalité le mouvement naturel des liquides se
produit par saccades ou par ondes, suivant des lois très compliquées qui échappent
jusqu'ici à l'analyse. Nous ne pouvons mieux terminer cette note qu'en empruntant les
lignes suivantes au rapport de M. de Saint-Venant sur le mémoire de M. Maurice Lévy :
« Cette concordance de la théorie nouvelle de M. Lévy avec certains faits établit-elle,
« comme il le pense, la vérité de cette théorie, ainsi que la nécessité de tenir compte
« des dérivées d'ordre supérieur des vitesses dans le calcul des pressions dynamiques,
« lorsque les mouvements des fluides sont continus et réguliers? Nous n'en voyons point
« là une preuve irréfragable. Nous sommes même porté à croire avec Navier, qui n'a
« commis aucune erreur et qui ne s'est fait aucune illusion, que si ses équations ne
« s'appliquent pas bien aux courants ordinaires, c'est que les mouvements y sont beau-
« coup plus compliqués que ceux qu'il a supposés en les établissant. Il se forme (dans
« les tuyaux où la vitesse de l'écoulement est suffisamment grande), même quand les
« parois sont sensiblement lisses, de ces tourbillons qui deviennent si visibles et si consi-
« dérables dans les lits rugueux, et qui, lancés des bords vers le milieu et du fond
« vers la surface, affectent partout les mouvements d'une sorte de périodicité irré-
« gulière depuis longtemps remarquée. Il s'établit sans doute en chaque endroit une
« certaine moyenne de la vitesse d'écoulement, pour un temps fini assez court, et,
« aussi, une certaine moyenne de l'action d'une couche sur la couche contiguë. Mais,
« entre ce frottement et cette vitesse, il doit y avoir une tout autre relation que celle
« qu'on aurait avec les vitesses réelles et permanentes, si les mouvements restaient tout
« à fait continus et réguliers. » (*Comptes rendus de l'Académie des sciences*, séance du
8 mars 1869.)

FORMULES PROPOSÉES PAR DIVERS AUTEURS POUR L'ÉCOULEMENT UNIFORME DANS LES CANAUX DÉCOUVERTS.

187. La forme $A = \dfrac{RI}{u^2}$, proposée par M. Bazin, est pour nous un type auquel on peut ramener toutes les autres.

M. de Saint-Venant affecte les facteurs u et R d'exposants fractionnaires, variables avec la grandeur du cours d'eau et l'état de la paroi mouillée.

M. Gauckler partage les canaux en deux classes, suivant que la pente est inférieure ou supérieure à 0,0007; pour les canaux à pente $< 0,0007$, il pose la formule empirique

$$\sqrt{u} = \alpha \sqrt[3]{R} \sqrt[4]{I},$$

α étant une constante; et pour ceux qui ont une pente $> 0,0007$, il change l'indice de la racine de u, et pose

$$\sqrt[3]{u} = \alpha \sqrt[3]{R} \sqrt[4]{I}.$$

Bornemann donne la formule $\dfrac{RI}{u} = b \dfrac{\sqrt[4]{I}}{\sqrt[3]{R}}.$

Hagen fait $u = 2,425 \sqrt{R} \sqrt[6]{I}.$

MM. Humphreys et Abbott sont arrivés, par leurs études sur le Mississipi, à la formule très compliquée

$$\sqrt{u} = \sqrt{0,0081 b + \sqrt{68,7 R_1 \sqrt{I}}} - 0,09 \sqrt{b},$$

dans laquelle b représente le rapport $\dfrac{0,284}{\sqrt{R + 0,457}}$, R le rayon moyen, et R_1 le rapport de la section à son *périmètre total* (et non à son *périmètre mouillé*); dans les expériences de MM. Humphreys et Abbott, on avait $R_1 = 0,52 R$. Cette formule, d'un usage très peu commode, peut être simplifiée approximativement, et mise sous la forme $u = \alpha \sqrt{R_1} \sqrt[4]{I}.$

MM. Ganguillet et Kutter ont adopté la formule

$$u = \frac{23 + \dfrac{0,00155}{I}}{1 + \left(23 + \dfrac{0,00155}{I}\right) \dfrac{n}{\sqrt{R}}} \sqrt{RI},$$

où u représente un *coefficient de rugosité*, variable avec l'état de la paroi. Ils ont admis six classes de parois au lieu des quatre de M. Bazin. On peut consulter sur ces diverses formules une *étude comparative* que M. Bazin a insérée dans les *Annales des ponts et chaussées*, année 1871, janvier, n° 2, p. 9.

SIMILITUDE DE L'ÉCOULEMENT DANS LES CANAUX DÉCOUVERTS.

188. Les lois de la similitude de l'écoulement dans les canaux sont analogues à celles de la similitude de l'écoulement dans les tuyaux.

Si les cotes de hauteur sont multipliées par un coefficient ζ, les longueurs sur le profil en long du canal multipliées par λ et les dimensions linéaires de la section transversale multipliées par γ, les pentes I seront multipliées par $\dfrac{\zeta}{\lambda}$, le rayon moyen sera multiplié par γ; et, abstraction faite de la variation du facteur A, qui reste à peu près constant dès que R dépasse une certaine limite, les vitesses moyennes seront multipliées par le nombre $\sqrt{\dfrac{\zeta\gamma}{\lambda}}$, et les débits par le nombre $\gamma^2 \sqrt{\dfrac{\zeta\gamma}{\lambda}}$. La condition nécessaire et suffisante pour que les débits restent les mêmes est donc

$$\gamma^2 \sqrt{\frac{\zeta\gamma}{\lambda}} = 1, \quad \text{ou bien} \quad \lambda = \zeta\gamma^5.$$

Si, par exemple, on conserve les cotes des extrémités, ce qui revient à faire $\zeta = 1$, on devra avoir pour la conservation du débit $\lambda = \gamma^5$; la longueur du canal devra varier proportionnellement à la cinquième puissance du rapport de similitude des sections transversales : c'est l'extension de la loi de Dupuit aux canaux. Elle suppose constant, ou au moins peu variable, le facteur A.

On pourrait étudier une autre similitude, celle où les dimensions horizontales de la section seraient multipliées par un coefficient γ', et les dimensions verticales par un coefficient γ''. Alors les sections seraient multipliées par le produit $\gamma'\gamma''$, et les périmètres mouillés par un coefficient δ, qui ne peut s'exprimer en fonction de γ' et de γ'' que si la forme des sections est connue. Tout ce qu'on peut dire, en général, c'est que δ est compris entre γ' et γ''.

R est alors multiplié par $\dfrac{\gamma'\gamma''}{\delta}$, la vitesse moyenne est multipliée par $\sqrt{\dfrac{\zeta\gamma'\gamma''}{\lambda\delta}}$, et les débits par $\gamma'\gamma''\sqrt{\dfrac{\zeta\gamma'\gamma''}{\lambda\delta}}$.

Supposons, par exemple, que la section du canal soit rectangulaire. La base du rectangle étant multipliée par γ', la hauteur par γ'', le périmètre mouillé, qui était $a + 2b$, deviendra $a\gamma' + 2b\gamma''$, et on aura

$$\delta = \frac{a\gamma' + 2b\gamma''}{a + 2b}.$$

Si la hauteur b est très petite par rapport à la base a, on aura sensiblement $\delta = \gamma'$, pourvu que γ'' ne soit pas très grand. Dans cette hypothèse particulière, on a pour le coefficient des débits

$$\gamma'\gamma''\sqrt{\frac{\zeta\gamma''}{\lambda}}.$$

Supposons en outre la pente constante, ou $\zeta = \lambda$; l'égalité des débits entraînera la condition

$$\gamma'\gamma''\sqrt{\gamma''} = 1, \quad \text{ou bien} \quad \gamma'^2 = \frac{1}{\gamma''^3},$$

ce qu'on peut exprimer de la manière suivante : *dans deux canaux de même pente et de même débit, ayant tous deux pour section un rectangle très large, les carrés des largeurs sont en raison inverse des cubes des profondeurs.*

CHAPITRE. II.

DU MOUVEMENT VARIÉ DANS LES CANAUX DÉCOUVERTS.

---

189. Nous avons étudié dans le chapitre qui précède le mouvement uniforme de l'eau dans les canaux découverts quand la section d'écoulement est constante; nous allons passer à l'étude du cas où elle est variable, soit par suite des changements de forme des profils successifs, soit par suite des variations de hauteur de la ligne d'eau dans des profils de même forme. Si, par exemple, on vient à barrer un canal où le mouvement uniforme est établi, la ligne d'eau s'élève en amont de ce barrage; le gonflement qui se produit s'appelle en hydraulique un *remous*; il s'étend à une certaine distance vers l'amont, suivant des lois qu'il est nécessaire d'étudier. Un barrage transforme donc le mouvement uniforme en un mouvement varié, caractérisé par des différences de profondeur et des différences de vitesse.

L'équation du mouvement varié dans les cours d'eau a été donnée à peu près au même moment par le général Poncelet (*) et par Bélanger (**); elle résulte immédiatement de l'application du théorème des forces vives.

190. Nous commencerons par chercher, comme nous l'avons fait

(*) Cours à l'École d'application de Metz, 1828.
(**) *Essai sur le mouvement des eaux courantes*, 1827.

pour les tuyaux de diamètre constant; l'expression de la somme des
travaux élémentaires des frottements et des actions mutuelles dans
un canal à section constante où le mouvement de l'eau est uniforme.

Soit AB A'B' une portion de ce canal; considérons la masse liquide
contenue entre deux sections transver-
sales AB, A'B' et suivons-la dans le mouvement qu'elle prend pendant une durée θ
aussi petite qu'on voudra. Les molécules
contenues dans le plan AB, au commencement de cette durée, seront venues, au

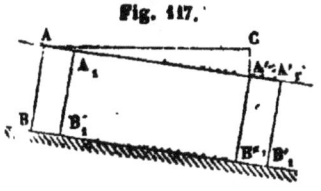

Fig. 117.

bout du temps θ, occuper une certaine surface A₁B₁, qui ne sera pas
un plan à cause des différences de vitesse des filets liquides. De
même les molécules contenues au commencement du temps θ dans
le plan A'B' occuperont au bout de ce temps la surface A'₁B'₁, toute
semblable à la surface A₁B₁, à cause de l'uniformité du mouvement.
L'accroissement des forces vives sera nul entre ces deux époques;
car il se réduit à la différence des forces vives de la masse liquide
contenue entre les surfaces A'B' et A'₁B'₁ et des forces vives de la
masse comprise entre AB et A₁B₁; ces deux parties étant composées
de molécules égales en masse et animées de vitesses égales, ont des
forces vives égales, et leur différence est nulle. La somme des travaux
des forces, tant extérieures qu'intérieures, est donc égale à zéro.
Ces forces sont la pesanteur, les pressions et les frottements.

Travail de la pesanteur. — Le travail de la pesanteur est positif
et égal au poids de la masse AA₁B₁B, multiplié par la différence de
niveau des centres de gravité des sections AB, A'B'; ou par la distance
du point A' à l'horizontale AC menée par le point A. Si donc on
appelle u la vitesse moyenne du liquide, le volume ABB₁A₁ est égal
à $\Omega u \theta$, le poids de ce volume est $\Pi \Omega u \theta$; appelant L la longueur
AA', et I la pente de la surface, la distance A'C sera sensiblement
égale à LI; de sorte que le travail de la pesanteur est $\Pi \Omega L I u \theta$.

Travail des pressions. — La pression atmosphérique enveloppe de

toute part le volume constant ABB'A', et ne produit aucun travail (*).
Restent les pressions, déduction faite de la pression atmosphérique.
Or les pressions des parois du canal sont normales à la direction du
courant, et ne donnent rien en projection ; d'un autre côté, les pressions sur la face AB et sur la face A'B', sont deux à deux égales,
parallèles, dirigées en sens contraires, et leurs points d'application,
pris de même deux à deux, subissent des déplacements égaux
parallèles et de même sens ; leurs travaux se détruisent donc et
leur somme est nulle. En définitive, les pressions normales ne
donnent lieu à aucun travail. Le travail T des frottements et des
actions intérieures est donc égal et contraire au travail de la pesanteur, et par suite nous pouvons poser

$$T = - \Pi \Omega L I \, u \theta.$$

Ce travail est en valeur absolue le produit d'une force, $\Pi \Omega L I$, par
le chemin, $u\theta$, décrit par l'ensemble de la masse fluide. Au point de
vue du travail produit, les frottements et les forces mutuelles intérieures sont donc équivalents à une force $F = \Pi \Omega L I$, appliquée en
sens contraire du mouvement à un point qui serait animé de la
vitesse moyenne.

Mais l'équation du mouvement uniforme nous donne

$$RI = AU^2,$$

ou bien

$$\frac{\Omega I}{\chi} = A u^2,$$

en appelant χ le périmètre mouillé. Donc $\Omega I = A u^2 \chi$, et par suite on
peut exprimer F par le produit $\Pi A u^2 \chi L$.

Pour une longueur infiniment petite ds, le travail du frottement

---

(*) Il est facile de reconnaitre, et nous démontrerons plus loin quand nous étudierons
les lois de l'écoulement des gaz, que le travail élémentaire des pressions uniformément
réparties sur tous les éléments de la surface terminale d'un volume limité de toutes
parts, est égal en valeur absolue au produit $p dV$ de la pression p, rapportée à l'unité
de surface, par la variation dV du volume. Ici le volume étant constant, puisqu'il s'agit
d'un liquide, dV est nul, et le travail de la pression atmosphérique est égal à zéro.

et des forces intérieures sera équivalent au travail d'une force $\Pi A u^{2} \chi ds$ appliquée en sens contraire du mouvement à un point animé de la vitesse moyenne.

191. Ce lemme établi, nous pouvons aborder la question générale, en admettant que dans chaque tranche infiniment mince, comprise entre deux plans transversaux infiniment rapprochés, les frottements soient les mêmes que si le mouvement était uniforme. Pour qu'il en soit ainsi, il faut que les vitesses des molécules liquides varient graduellement, et que les filets liquides soient partout sensiblement parallèles.

Nous opérerons comme tout à l'heure; mais ici le mouvement n'étant plus uniforme, les forces vives des deux masses égales ABA_1B_1, $A'B'A'_1B'_1$ ne se détruiront généralement pas.

Évaluons successivement les termes de l'équation des forces vives : dans un membre nous aurons le travail des forces; dans l'autre, le demi-accroissement des forces vives.

Travail de la pesanteur. — Appelons Q la dépense par unité de temps; le poids des masses égales ABA_1B_1, $A'B'A'_1B'_1$, sera $\Pi Q\theta$; et le travail de la pesanteur s'obtiendra en multipliant ce poids par la distance verticale du centre de gravité G de la section AB au-dessous du centre de gravité G' de la section A'B'. Menons par le point A une horizontale AC, et appelons z la distance A'C de la ligne d'eau A' à cette horizontale. Appelons y et y' les distances des points G et G' aux lignes d'eau A et A'; les plans AB, A'B' étant sensiblement verticaux, le point G' sera au-dessous du point C de $z + y'$, et la différence de niveau entre G et G' est $z + y' - y$; le travail de la pesanteur est donc

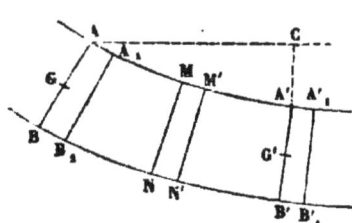

Fig. 118.

$$\Pi Q \theta (z + y' - y).$$

Travail des pressions. — La pression atmosphérique ne donne pas de travail. Les pressions normales du lit n'en donnent pas non plus, puisqu'elles sont normales aux trajectoires des filets sur lesquels elles agissent. Quant aux pressions des sections extrêmes, la pression d'amont a un travail positif, et la pression d'aval a un travail négatif. Ces travaux sont égaux au produit de la pression moyenne, par le volume qu'engendre le déplacement des sections AB, A'B'; les pressions moyennes sont celles qui s'exercent aux centres de gravité G, G'; elles sont donc égales à Πy pour la section d'amont, à $\Pi y'$ pour la section d'aval, et leur travail est égal à

$$\Pi (y - y') \times Q\theta.$$

Travail des frottements et des forces intérieures. — Nous avons admis que pour chaque tranche MNM'N', prise dans le courant, ces forces peuvent être remplacées par une force unique égale à $\Pi A u^2 \chi \, ds$, appliquée à un point ayant une vitesse u, ou bien une vitesse $\dfrac{Q}{\Omega}$, Ω représentant l'aire de la section MN; l'espace parcouru par le point d'application de cette force est $\dfrac{Q}{\Omega}\theta$, et le travail cherché est égal à

$$- \Pi A u^2 \chi \, ds \times \frac{Q}{\Omega}\theta = -\Pi Q\theta \times A u^2 \times \frac{\chi}{\Omega} \, ds.$$

On aura le travail total pour toute la masse liquide comprise entre le plan AB et le plan A'B', en faisant la somme de ces travaux partiels entre ces deux limites; de sorte que le travail total des frottements et des forces mutuelles est égal à

$$- \Pi Q\theta \int \frac{\chi}{\Omega} A u^2 \, ds,$$

l'intégrale étant prise entre la section A et la section A'.

192. Nous n'avons plus qu'à évaluer les forces vives des masses égales ABB₁A₁, A'B'B₁'A₁'.

Il faut ici tenir compte des différences de vitesse des filets. Nous suivrons pour cela la marche indiquée par Poncelet dans ses *Expériences hydrauliques* (1832).

Soit ω une aire infiniment petite dans les deux sens, prise dans la section AB, et soit v la vitesse particulière du filet qui traverse cet élément de surface. Appelons Ω l'aire totale de la section AB, et u la vitesse moyenne. Nous aurons, en étendant la somme à tous les éléments de la section,

Fig. 119.

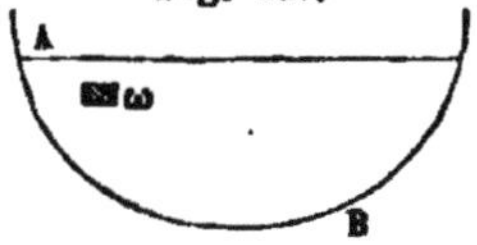

$$\Omega u = \sum \omega v,$$

Soit donc $v = u + w$; w sera la *vitesse relative* du filet par rapport à la vitesse moyenne; cette vitesse est positive pour certains points, et négative pour d'autres points. Nous en conclurons

$$\sum \omega w = 0.$$

La force vive du filet qui passe dans l'élément ω est égale à

$$\frac{\Pi}{g} \omega v \theta \times v^2 = \frac{\Pi}{g} \theta \times \omega v^3,$$

et la somme des forces vives de la tranche AB est égale à

$$\frac{\Pi}{g} \theta \sum \omega v^3.$$

Dans cette expression, remplaçons v par sa valeur $u + w$; il vient

$$\sum \omega v^3 = \sum \omega (u^3 + 3 u^2 w + 3 u w^2 + w^3) = u^3 \Omega + \sum \omega w^2 (3u + w),$$

en supprimant le terme $3u^2 \sum \omega w$ qui est nul.

Le facteur $3u + w$ est égal à $2u + v$, quantité nécessairement positive. Nous pouvons donc poser

$$\sum \omega v^3 > \Omega u^3,$$

et par suite la force vive totale de la tranche AA_1 est supérieure à $\frac{\Pi}{g}\theta\Omega u^3$ ou à $\frac{\Pi Q\theta}{g}u^3$.

On peut donc la représenter par $\alpha\frac{\Pi Q\theta}{g}u^3$, α étant un coefficient de correction supérieur à l'unité, et dont on pourrait déterminer la valeur, si l'on savait comment les vitesses sont réparties dans la section transversale considérée.

Admettons que la valeur de ce coefficient soit la même pour les deux sections d'amont et d'aval; la somme des forces vives de la tranche $A'A'_1$ s'exprimera de même par

$$\alpha\frac{\Pi Q\theta}{g} \times u'^2$$

et par conséquent l'équation des forces vives prend la forme

$$\alpha\frac{\Pi Q\theta}{2g}(u'^2 - u^2) = \Pi Q\theta(z + y' - y) + \Pi(y - y')Q\theta - \Pi Q\theta \int \frac{\chi}{\Omega} A u^2 ds.$$

Supprimant le facteur $\Pi Q\theta$, réduisant et résolvant par rapport à z, il vient

$$z = \alpha\left(\frac{u'^2}{2g} - \frac{u^2}{2g}\right) + \int \frac{\chi}{\Omega} A u^2 ds.$$

La *pente totale* z de la surface libre du courant, prise entre deux points A et A', se compose donc de deux parties :

L'une, $\alpha\left(\frac{u'^2}{2g} - \frac{u^2}{2g}\right)$ est, au facteur correctif α près, la différence des hauteurs dues aux vitesses moyennes dans les deux sections extrêmes; elle peut être positive, nulle ou négative;

L'autre, $\int \frac{\chi}{\Omega} A u^2 ds$, toujours positive si ds est compté dans le sens du mouvement, correspond au travail du frottement et des forces intérieures sur la portion considérée du courant.

La pente totale, z, qui est la somme de ces deux parties, peut être positive, négative ou nulle entre deux points donnés. Il n'y a donc pas lieu d'être surpris de constater quelquefois des *contrepentes* dans la surface libre d'un cours d'eau.

193. Le coefficient α n'est pas déterminé; on sait seulement qu'il est positif et plus grand que l'unité. Bélanger propose de lui attribuer dans tous les cas la valeur **1,1**, l'erreur sur ce coefficient ne pouvant entraîner une erreur bien sensible dans la formule, à cause de la petitesse ordinaire du terme, $\dfrac{u'^2}{2g} - \dfrac{u^2}{2g}$, que ce coefficient multiplie. D'autres auteurs simplifient la formule en faisant $\alpha = 1$. La détermination des valeurs de ce coefficient, et des valeurs du nombre A applicable au mouvement varié, a été l'objet d'expériences de M. Bazin, que nous résumerons plus loin.

Nous appliquerons la formule générale que l'on vient de trouver à la solution de différents problèmes d'hydraulique.

194. *Étant donnés le profil en long d'une rivière et une série de profils en travers, trouver le débit* Q.

Le profil en long fait connaître la pente totale superficielle z entre deux points du cours d'eau.

Les profils en travers permettent d'évaluer, pour un certain nombre de sections, les valeurs du périmètre mouillé χ, et de la section mouillée Ω;

Les distances des profils en travers successifs indiquent les longueurs auxquelles ces quantités doivent être appliquées.

Soit Q la dépense cherchée;

$\Omega_0,\ \Omega_1,\ \Omega_2 \ldots \Omega_n$, les valeurs des sections mouillées;

$\chi_0,\ \chi_1,\ \chi_2 \ldots \chi_n$, les valeurs correspondantes du périmètre mouillé;

$l_1,\ l_2 \ldots l_n$, les distances d'un profil au profil suivant.

Les vitesses dans les différentes sections seront

$$\frac{Q}{\Omega_0},\quad \frac{Q}{\Omega_1},\quad \frac{Q}{\Omega_2}, \ldots \frac{Q}{\Omega_n}.$$

Par suite, le premier terme de l'équation sera égal à

$$\alpha \frac{Q^2}{2g}\left(\frac{1}{\Omega^2_n} - \frac{1}{\Omega^2_0}\right).$$

L'intégrale $\int \frac{\chi}{\Omega} A u^2 ds$ aura pour valeur approchée

$$A Q^2 \left(\frac{\chi_0}{\Omega^3_0}\frac{l_1}{2} + \frac{\chi_1}{\Omega^3_1}\frac{l_1 + l_2}{2} + \frac{\chi_2}{\Omega^3_2}\frac{l_2 + l_3}{2} + \dots + \frac{\chi_n}{\Omega^3_n}\frac{l_n}{2}\right).$$

Nous supposons pour plus de simplicité qu'on prenne pour A une valeur moyenne applicable à tous les profils, en ayant égard toutefois à la nature du lit (*).

En résumé, nous aurons l'équation.

$$z = Q^2 \left[\frac{\alpha}{2g}\left(\frac{1}{\Omega^2_n} - \frac{1}{\Omega^2_0}\right) + A^2\left(\frac{\chi_0}{\Omega^3_0}\frac{l_1}{2} + \dots\right)\right]$$

et enfin

$$Q = \sqrt{\frac{z}{\frac{\alpha}{2g}\left(\frac{1}{\Omega^2_n} - \frac{1}{\Omega^2_0}\right) + A\left(\frac{\chi_0}{\Omega^3_0}\frac{l_1}{2} + \dots + \frac{\chi_n}{\Omega^3_n}\frac{l_n}{2}\right)}}.$$

Le débit est ainsi déterminé par une opération de nivellement et de chaînage, sans mesure de vitesse; mais cette méthode suppose connue la valeur convenable du coefficient A.

195. *Étant donné le débit* Q *d'une rivière, le profil en long du lit, et une série de profils en travers, connaissant enfin le niveau de l'eau dans l'un de ces profils, trouver le profil en long de la surface*

(*) On peut aussi appliquer à la recherche de cette somme la règle de Thomas Simpson, qui suppose la distance des deux profils extrêmes partagée par les sections intermédiaires en un nombre pair, n, de parties égales, et qui conduit à l'expression :

$$A Q^2 \frac{l}{3n}\left(\frac{\chi_0}{\Omega^3_0} + \frac{4\chi_1}{\Omega^3_1} + \frac{2\chi_2}{\Omega^3_2} + \frac{4\chi_3}{\Omega^3_3} + \frac{2\chi_4}{\Omega^3_4} + \dots + \frac{4\chi_{n-1}}{\Omega^3_{n-1}} + \frac{\chi_n}{\Omega^3_n}\right).$$

Le facteur *l* est la distance commune des profils consécutifs.

libre du liquide, et tracer les lignes d'eau dans les autres profils en travers. C'est le problème qu'on a à résoudre, quand en un point donné on élève les eaux d'une rivière à un certain niveau, et qu'on veut savoir où la surface de l'eau s'élèvera dans les autres sections.

Pour résoudre la question, on procède par tâtonnements.

Soit A le profil où le niveau d'eau M est donné; soit B l'un des profils voisins où le niveau d'eau est inconnu.

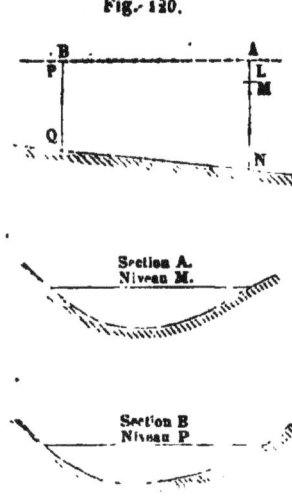

Fig. 120.

On attribuera à ce dernier niveau une hauteur arbitraire P, ce qui permettra de tracer la ligne d'eau dans le profil en travers B; on pourra donc mesurer l'aire Ω et le périmètre mouillé χ de la section correspondante; enfin, le profil en long fera connaître la distance ML, différence de niveau des points P et M. On connaît d'ailleurs pour la section A les quantités Ω_0 et χ_0, et par suite on a tout ce qu'il faut pour appliquer approximativement à l'intervalle AB l'équation du mouvement varié.

Section A.
Niveau M.

Section B
Niveau P.

Soit l la distance PL des deux profils; nous devrons avoir, si le niveau P est convenablement choisi, en représentant par z la différence de niveau ML,

$$z = \alpha \frac{Q^2}{2g} \left(\frac{1}{\Omega^2_0} - \frac{1}{\Omega^2} \right) + AQ^2 \times \left(\frac{\chi}{\Omega^3} + \frac{\chi_0}{\Omega^3_0} \right) \frac{l}{2}.$$

Cette équation ne sera pas en général satisfaite du premier coup. Si on a pris le point P trop bas, le second membre sera moindre que le premier; si au contraire on l'a pris trop haut, le premier membre sera inférieur au second. On saura donc dans quel sens il faut modifier la première valeur attribuée au niveau P; et après deux essais comprenant la valeur cherchée, on pourra obtenir cette valeur par une interpolation.

Une fois la ligne d'eau fixée dans le profil B, on pourra opérer de même pour passer de ce profil au profil précédent; le problème résolu pour un profil permet d'étendre la solution à un profil nouveau, et ainsi elle est générale.

196. Proposons-nous de résoudre le même problème dans le cas particulier où le lit est prismatique et la pente constante; on peut alors poser l'équation différentielle de la surface de l'eau, et éviter les tâtonnements qui viennent d'être indiqués.

Soit i la pente constante du lit; χ, Ω, les valeurs du périmètre mouillé et de la section d'écoulement en un point quelconque; ces quantités varient en général d'une manière continue d'un point à l'autre, et sont des fonctions de la longueur s. Nous avons d'ailleurs l'équation générale

$$z = \alpha \left(\frac{u'^2}{2g} - \frac{u^2}{2g} \right) + \int \frac{\chi}{\Omega} A u^2 ds.$$

Appliquons cette équation à deux profils infiniment voisins, séparés par une distance ds; la différence se change en une différentielle, et l'intégrale se réduit à l'un de ses éléments; il vient donc

$$dz = \alpha \frac{u\,du}{g} + \frac{\chi}{\Omega} A u^2 ds.$$

La différentielle dz est la pente totale A'C de la surface de l'eau

Fig. 121.

entre les points A et A'. Par le point A, menons AD parallèle au fond du lit, BB'. La quantité A'D est l'augmentation dh de la profondeur de l'eau, quand on passe de la section AB à la section A'B'. La petitesse des inclinaisons permet de confondre la distance A'C $= dz$ avec la longueur A'C' prise sur le prolongement de DA' jusqu'à l'horizontale AC. Nous aurons très sensiblement

$$dz = A'C' = C'D - A'D.$$

Or, C'D est égal à ids, et A'D à dh; donc

$$dz = ids - dh,$$

équation qui nous permet de chasser la différentielle dz.

Il faut aussi chasser la différentielle du. Pour cela, observons que le produit

$$u \times \Omega = Q$$

est constant dans toute section.

Différentiant, il vient

$$\Omega\,du = - u\,d\Omega.$$

Or, soit x la largeur de la section AB à la hauteur de la ligne d'eau; la variation $d\Omega$ de la section sera égale à $x\,dh$, et par suite

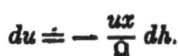
Fig. 122.

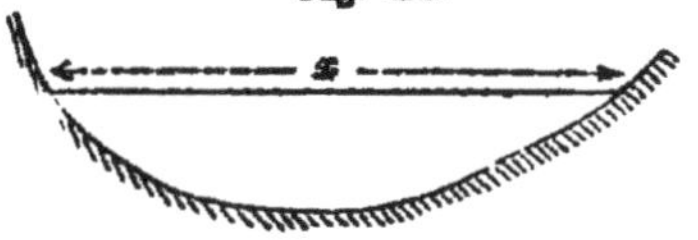

$$du = - \frac{ux}{\Omega}\,dh.$$

Remplaçons dz et du par ces valeurs dans l'équation différentielle, nous aurons

$$i\,ds - dh = - \alpha\,\frac{u^2 x}{g\Omega}\,dh + \frac{\chi}{\Omega}\,A\,u^2\,ds,$$

ou bien

$$\frac{dh}{ds} = \frac{i - \frac{\chi}{\Omega}\,A u^2}{1 - \alpha\,\frac{u^2}{g}\,\frac{x}{\Omega}}.$$

Pour appliquer cette équation, il faudra exprimer x, χ et Ω en fonction de h, puis remplacer la vitesse u par le rapport $\dfrac{Q}{\Omega}$, dans lequel la quantité Q est constante. Toutes ces substitutions faites, l'équation prendra la forme

$$ds = F(h)\,dh$$

que l'on pourra intégrer par quadrature. L'intégrale de cette équation sera

$$s = \int F(h)\,dh + C;$$

elle représente une infinité de courbes toutes égales entre elles, et qui diffèrent seulement par leur position le long du lit du canal. La solution s'achève en exprimant que la courbe passe par un point donné.

197. Supposons par exemple qu'il s'agisse d'un lit rectangulaire de largeur l; on aura

$$x = l,$$
$$\chi = l + 2h, \qquad \frac{\chi}{\Omega} = \frac{l + 2h}{lh}.$$
$$\Omega = lh,$$
$$u = \frac{Q}{lh}, \qquad \frac{x}{\Omega} = \frac{1}{h},$$

et par suite

$$ds = dh \times \frac{1 - \dfrac{\alpha Q^2}{l^2 h^3 g}}{i - \dfrac{l + 2h}{l^3 h^3} A Q^2},$$

équation que l'on peut intégrer en décomposant en fractions simples la fraction rationnelle qui multiplie la différentielle dh. Dupuit a fait l'intégration, en simplifiant le problème par la suppression du terme $-\dfrac{\alpha Q^2}{g h^3 l}$, et en supposant au lit une largeur indéfinie.

198. Au lieu d'éliminer dx, on peut éliminer ds, ce qui conduit à une relation entre les variables z et h. On en déduit ensuite s en intégrant l'équation

$$i\,ds = dz + dh,$$

qui donne

$$i(s - s_0) = z + h + C.$$

Appliquons cette méthode à un courant rectangulaire de largeur indéfinie; ce qui revient à poser

$$x = \chi = l,$$

en négligeant $2h$ vis-à-vis de l, et

$$\frac{x}{\Omega} = \frac{\chi}{\Omega} = \frac{l}{lh} = \frac{1}{h}.$$

L'équation du mouvement devient après ces substitutions, et après la suppression du facteur α, que l'on peut regarder comme égal à l'unité,

$$dz = -\frac{Q^2}{g l^2 h^3}\, dh + \frac{AQ^2}{l^2 h^3}\, ds.$$

Remplaçant ds par $\dfrac{dz + dh}{i}$, puis séparant les variables, on a

$$dz = \frac{\dfrac{Q^2}{l^2 h^3} \times \left(\dfrac{A}{i} - \dfrac{1}{g}\right) dh}{1 - A\,\dfrac{Q^2}{l^2 h^3 i}}.$$

Cette équation se simplifie en faisant d'abord $\dfrac{Q}{l} = q$, puis en posant $H = \sqrt[3]{\dfrac{Aq^2}{i}}$. La quantité q sera *le débit du courant rapporté à l'unité de largeur du lit;* la quantité H sera *la profondeur du régime uniforme;* ou la profondeur qu'aurait l'eau dans le canal si le mouvement y était uniforme, le débit étant toujours égal à q par unité de largeur. En effet U étant la vitesse, et H la profondeur ou le rayon moyen, on aurait alors

$$i H = AU^2,$$

ou bien

$$i H = A \left(\frac{q}{H}\right)^2$$

ou enfin

$$H^3 = \frac{Aq^2}{i}.$$

On obtient, par suite de ces transformations,

$$dz = \frac{\left(H^3 - \dfrac{q^2}{g}\right) dh}{h^3 - H^3} = H^3 \times \frac{1 - \dfrac{i}{Ag}}{h^3 - H^3}\, dh.$$

Faisons enfin $\dfrac{h}{H} = h'$; l'équation prend la forme suivante :

$$dz = H \left(1 - \frac{i}{Ag}\right) \frac{dh'}{h'^3 - 1}.$$

On intègre facilement la fraction rationnelle $\dfrac{dh'}{h'^3 - 1}$ en la décomposant en fractions simples :

$$\frac{dh'}{h'^3 - 1} = \frac{1}{3}\left[\frac{dh'}{(h'-1)} - \frac{h'+2}{h'^2 + h' + 1}\,dh'\right]$$

$$= \frac{1}{3} \times \frac{dh'}{h'-1} - \frac{1}{3}\frac{\left(h' + \frac{1}{2}\right)dh'}{h'^2 + h' + 1} - \frac{\sqrt{3}}{3} \times \frac{d\,\dfrac{2h'+1}{\sqrt{3}}}{1 + \dfrac{(2h+1)^2}{3}}.$$

L'intégration donne ensuite

$$\int \frac{dh'}{h'^3 - 1} = \frac{1}{3}\log(h'-1) - \frac{1}{6}\log(h'^2 + h' + 1) - \frac{\sqrt{3}}{3} \times \operatorname{arc\,tg}\frac{2h'+1}{\sqrt{3}} + \text{const.}$$

$$= \frac{1}{6}\log\frac{(h'-1)^2}{h'^2 + h' + 1} - \frac{1}{3}\sqrt{3}\,\operatorname{arc\,tg}\frac{2h'+1}{\sqrt{3}} + \text{const.}$$

Pour déterminer la constante, M. Bresse, à qui nous empruntons cette analyse, prend pour plan horizontal de comparaison *le plan vers lequel tend la surface du courant quand la profondeur augmente indéfiniment* (*). A mesure que la profondeur augmente, la vitesse *u* diminue, et la surface libre approche de plus en plus du plan horizontal qui conviendrait au liquide en repos : si donc nous faisons h' infini, nous devons trouver 0 pour z, et par suite aussi pour l'intégrale.

Or, pour h' infini, le rapport $\dfrac{(h'-1)^2}{h'^2 + h' + 1}$ est égal à l'unité ; son logarithme est nul ; la tangente $\dfrac{2h'+1}{\sqrt{3}}$ devenant infinie, on peut admettre que l'arc correspondant est égal à $\dfrac{\pi}{2}$. La constante prend alors la valeur $\dfrac{\sqrt{3}}{6}\pi$.

Dans ces conditions l'intégrale de l'équation donnée devient

$$z = H\left(1 - \frac{i}{\Lambda g}\right)\left(\frac{1}{6}\log\frac{(h'-1)^2}{h'^2 + h' + 1} + \frac{1}{3}\sqrt{3}\,\operatorname{arc\,cot}\frac{2h'+1}{\sqrt{3}}\right).$$

(*) *Hydraulique*, p. 240.

M. Bresse a calculé la table (*) des valeurs de la fonction

$$\psi(x) = \frac{1}{6} \log \frac{x^2 + x + 1}{(x-1)^2} - \frac{1}{3} \sqrt{3} \text{ arc cot. } \frac{2x+1}{\sqrt{3}}.$$

Les valeurs de z se trouveront à l'aide de cette table, en appliquant la formule

$$z = -H \left(1 - \frac{i}{Ag}\right) \psi(h').$$

Puis l'intégration de l'équation $ids = dz + dh$ donne, comme on l'a vu plus haut, entre deux points quelconques,

$$i(s - s_0) = z - z_0 + h - h_0.$$

Il vient en définitive

$$\frac{i(s - s_0)}{H} = h' - h'_0 - \left(1 - \frac{i}{Ag}\right) [\psi(h') - \psi(h'_0)].$$

DÉTERMINATION DU NOMBRE α.

199. La valeur à attribuer au nombre α dépend des différences de vitesses des filets, car ce nombre est égal au rapport $\frac{\Sigma \omega v^2}{\Omega u^2}$. M. Bazin a montré qu'on peut poser d'une manière générale

$$\alpha = 1 + N \left(\frac{V}{u} - 1\right)^2,$$

en appelant V la vitesse maximum, u la vitesse moyenne, et N un nombre qui dépend de la forme de la section et de la nature de la paroi. Appliquant à cette recherche les résultats qu'il avait obtenus pour la répartition des vitesses dans les sections rectangulaires très-larges ou dans les sections semi-circulaires, il a obtenu $N = \frac{36}{5}$

(*) *Hydraulique,* table IV.

pour les premières, et $N = \frac{27}{16}$ pour les secondes. Puis traitant la question par l'expérience, il a reconnu que α pouvait s'exprimer en fonction du coefficient A, par la formule

$$\alpha = 1 + 210 A.$$

En définitive, la limite $\alpha = 1.1$ indiquée par Bélanger est très rarement dépassée, et il n'y a pas d'erreur sensible à craindre en l'adoptant dans tous les cas. M. Bazin a aussi étudié les valeurs du rapport $\alpha' = \frac{\Sigma \omega v^2}{\Omega u^2}$ qui peut s'exprimer très simplement par la formule $1 + 70 A$, et dont nous verrons le rôle dans l'étude du ressaut superficiel.

DÉTERMINATION EXPÉRIMENTALE DU COEFFICIENT A.

200. Pour déterminer le coefficient A par expérience, M. Bazin met l'équation du mouvement varié sous la forme

$$z - \alpha \left(\frac{u'^2}{2g} - \frac{u^2}{2g} \right) = A \int \frac{\chi}{\Omega} u^2 ds,$$

puis il construit une ligne ayant pour abscisse X la quantité $\int \frac{\chi}{\Omega} u^2 ds$, et pour ordonnée Y la valeur correspondante de $z - \alpha \left(\frac{u'^2}{2g} - \frac{u^2}{2g} \right)$.

Si le coefficient A était rigoureusement constant, le rapport $\frac{Y}{X}$ qui lui est égal serait aussi constant, et la ligne serait une droite passant par l'origine. En appliquant cette construction à des portions de courants, M. Bazin a tracé plusieurs lignes qui, en effet, se rapprochent très sensiblement d'une ligne droite, et qui permettent d'évaluer la valeur moyenne du coefficient A. Pour une même nature de paroi, on peut attribuer à ce coefficient A une valeur constante, ou, si l'on veut tenir compte des variations du rayon moyen, lui donner la valeur qu'aurait le coefficient A dans la formule du mouvement uniforme. L'expérience montre en effet que les valeurs de A sont, tantôt au-dessus, tantôt au-dessous de celles qui correspondent à l'uniformité du mouvement, mais que les écarts sont négligeables.

Les expériences de M. Bazin sur la répartition des vitesses ont ainsi prouvé qu'il n'y avait pas de différence marquée, à cet égard, entre le mouvement uniforme et le mouvement varié.

DISCUSSION SOMMAIRE DE L'ÉQUATION DU MOUVEMENT VARIÉ POUR UN LIT RECTANGULAIRE (*).

201. Soit OS le fond du lit. Nous prendrons cette ligne pour axe des s; les profondeurs h correspondantes sont comptées perpendiculairement à OS; de sorte qu'en fixant sur la droite OS une origine arbitraire O, un point M est représenté par ses coordonnées $s = $ OP, $h = $ PM; et nous pourrons supposer qu'on amène la courbe de superficie à passer par ce point, en disposant convenablement de la constante C, introduite par l'intégration (§ 196).

Fig. 123.

L'équation différentielle nous donne le moyen de mener la tangente au point M à la courbe qui passe par ce point; $\dfrac{dh}{ds}$ est la tangente trigonométrique de l'angle que fait la courbe avec l'axe OS. L'équation

$$\frac{dh}{ds} = \frac{i - \dfrac{\chi}{\Omega}\,A u^2}{1 - \alpha\,\dfrac{u^2}{g}\,\dfrac{\chi}{\Omega}} = \frac{i - \dfrac{A}{R}\,\dfrac{Q^2}{\Omega^2}}{1 - \alpha\,\dfrac{Q^2}{g}\,\dfrac{\chi}{\Omega^3}}$$

(*) Pour la discussion rigoureuse du même problème, au moyen de l'équation intégrale et de la fonction ψ, nous renvoyons à l'*Hydraulique* de M. Bresse.

fait connaître cet angle en un point M quelconque. On voit que $\dfrac{dh}{ds}$ pourra avoir le signe $+$ ou le signe $-$, suivant les signes du numérateur et du dénominateur.

Dans le cas où le lit est rectangulaire, $\dfrac{x}{\Omega}$ est égal à l'inverse $\dfrac{1}{h}$ de la profondeur ; et si l'on ajoute que le lit a une grande largeur l par rapport à sa profondeur h, on pourra prendre approximativement le rayon moyen $R = h$, comme nous l'avons fait déjà (§ 198) ; l'équation simplifiée devient

$$\frac{dh}{ds} = \frac{i - \dfrac{Au^2}{h}}{1 - \dfrac{\alpha u^2}{gh}},$$

ce qu'on peut écrire

$$\frac{dh}{ds} = i \times \frac{1 - \dfrac{Au^2}{ih}}{1 - \dfrac{\alpha u^2}{gh}}.$$

Le dénominateur de cette fraction s'annule pour $\dfrac{\alpha u^2}{gh} = 1$, ou pour $u = \sqrt{gh}$, en supprimant le facteur α qui est peu différent de l'unité. Si u est supérieur à cette limite, le dénominateur sera négatif ; il sera positif si u est au-dessous.

Le numérateur s'annule lorsque $Au^2 = ih$. Or, h étant le rayon moyen de la section, cette égalité correspond au cas où le régime uniforme est établi ; en effet, on a alors $\dfrac{dh}{ds} = 0$, et h reste constant. Le débit Q serait écoulé uniformément, avec une vitesse U, sous une certaine profondeur H, satisfaisant à l'équation $iH = AU^2$; c'est cette profondeur H que nous avons appelée plus haut la *profondeur du régime uniforme* (§ 198).

Si la profondeur réelle h est $> H$, u est moindre que U, et $Au^2 < ih$; le numérateur est alors positif ; la hauteur du liquide étant supérieure à celle du régime uniforme, on dit qu'il y a *remous d'exhaussement*.

Au contraire, numérateur est négatif si $h < H$; on dit alors qu'il y a *remous d'abaissement*.

Le discussion de l'équation comprend donc les cas particuliers suivants :

$$u < \sqrt{gh} \begin{cases} h > H & \text{Remous d'exhaussement;} \; \frac{dh}{ds} \; \text{positif.} \\ h < H & \text{»} \quad \text{d'abaissement;} \; \frac{dh}{ds} \; \text{change de signe.} \end{cases}$$

$$u > \sqrt{2g} \begin{cases} h > H & \text{»} \quad \text{d'exhaussement;} \; \frac{dh}{ds} \; \text{change de signe.} \\ h < H & \text{»} \quad \text{d'abaissement;} \; \frac{dh}{ds} \; \text{positif.} \end{cases}$$

Abstraction faite du facteur α, l'équation différentielle prend la forme suivante

$$\frac{dh}{ds} = i \times \frac{1 - \frac{H}{h}\frac{u^2}{U^2}}{1 - \left(\frac{u}{\sqrt{gh}}\right)^2} = i \times \frac{1 - \left(\frac{H}{h}\right)^3}{1 - \left(\frac{u}{\sqrt{gh}}\right)^2}.$$

en observant que $\dfrac{u}{U} = \dfrac{H}{h}$.

Pour la facilité de la discussion il convient de chasser la vitesse **u** de cette équation et de ramener le second membre à ne plus contenir que la variable **h**. On y parvient en observant que, dans un lit rectangulaire de grande largeur, le rayon moyen est sensiblement égal à la profondeur, de sorte qu'on a pour déterminer la vitesse **u** du régime uniforme l'équation

$$Hi = AU^2.$$

On a aussi

$$H^2 U^2 = h^2 u^2,$$

à cause de la constance du débit. Donc

$$H^3 i = A h^2 u^2,$$

et par conséquent

$$\frac{u^2}{gh} = \frac{H^3 i}{gh^3 A}.$$

L'équation différentielle devient donc

$$\frac{dh}{ds} = i \times \frac{1 - \left(\frac{H}{h}\right)^2}{1 - \frac{Ag}{i}\left(\frac{H}{h}\right)^3},$$

ou bien

$$ds = \frac{dh}{i} \times \frac{1 - \frac{i}{Ag}\left(\frac{H}{h}\right)^3}{1 - \left(\frac{H}{h}\right)^2} = \frac{dh}{i} \frac{h^3 - \frac{iH^3}{Ag}}{h^3 - H^3}.$$

Si l'on pose $\frac{iH^3}{Ag} = G^3$, l'équation à intégrer prend la forme

$$ds = \frac{dh}{i} \frac{h^3 - G^3}{h^3 - H^3} = \frac{dh}{i}\left(1 + \frac{H^3 - G^3}{h^3 - H^3}\right),$$

équation toute pareille à celle du Dupuit.

Les cas particuliers à examiner sont donc

$$
i < Ag \text{ ou } G < H
\begin{cases}
h > H & \text{Remous d'exhaussement; } \frac{ds}{dh} \text{ positif.} \\
h > H & \text{» d'abaissement; } \frac{ds}{dh} \text{ change de signe en pas-} \\
& \text{sant par zéro pour } h = H\sqrt[3]{\frac{i}{Ag}} = G.
\end{cases}
$$

$$
i > Ag \text{ ou } G > H
\begin{cases}
h > H & \text{». d'exhaussement; } \frac{ds}{dh} \text{ change de signe en pas-} \\
& \text{sant par zéro pour } h = H\sqrt[3]{\frac{i}{Ag}} = G. \\
h < H & \text{» d'abaissement; } \frac{ds}{dh} \text{ positif.}
\end{cases}
$$

202. 1er *Cas.* $G < H$, $h > H$, remous d'exhaussement.

Faisons $h = Hh'$, h' étant un nombre variable, supérieur à l'unité.

Il viendra $dh = Hdh'$. Posons aussi $G = H\theta$, θ étant un nombre déterminé, compris par hypothèse entre 0 et 1. L'équation du remous devient, après les substitutions,

$$ds = \frac{Hdh'}{i}\left(\frac{h'^3 - \theta^3}{h'^3 - 1}\right) = \frac{Hdh'}{i} + \frac{H}{i}\frac{1 - \theta^3)}{h'^3 - 1}dh'.$$

Pour intégrer le second membre, observons qu'on a, par la division,

$$\frac{1}{h'^2-1} = \frac{1}{h'^2} + \frac{1}{h'^4} + \frac{1}{h'^6} + \dots,$$

série convergente dès que h' est supérieur à l'unité.

L'intégrale générale de cette série est

$$\int \frac{dh'}{h'^2-1} = -\left(\frac{1}{2h'^2} + \frac{1}{5h'^5} + \frac{1}{8h'^8} + \dots\right) + C,$$

série convergente par $h' > 1$.

Par suite, en exprimant que la courbe passe par le point $s = s_0$, $h = h_0 = Hh'_0$, on a

$$s = s_0 + \frac{H(h'-h'_0)}{i} + \frac{H(1-0^2)}{i}\left[\frac{1}{2}\left(\frac{1}{h'^2_0} - \frac{1}{h'^2}\right) + \frac{1}{5}\left(\frac{1}{h'^5_0} - \frac{1}{h'^5}\right) + \dots\right].$$

L'équation fait s infini 1° pour $h' = \infty$, c'est-à-dire pour $h = \infty$, vers l'aval; 2° pour $h' = 1$, vers l'amont; ce qui indique que la courbe du remous est asymptote vers l'amont à la ligne du régime uniforme, et vers l'aval à l'horizontale.

Menons une parallèle AB au fond OS du lit, à une profondeur H correspondante au régime

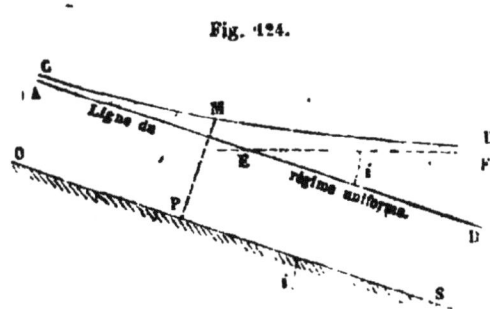
Fig. 124.

uniforme. La profondeur effective étant supérieure à H, la courbe superficielle sera tout entière au-dessus de la droite AB, et elle aura la forme CD, asymptote vers l'amont à la droite AB du régime uniforme, vers l'aval à une

droite EF horizontale. En effet, vers l'amont, h étant très voisin de H, le numérateur est très près de la valeur de zéro, et par suite $\frac{dh}{ds}$ est sensiblement nul; donc la tangente à la courbe est très près d'être parallèle à l'axe OS. Au contraire, vers l'aval, les profondeurs h deviennent de plus en plus grandes, les vitesse u deviennent de plus en plus petites, et le rapport $\dfrac{dh}{ds}$ converge vers la limite i; la tangente à la courbe tend donc à faire avec l'axe OS un angle FEB égal à l'angle i que fait l'axe OS avec l'horizon. On peut observer aussi qu'à mesure que les vitesses u diminuent, la surface du courant approche de plus en plus de l'horizontalité, qui serait atteinte si la vitesse u était complètement nulle.

Ce premier cas est celui qui se présente le plus fréquemment dans les cours d'eau dont on gêne l'écoulement uniforme par un barrage. Il y a alors remous d'exhaussement, suivant une courbe DC qui a un élément à peu près horizontal près du barrage, et qui se raccorde à une certaine distance en amont avec la surface primitive du cours d'eau. Pour qu'il en soit ainsi, il faut que $u < \sqrt{gh}$, ce qui a lieu presque toujours dans les cours d'eau naturels. Cette condition est remplie lorsque pour le régime uniforme on a $U < \sqrt{gH}$; car la vitesse diminue et la profondeur augmente en passant au mouvement varié.

En pratique, on substitue ordinairement à la courbe CD un arc de cercle ou de parabole mené tangentiellement aux droites EA, EF.

203. 2· *Cas.* $G < H$ et $h < H$. Remous d'abaissement.

Ici $\dfrac{ds}{dh}$ est négatif, et la profondeur h diminue quand s s'accroît, c'est-à-dire de l'amont à l'aval. Mais h, à mesure qu'il diminue, s'approche de la valeur G, pour laquelle $\dfrac{ds}{dh}$ est nul et $\dfrac{dh}{ds}$ infini; et

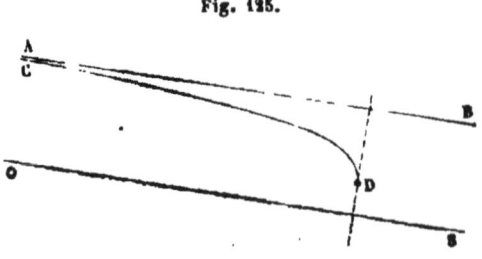

Fig. 125.

la courbe de superficie CD se retourne normalement à la surface du régime uniforme. Vers l'amont la courbe est asymptote à la surface du lit.

Pour le reconnaître, integrons encore par une série l'équation différentielle du remous. Nous ferons $h = Hh'$ et $G = \theta H$, mais, dans ce cas, h' et θ seront tous deux compris entre 0 et l'unité. Il viendra

$$ds = \frac{Hdh'}{i} + \frac{H}{i}\frac{1-\theta^2}{h'^2-1}\,dh;$$

seulement, h' étant < 1, il faudra développer autrement la série pour qu'elle soit convergente. On aura, en changeant le signe du second terme,

$$\frac{1}{1-h'^2} = 1 + h'^2 + h'^4 + h'^6 + ...,$$

dont l'intégrale est

$$\int \frac{dh'}{1-h'^2} = \left(h' + \frac{h'^4}{4} + \frac{h'^7}{7} + \frac{h'^{10}}{10} + ...\right) + C,$$

et l'équation intégrale devient

$$s = s_0 + \frac{H}{i}(h'-h'_0) - \frac{H(1-\theta^2)}{i}\left(h'-h'_0 + \frac{h'^4-h'^4_0}{4} + ...\right);$$

pour $h' = 1$ la série devient infinie, et donne une valeur infinie pour s.

Le calcul assigne donc à la courbe superficielle une forme bizarre qui, en un certain point, serait normale à la direction générale du mouvement. Ce résultat est contradictoire avec l'hypothèse du paral-

Fig. 126.

Remous d'abaissement. Canal rectangulaire en planches recouvertes de litéaux espacés de 5 centimètres.

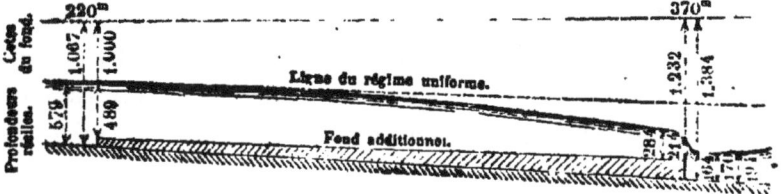

lélisme des filets, qui sert de base à l'équation; l'hypothèse est par suite inadmissible, et il faut en conclure que la loi du mouvement est changée.

La chute indiquée par le tracé ne peut être produite que par une dépression brusque du fond du lit. La figure 124 en donne un exemple emprunté à M. Bazin (*).

204. 3ᵉ *Cas.* G > H, h > H, remous d'exhaussement. En analysant de même ce qui se passe quand on fait varier h graduellement, on connaît que $\dfrac{dh}{ds}$ est infini pour $h = G = H\sqrt[3]{\dfrac{i}{Ag}}$ (fig. 127).

Fig. 127.

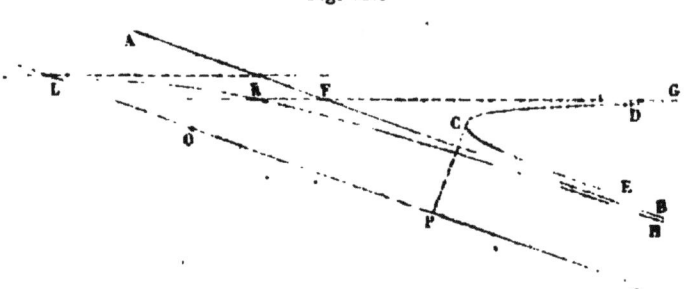

Cette valeur correspond à l'égalité $u^2 = gh$, dans laquelle u doit être remplacé par le quotient $\dfrac{Q}{lh}$; on en déduit

$$h = \sqrt[3]{\frac{Q^2}{gl^2}};$$

telle est, en fonction du débit et de la largeur, la hauteur qui fait changer $\dfrac{dh}{ds}$ de signe en passant par l'infini. La courbe DCE, dans la partie située au-dessus de AB, se raccorde asymptotiquement avec l'horizontale FG et avec la surface du régime uniforme AB, mais elle se compose de deux branches CD, CE, toutes deux dirigées vers l'aval. L'équation du remous est, comme dans le premier cas, puisque h' est > 1,

$$s = s_o + \frac{H(h' - h'_o)}{i} + \frac{H(1 - \theta^3)}{i}\left[\frac{1}{2}\left(\frac{1}{h'^2_o} - \frac{1}{h'^2}\right) + \frac{1}{5}\left(\frac{1}{h'^5_o} - \frac{1}{h'^5}\right) + \dots\right].$$

(*) *Recherches hydrauliques*, série 81, expér. 2.

mais ici θ est > 1, et la série est prise négativement. On a encore s infini pour $h' = 1$ et pour $h' = \infty$, ce qui correspond au raccordement asymptotique de la courbe avec les droites FG et FB. L'équation représente en même temps une branche de courbe HKL, qui est un simple résultat d'analyse sans interprétation possible, car elle rencontre le fond du lit, et qui d'ailleurs doit être écartée *à priori*, puisqu'elle correspond à l'hypothèse $h < H$; on en obtiendrait l'équation en faisant usage de la seconde forme de la série.

Ce troisième cas renferme, comme le second, une contradiction avec l'hypothèse du parallélisme des filets; dans certains cas, le mouvement par filets parallèle se rompt de lui-même, et on observe dans la masse liquide en mouvement un *ressaut brusque*, phénomène que nous étudierons plus loin, et qui est pour ainsi dire indiqué sur la figure par le tracé ECD succédant à la droite AB du régime uniforme.

205. *4e Cas.* Le quatrième supposerait qu'on pût avoir à la fois $u > \sqrt{gh}$, ou $G > H$, et $h < H$; le rapport $\dfrac{dh}{ds}$ serait positif. Or il n'y a pas de manière de satisfaire à la fois à ces conditions. Le calcul n'indique donc plus rien, « ce qui donne lieu de penser, dit M. Bazin, « que, si l'on abaisse par une cause quelconque la surface de l'eau « en un point donné d'un cours d'eau pour lequel $u > \sqrt{gh}$, le rac- « cordement avec la surface d'amont se fera par une chute brusque, « sans que la dépression puisse se prolonger en amont. » Quelques observations de M. Bazin ont confirmé cette interprétation.

206. En définitive, le raccordement de la surface libre d'un cours d'eau, dont on élève le niveau par un barrage, avec la surface du régime uniforme, se fera généralement par un tracé tangent à cette surface vers l'amont, et tangent au plan horizontal vers l'aval; sauf le cas du *ressaut superficiel*, lequel n'est possible que si l'on a $u^2 < gh$, ou, en remplaçant u par sa valeur $\sqrt{\dfrac{hi}{A}}$, que si l'on a $i > Ag$.

M. Bazin a substitué dans cette formule les valeurs de A qui conviennent aux différentes natures de parois et aux différentes valeurs
du rayon moyen *h*, et il a ainsi formé le tableau suivant :

NATURE DES PAROIS.	Pente au-dessous de laquelle le ressaut est impossible.	PRODUCTION DU RESSAUT.	
		Pente.	Profondeur, limite inférieure.
Parois très-unies (ciment)...	0.00147	0.002	0.08
		0.003	0.03
		0.004	0.03
Parois unies (pierre de taille, briques)............	0.00166	0.003	0.12
		0.004	0.06
		0.006	0.03
Parois peu unies (moellons)..	0.00235	0.004	0.36
		0.006	0.15
		0.010	0.08
Parois en terre........	0.00275	0.006	1.06
		0.010	0.47
		0.015	0.25

Ce tableau montre que le ressaut ne peut se produire que fort
exceptionnellement dans les canaux à parois en terre, parce que leur
pente est presque toujours moindre que la limite 0.00275. Le ressaut
a lieu, au contraire, sur les parois unies dès que la pente dépasse
2 à 3 millimètres.

Notons aussi la distinction des cours d'eau en deux classes : la
première renferme ceux pour lesquels on a $i < Ag$, la seconde ceux
où $i > Ag$. Les premiers peuvent être assimilés aux *rivières*, les
seconds aux *torrents*.

CHAPITRE III.

DU RESSAUT SUPERFICIEL.

----

207. La discussion de l'équation

$$\frac{dh}{ds} = i \times \frac{1 - \dfrac{Au^2}{h i}}{1 - \dfrac{\alpha u^2}{gh}}$$

nous a fait voir qu'il n'est pas toujours possible de raccorder tangentiellement la surface correspondante au mouvement uniforme avec la surface de l'eau élevée par un barrage au-dessus de ce niveau. La formule indique en effet que, pour une certaine valeur h de la profondeur, le rapport $\dfrac{dh}{ds}$ prend une valeur infinie, et assigne à la surface une forme incompatible avec le parallélisme des filets. Pour qu'il en soit ainsi, il faut que l'on ait

$$\frac{\alpha u^2{}_0}{gH} > 1,$$

H étant la profondeur du régime uniforme et u_0 la vitesse moyenne correspondante. Si cette inégalité est satisfaite, on pourra trouver une valeur h de la profondeur telle, que αu^2 soit égal à gh; car l'accroissement de profondeur entraîne une diminution de la vitesse moyenne; le rapport $\dfrac{dh}{ds}$ sera infini pour cette valeur particulière de la profondeur. Alors un *ressaut superficiel* se produit.

Le phénomène du ressaut superficiel a été observé pour la première fois par Bidone (*) dans un canal rectangulaire en maçonnerie large de 0ᵐ.325. La pente du fond n'était pas rigoureusement constante; elle était de 0ᵐ.023 par mètre au point où le phénomène se produisit. La dépense du canal était de 0ᵐ.0351 par seconde, qui correspondait à une profondeur de 0ᵐ.064 de régime uniforme et à une vitesse de 1ᵐ.69.

Bidone barra ce canal par un massif formant déversoir; l'eau s'éleva et atteignit une hauteur de 0ᵐ.287 au-dessus du fond à un mètre en amont du barrage; c'était près de quatre fois la profondeur normale. Dans ces conditions, Bidone observa que le régime uniforme se conservait à peu près jusqu'à 4ᵐ.50 en amont du barrage, et que là, un ressaut brusque faisait passer la profondeur de 0ᵐ.064 à 0ᵐ.170 environ; qu'au delà de ce point, la surface de l'eau présentait une forme légèrement convexe jusqu'à la crête du barrage, par-dessus lequel s'opérait le déversement du liquide dans le bief d'aval.

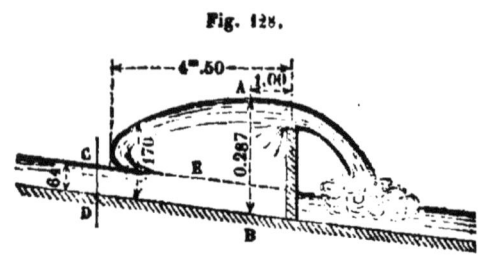

Fig. 128.

La condition $\frac{\alpha u^2_0}{gH} > 1$ est en effet remplie; on a dans la section CD, en amont du ressaut,

$$u_0 = 1ᵐ,69$$
$$H = 0ᵐ,064$$
$$\frac{u^2_0}{2g} = 0ᵐ,1456$$
$$\frac{u^2_0}{g} = 0ᵐ,2912$$
$$\frac{\alpha u^2_0}{gH} = \frac{0,2912 \times 1,1}{0,064} = 5 > 1.$$

(*) Mémoires de l'Académie de Turin, 1820.

Si l'on prend au contraire la valeur de $\frac{\alpha u^2}{gh}$ dans la section AB, au-dessous du ressaut, on a

$$h = 0,28, \quad u = \frac{1,69}{4} = 0^m,42 \text{ environ.}$$

$$\frac{u^2}{2g} = 0,009 \quad \frac{u^2}{g} = 0,018 \quad \text{et} \quad \frac{\alpha u^2}{gh} = 0,07 < 1.$$

La différence $1 - \frac{\alpha u^2}{gh}$ est donc négative pour la section CD, en amont du ressaut, et positive pour une section AB en aval. Par suite, elle passe par zéro entre ces deux sections, ce qui rend infini le rapport $\frac{dh}{ds}$, car le numérateur est positif, puisque la profondeur augmente de l'amont à l'aval.

208. L'équation du mouvement varié, établie dans l'hypothèse d'un écoulement par filets parallèles, n'est plus applicable au ressaut, puisqu'en cette région le parallélisme est interrompu. Il faut alors avoir recours à une théorie spéciale qui tienne compte des effets de la visco-

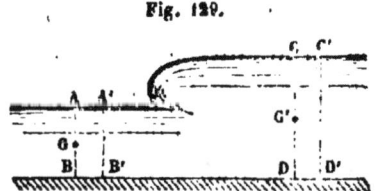

Fig. 129.

sité, négligés dans la première analyse du problème. Nous appliquerons donc au phénomène du ressaut le théorème des quantités de mouvement projetées, qui a l'avantage d'éliminer les actions inté-rieures. Nous prendrons pour axe de projection une parallèle au cou-rant, que, pour plus de simplicité, nous supposerons horizontal. Nous commencerons par attribuer à la section une forme quelconque, sauf ensuite à la supposer rectangulaire.

Coupons le courant par deux plans AB, CD, l'un en amont, l'autre en aval du ressaut; l'écoulement dans ces deux sections sèra supposé s'effectuer par filets parallèles; de plus, nous admettrons que la dis-tance des deux sections AB, CD soit assez petite pour qu'il n'y ait pas à tenir compte du frottement de l'eau sur la surface du lit.

Les forces qui agiront seront la pesanteur et les pressions : mais la pesanteur ne donnera rien en projection puisqu'elle agit normalement à l'axe sur lequel on projette; pour les pressions, on n'a à tenir compte ni des réactions normales du lit, ni de la pression atmosphérique qui enveloppe toute la masse fluide. Restent donc les pressions d'amont et d'aval, abstraction faite de la pression atmosphérique.

L'accroissement de la quantité de mouvement pendant le temps θ, temps pendant lequel la masse ABCD se transporte en A'B'C'D', est égal à la différence entre la quantité de mouvement de la masse CDD'C' et celle de la masse ABB'A'.

A chaque élément ω de la surface MNP, traversé par un filet animé

Fig. 130.

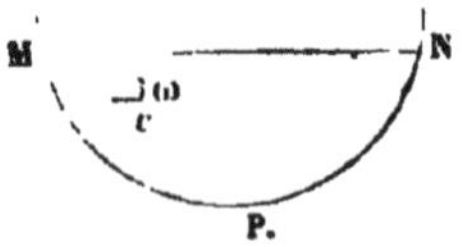

de la vitesse v, correspond une masse égale à $\dfrac{\Pi}{g}\omega v\theta$, et une quantité de mouvement égale à $\dfrac{\Pi}{g}\omega v^2\theta$; de sorte que la somme des quantités de mouvement peut s'exprimer par la somme

$$\frac{\Pi\theta}{g}\sum \omega v^2$$

étendue à toute la section MNP; l'accroissement des quantités de mouvement est donc égal à

$$\frac{\Pi\theta}{g}\left(\sum \omega' v'^2 - \sum \omega v^2\right),$$

la première somme se rapportant à la section CD, la seconde à la section AB.

Appelons y et y' les distances des centres de gravité, G et G', de ces sections aux lignes d'eau A et C; les pressions moyennes, abstraction faite de la pression atmosphérique, seront $\Pi y\Omega$, $\Pi y'\Omega'$, et la somme de leurs impulsions sera

$$\Pi(\Omega y - \Omega' y')\theta.$$

Donc enfin on a l'équation

$$\frac{\Pi \theta}{g} \left(\sum \omega' v'^2 - \sum \omega v^2 \right) = \mathrm{H} (\Omega y - \Omega' y') \theta.$$

Nous exprimerons $\sum \omega v^2$, $\sum \omega' v'^2$, par les produits $\alpha' \Omega u^2$, $\alpha' \Omega' u'^2$, α' étant un coefficient de correction qu'on peut considérer comme constant. Remarquons en effet que, si l'on pose $v = u + w$, on aura

$$\sum \omega v^2 = u^2 \sum \omega + \sum \omega w^2,$$

le terme en $\sum \omega w$ étant nul.

Mais nous avons trouvé plus haut (§ 192)

$$\sum \omega v^3 = \Omega u^3 + \sum \omega w^2 (3 u + w).$$

Négligeons dans cette équation w vis-à-vis de $3u$, il viendra

$$\sum \omega v^3 = \Omega u^3 + 3 u \sum \omega w^2.$$

Et comme nous avons posé

$$\sum \omega v^3 = \alpha \Omega u^3,$$

il en résulte

$$\sum \omega w^2 = \frac{(\alpha - 1) \, \Omega u^2}{3}.$$

Donc

$$\sum \omega v^2 = u^2 \Omega + \frac{(\alpha - 1) \, \Omega u^2}{3} = \Omega u^2 \times \left(1 + \frac{\alpha - 1}{3} \right);$$

nous pouvons poser

$$\alpha' = 1 + \frac{\alpha - 1}{3},$$

et, puisque nous avons fait $\alpha = 1,1$, nous poserons aussi

$$\alpha' = 1 + \frac{0,1}{3} = 1,033, \quad \text{soit} \quad 1,04 \ (^*).$$

Par suite, l'équation du ressaut devient, après suppression du facteur $\Pi\theta$,

$$\alpha' \left(\frac{\Omega' u'^2}{g} - \frac{\Omega u^2}{g} \right) = \Omega y - \Omega' y'.$$

209. Appliquons cette équation à une section rectangulaire; soit H la profondeur du régime uniforme, et h la profondeur en aval du ressaut, là où le mouvement par filets parallèles est établi; nous aurons, en appelant b la dimension transversale commune aux deux sections,

$$\Omega = bH,$$
$$\Omega' = bh,$$
$$y = \frac{1}{2} H,$$
$$y' = \frac{1}{2} h.$$

D'ailleurs

$$\Omega u = \Omega' u'.$$

Donc

$$u' = \frac{\Omega}{\Omega'} u = \frac{H}{h} u.$$

Substituant, il viendra

$$\alpha' \left(\frac{bh \times \frac{H^2}{h^2} u^2}{g} - \frac{b H u^2}{g} \right) = \frac{bH^2}{2} - \frac{bh^2}{2},$$

ou bien

$$\alpha' \frac{u^2}{g} \left(\frac{H^2}{h} - H \right) = \frac{H^2 - h^2}{2}.$$

Cette équation est satisfaite en faisant $h = H$, ce qui correspond

---

(*) La relation $\alpha' = 1 + \frac{\alpha - 1}{3}$, est d'accord avec les formules établies par M. Bazin et rapportées dans le § 199:

$$\alpha = 1 + 210 A.$$
$$\alpha' = 1 + 70 A.$$

à la persistance du mouvement uniforme; cette solution écartée, l'équation divisée par H — h devient

$$\alpha' \frac{u^2 H}{gh} = \frac{H + h}{2},$$

ou bien

$$2\alpha' \frac{u^2}{g} H = Hh + h^2,$$

équation du second degré qui donne h en fonction de H :

$$h = -\frac{1}{2} H \pm \sqrt{\frac{H^2}{4} + 2\alpha' \frac{u^2}{g} H} = -\frac{1}{2} H \pm \sqrt{\frac{H^2}{4} + 4\alpha' H \frac{u^2}{2g}}.$$

L'analyse assigne à h deux valeurs, l'une négative, qui n'est pas une solution, l'autre positive et égale à

$$h = \sqrt{\left(\frac{H^2}{4} + 4\alpha' H \cdot \frac{u^2}{2g}\right)} - \frac{H}{2},$$

qui convient seule au problème.

Appliquons cette formule à l'expérience de Bidone, en faisant

$$H = 0,064,$$
$$u = 1^m,69,$$
$$\alpha' = 1,04 ;$$

nous obtiendrons

$$h = \sqrt{H \times \left(\frac{H}{4} + 4\alpha' \frac{u^2}{2g}\right)} - \frac{H}{2} = 0^m,167.$$

La hauteur du ressaut était donc de $0^m.167 - 0.064$, ou de $0^m.103$. Le résultat du calcul concorde très sensiblement avec les mesures prises dans l'expérience.

La théorie nous donne la hauteur du ressaut toutes les fois qu'il se produit; pour que la formule soit applicable, il faut que h soit supérieur à H, c'est-à-dire que l'on ait

$$\sqrt{\frac{H^2}{4} + 4\alpha' H \frac{u^2}{2g}} - \frac{H}{2} > H,$$

ou

$$\frac{H^2}{4} + 4\alpha'H\frac{u^2}{2g} > \frac{9}{4}H^2,$$

ou enfin

$$H < \alpha'\frac{u^2}{g}.$$

Cette condition n'est pas tout à fait d'accord avec la condition fournie par l'équation du mouvement varié, qui était $H < \alpha\frac{u^2}{g}$. Mais il faut se rappeler que les coefficients α, α', ne sont pas rigoureusement déterminés, que ce sont des nombres un peu supérieurs à l'unité et peu différents l'un de l'autre. L'expérience montre d'ailleurs que, lorsque u^2 est très voisin de gH, de telle sorte que les rapports $\frac{\alpha u^2}{gH}$, $\frac{\alpha'u^2}{gH}$, soient très peu supérieurs à l'unité, le ressaut n'a pas une parfaite netteté; il est au contraire très nettement accusé lorsque u^2 est notablement supérieur à gH, ce qui avait lieu dans l'expérience de Bidone.

L'équation du mouvement varié, en défaut à l'endroit même du ressaut et dans toute la région où le liquide est soumis à une agitation tumultueuse, est applicable en aval de cette région et peut servir à chercher la forme du remous.

210. En résumé, si l'on vient à barrer un canal rectangulaire et qu'on veuille trouver la surface du remous en amont de ce barrage, deux cas sont à distinguer :

1° Si le rapport $\frac{u^2}{gH}$ est inférieur à l'unité, ce rapport étant pris dans l'état de mouvement uniforme, le remous se raccordera à la surface du liquide correspondante à l'uniformité.

Soit AB le fond du canal, BC le barrage; l'eau s'élèvera au-dessus du point C d'une certaine quantité CC', nécessaire à l'écoulement du débit du cours d'eau au-dessus du déversoir; LK étant la ligne d'eau dans le mouvement uniforme, on sait que le

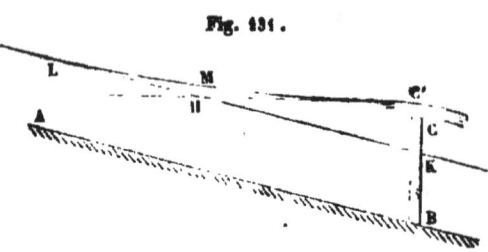

Fig. 131.

remous est sensiblement horizontal en amont du barrage, parce que là la vitesse est toujours très petite; on devra donc mener la ligne d'eau tangentiellement à l'horizontale C'H; on sait de plus qu'elle se raccorde tangentiellement (asymptotiquement, d'après l'équation rigoureuse) avec la ligne LK vers l'amont. On pourra donc tracer approximativement le remous C'ML en décrivant un cercle tangent au point C' à l'horizontale C'H, et touchant la droite HL; le point de contact L s'obtiendra en prenant HL = HC'. Ce tracé donne une première indication des profondeurs h, qu'on peut rectifier ensuite en appliquant l'équation du mouvement varié à divers entre-profils successifs de la région où l'eau est gonflée par le barrage.

On peut substituer au cercle C'ML un arc de parabole dont le point C' serait le sommet, et qui serait tangent aux droites C'H, KL.

2° Si le rapport $\dfrac{u^2}{g\mathrm{H}}$ est plus grand que l'unité, il y a ressaut superficiel, et l'on doit calculer la profondeur en aval du ressaut au moyen de la formule

$$h = -\frac{1}{2}\mathrm{H} + \sqrt{\frac{\mathrm{H}^2}{4} + 4\,\alpha'\mathrm{H}\,\frac{u^2}{2g}}.$$

La hauteur du ressaut est égale à $h - \mathrm{H}$. La surface du remous en amont du déversoir présentera une légère contre-pente(*); la formule du mouvement varié s'applique entre le ressaut et le déversoir; elle donnera un arc de courbe C'M, tangent en C' (à peu près) à l'horizontale HC', et qu'on devra ar-

Fig. 132.

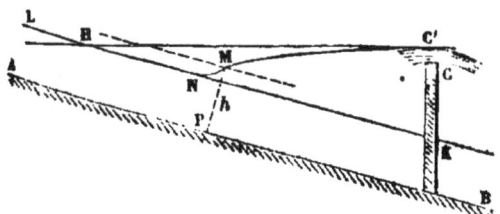

(*) Bidone, qui le premier a découvert le phénomène du ressaut, a cru que les remous produits par un barrage ne pouvaient avoir d'autres formes : « La surface de l'eau dans l'étendue du gonflement produit par un déversoir est, dit-il, sensiblement plane et horizontale, et se termine par un ressaut plus ou moins accusé. » Cette règle n'est applicable qu'aux cours d'eau pour lesquels la vitesse u satisfait à la relation $u^2 > g\mathrm{H}$.

rêter vers l'amont au point M pour lequel la profondeur MP est égale à *h*. Le ressaut sera situé en amont de cette section PM. Il présentera en gros la forme MN, qui raccorde par une inflexion la droite LK à la courbe MC'; le tracé de ce raccordement, dans lequel les filets fluides se brisent, n'est pas indiqué par la théorie. Tout ce qu'on sait à ce sujet, c'est que la longueur NM du ressaut est d'autant plus grande que le rapport $\frac{u^2}{gH}$ diffère moins de l'unité.

PERTE DE CHARGE ÉPROUVÉE PAR LE LIQUIDE DANS LE PHÉNOMÈNE DU RESSAUT SUPERFICIEL.

211. La cote du plan de charge dans la section AB, en amont du ressaut (fig. 129), est, au-dessus du fond du lit,

$$H + \frac{p_0}{\Pi} + \frac{u^2}{2g},$$

p_0 étant la pression atmosphérique et *u* la vitesse moyenne, attribuée en bloc à tous les filets.

Dans la section DC, en aval du ressaut, la hauteur du plan de charge est de même

$$h + \frac{p_0}{\Pi} + \frac{u'^2}{2g},$$

et la différence, ou *perte de charge*, ζ est égale à

$$\zeta = \frac{u^2}{2g} - \frac{u'^2}{2g} + H - h.$$

Or l'équation du ressaut, abstraction faite du coefficient α', est

$$h^2 + Hh = \frac{2Hu^2}{g}.$$

On en déduit

$$\frac{u^2}{2g} = \frac{h^2 + Hh}{4H} = \frac{h(H + h)}{4H}.$$

De même $\frac{u'^2}{2g} = \frac{H(h + H)}{4h}$, équation que l'on déduit de la précédente en changeant H en *h* et réciproquement; on peut aussi l'obtenir en observant que $uh = u'h'$.

Donc

$$\zeta = \frac{h(H + h)}{4H} - \frac{H(h + H)}{4h} + H - h$$

$$= \frac{(H + h)}{4}\left(\frac{h}{H} - \frac{H}{h}\right) + H - h = \frac{(H + h)(h^2 - H^2)}{4Hh} + (H - h)$$

$$= (h - H)\left(\frac{(H + h)^2}{4Hh} - 1\right) = \frac{(h - H)^3}{4Hh}.$$

Cette formule donne la perte de charge complète, en tenant compte de la surélévation du plan d'eau. Si on la calculait par la formule $\zeta' = \frac{(u - u')^2}{2g}$, qui tient seulement compte de la variation des vitesses, on aurait

$$u - u' = \sqrt{\frac{h(H + h)}{2H}g} - \sqrt{\frac{H(H + h)}{2h}g} = \sqrt{\frac{g(H + h)}{2}}\frac{h - H}{\sqrt{Hh}},$$

et

$$\zeta = \frac{(H + h)(h - H)^2}{4Hh},$$

quantité trop grande dans le rapport de $H + h$ à $h - H$.

ÉTUDE EXPÉRIMENTALE DU RESSAUT SUPERFICIEL.

212. L'expérience suivante, due à MM. Bélanger et Mary, a montré l'usage qu'on peut faire du ressaut superficiel pour accroître dans certaines conditions le débit d'un orifice.

Un vase, où l'eau est entretenue à un niveau constant AB, est percé latéralement en CD d'une ouverture évasée, par où l'eau s'échappe et se rend dans un second vase MN; la paroi latérale de ce second vase est percée en HL d'une ouverture, que l'on peut fermer plus ou moins en manœuvrant la vanne K. On peut donc régler l'écoulement du

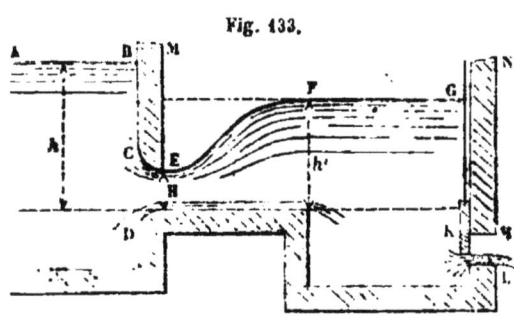

Fig. 133.

second vase de telle sorte, que le phénomène du ressaut se produise, c'est-à-dire que le niveau de l'eau dans le second vase s'établisse suivant le plan horizontal FG, sans noyer l'orifice E; ce résultat obtenu, on pourra amener le niveau FG à la plus grande hauteur possible en fermant graduellement la vanne K. On arrêtera le niveau un peu au-dessous du point pour lequel le plan FG s'étendrait à toute la superficie du vase, et où l'orifice CD serait entièrement couvert.

Prenons les hauteurs h', H, h'', des niveaux AB, E et FG au-dessus d'un même plan horizontal.

La vitesse de l'écoulement à la sortie de l'orifice CD sera réglée sur la hauteur $h - H$, tandis que, si l'orifice était noyé à la hauteur h', la vitesse serait réglée seulement sur la hauteur $h - h'$. Pour que le ressaut se produise, il faut que $\frac{u^2}{gH}$ soit plus grand que l'unité, u étant la vitesse dans la section E.

Or

$$\frac{u^2}{2g} = h - H,$$

et la condition du ressaut est

$$\frac{2(h - H)}{H} > 1, \quad \text{ou} \quad 2h > 3H, \quad h > \frac{3}{2}H.$$

La hauteur h' sera déterminée par la formule

$$h' = -\frac{1}{2}H + \sqrt{\frac{H^2}{4} + 4H\frac{u^2}{2g}},$$

en faisant pour simplifier $\alpha' = 1$, ou bien

$$h' = -\frac{1}{2}H + \sqrt{\frac{H^2}{4} + 4H(h - H)} = -\frac{1}{2}H + \sqrt{4Hh - \frac{15}{4}H}.$$

Si l'orifice était entièrement noyé à cette hauteur h', la vitesse serait réduite à $\sqrt{2g(h - h')}$ (*).

_____

(*) Si AB, FG, représentent deux biefs successifs d'un cours d'eau mettant en mouvement des roues hydrauliques, on voit que la présence du ressaut permet à l'usine placée en E d'utiliser la chute $h - H$, sans abaisser le plan d'eau FG, c'est-à-dire

213. Le ressaut superficiel a été l'objet de nombreuses expériences de M. Bazin ; elles portent dans son ouvrage les numéros de séries 89 à 95 ; la dernière série comprend deux ressauts remarquables observés par Baumgarten, le premier sur le canal de Marseille, au pont-aqueduc de Roquefavour ; le second sur le canal de Craponne, au pont-aqueduc de la Crau. Nous en donnons les principaux traits dans les figures 134, 135, 136.

Fig. 134. — Ressaut du canal de Roquefavour.

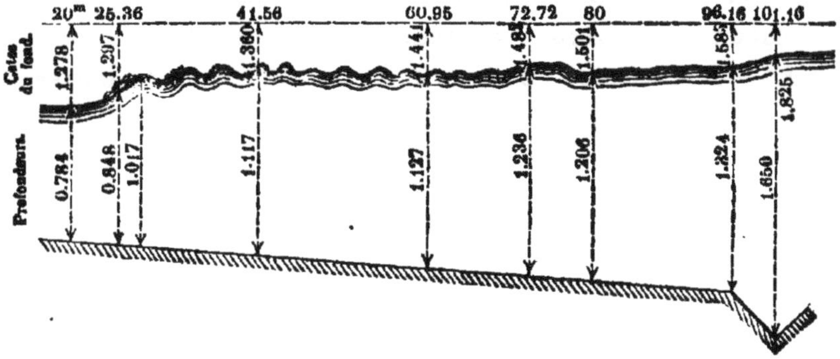

Les expériences sur les rigoles du canal de Bourgogne ont consisté à les barrer en écharpe par une muraille en planches ; l'eau s'écoulait soit en déversoir, soit par une vanne de fond. On relevait soigneusement la forme de la surface de l'eau. M. Bazin a pu vérifier ainsi que le ressaut est d'autant plus brusque et d'autant plus court que le rapport $\dfrac{\alpha u^2}{g\mathrm{H}}$ est plus grand, et qu'il est au contraire extrêmement long et à peine accentué, lorsque ce rapport surpasse l'unité d'une faible fraction. Le ressaut observé par Baumgarten sur

---

sans causer de tort à l'usine d'aval. Il semblerait qu'on a là un moyen de faire produire à une chute d'eau, en la fractionnant en biefs accompagnés de ressauts, un travail mécanique supérieur au produit du poids tombé par la hauteur totale de la chute, ce qui serait en contradiction avec les principes de la mécanique. La contradiction n'est qu'apparente, et elle disparaît tout à fait si l'on tient compte des vitesses des molécules liquides, et des pertes de forces vives qui accompagnent chacun des ressauts. Dans le régime des cours d'eau qui mettent en mouvement les usines, la force vive du liquide dans les biefs est à peu près entièrement détruite par les frottements du lit, et le travail de la pesanteur dans la chute est le seul travail moteur que la roue hydraulique puisse recueillir. L'utilité du ressaut est alors bien évidente.

le canal de Marseille présentait ce caractère (*fig. 134*). Ce ressaut
était produit, non par un barrage, mais par l'élargissement brusque
du canal à la sortie du pont de Roquefavour. La vitesse de l'écoulement diminuait brusquement par suite de l'augmentation de la
section ; cet effet équivalait en quelque sorte à l'interposition d'un
barrage. Le ressaut du canal de Marseille occupait une longueur de
75 mètres ; sur cette longueur la surface de l'eau présentait une série
de vagues. Le ressaut du canal de Craponne (*fig. 135*) est produit par
un brusque changement de pente ; il était beaucoup plus sensible
qu'au canal de Roquefavour ; les ondulations de la surface à la suite
du ressaut étaient, comme l'indique la figure 136, plus prononcées au

Fig. 135.

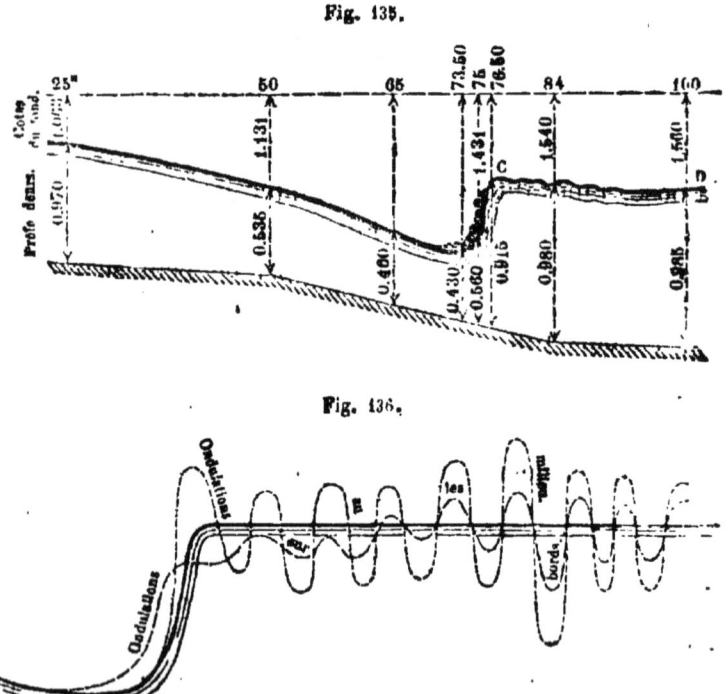

Fig. 136.

milieu du canal que le long des bords. Ce ressaut avait une hauteur
de 0m.45. Si l'on mesure la différence des hauteurs dues aux vitesses
en amont et en aval du ressaut, on trouve 0m.56, quantité supérieure
de 11 centimètres à 0m.45 ; ce qui montre que le changement
brusque de section et l'agitation résultante des filets fluides équiva-

laient à une perte de charge de 0ᵐ.11. Tous les ressauts brusques présentent ce phénomène, peu sensible dans les ressauts allongés, lesquels ne sont, comme l'observe M. Bazin, qu'une simple contre-pente couverte d'ondulations.

214. On doit à M. Bazin un rapprochement qui est peut-être destiné à jeter un grand jour sur cet ordre de phénomènes. Nous avons vu que la condition du ressaut superficiel est $u^2 > g\mathrm{H}$, en laissant de côté les facteurs α ou α', qui sont peu différents de l'unité. Or, si l'on projette subitement un certain volume d'eau dans un canal, on voit se former une onde mobile qui parcourt le canal avec une vitesse égale à $\sqrt{gh}$, h étant la profondeur, supposée uniforme (*). Cette onde est d'ailleurs tout entière au-dessus de la surface de l'eau, et elle ne doit pas être confondue avec les ondes propres à la masse liquide elle-même; celles-ci consistent dans des oscillations où chaque saillie est accompagnée de cavités égales.

Cela posé, l'inégalité $u > \sqrt{gh}$ indique que la vitesse du courant est supérieure à la vitesse de l'onde; de sorte que cette onde, qui tend à se propager dans les deux sens, ne peut se propager vers l'amont, parce que l'excès de vitesse du courant l'entraîne vers l'aval. M. Bazin a constaté de plus que si l'on diminue subitement la vitesse de l'écoulement, le ressaut se transforme en une onde qui se propage vers l'amont.

« Ce rapprochement, ajoute-t-il, n'a rien de rigoureux; néan-
« moins, il présente quelque intérêt comme établissant une corré-
« lation entre deux ordres de faits bien différents. »

215. Le déferlement d'une vague sur une plage peu inclinée, où elle s'avance avec une grande vitesse, est un phénomène analogue au ressaut. Soit u la vitesse de la vague qui monte sur la plage; il arrive un moment où la profondeur est réduite à une valeur h telle que l'on ait $u^2 = gh$; au delà, $u > \sqrt{gh}$; le ressaut est alors immi-

---

(*) J. Scott Russel, *Report of the fourteenth meeting of the British association for the advancement of science*, held at York, in september 1844. London, 1845.

nent. Le parallélisme des filets liquides est brusquement rompu; il
se produit une agitation tumultueuse, au delà de laquelle la hauteur
du liquide se trouve augmentée et la vitesse diminuée. La vague
vient donc mourir sur la plage en perdant sa vitesse d'une manière
discontinue, à chaque fois qu'il y a rupture du parallélisme des filets
liquides. Une fois sans vitesse, cette masse d'eau glisse sous une
faible épaisseur le long du plan incliné formé par la plage, et rencontre le pied d'une nouvelle vague montante. Cette rencontre produit
un phénomène particulier, celui de la *volute*; il consiste dans le
déversement du sommet de la vague montante sur la masse liquide
qui descend le plan incliné.

PROPAGATION DES ONDES A LA SURFACE D'UN LIQUIDE.

216. Newton (*) est le premier qui ait essayé une théorie des
ondes en assimilant ce phénomène à l'oscillation d'une colonne liquide pesante dans un siphon renversé, ou enfin à l'oscillation du
pendule; mais l'insuffisance de cette théorie est aujourd'hui bien
reconnue.

Lagrange a établi, dans la *Mécanique analytique* (*), que la vitesse de propagation des ondes dans un canal « peu profond, à fond
horizontal, est la même que celle qu'un corps grave acquerrait en
descendant d'une hauteur égale à la moitié de la profondeur de
l'eau dans ce canal. » Si h représente la profondeur, la vitesse de
propagation, V, sera donc $\sqrt{2g\dfrac{h}{2}}$ ou $\sqrt{gh}$. Cette conclusion suppose
que l'onde a un faible relief au-dessus du plan moyen du liquide, et
que les vitesses horizontales des molécules liquides sont infiniment
petites.

(*) *Principes mathématiques de la philosophie naturelle*, L. II, Sect. VIII, Prop. 44,
45, 46.
(*) Seconde partie, Section XI, 35 et suiv.

La démonstration élémentaire de cette formule peut être calquée sur celle qui fait connaître la vitesse du son dans une barre prismatique indéfinie (*). Partageons le canal en tranches d'égale masse, par des plans transversaux équidistants; nous assimilerons ces tranches à des solides d'égale masse, venant se choquer successivement; seulement, au lieu d'une compression effective, nous admettrons une surélévation passagère de la face libre de chaque tranche, de manière à conserver son volume au liquide.

Soit h la profondeur uniforme du canal à l'état d'équilibre; Π le poids spécifique du liquide;

b la largeur du canal, supposé rectangulaire;

l la longueur commune à toutes les tranches;

v la vitesse dont on suppose animé le centre de gravité d'une tranche, à un certain instant, le long de l'axe du canal;

θ la durée du choc, c'est-à-dire le temps pendant lequel la vitesse v abandonne le centre de gravité de la tranche A pour passer au centre de gravité de la tranche suivante B;

F la réaction moyenne des deux tranches A et B pendant la durée θ du choc.

La masse de chaque tranche est $\dfrac{\Pi}{g} bhl$; la réaction mutuelle F réduisant à zéro pendant le temps θ la vitesse v du centre de gravité de la tranche A, on a, d'après la théorie des quantités de mouvement,

$$F\theta = \frac{\Pi}{g} bhlv.$$

Mais la force F est due à la compression exercée par la tranche A sur la tranche B. La face extérieure de la tranche B est refoulée de la quantité $v\theta$, ce qui réduirait le volume de la tranche de la quantité $bhv\theta$; le liquide étant incompressible, il en résulte une augmentation moyenne δh de la hauteur h, donnée par l'égalité $bl\delta h = bhv\theta$, et c'est cet accroissement δh de hauteur qui produit l'augmentation F

(*) V. notre *Traité de mécanique*, t. IV, p. 355 (Hachette, 1870).

de la pression mutuelle entre les tranches A et B. On aura donc, en appliquant la loi hydrostatique,

$$\Pi b h \delta A = F.$$

Éliminons entre ces trois équations F, b, et δh, en les multipliant membre à membre, il viendra l'équation finale

$$\frac{\Pi}{g} l^2 = \Pi h \theta^2,$$

ou bien

$$\frac{l}{\theta} = \sqrt{gh}.$$

Or $\frac{l}{\theta}$ est la vitesse de la propagation de l'ébranlement. On a donc

$$V = \sqrt{gh}.$$

On remarquera que F n'est pas la pression moyenne des deux tranches consécutives; c'est seulement l'excès de pression développé par le phénomène du choc, excès traduit extérieurement par le passage du bourrelet liquide qui constitue l'onde mobile.

217. L'égalité

$$v = \sqrt{gh}$$

a une analogie complète avec la formule qui donne la vitesse du son dans un gaz. On sait que cette formule, établie d'abord par Newton, a été complétée par Laplace, de manière à tenir compte des circonstances calorifiques qui accompagnent les compressions et dilatations alternatives des tranches gazeuses : la vitesse v du son est donnée par l'équation

$$v = \sqrt{\frac{P}{\rho} \times \frac{c}{c_1}},$$

dans laquelle P représente la *pression du gaz*, c'est-à-dire le nombre de kilogrammes que le gaz supporte par unité de surface; ρ, la *masse spécifique*, ou le rapport $\frac{\Pi}{g}$ du poids de l'unité de volume de gaz, dans les conditions de pression et de température où il se trouve, à l'accélération g due à la pesanteur; enfin, $\dfrac{c}{c_1}$, un nombre égal au rapport de la chaleur spécifique c du gaz sous pression constante, à la chaleur spécifique c_1 sous volume constant. Le poids spécifique Π peut d'ailleurs s'exprimer au moyen du poids spécifique Π_0 du gaz dans les conditions normales de pression et de température, en fonction de sa pression P et de sa température effectives, et comme P et Π sont proportionnels, v pour un même gaz est indépendant de la pression et ne varie qu'avec la température, proportionnellement à la racine carrée du binome de dilatation.

La proportionnalité de v à $\sqrt{\dfrac{P}{\rho}}$ peut être regardée comme un corollaire du principe de Newton sur la similitude mécanique (*). En effet, deux gaz indéfinis dont les pressions par unité de surface sont respectivement représentées par P et P', et les masses spécifiques par ρ et ρ', peuvent être considérés comme formant des systèmes semblables, où le rapport α des longueurs homologues serait l'unité, où le rapport γ des forces serait $\dfrac{P}{P'}$, et le rapport β des masses, $\dfrac{\rho}{\rho'}$. Deux *ébranlements semblables* s'y propageront semblablement, pourvu que l'on compare les deux systèmes au bout d'intervalles de temps dont le rapport ε satisfasse à la condition de la similitude

$$\varepsilon^2 = \frac{\alpha\beta}{\gamma},$$

ce qui donne

$$\varepsilon = \sqrt{\frac{\alpha\beta}{\gamma}} = \sqrt{\frac{\left(\dfrac{\rho}{\rho'}\right)}{\left(\dfrac{P}{P'}\right)}} = \frac{\sqrt{\dfrac{\rho}{P}}}{\sqrt{\dfrac{\rho'}{P'}}}.$$

Or le rapport des temps est, dans le cas particulier qui nous occupe,

(*) *Journal de l'Ecole polytechnique*, t. XIX, 32e cahier, 1848. *Note sur la similitude en mécanique*, par M. J. Bertrand, VII.

inverse du rapport des vitesses, puisque les longueurs sont les
mêmes dans les deux systèmes.

On a donc, en appelant v et v' les vitesses de propagation de
l'ébranlement,

$$\frac{v}{v'} = \frac{\sqrt{\dfrac{P}{\rho}}}{\sqrt{\dfrac{P'}{\rho'}}}.$$

Cela posé, prenons, comme Newton le faisait,

$$v = \sqrt{\frac{P}{\rho}}$$

et remplaçons ρ par $\dfrac{\Pi}{g}$, il vient

$$v = \sqrt{g \cdot \frac{P}{\Pi}}.$$

Mais $\dfrac{P}{\Pi}$ est la *hauteur représentative de la pression* P.

Si on la désigne par h, on retrouve la formule

$$v = \sqrt{gh}$$

pour la vitesse de la propagation du son.

*La vitesse du son dans l'air, d'après la formule newtonienne, est
donc égale à la vitesse due à la moitié de la hauteur, h, de l'atmosphère terrestre supposée ramenée à une couche de densité constante,
l'accélération g étant supposée aussi constante pour tous les points
contenus dans l'épaisseur de cette couche.*

« L'analogie entre les ondes formées à la surface d'une eau tran-
« quille par les élévations et les abaissements successifs de l'eau et
« les ondes formées dans l'air par les condensations et raréfactions
« successives de l'air, » a été mise en évidence par Lagrange dans
sa *Mécanique analytique* (*). Elle ressort très bien de la démonstration élémentaire que nous avons donnée plus haut.

(*) Seconde partie, section XI, § 27, et section XII, § 10.

213. La question des ondes a été depuis étudiée expérimentalement par Bidone, en 1824, puis par M. J. Scott Russel, en 1845; enfin, par M. Bazin, qui en a fait l'objet de la deuxième partie de ses *Recherches hydrauliques*.

M. Bazin n'a pas pris le problème dans toute sa généralité; il s'est borné à l'étude des ondes formées par l'affluence d'un certain volume d'eau dans une eau tranquille ou animée d'une vitesse uniforme. M. J. Scott Russell avait envisagé aussi ce côté de la question. Si l'injection du volume étranger est subite, il se forme une vague, dite *vague solitaire*, qui se propage dans une eau tranquille avec une vitesse égale à $\sqrt{g(H+h)}$, H étant la profondeur du canal, et h la hauteur du sommet de la vague au-dessus du plan d'eau normal. Cette loi, posée par M. Scott Russell, est identique à celle de Lagrange.

Lorsqu'au lieu d'une injection subite et de très courte durée, on laisse le liquide étranger affluer pendant un certain temps, il se produit une série non discontinue d'ondes qui donnent naissance à une tranche liquide, sorte de remous mobile qui se propage à la surface de l'eau.

La vitesse de propagation de ces diverses intumescences varie avec la profondeur du canal; elle dépend aussi de la vitesse et du sens du mouvement de la masse liquide; M. Bazin a établi entre ces divers éléments l'égalité suivante,

$$R = \sqrt{g(H+h)} + U;$$

H est la profondeur normale du canal;

h est l'excès de profondeur produit par l'intumescence, excès qui peut être négatif, si, au lieu de projeter du liquide dans la masse en mouvement, on en retire subitement une certaine quantité;

U est la vitesse moyenne propre à l'eau dans le canal; elle est positive ou négative, suivant que la propagation de l'onde à lieu dans le sens du courant ou en sens contraire;

v est enfin la vitesse de cette dernière propagation.

Les expériences étaient faites dans la rigole d'observation du bief n° 57, au moyen d'une seconde prise d'eau ménagée au coude que fait la rigole pour regagner la rivière d'Ouche. Cette prise d'eau permettait l'injection d'un certain volume liquide en un point situé près du milieu du canal. La rigole était d'ailleurs barrée de manière à obtenir soit l'horizontalité du plan d'eau, soit une légère pente superficielle.

Les ondes négatives obtenues en faisant écouler une petite portion de liquide étaient observées indirectement, au moyen de flotteurs en correspondance avec l'aiguille d'un cadran. Le passage de l'onde négative était noté au moment du déplacement de l'aiguille. On a observé que l'onde négative est toujours suivie d'une série d'ondes d'oscillation.

Lorsque le fond du canal est établi en pente, la vitesse de propagation de l'onde $\sqrt{g(H + h)}$ diminue à mesure que la profondeur diminue elle-même; en même temps, l'onde surélevée qui marche en tête du remous se déforme, s'accentue davantage et finit par déferler. M. Bazin a constaté que le déferlement se produit lorsque la hauteur de l'onde approche d'être égale à la profondeur du canal.

D'autres expériences faites sur un bief même du canal de Bourgogne et sur ses rigoles d'alimentation, ont consisté à ouvrir ou à fermer brusquement les portes d'écluse, et à observer les vitesses de propagation des remous résultant de cette modification du régime établi.

219. La plus intéressante des applications de cette théorie est celle que M. Bazin a faite à la propagation du flot dans les rivières à marée.

Le phénomène, connu sous le nom de *barre*, de *mascaret*, de *Bore* (*), de *Pororoca* (**), a été expliqué pour la première fois par Brémontier (***); la théorie qu'il a proposée est aujourd'hui généralement admise, surtout depuis les publications de Babinet, qui

(*) Sur le Gange.
(**) Sur le fleuve des Amazones.
(***) *Recherches sur le mouvement des ondes*, 1809.

l'ont en quelque sorte rendue populaire. Mais M. Bazin l'a précisée en y appliquant ses formules.

Il prend pour exemple un fleuve de 2 mètres de profondeur dans lequel les eaux s'écoulent avec une vitesse de 1 mètre; la marée monte de 2m.40 par heure, ou de 0m.20 par chaque intervalle de cinq minutes. Supposons que cet exhaussement, au lieu de s'opérer d'une manière continue, se produise brusquement par tranche de 0m.20. La première tranche donnera lieu à une onde qui aura pour vitesse

$$\sqrt{g(2^m + 0.20)} - 1^m = 3^m.66.$$

L'eau du fleuve s'écoule maintenant sur une section de 2m.20 de profondeur; mais une portion du débit forme l'onde, ou le remous qui se propage vers l'amont avec une vitesse de 3m.64; le débit diminue donc, et le calcul montre que la vitesse du courant descendant n'est plus que de 0m.58. En effet, le débit total était de 2 mètres cubes par mètre de largeur; une portion de ce débit, égale à 0.20 × 3.64 = 0mc.728, forme le bourrelet qui remonte le courant; il reste donc un débit descendant de 2 — 0.728 = 1mc.272 pour une profondeur totale de 2m.20, ce qui correspond à une vitesse moyenne de $\frac{1.272}{2.20}$ = 0m.58; c'est cette vitesse qui devient la nouvelle vitesse U.

« L'eau, dit M. Bazin, s'élève donc dans le canal sans cesser de « couler vers l'aval, c'est-à-dire que le gonflement qui s'opère à sa « surface est formé par les propres eaux du courant dans lequel « celles de la mer ne pénètrent pas encore. »

Au bout de cinq minutes, le niveau s'élève de 0m.20; et l'onde à laquelle ce nouvel exhaussement donne naissance a pour vitesse vers l'amont

$$\sqrt{g(2.20 + 0.20)} - 0^m.58 = 4^m.27.$$

Il en résulte une nouvelle diminution du débit, qui perd un volume égal à 4.27 × 0.20 = 0.854; le débit se réduit donc à 1.272 — 0.854 = 0mc.418 pour une profondeur de 2m.40; la vitesse moyenne descend à 0m.17.

Cinq minutes après, arrive une troisième onde qui aura pour vitesse :

$$\sqrt{g(2.40 + 0.20)} - 0^m.17 = 4^m.88,$$

et la vitesse du courant descendant devient négative. Alors seulement, l'eau de la mer refoule l'eau du fleuve. La vitesse de propagation des ondes a été, comme on le voit, toujours en augmentant.

La première onde aura parcouru dans les cinq premières minutes un espace de 1,092 mètres à la vitesse de 3.64 ; la deuxième, qui part cinq minutes plus tard, avec une vitesse de $4^m.27$, rattrapera la première à la distance de 7,400 mètres, au bout de 34 minutes. Alors les deux ondes forment ensemble une onde unique, qui a $0^m.40$ de hauteur et qui s'avance dans le canal à la vitesse de

$$\sqrt{g \times (2^m + 0.40)} - 1 = 3^m.85.$$

Mais la troisième onde s'avance avec la vitesse de $4^m.88$; elle atteindra au bout de quelques minutes l'onde combinée, dont elle portera la hauteur à 0.60, et la vitesse à

$$\sqrt{g \times (2^m + 0.60)} - 1 = 4^m.05.$$

Par ce calcul approximatif, où l'on suppose discontinue l'ascension du niveau de la mer, et où l'on néglige de plus la résistance du lit du fleuve, on conçoit comment, au bout de quelque temps, la réunion des ondes élémentaires peut former une lame de dimension finie qui marche en tête du flot. Le phénomène est plus accusé sur les fleuves qui ont une barre à leur embouchure ; l'obstacle qui s'oppose à l'entrée de la marée montante produit sur ce point une accumulation de lames, qui forcent pour ainsi dire l'entrée de la rivière (*).

_____

(*) Voir sur ce sujet le mémoire de M. Partiot sur le mascaret de la Seine, *Annales des ponts et chaussées*, 1861, 1er semestre, mémoire n° 2.

REMARQUES SUR LA PROPAGATION DES ONDES.

220. La formule de Lagrange $v = \sqrt{gh}$, appliquée à des profondeurs extrêmement grandes, donnerait pour v de très grandes valeurs, supérieures à celles que l'on observe dans l'application de la formule à la vitesse des ondes de la mer. Cette différence doit être attribuée à l'existence, au fond des eaux très profondes, d'une couche invariable, qui ne participe plus au mouvement superficiel, et qui joue pour la masse supérieure le rôle d'une paroi solide. Au lieu de déterminer la vitesse v par la profondeur totale des eaux, c'est au contraire au moyen de la vitesse v, supposée connue, qu'on peut déterminer la profondeur h de la couche invariable.

La forme des vagues de la mer et les lois de leur mouvement ne sont pas encore bien connues. Nous avons indiqué l'essai de théorie de Newton, qui les assimile au mouvement de l'eau dans un siphon, et qui n'admet que les oscillations verticales des points mobiles. Plus récemment, Gerstner a proposé une théorie, dans laquelle il suppose que chaque molécule décrit uniformément un cercle autour de sa proposition moyenne, le rayon de ce cercle décroissant avec la profondeur, de manière à devenir nul au niveau de la couche invariable. M. Boussinesq a modifié cette théorie en substituant aux cercles de Gerstner des ellipses à axe vertical, dont la distance focale est constante, et qui, de plus en plus aplaties à mesure qu'on descend davantage au-dessous de la surface des eaux, se réduisent bientôt à cette distance focale, de sorte que là, le mouvement individuel des molécules n'est plus qu'une oscillation verticale. Dans cette théorie, la coupe transversale de la vague serait une *trochoïde*, c'est-à-dire la courbe cycloïdale engendrée par un point quelconque d'un cercle roulant sur une droite.

Lorsque la profondeur h est faible, la formule $v = \sqrt{gh}$ s'applique à cette profondeur tout entière, et si h est variable, il en résulte des variations correspondantes pour v. L'application de la formule est cependant peu rigoureuse, car on a supposé h constant pour l'établir. Si la profondeur totale h s'accroît ou décroît proportionnellement à la distance parcourue horizontalement par le bourrelet liquide, la vitesse moyenne de l'onde solitaire de translation est la moyenne arithmétique entre les vitesses de cette onde aux deux extrémités de son parcours. Ce résultat suppose que la hauteur de l'onde soit très petite par rapport à la profondeur, ou bien que la profondeur h soit comptée en y comprenant la hauteur de l'onde.

Dans ces conditions on aura, en effet, en appelant l la longueur totale du trajet de l'onde, et x la distance à laquelle la profondeur est h,

$$h = \frac{h_1(l-x) + h_2 x}{l},$$

h_1 et h_2 étant les profondeurs aux points $x = 0$ et $x = l$, et par conséquent

$$v = \sqrt{\frac{g[h_1(l-x) + h_2 x]}{l}} = \frac{dx}{dt},$$

t étant le temps du parcours de l'espace dx par le bourrelet mobile. Donc

$$dt = \frac{\sqrt{l}\,dx}{\sqrt{g[h_1(l-x) + h_2 x]}},$$

et la durée T du trajet total sera donnée par l'intégrale

$$T = \int_{x=0}^{x=l} \frac{\sqrt{l}\,dx}{\sqrt{g[h_1(l-x) + h_2 x]}} = \frac{2\sqrt{l}}{\sqrt{g}\,(h_2 - h_1)} \left[\sqrt{h_1(l-x) + h_2 x} \right]_0^l$$

$$= \frac{2\sqrt{l}}{\sqrt{g}\,(h_2 - h_1)} (\sqrt{h_2} - \sqrt{h_1}) = \frac{l}{\frac{1}{2}(\sqrt{gh_2} + \sqrt{gh_1})}.$$

Le dénominateur de cette formule représente la vitesse moyenne du parcours l dans le temps T. Or on voit qu'elle est égale à la moyenne arithmétique entre les vitesses $\sqrt{gh_1}$, $\sqrt{gh_2}$ aux deux extrémités.

221. Signalons en terminant ce chapitre quelques travaux récents

aur la propagation de la marée dans les fleuves.

M. de Saint-Venant, en analysant une étude de M. Partiot (*Comptes rendus de l'Académie des sciences*, 17 et 24 juillet 1871), a fait ressortir l'analogie entre la loi de la propagation du flot et celle de la propagation des crues dans les fleuves.

M. Guieysse, ingénieur hydrographe, a donné, d'après Airy, dans le compte rendu de l'association française pour l'avancement des sciences (Nantes, 1875), une théorie analytique de la marée fluviale.

M. Comoy, inspecteur général des ponts et chaussées, vient de terminer un grand ouvrage, où il étudie les lois des marées sur les côtes françaises de l'Atlantique et de la Manche, et dans les rivières principales qui viennent s'y jeter : l'Adour, la Gironde avec la Garonne et la Dordogne, la Charente, la Loire, l'Orne et la Seine.

CHAPITRE IV.

EFFETS DES CHANGEMENTS BRUSQUES DE SECTION
DANS LES CANAUX.

222. La théorie du mouvement varié, telle qu'elle vient d'être exposée, suppose que la section du canal varie d'une manière continue ; elle cesse d'être applicable, s'il y a des changements brusques de section, car ces changements brusques sont incompatibles avec le parallélisme des filets. Quand cette circonstance se produit, on observe dans le liquide des agitations tumultueuses qui équivalent à une perte de travail, et dont il faudrait tenir compte pour rendre les formules tout à fait rigoureuses. Les lois de cette agitation étant jusqu'à présent mal connues, la question ne se prête pas à une solution entièrement satisfaisante.

Nous examinerons le problème suivant qui offre de l'intérêt au point de vue de l'art de l'ingénieur. Il s'agit d'évaluer le remous produit par la construction d'un pont qui restreint le débouché d'une rivière.

PASSAGE DE L'EAU SOUS UN PONT.

223. Appelons *l* la largeur libre comprise entre deux piles consécutives d'un ouvrage en rivière ; L la largeur correspondante de la rivière avant l'établissement de l'ouvrage ; ce sera, par exemple, la largeur prise d'axe en axe des deux piles, de telle sorte que les filets

liquides qui, dans l'état naturel, coulaient dans l'intervalle des deux droites AB, CD, sont forcés après la construction de passer dans l'espace réduit compris entre les droites EF, GH.

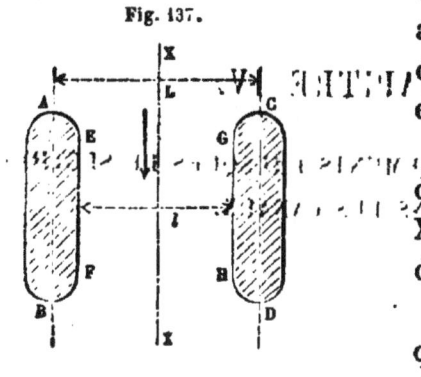

Fig. 137.

Faisons la coupe en long du courant, suivant un plan XX' mené à égale distance des deux piles.

Soit ZZ' le fond de la rivière que nous pouvons supposer dressé suivant une pente uniforme; aa', bb', sont les projections des arêtes extrêmes, C et D, de la pile; la flèche indique la direction du mouvement de l'eau.

La droite MN, parallèle à ZZ', et menée à une distance H au-dessus de cette ligne, représentera la ligne d'eau dans l'état de mouvement uniforme. L'érection des piles dans la rivière produira à l'amont un exhaussement du plan d'eau par rapport à cette ligne, et la laissera telle qu'elle est à une petite distance à l'aval. Le passage de l'eau entre les deux arches produit un étranglement des filets liquides : la diminution de section qui en résulte suppose un accroissement de vitesse, lequel doit être le résultat d'une chute superficielle ; car si l'on considère deux sections de la masse liquide, l'une P'p, un peu en amont de l'avant-bec, l'autre R'r un peu en aval de la première, la formule du mouvement varié, appliquée à ces deux sections entre lesquelles le mouvement par filets parallèles n'a pas été sensiblement altéré, donnerait la relation

$$z = \alpha \left(\frac{u'^2}{2g} - \frac{u^2}{2g} \right) ;$$

on néglige le frottement des parois, qui est très petit puisqu'il s'applique à une longueur très restreinte. Si donc u' est $> u$, z est

une quantité positive, ce qui indique une chute dans la surface de
l'eau en passant de la section d'amont, P'p, à la section R'r prise
sous l'arche.

La vitesse se maintient à peu près la même, et par suite la hauteur reste invariable, du point R' au point S', à la sortie de l'arche.
A partir de S', une contre-pente S'T ramène le niveau de l'eau à sa
hauteur naturelle.

La présence des piles substitue donc à la ligne droite MN, une
ligne ondulée MP'R'S'TN qui, vers l'amont, va se raccorder tangentiellement ou asymptotiquement avec la ligne de régime uniforme.
Il s'agit d'évaluer les dénivellations de cette ligne.

Nous poserons $pP' = h$, $rR' = h'$; la chute $h - h' = z$. La section
d'écoulement en amont des avant-becs sera égale à hL; la section
d'écoulement suivant R'r serait égale à $h'l$, s'il n'y avait pas à tenir
compte d'une contraction due à la convergence des filets liquides.
Cette contraction a pour effet de modifier la forme de la surface du
courant, qui se creuse le long des piles; nous désignerons donc la
section rR' par le produit $mh'l$, m étant un coefficient empirique
moindre que l'unité.

Appelons Q le débit de la rivière rapporté à la largeur L; les
vitesses moyennes seront

dans la section P'p_1, $\quad u = \dfrac{Q}{Lh}$,

dans la section R'r, $\quad u' = \dfrac{Q}{mlh'}$.

Jusqu'à présent, nous avons admis que le coefficient α par lequel
on doit multiplier les forces vives évaluées au moyen des vitesses
moyennes, est le même pour les deux sections qui figurent dans la
formule; cette hypothèse semble peu admissible dans la question
qui nous occupe, parce que les conditions d'écoulement sont trop
notablement différentes entre les sections P'p et R'r : nous supposerons donc, avec Bélanger, l'auteur de ce perfectionnement de la
méthode, que le coefficient α est relatif à la section P'p, prise en
pleine rivière, et qu'on attribue un autre coefficient α_1 à la section R'r, dans la région étranglée.

L'équation du mouvement varié devient alors

$$z = \frac{Q^2}{2g} \left(\frac{\alpha_1}{m^2 l^2 h'^2} - \frac{\alpha}{L^2 h^2} \right),$$

en négligeant le frottement des filets contre les parois de la pile.

Nous admettrons que la vitesse moyenne u' se conserve dans toute la longueur de la pile; en réalité, il n'en est pas ainsi, car la contraction en R'r est suivie d'un épanouissement qui réduit la vitesse et produit une perte de charge. Nous pouvons négliger cet effet, ou plutôt le reporter en aval de la section S's, pour l'ajouter aux pertes de charges qui accompagnent la contre-pente S'T. De la ligne R'r à la ligne S's, tout se passera donc comme dans un canal rectangulaire, où l'eau serait animée d'un mouvement uniforme avec la vitesse u'; la pente de superficie I sera donnée par la formule

$$RI = Au^2.$$

Le rayon R est égal à $\dfrac{lh'}{l + 2h'}$; et si l'on appelle λ la longueur rs, laquelle est, à peu de chose près, la longueur même de la pile, la pente totale, ou la différence de niveau des points R' et S', sera égale à

$$I \times \lambda = \frac{Au^2 (l + 2h') \times \lambda}{lh'}.$$

En général, cette pente sera très petite à cause de la faible longueur λ, de sorte qu'on peut regarder la ligne R'S' comme horizontale; cette simplification serait inadmissible si le pertuis étranglé dans lequel passe la rivière avait une longueur considérable. Dans ce cas, pour tracer le profil en long de la surface libre, il faudrait appliquer la formule du mouvement varié plutôt que celle du mouvement uniforme, car rien n'indique à priori que la ligne d'eau reste à la même hauteur dans toutes les sections.

Il reste à évaluer la contre-pente S'T, en admettant que la profondeur S's soit égale à h' ou à R'r; la section S's est donc égale à M'', tandis que la section Tt' est égale à LH. La vitesse moyenne en Tt' sera représentée par V.

Appliquons à la masse d'eau comprise entre S's et Tt' l'équation fournie par le théorème des quantités de mouvement et qui fait connaître la hauteur du ressaut superficiel (§ 209). Seulement nous aurons soin d'y distinguer le coefficient α'_1 relatif à la section S's, du coefficient α' relatif à la section Tt'. Nous aurons enfin

$$\frac{V^2}{2g} \, H \left(\alpha'_1 \, \frac{L}{l} \times \frac{H}{h'} - \alpha' \right) = H'^2 - h'^2$$

La vitesse V est connue, c'est celle du régime uniforme. L, H, l sont aussi connus. Les coefficients α' et α'_1 sont des nombres un peu supérieurs à l'unité, et moindres que les nombres α et α_1; nous savons que $\alpha' = 1,04$; quant à α'_1, tout ce qu'on sait, c'est que ce nombre est supérieur à α', sans qu'on puisse dire de combien il le surpasse. L'équation précédente permet de déterminer la contre-pente H — h', dès que l'on suppose α'_1 connu.

En définitive, nous avons trois équations, qui nous font connaître chacune la pente totale de la surface du liquide quand on passe du point P' au point R', du point R' au point S', et du point S' au point T'. La seconde de ces pentes est à peu près nulle si la pile a une faible longueur; la troisième est négative et l'équation qui la donne contient un coefficient α'_1 qui n'est pas exactement déterminé. La première équation renferme de même deux coefficients, α et α_1, un peu supérieurs à l'unité; l'un, α, peut être pris égal à 1.1 ou, plus simplement encore, à l'unité; l'autre, α_1, qui n'est pas déterminé rigoureusement, peut se fondre avec le coefficient m de contraction, en posant $\frac{\alpha_1}{m^2} = \frac{1}{\mu^2}$, et la première équation prend la forme :

$$z = \frac{Q^2}{2g} \left(\frac{1}{\mu^2 l^2 h'^2} - \frac{1}{L^2 h^2} \right).$$

224. Pour calculer une limite de la hauteur du remous, ce qui est la question la plus utile à résoudre, on supposera qu'elle soit égale à

la chute totale z; ce qui revient à négliger la contre-pente S'T, ou à relever la ligne R'S' jusqu'au niveau de la ligne MN. On introduit cette hypothèse dans la formule en faisant $h' = H$, et $h = H + z$; elle devient

$$z = \frac{Q^2}{2g} \left(\frac{1}{\mu^2 l^2 H^2} - \frac{1}{L^2 (H + z)^2} \right),$$

équation du 3ᵉ degré en z, que l'on peut résoudre par la méthode des approximations successives.

Faisant en effet $z = 0$ dans le second membre, nous aurons

$$z = \frac{Q^2}{2g H^2} \left(\frac{1}{\mu^2 l^2} - \frac{1}{L^2} \right).$$

Cette valeur, mise à la place de z dans le second membre, fera connaître une valeur plus approchée, qui permettra de même de trouver une troisième valeur encore plus voisine de la vérité.

Le coefficient μ a été déterminé par Funk pour le pont de Minden sur le Weser; il a proposé de faire $\mu = 0.90$ en eaux moyennes, et $\mu = 0.80$ en grandes eaux. Eytelwein a trouvé de son côté $\mu = 0.85$ pour les avant-becs carrés, et $\mu = 0.95$ pour les avant-becs à section triangulaire ou ogivale. La valeur moyenne $\mu = 0.90$ paraît convenir à peu près à tous les cas, et notamment aux avant-becs à section circulaire adoptés aujourd'hui dans la construction des ponts (*).

225. Les mêmes principes peuvent s'appliquer à rechercher des pentes et contre-pentes formées par des variations brusques de section; tel est, par exemple, le problème de l'écoulement par-dessus un barrage noyé. La dépression produite au-dessus du sommet du barrage peut être suivie d'une contre-pente à l'endroit où la section

---

(*) Sur la question de l'influence de la forme des avant-becs sur la chute superficielle des eaux qui passent sous un pont et sur l'affouillement qui peut en résulter, on peut consulter la note de M. Minard du 24 octobre 1856, et le compte rendu d'expériences en petit, faites sur des canaux artificiels à fond de sable, par M. Alfred Durand-Claye (*Annales des ponts et chaussées*, 1873).

est brusquement augmentée. Inversement, si une rivière reçoit un brusque élargissement de l'amont à l'aval, puis qu'elle se rétrécisse d'une manière également brusque, à une faible distance du point où elle s'élargit cette dernière variation de section peut produire un remous de gonflement assez forte pour qu'il envahisse toute la portion élargie, et qu'il s'étende en amont de l'élargissement. De là un résultat qui, au premier abord, semble paradoxal : la hauteur de la ligne d'eau augmente en amont d'un élargissement de faible longueur. Ce fait a été observé par M. Vauthier (*) à Roanne, dans une crue de la Loire. La théorie en donne une explication satisfaisante. Quant au calcul effectif des surhaussements ou abaissements produits, les formules renferment des coefficients mal définis qui rendent ces opérations fort incertaines. On peut dire sans exagération qu'on ne sait rien sur le mouvement de l'eau dans les rivières, dès que l'hypothèse de l'écoulement par filets parallèles cesse d'être admissible. La question est d'autant plus complexe pour un cours d'eau naturel, que la dépense n'est plus constante comme on le suppose dans les formules. L'observation seule peut nous apprendre quelque chose sur les lois de l'écoulement des fleuves et des rivières, surtout quand on veut avoir égard au phénomène si compliqué des crues (**).

(*) *Annales des ponts et chaussées*, mars 1848.

(**) On peut consulter sur cette question du régime des rivières, les rapports présentés par les services des inondations des bassins de France. — Voir aussi dans les *Annales des ponts et chaussées*, janvier 1868, l'étude de M. Fargue sur le lit de la Garonne, et les relations observées entre les formes de la ligne de thalweg et celles des profils en travers. Un travail analogue vient d'être fait pour le Rhône par M. du Boys, ingénieur des ponts et chaussées (*Annales*, septembre 1879, théorie de la corrosion des lits affouillables). — Au sujet du bassin de la Seine, voir l'ouvrage de Belgrand, *le Bassin parisien aux âges antéhistoriques*, 1869. — Enfin, nous citerons, sans recommander les formules nouvelles qui y sont contenues, le rapport sur les *expériences hydrauliques exécutées par MM. Humphreys et Abott, sur le Mississipi, par ordre de gouvernement américain*; M. V. Fournié, ingénieur des ponts et chaussées, en a donné un résumé (Dunod, 1861).

DES TOURBILLONS.

226. Quand on observe pendant quelque temps la surface d'un cours d'eau naturel, on voit se former périodiquement en certains points des *tourbillons*, ou tournoiements d'eau qui, après s'être déplacés avec la vitesse générale de l'écoulement, se détruisent en d'autres points, pour être bientôt remplacés par d'autres tourbillons semblables. Ce phénomène, sensible surtout à l'aval des piles en rivière, était certainement connu des anciens; mais c'est Léonard de Vinci qui le soumit le premier à une observation attentive. Il reconnut que les tourbillons sont formés de couches liquides concentriques animées, chacune d'une vitesse particulière, qui croît de la circonférence au centre, de sorte qu'on ne peut les assimiler au mouvement d'un liquide pesant qui tourne uniformément autour d'un axe vertical, et dont la surface libre tend à prendre une forme parabolique (§ 15); les vitesses des points mobiles croissant à mesure que le rayon diminue, la surface libre se creuse beaucoup plus que ne le demanderait cette forme parabolique, et constitue bientôt une espèce d'entonnoir au sein de la masse liquide. Léonard de Vinci ne put qu'observer ces faits sans en trouver les vraies causes à une époque où la dynamique n'était pas encore créée.

Newton donna dans son livre des *Principes* (liv. II, sect. IX) une théorie mathématique des tourbillons; l'objet principal de ses recherches était de faire justice des tourbillons hypothétiques par lesquels Descartes avait voulu expliquer le système du monde.

Venturi, en 1787, développa les idées théoriques de Newton, et en fit l'application à l'hydraulique; il reconnut que tout s'explique par la communication latérale du mouvement d'un filet liquide à un filet voisin. Les portions d'un cours d'eau soustraites par un obstacle quelconque à l'écoulement général, tendent à être entraînées par le frottement des filets liquides, et se décomposent périodiquement en systèmes animés d'un mouvement giratoire, tout en participant à

la vitesse générale. La présence de ces tourbillons ne modifie pas l'équation des quantités de mouvement, car sur chaque couche liquide concentrique à l'axe de rotation, on trouve deux points possédant les mêmes masses, avec des vitesses parallèles, égales et opposées; la somme des quantités de mouvement se détruit en projection si le tourbillon est fixe, et elle se réduit à la quantité de mouvement due à la vitesse de la translation, s'il est animé d'un mouvement d'entraînement commun. Dans les deux cas, on peut sans erreur faire abstraction du mouvement giratoire. Il n'en est plus de même si l'on veut employer l'équation des forces vives; car les vitesses des diverses molécules y entrant au carré, et sans acception de direction, s'ajoutent au lieu de se détruire. Aussi les tourbillons représentent-ils une énorme quantité de force vive empruntée à la force vive totale du cours d'eau. « En général, dit Poncelet, la « pro-
« duction des tourbillons est l'un des moyens dont la nature se sert
« pour éteindre, ou plutôt pour dissimuler la force vive dans les
« changements brusques de mouvements des fluides, comme les
« mouvements vibratoires eux-mêmes sont une autre cause de sa
« dissipation, de sa dissémination dans les solides (*). »

Les vitesses absolues des points mobiles ne sont pas les mêmes en tous les points d'une même couche d'un tourbillon soumis à une translation, car l'ensemble des deux mouvements dont cette couche est animée équivaut, comme on le sait, à une série continue de ro-

---

(*) Intr. à la Mécanique industrielle, — des Résistances, p. 529. — Si, après avoir agité une certaine masse liquide, on la laisse reposer, de telle sorte que les molécules perdent tout mouvement sensible, la force vive primitivement communiquée à la masse se transforme entièrement en chaleur, et l'on constate une élévation de température. C'est ce que M. Joule a démontré par une expérience qui est devenue célèbre dans l'histoire de la théorie de la chaleur. M. Hirn rapporte aussi une expérience sur le frottement des liquides, qui lui a servi à déterminer l'équivalent mécanique (Théorie mécanique de la chaleur, 1862, p. 107). Il y a du reste peu de chaleur développée par le frottement d'un courant liquide sur lui-même et sur les parois du canal qui le contient, parce que les tourbillons produits et tous les autres mouvements sensibles absorbent la majeure partie de la force vive de la masse fluide; elle se transformerait en chaleur si les molécules avaient une mobilité moins grande. Regnault a reconnu de même par expérience qu'un courant de gaz parcourant un tube avec une très grande vitesse n'échauffe pas sensiblement les parois solides avec lesquelles il est en contact.

tations infiniment petites, autour de centres instantanés. Il résulte de là que les vitesses s'ajoutent pour un bord du tourbillon, et se retranchent pour le bord opposé; le premier est le *bord rapide*, le second est le *bord tranquille* (**). Les corps flottants entraînés par le tourbillon, y entrent par le bord rapide, s'y enfoncent à mesure qu'ils gagnent le centre, où la vitesse est plus grande et où les pressions sont moindres à égalité de hauteur, puis reparaissent à la surface par le bord tranquille. Un phénomène analogue a lieu pour les matières solides que le cours d'eau arrache à son lit, et qu'il tient en suspension. Les alluvions se déposeront donc du côté du bord tranquille des tourbillons latéraux au grand courant d'une rivière, par exemple de chaque côté de l'embouchure d'un affluent, ou dans les régions où le lit a une trop grande largeur, par rapport au volume débité. Belgrand a fondé sur ces considérations une théorie de l'alluvionnement, et a rendu compte de toutes les modifications dont le lit de la Seine a conservé les traces.

Les tourbillons dans les rivières donnent en petit une image exacte des tourbillons atmosphériques, qui ont reçu le nom de cyclônes, et qui fournissent aujourd'hui le moyen d'expliquer bien des phénomènes observés pendant les tempêtes. Les cyclônes se forment dans la zone équatoriale; ils se propagent avec une certaine vitesse de translation, généralement dirigée du S.-O. au N.-E. pour notre hémisphère, accompagnée d'une vitesse de rotation, dans le sens *sud-est-nord-ouest-sud;* ils ont un *bord maniable*, ou bord tranquille, et un *bord dangereux* ou bord rapide. La seule différence à signaler entre ces deux ordres de faits, qui montrent l'analogie de la constitution des liquides avec celle des gaz, c'est que les mouvements giratoires au sein d'un cours d'eau sont permanents, et qu'on en aperçoit bien les causes, tandis qu'on ignore encore les circonstances qui déterminent la formation des cyclônes, et que la périodicité de leurs retours est loin d'être un fait parfaitement établi.

227. Nous terminerons ce livre en renvoyant le lecteur à quelques ouvrages sur le mouvement des eaux et sur la théorie des fleuves et

(*) E. Belgrand, *le Bassin parisien aux âges antéhistoriques*, t. I, p. 239.

rivières. Déjà nous en avons indiqué un certain nombre dans la note de la page 374. Il convient de citer encore :

Les travaux de M. Grœff, inspecteur général des ponts et chaussées sur le régime des réservoirs à niveau variable;

L'ouvrage de M. Surrell, ingénieur en chef des ponts et chaussées, sur *les Torrents des Hautes-Alpes*, 2ᵉ édition, revue et complétée par Ernest Cézanne;

Les études italiennes sur les fleuves, le Tibre (Brioschi, Turazza); le Pô (Lombardini, Possenti); le Nil (Lombardini), etc.; ces études, qui paraissent avoir été faites en vue des crues et des inondations, ont conduit à déterminer les portées des fleuves en certains points définis, en fonction de la hauteur des eaux. Le quatrième volume de l'*Hydraulique* de M. Nazzani (Palerme, 1877) renferme le résumé des connaissances acquises sur le régime des fleuves et la question des crues (*);

Un mémoire de M. Wex, ingénieur autrichien, sur la diminution progressive des eaux de source et des débits des fleuves dans les pays civilisés (Vienne, 1873) et sur l'augmentation des crues. M. Wex prouve, par de nombreuses citations, que le régime des fleuves devient de plus en plus irrégulier à mesure que les travaux et la culture changent les conditions naturelles des vallées. Les remèdes proposés par M. Wex sont peu pratiques, et on se demande s'ils ne coûteraient pas plus cher que le mal. — Dans un ordre d'idées analogues, on peut lire l'ouvrage de M. Lenthéric, *les Villes mortes de la Méditerranée* (Paris, 1876), où sont signalées certaines conséquences imprévues des endiguements du Rhône;

Une étude de M. Wilhelm Plenkner, ingénieur à Prague, sur le mouvement de l'eau dans les cours d'eau naturels (Leipzig, 1879); cette étude renferme le compte-rendu de nombreuses expériences, faites sur l'Eger à Warta et à Falkenau, sur la Sazaw à Porič, sur la Moldau à Budweis, et la comparaison très instructive des formules proposées par les divers auteurs avec les faits observés.

_____

(*) Le même auteur a ajouté comme appendice à son grand traité d'hydraulique une étude spéciale sur la détermination des *formules empiriques* les plus propres à représenter les phénomènes observés (1877).

SUPPLÉMENT AU LIVRE III.

228. Pour obtenir l'équation du mouvement non permanent dans un canal découvert, on exprimera qu'il y a à chaque instant équilibre entre les forces qui sollicitent les masses en mouvement, et les forces d'inertie. Supposons que les filets soient sensiblement parallèles, et qu'on puisse faire abstraction des tourbillons qui se développent dans le courant liquide. Considérons, à un instant donné, défini par une valeur particulière du temps t, la masse liquide comprise entre deux plans normaux au courant menés aux distances s et $s + ds$ d'une origine arbitraire; soit z la distance verticale de la ligne d'eau à un plan horizontal de comparaison. Appelons encore ω l'aire de la section traversée par les filets liquides, χ le périmètre mouillé. La masse liquide comprise entre les deux plans sera égale à

$$\frac{\Pi}{g}\,\omega ds,$$

et il faut la multiplier par l'accélération tangentielle j, laquelle est le rapport de l'accroissement de la vitesse u, commune à tous les filets, au temps dt pendant laquelle elle se produit. Or u est une fonction à la fois de s et de t, et l'on aura par conséquent

$$j\,dt = \frac{du}{ds}\,ds + \frac{du}{dt}\,dt$$

$$= \left(u\,\frac{du}{ds} + \frac{du}{dt}\right)dt.$$

Donc

$$j = u\,\frac{du}{ds} + \frac{du}{dt}.$$

Le produit de la masse par j doit être égalé à la somme des composantes tangentielles des forces, qui sont la pesanteur, les pressions et le frottement du lit. La composante de la pesanteur est $\Pi\omega ds \sin\alpha$, α étant l'angle que fait avec l'horizon la droite qui joint les centres de gravité des deux sections s et $s + ds$; pour les pressions, la somme des composantes des forces qui entourent l'élément considéré est $-\omega dp$, où p est la pression moyenne égale à Πh; cela revient à $-\Pi\omega dh$, h étant la profondeur du centre de gravité au-dessous de la ligne d'eau. La somme algébrique de ces deux quantités est représentée par $\Pi\omega dz$. Restent à retrancher les frottements, qu'on exprimera par la formule habituelle, $\chi ds f(u)$. Réunissant tous les termes ainsi calculés, on a l'équation

$$\frac{\Pi}{g}\,\omega ds\left(u\,\frac{du}{ds} + \frac{du}{dt}\right) = \Pi\omega dz - \chi ds f(u),$$

ou bien

(1)
$$\frac{1}{g}\left(u\,\frac{du}{ds} + \frac{du}{dt}\right) = -\frac{dz}{ds} - \frac{\chi}{\omega}\,\frac{u^2}{\Pi}.$$

L'*équation de continuité* s'obtiendra en exprimant que le volume de la tranche considérée s'accroît dans le temps dt de la quantité de liquide fournie par la section d'amont, diminuée de celle qui s'échappe par la section d'aval. La quantité qui entre en amont est

$$Q\,dt,$$

Q désignant le débit; celle qui traverse pendant le même temps la section d'aval est

$$Q\,dt + \frac{dQ}{ds}\,ds\,dt;$$

la différence prise négativement,

$$-\frac{dQ}{ds}\,ds\,dt,$$

représente la quantité d'eau gagnée par la tranche dans le temps dt; or le volume initial de la tranche est $\omega\,ds$, et ce volume s'accroît de sa différentielle partielle relative à t, ou de

$$\frac{d\omega}{dt}\,dt\,ds,$$

et on a l'équation

$$\frac{d\omega}{dt} = -\frac{dQ}{ds},$$

ou bien

(2)
$$\frac{d\omega}{dt} = -\left(\omega\,\frac{du}{ds} + u\,\frac{d\omega}{ds}\right),$$

en remplaçant Q par sa valeur ωu. Remarquons enfin que ω est une fonction de z, dès que la forme du lit et son profil en long sont connus.

Les équations (1) et (2) sont les deux équations aux dérivées partielles qui lient les fonctions u et z aux variables indépendantes s et t. Elles sont établies dans des hypothèses restrictives, telles que celles de l'écoulement par filets sensiblement parallèles, et de la permanence pendant le mouvement de l'axe le long duquel on compte les abscisses s. Il ne paraît pas possible de trouver les intégrales générales des équations (1) et (2). Mais elles permettent de contrôler les observations faites sur les cours d'eau pendant les crues.

M. Kleitz ([*]) remarque que les accidents du lit peuvent rendre très variables les hauteurs z, et que, par conséquent, il est préférable de conserver dans les équations les inconnues Q et u, en chassant des équations les variables ω et z. Il faut imaginer alors Q exprimé en fonction de s et de t. Les courbes qui représentent Q en fonction de t pour des valeurs particulières de s, sont les *courbes des débits locaux*; les courbes qui représentent Q en fonction de s par des valeurs particulières du temps t sont les *profils instantanés des débits*. Soit $Q = F(s, t)$ l'équation générale qui lie Q aux variables indépendantes. Les *courbes d'égal débit* seront définies par la condition $dQ = 0$, ou

$$\frac{dQ}{ds}\,ds + \frac{dQ}{dt}\,dt = 0.$$

([*]) *Annales des ponts et chaussées*, 1877.

On en conclut que le débit Q se retrouve le même au bout du temps dt, pourvu que l'on se déplace le long de l'axe de la quantité ds, de sorte que la *vitesse de propagation du débit* est le rapport de ds à dt, ou encore le rapport

$$\frac{\dfrac{dQ}{dt}}{\dfrac{dQ}{ds}}$$

les dérivées partielles de Q, changé de signe. Si l'on remplace Q par ωu, et qu'on tienne compte de l'équation (7), il vient, pour cette vitesse de propagation

$$W = u + \omega \frac{\dfrac{du}{dt}}{\dfrac{d\omega}{dt}}.$$

Le flot produit sur une rivière par une crue simple se propage vers l'aval en s'affaissant de plus en plus, et finit par s'aplatir entièrement et le cours d'eau ne reçoit pas dans sa partie basse les crues d'autres affluents. M. Kleitz a montré que l'on pouvait se rendre compte à l'aide des formules de ce phénomène bien connu.

LIVRE IV.

LIVRE IV.

PRESSION MUTUELLE DE L'EAU ET DES SOLIDES DANS LEUR MOUVEMENT RELATIF.

---

229. Proposons-nous de chercher l'action normale exercée par une veine liquide qui tombe sur un plan matériel fixe avec une vitesse connue. Nous admettrons que le plan matériel soit assez étendu dans tous les sens pour que la veine, animée d'un mouvement permanent, s'applique exactement sur sa surface, et qu'à une certaine distance du point où elle tombe, l'écoulement du liquide se fasse parallèlement au plan fixe. Le théorème des quantités de mouvement projetées nous permettra de déterminer la réaction normale du plan sur la veine liquide.

Soit AB le plan fixe; MN une section de la veine liquide, à une distance assez grande du plan AB pour que l'écoulement s'y opère par filets parallèles. Appelons V la vitesse de cet écoulement, supposée commune à tous les filets. Cette vitesse fait avec le plan un angle que nous désignerons par β. Le plan fait avec la verticale ZZ' un angle α qui est également donné.

Coupons la masse liquide par une surface cylindrique normale au plan AB, et assez étendue pour que toutes les molécules fluides qui

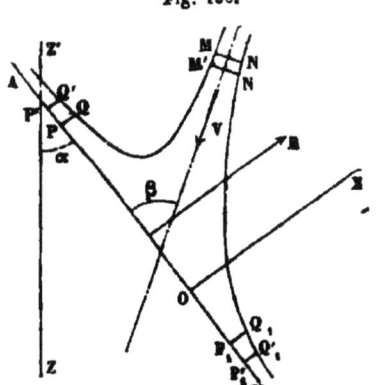

Fig. 138.

la traversent soient parallèles au plan fixe, ce qui sera toujours possible, puisque la veine vient s'aplatir sur ce plan AB. Les génératrices extrêmes PQ, P₁Q₁ de la surface cylindrique, sont seules représentées sur la figure.

Appliquons le théorème de la quantité de mouvement, en projetant les vitesses et les forces sur un axe OX, normal au plan AB.

Au bout d'un temps θ très petit, la masse liquide comprise entre la section MN et le cylindre PQP₁Q₁ s'est déplacée, et occupe l'intervalle compris entre la section M'N' et le cylindre P'Q'P₁'Q₁'; l'accroissement des quantités de mouvement projetées est égal à la projection sur OX des quantités de mouvement de l'anneau PQP'Q' P₁Q₁P₁'Q₁', moins la quantité de mouvement projetée de la masse MNM'N'. Or les molécules comprises dans l'anneau, ont des vitesses normales à OX; les projections de leurs quantités de mouvement sont nulles, et il reste pour accroissement de la quantité de mouvement projetée, la projection de la quantité de mouvement de MN N'M', prise avec le signe — : le premier membre de l'équation sera donc

$$- \frac{\Pi}{g} A V \theta \times V \sin \beta,$$

A étant l'aire de la section MN.

Le second membre de l'équation comprend les impulsions élémentaires des forces, qui sont ici le poids de la masse liquide MNPQP₁Q₁ et la réaction du plan AB; enfin la pression atmosphérique, laquelle agit sur toute la masse, y compris la section MN, où l'écoulement a lieu par filets parallèles sans action les uns sur les autres. Les pressions du liquide sur la surface du cylindre PQ, P'Q' sont normales à l'axe de projection et ne donnent rien dans l'équation. Il en est de même de la pression atmosphérique. Il n'y a donc à considérer que le poids du liquide, que nous représenterons par P, et la composante normale R de la réaction du plan; car la composante tangentielle au plan est normale à l'axe de projection. Le poids P fait avec l'axe OX un angle égal à 90° — α, et par suite sa projection sur OX est égale à P sin α; c'est une force mouvante; la force R se projette en vraie grandeur, et c'est une force résistante ; la somme des impulsions élémentaires est donc

$$(P \sin \alpha - R)\theta.$$

On a enfin l'équation

$$\frac{\Pi}{g} AV\theta \times V \sin \beta = (P \sin \alpha - R)\theta,$$

d'où l'on déduit

$$R = P \sin \alpha + \frac{\Pi}{g} AV^2 \sin \beta.$$

Cette réaction normale se décompose en deux parties : l'une, $P \sin \alpha$, est la *pression statique* exercée sur le plan AB, normalement à ce plan, par le système pesant MNPQP$_1$Q$_1$;

L'autre, $\frac{\Pi}{g} AV^2 \sin \beta$, est la *pression dynamique* qui, considérée comme exercée par le plan sur la veine, imprime une certaine déviation aux filets liquides. Cette partie peut être représentée par le poids d'un cylindre liquide ayant pour base A, pour longueur d'arête $\frac{V^2}{g}$, ou le double de la hauteur due à la vitesse, et dans lequel les arêtes feraient avec le plan de la base un angle β.

Elle peut encore se mettre sous la forme

$$\frac{\Pi}{g} \frac{A}{\sin \beta} \times (V \sin \beta)^2 ;$$

$V \sin \beta$ est la composante de la vitesse normale au plan, et $\frac{A}{\sin \beta}$ est la section de la veine par un plan parallèle.

Le théorème des quantités de mouvement nous donne ainsi la réaction totale R, mais la répartition de cette pression R sur les divers éléments de contact du plan et du liquide reste entièrement inconnue.

230. Si, au lieu de prendre la section MN, on avait pris une autre

25

Fig. 139.

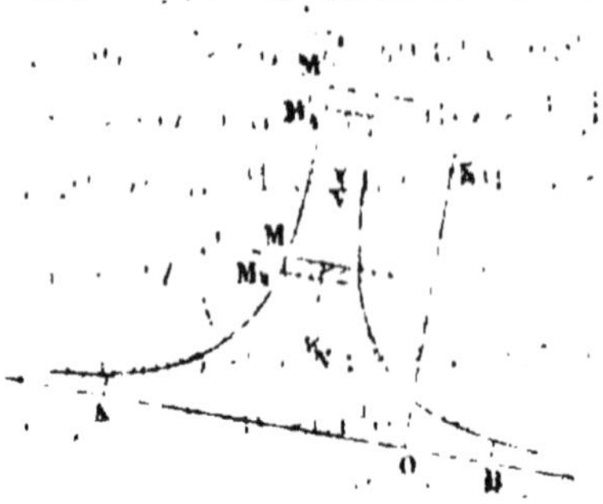

section de la veine affluente, on aurait trouvé d'autres valeurs pour le poids P, la vitesse V, la section A et l'angle β; mais la réaction R doit toujours rester la même; si donc on coupe la veine liquide par un second plan normal M', et qu'on appelle A', V' β', P', les valeurs que prennent respectivement A, V, β, P quand on étend le système liquide jusqu'à la section M', on doit avoir identiquement

$$P \sin \alpha + \frac{\Pi}{g} A V^2 \sin \beta = P' \sin \alpha + \frac{\Pi}{g} A' V'^2 \sin \beta',$$

ou bien

$$(P' - P) \sin \alpha = \frac{\Pi}{g} (A V^2 \sin \beta - A' V'^2 \sin \beta').$$

Cette équation est facile à vérifier; P' — P est le poids du système liquide compris entre les plans M et M'; désignons ce poids par p; nous pouvons remplacer AV et A'V' par la dépense Q, commune aux sections, et l'équation devient

$$p \sin \alpha = \frac{\Pi Q}{g} (V \sin \beta - V' \sin \beta').$$

Multiplions par le temps θ très court pendant lequel les sections M et M' s'avancent en M₁ et M'₁. L'équation précédente, multipliée par θ, n'est autre chose que l'équation des quantités de mouvement du système matériel MM' sollicité par la pesanteur, quand on fait la projection sur l'axe OX.

231. La pression dynamique $\frac{\Pi}{g} A V^2 \sin \beta$ suppose le plan choqué assez étendu pour que tous les filets liquides soient détournés parallèlement au plan. Si la veine tombait sur une surface convexe, ou sur un plan de petite dimension, laissant échapper le liquide dans le sens de son mouvement, la pression serait moindre; puisque la quantité de mouvement perdue par la veine diminuerait de la quantité de mouvement conservée par le liquide. Quand, au contraire, la veine tombe sur une surface concave, qui retourne tous les filets en

sens contraire de leur direction, la pression dynamique augmente. Mais il est à peu près impossible de déterminer l'intensité de la pression dans ces deux cas; elle dépend des vitesses conservées par le liquide après le choc, et ces vitesses sont inconnues. Pour évaluer ces actions, on se contentera d'affecter la pression $\frac{\Pi}{g} A V^2 \sin \beta$ d'un coefficien K, qui sera > 1 dans le cas des surfaces concaves, < 1 dans le cas des surfaces convexes ou des plans de longueur restreinte, et que l'on devra déterminer empiriquement.

La même théorie s'applique aux gaz (*).

L'appareil destiné à évaluer la vitesse du vent est fondé sur

Fig. 140.

ces principes. C'est un tourniquet mobile autour de l'axe vertical projeté en O. Les quatre bras du tourniquet portent des demi-sphères creuses, A, B, C, D, orientées de telle sorte, que leurs concavités soient toutes dirigées dans le même sens quand on fait le tour de l'appareil. Si F est la direction du vent, la pression de l'air sera moindre sur l'hémisphère D qui présente sa convexité au courant, que sur l'hémisphère B, et le moulinet tournera dans le sens de la flèche f; la vitesse linéaire du centre des hémisphères aura une relation simple avec la vitesse du vent. On aura donc la vitesse cherchée en comptant le nombre de tours de l'appareil pendant un temps donné.

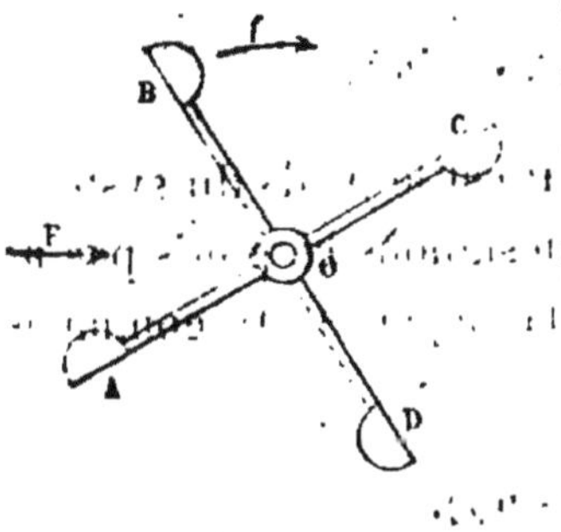

(*) La formule empirique suivante a été donnée par Hutton pour représenter la pression dynamique R développée par un courant d'air à la vitesse V, sur une surface plane A; faisant avec le courant un angle β :

$$R = 0.11 \Pi A^{1.4} v^2 (\sin \beta)^{\mu}.$$

L'exposant μ est variable avec l'angle β, et égal à $1.84 \cos \beta$.

Voir Terquem, *Nouvelles expériences d'artillerie.* — Bresse, *Hydraulique*, p. 410.

Une expérience ingénieuse d'Athanase Dupré conduit à représenter la pression totale développée par l'air en mouvement, tombant normalement sur une surface plane égale à l'unité, par la formule $A e^{a v^2}$, A et a étant des constantes, et v la vitesse. Cette formule développée en série, et limitée à ses deux premiers termes, se réduit à la somme d'un terme constant et d'un terme proportionnel au carré de la vitesse. On peut s'en tenir là si la vitesse n'est pas trop grande. Voir sur cette question notre *Traité de mécanique* Hachette, 1878, t. IV, § 189).

232. Si le plan choqué était mobile au lieu d'être fixe, on le ra-
mènerait au repos en imprimant au système entier, gaz ou liquide,
une vitesse égale et contraire à la vitesse du plan; tout se passe alors
comme si le plan était fixe, pourvu qu'on prenne pour la vitesse V
de la veine, la vitesse relative de la veine par rapport au plan.

APPLICATION. MOULIN A VENT.

233. Soit OX l'axe de rotation du moulin à vent; on peut le supposer horizontal.

L'aile sera formée par une droite mobile, de longueur constante,

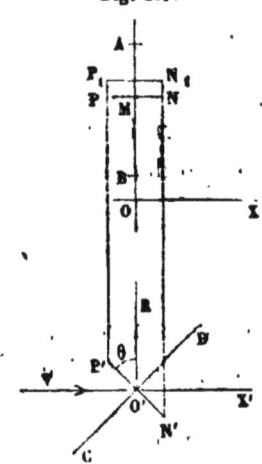

Fig. 141.

qui glisse en s'appuyant par son milieu sur la
droite OA entre le point A et le point B. La génératrice est comprise dans un plan normal à
OA, et reçoit dans ce plan une certaine orientation qu'on doit déterminer de la manière la
plus avantageuse possible.

Supposons la droite OA verticale, et proje-
tons-la sur le plan horizontal au point O'; la
génératrice de l'aile qui passe au point M se
projettera en PN sur le plan vertical, et en P'N'
sur le plan horizontal; nous définirons la position de cette droite en donnant la distance
OM = r du plan normal qui la contient à
l'axe de rotation, et l'angle P'O'R = θ' que la génératrice fait dans
ce plan avec une droite O'R menée perpendiculairement à O'X'.

Considérons la surface élémentaire comprise entre la droite PN et
une droite infiniment voisine P_1N_1. Soit b la longueur P'N' de la génératrice; la surface élémentaire aura pour mesure bdr. Cherchons le
travail élémentaire produit par l'action du vent sur cet élément superficiel.

Le moulin est orienté de telle sorte que la vitesse du vent V soit
parallèle à l'axe O'X'. Appelons ω la vitesse de rotation des ailes
autour de OX; il en résulte pour le point M une vitesse dirigée sui-

vant O'R et égale à ωr. Projetons les vitesses V et ωr sur une droite CD normale à P'N'; l'une donnera pour composante V cos θ, l'autre ωr sin θ, et la vitesse relative, estimée normalement à l'aile, sera égale à

$$V \cos \theta - \omega r \sin \theta.$$

K étant un coefficient constant, on pourra donc représenter l'action du vent sur l'élément de l'aile mobile par le produit

$$K \times b\, dr \times (V \cos \theta - \omega r \sin \theta)^2,$$

et cette force sera dirigée suivant O'D.

Pour avoir le travail produit dans l'unité de temps, il faut multiplier cette force par la projection du chemin ωr décrit dans la direction O'R; ce qui donnera

$$K \times b\, dr \times (V \cos \theta - \omega r \sin \theta)^2 \times \omega r \sin \theta,$$

et, par suite, la somme des quantités de travail produites par l'action du vent sur l'aile entière s'obtiendra en faisant l'intégrale de cette expression entre les limites $l_1 = OB$ et $l_2 = OA$; ce qui donne

$$T = Kb\omega \int_{l_1}^{l_2} (V \cos \theta - \omega r \sin \theta)^2 \sin \theta\, r\, dr.$$

Cette expression, dans laquelle V et ω sont des constantes, peut s'intégrer si l'on connaît la relation qui lie θ à r, c'est-à-dire la forme de l'aile.

204. Mais on peut aussi, comme l'a fait Coriolis, déduire de là la relation entre θ et r qui rend le travail maximum pour des vitesses V et ω déterminées.

L'intégrale indiquée est une somme d'éléments tous positifs; pour la rendre maximum, on peut rendre maximum chaque élément indépendamment des autres (*); pour cela, il n'y a qu'à égaler à zéro

---

(*) En général, la recherche de la relation à établir entre deux variables, r et θ, pour qu'une intégrale donnée $\int V dr$ soit un maximum ou un minimum, V étant une fonction de r, de θ, et des dérivées successives de θ par rapport à r, est un problème dont la solution dépend du calcul des variations. Ce qui fait qu'ici le problème se simplifie, c'est que la fonction donnée V contient seulement r et θ, sans les dérivées de cette dernière variable.

la dérivée par rapport à θ de la fonction

$$(V \cos \theta - \omega r \sin \theta)^2 \sin \theta,$$

où r est traité comme une constante.

Il vient donc pour l'équation demandée

$$(V \cos \theta - \omega r \sin \theta)^2 \cos \theta + 2 \sin \theta (V \cos \theta - \omega r \sin \theta)(-V \sin \theta - \omega r \cos \theta) = 0.$$

Cette équation est divisible par $V \cos \theta - \omega r \sin \theta$; on doit supprimer ce facteur qui, égalé à zéro, rendrait nul le travail T; il définit la forme de l'aile qui, en se mouvant avec la vitesse ω dans l'air animé de la vitesse V, n'éprouverait d'autre action qu'un frottement tangentiel à sa surface.

Ce facteur supprimé, il vient pour la relation cherchée

$$(V \cos \theta - \omega r \sin \theta) \cos \theta - 2 \sin \theta (V \sin \theta + \omega r \cos \theta) = 0,$$

ou bien

$$V \cos^2 \theta - 3 \omega r \sin \theta \cos \theta - 2 V \sin^2 \theta = 0,$$

ou enfin, en divisant par $2 V \cos^2 \theta$, et changeant les signes,

$$\tan^2 \theta + \frac{3 \omega r}{2 V} \tan \theta - \frac{1}{2} = 0,$$

équation qui donne θ en fonction de r. Elle a deux racines réelles, l'une positive, l'autre négative. La première seule, celle qui correspond à un angle θ aigu, résout la question.

Les observations de Coulomb sur les moulins à vent de la Flandre ont fait voir que les constructeurs se sont peu écartés des conditions du maximum de puissance (*).

235. Le *moulinet de Woltmann* est un véritable moulin à vent qu'on plonge dans un courant fluide pour en mesurer la vitesse.

Les ailes sont réduites à des surfaces planes de petites dimensions; si l'on désigne par A la section de l'ailette, par V la vitesse

(*) *Observations théoriques et expérimentales sur l'effet des moulins à vent et sur la figure de leurs ailes*, § VI. — Sur les perfectionnements de cet appareil, Voir la *Notice sur un moulin à vent (self-acting)*, par M. Amédée Durand, 1836.

du filet liquide, et par ω la vitesse de rotation de l'appareil une fois que le mouvement est arrivé à l'uniformité, le travail moteur de l'eau sur le moulinet est représenté, pour une seconde, par le produit

$$KA (V \cos\theta - \omega r \sin \theta)^2 \times \omega r \sin \theta,$$

r étant la distance du centre de pression de l'ailette à l'axe de rotation. Cette quantité est égale au travail résistant; sans déterminer rigoureusement ce travail résistant qui est principalement dû aux frottements du mécanisme, on peut admettre qu'il est la somme de deux termes, l'un égal à une constante multipliée par la vitesse de l'aile, l'autre proportionnel au travail moteur; on pourra donc poser, en divisant par ωr,

$$KA (V \cos\theta - \omega r \sin \theta)^2 \sin\theta = m + n [KA (V \cos\theta - \omega r \sin\theta)^2 \sin\theta].$$

d'où l'on tirera

$$V \cos\theta - \omega r \sin\theta = \text{un nombre constant.}$$

Donc V est une fonction linéaire de la vitesse ω, ou du nombre de tours que l'appareil fait par seconde. Les constantes de la fonction linéaire se déterminent par expérience.

L'*anémomètre* de Combes est aussi un moulin à vent; c'est le moulinet de Woltmann approprié à la mesure de la vitesse des courants de gaz.

PRESSION D'UN LIQUIDE EN MOUVEMENT DANS UN TUYAU, CONTRE UNE PLAQUE MINCE PERPENDICULAIRE AU COURANT.

236. Soit AB une plaque mince fixée à l'intérieur d'un tuyau MPQN, que l'eau parcourt dans le sens de la flèche f avec une certaine vitesse V. On demande d'évaluer la pression exercée sur la plaque par le liquide en mouvement.

Faisons deux sections transversales MN, PQ, dans le tuyau, l'une en amont, l'autre en aval de la plaque,

Fig. 142.

et assez éloignées d'elle pour que le mouvement par filets parallèles soit établi dans ces deux sections. Les filets liquides qui rencontrent la plaque sont déviés à droite et à gauche et passent dans l'anneau laissé libre entre la plaque et le pourtour du tuyau; cet anneau, représenté sur la figure par les intervalles AG, BH, forme donc un orifice par lequel s'écoule le liquide; le mouvement curviligne des filets au delà de cet orifice donne naissance à une véritable contraction, en vertu de laquelle le parallélisme des filets s'établit dans un anneau CD, EF, de moindre largeur que le précédent, tandis que tout l'espace compris entre la face d'aval de la plaque AB et la portion vive de la veine se remplit de liquide animé de vitesses faibles, et à l'état de tourbillons. Enfin, à une certaine distance le mouvement régulier est rétabli; entre les sections CF, PQ, le liquide change brusquement de section, et, par suite, de vitesse, ce qui entraîne une perte de charge.

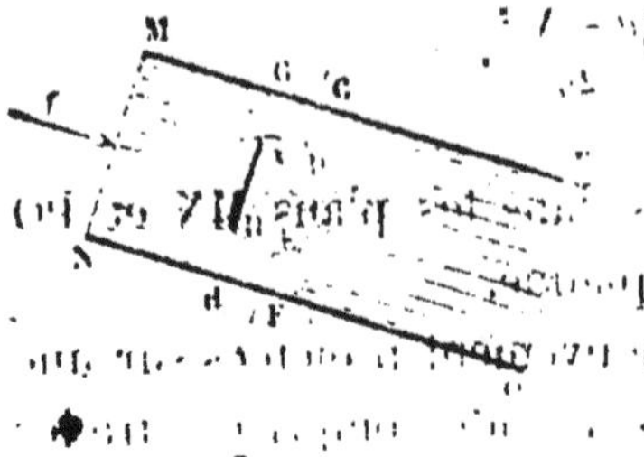

Appelons z, z', z'', les altitudes des centres de gravité des sections MN, CF, PQ;

Soit u la vitesse du liquide dans l'anneau contracté CD, EF;

Appelons enfin p, p', p'', les pressions moyennes par unité de surface dans chacune de ces sections; on sait que dans chacune la distribution des pressions se fait conformément à la loi de l'hydrostatique.

Le théorème de Bernoulli est applicable aux deux sections MN, CF, en négligeant seulement le travail du frottement des filets fluides sur le tuyau et sur eux-mêmes. Entre les sections CF, PQ, il sera également applicable, mais avec l'addition d'un terme pour représenter la perte de charge. Nous aurons donc, V étant la vitesse commune en MN et en PQ,

$$\frac{V^2}{2g} + \frac{p}{\Pi} + z = \frac{u^2}{2g} + \frac{p'}{\Pi} + z' = \frac{V^2}{2g} + \frac{p''}{\Pi} + z'' + \frac{(u-V)^2}{2g}.$$

De cette double équation on tire

$$\frac{p - p''}{\Pi} + (z'' - z) + \frac{(u - V)^2}{2g}.$$

La différence des pressions moyennes dans les plans MN et PQ permet de déterminer la réaction de la plaque.

Posons l'équation des quantités de mouvement projetées sur une parallèle à l'axe du tuyau pour la masse liquide comprise entre les plans MN, PQ, que nous suivrons dans son mouvement pendant un temps très-court; l'accroissement de la quantité de mouvement étant nulle, les forces extérieures se font équilibre; or ces forces sont les pressions sur la face MN et sur la face PQ, la réaction de la plaque AB, et la pesanteur; les réactions normales du tuyau ne donnent rien en projection sur une parallèle à l'axe, et nous négligeons les frottements de la paroi, qui sont très faibles, puisque la longueur MP est très petite.

Soit donc R la réaction totale de la plaque, Ω l'aire de la section du tuyau; le poids de l'eau contenue entre les plans MN, PQ sera égal à ΠΩ × MP; projeté sur l'axe du tuyau, il aura pour composante

$$\Pi\Omega \times MP \cos\alpha,$$

α étant l'angle de l'axe avec la verticale; MP cos α est égal à $z - z''$; les pressions $p\Omega$, $p''\Omega$, R se projettent en vraie grandeur, et l'on a l'équation

$$p\Omega + \Pi\Omega (z - z'') - p''\Omega - R = 0.$$

Donc

$$R = \Omega \left[p - p'' + \Pi (z - z'') \right].$$

Mais nous venons de trouver que

$$p - p'' + \Pi(z - z'') = \Pi \frac{(x - V)^2}{2g};$$

par suite

$$R = \Pi\Omega \frac{(u - V)^2}{2g}.$$

La réaction R est donc égale au poids d'une colonne de liquide ayant pour base la section droite du tuyau, et pour hauteur la *perte de charge*.

La vitesse u peut s'exprimer en fonction de V dès que l'on connaît le coefficient m de contraction; soit A l'aire de la plaque; l'aire de l'anneau compris entre la plaque et le tuyau sera $\Omega - A$, et l'aire de la section contractée sera $m(\Omega - A)$; donc

$$m(\Omega - A)\,u = V\Omega,$$

et par suite

$$u = V \times \frac{\Omega}{m(\Omega - A)},$$

$$u - V = \left[\frac{\Omega}{m(\Omega - A)} - 1\right] V = \left[\frac{\frac{\Omega}{A}}{m\left(\frac{\Omega}{A} - 1\right)} - 1\right] V;$$

enfin

$$R = \frac{\Pi\Omega V^2}{2g} \times \left[\frac{\frac{\Omega}{A}}{m\left(\frac{\Omega}{A} - 1\right)} - 1\right]^2$$

Cette équation peut se mettre sous la forme

$$R = K\Pi A \frac{V^2}{2g},$$

en faisant

$$K = \frac{\Omega}{A}\left[\frac{\frac{\Omega}{A}}{m\left(\frac{\Omega}{A} - 1\right)} - 1\right].$$

Le coefficient K sera donc entièrement déterminé si l'on connaît le rapport $\frac{\Omega}{A}$, qui est une des données de la question, et le coefficient m qui est probablement une fonction de ce rapport. Ce coefficient se rapportant à une contraction annulaire, sera plus voisin de l'unité que le coefficient de contraction relatif aux orifices. Si l'on voulait déterminer la valeur de m par expérience, on n'aurait qu'à mesurer avec le piézomètre différentiel la différence $\frac{p-p''}{\Pi}$, connaissant la dépense du tuyau, on en déduirait la vitesse V; puis l'équation

$$\frac{p-p''}{\Pi} = z'' - z_1 + \frac{(u-V)^2}{2g},$$

où tout est connu, sauf la vitesse u, ferait connaître cette vitesse. Enfin l'équation $m(\Omega - A)u = \Omega V$ donnerait m.

237. Dubuat, dans ses recherches sur la pression mutuelle des solides et des liquides, distingue les pressions qui s'exercent sur les deux faces de la plaque AB; il appelle *pression morte* la pression hydrostatique qui s'exercerait sur ces deux faces si le mouvement du liquide n'existait pas; *pression vive* ce qui s'ajoute à la pression morte pour donner la pression sur la face choquée par le liquide, et *non-pression* ce qui s'en retranche sur la face opposée.

Appelons p_1 et p'_1 les pressions rapportées à l'unité de surface sur la face choquée de la plaque AB et sur la face d'aval; $p_1 A$, $p'_1 A$ seront les pressions totales exercées sur ces deux faces, et par suite la réaction R sera égale à

$$R = (p_1 - p'_1) A.$$

La pression p'_1 est la pression hydrostatique du liquide contenu dans l'espace ABED; on peut donc admettre qu'elle est égale à la pression moyenne dans la section CF, pour laquelle une partie est en repos et l'autre est animée d'un mouvement par filets parallèles. Donc $p'_1 = p'$.

Mais l'équation

$$\frac{u^2}{2g} + \frac{p'}{\Pi} + z' = \frac{V^2}{2g} + \frac{p''}{\Pi} + z'' + \frac{(u-V)^2}{2g}$$

donne

$$p' = p'' - \Pi (z' - z'') - \Pi \left[\frac{u^2}{2g} - \frac{V^2}{2g} - \frac{(u-V)^2}{2g} \right]$$

$$= p'' - \Pi (z' - z'') - 2\Pi \frac{V^2}{2g} \left(\frac{u}{V} - 1 \right),$$

équation dans laquelle on substituera à $\frac{u}{V}$ sa valeur $\frac{\Omega}{m(\Omega - A)}$.

On connaît donc p'_1. La somme p'_1 est la pression moyenne hydrostatique dans la section CF déduite de la pression exercée dans le plan PQ; c'est donc la *pression morte* de Dubuat. Le terme négatif

$$- 2\Pi \frac{V^2}{2g} \left(\mu - \frac{\mu}{V} \right)$$

multiplié par l'aire A de la plaque représentera la *non-pression*, ou *dépression* sur la face d'aval. La pression sur la face d'amont, p_1, se déduira de p'_1, qui est connu, par la formule

$$p_1 A = p'_1 A + R,$$

et se décomposera de même en deux parties, l'une égale à la *pression morte*, l'autre contenant le facteur $\frac{V^2}{2g}$, et qui représentera la *pression vive*.

238. Cet exemple, et tous les problèmes analogues qu'on peut se proposer (*), montrent qu'en général la réaction R d'un solide plongé dans un liquide en mouvement est exprimable de la manière suivante

$$R = K \Pi A \frac{V^2}{2g};$$

A est l'aire transversale du corps immergé,

Π, le poids spécifique du liquide,

V, sa vitesse relative supposée normale à la section A,

et K, un coefficient qu'on peut calculer dans un petit nombre de cas, mais qui la plupart du temps n'est susceptible que d'une évaluation empirique. Il dépend principalement des formes du corps

---

(*) Plaque garnie à l'amont d'une demi-sphère. — Prisme droit ayant une longueur égale à trois fois sa moyenne dimension transversale, etc. Voir l'*Hydraulique* de Bélanger (Cours lithog. de l'École des ponts et chaussées).

immergé. La même formule est applicable à un corps plongé dans un liquide de section indéfinie et à un corps flottant à la surface de ce liquide; dans ce dernier cas, la section A est la section droite de la partie plongée. La réaction R représente l'action mutuelle du liquide et du corps solide, que le liquide soit en mouvement et le corps en repos, ou réciproquement.

Le coefficient K a été déterminé par une série d'expériences.

Pour un prisme flottant terminé carrément, lorsque sa longueur est comprise entre 3 et 6 fois sa moyenne dimension transversale,

$$K = 1,48.$$

Pour le même prisme garni à l'arrière d'une poupe effilée, qui permette aux filets liquides de se réunir sans agitation tumultueuse,

$$K = 1,00.$$

Pour le même prisme, muni, outre la poupe, d'une proue triangulaire ou demi-circulaire,

$$K = 0,50.$$

Si la proue est formée par une face plane inclinée à 30° sur l'horizon,

$$K = 0,33.$$

Enfin, en étudiant les formes les plus favorables à la marche, on arrive, pour les navires, à réduire K à 0,16. La section A est alors la portion immergée de la section au maître-couple.

Ces évaluations supposent que le mouvement du corps flottant a lieu à la surface d'un liquide occupant une largeur indéfinie. Si, au contraire, on fait mouvoir un bateau dans un canal de petite section, le coefficient K dépend, comme nous l'avons vu pour la plaque plongée dans un tuyau (§ 236), du rapport de la section immergée à la section du canal. Des expériences de d'Aubuisson (*) sur le canal

_____

(*) D'Aubuisson, Hydraulique, p. 328.

du Midi, de Mac Neill et de J. S. Russell sur les canaux anglais (*),
ont montré de plus que la résistance, dans de telles conditions,
dépend aussi de la vitesse de propagation des ondes produites à la
surface du liquide par le mouvement du bateau lui-même ; de
sorte que l'effort nécessaire pour tirer le bateau est moindre
lorsqu'on lui communique la vitesse de l'onde que lorsqu'il reçoit une vitesse un peu moindre. Dans le premier cas le bateau
suit l'onde qu'il a formée ; dans le second, une partie du travail moteur est employée à chaque instant à produire l'agitation du liquide. Les observations de Morin et de Poncelet sur la marche des
anciens bateaux-postes de l'Ourcq ne permettent pas d'ailleurs
d'attribuer à ce phénomène des ondes toute l'importance pratique
qu'admettaient Russell et d'Aubuisson (**). La vitesse des ondes est
généralement trop élevée pour que le halage des bateaux pe-
samment chargés puisse se faire avec cette rapidité. Le seul moyen
de réduire l'effort de traction est alors d'adopter une marche très
lente.

PROPULSION DES NAVIRES.

239. Nous supposerons, pour simplifier, qu'il s'agisse d'un navire à aubes. Les mêmes considérations s'appliqueraient à un navire à hélice.

Désignons par A la section immergée au maître-couple, et par u
la vitesse du navire. Soit S la section totale des deux palettes qui
viennent frapper l'eau simultanément, et V la vitesse moyenne
linéaire de cette palette, prise par rapport au bâtiment.

(*) V. *Annales des ponts et chaussées*, 2ᵉ semestre, 1834 (M. Minard), et 1ᵉʳ semestre,
1838 (MM. Emmery et Mary).

(**) Voir la discussion de Poncelet dans l'*Introduction à la Mécanique industrielle*,
pages 561 et suiv.

Nous admettrons que le navire ait un mouvement uniforme. Il y aura alors équilibre entre la puissance, c'est-à-dire la réaction de l'eau sur les palettes, et la résistance, c'est-à-dire la réaction de l'eau que le bâtiment tend à déplacer.

La résistance a pour mesure

$$\frac{K\Pi}{g} A u^2.$$

Cherchons l'expression de la puissance. Le théorème des quantités de mouvement nous la fait connaître. Dans l'unité de temps le bâtiment parcourt un espace égal à u; les palettes agissent donc sur un volume d'eau égal à Su, ou sur une masse $\frac{\Pi}{g} Su$; elles communiquent à cette masse une vitesse en sens contraire du mouvement du bâtiment, égale à leur propre vitesse absolue, $v - u$. Donc la quantité de mouvement par unité de temps est égale à $\frac{\Pi}{g} Su (v-u)$, expression qu'il convient de multiplier par un coefficient K'; la puissance est donc égale à $K' \frac{\Pi}{g} Su (v-u)$, et l'on a l'équation

$$K \frac{\Pi}{g} A u^2 = K' \frac{\Pi}{g} Su (v - u).$$

On parviendrait à la même équation en appliquant à la masse fluide le théorème de la conservation du centre de gravité.

On en déduit

$$\frac{u}{v} = \frac{1}{1 + \dfrac{KA}{K'S}}.$$

Le travail utile de la machine est représenté, par unité de temps, par le produit $K \frac{\Pi}{g} A u^2 \times u = \frac{K\Pi}{g} A u^3$.

Le travail total fourni pendant le même temps par la machine s'estimera en multipliant l'effort, $K' \dfrac{\Pi}{g} Su\,(v-u)$, que développe la palette, par le chemin décrit dans le mouvement de la palette par rapport au bateau; car c'est ce chemin relatif qui est proportionnel au déplacement du piston de la machine, abstraction faite de la vitesse uniforme dont le système entier se trouve animé, et c'est lui par conséquent qui entre en facteur dans l'évaluation du travail moteur.

Le travail total, proportionnel à la dépense de combustible, est donc égal à

$$K' \frac{\Pi}{g} Su\,(v-u)\,v,$$

ou bien à

$$K \frac{\Pi}{g} Au^2 v,$$

et le *rendement* de l'appareil est représenté par le rapport

$$\frac{K\dfrac{\Pi}{g}Au^2}{K\dfrac{\Pi}{g}Au^2 v} = \frac{u}{v} = \frac{1}{1 + \dfrac{KA}{K'S}}.$$

Le navire est donc d'autant meilleur, au point de vue du rendement mécanique, que le rapport $\dfrac{KA}{K'S}$ est plus petit. Ce rapport ne peut d'ailleurs être nul, car il en résulterait $v = u$, et la palette n'exercerait plus aucune action sur l'eau.

Si, au lieu d'un navire à aubes, nous considérions un bateau tiré sur un canal, le travail de la traction serait $\dfrac{K\Pi}{g} Au^2$, et le rendement serait, théoriquement, égal à l'unité. Il est moindre avec les rames, l'hélice ou les palettes, parce qu'une partie du travail moteur est dépensée pour communiquer à l'eau une force vive qui s'use ensuite inutilement en tourbillons, et en frottements mutuels des filets liquides.

Remarquons aussi que dans un canal le halage tend à accumuler

.l'eau en avant du bateau, tandis que la propulsion au moyen des rames détruit cette accumulation en chassant l'eau vers l'arrière pendant que le bateau en se déplaçant la pousse vers l'avant.

La propulsion par l'hélice est moins parfaite au point de vue mécanique que la propulsion par aubes; car l'appareil communique à l'eau, non-seulement des vitesses parallèles en sens contraire de la marche du bâtiment, mais encore des vitesses normales à cette direction; ces composantes normales sont sans influence sur la propulsion, et une notable partie de la force vive de l'eau est ainsi produite en pure perte.

PARADOXE DE DUBUAT.

240. Les expériences de Dubuat sur l'action mutuelle des corps solides et des liquides dans le mouvement relatif l'ont conduit à admettre que « dans l'état de repos, l'eau offre plus de facilité à se laisser diviser, et par conséquent moins de résistance que quand elle est en mouvement. » On constate en effet une moindre résistance, à vitesses égales, quand on déplace le solide dans une eau tranquille, que quand on fixe le solide au sein d'un courant d'eau. Cependant cette inégalité paraît contraire à l'un des principes fondamentaux de la mécanique, au principe de l'indépendance des mouvements relatifs. L'explication de ce paradoxe est facile, si l'on observe qu'un courant fluide se compose de plusieurs filets animés chacun d'une vitesse particulière, de sorte qu'il n'existe pas une vitesse d'entraînement unique qui, composée avec les vitesses réelles de l'eau, réduise au repos la totalité de la masse liquide. Lorsqu'un corps solide se meut dans une eau tranquille, tout se passe comme si l'eau recevait un mouvement égal et contraire, le corps solide demeurant fixe; mais le mouvement réel de l'eau qui s'écoule est tout différent de ce mouvement fictif où toutes les molécules d'une section seraient animées à la fois de vitesses égales. Si l'on place un solide fixe au milieu d'un cours d'eau, on pourra ramener par la pensée le filet central à l'immobi-

lité, en appliquant à l'ensemble du corps et du liquide une vitesse égale et contraire à celle de ce filet; mais alors les vitesses des autres filets, qui sont moindres que la vitesse du filet central, ne seront plus nulles, mais deviendront négatives. La présence du corps au sein du courant rejette latéralement une certaine masse d'eau qui éprouve dans son trajet une résistance de la part des filets moins rapides. De là l'augmentation de résistance constatée par Dubuat.

RÉSUMÉ DES PROCÉDÉS DE JAUGEAGE DES COURS D'EAU.

241. Le *tube de Pitot*, qui est devenu entre les mains de Darcy un instrument à la fois précis et commode, est fondé sur la théorie des actions mutuelles des solides et des liquides en mouvement. L'excès de pression dû au mouvement des filets liquides quand on dirige vers l'amont la bouche de l'appareil est proportionnel au carré de la vitesse, et s'obtient en faisant le produit d'un coefficient constant par la hauteur $\frac{V^2}{2g}$ (§ 171).

Le *moulinet de Woltmann* (§ 235) constitue un autre procédé de jaugeage; mais il suppose la mesure d'une durée. C'est le seul procédé applicable aux rivières où la vitesse est très grande; le tube de Pitot dans les courants un peu vifs serait d'un maniement difficile et serait bientôt brisé.

Le *pendule hydrométrique* consiste en une boule A, suspendue

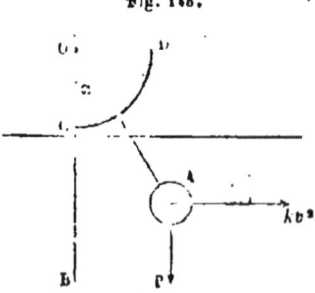

Fig. 148.

par un fil OA à un point fixe O, et immergée dans un courant liquide; la droite AB étant verticale, l'angle d'écart BOA = x permet d'apprécier la vitesse v du filet qui choque la boule A.

En effet, l'action dynamique du liquide sur la boule est horizontale et proportionnelle à v^2. Si P est le poids de la boule diminué de la poussée statique du liquide, l'angle d'écart α sera donné par l'équation

$$\text{tang } \alpha = \frac{Kv^2}{P},$$

et v par une relation de la forme

$$v = \sqrt{m \text{ tang } \alpha},$$

m étant un coefficient constant spécial à l'appareil employé. La graduation du quadrant CD s'opère empiriquement, et donne v par une simple lecture.

Le *tachomètre de Brünings* est une plaque rectangulaire, qu'on plonge normalement au courant; elle est liée, par un fil passant sur une poulie, au levier d'une romaine. La poussée de l'eau est transmise par le fil à la balance, sur laquelle on peut mesurer l'effort subi par la plaque. Cet effort étant proportionnel au carré de la vitesse de l'eau, on voit qu'il suffira de graduer empiriquement l'échelle de la romaine pour pouvoir lire immédiatement la vitesse cherchée à l'endroit où s'arrête le poids mobile quand la plaque arrive à l'état d'équilibre.

Le *dynamomètre hydraulique* de M. de Perrodil, ingénieur en chef des ponts et chaussées, est l'application de la balance de Coulomb à la mesure de la vitesse des filets liquides. Un fil métallique de longueur l, soigneusement maintenu dans la verticale, porte à sa partie inférieure une tige horizontale terminée à son extrémité par un disque de forme circulaire, situé dans le plan de l'appareil. Si l'on appelle a la distance à l'axe du centre de pression des filets fluides sur le disque frappé normalement à sa surface, A l'aire du disque, v la vitesse commune à tous les filets, θ l'angle dont il faut tordre le fil à son extrémité supérieure pour équilibrer la poussée de l'eau sur le disque, r le rayon du fil métallique, et G le coefficient d'élasticité de torsion, on exprimera l'équilibre en égalant au couple de torsion le moment de la poussée de l'eau par rapport à l'axe du fil, ce qui donnera

$$K\Pi A \frac{v^2}{2g} \times a = \frac{\Pi G \theta}{2l} r^4,$$

ou bien

$$v = \alpha \sqrt{\theta},$$

équation où α désigne un coefficient constant, qu'on déterminera empiriquement en faisant mouvoir l'appareil dans une eau tranquille.

Les *flotteurs* servent à mesurer la vitesse des filets superficiels; c'est le procédé le plus élémentaire; il exige la mesure d'une durée et d'un espace parcouru. Une fois la plus grande vitesse déterminée, on en déduit la vitesse moyenne en se servant des formules de Prony, ou mieux de celles de M. Bazin. Un flotteur lesté d'un petit poids suspendu à un fil de longueur connue, permet de déterminer, d'après l'inclinaison prise par le fil, la relation entre la vitesse d'un filet liquide et du filet de superficie situé dans la même verticale.

Il ne faut pas que le fil qui relie ensemble le flotteur superficiel et le poids inférieur soit trop long, sans quoi l'action des filets liquides animés de vitesses différentes que rencontre le fil altère sa forme d'équilibre relatif, et ne permet pas de juger avec exactitude, d'après l'inclinaison qu'il prend dans sa partie supérieure, la seule qu'on puisse voir en général, de l'inclinaison moyenne qui révèle la position vraie du poids par rapport au flotteur.

Le *nivellement* d'un cours d'eau et le lever des profils en travers permettent de calculer le débit par la formule du mouvement varié (§ 194) (*).

Les principaux fleuves ont été jaugés par ces divers procédés; les jaugeages à différentes hauteurs ont permis d'exprimer par une formule le débit d'un cours d'eau dans ses divers états de crue ou

---

(*) Cette méthode manque de rigueur lorsque la section d'écoulement est très irrégulière, comme il arrive, par exemple, pour une rivière débordée. Au lieu de calculer le débit pour la section toute entière, il est préférable alors de partager fictivement, par des cloisons verticales menées aux points de moindre profondeur, la section totale en parties trapézoïdales auxquelles on puisse appliquer avec quelque probabilité les formules du mouvement de l'eau. On additionnera ensuite les débits partiels ainsi obtenus. La présence de plantations et de constructions dans le champ des hautes eaux ne permet pas d'ailleurs d'avoir grande confiance dans les résultats de ce calcul, où les périmètres mouillés sont évalués d'après les formes géométriques du terrain.

d'eaux basses. La formule générale du débit en un point donné paraît devoir être de la forme

$$Q = mh \sqrt{h} + C,$$

où m est un coefficient constant, C le débit en eaux basses, et h la hauteur au-dessus de l'étiage. Pour la Garonne à Langon, on a adopté la formule trinôme

$$Q = 86^{mc},548 + 120,184 h + 44,698 h^2,$$

où h est en mètres la hauteur à l'échelle du pont; cette formule a été vérifiée jusqu'à $7^m,50$ (*).

Pour le Rhône à Valence, on a donné la formule

$$Q = 325^{mc} + 365 h + 40 h^2 + 14 h^3,$$

où Q est le débit par seconde, évalué en mètres cubes, et h la hauteur en mètres du plan d'eau à une échelle dont le zéro est voisin de l'étiage du fleuve (**).

(*) *Annales des ponts et chaussées*, janvier 1868, p. 37. — La loi qui lie le débit Q d'un fleuve à la profondeur d'eau p est fort obscure, d'autant plus que l'élément qu'on appelle *profondeur* est, en somme, assez mal défini.

Castelli a proposé la formule $Q = mp^2$, où m est un coefficient constant; cette formule est fondée sur l'hypothèse que la vitesse est proportionnelle à p.

Guglielmini pose $Q = mp^{\frac{3}{2}} = mp \sqrt{p}$, ce qui suppose la vitesse proportionnelle à $\sqrt{p}$.

D'autres lois ont été proposées, entre autres celle que donne M. Comoy dans son mémoire sur l'*endiguement des rivières*, et d'où il résulterait que *dans un fleuve, les carrés des largeurs sont en raison inverse des cubes des profondeurs*; relation qui suppose remplies une foule de conditions particulières. Voir sur ce sujet I. *Nazzani*, *Scale antiche di deflusso del Castelli e del Guglielmini* (*Giornale del Genio civile*, 1878).

(**) (*Annales des ponts et chaussées*, septembre 1878, p. 143). — Pour le Pô, à Pontélagoscuro, on a proposé les formules suivantes, où p désigne la profondeur :

$$Q = 414 p^{\frac{6}{5}} \text{ (Nazzani)}$$
$$Q = 376 p^{\frac{5}{4}}$$
$$Q = 362 p^{1,30}$$
$$Q = 231 p^{\frac{3}{2}}$$
$$Q = 767 p^{\frac{3}{2}} \sqrt{0,115 - 0,0006 p^2} \text{ (Lombardini}$$
$$Q = 25 p^2 + 416,4 p + 79,90 \text{ (Possenti).}$$

La première formule paraît préférable aux suivantes : elle se rapproche beaucoup de la dernière.

242. Pour le jaugeage des sources, nous avons déjà fait connaître l'emploi du *déversoir* en mince paroi (§ 93) ; ce procédé n'est applicable qu'au jaugeage des sources à flanc de coteau. S'il s'agit d'une source située au fond d'une rivière, ce qui se rencontre fréquemment dans les cours d'eau qui traversent des formations perméables, on la jaugera par différence ; c'est-à-dire, on mesurera, au moyen du tube de Pitot ou du moulinet, le débit du cours d'eau dans une section en amont de la source, et le débit dans une section en aval. L'augmentation constatée sera le débit cherché. Quelquefois, on pourra trouver une diminution au lieu d'une augmentation. Alors, au lieu de recevoir de nouvelles eaux dans l'intervalle des deux profils, la rivière éprouve une perte.

Les rivières de la craie blanche présentent ces caractères. Ce sont comme les affleurements à ciel ouvert de la nappe liquide souterraine qui coule dans ce terrain éminemment perméable. Les vallées profondes mettent à découvert l'eau de cette nappe intérieure ; les vallées moins profondes restent sèches à la surface ; mais il suffit d'y creuser des puits pour retrouver la couche liquide ; la pureté des eaux de ces puits fait bien voir qu'ils pénètrent dans une eau courante. Dans ces conditions, les rivières grossissent de volume apparent, de la source à l'embouchure, sans qu'on aperçoive aucun affluent qui justifie cette augmentation de volume. Telles sont les petites rivières de la Champagne, la Somme, la Soude, la Coole. Elles se distinguent par la pureté et la limpidité de leurs eaux et par une grande uniformité de régime (*).

243. M. P. Boileau a fait connaître récemment une méthode de jaugeage pour les cours d'eau (*Comptes rendus de l'Académie des sciences,* 31 mars 1879) ; voici comment elle se résume.

Soit u la vitesse moyenne ;

v la vitesse maxima, ou vitesse du *filet principal* ;

W la plus grande et w la plus petite des vitesses des filets superficiels ; la vitesse w a lieu près de la rive.

(*) V. *Documents relatifs aux eaux de Paris*, 1861. Second Mémoire de M. le préfet de la Seine, du 16 juillet 1858. — H. Darcy, *les Fontaines publiques de Dijon*, Appendice, Note C, p. 534 et suiv.

L'expérience montre que W est un peu inférieur à V ; M. Boileau admet que le filet principal, c'est-à-dire, celui qui a la vitesse la plus grande, est situé au-dessous de la surface libre d'une quantité au plus égale au quart de la profondeur. La vitesse moyenne u est comprise entre W et w ; enfin il existe sur la surface libre du cours d'eau deux filets dont la vitesse est égale à u : ce sont ces filets que M. Boileau appelle *filets jaugeurs*. L'observation de leur vitesse fait connaître la vitesse u, d'où résulte immédiatement le débit.

Lorsque la section du cours d'eau ne présente pas de variations trop rapides des profondeurs, on peut déterminer approximativement la position des filets jaugeurs par rapport au filet superficiel le plus rapide, à l'aide de la formule suivante : soit Δ la distance horizontale du filet jaugeur dont la vitesse est W ; l la distance de la rive voisine au filet dont la vitesse est W ;

on aura entre Δ et l la formule empirique

$$\frac{\Delta}{l} = C \sqrt{\frac{W + 2u}{7(W - w)}},$$

où C désigne une constante. Cette formule, appliquée successivement au canal de Marseille, au Mississipi, et au canal du Rhône au Rhin, c'est-à-dire à des cours d'eau qui ont, le premier, 6 mètres de largeur sur 1^m,37 de profondeur, le second 1.037^m sur 25 à 30 mètres, le troisième 14^m,50 sur 2 mètres, donnent pour C les valeurs 0.919, 0.922, 0.925.

Cette méthode de jaugeage ramène, comme on le voit, la recherche de la vitesse moyenne à la détermination des vitesses de certains filets particuliers.

LIVRE V.

DU MOUVEMENT DES GAZ.

CHAPITRE PREMIER.

ANCIENNE THÉORIE.

244. L'ancienne théorie du mouvement permanent des gaz est due à Navier. Elle est calquée sur la théorie de l'écoulement permanent des liquides; son principal défaut est de laisser de côté les circonstances calorifiques, dont le rôle est loin d'être négligeable.

L'équation suivante correspond au théorème de Bernoulli.

Soit ABCD une portion d'un filet gazeux pris dans une masse de gaz animée d'un mouvement permanent. Nous supposerons que les sections AB, CD, de ce filet soient très peu différentes les unes des autres eu égard à la distance AC qui les sépare; en d'autres termes, nous supposons que les filets dans lesquels on pourrait décomposer la portion ACDB de gaz soient sensiblement parallèles. Pour étudier le mouvement de cette masse, partageons-la

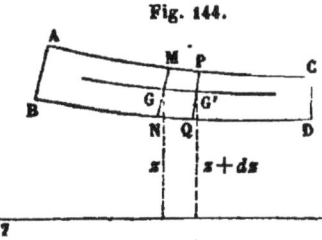

Fig. 144.

en tronçons infiniment petits par des plans MN, PQ, normaux à la ligne moyenne; nous espacerons ces plans de telle sorte que, dans le mouvement de la masse, les molécules situées à un certain instant dans le plan MN viennent, au bout d'un même temps très court dt, passer dans le plan suivant PQ. Les points G et G′ étant les centres de gravité des deux sections, l'intervalle GG′ est égal à vdt, v étant la vitesse commune à toutes les molécules qui traversent simultanément le plan MN. La masse du fluide compris entre deux sections consécutives est constante dans toute l'étendue du filet.

Soit p la pression moyenne du gaz dans la section MN; $p + dp$ sera la pression moyenne dans la section PQ; appelons ω la section de la veine gazeuse; la masse MNPQ pourra être représentée par le produit

$$\frac{\Pi}{g} \, \omega \times vdt,$$

Π désignant le poids de l'unité de volume de gaz sous la pression p qu'il supporte dans la région MP.

Soit z la hauteur du point G au-dessus d'un plan de comparaison horizontal ZZ′; $z + dz$ sera la hauteur du point G au-dessus du même plan. Le poids du gaz compris entre les plans MN et PQ sera $\Pi\omega \times$ GG′. Projetons toutes les forces sur la droite GG′, tangente à la trajectoire du centre de gravité de la masse en mouvement, et exprimons que la somme des composantes est égale au produit de la masse par l'accélération tangentielle, $\frac{dv}{dt}$. Nous aurons l'équation du mouvement.

Le poids $\Pi\omega \times$ GG′ agit suivant la verticale; l'angle de la verticale avec la direction GG′ a pour cosinus $\frac{dz}{GG'}$; donc la projection du poids sur la tangente est égale à $\Pi\omega \times GG' \times \frac{dz}{GG'} = \Pi\omega dz$; expression qu'il faudra affecter du signe —; car le poids est moteur si dz est négatif, et résistant dans le cas contraire.

La pression sur la face MN est mouvante et égale à $p\omega$; la pression sur la face PQ est résistante et égale à $p\omega + d(p\omega)$; la différence des deux pressions est donc

$$-\omega dp - pd\omega.$$

Or le terme $pd\omega$ est détruit par les composantes tangentielles des pressions sur la surface convexe du tronc du cône MP, NQ (§ 145). Reste le terme $-\omega dp$.

L'équation du mouvement est donc

$$\frac{\Pi}{g} \omega v dt \times \frac{dv}{dt} = -\Pi\omega dz - \omega dp,$$

ou bien

$$\frac{v dv}{g} + dz + \frac{dp}{\Pi} = 0$$

équation toute semblable à celle que nous avons trouvée pour le mouvement permanent des fluides (§ 57).

L'intégration de cette équation dans le cas des liquides est très facile, parce que Π est constant; elle conduit au théorème de Bernoulli. Pour les gaz, Π n'est pas constant; si l'on appelle δ la *densité du gaz par rapport à l'air*, le poids Π de l'unité de volume de gaz est donné, pour la pression p et la température τ, par la formule

$$\Pi = 1^{kil},299 \times \frac{p}{p_a} \times \frac{1}{1 + \alpha\tau} \times \delta,$$

p_a représentant la pression atmosphérique de 760 millimètres de mercure, et α le coefficient de dilatation des gaz.

Le poids Π est donné en kilogrammes et se rapporte au mètre cube.

La température τ est exprimée en degrés centigrades.

Avec ce choix d'unités, on a

$$\alpha = 0,00367$$

valeur qu'on force un peu, et qu'on prend égale à 0,004, quand il s'agit de l'air atmosphérique, pour tenir compte de la vapeur d'eau qui y est renfermée.

Pour l'air,

$$\delta = 1;$$

Pour l'hydrogène,

$$\delta = 0,0691;$$

Pour le gaz d'éclairage et le gaz des marais,

$$\delta = 0,555.$$

Pour la vapeur d'eau, qu'on peut quelquefois assimiler à un gaz assujetti aux lois de Mariotte et de Gay-Lussac,

$$\delta = 0,6235.$$

Si la température τ du gaz reste constante, Π est proportionnel à p, et appelant K un coefficient constant, on aura

$$\Pi = \frac{p}{K}.$$

L'équation du mouvement prend alors la forme

$$\frac{v dv}{g} + dz + K \frac{dp}{p} = 0;$$

intégrée, elle donne

$$\frac{v^2}{2g} + z + K \log \text{nép. } p = \text{constante.}$$

Cette équation s'applique à un point quelconque du filet AC. Soient v_0, z_0, p_0, les valeurs de la vitesse, de la cote de hauteur et de la pression dans la section d'amont AB; v_1, z_1, p_1, les valeurs de ces mêmes variables pour la section d'aval CD; nous pourrons écrire

$$\frac{v_0^2}{2g} + z_0 + K \log \text{nép. } p_0 = \frac{v_1^2}{2g} + z_1 + K \log \text{nép. } p_1,$$

ou bien

$$\frac{v_1^2}{2g} - \frac{v_0^2}{2g} = z_0 - z_1 + K \log \text{nép. } \frac{p_0}{p_1} = H + K \log \text{nép. } \frac{n_0}{n_1},$$

H étant la hauteur du centre de la section AB au-dessus du centre de la section CD, ou la perte de hauteur du filet en passant de la première section à la seconde.

Dans les liquides, la dépense en volume, ou le produit ωv, est contant pour toute section dès que le régime permanent est établi. Dans es gaz, ce n'est pas la dépense en volume, c'est la dépense en poids qui reste constante; le produit $\Pi \omega v$ ou $\frac{p}{K} \omega v$ étant constant, on voit que $p \omega v$ est constant si la température demeure la même, ce que suppose expressément la théorie de Navier.

On aura donc, avec l'équation précédente, la relation

$$p_0 \omega_0 v_0 = p_1 \omega_1 v_1 .$$

On peut tirer de là v_0 en fonction de v_1 :

$$v_0 = v_1 \times \frac{p_1 \omega_1}{p_0 \omega_0} .$$

Et, substituant, on a une équation qui ne contient plus que v_1 :

$$\frac{v_1^2}{2g} \left[1 - \left(\frac{p_1 \omega_1}{p_0 \omega_0} \right)^2 \right] = H + K \log \text{nép.} \frac{p_0}{p_1} .$$

245. Cette équation se simplifie notablement pour les applications pratiques. En général, la pression d'amont, p_0, est beaucoup plus grande que la pression d'aval p_1, et le rapport $\frac{p_1 \omega_1}{p_0 \omega_0}$ est une fraction très petite par rapport à l'unité. C'est ce qui arrive par exemple quand un gaz s'écoule dans l'air par un orifice en mince paroi, en sortant d'un vase où règne une pression p_0 beaucoup plus élevée que la pression atmosphérique. On peut alors négliger $\left(\frac{p_1 \omega_1}{p_0 \omega_0} \right)^2$ vis-à-vis de l'unité. La hauteur H qui mesure l'influence de la pesanteur est en même temps négligeable par rapport au terme $K \log \text{nép.} \frac{p_0}{p_1}$, qui mesure l'effet des pressions.

La formule devient alors

$$\frac{v_1^2}{2g} = K \log \text{nép.} \frac{p_0}{p_1} .$$

Soit Q_1 le volume de gaz dépensé sous la pression p_1; on aura

$$Q_1 = \omega_1 v_1 .$$

Ramené à une autre pression p sans changement de température, le volume Q de la même quantité de gaz serait

$$Q = Q_1 \times \frac{p_1}{p}.$$

Le volume de gaz dépensé, mesuré sous une pression p constante, est donc égal à

$$Q = \frac{p_1 \omega_1}{p} \sqrt{2g K \log \text{nép.} \frac{p_0}{p_1}},$$

formule qui met en évidence une **propriété remarquable de l'écoulement permanent des gaz**. Si on laisse constante la pression extérieure p_0, la quantité de gaz écoulée dans l'unité de temps est proportionnelle au produit

$$p_1 \sqrt{\log \text{nép.} \frac{p_0}{p_1}}.$$

Elle est donc maximum pour une certaine valeur de p_1, qui rend le plus grand possible le carré de la fonction précédente, c'est-à-dire

$$p_1^2 \log \text{nép.} \frac{p_0}{p_1} = p_1^2 \log \text{nép.} p_0 - p_1^2 \log \text{nép.} p_1.$$

La dérivée de cette nouvelle fonction, prise par rapport à p_1, est

$$2p_1 \log \text{nép.} p_0 - 2p_1 \log \text{nép.} p_1 - p_1^2 \times \frac{1}{p_1}.$$

Égalant à zéro cette dérivée, et supprimant le facteur p_1 qui ne peut être nul, il vient

$$2 \log \text{nép.} p_0 - 2 \log \text{nép.} p_1 = 1,$$

ou bien

$$\log \text{nép.} \left(\frac{p_0}{p_1}\right)^2 = 1 = \log e,$$

e étant la base des logarithmes népériens.

Donc

$$\left(\frac{p_0}{p_1}\right)^2 = e = 2{,}71828\ldots$$

$$p_1 = p_0 \times \frac{1}{\sqrt{e}} = p_0 \times 0{,}607.$$

240. Lorsque les pressions p_0 et p_1 ne sont pas très différentes, lorsque par exemple le rapport $\dfrac{p_0}{p_1}$ n'excède pas 2 unités, l'équation se simplifie d'une autre manière. Au lieu d'intégrer le terme $K\dfrac{dp}{p}$ en y laissant p variable, on peut remplacer p approximativement par sa valeur moyenne, $\dfrac{p_0 + p_1}{2}$; alors ce terme devient $\dfrac{Kdp}{\dfrac{p_0 + p_1}{2}}$ et s'intègre sans logarithme, ce qui donne

$$\frac{K(p_1 - p_0)}{\frac{1}{2}(p_0 + p_1)}.$$

L'équation du mouvement devient donc

$$\frac{v_1^2 - v_0^2}{2g} = H + K\frac{p_0 - p_1}{\frac{1}{2}(p_0 + p_1)}.$$

Cette simplification revient à assimiler le gaz à un liquide dont le poids spécifique constant serait égal à la moyenne arithmétique entre les valeurs extrêmes du poids spécifique du gaz. En effet, à la place de $K\dfrac{dp}{p}$, on peut mettre $\dfrac{dp}{\Pi}$, et remplacer Π par une moyenne $\dfrac{\Pi_0 + \Pi_1}{2}$ entre les poids spécifiques sous la pression p_0 et p_1. On trouverait en définitive, en faisant pour simplifier $v_0 = 0$ et $H = 0$,

$$\frac{v_1^2}{2g} = \frac{p_0 - p_1}{\frac{\Pi_0 + \Pi_1}{2}} = \frac{p_0 - p_1}{\Pi},$$

Π désignant le poids spécifique moyen.

On en déduit

$$v_1 = \sqrt{2g \times \frac{p_0 - p_1}{\Pi}}.$$

Cette formule, appliquée d'abord à titre d'approximation, et considérée comme admissible seulement quand p_0 et p_1 sont peu différents, a été reconnue depuis plus voisine de la réalité que la formule complète, qui contient un logarithme, et qui suppose une détente continue de l'intérieur du vase à l'extérieur.

247. Les expériences de MM. de Saint-Venant et Wantzel, les expériences plus récentes de MM. Résal et Minary, ont montré que l'hypothèse de la détente continue, admise par Navier, n'était pas réalisée en pratique ; dans toutes les applications, on admet qu'un gaz en mouvement se comporte comme un liquide de densité constante ; on applique les mêmes formules, soit pour l'écoulement par les ajutages, soit pour l'écoulement par les tuyaux de conduite. Les coefficients empiriques varient seuls d'un cas à l'autre. Le coefficient de contraction de la veine gazeuse à la sortie d'un orifice en mince paroi, est en moyenne égal à 0,65 ; le coefficient de réduction de la vitesse à la sortie d'un ajutage cylindrique ou faiblement conique, varie de 0,93 à 0,94.

La formule $\frac{1}{4} DJ = au + bu^2$ de l'écoulement des liquides dans les tuyaux s'applique également à l'écoulement des gaz ; la pente J, qui représente le rapport $\frac{h - h'}{L}$, peut être approximativement exprimée en remplaçant h et h' par les hauteurs $\frac{p}{\Pi}$ et $\frac{p'}{\Pi}$, qui représentent les pressions du gaz aux deux extrémités de la conduite.

Pour les coefficients a et b, ils sont à peu de chose près égaux à ceux qui correspondent aux liquides, et l'on peut, en adoptant avec Navier les résultats des observations de Girard et d'Aubuisson, prendre les valeurs constantes (*)

$$a = 0, \qquad b = 0,000330.$$

(*) Des expériences, faites à Paris en 1863 et 1864, par les ingénieurs de la compagnie du gaz, dans les usines de La Villette et de Saint-Mandé, ont mis en évidence l'influence de la nature de la paroi, et les variations du coefficient b avec le rayon du tuyau par lequel l'écoulement s'opère ; ce qui complète l'analogie des gaz et des liquides. — Voir les comptes rendus de la *Société des ingénieurs civils* ; on résumé des expériences est contenu dans les *Formules, tables et renseignements usuels* de M. J. Claudel, 7° édition, pages 625 et suiv.

248. Quelques auteurs ont cherché à déterminer le volume de gaz qui s'écoulerait *dans le vide* par un orifice en mince paroi, et ils ont appliqué la théorie précédente à la solution du problème. Or la théorie de l'écoulement des gaz suppose que l'écoulement se fait par filets parallèles dans la section contractée; si donc la veine fluide sort librement dans le vide, la pression intérieure à la veine devrait être nulle comme la pression qui s'exerce sur son pourtour, ce qui est physiquement impossible; de sorte que la formule appliquée à ce cas particulier ne serait pas la traduction exacte du phénomène. On voit d'ailleurs que faire $p_1 = 0$ dans l'équation $\frac{v_1^2}{2g} = K \log$ nép. $\frac{p_0}{p_1}$, c'est faire v_1 infini.

249. Lorsque le gaz d'éclairage se meut dans une conduite, il est, comme on vient de le dire, assimilable à un liquide en mouvement. Mais tel n'est pas l'état ordinaire des gaz dans les tuyaux d'une distribution. On peut s'en convaincre en examinant le peu de variation que subit le régime de l'écoulement d'un bec lorsqu'on ouvre un, deux, trois,..... orifices aux environs du premier. L'écoulement des liquides, dans de semblables conditions, serait influencé par les dérivations qu'on ferait subir au courant alimentaire; l'écoulement des gaz est beaucoup moins sensible à ces influences, du moins entre des limites étendues de pression, et révèle ainsi dans la conduite gazeuse ce qu'on a appelé l'*état de réservoir*. Cela tient sans doute à la faiblesse ordinaire des pressions développées dans les gaz d'éclairage, faiblesse qui correspond d'ailleurs à la petitesse de la densité.

M. Giroud a reconnu qu'on pouvait profiter de cette circonstance pour régulariser l'écoulement des gaz, et ramener sa pression, aux environs de l'orifice, à une limite sensiblement constante. Cette constance de la pression a l'avantage d'assurer la constance du débit, d'économiser par conséquent la dépense de gaz, et de maintenir les dimensions et l'éclat de la flamme, tout en prévenant les excès de débit qui développent beaucoup de chaleur sans produire beaucoup plus de lumière. Voici la description d'un des appareils de M. Giroud.

Le tuyau AB qui amène le gaz, débouche en B sous une cloche C, renversée dans un liquide, la glycérine par exemple. Le dessus de la cloche C est percé en D d'une ou de plusieurs ouvertures qui laissent passer le gaz. Il se rend sous une seconde cloche F, qui est fixe, et dont le sommet G est percé d'un orifice circulaire, au milieu duquel s'engage une pointe conique H faisant corps avec la cloche C.

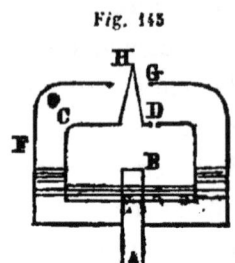

Fig. 145

Cela posé, si la pression p augmente sous la cloche C, cette cloche se soulève en même temps que les orifices D débitent davantage; en se soulevant, elle engage la pointe H dans l'orifice G, ce qui restreint d'autant plus la section nette de cet orifice, et tend par conséquent à réduire le débit.

L'appareil est disposé de telle sorte, qu'il agit comme un frein lorsque la pression intérieure augmente, et qu'il favorise au contraire l'écoulement quand elle diminue.

CHAPITRE II.

THÉORIE NOUVELLE DE L'ÉCOULEMENT DES GAZ.

RAPPEL DES PRINCIPES DE LA THÉORIE MÉCANIQUE DE LA CHALEUR.

250. La nouvelle théorie de l'écoulement des gaz est fondée sur les principes de la théorie mécanique de la chaleur, principes que nous allons rappeler sommairement.

On appelle *chaleur spécifique* la quantité de chaleur nécessaire pour élever de 1° centigrade l'unité de poids d'un corps. Les physiciens ont depuis longtemps reconnu que cette quantité de chaleur n'est pas la même pour les gaz suivant que, pendant qu'on les échauffe, on maintient leur volume constant, ce qui donne lieu à une augmentation de pression, ou qu'on les laisse se dilater de manière à laisser la pression constante. Dans ce second cas, on remarque qu'il faut une plus grande quantité de chaleur que dans le premier.

En même temps, le gaz qui se dilate sous une certaine pression constante accomplit un travail extérieur qui a pour mesure le produit de la pression constante par la variation totale du volume. En effet, lorsqu'un certain volume de gaz, sous la pression p, reçoit un accroissement de volume dV, positif ou négatif, le travail des pressions normales exercées par le gaz sur un élément plan de son enveloppe, s'obtient en multipliant la pression totale $p\omega$, qui s'exerce sur cet élément, par le déplacement normal $d\sigma$ qu'il subit. Le travail élémentaire produit par l'élément considéré est donc

$p\omega d\sigma$, quantité positive ou négative, suivant que le déplacement $d\sigma$ est dirigé vers l'extérieur ou vers l'intérieur. Le travail élémentaire total dû à la déformation de la surface terminale est donc $\Sigma p\omega d\sigma$, ou $p\Sigma \omega d\sigma$, puisque la pression p est supposée constante; la somme Σ est étendue à tous les éléments de cette surface. Or la somme $\Sigma \omega d\sigma$ est le volume compris entre les deux positions successives de l'enveloppe, en comptant positivement les parties ajoutées, et négativement les parties retranchées. Le travail élémentaire total est égal en définitive au produit de la pression p par la variation de volume dV subie par la masse gazeuse.

Lorsqu'un gaz reçoit un accroissement de volume fini, sous une pression constante p, le travail total qu'il accomplit dans sa dilatation est l'intégrale des travaux élémentaires $p dV$, ce qui donne en définitive $p(V_1 - V_0)$, ou le produit de la pression constante par la variation finie du volume.

251. Désignons par c_1 la chaleur spécifique d'un gaz à volume constant, et par c sa chaleur spécifique à pression constante; et admettons pour simplifier que les nombres c_1 et c restent constants pour les gaz, quelles que soient les pressions et les températures. Prenons un certain poids P de gaz à 0°, sous la pression p; pour élever la température de τ degrés centigrades, il faudra introduire dans ce poids de gaz une quantité de chaleur égale à $Pc_1\tau$, si le volume reste constant, et égale à $Pc\tau$, si le volume s'accroît de manière que la pression reste constante. Soit V le volume de ce poids de gaz à 0°; ce volume deviendra, à τ degrés, $V(1 + \alpha\tau)$; il se sera donc accru de $V\alpha\tau$, et par suite le gaz aura développé, en changeant de volume, un travail égal à $pV\alpha\tau$. La quantité de chaleur $Pc\tau$ qu'il a reçue se décompose, d'après la nouvelle théorie, en deux parties : l'une, égale à $Pc_1\tau$, est employée à élever de τ degrés la température du gaz; l'autre, égale à $P(c - c_1)\tau$, est employée à produire le travail extérieur $pV\alpha\tau$; et il existe entre cette seconde partie et le travail produit un rapport constant, de sorte qu'on peut poser, soit

$$P(c - c_1)\tau \times E = pV\alpha\tau,$$

E étant un nombre constant, appelé l'*équivalent mécanique de la chaleur*, soit

$$P(c - c_1) t = A p V \alpha t,$$

A étant un autre nombre constant, égal à $\frac{1}{E}$, et appelé l'*équivalent calorifique du travail*.

Des équations précédentes, on tire les valeurs de E et de A; observons que le poids P du volume V de gaz pris à zéro degré est le produit de V par le poids spécifique du gaz à cette température. Désignons par Π ce poids spécifique, supprimons les facteurs communs V et τ, et il viendra

$$E = \frac{1}{A} = \frac{p \alpha}{\Pi (c - c_1)}.$$

Le mètre cube d'air à la température zéro et sous la pression normale de 0m,760 de mercure, pèse 1k,299. Faisons donc Π = 1,299. Nous devrons faire p = 10,340 kilogrammes, pression par mètre carré correspondant à une hauteur de 760 millimètres de mercure; le coefficient α est égal à 0,00367; enfin les expériences de calorimétrie ont donné

$$c = 0,2375,$$
$$c_1 = 0,1685.$$

Donc

$$E = \frac{10340 \times 0,00367}{1,299 \times (0,2375 - 0,1685)} = 423,36 \; (*).$$

Telle est la valeur de l'équivalent mécanique de la chaleur; une *calorie*, ou la quantité de chaleur nécessaire pour élever de 1° centi-

---

(*) Les lois de Mariotte et de Gay-Lussac donnent la relation $\frac{p}{\Pi}$ = constante, pour une température déterminée; à zéro du thermomètre centigrade, on a $\frac{p}{\Pi} = \frac{R}{\alpha}$, R étant le coefficient constant de la formule $pV = R\theta$, que nous établirons dans le paragraphe suivant. Donc $E = \frac{R}{c - c_1}$ (Voir § 156).

grade la température d'un kilogramme d'eau, équivaut au travail
mécanique représenté par 423 kilogrammètres, ou par l'élévation
d'un poids de 423 kilogrammes à un mètre de hauteur.

On obtiendrait la même valeur de E en opérant sur un autre gaz.
Ce nombre E est une constante absolue, indépendante de la nature
propre du corps qui sert à la déterminer, et il est aisé de démontrer
que si ce nombre E n'était pas rigoureusement constant, on pourrait, en employant deux gaz et en dirigeant convenablement les
transformations de chaleur en travail et de travail en chaleur, *créer
du travail sans en dépenser*, ce qui est contraire aux principes fondamentaux de la mécanique.

252. La théorie mécanique de la chaleur se résume, à proprement
parler, dans la proposition suivante : La quantité, Q, de chaleur communiquée à un corps quelconque se divise en deux parties : l'une, q,
est employée à élever la température du corps d'un certain nombre
de degrés ; l'autre partie, $Q-q$, est absorbée par le travail mécanique
correspondant à la variation de volume du corps ou à son changement d'état, et produit une quantité de travail égale à $(Q-q)E$.

S'il s'agit d'un gaz permanent pour lequel il n'y a pas de changement d'état possible, tout le travail produit correspond à la variation
de volume, et se mesure par une somme d'éléments de la forme pdV.

On peut donc poser

$$(Q - q)\, E = \int p dV.$$

ou bien

$$Q = q + \frac{1}{E} \int p dV.$$

La quantité de chaleur Q communiquée à un gaz n'entre donc pas
toujours tout entière dans ce gaz pour en accroître la température ;
il en est ainsi seulement quand le terme $\frac{1}{E}\int p dV$, correspondant au
travail extérieur, est nul.

Il est facile de déterminer la quantité de chaleur interne q, contenue dans l'unité de poids d'un gaz dont le volume V et la pression p

sont connus. Il suffit d'observer que q dépend des quantités p, V et τ, et comme la température τ est exprimable en fonction de p et de V, q est, en définitive, une certaine fonction des deux variables p et V, de sorte que l'on peut poser d'une manière générale

$$dq = \frac{dq}{dp}\,dp + \frac{dq}{dV}\,dV.$$

Cette équation, jointe à l'équation de Mariotte et de Gay-Lussac, permet de déterminer la fonction q.

Les lois de Mariotte et de Gay-Lussac nous donnent

$$pV = K\,(1 + \alpha\tau),$$

équation qu'on peut écrire de la manière suivante :

$$pV = K\alpha\left(\frac{1}{\alpha} + \tau\right) = R\theta.$$

Le nombre θ est la température en degrés centigrades, mesurée à partir du degré $-\frac{1}{\alpha}$ du thermomètre ordinaire, qu'on prend pour zéro absolu dans la théorie mécanique de la chaleur.

On aura donc

$$\theta = \tau + \frac{1}{\alpha}$$

et par suite,

$$d\theta = d\tau.$$

Cela posé, supposons que l'unité de poids de gaz reçoive une augmentation de température de $d\tau$ ou de $d\theta$, sans que sa pression change. Il faudra pour cela lui communiquer une quantité de chaleur égale à $cd\theta$; mais il n'en retiendra sous forme de chaleur qu'une quantité égale à $c_1 d\theta$, le reste étant dépensé pour la production du travail dû à la dilatation. L'élévation de température correspond donc à un accroissement de chaleur égal à $c_1 d\theta$; et, comme dans cet accroissement p est resté constant, nous devons poser

$$c_1\,d\theta = \frac{dq}{dV}\,dV.$$

Mais l'équation

$$p V = R\theta,$$

différentiée en laissant p constant, nous donne

$$p\, dV = R\, d\theta.$$

Donc, en éliminant le rapport $\dfrac{dV}{d\theta}$,

$$c_1 p = R\, \frac{dq}{dV};$$

et enfin

$$\frac{dq}{dV} = \frac{c_1}{R}\, p.$$

Supposons ensuite que l'unité de poids du gaz reçoive une augmentation, $d\tau$ ou $d\theta$, de température, son volume V restant constant, et sa pression variant en conséquence. La quantité de chaleur qui lui sera communiquée sera $c_1 d\theta$, et elle sera tout entière employée à l'élévation de la température.

La différentielle dV est nulle dans cette seconde expérience, et par suite

$$c_1 d\theta = \frac{dq}{dp}\, dp.$$

Mais l'équation $pV = R\theta$, différentiée en laissant V constant, donne

$$V dp = R\, d\theta.$$

Donc

$$c_1 V = R\, \frac{dq}{dp},$$

et

$$\frac{dq}{dp} = \frac{c_1}{R}\, V.$$

Nous connaissons ainsi les expressions des dérivées partielles de q par rapport aux variables V et p; multiplions la première par dV, la seconde par dp, et ajoutons; il viendra

$$\frac{dq}{dV}\, dV + \frac{dq}{dp}\, dp = dq = \frac{c_1}{R}\, (p dV + V dp) = \frac{c_1}{R}\, d(pV) = \frac{c_1}{R}\, d(R\theta) = c_1 d\theta,$$

et intégrant,

$$q = c_1 (\theta - \theta_0) = c_1 (\tau - \tau_0).$$

La quantité de chaleur interne fixée par l'unité de poids d'un gaz dont la température s'élève de $\tau - \tau_0$ degrés, est donc le produit de cet accroissement de température par la chaleur spécifique c_1 sous volume constant.

Un gaz réduit par la pensée à la température du zéro absolu, c'est-à-dire à $-\dfrac{1}{\alpha}$, ou à $-273°$ du thermomètre ordinaire, ne contiendrait plus aucune chaleur interne; on prendra donc pour mesure de la quantité absolue de chaleur interne contenue dans l'unité de poids d'un gaz à la température θ degrés, le produit $c_1\theta$ de la chaleur spécifique par le degré thermométrique compté à partir du zéro absolu.

253. Il résulte des principes précédents qu'une masse de gaz qui varie de volume sans qu'on lui communique de chaleur ou sans qu'on lui en enlève, a nécessairement une température variable.

Pour évaluer cette variation de la température, supposons qu'on communique à l'unité de poids d'un gaz une certaine quantité de chaleur, de telle manière que le volume reste d'abord constant, puis que la pression reste constante, le volume subissant la variation correspondante. Pour une élévation de température $d\theta'$, la quantité de chaleur introduite dans le gaz pendant la première période est $c_1 d\theta' = c_1 \dfrac{V}{R} dp$; pendant la seconde période, la variation de température, que nous représenterons par $d\theta''$, suppose qu'on communique au gaz une quantité de chaleur $c d\theta'' = c \dfrac{p}{R} dV$; en réunissant ces deux quantités de chaleur, on voit qu'il a fallu communiquer au gaz la quantité totale de chaleur, dQ, représentée par la somme algébrique

$$dQ = c_1 \frac{V}{R} dp + c \frac{p}{R} dV = \frac{1}{R} (c_1 V dp + cp dV).$$

Sa température s'est élevée de $d\vartheta' + d\vartheta''$. Si donc la quantité de chaleur fournie au gaz ou perdue par lui est nulle, on devra avoir $dQ = 0$, et, par suite,

$$c_1 V dp + cp dV = 0.$$

Divisant par Vp,

$$c_1 \frac{dp}{p} + c \frac{dV}{V} = 0.$$

Donc

$$c_1 \log p + c \log V = \text{const.} = c_1 \log p_0 + c \log V_0.$$

ou bien

$$c_1 \log \frac{p}{p_0} + c \log \frac{V}{V_0} = 0,$$

et enfin

$$\frac{p}{p_0} = \left(\frac{V_0}{V}\right)^{\frac{c}{c_1}},$$

V_0 et p_0 étant le volume initial du gaz et la pression correspondante.

Cette formule a été donnée pour la première fois par Laplace dans le livre XII de la *Mécanique céleste*; le calcul sur lequel elle repose n'emprunte rien à la nouvelle théorie de la chaleur.

Il y a en même temps production de travail, puisque le volume du gaz a changé, et ce travail est mesuré par l'intégrale $\int_{V_0}^{V} p\,dV$; le travail produit correspond à la perte d'une partie de la chaleur interne du gaz; or cette perte est égale à $c_1(\tau_0 - \tau)$, τ_0 désignant la température initiale, et τ la température finale de la masse gazeuse. De là résulte l'égalité

$$E c_1 (\tau_0 - \tau) = \int_{V_0}^{V} p\,dV$$

qu'il est aisé de vérifier (*).

_____

(*) V. *Théorie mécanique de la chaleur*, par M. Ch. Combes, p. 56 et suiv.

APPLICATION DE LA THÉORIE DE LA CHALEUR AU MOUVEMENT DES GAZ.

254. M. le Professeur Zeuner, de Zürich, a, le premier, appliqué les principes de la théorie mécanique de la chaleur à l'écoulement des gaz et des vapeurs, et a exposé les résultats de ses recherches dans un ouvrage intitulé : « Das Locomotiven-Blasrohr » (Zurich, 1863). M. Combes en a donné un résumé dans son « Exposé des principes de la théorie mécanique de la chaleur (*). » Nous suivrons ici la marche indiquée dans cet ouvrage.

Soit R un réservoir indéfini contenant un fluide quelconque sous

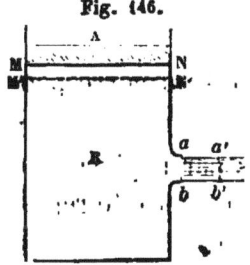

Fig. 146.

une pression constante p_0 ; on peut supposer qu'un piston mobile, A, se déplace de telle sorte que la pression intérieure p_0 reste constante malgré l'écoulement du fluide. On ouvre en ab un orifice, auquel nous supposerons la forme convenable pour éviter toute contraction à la sortie, de sorte que l'écoulement dans la section ab se fera par filets parallèles normaux à cette section. Appelons p_1 la pression qui règne en dehors du vase et qui s'exerce sur tout le pourtour de la veine, ainsi que dans sa section transversale. Le mouvement permanent étant supposé établi, il sort par l'orifice une quantité de fluide égale en poids à celle que le piston A déplace en avançant d'une certaine longueur. Soit donc P le poids de fluide qui sort par l'orifice dans l'unité de temps avec une vitesse que nous représenterons par v. Considérons le système matériel formé par le fluide qui est compris entre la face MN du piston A et la section ab de l'orifice, et suivons-le dans son mouvement pendant un temps dt infiniment court ; le piston A s'avance pendant ce temps d'une certaine quantité MM', la face MN vient occuper la

---

(*) Paris, 1867, p. 179 et suiv.

position MN', pendant que le plan ab s'avance en $a'b'$; Pdt est le poids commun aux deux masses gazeuses MNN'M' et $abb'a'$. Appliquons le théorème des forces vives au système fluide dans le passage de la première à la seconde position.

Il suffira de retrancher la force vive de la masse MNN'M' de la force vive de la masse $abb'a'$, sans tenir compte de la masse intermédiaire dont la force vive est égale aux deux époques, et disparaîtrait dans la différence; la vitesse du piston étant d'ailleurs beaucoup plus faible que celle du gaz à la sortie, on peut se borner à prendre la force vive de la masse $abb'a'$; le poids de cette masse étant Pdt, et la vitesse v, la force vive est

$$\frac{P}{g} dt \times v^2.$$

Elle est égale au double du travail des forces intérieures et extérieures qui agissent sur le système matériel. Ces forces sont la pesanteur et les pressions.

Le travail de la pesanteur se réduit au transport du poids Pdt de la position MNN'M' à la position $abb'a'$, ce qui donne un travail égal à

$$P dt \times H,$$

H étant la hauteur verticale du centre de gravité du piston MN au-dessus du centre de gravité de l'orifice.

Le travail des pressions s'exprime par la somme de plusieurs termes.

1° Le piston A exerce sur le gaz une pression égale à p_0; le déplacement du piston représente donc un travail moteur égal à $p_0 \times$ (volume MNN'M'); soit Π_0 le poids spécifique du fluide sous la pression p_0, et dans les conditions de température où ce fluide se trouve à l'intérieur du réservoir; le volume MNN'M' sera égal au poids Pdt divisé par Π_0; de sorte que le travail accompli est égal à

$$\frac{p_0 \times P dt}{\Pi_0}$$

2. Le déplacement du plan ab, qui vient en $a'b'$, donne lieu à un travail résistant égal de même à

$$\frac{p_1 \times P\,dt}{\Pi_1}$$

3. Enfin, il faut tenir compte des travaux des forces intérieures. Pour les évaluer, considérons le poids $P\,dt$ de fluide qui s'échappe du vase pendant le temps dt. Cette quantité de fluide, qui était à la pression p_0 dans le réservoir, en sort sous la pression p_1; la pression a donc varié d'une manière continue de p_0 à p_1 dans le passage de l'intérieur du vase à l'extérieur, et si l'on désigne par V le volume occupé sous la pression p par l'unité de poids du fluide, ce qu'on peut appeler le *volume spécifique* du gaz, le travail correspondant à l'expansion de ce poids de gaz, sera représenté par la somme des produits $p\,dV$, dont chacun correspond à un nouveau degré de détente; le travail des forces intérieures pour le poids $P\,dt$ sera, en définitive,

$$P\,dt \times \int p\,dV.$$

l'intégrale étant prise entre les limites de pression p_0 et p_1.

Nous aurons donc, en réunissant tous ces travaux, l'équation

$$\frac{1}{2}\frac{P\,dt}{g}v^2 = P\,dt \times H + \frac{p_0}{\Pi_0}\times P\,dt - \frac{p_1}{\Pi_1}\times P\,dt + P\,dt\int_{p=p_0}^{p=p_1}p\,dV,$$

ou bien, en divisant par $P\,dt$,

$$\frac{v^2}{2g} = H + \frac{p_0}{\Pi_0} - \frac{p_1}{\Pi_1} + \int_{p=p_0}^{p=p_1}p\,dV.$$

Pour appliquer cette équation, il y a plusieurs cas à distinguer.

255. 1er CAS. — *La densité du fluide reste constante.*

Dans ce cas, on a $\Pi_1 = \Pi_0$; de plus, $dV = 0$; car le poids spécifique étant constant, le volume du fluide qui a un poids égal à l'unité est lui-même constant. La formule devient

$$\frac{v^2}{2g} = H + \frac{p_0 - p_1}{\Pi}$$

C'est la formule obtenue pour les liquides. Mais elle peut aussi s'appliquer au gaz; il suffit pour cela que les circonstances calorifiques assurent la constance du poids spécifique. Or on a en général l'équation

$$pV = R\theta,$$

Si V est constant, on aura, en différentiant sans faire varier V,

$$V \, dp = R \, d\theta.$$

Donc $d\theta = \frac{V}{R} dp$, équation qu'on peut intégrer, puisque V et R sont des constantes : on obtient donc

$$\theta_0 - \theta_1 = \frac{V}{R} (p_0 - p_1),$$

et le gaz perd, par suite de l'écoulement sans détente, une température $(\theta_0 - \theta_1)$ proportionnelle à la différence des pressions à l'intérieur et au dehors; cette perte de température représente par unité de poids une perte de chaleur interne égale à $c_1 (\theta_0 - \theta_1)$, qui équivaut à un travail $Ec_1 (\theta_0 - \theta_1)$, utilisé pour l'écoulement du gaz.

Cet abaissement de température d'un gaz qui s'écoule avec grande vitesse est sensible dans l'expérience de la marmite de Papin : la vapeur à haute pression qui sort dans l'atmosphère baisse tellement de température, qu'on peut sans se brûler plonger la main dans le jet de vapeur à quelque distance de l'orifice, tandis que la vapeur à basse pression conserverait dans les mêmes conditions une température assez haute pour attaquer très profondément les tissus organiques. De même, la bouche souffle froid ou chaud, suivant que le courant d'air produit est vif ou lent.

256. 2° Cas. *La température du gaz reste constante.*

Dans ce cas, le produit pV est constant, et par suite le rapport

$\frac{p}{\Pi}$ l'est aussi; donc $\frac{p_0}{\Pi_0} - \frac{p_1}{\Pi_1}$ se réduit à zéro; et l'on a simplement

$$\frac{v^2}{2g} = H + \int p\, dV.$$

Mais l'équation $pV = $ constante donne

$$p\, dV = -V\, dp.$$

Et, remplaçant V par $\frac{R\theta}{p}$, il vient

$$\int_{p=p_0}^{p=p_1} p\, dV = -\int_{p_0}^{p_1} R\theta \times \frac{dp}{p} = -R\theta \log \text{nép.} \frac{p_1}{p_0} = R\theta \log \text{nép.} \frac{p}{p_1}.$$

Donc

$$\frac{v^2}{2g} = H + R\theta \log \text{nép.} \frac{p_0}{p_1},$$

qu'on peut écrire

$$\frac{v^2}{2g} = H + p_0 V_0 \log \text{nép.} \frac{p_0}{p_1} = H + \frac{p_0}{\Pi_0} \log \text{nép.} \frac{p_0}{p_1},$$

V_0 étant le volume occupé par l'unité de poids du gaz, sous la pression p_0 du réservoir et à la température constante, et Π_0 le poids spécifique, inverse du volume spécifique V_0.

Cette formule est l'équation de Navier, établie, on le sait, dans l'hypothèse d'une température constante. Pour qu'elle soit applicable, il faut qu'on fournisse au gaz une quantité de chaleur qui maintienne sa température à un degré fixe, malgré l'expansion de son volume. Chaque unité de poids du gaz passant du volume V_0, correspondant à la pression p_0, au volume V_1, correspondant à la pression p_1, suppose la dépense d'une quantité de travail égale à $\frac{p_0}{\Pi_0} \log \text{nép.} \frac{p_0}{p_1}$, c'est-à-dire d'une quantité de chaleur égale à

$$\frac{A}{E} \frac{p_0}{\Pi_0} \log \text{nép.} \frac{p_0}{p_1}.$$

Si donc on ne fournit au gaz aucune chaleur étrangère, et qu'on le laisse s'écouler en transformant en vitesse une partie de sa chaleur interne, la formule de Navier n'est plus applicable.

257. 3ᵉ CAS. *Le gaz, pendant l'écoulement, ne reçoit ni n'émet aucune chaleur.*

Dans ce cas, nous avons vu (§ 253) que le produit pV^k est constant, k étant le rapport des chaleurs spécifiques $\dfrac{c}{c_1}$, rapport qui est égal à 1,41 pour tous les gaz. Posons donc

$$pV^k = m,$$

m étant une constante, et faisons l'intégration

$$\int pdV = m \int \frac{dV}{V^k} = m \int V^{-k} dV;$$

nous trouverons

$$\int V^{-k} dV = \frac{V^{1-k}}{1-k} = -\frac{1}{(k-1)} \frac{1}{V^{(k-1)}} \cdot$$

et, par suite, entre les limites $V = V_0$ et $V = V_1$, qui correspondent aux valeurs p_0 et p_1 des pressions, on aura

$$\int pdV = \frac{m}{k-1}\left(\frac{1}{V_0^{k-1}} - \frac{1}{V_1^{k-1}}\right) = \frac{p_0 V_0}{k-1}\left(1 - \frac{V_0^{k-1}}{V_1^{k-1}}\right).$$

On a de plus

$$\frac{p_1}{\Pi_1} = p_1 V_1 = \frac{p_1 V_1^k}{V_1^{k-1}} = \frac{p_0 V_0^k}{V_1^{k-1}},$$

et

$$\frac{p_0}{\Pi_0} - \frac{p_1}{\Pi_1} = p_0 V_0 - p_1 V_1 = p_0 V_0 \left(1 - \frac{V_0^{k-1}}{V_1^{k-1}}\right).$$

Substituant dans l'équation du mouvement, on trouve

$$\frac{v^2}{2g} = H + p_0 V_0\left[1 - \frac{V_0^{k-1}}{V_1^{k-1}} + \frac{1}{k-1}\left(1 - \frac{V_0^{k-1}}{V_1^{k-1}}\right)\right] = H + p_0 V_0 \times \frac{k}{k-1} \times \left(1 - \frac{V_0^{k-1}}{V_1^{k-1}}\right)$$

258. Cette équation se met sous une forme beaucoup plus simple quand on y introduit les températures absolues θ_0 et θ_1 du gaz dans le réservoir et à la sortie. On a en effet

$$p_0 V_0 = R\theta_0$$

et

$$\frac{k}{k-1} = \frac{\frac{c}{c_1}}{\frac{c}{c_1} - 1} = \frac{c}{c - c_1},$$

Mais nous avons posé (§ 251) l'équation suivante, où E désigne l'équivalent mécanique de la chaleur :

$$E = \frac{p\alpha}{\Pi(c - c_1)} = \frac{pV\alpha}{c - c_1}.$$

Dans cette égalité, V représente le volume spécifique du gaz ou l'inverse du poids spécifique Π, sous une pression p égale à la pression atmosphérique, et à la température 0° du thermomètre centigrade. En général, $pV = R\theta$; mais ici la température absolue θ est définie; elle correspond à la température $\tau = 0$, ou $\theta = \frac{1}{\alpha}$. Par suite

$$pV\alpha = R,$$

et

$$E = \frac{R}{c - c_1}.$$

On peut donc remplacer $c - c_1$ par $\frac{R}{E}$, ce qui donne $\frac{k}{k-1} = \frac{cE}{R}$.

La différence $1 - \frac{V_0^{k-1}}{V_1^{k-1}}$ peut enfin s'exprimer par le rapport $\frac{\theta_0 - \theta_1}{\theta_0}$. En effet, l'égalité

$$p_0 V_0^k = p_1 V_1^k$$

peut s'écrire

$$p_1 V_1^k = p_0 V_0 \times V_0^{k-1} = R\theta_0 \times V_0^{k-1}.$$

On a de plus

$$p_1 V_1 = R\theta_1.$$

28

Divisons membre à membre, il viendra

$$V_1^{k-1} = \frac{\theta_0}{\theta_1} V_0^{k-1}.$$

Donc

$$\frac{V_0^{k-1}}{V_1^{k-1}} = \frac{\theta_1}{\theta_0};$$

et, par conséquent,

$$1 - \frac{V_0^{k-1}}{V_1^{k-1}} = 1 - \frac{\theta_1}{\theta_0} = \frac{\theta_0 - \theta_1}{\theta_0}.$$

Remplaçons, dans l'équation qui donne $\frac{v^2}{2g}$, $p_0 V_0$ par $R\theta_0$, $\frac{k}{k-1}$ par $\frac{cE}{R}$, et $1 - \frac{V_0^{k-1}}{V_1^{k-1}}$ par $\frac{\theta_0 - \theta_1}{\theta_0}$ et nous obtiendrons l'équation très simple

$$\frac{v^2}{2g} = H + R\theta_0 \times \frac{cE}{R} \times \frac{\theta_0 - \theta_1}{\theta_0} = H + cE\,(\theta_0 - \theta_1) = H + cE\,(\tau_0 - \tau_1).$$

Cette équation a été donnée pour la première fois par Weisbach.

259. La vitesse s'exprime donc en fonction de la perte de température, de la chaleur spécifique *à pression constante c*, et de l'équivalent mécanique E. On connaît c et E, ce sont des constantes; la première, c, varie d'un gaz à l'autre; la seconde est une constante absolue. La température τ_0 du gaz à l'intérieur du réservoir peut être supposée donnée. Si l'on veut calculer la température τ_1 à la sortie, on y parvient au moyen des trois équations

$$p_0 V_0 = R\theta_0,$$
$$p_1 V_1 = R\theta_1,$$
$$p_0 V_0^k = p_1 V_1^k.$$

Éliminons entre ces trois équations les volumes spécifiques V_0 et V_1, il viendra

$$p_0 \times \frac{R^k \theta_0^k}{p_0^k} = p_1 \times \frac{R^k \theta_1^k}{p_1^k};$$

d'où résulte

$$\left(\frac{\theta_1}{\theta_0}\right)^k = \left(\frac{p_1}{p_0}\right)^{k-1},$$

et, par suite,

$$\frac{\theta_1}{\theta_0} = \left(\frac{p_1}{p_0}\right)^{\frac{k-1}{k}}.$$

Le nombre k étant égal à 1,41; $k - 1$ est égal à 0,41, et $\dfrac{k-1}{k} =$ $\dfrac{0.41}{1,41} = 0,2908$.

On pourra donc déduire la température θ_1 de la température θ_0 en fonction du rapport des pressions. La différence $\tau_0 - \tau_1$ est égale à

$$\theta_0 - \theta_1 \text{ ou à } \theta_0 \times \left[1 - \left(\frac{p_1}{p_0}\right)^{0,2908}\right]$$

ou enfin à

$$(273 + \tau_0)\left[1 - \left(\frac{p_1}{p_0}\right)^{0,2908}\right],$$

de sorte que la formule définitive devient après ces modifications

$$\frac{v^2}{2g} = \mathrm{H} + c\mathrm{E}\,(273 + \tau_0)\left[1 - \left(\frac{p_1}{p_0}\right)^{0,2908}\right].$$

260. On trouve donc trois formules distinctes dans les trois cas particuliers que nous avons examinés. Nous résumerons les résultats obtenus dans le tableau suivant, où nous ferons abstraction de la hauteur H, que l'on peut presque toujours négliger quand il s'agit d'un gaz.

DÉSIGNATION DES GAZ.	FORMULES.	CIRCONSTANCES CALORIFIQUES
1er cas. Densité constante.	$$\frac{v^2}{2g} = \frac{p_0 - p_1}{\Pi}.$$ Π, poids spécifique.	Abaissement de température égal à $$\frac{V}{R}(p_0 - p_1).$$ V, volume spécifique.
2e cas. Température constante.	$$\frac{v^2}{2g} = \frac{p_0}{\Pi_0} \log.\ \text{nép.}\ \frac{p_0}{p_1}$$	Le gaz doit recevoir de l'extérieur une quantité de chaleur égale, par unité de poids, à $$\frac{r}{E}\frac{p_0}{\Pi_0} \log\ \text{nép.}\ \frac{p_0}{p_1}.$$
3e cas. Le gaz ne reçoit ni n'émet de chaleur. c, chaleur spécifique à pression constante.	$$\frac{v^2}{2g} = cE(\tau_0 + \tau_1) =$$ $$cE(273 + \tau_0)\left[1 - \left(\frac{p_1}{p_0}\right)^{0,2908}\right].$$	

Les trois formules donnent à très peu près les mêmes valeurs pour $\frac{v^2}{2g}$, quand la différence $p_0 - p_1$ est petite par rapport à p_0; si, au contraire, $p_0 - p_1$ est comparable à p_0, les résultats des trois formules diffèrent notablement, et la troisième est, en général, celle qu'il faut préférer quand on laisse un gaz s'écouler sans lui communiquer de chaleur et sans lui en enlever.

261. M. Zeuner a aussi appliqué les principes de la théorie mécanique de la chaleur à la question de l'écoulement des vapeurs. Les calculs sont plus compliqués que pour les gaz permanents, principalement parce qu'on doit tenir compte de la proportion d'eau contenue à l'état liquide dans l'unité de poids de vapeur, prise sous la pression p_0 du réservoir. Cette proportion varie avec la pression et la température du mélange. La chaleur spécifique d'une vapeur n'est pas non plus constante; elle varie avec la température. On adopte

une moyenne entre ses valeurs extrêmes pour simplifier les calculs.

Si l'on suppose qu'il n'y ait ni chaleur reçue ni chaleur émise, on aura l'équation

$$\frac{v^2}{2g} = \frac{p_0}{\Pi_0} - \frac{p_1}{\Pi_1} + (q_0 - q_1) \times E,$$

q_1 et q_0 étant les chaleurs internes contenues dans l'unité de poids de vapeur, aux températures et sous les pressions où le fluide se trouve successivement dans la chaudière et à la sortie.

L'unité de poids du mélange fluide, pris sous la pression p_0, renferme un poids m_0 en vapeur, et un poids $1 - m_0$ en eau liquide; si r_0 est la *chaleur de vaporisation* du liquide à la température τ_0 de la chaudière, on aura la formule simple

$$\frac{v^2}{2g} = E m_0 r_0 \frac{\tau_0 - \tau_1}{\theta_0}.$$

Si la vapeur est sèche, on fera $m_0 = 1$; dans tous les cas, le rapport m_0 est une des données de la question. Quant à r_0, ce nombre a été déterminé par les expériences de Regnault, qui l'exprime approximativement, pour l'eau, par la formule suivante

$$r = 606,5 + 0,305\,\tau - c\tau,$$

où c représente la chaleur spécifique de l'eau liquide. M. Zeuner fait en moyenne $c = 1,0224$ pour l'eau, sous les températures qui correspondent aux hautes pressions de la vapeur, et $c = 1,013$, s'il s'agit d'une basse pression, voisine de la pression atmosphérique. Des tables, dressées les unes par Regnault, d'autres par M. Zeuner, indiquent les pressions de la vapeur saturée en fonction de la température, et font connaître τ_0 et τ_1 en fonction de p_0 et p_1. On connaît donc tous les éléments nécessaires pour calculer la vitesse de la sortie d'un jet de vapeur par un orifice. M. Clausius et M. Zeuner ont donné aussi une formule qui fait connaître les variations du rapport m du poids de vapeur au poids du mélange de vapeur c:

d'eau. Cette formule est

$$\frac{m_0 r_0}{\theta_0} - \frac{m_1 r_1}{\theta_1} = c \log \text{nép.} \frac{\theta_1}{\theta_0}$$

c étant la chaleur spécifique de l'eau liquide (1,0224 ou 1,013). Au moyen de cette formule, on pourra calculer le rapport m_1 en fonction du rapport m_0, lequel est supposé donné, et des températures θ_1 et θ_0, et voir combien d'eau liquide se transforme en vapeur, ou combien de vapeur s'est transformée en eau liquide pendant l'écoulement.

CHAPITRE III.

APPLICATIONS DE LA THÉORIE DU MOUVEMENT DES GAZ.

CHEMIN DE FER ATMOSPHÉRIQUE.

262. Comme exemple de l'écoulement des gaz, nous étudierons le mouvement d'un train atmosphérique, mais nous supposerons qu'il s'agisse d'un chemin de fer souterrain, et que le train soit renfermé dans le tube d'aspiration; on supprime ainsi la difficulté qui consiste à relier ensemble le train et le piston mobile. C'est dans ces conditions que le système atmosphérique fonctionne à Londres et à Paris.

Soit AB le tube pneumatique, dans lequel une machine placée en B

Fig. 147.

produit une aspiration; le train contenu dans le tube occupe, à un certain moment, la position C; la cloison C, qui forme la tête du convoi, est donc sollicitée sur ses faces par des pressions inégales, et la force motrice F, qui entraîne le train, est la différence de ces deux forces.

En général, la force de traction nécessaire pour communiquer une vitesse de u kilomètres à l'heure, à un train pesant Q tonnes, et présentant une surface transversale de S mètres carrés, est donnée, sur palier horizontal, par la formule de W. Harding

$$F = (2,72 + 0,094\,u)\,Q + a\,S\,u^2,$$

où a représente un coefficient constant. Le dernier terme est la mesure de la résistance de l'air. Ce terme doit être supprimé ici, car le

train C se meut dans la conduite avec une vitesse égale à l'air environnant, et par suite la résistance de l'air, proportionnelle au carré
de la vitesse relative, est nulle. La force nécessaire pour entretenir
la vitesse u est donc donnée simplement par la formule

$$F = (2,72 + 0,094u)Q,$$

expression qui ne comprend pas le frottement entre la paroi intérieure et le disque faisant cloison ; ce frottement dépend de la pression mutuelle entre la cloison et le tube, c'est-à-dire de l'ajustage
des pièces en contact ; il dépend en outre du coefficient du frottement, qu'on devra rendre le plus petit possible en employant un
enduit convenable pour graisser les surfaces frottantes. Pour avoir
égard à ce surcroît de résistance et aux autres causes imprévues, il
est bon de grossir le résultat donné par la formule du dixième
de sa valeur. Nous représenterons donc par F la force de traction
totale multipliée par le coefficient 1.10.

Soit p_1 la pression moyenne par mètre carré sur la face d'arrière
de la cloison, et p_2 la pression moyenne sur la face d'avant ; Ω étant
la section du tube, nous aurons

$$F = \Omega(p_1 - p_2),$$

et cette équation nous fait connaître la différence $p_1 - p_2$.

Si u est la vitesse du train en kilomètres à l'heure, la vitesse v en
mètres par seconde sera égale à $\dfrac{u \times 1000}{60 \times 60}$. Le produit Ωv représente
le volume d'air que la machine aspirante doit enlever, en une seconde,
de la portion du tube CB, pour maintenir sur la face antérieure la
pression p_2 ; un égal volume d'air, Ωv, doit affluer sur la face d'arrière pour y entretenir la pression p_1.

Appelons Π le poids de l'unité de volume d'air, sous une pression
moyenne entre les pres-
sions extrêmes auxquelles
il est soumis dans cette
conduite. Au point A, origine de la conduite, la

Fig. 148.

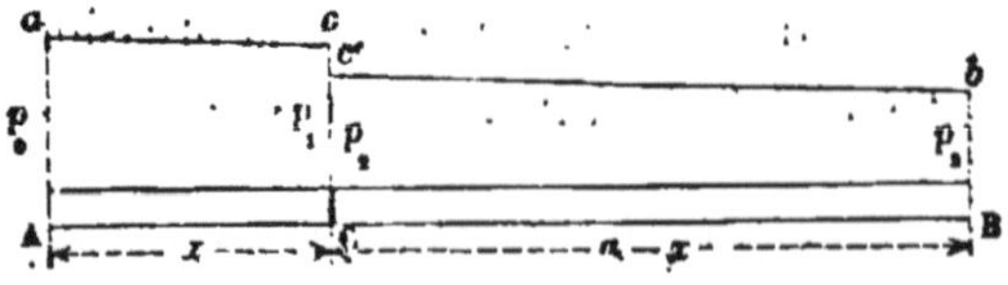

pression est sensiblement égale à la pression atmosphérique p_0 ; représentons cette pression par la hauteur $a = \dfrac{p_0}{\Pi}$. De A en C, la ligne des niveaux piézométriques s'abaisse graduellement, et si l'on appelle J la pente de cette ligne par unité de longueur du tuyau, on aura

$$RJ = b_1 v^2,$$

R étant le rayon moyen de la conduite. Nous faisons abstraction ici de la perte de charge due au phénomène de l'ajutage à l'entrée du tuyau. Cette équation où b_1 est un coefficient connu, 0,000380 environ, donne la pente J, et permet de tracer la droite ac, dont les ordonnées représentent les valeurs successives de la pression. La ligne piézométrique s'abaisse brusquement de la quantité $cc' = \dfrac{p_1 - p_2}{\Pi} = \dfrac{F}{\Pi \Omega}$ d'un côté à l'autre de la cloison mobile. A partir du point c', la ligne piézométrique reprend son inclinaison J, ce qui donne la ligne $c'b$ parallèle à ac. On aura donc en définitive,

$$\frac{p_1}{\Pi} = \frac{p_0}{\Pi} - Jx,$$

$$\frac{p_2}{\Pi} = \frac{p_1}{\Pi} - \frac{F}{\Pi \Omega},$$

$$\frac{p_3}{\Pi} = \frac{p_2}{\Pi} - J(a - x),$$

x étant la distance variable de la cloison mobile C au point de départ A. La dénivellation constante cc' se transporte avec la cloison C d'un point à l'autre du tube.

Le travail réellement utile de la machine aspirante est proportionnel à la différence $p_1 - p_2$ des pressions qui agissent sur la tête du train ; le travail qu'elle doit produire pour cela est représenté par la différence totale $p_0 - p_3$, qu'elle doit maintenir entre la pression extérieure et la pression à l'extrémité B du tube. Or on a, en ajoutant les trois équations,

$$\frac{p_0 - p_3}{\Pi} = Ja + \frac{F}{\Pi \Omega}.$$

De plus, la seconde donne

$$\frac{p_1 - p_2}{\Pi} = \frac{F}{\Pi \Omega}$$

Donc le rendement propre au système atmosphérique est mesuré par la fraction

$$\frac{p_1 - p_2}{p_0 - p_3} = \frac{\dfrac{F}{\Pi \Omega}}{J \alpha + \dfrac{F}{\Pi \Omega}} = \frac{1}{1 + \dfrac{\Pi J \alpha \Omega}{F}}$$

Remplaçons

$$F \text{ par } 1,1 \times (2,72 + 0,09\,u)\,Q,$$

$$J \text{ par } \frac{b_1 v^2}{R}, \text{ ou par } \frac{A v^2}{R}, \text{ ou par } \frac{A v^2}{\Omega}\,\chi,$$

en désignant par A un nouveau coefficient constant, et par χ le périmètre intérieur de la section du tube.

Le rendement devient égal à

$$\frac{1}{1 + \dfrac{\Pi A u^2 \chi a}{1,1\,(2,72 + 0,09\,u)\,Q}}.$$

Prenons pour exemple le tube proposé par M. Chabrier en 1864. Il avait 2,200 mètres de long ; sa section avait un mètre carré, son périmètre intérieur était de 4 mètres environ. La vitesse u devait être de 30 kilomètres à l'heure, ce qui donne $v = 8^m.33$; Q était égal à 13 tonnes. Enfin Π, à la température de $10°$ est égal à $1^k.34$. Le rendement de ce système de propulsion était donc égal à

$$\frac{1}{\left(1 + \dfrac{1,34 \times 0,000\,336 \times 8,33^2 \times 4 \times 2200}{1,1 \times (2,72 + 0,09 \times 30)\,13}\right)} = \frac{1}{1 + \dfrac{270}{80}} = \frac{80}{350} = 0,229 \text{ environ.}$$

Le rendement est de 23 pour 100, indépendamment du mérite propre de la machine aspirante. On peut remarquer que le rendement décroît à mesure que la vitesse, le périmètre et la longueur du tube augmentent, et qu'il augmente au contraire avec le poids Q.

Le principal inconvénient du chemin de fer atmosphérique, au point de vue mécanique, est cette diminution du rendement, à mesure que la longueur a augmente. Tous les systèmes de traction à distance par machines fixes présentent, du reste, un semblable inconvénient.

THÉORIE DU TACHYGRAPHE GÖBEL.

263. M. Göbel, de Darmstadt, est l'inventeur d'un *tachygraphe* destiné à mesurer la vitesse des trains qui circulent sur les chemins de fer. L'appareil, qui est placé sur la locomotive, se compose essentiellement d'une cloche métallique, renversée à la façon d'un gazomètre dans un bain de mercure. Le fond supérieur de la cloche est percé d'un trou. Un tube, débouchant sous la cloche, y injecte de l'air pris dans l'atmosphère par une pompe aspirante et foulante, manœuvrée à l'aide d'une courroie par l'une des roues de la locomotive. Plus la vitesse s'accélère, plus les coups de piston sont précipités, et plus la cloche se soulève. On conçoit donc que le soulèvement de la cloche donne une sorte de mesure de la vitesse de la marche.

Soit MN la cloche, renversée dans le bain de mercure AA′; F est l'orifice par lequel l'air doit s'échapper; DE est le tube d'amenée de

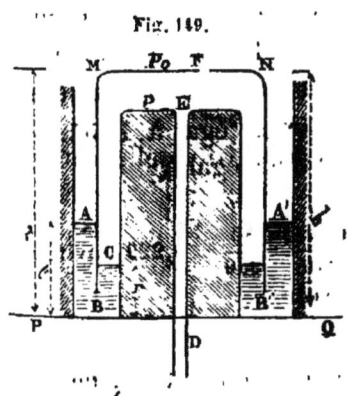

Fig. 149.

l'air. Si p est la pression de cet air sous la cloche, le mercure subira à l'intérieur une dénivellation qui amènera son niveau en C pendant que le niveau extérieur montera en A.

Appelons P le poids de la cloche;

R le rayon moyen de sa paroi cylindrique;

2ε l'épaisseur du métal de cette même paroi;

q le poids spécifique du mercure;

p_0 la pression atmosphérique par unité de surface.

La cloche sera en équilibre sous l'action de son poids, des pressions, intérieure et extérieure, et sous la pression exercée par le mercure sur la tranche de la cloche en BB'. Appelons encore x, y et z les côtes de niveau du sommet de la cloche, du mercure extérieur, et du mercure intérieur au-dessus d'un plan PQ de comparaison horizontal, et h la hauteur MB. La sous-pression du mercure sur la tranche inférieure sera, par unité de surface, égale à $p_0 + q \times AB = p_0 + q[y - (x - h)] = p_0 + q(y - x + h)$, et on aura pour l'équilibre des composantes verticales

$$(1) \qquad P + p_0 \times \pi(R + \varepsilon)^2 - p \times \pi(R - \varepsilon)^2 - 4\pi R\varepsilon(p_0 + q(y - x + h)) = 0,$$

relation linéaire entre les variables x, y et p.

La pression p intérieure est donnée par la colonne AC de mercure. On a donc

$$(2) \qquad p = p_0 + q(y - x).$$

Nous aurons une troisième équation en exprimant que, quelle que soit la hauteur de la cloche, le volume du mercure reste constant : Ω et Ω' désignant les sections annulaires auxquelles s'appliquent les hauteurs x et y, on aura, appelant S le volume du mercure,

$$(3) \qquad \Omega x + \Omega' y + 4\pi R\varepsilon(x - h) = S.$$

Entre ces trois équations linéaires en p, x, y et z, on peut éliminer y et z; l'équation finale sera une relation linéaire entre p et x, de la forme

$$(4) \qquad p = ax + b,$$

c'est-à-dire que la pression intérieure croît proportionnellement à la course verticale de la cloche.

Par tour de roue, la pompe injecte sous la cloche un volume V d'air pris à la pression p_0, ou un poids d'air égal à $\dfrac{Vp_0}{K}$; ce poids est ramené à la pression p, et doit être évacué dans le même temps que l'orifice F, pour que la pression se conserve et que la cloche reste immobile. Si θ est la durée du tour de roue, $\dfrac{Vp_0}{K\theta}$ est le poids d'air qui doit être évacué par seconde, avec une vitesse $u = \sqrt{2g\dfrac{p - p_0}{\Pi}}$.

Le poids Π est ici le poids spécifique moyen correspondant à la pression moyenne $\frac{p + p_0}{2}$, on aura donc $\Pi = \frac{p + p_0}{2K}$, et par suite

$$u = \sqrt{4Kg\,\frac{p - p_0}{p + p_0}}$$

Le volume écoulé par unité de temps est $m\omega u$, en appelant ω la
section et m le coefficient de contraction ; ce volume, sous la pres-
sion moyenne $\frac{p + p_0}{2}$, représente un poids égal à $m\omega u\,\frac{p + p_0}{2K}$, et
par conséquent on a

$$m\omega u\,\frac{p + p_0}{2K} = \frac{Vp_0}{K\theta},$$

ou bien, en remplaçant u par sa valeur, et opérant les réductions,

$$\frac{Vp_0}{\theta} = \frac{1}{2}\,m\omega(p + p_0)\sqrt{4Kg\,\frac{p - p_0}{p + p_0}} = \frac{1}{2}\,m\omega\sqrt{4Kg}\sqrt{(p + p_0)(p - p_0)}$$

Si r est le rayon de roulement de la roue qui met la pompe en
mouvement, la vitesse v du train est $\frac{2\pi r}{\theta}$; on en déduit $\theta = \frac{2\pi r}{v}$, et
il vient l'équation

$$\frac{Vp_0 v}{mr} = \frac{1}{2}\,m\omega\sqrt{4Kg}\sqrt{(p + p_0)(p - p_0)},$$

ou bien

$$v = A\sqrt{(p + p_0)(p - p_0)},$$

A étant un coefficient constant. Remplaçant p par sa valeur $ax + b$,
et p_0 par $ax_0 + b$, on a en définitive

$$v = A\sqrt{[a(x + x_0) + 2b] \times a(x - x_0)}.$$

Telle est la loi de la graduation qu'il faudrait introduire dans
l'appareil pour que l'élévation de la cloche pût faire connaître la
vitesse à simple vue. A cette loi hyperbolique, M. Göbel a substitué
par approximation une loi linéaire qui est assez exacte pour les valeurs moyennes de la vitesse. Elle est en défaut pour les petites va-

leurs, parce que la substitution de la loi

$$v = \mathrm{B}p$$

à la loi

$$v = \mathrm{A}\sqrt{(p - p_0)(p + p_0)} = \mathrm{A}p\sqrt{1 - \left(\frac{p_0}{p}\right)^2}$$

entraîne de graves erreurs lorsque p est très voisin de p_0. Algébriquement la substitution serait d'autant plus exacte que p est plus grand par rapport à p_0, puisque le facteur $\sqrt{1 - \left(\frac{p_0}{p}\right)^2}$ converge vers l'unité à mesure que p augmente. Mais dans le cas des grandes vitesses et des grandes pressions p, les circonstances calorifiques, dont nous avons fait abstraction, prennent une importance capitale, et la formule cesse d'être vraie. En résumé, le tachygraphe, avec sa graduation, ne convient qu'aux vitesses moyennes. L'appareil est soumis à une autre cause d'erreur, provenant des glissements de la courroie qui conduit la pompe.

TRAVAIL DES MACHINES SOUFFLANTES.

264. Soit P le piston de la machine soufflante. Nous supposons

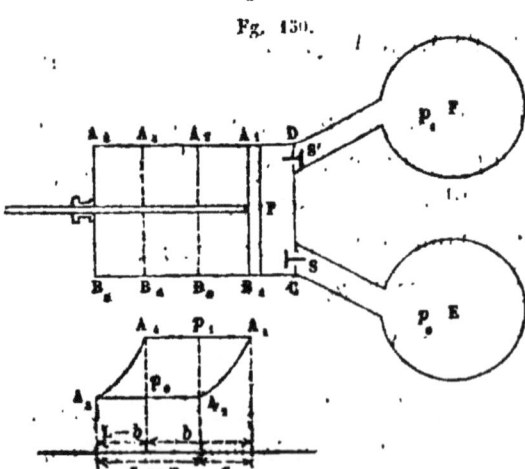

Fg. 130.

qu'il soit animé d'un mouvement alternatif entre les positions extrêmes A_1 B_1 et A_2 B_2. Le piston, en marchant de droite à gauche, puise l'air dans un réservoir E où la pression p_1 est supposée constante, et dans sa marche rétrograde, refoule cet air dans un autre réservoir E' où la pression constante est p_2.

Les soupapes S et S_1 sont disposées de telle sorte, que le mouvement du gaz ne soit possible que dans le sens qu'on vient d'indiquer.

Lorsque le piston P part de la position extrême $A_1 B_1$, la soupape S est fermée, parce que l'air contenu dans le volume $A_1 B_1 CD$ est à la pression p_1, supérieure à p_0; la soupape S', comprise entre deux pressions égales, va se fermer, dès que le piston, en reculant, aura produit une petite réduction de la pression de l'air compris entre DC et $A_1 B_1$. Le piston, reculant jusqu'à une certaine position $A_2 B_2$, la pression de l'air sur la face droite va en diminuant; nous supposerons qu'elle soit égale à p_0 quand le piston parvient en $A_2 B_2$. Alors la soupape S va s'ouvrir, et elle restera ouverte jusqu'à la fin de la course, c'est-à-dire jusqu'à la position $A_3 B_3$; l'air influera du réservoir E sous une pression sensiblement égale à p_0. Dans le retour du piston, il y a de même à distinguer deux périodes, l'une pendant laquelle le piston va de $A_3 B_3$ à $A_4 B_4$, les deux soupapes S et S_1 restant fermées; le gaz ayant alors acquis une pression égale à p_1, soulève la soupape S_1, et, pendant le reste de la course, de $A_4 B_4$ en $A_1 B_1$, l'air est chassé dans le réservoir F sous la pression constante p_1.

Nous commencerons par déterminer les positions $A_2 B_2$, $A_4 B_4$, auxquelles correspondent les mouvements des soupapes.

Appelons L la course du piston,

Ω sa section,

et V le volume $A_1 B_1 CD$.

Soient enfin a et b les distances $A_1 A_2$, $A_1 A_4$, qui définissent les positions cherchées.

Nous supposerons, pour plus de simplicité, que l'on puisse appliquer la loi de Mariotte à la compression et à l'expansion de l'air, la température du gaz restant sensiblement constante.

Le poids de l'air qui occupe le volume V à la pression p_1, se dilate et occupe le volume $V + a\Omega$ à la pression p_0. Nous aurons donc

$$(1) \qquad (V + a\Omega)p_0 = Vp_1.$$

De même, le poids de l'air qui occupe le volume $V + L\Omega$ sous la pression p_0, est ramené, par la compression, au volume $V + b\Omega$ sous la pression p_1; donc

$$(2) \qquad (V + L\Omega)p_0 = (V + b\Omega)p_1.$$

La première équation donnera a; la seconde donnera b.

Ces quantités déterminées, le calcul du travail du piston est facile.

De la position A_1B_1 à la position A_2B_2, la pression p est variable entre les limites p_1 et p_0; si l'on désigne par x la distance du piston à la position extrême A_1B_1, la pression p sera donnée à chaque instant par l'équation

$$(V + x\Omega)p = Vp_1,$$

et le travail élémentaire produit par le piston pour un déplacement dx sera égal à $-p\Omega dx$; on aura donc le travail total correspondant à cette période en faisant l'intégrale

$$-\int_0^a \frac{Vp_1\Omega dx}{(V + x\Omega)} = -Vp_1 \log \frac{a + \dfrac{V}{\Omega}}{\left(\dfrac{V}{\Omega}\right)} = -Vp_1 \log \text{nép.} \left(\frac{V + a\Omega}{V}\right).$$

De la position A_2B_2 à la position A_3B_3, le travail du piston sur le gaz est toujours négatif et égal au produit de la pression constante p_0 par le volume engendré par le piston, $(L - a)\Omega$; ce qui fait $-p_0\Omega(L - a)$.

De la troisième position à la quatrième, le piston exerce sur le gaz un travail positif, dont l'élément est encore $-p\Omega dx$, expression dans laquelle dx est négatif, puisque le piston recule. On déterminera p en fonction de x par la loi de Mariotte, en posant

$$(V + x\Omega)p = (V + L\Omega)p_0;$$

de sorte que $-p\Omega dx$ devient égal à

$$-\frac{(V + L\Omega)p_0}{x + \dfrac{V}{\Omega}}\, dx,$$

dont l'intégrale générale est

$$(V + L\Omega)p_0 \log \text{nép.} \left(x + \frac{V}{\Omega}\right);$$

il faut la prendre entre les limites $x = L$ et $x = b$, ce qui produit en définitive

... ... $(V + L\Omega)p_0 \log$ nép. $\left(\dfrac{V + L\Omega}{V + b\Omega}\right)$ ... ...

La quatrième période enfin est celle où le piston supporte constamment la pression p_1, et produit un travail moteur égal à

$$p_1 b\Omega.$$

L'*épure des pressions* rend compte de ces divers résultats.

En résumé, le travail T exercé par le piston sur le gaz pour une oscillation complète, comprenant une allée et une venue, est égal à

$$T = (V + L\Omega)p_0 \log \text{nép.} \left(\frac{V + L\Omega}{V + b\Omega}\right) + p_1 b\Omega - V p_1 \log \text{nép.} \left(\frac{V + a\Omega}{V}\right) - p_0\Omega(L - a).$$

Remplaçons les rapports $\dfrac{V + L\Omega}{V + b\Omega}$ et $\dfrac{V + a\Omega}{V}$ par le rapport égal $\dfrac{p_0}{p}$; observons de plus que $p_1 b\Omega = p_0\Omega(L - a)$, équation qui s'obtient en retranchant les équations (1) et (2). La valeur de T se simplifie et devient

$$T = [(V + L\Omega)p_0 - V p_1] \log \text{nép.} \frac{p_1}{p_0}.$$

Remplaçons enfin $V p_1$ par sa valeur $(V + a\Omega)p_0$, et il viendra

$$T = (L - a)\Omega p_0 \log \text{nép.} \frac{p_1}{p_0}.$$

C'est le travail nécessaire pour faire passer de la pression p_0 à la pression p_1 le volume d'air $(L - a)\Omega$ compris entre les plans A_2B^2 et A_3B_3, et puisé à chaque coup de piston, sous la pression p_0, dans le réservoir E, pour être chassé dans le réservoir F sous la pression p_1. Ce résultat était facile à prévoir. A chaque oscillation du piston, la masse de gaz contenue à la pression p_0 dans un volume égal à $A_2B_2B_3A_3$ passe de la pression p_0 à la pression p_1; le travail utile élémentaire correspondant est le produit $-p\,dV$, en désignant par V le volume; or $pV = K$, valeur constante, puisqu'on admet la loi de Ma-

29

riotte; le travail total est donc

$$- \int p dV = + \int V dp = + K \int \frac{dp}{p};$$

l'intégrale étant prise entre les limites correspondantes aux pressions p_0 et p_1; ce qui donne

$$+ K \log \frac{p_1}{p_0} = p_0 V_0 \log \frac{p_1}{p_0},$$

c'est-à-dire la formule que nous venons de trouver d'une autre manière. Le résultat est indépendant de la forme et du jeu de la machine.

On peut observer que, si on laisse p_1 constant, ainsi que le volume $(L - a) \Omega$, et qu'on fasse varier p_0, le travail T devient nul pour $p_0 = p_1$; et qu'il a un maximum correspondant au maximum du produit

$$p_0 \log \text{nép.} \frac{p_1}{p_0} = p_0 \log \text{nép.} p_1 - p_0 \log \text{nép.} p_0.$$

La dérivée de cette fonction prise par rapport à p_0 et égalée à zéro, donne la condition du maximum,

$$\log \text{nép.} p_1 - \log \text{nép.} p_0 - p_0 \times \frac{1}{p_0} = 0;$$

donc

$$\log \text{nép.} \frac{p_1}{p_0} = 1$$

ou bien

$$\frac{p_1}{p_0} = e,$$

base des logarithmes népériens.

Ce problème comprend à la fois le travail des machines soufflantes; dans ce cas, le réservoir E est l'atmosphère, et le réservoir F représente la région où se fait l'insufflation de l'air, comme, par exemple, la cloche à plongeur, ou les caissons à air comprimé des fondations pneumatiques; — et le travail des machines fixes des chemins de fer atmosphériques; le réservoir E est alors le tube d'aspiration, où la pression se maintient par suite du déplacement du piston lié au train mobile, et le réservoir F est l'atmosphère, où se déverse l'air puisé dans ce tube.

LOCOMOTIVE MÉKARSKI.

265. La locomotive Mékarski est une locomotive où l'air comprimé remplace la vapeur. Le véhicule porte des réservoirs où l'air est comprimé à 25 ou 30 atmosphères; cet air est admis dans les cylindres moteurs à la pression réduite de 5 atmosphères : de là une première détente, qui ne profite pas à l'effort développé par le moteur; elle s'opère au moyen d'un appareil à soupape, appelé *régulateur*. En même temps l'air détendu reçoit une injection d'eau chaude, qui est destinée à restreindre le refroidissement de l'air pendant qu'il se dilate, et à prévenir la congélation de la vapeur d'eau qui y est contenue. L'air admis dans les cylindres à 5 atmosphères s'y détend de nouveau et s'échappe à l'extérieur quand sa pression est devenue voisine de la pression normale. Le frein de cette locomotive est un frein à contre-pression, qu'on fait agir en renversant la distribution.

Les réservoirs sont remplis au départ à l'aide d'une machine de compression, mise en mouvement par une machine à vapeur. Cette machine comprend deux cylindres montés l'un à la suite de l'autre sur un axe commun. Deux pistons, invariablement réunis l'un à l'autre, se meuvent dans ces cylindres, où ils ont une course égale. Cette disposition de la machine a pour objet de faire en deux fois la compression de l'air. Le premier piston fait l'aspiration dans l'air extérieur, et refoule cet air dans un réservoir intermédiaire à la pression moyenne de 5 atmosphères, par exemple. L'autre cylindre aspire dans ce réservoir, et refoule à la pression de $5 \times 5 = 25$ atmosphères dans le réservoir définitif. Si V est le volume d'air aspiré par les cylindres à chaque coup de piston simple, et $p_{\bullet}$ la pression atmosphérique, ce volume se trouve réduit au cinquième dans le réservoir intermédiaire, et la pression est portée à $5p_0$; le travail effectué par le premier cylindre est mesuré par $Vp_0 \log$ nép 5. Le second cylindre prend le volume $\frac{V}{5}$, sous la pression $5p_0$, et le comprime au cinquième de son volume, ce qui représente encore un travail égal à $\frac{V}{5} \times 5p_0 \log 5$, ou à $Vp_0 \log 5$, le travail total des deux cylindres est donc égal à $2Vp_0 \log 5 = Vp_0 \log 25$, comme si le volume V d'air avait été comprimé directement à 25 atmosphères. Le relai établi à 5 atmosphères facilite l'opération et tend à réduire l'effet des fuites. La compression de l'air dégageant de la chaleur, on injecte à chaque coup de piston de l'eau froide dans l'air comprimé, qui se trouve ainsi rafraîchi. Le chargement de la locomotive en air comprimé et en eau chaude se fait en 3 à 5 minutes au moment même du départ.

On voit que, dans ce système de locomotion, la première compression n'a d'autre objet que de réduire la provision de puissance motrice à un faible volume. L'emploi de la puissance motrice exige une détente préalable, qui est perdue pour le travail moteur. Malgré cette dépense improductive de travail, le système Mékarski, qui fonctionne sans fumée ni émission de vapeur, convient très bien à la circulation dans les rues des villes ou dans les galeries des mines, et représente une des solutions les plus élégantes de la traction mécanique des tramways.

INFLUENCE DES RÉSERVOIRS D'AIR EN COMMUNICATION AVEC LES CONDUITES,

266. Les réservoirs d'air que l'on introduit dans les conduites d'eau influent de deux manières sur le mouvement.

1° Ils assurent au mouvement une certaine régularité, lorsque le moteur agit par saccade;

2° Ils évitent les chocs brusques produits par l'arrêt instantané d'une colonne d'eau en mouvement, lorsqu'on ferme un robinet par exemple; ces chocs, s'il n'y avait pas interposition du matelas élastique formé par l'air contenu dans le réservoir, pourraient produire dans les parois métalliques de la conduite des tensions assez énergiques pour les briser.

Les pompes à incendie sont munies d'un réservoir d'air placé à proximité des pistons; lorsque l'un des pistons, en s'abaissant, chasse l'eau dans la conduite, il comprime l'air du réservoir, qui exerce sur l'eau un travail négatif; ensuite, l'air comprimé restitue par sa détente le travail moteur qu'il a reçu, et tend à accélérer le mouvement de l'eau après l'avoir ralenti. Le résultat de ces actions alternatives est un mouvement sensiblement uniforme, sur lequel on ne pourrait compter, si l'eau était chassée directement du cylindre de la pompe dans le tube qui la conduit au dehors.

Cette interposition ne serait pas nécessaire si les parois du tube étaient douées d'une certaine élasticité; elles agiraient alors sur la veine liquide comme l'air du réservoir; elles tendraient à l'accélérer en se resserrant, et à la ralentir en se dilatant. Le mouvement du sang dans les artères présente un phénomène de ce genre; les coups secs du cœur tendent à établir une circulation saccadée, qui est corrigée, du moins en partie, par l'élasticité des artères.

C'est aussi l'élasticité des gaz qui permet d'employer les réservoirs d'air pour préserver des ruptures les tuyaux de conduite où une colonne liquide peut être tout à coup ramenée au repos par la fermeture d'un robinet. Soit P le poids et u la vitesse de la colonne en mouvement; sa force vive est $\frac{P}{g}u^2$; pour réduire à zéro cette force vive, il faut exercer sur la masse en mouvement un travail négatif, égal en valeur absolue à $\frac{Pu^2}{2g}$. S'il n'y avait pas de réservoir d'air, ce travail serait fourni par la déformation du tuyau; mais le tuyau étant très-peu déformable, la valeur moyenne de la pression variable exercée par l'eau sur la matière du tuyau devrait être très considérable; car le produit de cette pression moyenne par le volume engendré par la déformation du tube devrait être égal à $\frac{P u^2}{2g}$. Il est donc possible que les valeurs des tensions développées dans l'épaisseur du tuyau soient supérieures à la résistance de la matière, ce qui entraînerait la rupture. Qu'on mette, au contraire, le tuyau en communication avec un réservoir d'air contenant un volume V_0 sous la pression p_0; la fermeture du robinet aura pour conséquence une réduction du volume V_0, et une augmentation de la pression de l'air. Admettons que la loi de Mariotte soit applicable, et appelons p et V la pression et le volume correspondant à un instant quelconque; $\int_{V_0}^{V_1} p\,dV$ représentera le travail résistant total produit par le passage du gaz du volume V_0 au volume V_1; comme $pV = p_0 V_0$, quantité constante, cette somme est égale à

$$ p_0 V_0 \log \frac{V_0}{V_1}. $$

La plus grande pression p_1 développée dans le réservoir sera égale à $\frac{p_0 V_0}{V_1}$. Quant à V_1, il sera fourni par l'équation

$$ p_0 V_0 \log \frac{V_0}{V} = \frac{P u^2}{2g}, $$

si l'on suppose que le travail résistant de l'air soit seul employé à réduire à zéro la force vive de la colonne liquide.

La grande compressibilité de l'air réduit ici les pressions subies par la conduite. Le travail résistant est le produit de deux facteurs : l'un est une force, l'autre l'espace décrit par son point d'application; à l'augmentation du second facteur correspond une réduction du premier.

C'est pour cela qu'on place des réservoirs d'air dans les poteaux d'arrosage, dont on ferme brusquement les robinets. Par la même raison, on en met aussi près des pistons des pompes foulantes, lorsque les conduites sont longues; ce matelas, en même temps qu'il régularise le mouvement, prévient les ruptures qui pourraient se produire sous les coups brusques de la machine motrice.

267. En général, pour réduire au repos une masse en mouvement, il faut exercer sur cette masse un travail résistant égal à la moitié de sa force vive. Ce travail est le produit de deux facteurs, une force et un chemin décrit. Augmenter l'un de ces facteurs, c'est diminuer l'autre. Or, dans la pratique, la force que l'on applique à un corps ne peut dépasser la limite de résistance dont ce corps, ou les corps avec lesquels il est en relation, sont susceptibles. Il faut donc plutôt chercher à augmenter le facteur *chemin* qu'à le réduire. La question des freins sur les chemins de fer n'est qu'une application de cette théorie. Certains inventeurs sont à la recherche de freins *instantanés* qui arrêteraient un train express sur un parcours très restreint, de 20 mètres par exemple. L'emploi de tels freins ferait naître des résistances telles, qu'elles briseraient le train et la voie ; ils créeraient pour la circulation des dangers plus grands que ceux qu'on se propose d'éviter. Les véritables freins sont, au contraire, des appareils destinés à éteindre graduellement la vitesse sur un parcours suffisamment étendu. Les freins qui agissent par frottement développent une résistance égale à pf, p étant le poids qui porte sur les roues calées, et f le coefficient du frottement de fer sur fer ; soit s la distance depuis le calage jusqu'à l'arrêt, P le poids total du train, v sa vitesse ; on aura, sur palier, l'équation

$$pfs = \frac{Pv^2}{2g}.$$

Si les roues sont toutes calées, la distance d'arrêt sera égale à $\dfrac{v^2}{2gf}$ (*).

(*) On peut chercher à réduire la distance s en augmentant le coefficient f ; c'est ce qui a lieu si l'on substitue au glissement de la roue sur le rail (fer sur fer), le glissement de bois sur bois (essai du frein Didier). On peut aussi diminuer la distance s en serrant le rail dans une espèce d'étau, au moyen duquel on augmente à volonté la pression, et par suite le frottement (frein Molinos).

Dans les freins à gaz, tels que le frein Westinghouse, adopté aujourd'hui sur le chemin de l'Ouest français, ou le frein à contre-vapeur de MM. Le Châtelier et Ricour, essayé d'abord sur le chemin du Nord de l'Espagne, le travail résistant est fourni par le jeu même de la locomotive ; les pistons sont employés dans le frein à air à comprimer de l'air dans des réservoirs placés sous les wagons ; cet air comprimé met en mouvement les sabots des freins, et cale les roues dès que le mécanicien lui permet d'agir. Le frein Westinghouse est un frein *continu* et *automatique*, qui enraye le train dès qu'une rupture de la conduite vient à se produire.

Dans le frein à contre-vapeur, les pistons de la machine compriment un mélange d'eau liquide et de vapeur pris à la chaudière, et amené par un tube d'inversion dans les tuyaux d'échappement des cylindres ; la chaleur produite par la compression vaporise une partie de l'eau liquide, et le mélange retourne à la chaudière après avoir subi un travail qui s'est converti en chaleur ; le travail résistant développé suppose en définitive la création d'une certaine quantité de chaleur, dont une partie peut être utilisée plus tard pour la traction. Le reste échauffe inutilement les parois du cylindre, et peut même brûler les garnitures du piston si la vapeur comprimée est trop sèche. De là la nécessité de mélanger la vapeur et l'eau. La proportion d'eau du mélange a été en conséquence graduellement accrue ; et aujourd'hui on s'accorde à peu près généralement à reconnaître que l'injection peut consister en eau pure, une partie de cette eau se vaporisant dans le tube d'inversion (*).

(*) Sur cette question, voir *Annales des ponts et chaussées*, mars 1869, notice par M. Ricour ; M. Le Châtelier, *Mémoire sur la marche à contre-vapeur* (imp. de Paul Dupont, 1869) et suppléments (Martinet). Deux mémoires sur l'*Application de la théorie mécanique de la chaleur aux machines locomotives*, par M. Ch. Combes (Paris, Dunod, 1869).

INFLUENCE DE L'AIR EMPRISONNÉ DANS LES CONDUITES.

268. Nous avons déjà montré que la pression dans une conduite ne devait nulle part descendre au-dessous de la pression atmosphérique, autrement il se fait un dégagement d'air et de vapeur d'eau qui nuit à l'écoulement du liquide, et qui peut quelquefois l'empêcher tout à fait (§ 65).

Ce sujet a été étudié avec beaucoup de soin par Darcy dans le chapitre II de la 3ᵉ partie de son ouvrage *Fontaines publiques de Dijon*. Lorsque la conduite présente des points hauts, A, l'air peut s'accumuler en ces points pendant la mise en train, et nuire à l'écoulement, bien que la pression ne soit pas au-dessous de celle de l'atmosphère. Pour évacuer cet air, on peut avoir recours à un appareil nommé *ventouse* (fig. 152) : c'est une sphère creuse suspendue à une tige ; elle ouvre un orifice en retombant, et bouche cet orifice quand elle se relève. Placée dans l'air, la soupape reste ouverte ; mais si elle plonge dans un liquide, la pression la soulève et ferme l'orifice extérieur. On a longtemps cru que cet appareil permettrait

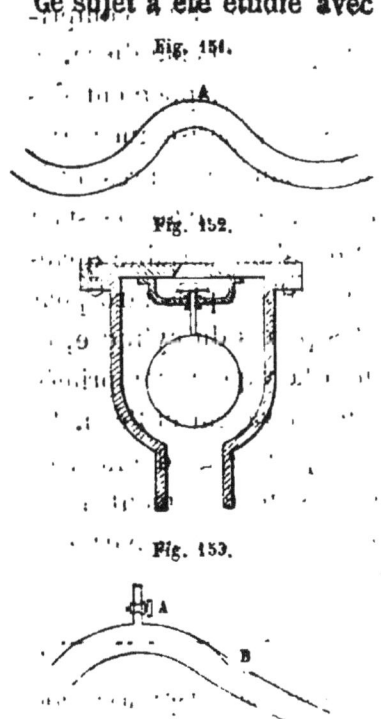

Fig. 151.

Fig. 152.

Fig. 153.

toujours à l'air de sortir, et qu'il se formerait seulement quand l'eau viendrait en prendre la place. Darcy a reconnu que le jeu de la ventouse n'était pas entièrement satisfaisant ; que souvent elle se fermait avant la sortie de toute la quantité d'air emprisonnée dans la conduite, et que, d'ailleurs, les bulles d'air retenues dans le tuyau pendant la mise en service, au lieu de s'accumuler au point le plus élevé A du coude, sont entraînées par le mouvement du liquide et vont s'arrêter quelque part en B dans la branche descendante. On n'évite sûrement cet inconvénient qu'en ayant soin *d'amorcer* les coudes à points hauts, comme on le ferait pour un siphon. Il suffit pour cela de placer au sommet A un robinet, qu'on tient ouvert pendant toute la période de la mise en service. L'air sort par cet orifice, puis l'eau sort à la suite de l'air, et on ne ferme le robinet que quand on a vu se former la veine nette et bien calibrée qui indique qu'il n'y a plus d'air entraîné. Le tuyau est alors plein de liquide, et les bulles d'air ne s'y produisent plus, pourvu que la pression soit partout suffisante.

LIVRE VI.

MACHINES HYDRAULIQUES.

CHAPITRE PREMIER.

GÉNÉRALITÉS SUR LES MACHINES.

---

269. L'établissement d'une machine donne lieu, en général, à trois problèmes particuliers.

Le premier est un problème de cinématique. On veut transformer le mouvement emprunté au moteur en un mouvement convenable pour l'outil qu'il s'agit d'employer. Par exemple, la machine à vapeur, les machines à air et à gaz, certaines machines hydrauliques, mettent à la disposition de l'industrie le mouvement rectiligne et alternatif d'un piston; ce mouvement devra être transformé, suivant les cas, en mouvements très divers; il peut être employé à produire, soit la rotation continue d'une roue, soit l'oscillation d'un balancier, soit le mouvement alternatif d'une machine à raboter, etc. Entre le *récepteur* qui subit directement l'action de la force motrice, et les *outils* qui effectuent le travail demandé, se place donc une série plus ou moins étendue d'*organes de transmission*, disposés de manière à assurer à chaque outil le mouvement voulu.

Le second problème est une question de mécanique proprement dite. Parmi tous les mouvements qu'il est possible d'attribuer à l'ensemble des pièces composant la machine, le système matériel en prendra un parfaitement défini lorsqu'on lui appliquera d'une part la puissance motrice, de l'autre les résistances que la machine a pour objet de surmonter, et il se développera dans toutes les parties de la machine, des pressions, des tensions, des frottements, qui ont leur influence sur le mouvement, et qu'il importe de déterminer.

Le troisième problème a pour objet l'étude de la résistance des pièces fixes ou mobiles qui constituent la machine; la connaissance des forces auxquelles ces diverses pièces sont soumises est essentielle pour déterminer avec exactitude les dimensions qu'il convient de leur donner. Mais ces dimensions influent à leur tour sur les masses et les poids des pièces, et, par suite, sur le mouvement de la machine et sur les efforts qui s'y développent. Les trois problèmes sont donc connexes, et on ne peut à la rigueur les isoler les uns des autres. La solution du premier influe sur la solution des deux suivants, et l'étude de ceux-ci peut conduire à modifier les dispositions prises en traitant le premier. Il est possible, par exemple, qu'une transmission soit acceptable au point de vue cinématique, et qu'elle soit inapplicable en réalité, parce qu'elle supposerait entre certaines pièces un frottement considérable, que la cinématique pure ne permet pas d'évaluer (*). Le troisième problème, une fois résolu, montre les retouches qu'il faut faire subir à l'avant-projet de la machine, et ces retouches entraînent le plus souvent des modifications dans la solution provisoirement adoptée pour les deux premiers. La méthode des approximations successives, ou *méthode de fausse position*, est indispensable pour tourner les difficultés que présenterait la solution directe d'un triple problème aussi compliqué.

270. Nous ne nous occuperons dans ce livre que du second point

---

(*) Tel est le phénomène de l'arc-boutement dans les engrenages où la prise entre les profils conjugués a lieu trop loin en arrière de la ligne des centres.

de vue, celui du mouvement eu égard aux forces qui le produisent.
Nous supposerons la machine construite, et faisant agir sur elle
un moteur d'une puissance déterminée, nous nous proposerons de
chercher quelle fraction de cette puissance la machine permet d'appliquer à l'accomplissement du travail utile. La solution générale de la
question est fournie par le théorème des forces vives. Ce théorème
fait connaître le mouvement réel pris par une machine, parce
qu'il s'agit le plus souvent de *systèmes à liaisons complètes*, et
que pour définir leur mouvement une équation suffit. Mais le
théorème des forces vives n'épuise pas la question de mécanique
à résoudre; éliminant toutes les forces qui ne produisent pas de
travail, il ne peut servir à déterminer ces forces. Par exemple, le
problème du mouvement d'un corps solide assujetti à tourner
autour d'un axe fixe, est résolu par l'équation des forces
vives; mais l'équation ainsi obtenue n'apprend rien sur les
réactions de l'axe; il faut les chercher par l'application d'autres
théorèmes.

Cependant, le théorème des forces vives peut servir quelquefois
à trouver des réactions mutuelles inconnues; ces réactions disparaissent quand on applique le théorème à l'ensemble d'un système
donné; mais on peut l'appliquer successivement aux deux parties
du système entre lesquelles se développe la réaction mutuelle cherchée; on obtiendra ainsi deux équations dont chacune contiendra
cette réaction, ce qui permettra de la déterminer.

271. Rappelons la forme de l'équation des forces vives appliquée
aux machines.

Considérons la machine à deux époques. Soit m la masse de l'un
de ses points, v_0 la vitesse de ce point à la première époque, v sa
vitesse à la seconde; la force vive du point sera égale à mv^2_0 au premier instant, et à mv^2 au second; le demi-accroissement de force
vive sera donc égal à $\frac{1}{2}mv^2 - \frac{1}{2}mv^2_0$; en prenant cette différence
pour tous les points de la machine, et faisant la somme, on obtien-
dra pour résultat final l'expression

$$\sum \tfrac{1}{2} mc^2 - \sum \tfrac{1}{2} mv^2.$$

Cette différence est égale à la somme des quantités de travail accomplies par les forces, tant extérieures qu'intérieures, qui ont agi sur la machine, dans son passage de la première position à la seconde. Ces divers travaux se classent de la manière suivante :

1° *Le travail moteur.* — Dans les machines, le travail moteur est fourni soit par la force vive d'un corps étranger qui vient perdre sur les organes mobiles une partie de sa vitesse, soit par la pesanteur, soit par la détente d'un gaz ou d'un ressort. En général, le moteur est distinct de la machine ; il consiste en un corps animé d'une certaine vitesse, et sa masse n'entre pas dans le premier membre de l'équation des forces vives que nous allons écrire tout à l'heure. Dans le travail moteur, nous ne comprenons pas le travail de la pesanteur sur les parties propres de la machine, même quand ce travail serait positif. Nous désignerons par T_m le travail total effectué par le moteur pendant que le système passe de sa première à sa seconde position.

2° *Le travail utile.* Nous le représenterons par — T ; c'est le travail de la résistance principale que la machine est destinée à vaincre. Pris positivement, il représente l'effet de la machine que les outils sont chargés d'utiliser ; mais considéré comme agissant sur la machine, c'est un travail résistant auquel on doit donner le signe —.

3° *Le travail des résistances secondaires,* appelées improprement *résistances passives.* C'est la somme des travaux représentés par les frottements des pièces mobiles, par les déformations des organes, par les chocs, par l'échauffement des parties frottantes, par les vibrations des corps voisins, par la résistance de l'air, etc. Ce travail est négatif, et nous le représenterons par — T_r.

4° *Le travail de la pesanteur.* Dans une machine fixe, ce travail est tantôt positif, tantôt négatif, et pour n'avoir pas à le faire passer alternativement dans la somme des travaux moteurs et dans celle des travaux résistants, nous le représenterons par un terme spécial. Si P est le poids total de la machine, et z_0, z, les hauteurs de son centre de gravité, dans la première position et dans la seconde, au-dessus d'un même plan horizontal, le travail de la pesanteur sera $P(z_0 - z)$, quantité qui porte son signe avec elle.

L'équation des forces vives prend donc la forme

$$\sum \tfrac{1}{2} mv^2 - \sum \tfrac{1}{2} mv_0^2 = T_m - T - T_r + P(z_0 - z).$$

Cette équation se réduit à $T_m - T - T_r = 0$, quand on l'applique à deux positions de la machine pour lesquelles les molécules repassent avec les mêmes vitesses par les mêmes points géométriques. On a alors pour chaque point $v = v_0$, et de plus $z = z_0$. L'équation ainsi simplifiée est rigoureusement vraie dans ce cas parculier, et notamment lorsqu'on considère la période entière d'activité de la machine, pourvu que son centre de gravité revienne au moment de l'arrêt à la hauteur qu'il avait à l'origine du mouvement. En outre, elle est applicable approximativement à toute époque, une fois que *le régime est établi*. Le mouvement de la machine devient dans ce cas périodiquement uniforme; la différence $\sum \tfrac{1}{2} mv^2 - \sum \tfrac{1}{2} mv_0^2$ est une quantité qui oscille entre deux limites peu écartées; il en est de même de $P(z_0 - z)$ (*). Ces termes périodiques sont négligeables devant les termes T_m, T, T_r, qui grandissent indéfiniment tant que le mouvement se prolonge, et sous ces restrictions, on peut poser l'équation approximative :

$$T_m - T - T_r = 0.$$

On en déduit

$$T = T_m - T_r$$

_____

(*) Il n'y a que les machines mobiles, telles que les locomotives, pour lesquelles le terme dû à la pesanteur ne soit pas essentiellement limité.

et, par suite,

$$\frac{T}{T_m} = 1 - \frac{T_r}{T_m}.$$

Le rapport $\frac{T}{T_m}$ est le *rendement* de la machine; une machine parfaite serait celle où le rendement serait égal à l'unité; il faudrait pour cela que T_r fût égal à zéro, ou qu'il n'y eût aucun travail des résistances secondaires. Comme il est impossible de construire une machine parfaite, le rendement est toujours une fraction moindre que l'unité. Un rendement de 0.60 est considéré comme très-bon. Les machines dont le rendement s'élève à 70, à 75 pour 100 doivent être regardées comme excellentes.

240. Malgré les progrès des études mécaniques, et malgré l'insuccès de milliers de tentatives, il y a encore aujourd'hui des inventeurs qui s'entêtent à chercher un système de *mouvement perpétuel*, et qui montrent par là leur ignorance des vrais principes de la science. Le vrai problème consisterait à trouver une machine dans laquelle le travail utile produit fût plus grand que le travail moteur employé à le produire; ce qui impliquerait la création d'une certaine quantité de travail. Or l'homme ne peut pas plus créer du travail qu'il ne peut créer de la matière, et la théorie des forces vives montre qu'une telle machine est impossible non-seulement à réaliser, mais même à concevoir. Supposons en effet qu'une machine parte du repos, et qu'elle ait atteint au bout d'un certain temps des vitesses v; on aura, en appelant T_m, T et T_r les quantités de travail qui ont été développées par la puissance et les résistances, et qui ont amené la machine à cet état de vitesse :

$$\sum \tfrac{1}{2} mv^2 = T_m - T_r - T + P(z_0 - z).$$

Le premier membre est positif, le second l'est donc aussi; par suite

$$T_m + Pz_0 > T + T_r + Pz.$$

Supposons, pour plus de simplicité, que la machine soit fixe;

son centre de gravité oscille donc entre deux plans horizontaux définis. On peut concevoir une position de la machine telle que Pz_0 soit plus petit que Pz; d'où résulte $T_m > T + T_r$, et *à fortiori* $T_m > T$. Si, à partir d'un certain instant, T était constamment plus grand que T_m, il faudrait pour satisfaire à l'équation attribuer à v des valeurs imaginaires, les seules qui, algébriquement, pourraient donner une valeur négative à la somme $\sum \frac{1}{2} mv^2$.

L'impossibilité du mouvement perpétuel n'a pas toujours été rigoureusement démontrée, mais elle n'a jamais été douteuse pour les esprits vraiment philosophiques. Léonard de Vinci, plus d'un siècle avant la naissance de la dynamique, écrivait une dissertation sur ce sujet. Depuis, l'impossibilité du mouvement perpétuel est devenue un axiome de la philosophie naturelle, et l'on peut dire avec Edmond Bour : « Dès qu'on s'aperçoit qu'une combi- « naison quelconque conduit au mouvement perpétuel, si bien « déguisé qu'il soit, il faut s'empresser de condamner le tout « sans appel (*). »

272. La plupart des inventeurs qui croient découvrir le mouvement perpétuel commettent une des fautes suivantes : ils se méprennent sur le signe des travaux qui entrent dans la somme T_r, et regardent comme positifs les travaux de certaines forces résistantes; ou bien ils supposent un travail de la pesanteur indéfiniment croissant, bien que la variation de hauteur, $z_0 - z$, du centre de gravité de la machine soit limitée; souvent, enfin, ils s'appuient sur le théorème d'Archimède, en comprenant au propre l'expression figurée de *perte de poids*.

D'autres encore mettent en mouvement un appareil plus ou moins bizarre, et prétendent utiliser ce mouvement pour accomplir un travail utile. Or le mouvement qu'ils attribuent à leur appareil est le résultat nécessaire des efforts auxquels il est soumis; la résis-

---

(*) *Cours de mécanique*, t. II, p. 164.

tance utile, que l'inventeur ajoute ensuite à ces efforts, modifie le mouvement supposé, et ramène peu à peu, dès qu'elle agit, l'appareil au repos. De là l'inutilité pratique de telles recherches. Qu'on imagine un appareil marchant indéfiniment tout seul, par exemple, un pendule, abstraction faite de la raideur du fil de suspension et de la résistance des milieux. Ce pendule idéal serait sans application industrielle, parce qu'il s'arrêterait au bout d'un temps fini, dès qu'on exercerait sur lui d'une manière continue une résistance quelconque. Un corps en mouvement représente une quantité de travail disponible essentiellement limitée, et égal à la moitié de sa force vive : une fois ce travail accompli, le corps rentre dans le repos, et sa puissance motrice est épuisée (*).

Les machines n'utilisent pas la totalité du travail moteur qu'elles reçoivent ; elles n'en utilisent qu'une partie, et leur mouvement indéfiniment prolongé suppose l'intervention indéfiniment renouvelée d'un certain travail moteur. A de rares exceptions près, la chaleur que le soleil envoie à la terre est le réservoir où s'alimentent tous les travaux accomplis à la surface du globe.

Le rendement étant toujours inférieur à l'unité, il peut paraître que l'emploi des machines corresponde à une perte, et qu'une machine mérite le reproche de dissipation des forces naturelles. Cette accusation serait peu fondée. Il est vrai que les machines utilisent seulement une partie du travail moteur, mais le point de vue industriel diffère du point de vue mécanique, et s'il est impossible de créer du *travail*, il est possible de créer de la *valeur*; la perte d'une

(*) On lit dans la correspondance du président de Brosses (t. I, p. 119, lettre datée de Milan, 17 juillet 1739, visite du cabinet Settala) :

« On y voit diverses machines pour le mouvement perpétuel, l'une desquelles est « composée d'une balle de plomb qui, après être descendue très longtemps le long d'une « ligne spirale, tombe dans un canon de pistolet, qui, au moyen d'un ressort comprimé « par la chute de la balle, la tire contre un dôme incliné, qui la fait rejaillir dans un « entonnoir, d'où elle coule en la ligne spirale, et toujours de même. »

Cet appareil, pour fonctionner comme M. de Brosses l'indique, supposerait qu'il n'y a aucun frottement entre la balle et la courbe qui la conduit, et que le ressort qui la reçoit est doué d'une élasticité parfaite. Mais, en supposant même que ces conditions soient remplies, on peut se demander à quoi servirait l'appareil, et quel travail disponible il permettrait d'utiliser. Ce serait un jouet plutôt qu'une machine.

certaine quantité de travail, due aux imperfections de la machine, n'empêche pas la production de valeur qui est le véritable but à atteindre. À cet égard une machine très imparfaite peut rendre d'excellents services, tandis qu'une machine dont le rendement est très élevé peut être employée à un travail industriel peu rémunérateur, onéreux même.

ACTIONS MUTUELLES DE DEUX CORPS TOURNANTS.

273. Nous donnerons ici un exemple de l'emploi de l'équation des forces vives pour déterminer une action mutuelle (§ 270).

Supposons une série de n treuils à axes parallèles, auxquels nous donnerons les numéros 1, 2, ... n; ces treuils sont liés, le premier au second, le second au troisième, ... le $(n-1)^{me}$ au n^{me}, par des courroies sans fin ou des engrenages, de telle sorte qu'il y ait des rapports constants entre leurs vitesses angulaires. On suppose que le premier treuil soit sollicité par une force F_1, constante, agissant tangentiellement à une circonférence concentrique au treuil et ayant un rayon R_1; de même F_2, F_3, ... F_n sont les forces appliquées aux treuils n° 2, n° 3, ... n° n, et R_2, R_3, ... R_n, leurs bras de levier, pris respectivement par rapport à l'axe de chacun d'eux. Les forces F sont positives ou négatives : positives, quand elles tendent à faire tourner le treuil dans le sens du mouvement, et négatives dans le cas contraire.

La courroie qui réunit le treuil n° 1 au treuil n° 2 passe sur un tambour de rayon r_1 fixé au treuil n° 1, et sur un autre tambour de rayon r'_2 fixé au treuil n° 2; les rayons des tambours qui établissent la transmission du treuil n° 2 au treuil n° 3 sont r_2 sur le treuil n° 2, et r'_3 sur le treuil n° 3, et ainsi de suite; la dernière transmission, entre les treuils n° $(n-1)$ et n° n, est opérée par une courroie passant sur des tambours de rayons r_{n-1} et r'_n.

Enfin, on connaît la distribution des masses de tous les treuils, ce qui revient à donner pour chacun la masse m et le rayon de giration ρ; ces deux lettres ayant pour chaque treuil un indice égal au numéro du treuil dans la série.

Cela posé, on demande la tension développée dans la courroie qui réunit le treuil n° k au treuil n° $(k+1)$, c'est-à-dire l'excès de la tension du brin moteur sur celle du brin résistant.

Nous représenterons par ω_1, ω_2, ... ω_n les vitesses angulaires des divers treuils; les rapports en étant connus, on pourra remplacer

$$\omega_1, \omega_2, \ldots \omega_{k-1} \quad \text{et} \quad \omega_{k+2}, \ldots \omega_{k+1},$$

par les produits

$$\lambda_1 \omega_k, \ \lambda_2 \omega_k, \ldots \lambda_{k-1} \omega_k \quad \text{et} \quad \lambda_{k+2} \omega_{k+1}, \ldots \lambda_n \omega_{k+1},$$

où les facteurs λ sont connus et dépendent des rapports

$$\frac{r'_2}{r'_1}, \ \frac{r_2}{r'_3}, \ldots \frac{r_{n-1}}{r'_n}.$$

On a en effet successivement :

$$\lambda_k = 1; \quad \lambda_{k-1} = \frac{r'_k}{r_{k-1}}; \quad \lambda_{k-2} = \frac{r'_k r'_{k-1}}{r_{k-1} r_{k-2}};$$

$$\lambda_1 = \frac{r'_k \times \ldots \times r'_2}{r_{k-1} \times \ldots \times r_1}.$$

et de même

$$\lambda_{k+1} = 1; \quad \lambda_{k+2} = \frac{r_{k+1}}{r'_{k+2}}; \quad \lambda_{k+3} = \frac{r_{k+1} r_{k+2}}{r'_{k+2} r'_{k+3}};$$

$$\ldots \lambda_n = \frac{r_{k+1} \times \ldots \times r_{n-1}}{r'_{k+2} \times \ldots \times r'_n}.$$

Les coefficients λ sont les *raisons* des treuils du premier et du deuxième groupe par rapport au treuil n° k et au treuil n° $k+1$. d'après la définition cinématique du mot *raison*.

Coupons la courroie $(k, k+1)$, et appelons T la tension cherchée, puis considérons isolément les deux groupes formés, l'un par les treuils n° 1, n° 2, ... n° k, l'autre par les treuils n° $(k+1)$, ... n° n. Appliquons à chaque groupe le théorème des forces vives pour un déplacement angulaire infiniment petit, $\omega_k dt$, du treuil n° k. La force vive d'un corps tournant qui a une masse m, un rayon de giration ρ et une vitesse angulaire ω, est représentée par $m\rho^2\omega^2$; l'accroissement infiniment petit de la force vive, quand la vitesse passe de ω à $\omega + d\omega$, est égal à $2m\rho^2\omega d\omega$; le demi-accroissement est $m\rho^2\omega d\omega$; le premier membre de l'équation des forces vives est donc pour le premier groupe de treuils, en appliquant successivement cette expression aux k treuils qui le composent, et en faisant la somme :

$$(m_1 \rho_1^2 \lambda_1^2 + m_2 \rho_2^2 \lambda_2^2 + m_3 \rho_3^2 \lambda_3^2 + \ldots + m_{k-1} \rho_{k-1}^2 \lambda_{k-1}^2 + m_k \rho_k^2) \omega_k \, d\omega_k;$$

pour le second groupe, on trouverait de même :

$$(m_{k+1} \rho_{k+1}^2 + m_{k+2} \rho_{k+2}^2 \lambda_{k+2}^2 + \ldots + m_n \rho_n^2 \lambda_n^2) \omega_{k+1} \, d\omega_{k+1}.$$

Ces sommes doivent être égalées respectivement aux travaux des forces qui agissent sur chacun des groupes pendant le déplacement que le système a subi; or ces forces sont, pour le premier groupe, les forces F_1, F_2, ... F_k et la tension T; pour le second, la tension $-T$ et les forces F_{k+1}, ... F_n. Les tensions mutuelles des courroies qui précèdent ou qui suivent la courroie coupée, ne figureront pas dans le calcul si on les suppose inextensibles, parce que les travaux des tensions sont alors nuls. On sait d'ailleurs que le travail élémentaire d'une force appliquée à un corps tournant est égal au moment de la force par rapport à l'axe, multiplié par le déplacement angulaire du corps : on aura donc pour cette somme de travaux, dans le premier groupe,

$$(F_1 R_1 \lambda_1 + F_2 R_2 \lambda_2 + \ldots F_{k-1} R_{k-1} \lambda_{k-1} + F_k R_k + T r_k) \omega_k \, dl,$$

dans le second,

$$(- T r'_{k+1} + F_{k+1} R_{k+1} + F_{k+2} R_{k+2} \lambda_{k+2} + \ldots + F_n R_n \lambda_n) \omega_{k+1} \, dl.$$

Calculons deux masses auxiliaires M et M' et deux forces auxiliaires Φ et Φ', telles que nous ayons les égalités :

$$M r_k^2 = m_1 \rho_1^2 \lambda_1^2 + m_2 \rho_2^2 \lambda_2^2 + \ldots + m_k \rho_k^2 = \sum_{i=1}^{i=k} m_i \rho_i^2 \lambda_i^2,$$

$$M' r'^2_{k+1} = m_{k+1} \rho_{k+1}^2 + \ldots + m_n \rho_n^2 \lambda_n^2 = \sum_{i=k+1}^{i=n} m_i \rho_i^2 \lambda_i^2,$$

$$\Phi r_k = F_1 R_1 \lambda_1 + F_2 R_2 \lambda_2 + \ldots + F_k R_k = \sum_{i=1}^{i=k} F_i R_i \lambda_i,$$

$$\Phi' r'_{k+1} = F_{k+1} R_{k+1} + F_{k+2} R_{k+2} \lambda_{k+2} + \ldots + F_n R_n \lambda_n' = \sum_{i=k+1}^{i=n} F_i R_i \lambda_i.$$

Les équations des forces vives deviendront, après suppression des facteurs communs ω_k et ω_{k+1},

$$\frac{d\omega_k}{dt} \times Mr^2{}_k = (\Phi + T)\, r_k$$

$$\frac{d\omega_{k+1}}{dt} \times M'r'^2{}_{k+1} = (\Phi' - T)\, r'_{k+1}$$

Mais

$$r_k \frac{d\omega_k}{dt} = r'_{k+1} \frac{d\omega_{k+1}}{dt}.$$

Donc enfin

$$\frac{\Phi + T}{M} = \frac{\Phi' - T}{M'},$$

et par suite

$$T = \frac{M\Phi' - M'\Phi}{M + M'}.$$

Ici le théorème des forces vives nous fait connaître une force intérieure à l'ensemble du système.

Connaissant T, on pourra déterminer $\frac{d\omega_k}{dt}$, et il suffira d'intégrer deux fois l'équation pour avoir, en fonction de t, la vitesse angulaire ω_k et l'angle décrit $\int \omega_k dt$; connaissant ω_k, on en déduira les autres vitesses angulaires, qui ont avec ω_k des rapports connus.

274. On remarquera que la formule

$$T = \frac{m\Phi' - M'\Phi}{M + M'}$$

exprime la tension d'une tige réunissant deux masses M et M' sollicitées dans la direction MM' par deux forces constantes Φ et Φ', et se mouvant dans cette même direction MM'. On a, en effet, en appelant x l'espace décrit sur cette direction par un point quelconque de la tige MM', pour l'équation du mouvement du point M

Fig. 154.

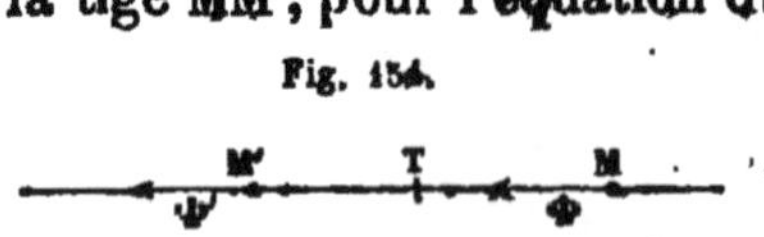

$$M \frac{d^2 x}{dt^2} = \Phi + T,$$

et pour l'équation du mouvement du point M'

$$M' \frac{d^2 x}{dt^2} = -T + \Phi'.$$

C'est le même $\frac{d^2 x}{dt^2}$ dans les deux équations, parce que la distance MM' est invariable.

Multiplions la première par M', la seconde par M, et retranchons, il viendra

$$0 = M'\Phi + (M + M')T - M\Phi',$$

ou bien

$$T = \frac{M\Phi' - M'\Phi}{M + M'}.$$

275. Les transformations que nous venons d'opérer sur les sommes des moments des forces et des moments d'inertie, ont eu pour effet de ramener toutes les données de la question, forces et masses, à des *circonférences animées de vitesses linéaires égales*; ce qui nous a permis de substituer un mouvement rectiligne fictif à un ensemble de mouvements circulaires. La solution du problème peut, comme nous allons le voir, se déduire de cette seule considération.

Le premier treuil est soumis à deux forces, F_1 et T_1, agissant à des distances de l'axe R_1 et r_1; l'équation de son mouvement est donnée par le théorème de l'accélération angulaire, et prend la forme

$$\frac{d\omega_1}{dt} = \frac{F_1 R_1 + T_1 r_1}{m_1 \rho_1^2}.$$

Le second treuil est soumis aux forces

$$F_2, \quad T_2 \quad \text{et} \quad -T_1$$

agissant sur les bras de levier

$$R_2, \quad r_2, \quad \text{et} \quad r'_2.$$

L'équation de son mouvement sera donc

$$\frac{d\omega_2}{dt} = \frac{F_2 R_2 + T_2 r_2 - T_1 r'_2}{m_2 \rho_2^2}.$$

De même, on aura pour le troisième treuil

$$\frac{d\omega_3}{dt} = \frac{E_3 R_3 + T_2 r_3 - T_3 r'_3}{m_3 \rho^2{}_3}$$

et, ainsi de suite, jusqu'au $n^{ième}$ treuil, dont le mouvement sera défini par l'équation

$$\frac{d\omega_n}{dt} = \frac{E_n R_n - T_{n-1} r'_n}{m_n \rho^2{}_n}.$$

Nous ne changerons rien à ces équations en modifiant les rayons, les forces F et T, et les masses m, pourvu que nous conservions les valeurs des produits FR, Tr, Tr', et $m\rho^2$. Ramenons pour le premier treuil la force F_1 à agir sur le bras de levier r_1, et altérons de même la masse m_1, de manière qu'on puisse la supposer répartie sur la circonférence de rayon r_1; il suffira pour cela de calculer la nouvelle force φ_1 par l'équation

$$\varphi_1 r_1 = F_1 R_1,$$

et la nouvelle masse μ_1 par l'équation

$$\mu_1 r_1^2 = m_1 \rho_1^2.$$

La première équation prend la forme

$$r_1 \frac{d\omega_1}{dt} = \frac{\varphi_1 + T_1}{\mu_1}.$$

Pour transformer la seconde équation, nous ramènerons les forces et les masses à la circonférence de rayon r'_2, qui a une vitesse linéaire égale à celle de la circonférence r_1 sur le premier treuil. Nous poserons donc

$$\varphi_2 r'_2 = F_2 R_2$$
$$\tau_2 r'_2 = T_2 r_2$$
$$\mu_2 r'^2_2 = m_2 \rho^2{}_2,$$

et la seconde équation deviendra

$$r'_2 \frac{d\omega_2}{dt} = \frac{\varphi_2 + \tau_2 - T_1}{\mu_2}.$$

La tension T_1 ne change pas, parce qu'elle est naturellement appliquée à la circonférence r'_2.

Cherchons sur le troisième treuil une circonférence qui ait la même vitesse linéaire que la circonférence r_1 sur le premier treuil, et que la circonférence r'_2 sur le second. Le rayon r''_3 de cette circonférence sera donné par l'équation

$$\omega_3\, r'_3 = \omega_2\, r'_2\,;$$

mais

$$\omega_2\, r'_2 = \omega_1\, r_2,$$

donc

$$r''_3 = \frac{r'_2\, r'_3}{r_2}.$$

Puis nous ramènerons les forces et la masse à cette circonférence r''_3 par les équations

$$\varphi_3\, r''_3 = F_3\, R_3$$
$$\tau_3\, r''_3 = T_3\, r_3$$
$$\mu_3\, r''_3 = m_3\, \rho_3,$$

ce qui mettra la troisième équation sous la forme

$$r''_3 \frac{d\omega_3}{dt} = \frac{\varphi_3 + \tau_3 - T_2 \dfrac{r'_2}{r''_3}}{\mu_3} = \frac{\varphi_3 + \tau_3 - T_2 \dfrac{r_2}{r'_2}}{\mu_3} = \frac{\varphi_3 + \tau_3 - \tau_2}{\mu_3}.$$

La loi de formation de ces équations est manifeste, et l'on peut poser d'une manière générale, en désignant par r''_k le rayon de la circonférence du treuil n° k qui possède la même vitesse linéaire que la circonférence r_1 du treuil n° 1, et φ_k, τ_k, μ_k, les forces et la masse réduites à cette circonférence,

$$r''_k \frac{d\omega_k}{dt} = \frac{\varphi_k + \tau_k - \tau_{k-1}}{\mu_k}.$$

Observons de plus que les premiers membres des équations transformées sont tous égaux en vertu de l'égalité des vitesses linéaires;

nous aurons pour déterminer les tensions inconnues, la suite d'é-
galités

$$\frac{\varphi_1 + T_1}{\mu_1} = \frac{\varphi_2 + \tau_2 - T_1}{\mu_2} = \frac{\varphi_3 + \tau_3 - \tau_2}{\mu_3} = \dots = \frac{\varphi_k + \tau_k - \tau_{k-1}}{\mu_k} = \dots = \frac{\varphi_n - \tau_{n-1}}{\mu_n}.$$

Composons ces rapports, les tensions inconnues s'éliminent, et il
vient

$$\frac{\varphi + T_1}{\mu_1} = \frac{(\varphi_1 + T_1) + (\varphi_2 + \tau_2 - T_1) + (\varphi_3 + \tau_3 - \tau_2) + \dots + (\varphi_n - \tau_{n-1})}{\mu_1 + \mu_2 + \dots + \mu_n}$$

$$= \frac{\varphi_1 + \varphi_2 + \varphi_3 + \dots + \varphi_n}{\mu_1 + \mu_2 + \dots + \mu_n}.$$

Cette équation donne T_1; une fois T_1 connu, il est facile de calculer τ_2, τ_3, ..., τ_{n-1}, après quoi on passe aux véritables inconnues
T_2, T_3, ... T_{n-1}, dont les rapports aux inconnues auxiliaires sont déterminés.

On peut aussi composer successivement les deux premiers rapports,
les trois premiers, les quatre premiers, et, ainsi de suite, ce qui sépare les inconnues. On obtient, en effet, en procédant de cette manière :

$$\frac{\varphi_1 + T_1}{\mu_1} = \frac{\varphi_1 + \varphi_2 + \tau_2}{\mu_1 + \mu_2} = \frac{\varphi_1 + \varphi_2 + \varphi_3 + \tau_3}{\mu_1 + \mu_2 + \mu_3} = \dots = \frac{\sum_{i=1}^{i=n} \varphi_i}{\sum_{i=1}^{i=n} \mu_i}.$$

et cette série d'égalités permet de déterminer immédiatement telle
inconnue qu'on voudra. On a, en général,

$$\frac{\tau_k + \sum_{i=1}^{i=k} \varphi_i}{\sum_{i=1}^{i=k} \mu_i} = \frac{\sum_{i=1}^{i=n} \varphi_i}{\sum_{i=1}^{i=n} \mu_i},$$

d'où l'on déduit

$$\tau_k = \frac{\sum_{i=1}^{i=k} \mu_i}{\sum_{i=1}^{i=n} \mu_i} \sum_{i=1}^{i=n} \varphi_i - \sum_{i=1}^{i=k} \varphi_i = \frac{\sum_{i=1}^{i=k} \mu_i \sum_{i=1}^{i=n} \varphi_i - \sum_{i=1}^{i=n} \mu_i \sum_{i=1}^{i=k} \varphi_i}{\sum_{i=1}^{i=n} \mu_i},$$

équation qu'on peut aussi mettre sous la forme

$$\tau_k = \frac{\sum_1^k \mu_i \sum_{k+1}^n \varphi_i - \sum_{k+1}^n \mu_i \sum_1^k \varphi_i}{\sum_1^n \mu_i}$$

INSTALLATION D'UN RÉCEPTEUR HYDRAULIQUE.

276. Le moteur des machines hydrauliques est la pesanteur agissant sur l'eau qui tombe, et produisant ainsi un travail dont une partie peut être recueillie par le récepteur. La première condition de l'installation d'un récepteur consiste donc à avoir une chute d'eau. Si l'on ne dispose pas d'une chute d'eau naturelle, on en créera une en barrant un cours d'eau. Le barrage fait refluer les eaux d'amont dans un canal latéral ouvert de l'amont à l'aval, et sur lequel est installée l'usine; c'est le *canal d'amenée*; il est protégé en amont par une série de *vannes de prise d'eau et de garde*; un *déversoir* et des *vannes de fond* permettent de vider le canal d'amenée lorsque l'usine doit chômer. Au delà de l'usine, le canal se prolonge par le *canal de fuite*, qui rejoint le lit naturel du cours d'eau. Des *vannes motrices* servent à donner l'eau au récepteur, ou à interrompre la communication, s'il ne doit pas fonctionner. Parfois on est conduit à adjoindre à ces différentes parties un *canal de décharge*, qui réunit l'amont à l'aval du barrage sur l'autre rive du cours d'eau, et qui sert à l'écoulement des hautes eaux. Des digues doivent protéger le canal d'amenée et le canal de fuite, où l'on ne doit pas admettre les crues.

L'eau est donnée à chaque récepteur par une vanne spéciale. Le débit total de l'eau motrice est partagé entre les divers récepteurs au moyen d'épurons construits dans le bief alimentaire; dans certains cas, on établit pour recevoir l'eau motrice et la donner au récepteur ce que l'on appelle un *cabinet d'eau*.

APPLICATION DE L'ÉQUATION DES FORCES VIVES AUX MOTEURS HYDRAULIQUES.

277. Supposons qu'une machine soit mise en mouvement par une certaine masse d'eau animée d'un mouvement permanent. Nous pourrons appliquer à cette masse le théorème des forces vives; elle exerce sur le récepteur hydraulique une action dont le travail constitue le travail moteur de la machine; la réaction égale et contraire à cette action sera une résistance appliquée par le récepteur à l'eau, et son travail sera compris par conséquent dans la somme des travaux résistants des forces appliquées au système liquide.

Soit PQ un fragment du récepteur hydraulique; CD, C′D′, C″D″,...

Fig. 155.

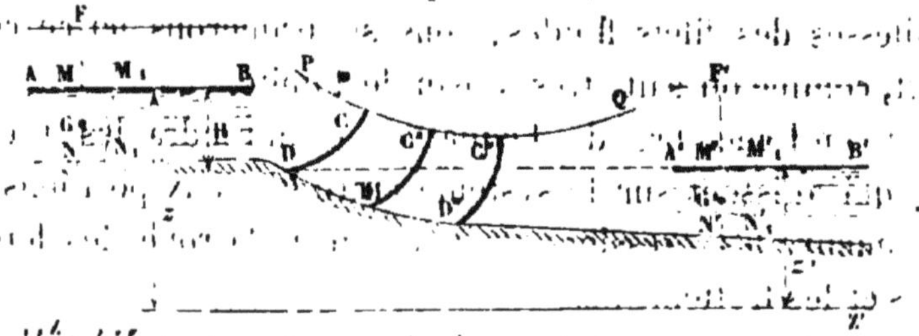

sont les *aubes* qui reçoivent l'action de l'eau, et qui sont disposées à distance égale sur le pourtour d'une roue PQ. Faisons deux sections dans le cours d'eau, l'une MN en amont, l'autre M′N′ en aval de la région où s'opère le contact entre l'eau et les aubes; puis suivons l'eau dans le mouvement dont elle est animée pendant le temps θ que met chaque aube CD à prendre la place C′D′ de l'aube suivante, ou que la roue met à avancer d'un *pas*. Nous choisissons cet intervalle, qui n'est pas infiniment petit, pour retrouver la figure dans la même position aux deux époques. Le mouvement de l'eau, en un mot, n'est pas rigoureusement permanent; il est *périodique*, mais la durée θ de la période est très courte, et d'ailleurs le théorème des forces vives s'applique aussi bien à cette période qu'à une période infiniment petite. Les molécules situées dans le plan MN viendront pendant le temps θ occuper la surface M_1N_1, les molécules contenues à l'origine dans le plan M'N' passent en $M'_1N'_1$; et à cause de la permanence, ou plutôt de la périodicité admise dans le mouvement, le demi-accroissement de force vive du système compris entre les plans MN, M'N', est égal à la demi-différence entre la force vive de la masse MM_1N_1N et la force vive de la masse $M'N'N'_1M'_1$. Soit V la vitesse moyenne dans la section MN, P le poids d'eau débité par le cours d'eau dans l'unité de temps, et V' la vitesse moyenne dans la section M'N'. Le demi-accroissement des forces vives sera

$$\frac{1}{2}\frac{P\theta}{g}(V'^2 - V^2),$$

en faisant abstraction du coefficient de correction, α, qu'il faudrait introduire dans cette expression pour tenir compte de la différence des vitesses des filets fluides; nous supprimerons ici ce coefficient qui est, comme on sait, très voisin de l'unité.

Le second membre de l'équation comprendra les travaux des forces qui agissent sur le système entre les deux positions, savoir, la pesanteur, les pressions, la réaction de la roue, les forces intérieures et les frottements.

La pesanteur agit sur le poids Pθ de la masse MNN_1M_1, dont le centre de gravité passe du point G au point G'; soient h et h' les profondeurs du cours d'eau dans les sections MN et M'N' supposées rectangulaires; et z, z', les hauteurs des plans d'eau AB, A'B', dans ces deux sections, au-dessus d'un même plan horizontal ZZ'. Le travail de la pesanteur sera positif et égal à

$$P\theta \times \left[z - \frac{h}{2} - \left(z' - \frac{h'}{2} \right) \right].$$

La pression atmosphérique s'exerçant d'une manière égale sur toute la surface de la masse liquide, ne produit aucun travail, puisque cette masse occupe un volume constant.

Les pressions d'amont et d'aval, abstraction faite de la pression atmosphérique, se réduisent, au point de vue du travail, aux pressions exercées dans les plans MN, M'N'; elles sont réparties, dans ces sections suivant la loi hydrostatique; elles sont donc égales en moyenne à $\frac{\Pi h}{2}$ et $\frac{\Pi h'}{2}$; pour avoir leur travail, il faut les multiplier par le volume engendré par leur surface d'application; or, ce volume est $\frac{P\theta}{\Pi}$; donc enfin le travail des pressions est

$$P\theta\left(\frac{h}{2} - \frac{h'}{2}\right).$$

La réaction de la roue donne un travail négatif, égal et contraire au travail moteur transmis au récepteur (*); on représentera donc ce travail par $-T_m\theta$, en appelant T_m le travail moteur transmis par unité de temps.

Enfin, les forces intérieures et les frottements donneront lieu à un travail négatif que nous représenterons par $-T_f\theta$, et qui dépendra du frottement de l'eau contre le coursier et contre les aubes, du frottement mutuel des filets liquides et des autres actions mutuelles développées par les chocs et les changements brusques de vitesse.

Réunissant tous ces termes, il viendra, en supprimant le facteur commun θ,

$$P\frac{V'^2}{2g} - P\frac{V^2}{2g} = P(z - z') - \frac{1}{2}P(h - h') + \frac{1}{2}P(h - h') - T_m - T_f,$$

(*) Cette égalité du travail moteur transmis par l'eau à la roue, et du travail résistant subi par l'eau de la part de la roue, est rigoureuse si on se borne à considérer des actions mutuelles normales aux surfaces de contact. Elle ne serait plus exacte si l'on voulait avoir égard aux travaux des composantes tangentielles de ces actions, parce que les glissements qui entrent en facteur dans l'évaluation des travaux correspondants ne sont généralement pas les mêmes pour les deux systèmes glissants.

ce qui se réduit à

$$P\frac{V'^2}{2g} - P\frac{V^2}{2g} = PH - T_m + T_f,$$

en appelant H la différence $z - z'$, égale à la *chute* superficielle du cours d'eau entre les deux sections considérées.

On en déduit

$$T_m = P\left(H + \frac{V^2}{2g} - \frac{V'^2}{2g}\right) - T_f.$$

Le travail transmis à la roue augmente donc avec la chute H, et avec la vitesse V à l'amont; il diminue à mesure que V' augmente; enfin, il est d'autant plus grand que le travail T_f des frottements est plus petit. La limite supérieure absolue de T_m est $P\left(H + \frac{V^2}{2g}\right)$; pour recueillir toute cette quantité de travail, il faudrait que l'on eût $T_f = 0$ et $V' = 0$; c'est-à-dire que l'eau n'éprouvât aucun frottement dans la roue, et qu'elle en sortît sans vitesse. Ces conditions ne sont pas admissibles. Mais du moins on peut en approcher par des dispositions convenables. Le meilleur récepteur hydraulique sera celui pour lequel T_f et V' sont les plus petits possible. Il faudra donc pour qu'un récepteur hydraulique soit bien construit, que l'eau y entre sans choc, qu'elle n'y soit soumise à aucune agitation tumultueuse, enfin, qu'elle en sorte avec une vitesse très petite. Le rendement du récepteur sera mesuré par la fraction $\dfrac{T_m}{P\left(H + \dfrac{V^2}{2g}\right)}$, rapport du travail utilisé au travail total disponible.

278. On peut remarquer que notre raisonnement est tout à fait le même que celui dont on se sert pour démontrer le théorème de Daniel Bernoulli (§ 59). Faisons abstraction pour un instant du terme négatif $-T_f$, qui représente la somme des travaux dus au frottement et aux forces intérieures; le travail disponible est le produit du poids P écoulé dans un temps donné, par la hauteur $H + \dfrac{V^2}{2g} - \dfrac{V'^2}{2g}$, qui

n'est autre chose que la quantité dont s'abaisse le plan de charge entre les points M et M'. Si l'on prend en effet le niveau d'aval A'B' pour plan horizontal de comparaison, et qu'on fasse abstraction de la pression atmosphérique, le plan de charge F, dans la région AB, sera à une hauteur $H + \dfrac{V^2}{2g}$, et le plan de charge, F', en A'B', sera à la hauteur $\dfrac{V'^2}{2g}$; la vraie chute qui produit le travail est la distance verticale de ces deux plans. On voit par là qu'il est indifférent, au point de vue de la quantité de travail disponible, de faire agir sur la roue hydraulique l'eau qui s'échappe d'une vanne située au fond d'un réservoir, ou de prendre la même quantité d'eau à la surface du liquide et de la laisser tomber dans le bief d'aval, en agissant sur la roue par son poids. Mais nous verrons que le terme T, que nous avons provisoirement supprimé, peut acquérir des valeurs bien différentes dans les divers systèmes de roues, et que le rendement réel varie avec le type employé.

THÉORIE NOUVELLE DE GÉRARDIN.

279. M. Gérardin a fait connaître en 1873, dans son *Étude sur l'alimentation par machines du canal de l'Aisne à la Marne,* une nouvelle équation qui définit le travail recueilli par un récepteur hydraulique. Cette équation résulte de l'application pure et simple du théorème des moments des quantités de mouvement à l'eau motrice.

Le récepteur tourne autour d'un axe fixe OO'. Considérons le système formé par l'eau motrice prise entre deux sections transversales entre lesquelles le récepteur est compris. Soit

 m la masse d'un élément de liquide;

 u la vitesse de cet élément;

 ρ la distance de l'élément m à l'axe OO',

et α l'angle que fait la vitesse u avec la vitesse du point géométrique occupé par m supposé entraîné par le mouvement de rotation du récepteur.

Le produit $mu\rho \cos \alpha$ sera le moment de la quantité de mouvement par rapport à OO′, et la somme $\sum mu\rho \cos \alpha$, étendue à tous les éléments compris entre les deux plans transversaux, est la somme des moments des quantités de mouvement.

Soit M la somme des moments, par rapport à OO′, des forces extérieures qui agissent sur le fluide, pesanteur, pression dans les sections extrêmes, pression et frottement des berges, résistance de l'air, toutes les forces, en un mot, excepté les réactions exercées sur l'eau par le récepteur.

Et μ la somme des moments par rapport à OO′ des résistances, prises positivement, exercées par le récepteur sur la masse fluide.

Le théorème des moments des quantités de mouvement, appliqué à l'élément de temps dt, donnera entre toutes ces quantités l'équation

$$d\Sigma\, mu\rho \cos \alpha = M dt - \mu dt,$$

où le second membre représente la somme algébrique des impulsions des forces extérieures. On en déduit

$$\mu = M - \frac{d}{dt} \sum mu\rho \cos \alpha.$$

Or soit dT le travail élémentaire des forces qui agissent sur l'eau de la part du récepteur; si φ est la vitesse angulaire du récepteur autour de l'axe OO′, on aura

$$dT = \mu \varphi dt,$$

et par suite

$$dT = M \varphi dt - \varphi d\Sigma\, (mu\rho \cos \alpha),$$

équation fondamentale de la théorie de M. Gérardin. Elle ne suppose pas nécessairement que le régime soit permanent. Si la permanence du régime est vérifiée, la différentielle $d \sum mu\rho \cos \alpha$ est la différence des moments des quantités de mouvement des tranches

31

d'aval et d'amont obtenues en suivant les sections extrêmes du liquide pendant le temps dt. Le travail élémentaire dT est celui qui agit sur le récepteur; mais le récepteur ne peut l'utiliser entièrement qu'autant que la vitesse angulaire φ est constante; autrement une partie de ce travail est transformée dans les diverses variations que subit la force vive du corps tournant et des corps qui y sont liés.

280. Les moteurs hydrauliques se partagent en deux grandes classes : les *roues*, qui ont, en général, leur axe horizontal, et les *turbines*, dont l'axe est ordinairement vertical. Mais ces définitions ne sont plus en rapport avec les progrès réalisés aujourd'hui. Il est plus exact de dire que les roues sont des récepteurs dans lesquels l'eau motrice entre et sort par les mêmes orifices, tandis que les turbines sont des récepteurs où l'eau parcourt des canaux spéciaux, dans un sens bien défini, les orifices de sortie étant distincts des orifices d'entrée.

Les roues se subdivisent en *roues en dessous, roues de côté, roues en dessus*, suivant la hauteur à laquelle se fait l'introduction de l'eau motrice.

Les turbines peuvent se ramener à deux types principaux : la *turbine Fourneyron*, où l'eau traverse la partie mobile en s'écoulant par filets sensiblement horizontaux; et la *turbine d'Euler*, où les molécules liquides traversent la partie mobile en perdant leur hauteur.

Les principes généraux que nous venons d'établir s'appliquent aussi bien aux turbines qu'aux roues à axe horizontal.

Enfin, les récepteurs ne sont pas les seules *machines hydrauliques*, car on doit comprendre sous ce nom, outre les machines que l'eau met en mouvement, celles qui servent à élever l'eau.

CHAPITRE II.

DES ROUES HYDRAULIQUES A AXE HORIZONTAL.

ROUÉS EN DESSOUS A PALETTES PLANES.

281. La théorie des *roues en dessous à palettes planes* est due à Bélanger. Elle se résume dans l'emploi du théorème des quantités de mouvement, qui a l'avantage d'éliminer les forces intérieures, et de conduire très rapidement à une appréciation du rendement.

Soit O le centre de la roue. Les palettes planes sont implantées à

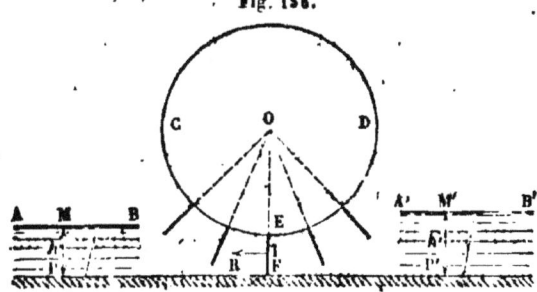

Fig. 156.

distances égales, normalement au pourtour de la couronne extérieure CD. Celles qui, à un certain moment, sont placées au bas de la roue, plongent dans le courant liquide et reçoivent de la part de l'eau une poussée qu'il s'agit de déterminer, et que nous supposerons horizontale, constante et appliquée au milieu I de la hauteur de la palette. Nous la représenterons par R. Nous appellerons v' la vitesse linéaire de ce point I de la roue dans son mouvement. On peut admettre que l'eau, en quittant la palette a perdu une partie de sa vitesse, et a pris cette vitesse v' de la roue En amont, elle afflue avec une vitesse égale à v, supérieure à v'.

Dans la section d'amont MP, l'eau a une vitesse plus grande que dans la section d'aval M'P'; la profondeur MP est donc moindre que la profondeur M'P', et si l'on appelle h et h' ces profondeurs, on aura $hv = h'v'$, en supposant les sections rectangulaires.

Le fond PP' du cours d'eau est horizontal, ou son inclinaison, s'il en a une, est négligeable. Cela étant, projetons sur un axe horizontal les forces et les quantités de mouvement, en suivant le système liquide compris entre les plans MP et M'P', pendant le temps θ que la roue met à avancer d'un pas.

Soit P le poids d'eau débité dans l'unité de temps; la masse débitée dans le temps θ est $\frac{P}{g}\theta$, et l'accroissement des quantités de mouvement,

$$\frac{P}{g}\theta\,(v'-v)$$

Les forces extérieures, dont il faut chercher les impulsions projetées, sont la pesanteur, la pression atmosphérique, les pressions du liquide et les frottements du lit, enfin la force R, qui est l'inconnue à déterminer. Mais la pesanteur et la pression atmosphérique ont des projections nulles. Les pressions se réduisent aux pressions mouvantes dans le plan MP et aux pressions résistantes dans le plan M'P', abstraction faite de la pression atmosphérique. La pression moyenne dans le plan MP est $\Pi\frac{h}{2}$, et elle s'applique à la surface de la section MP; or cette surface multipliée par v et par Π donne le débit en poids P; donc elle est égale à $\frac{P}{\Pi v}$; par suite, la somme des pressions d'amont est $\frac{Ph}{2v}$, et la somme de leurs impulsions $\frac{Ph\theta}{2v}$. Par la même raison, la somme des impulsions des pressions d'aval est $-\frac{Ph'\theta}{2v'}$.

Les frottements du lit pourraient être évalués en appliquant les lois connues; mais il est permis de les négliger, à cause de la faible longueur PP'.

La force R se projette en vraie grandeur et son impulsion est égale à $\frac{1}{g}$ Rθ. On a donc l'équation

$$\frac{P}{g}\theta(v' - v) = \frac{Ph\theta}{2v} - \frac{Ph'\theta}{2v'} - R\theta,$$

d'où l'on tire, en résolvant par rapport à R,

$$R = \frac{P}{g}(v - v') + \frac{P}{2}\left(\frac{h}{v} - \frac{h'}{v'}\right).$$

Si nous voulons avoir le travail moteur T_m transmis à la roue dans l'unité de temps, nous remarquerons que ce travail est le produit Rv'; multiplions par v', il viendra

$$T_m = Rv' = \frac{P}{g}(v - v')v' + \frac{P}{2}\left(h\frac{v'}{v} - h'\right).$$

La vitesse v est donnée; c'est la vitesse du cours d'eau dans son état naturel; la vitesse v' est la vitesse d'un point défini de la roue. On est maître de fixer cette vitesse et on doit en disposer de manière à rendre T_m le plus grand possible. P et h sont des quantités connues; quant à h' on le calcule en fonction h, de v et de v', par la relation

$$h' = h \times \frac{v}{v'}.$$

On devra donc déterminer la variable v' de manière à rendre maximum l'expression du travail moteur. Les anciens auteurs négligeaient la variation de profondeur de l'eau et la perte de travail correspondante; ils réduisaient le travail T_m à l'expression

$$T_m = \frac{P}{g}(v - v')v',$$

laquelle est maximum quand $v' = \frac{v}{2}$. On a alors

$$T_m = \frac{P}{g} \times \frac{v^2}{h} = \frac{1}{2} \times \frac{Pv^2}{2g}.$$

Le travail disponible étant égal à $\frac{Pv^2}{2g}$, on voit que le coefficient $\frac{1}{2}$ est la valeur du rendement. En réalité, le rendement n'atteint pas cette valeur à cause du terme

$$\frac{P}{2}\left(h\,\frac{v'}{v} - h'\right) \quad \text{ou} \quad \frac{Ph}{2}\left(\frac{v'}{v} - \frac{v}{v'}\right)$$

qui est négatif, puisque $v' < v$.

Il semble qu'on puisse diminuer indéfiniment l'importance de ce terme en réduisant la profondeur h du cours d'eau. Mais pour maintenir la valeur du poids débité P, tout en réduisant h, il faut élargir le canal et la roue; de là résulte une augmentation du jeu qu'on doit laisser libre entre la palette et le fond du canal, et une perte de puissance.

Pour le rapport $\frac{v'}{v} = 0.60$, on a trouvé par expérience que le rendement était de 0.33; le calcul lui assignerait une valeur de 0.35; ce qui confirme suffisamment la théorie.

292. La roue en dessous à palettes planes est un appareil très grossier; l'eau y agit par son choc, et elle quitte la roue avec une vitesse égale à celle que possède la roue elle-même. Ce récepteur ne satisfait donc à aucune des conditions déterminées par la théorie générale.

Belanger a proposé, pour améliorer le rendement de la roue en dessous, d'abaisser le plan d'eau en aval, par un approfondissement du lit; de cette manière la vitesse v' peut être moindre que la vitesse v, sans que la pesanteur donne lieu à un travail négatif. La production du ressaut superficiel, à l'aval de la roue, conduirait à une amélioration analogue. Mais ces procédés ne sont pas généralement appliqués à une roue aussi défectueuse.

ROUES A AUBES COURBES DE PONCELET.

283. La *roue à aubes courbes de Poncelet* est exempte des défauts de la roue à palettes planes.

Les aubes ont une forme courbe ab, $a'b'$; elles sont comprises dans

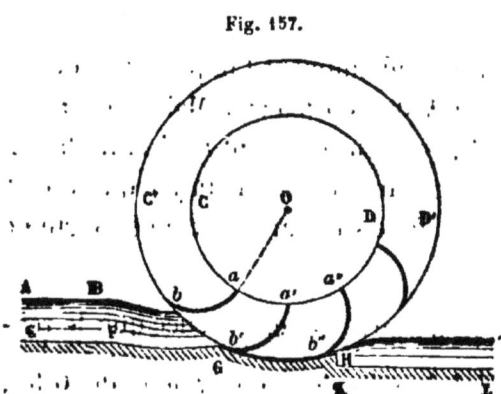

Fig. 157.

une couronne limitée, intérieurement et extérieurement, par deux cercles concentriques CD, C'D'. L'eau est donnée par une vanne de fond; elle coule sur un coursier qui a la forme EFGHKL; de E en F, il est à fond plat; de F en G, il a une forme courbe que nous apprendrons tout à l'heure à tracer; de G en H, il suit, sauf un petit jeu réservé, la courbure du cercle C'D'; en HK, il présente une petite chute brusque, après quoi il reprend un fond plat à faible pente.

Pour faire la théorie de ce récepteur, supposons d'abord que le rayon de la roue soit tellement grand, que le mouvement de l'aube, dans la région inférieure où elle reçoit l'eau, soit une simple translation horizontale. Appelons V la vitesse de l'eau, laquelle sera dirigée horizontalement, et v la vitesse de translation de l'aube. L'eau aura par rapport à l'aube une vitesse relative V — v. Réduisons par la pensée la couche d'eau fournie par la vanne à une épaisseur infiniment petite, et supposons que cette

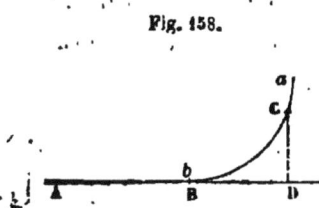

Fig. 158.

couche AB rase l'extrémité b de l'aube. Pour qu'il n'y ait pas de choc à l'entrée de l'eau sur l'aube courbe, il faut et il suffit que le profil ab soit tangent au point b à la droite AB. Cette condition remplie, la couche d'eau reçue par l'aube au point b montera sur la surface en vertu de sa

vitesse relative $V-v$; elle s'arrêtera en un point C, à une hauteur $CD = \dfrac{(V-v)^2}{2g}$; parvenue là, le travail de la pesanteur lui a fait
perdre toute sa vitesse relative; elle redescend et parcourt la
courbe Cb en sens contraire; revenue au point b, elle a acquis par sa
chute, en sens contraire du mouvement de la roue, une vitesse relative égale à $V-v$; la vitesse absolue de l'eau, au moment où elle
repasse au point b et va quitter la roue, est donc égale à
$(V-v)-v = V-2v$, dirigée de B vers A. Elle sort donc de la roue sans
vitesse pourvu qu'on ait $V = 2v$, ou $v = \frac{1}{2}V$. Dans ces conditions,
elle s'élèverait dans l'aube à une hauteur $CD = \dfrac{1}{4}\dfrac{V^2}{2g} = \dfrac{1}{4}H$, en désignant par H la hauteur de la chute qui produit la vitesse V; et le
récepteur serait parfait, puisqu'il n'y aurait ni choc à l'entrée, ni
vitesse conservée par l'eau à la sortie.

Mais, en réalité, les choses ne se passent pas ainsi. D'abord nous
avons réduit la couche affluente à une épaisseur infiniment mince,
puis nous avons supposé que le rayon de la roue était assez grand,
pour que le mouvement des aubes fût sensiblement horizontal dans
la partie la plus basse de l'appareil. Ces deux conditions ne sont pas
rigoureusement remplies. L'eau, au lieu d'affluer tangentiellement à
la circonférence extérieure $C'D'$, fait avec cette ligne un certain angle;
si l'on faisait les aubes tangentes à la circonférence extérieure, l'eau
n'y pourrait pas entrer, car l'intervalle de deux aubes consécutives
ab, $a'b'$, serait fermé par le tracé de l'extrémité b' de la seconde. La
théorie précédente, établie sur l'hypothèse d'une couche d'eau infiniment mince qui glisserait le long d'une surface directrice douée d'un
mouvement de translation horizontal, ne s'applique donc pas avec
exactitude.

284. Dans la pratique, on trace chaque aube ab de manière qu'elle
fasse, avec la circonférence extérieure $C'D'$, un angle de 30° (fig. 159).
Pour qu'il n'y ait pas de choc à l'entrée, il faut que l'eau entre dans
la roue au point b avec une vitesse relative w, tangente au premier
élément de la courbe ba.

Par le point b, où l'eau pénètre dans la roue, menons une droite bV égale et parallèle à la vitesse absolue de l'eau. Menons par le même point une tangente bM à la circonférence extérieure CD, et sur cette droite prenons à la même échelle une longueur bv égale à la vitesse linéaire v du point b de la roue. Décomposons la vitesse absolue bV en deux composantes, l'une égale à bv, l'autre bw représentera la vitesse relative w de l'eau par rapport à la roue. La vitesse relative w se calculera par la formule

$$w^2 = V^2 + v^2 - 2Vv \cos (Vbv).$$

A l'entrée, ce tracé évite encore les chocs; mais à la sortie, il conduit à une certaine conservation de vitesse pour les filets liquides. En effet l'eau entre dans la roue avec la vitesse w, et s'élève sur l'aube, à une certaine hauteur, jusqu'à ce que le travail de la pesanteur ait détruit sa vitesse relative; alors elle redescend en reprenant, dans le sens rétrograde, des vitesses égales à celles qu'elle possédait en montant (*). Elle sort de l'aube avec une vitesse w' égale et contraire à w, et par suite, sa vitesse absolue à la sortie s'obtient en composant w', vitesse relative, avec la vitesse d'entraînement v; la résultante bv' représentera la vitesse absolue v' de sortie. On voit qu'au lieu d'être nulle, elle a une valeur donnée par l'équation

$$v'^2 = v^2 + w^2 - 2vw \cos 30°.$$

Il importe que cette valeur soit la moindre possible. Or elle est représentée sur la figure par la droite finie bv', ou par le double de la distance, bI, du point b au milieu de la droite vw'. Cette droite vw', qui est égale à bV, et qui représente la vitesse V, est donnée;

(*) Cette égalité entre les vitesses des molécules montantes et des molécules descendantes n'est vraie qu'approximativement. — Voir, sur la question du mouvement relatif de l'eau dans la roue Poncelet, une note de M. Résal (*Comptes rendus de l'Académie des sciences*, séance du 6 décembre 1869).

l'angle vbw' est aussi donné; c'est le supplément de l'angle des aubes avec la circonférence extérieure de la roue. Le minimum de bl correspond donc à l'égalité des côtés bv, bw', ou à l'égalité $v = w$. En faisant $v = w'$, on se placera dans les conditions du rendement maximum. Il résulte de là que l'angle Vbv est la moitié de l'angle wbv, ou enfin, qu'il est égal à 15°.

On a donc

$$2v \cos 15° = V,$$

ou bien

$$v = V \times 0.517,$$

et

$$v' = v \times 0.517 = V \times 0.268.$$

La force vive de l'eau motrice est proportionnelle à v^2; la perte de force vive due à la vitesse conservée par les filets sortants sera proportionnelle à

$$(v \times 0.268)^2 = v^2 \times 0.0718,$$

et représente une perte d'environ 7. p. 100 de la puissance totale disponible.

On voit que la roue de Poncelet possède un rendement très élevé. Mais le rendement réel est inférieur au rendement théorique: cela tient à ce que le mouvement de l'eau dans les aubes n'est pas aussi régulier que le suppose la théorie. L'eau monte et descend à la fois le long des mêmes surfaces directrices. Elle ne se comporte donc pas comme un corps solide unique, ou comme un point matériel isolé; les filets affluents sont retardés par la masse liquide déjà engagée dans la roue; eux-mêmes, en redescendant, sont contrariés par de nouveaux filets montants. Le rendement ne dépasse pas 0.65, et dans les grandes vitesses il s'abaisse jusqu'à 0.50.

285. L'eau monte dans les aubes à une hauteur sensiblement égale à $\frac{1}{4}\frac{V^2}{2g}$, ou à $\frac{1}{4}H$, H étant la hauteur de chute entre le réservoir d'amont et le sommet de la veine qui s'échappe de l'orifice. Cette

quantité $\frac{1}{5}$H est la limite inférieure de la hauteur des aubes. Il est d'usage de porter l'intervalle des deux circonférences CD, C'D', au tiers de la hauteur H.

286. La vitesse V du filet liquide qui entre dans la roue au point b, est sensiblement parallèle au fond du coursier dans la région NR. Or nous avons admis qu'elle faisait un angle de 15° avec la tangente, bM, à la circonférence extérieure. Si donc on mène par le point b une droite bP faisant avec Ob un angle ObP = 15°, cette droite sera normale en S au fond du lit NR. Elle est d'ailleurs tangente à un cercle décrit du point O comme centre, avec un rayon OP = Ob × sin 15°. Pour que l'entrée des divers filets liquides se fasse donc partout sous un angle de 15° avec la circonférence extérieure,

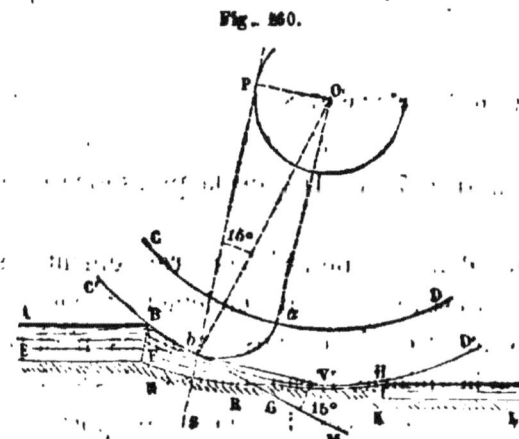

Fig. 260.

on prendra comme profil du coursier, pour toute la région où l'eau pénètre dans la roue, une développante, FG, de la circonférence OP. Cette développante sera arrêtée en aval au point G, où elle coupe la circonférence extérieure de la roue ; à l'amont elle commencera au point F, où a lieu l'affluence du filet liquide supérieur, c'est-à-dire pour lequel la même circonférence C'D' rencontre la ligne d'eau, AB, du canal d'amenée. De cette manière, tous les filets liquides seront recueillis successivement par la roue, en commençant par les plus élevés, et tous entreront dans l'aube sous l'angle demandé.

La petite chute HK est destinée à dégager la roue à l'aval ; elle doit être très petite ; autrement elle représenterait une fraction appréciable de la chute totale disponible, et correspondrait à une perte de travail.

ROUES PENDANTES.

287. Pour achever la question des roues en dessous, nous dirons ici un mot des *roues pendantes*, que l'on emploie sur les rivières comme moteurs des moulins à nef. Le caractère de ces roues, qui ont généralement des aubes planes, c'est que la section du cours d'eau est beaucoup plus grande que l'aire immergée des palettes.

On donne aux palettes une longueur qui varie du cinquième au quart du rayon des roues; elles sont le plus souvent au nombre de douze; on les incline en avant du rayon d'un angle de 15 à 30°; la roue plonge au plus du tiers de son rayon, lequel dépasse rarement 2^m.50. On a récemment appliqué aux roues pendantes un dispositif imaginé pour les palettes des roues de bateaux à vapeur, et qui a pour objet de les maintenir verticales pendant toute la durée de leur immersion.

La pression exercée par l'eau sur les aubes est donnée par le théorème des quantités de mouvement, et peut être représentée par $K\frac{\Pi}{g}AV(V-v)$, V étant la vitesse du cours d'eau, v la vitesse linéaire moyenne de l'aube, A la section de l'aube, et K un coefficient empirique; le travail produit dans l'unité de temps est donc

$$K \frac{\Pi}{g} AV(V - v) \times v.$$

Il est maximum pour $v = \frac{1}{2}V$, ce qui donne pour le travail $K\frac{\Pi}{g}A\frac{V^3}{4}$. L'expérience a montré qu'il y a lieu d'abaisser un peu cette limite, et de faire $v = V \times 0.40$.

Le coefficient K a été trouvé égal a 0.8.

ROUES DE CÔTÉ.

288. Les *roues de côté* reçoivent l'eau dans des espèces d'augets ab, $a'b'$, $a''b''$,.... où elle perd une partie de sa vitesse, et où elle agit par son poids en descendant le long du coursier circulaire NP.

L'auget se vide à mesure qu'il abandonne le coursier au point P, et l'eau s'écoule dans le bief d'aval.

Fig. 161.

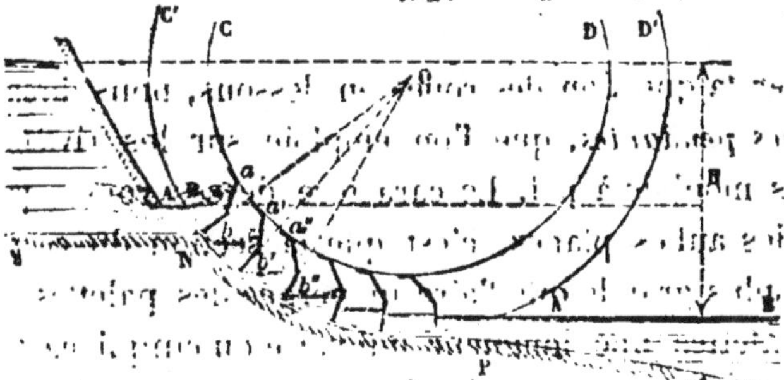

Soit v' la vitesse conservée par l'eau dans le bief d'aval. Désignons par T, la somme des travaux dus aux frottements, et aux actions mutuelles. Nous savons que la perte de puissance motrice est mesurée pour la somme

$$P \times \frac{v'^2}{2g} + T.$$

Pour calculer la vitesse v', observons qu'elle est sensiblement égale à la vitesse linéaire de la circonférence $C'A$ de la roue. La quantité d'eau contenue entre deux aubes consécutives peut être approximativement mesurée par le produit de la hauteur h de l'eau dans l'auget le plus bas, de la largeur b de la roue, et de l'espacement a des aubes mesuré sur la circonférence extérieure; le produit abh doit d'ailleurs être multiplié par un coefficient un peu moindre que l'unité, pour tenir compte de la convergence des aubes et de l'épaisseur des cloisons. On peut adopter en moyenne le coefficient 0.9. Le volume d'eau contenu dans un auget est donc égal à 0.9 abh. Si v' est la vitesse de la roue à sa circonférence extérieure, le nombre des augets qui passent dans l'unité de temps au point le plus bas est égal à $\frac{v'}{a}$, et par suite le volume débité par la roue est égal à 0.9 $abh \times \frac{v'}{a} = 0.9\, v'bh$. Ce volume est égal au débit Q du courant moteur. L'équation

$$0.9\, v'bh = Q$$

détermine l'une des trois quantités v', b, h, en fonction des deux autres. Il y a avantage à diminuer v', puisqu'on améliore ainsi le rendement ; mais il faut éviter les trop grandes valeurs pour b ou pour h, sans quoi la roue deviendrait inexécutable. On peut regarder 1ᵐ.30 comme la limite supérieure de la vitesse de la roue ; la largeur b ne doit pas dépasser 2ᵐ.50 à 3ᵐ.00. Enfin, il convient que h soit compris entre 0ᵐ.15 et 0ᵐ.50. La limite inférieure de h a pour objet de réduire la proportion de l'eau perdue entre la roue et le coursier.

Le terme T, se compose de trois parties principales :

1° Il faut toujours une certaine dépense de travail moteur pour amener l'eau du bief d'amont à la roue, soit que l'alimentation se fasse par déversoir, soit qu'elle ait lieu au moyen d'une vanne de fond. Il y aura, en général, une perte de charge dans le canal d'amenée, due à la contraction de la veine et à l'épanouissement qui y fait suite. Nous savons évaluer cette perte de charge quand elle se produit. On en réduira l'effet en diminuant la contraction par un tracé convenable de l'orifice ; il importe aussi de raccourcir le canal d'amenée, puisque sa longueur influe sur l'intensité du frottement. Nous désignerons par T_1 la portion de travail ainsi perdue ; elle est généralement assez petite.

2° La seconde partie du travail perdu, T_2, correspond au changement brusque de la vitesse du liquide lorsqu'il pénètre dans l'auget ab.

Soit L une molécule liquide. Elle entre dans l'auget avec la vitesse

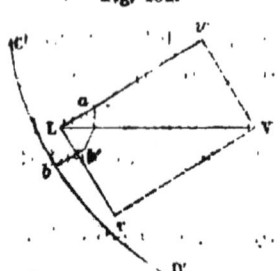

Fig. 162.

LV $=$ V que possède le courant dans le canal d'amenée ; mais ce point L, supposé lié à la roue, possède à ce moment une vitesse L$v = v$; la vitesse relative de l'eau par rapport à la roue est donc représentée en grandeur et en direction par la droite Lv qui, composée avec Lv, donnerait LV pour résultante. Au bout de peu d'instants l'eau, ayant subi des agitations tumultueuses dans l'auget, ne conserve plus que la vitesse v de la roue. Sa vitesse relative w est donc réduite à zéro par le travail négatif T_2; et on aura en valeur absolue $T_2 = P \times \dfrac{w^2}{2g}$. Mais w^2 est donnée par la formule

$$w^2 = V^2 + v^2 - 2Vv \cos \left(\widehat{V, v} \right),$$

équation où tout est connu, excepté w. On peut donc calculer exactement le travail perdu T_2. On voit que T_2 sera d'autant plus petit que le côté Vv du triangle VLv sera plus petit. Si l'on suppose que la vitesse v soit donnée, le minimum absolu de w correspond au cas où la droite vV serait perpendiculaire à LV, et où l'on aurait $V = v \cos(V,v)$. Cette relation n'est pas admissible. Il faut, en effet, pour que l'eau entre dans l'aube avec la vitesse w, que le premier élément bb' de l'aube soit parallèle à Lw; or si l'on menait bb' de telle sorte que l'angle $b'bD'$ fût obtus, l'aube éprouverait une grande résistance à la sortie du bief d'aval, et relèverait beaucoup d'eau à la manière d'une écope. Aussi dirige-t-on bb' à peu près perpendiculairement à $C'D'$. Lv est parallèle à la circonférence $C'D'$; donc l'angle LvV est droit, et par suite $V = \dfrac{v}{\cos(V, v)}$. On fait habituellement $(V,v) = 30°$, ce qui donne $V = v \times 1.45$.

Si à l'entrée l'élément bb' est incliné sur l'horizon de telle manière, que le point b soit au-dessous de b' (ce qui suppose que le niveau AB de l'eau affluente soit inférieur au centre O de la roue), une portion de la force vive de l'eau se perdra par le travail de la pesanteur le long du plan incliné bb', au lieu de se dissimuler dans l'agitation du liquide. Cette portion de travail n'est pas définitivement détruite comme celle qui produit le mouvement tumultueux des molécules; elle est plus tard restituée au récepteur par l'eau qui descend, et par conséquent contribue à améliorer le rendement de la machine.

3° Enfin, la troisième portion du travail perdu, T_3, correspond au frottement de l'eau contre le coursier circulaire. On en aura une valeur approximative en assimilant le coursier circulaire à un canal où l'eau se mouvrait avec une vitesse de fond égale à v;

on peut en déduire une certaine vitesse moyenne u, qu'on introduira dans la formule du frottement, en se rappelant que la vitesse de fond u correspond à une vitesse moyenne égale à environ $\frac{4}{3}v$ (§ 180).

On doit ajouter à ces trois pertes le travail correspondant à la chute de l'eau contenue dans les augets, lorsqu'elle se déverse dans le bief d'aval.

En réunissant toutes ces pertes de puissance, on obtient la quantité à retrancher du travail moteur pour trouver le travail réellement transmis à la roue. Le rendement des roues de côté est très variable, et comme les pertes principales sont représentées par les termes $\frac{Pu'^2}{2g}$ et $\frac{Pv'^2}{2g}$, et que d'ailleurs les frottements des liquides croissent avec la vitesse, on voit que le rendement tend à augmenter à mesure que la vitesse de la roue diminue.

Les roues de côté sont préférables aux roues en-dessous, surtout lorsque la vitesse est modérée.

L'emploi du ressaut superficiel permet d'accroître un peu la chute H, et par suite le travail moteur. Les usines sont réparties le long des cours d'eau à des distances déterminées; des déversoirs règlent la hauteur des eaux dans chaque bief, de manière que la retenue qui sert de puissance motrice à une roue ne puisse engorger la roue située immédiatement en amont. L'usinier d'amont, de son côté, ne doit rien faire qui puisse abaisser le plan d'eau de la retenue de l'usine inférieure. Le ressaut superficiel dans le canal de fuite de la roue d'amont, donne un moyen d'accroître la chute sans modifier la hauteur du plan d'eau dans le bief d'aval (§ 242, note).

ROUES SAGEBIEN.

289. La roue de côté imaginée par M. Sagebien, ingénieur civil à Amiens (*), est le type des roues lentes; les aubes AB sont des

---

(*) V. Expériences sur la roue hydraulique Sagebien (Ing. Sagebien, 1866).

surfaces planes, inclinées de 40° à 45° sur le prolongement AC du
rayon, OA, dans le
sens de la rotation
de la roue; elles
sont très rappro-
chées et plongent
dans la masse fluide,
laquelle se présente
à la roue sous une
grande épaisseur et
avec une faible vi-
tesse. Le niveau de l'eau varie graduellement dans l'intervalle
de deux aubes successives, à mesure que cet intervalle se rapproche du point le plus bas de l'appareil. Une légère variation de
la hauteur du plan d'eau dans les deux biefs à la fois n'influe pas
sensiblement sur le travail de la roue. Le rendement est très
élevé si la vitesse de la roue est faible; en effet, tout se passe
alors à peu près comme si l'eau était amenée du bief supérieur au
bief inférieur dans des vases égaux séparés les uns des autres, sans
agitation, sans frottements sensibles sur le coursier, sans résistance
à l'émersion des palettes. La roue Sagebien est en définitive un
compteur, qui indique avec exactitude le volume débité par le cours
d'eau d'après le nombre des tours effectués. Les causes perturbatrices
n'interviennent que quand la vitesse de l'eau augmente sensiblement,
parce qu'alors la vitesse de la roue augmente elle-même. Chaque
volume d'eau en passant dans la roue agit sur elle par son poids jusqu'à ce qu'il ait atteint le point le plus bas de sa course; alors il
l'abandonne et s'écoule sans obstacle dans le bief d'aval.

Le rendement constaté par expérience a atteint la valeur 0.93, et
dans les cas les plus défavorables, 0.80.

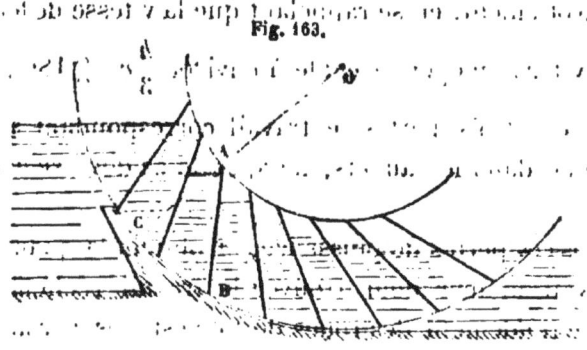

Fig. 163.

ROUES EN DESSOUS.

290. Les *roues en dessous* reçoivent à leur partie supérieure l'eau
fournie par un déversoir ou par un canal d'amenée. Le pourtour de

la roue est garni d'augets dans lesquels l'eau pénètre; elle agit sur la roue par son poids tant qu'elle reste dans l'auget. Mais avant que l'auget soit arrivé au point le plus bas de la circonférence de la roue, il passe par une position telle, que l'eau qui y est contenue se déverse à l'extérieur. Un peu plus loin, l'auget a achevé de se vider, et il demeure vide dans tout le reste de son parcours, jusqu'au point où il est atteint de nouveau par la veine affluente. Le travail moteur est donc fourni par la pesanteur agissant sur la quantité d'eau effectivement contenue dans la roue; le déversement des augets commençant avant le passage au point le plus bas, on voit sur le champ que les roues en dessus ne peuvent utiliser la totalité de la chute.

On peut déterminer approximativement la forme que prend l'eau dans l'auget en mouvement. Cette forme est variable à mesure que l'auget se déplace; mais les variations en sont suffisamment lentes pour qu'on puisse admettre qu'à un instant donné l'eau soit dans chaque auget en équilibre relatif. La même simplification s'introduit dans la solution du problème des marées; car on attribue à la surface des mers la forme d'équilibre correspondante aux forces qui agissent à un même instant sur le globe terrestre; tandis qu'en réalité l'équilibre n'est pas établi, puisque la forme d'équilibre ainsi déterminée est variable d'un instant à l'autre. Dans les deux cas, on constate pour ainsi dire un *équilibre mobile;* la masse fluide a une tendance vers un état d'équilibre qui n'est jamais atteint rigoureusement.

Soit O le centre de la roue, ABC le profil d'un auget. Considérons une molécule liquide M, que nous supposerons en équilibre relatif. Les forces qui agissent sur cette molécule sont les pressions des molécules voisines, la pesanteur et la force centrifuge, force apparente qu'il est nécessaire d'introduire pour ramener l'équilibre relatif à un équilibre absolu. La pesanteur agit sur la molécule M suivant la verticale MN avec une intensité égale au poids de la molécule, *mg.* La force centrifuge agit en prolongement du rayon OM avec une intensité égale à $m\omega^2 r$,

Fig. 164.

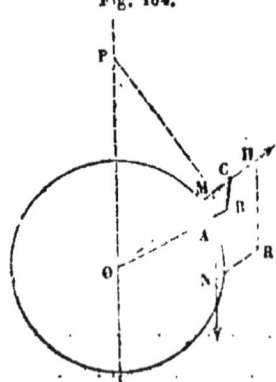

r étant la distance OM et ω la vitesse angulaire de la roue. Prenons MN et MH respectivement égales à mg et $m\omega^2 r$, et composons ces deux forces en une seule MR; les pressions des molécules voisines feront équilibre à cette force MR, et l'on sait qu'il suffit pour cela que la surface de niveau passant au point M soit normale à la résultante MR. Prolongeons la droite MR jusqu'à sa rencontre en P avec la verticale OP menée par le point O. Les triangles semblables POM, MNR, donnent la proportion

$$\frac{OP}{OM} = \frac{MN}{NR},$$

ou bien

$$\frac{OP}{r} = \frac{mg}{m\omega^2 r}.$$

On en déduit OP $= \frac{g}{\omega^2}$, quantité constante. Donc le point P est un point fixe sur la verticale OP, et par suite les surfaces de niveau dans tous les augets sont des surfaces cylindriques dont la section droite est un cercle qui a pour centre le point P. Il en est de même des surfaces libres. Ce théorème montre donc comment on pourra tracer dans chaque auget la limite de la région occupée par l'eau, et déterminer la position de l'auget où le déversement commence, ainsi que la position dans laquelle l'auget est entièrement vidé.

On peut remarquer l'analogie de ce problème avec celui du pendule parabolique (§ 16); il s'agit dans les deux cas de trouver la forme d'une surface de niveau, les forces étant la pesanteur et la force centrifuge. Dans l'un des cas, on obtient une parabole, parce que les directions des forces centrifuges sont toutes perpendiculaires à la direction de la pesanteur; dans l'autre, on trouve un cercle, parce que les directions des forces centrifuges rayonnent autour d'un même point.

294. Cherchons, à un instant donné, la quantité d'eau contenue dans la roue.

Soit Q le volume d'eau fourni dans l'unité de temps par le canal.

d'amenée. Nous avons désigné par ω la vitesse angulaire de la roue; ω est l'angle décrit dans l'unité de temps. Appelons n le nombre des augets; ils sont tous répartis sur la circonférence de la roue à des distances égales; l'angle au centre qui correspond à un *pas* est $\frac{2\pi}{n}$; le nombre des augets qui passent sous le canal d'amenée dans l'unité de temps est donc égal à $\dfrac{\omega}{\left(\frac{2\pi}{n}\right)} = \dfrac{n\omega}{2\pi}$. Le débit Q doit se partager entre tous ces augets, et par suite le volume d'eau recueilli par chacun est égal à $\dfrac{Q}{\left(\frac{n\omega}{2\pi}\right)} = \dfrac{2\pi Q}{n\omega}$.

Si l'on divise ce volume par la largeur L de la roue, on aura l'aire occupée par l'eau sur le profil des augets jusqu'au déversement.

La question est ainsi ramenée à tracer dans chaque auget, du point P comme centre, des circonférences de cercle ab, $a'b'$, $a''b''$, $a'''b'''$,... telles que les aires comprises entre ces arcs de cercle et le contour de l'auget soient constantes et égales à $\dfrac{2\pi Q}{n\omega L}$ (fig. 165). Pour résoudre ce problème de géométrie, on pourra substituer sans grande erreur aux arcs de cercle, qui sont très petits, une droite perpendiculaire à la droite qui joint le point P à un point pris au milieu de l'auget. Remplaçant de même par un petit élément droit l'arc de la circonférence de la roue, on aura à résoudre le problème suivant :

Fig. 165.   Fig. 166.   Fig. 167.

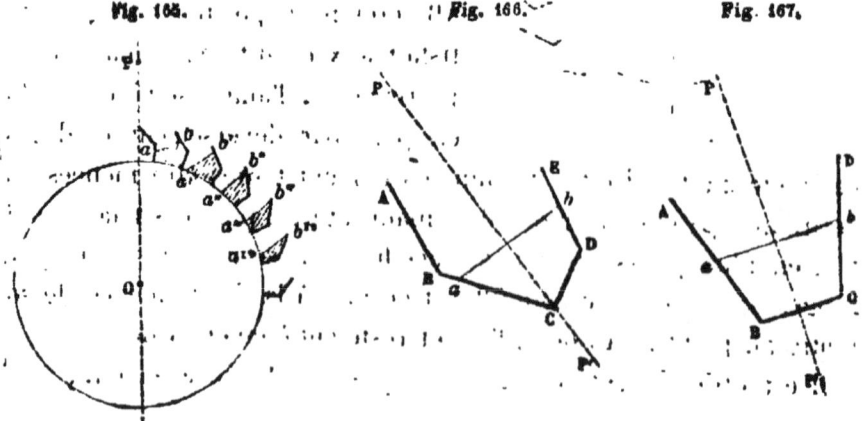

Étant donnés (fig. 166, 167) une droite PP′ et un contour polygonal ABCD, formé de trois ou quatre côtés rectilignes, mener perpendiculairement à la droite PP′ une droite *ab* qui comprenne avec
les autres côtés une aire donnée. La solution s'obtient aisément,
soit par le calcul, soit par la géométrie, soit enfin par un tâtonnement très rapide.

L'auget qui commence à déverser est celui pour lequel le petit
arc *ab* vient passer par l'extrémité β de l'auget (fig. 168).
Il est facile d'en déterminer la position.

Fig. 168.

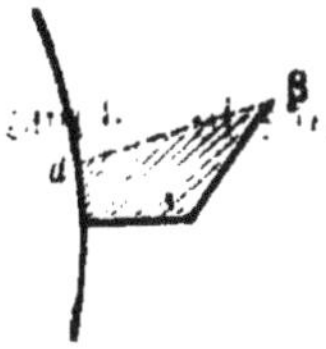

Prenons un auget quelconque ABβ (fig. 169). Par
le point β menons une droite β*a* qui détermine une
aire, *a*βBA, égale à la surface donnée $\frac{2\pi Q}{n\omega L}$. L'auget sera
dans la position qui commence à déverser lorsque cette droite *a*β sera
perpendiculaire à la droite menée du
point P au milieu de *a*β. Par le milieu I
de *a*β, menons sur *a*β une perpendiculaire indéfinie, IK. Du point O comme
centre, avec un rayon égal à OP ou à
$\frac{g}{\omega^2}$, décrivons un arc de cercle qui coupera IK en un point P′. Puis faisons
tourner la roue d'un angle au centre
égal à P′OP. Le point P′ viendra se
confondre avec le point P, et l'auget
ABβ prendra la position A′B′β′, qui satisfait aux conditions demandées. A
partir de là, l'auget se vide de plus
en plus par déversement au-dessus
de l'arête β′; les droites terminales doivent toutes être menées par
l'extrémité β; elles forment des quadrilatères, puis des triangles de
plus en plus petits, dont la surface finit par se réduire à zéro pour
l'auget dans lequel le côté βB est normal à la droite menée de son
centre au point P. Au delà, l'auget reste entièrement vide.

Fig. 169.

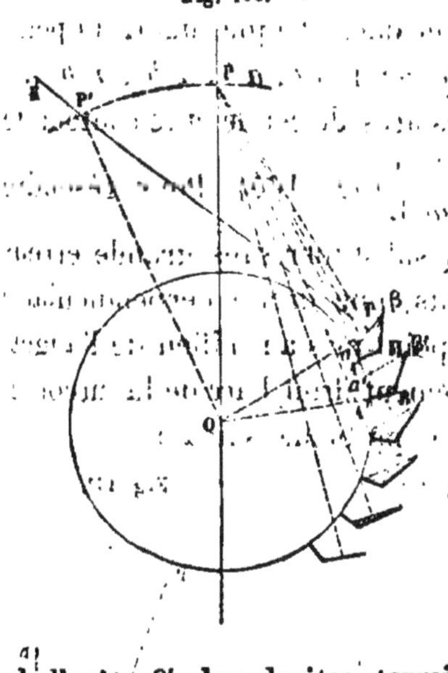

Il est utile de retarder le plus possible le déversement; pour

cela, on doit accroître la capacité de l'auget le plus possible.
Ordinairement on donne à l'intervalle de deux augets consécutifs
un volume triple du volume $\frac{2\pi Q}{n\omega}$ qu'il est appelé à contenir. La position du déversement s'abaisse aussi lorsque le point P s'élève,
c'est-à-dire lorsque $\frac{g}{\omega^2}$ augmente, ou lorsque la vitesse angulaire ω
diminue; en même temps, le volume de l'auget doit augmenter,
mais cette augmentation n'entraîne pas nécessairement un accroissement de l'aire transversale occupée par l'eau dans les augets successifs, car on est maître de la diminuer en disposant convenablement
de la largeur L de la roue. On voit que les roues lentes et larges sont
celles qui utiliseront le mieux le travail moteur.

292. Le tracé de l'eau dans les augets étant achevé, il est facile
d'évaluer le travail transmis à la roue.

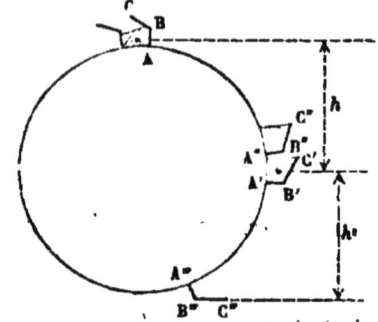

Fig. 170.

On considérera séparément les augets
pleins et les augets déjà en partie
vidés. Pour les augets pleins, ils
contiennent chacun un volume d'eau
égal à $\frac{2\pi Q}{n\omega}$, ce qui représente un
poids $\frac{2\pi Q}{n\omega} \times \Pi$. Soit ABC le premier
auget rempli, et A'B'C' le premier au-
get qui commence à se vider. Considérons la masse liquide comprise
dans les augets à partir du premier, ABC, jusqu'à l'auget A''B''C'' qui
précède celui qui commence à verser au dehors. Lorsque la roue
avance d'un pas, c'est-à-dire lorsqu'elle décrit l'angle au centre
$\frac{2\pi}{n}$, chaque auget prend la place de l'auget suivant, et par suite le
travail de la pesanteur sur la quantité d'eau renfermée dans la
roue correspond à l'échange du premier auget, ABC, contre le der-
nier A'B'C'; il équivaut donc au produit du poids $\frac{2\pi Q}{n\omega} \times \Pi$ par la
hauteur h mesurée entre les centres de gravité de ces deux au-

gets. Le même raisonnement n'est pas applicable aux augets suivants, qui ne sont pas également remplis ; mais on peut approximativement tenir compte du travail de la pesanteur, en attribuant à l'ensemble de ces augets une contenance moyenne, égale à $\frac{1}{2}\frac{2\pi Q}{n\omega}$, ce qui donnera pour mesure du travail cherché

$$\frac{2\pi Q}{n\omega} \times \Pi \times \frac{h'}{2},$$

h' étant la distance du centre de gravité de l'aire mouillée, A'B'C', au centre de gravité de la ligne, C''B''', dernière valeur de l'aire graduellement réduite par le déversement continu.

En somme, le travail de la pesanteur pour un pas est approximativement égal à

$$\frac{2\pi Q}{n\omega} \times \Pi \times \left(h + \frac{h'}{2}\right),$$

et, par unité de temps, à

$$\Pi Q \left(h + \frac{h'}{2}\right).$$

293. Proposons-nous de déterminer plus rigoureusement le rendement du récepteur.

Le travail disponible total est représenté par la somme $P\left(H + \frac{v^2}{2g}\right)$, en appelant H la hauteur de chute, v la vitesse d'affluence de la veine dans la roue, et P le poids ΠQ.

Pour obtenir le rendement, on doit retrancher du travail moteur total, $P\left(\frac{v^2}{2g} + H\right)$, le travail perdu à l'entrée de l'eau dans les aubes, et la demi-force vive conservée par l'eau au moment où elle parvient au niveau du bief d'aval. La première partie est égale à $\frac{Pw^2}{2g}$, en appelant w la vitesse relative de l'eau par rapport à la roue à son entrée dans l'auget. La seconde est la somme de la demi-force vive des molécules liquides au moment où elles quittent l'auget, et du travail de la pesanteur sur ces molécules pendant leur chute jusqu'au bief d'aval. Appelons u la vitesse linéaire du bord extérieur de l'auget ; q, le volume variable de liquide contenu dans l'auget quand le déversement a commencé, et y, la hauteur du bord extérieur au-dessus du niveau du bief d'aval. Le volume q sera une fonction de y, connue par le tracé de l'eau dans les augets. Déterminons la hauteur moyenne de la chute des molécules déversées. Si l'on imprime à la roue un déplacement infiniment petit, qui abaisse le bord du godet de la quantité $-dy$, il en résulte le déversement d'un volume d'eau égal à $-dq$, et la hauteur de chute de ce volume est y ; la moyenne y_1 de la hauteur du déversement est donc donnée par la formule

$$y_1 = \frac{\int y\,dq}{\int dq} = \frac{\int y\,dq}{\left(\frac{2\pi Q}{n\omega}\right)},$$

les intégrales étant prises entre les limites $q = 0$, pour le godet N dans la position où il achève de se vider,

Fig. 171.

et $q = \dfrac{2\pi Q}{n\omega}$, pour le godet M qui va commencer à perdre une partie de son contenu. Mais q étant une fonction de y, on a, en intégrant par parties,

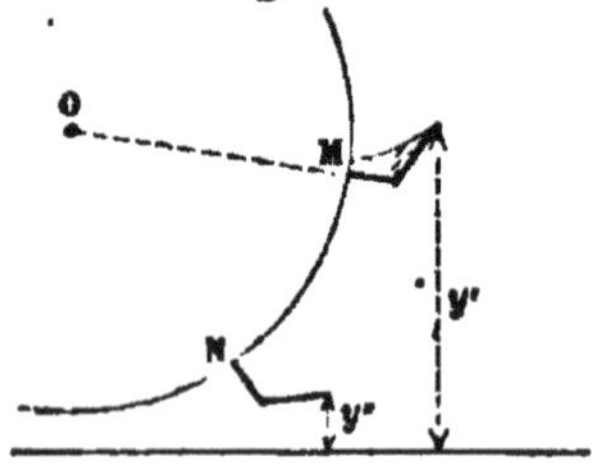

$$\int y\,dq = yq - \int q\,dy,$$

d'où résulte, en prenant les limites,

$$\int_{q=0}^{q=\frac{2\pi Q}{n\omega}} y\,dq = y' \times \frac{2\pi Q}{n\omega} - \int_{y'}^{y''} q\,dy,$$

y' étant la hauteur du bord du godet M, et y'', la hauteur du bord du godet N.

La quadrature $\int_{0}^{y'} q\,dy$ est facile à faire, dès qu'on connaît un nombre suffisant de valeurs correspondantes de q et de y.

Le poids total d'eau déversé par chaque auget étant $\dfrac{2\pi Q}{n\omega} \times \Pi$, et la hauteur moyenne de chute, y_1, étant connue par le calcul précédent, le travail de la pesanteur sur cette masse liquide est le produit

$$\frac{2\pi Q}{n\omega} \times \Pi \times y_1$$

D'un autre côté, la demi-force vive qu'elle possède à la sortie de la roue est égale à

$$\frac{1}{2} \frac{2\pi Q}{n\omega} \times \frac{\Pi}{g} u^2,$$

de sorte que le travail perdu est, pour un pas,

$$\frac{2\pi Q}{n\omega} \times \Pi \left(y_1 + \frac{u^2}{2g} \right),$$

et par unité de temps,

$$\Pi Q \left(y_1 + \frac{u^2}{2g} \right),$$

ou

$$P \left(y_1 + \frac{u^2}{2g} \right).$$

La somme des pertes est enfin

$$P \left(\frac{w^2}{2g} + \frac{u^2}{2g} + y_1 \right),$$

et le rendement a pour valeur

$$\frac{H - \dfrac{w^2}{2g} - \dfrac{u^2}{2g} - y_1}{H + \dfrac{v^2}{2g}}.$$

Lorsque la roue est lente, et que l'eau affluente a elle-même une faible vitesse, $\frac{u^2}{2g}$, $\frac{w^2}{2g}$ et $\frac{v^2}{2g}$ sont de petites quantités, et le rendement peut s'exprimer approximativement par le rapport

$$\frac{H - y_1}{H} \quad \text{ou} \quad 1 - \frac{y_1}{H}.$$

Il est d'ailleurs assez voisin de l'unité, parce que y_1 a dans ce cas une faible valeur.

Il résulte des observations que le rendement des roues à augets à faible vitesse peut s'élever à 0.75, et même à 0.80.

On a exposé en 1878 un perfectionnement des roues en dessus, qui consiste à fermer les augets, sur la presque totalité de la demi-circonférence descendante ABC de la roue, à l'aide d'une courroie LLL qui suit la roue dans son mouvement, et qui est retenue dans le sens de sa longueur par des rouleaux fixes D, D, D, D.

Fig 172.

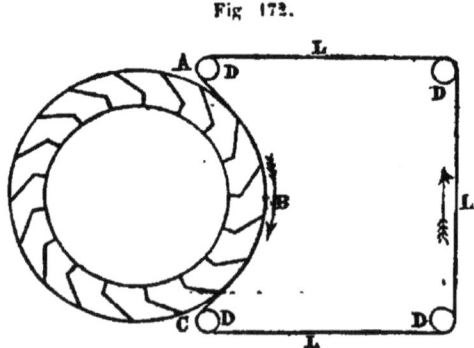

Cette courroie permet de remplir plus complètement les augets, et les empêche de se vider avant d'avoir atteint la région inférieure de la roue. Il n'y a pas de frottement entre la courroie et la roue puisqu'elles marchent avec des vitesses égales. Mais il y a un travail négatif assez considérable, dû à la déformation constante de la courroie, et au frottement des axes des rouleaux. De plus la courroie est exposée à une usure très rapide. En somme le moyen proposé paraît peu pratique.

Tableau résumé du rendement des roues hydrauliques.

DÉSIGNATION DES ROUES.		RENDEMENT CONSTATÉ.	OBSERVATIONS.
Roues en dessous	à palettes planes.	0.35	Vitesse de la roue = 0.40 à 0.50 de la vitesse de l'eau.
	à aubes courbes de Poncelet . . .	0.60 à 0.68	S'applique aux petites chutes.
	pendantes.	Faible.	Vitesse de la roue, 0.40 à 0.50 de la vitesse de l'eau.
Roues de côté		Variable; peut s'élever jusqu'à 0.80 si la vitesse est modérée.	
Roues Sagebien		Jusqu'à 0.94.	Roues lentes.
Roues en dessus à augets . .		0,75 à 0.80	Roues lentes.

CHAPITRE III.

THÉORIE DU MOUVEMENT RELATIF

294. Avant d'aborder l'étude des turbines, nous rappellerons la théorie de l'accélération dans le mouvement relatif.

Le *mouvement relatif* est un mouvement fictif ou apparent que l'on rapporte à des axes mobiles, comme si ces axes étaient fixes.

Le mouvement propre des axes mobiles est appelé *mouvement d'entraînement*. Le mouvement réel du système reçoit le nom de *mouvement absolu*.

Soit un point M animé d'un mouvement absolu déterminé, en vertu duquel, au bout du temps dt, il serait venu occuper une autre position M' dans l'espace. Si on rapporte la position du point à un système mobile, le point M, considéré comme lié à ce système et entraîné dans son mouvement, parcourra un certain chemin dans le temps dt, et sera venu dans la position M''. Un observateur entraîné lui-même avec le système mobile, rapportera la nouvelle position, M', du point M à la position M'' prise par le point géométrique du système qu'il occupait précédemment; aux yeux de cet observateur, le déplacement du point M sera représenté par l'arc M''M' qui sera par conséquent l'espace décrit dans le mouvement relatif. Si l'on divise par dt les trois arcs MM', MM'', M'''M', décrits

endant ce temps par les points mobiles, on obtiendra trois vitesses,
avoir :

$$V = \frac{MM'}{dt}, \text{ vitesse du mouvement absolu, ou } \textit{vitesse absolue;}$$

$$v_e = \frac{MM''}{dt}, \text{ vitesse du mouvement d'entraînement, ou } \textit{vitesse}$$
$$\textit{d'entraînement;}$$

$$\text{et } v_r = \frac{M''M'}{dt}, \text{ vitesse du mouvement relatif, ou } \textit{vitesse relative.}$$

Le triangle MM''M' montre que MM' est la résultante géométrique
e MM' et de M''M'; ce qu'on exprime en disant que la *vitesse
bsolue est la résultante de la vitesse relative et de la vitesse
l'entraînement;* on en déduit que *la vitesse relative est la ré-
ultante de la vitesse absolue et d'une vitesse égale et contraire
i la vitesse d'entraînement.*

296. Ces théorèmes, qui résultent immédiatement des définitions,
ontiennent toute la théorie du mouvement relatif lorsqu'on se
orne à la considération des vitesses. La nature du mouvement
l'entraînement est indifférente : la vitesse d'entraînement du point
ié au système mobile de comparaison et la vitesse absolue suffisent
our déterminer la vitesse relative, sans qu'on ait à tenir compte
l'aucun autre élément. Nous allons voir que lorsqu'on passe des
ritesses aux accélérations, le problème n'est plus aussi simple.

Rappelons d'abord (§ 84) que pour trouver, à un instant donné,

Fig. 174.

l'accélération totale dans le mouvement d'un point M,
qui parcourt une trajectoire AB suivant une loi
déterminée, il faut chercher, au bout d'un temps
dt très court, la position M' de ce point sur sa
trajectoire, et la position T qu'aurait le même
point sur la tangente, s'il la parcourait, à partir
du point M, avec une vitesse uniforme égale à celle
qu'il possède effectivement lorsqu'il passe en ce
point. La droite TM' donnera la direction de l'accélération totale, et
le rapport $\frac{2 \times TM'}{dt^2}$ en exprimera la valeur.

Soit A (fig, 175) la position d'un point mobile dont on rapporte le mouvement à des axes animés dans l'espace d'un mouvement quelconque. Ce point, pour un observateur entraîné par les axes, paraîtra décrire une certaine *trajectoire relative*, AB; et si, au bout du temps dt, on prend la position B du mobile sur cette trajectoire, et la position C, qu'il occuperait sur la tangente AC s'il l'avait parcourue avec la *vitesse relative* v_r, la droite CB sera la direction de l'*accélération totale relative*, j_r, et l'on aura

$$j_r = \frac{2 \times BC}{dt^2}.$$

Le point A, considéré comme lié aux axes mobiles, parcourra dans

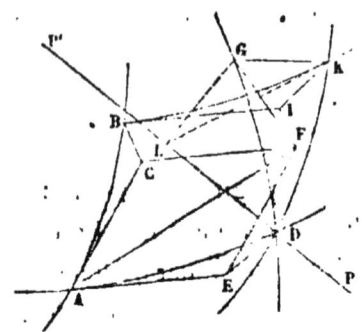

Fig. 175.

ce même temps dt, en vertu du mouvement d'entraînement, une certaine trajectoire AD. Il se trouvera en un point D au bout du temps dt; s'il avait suivi la tangente AE avec une vitesse égale à la *vitesse d'entraînement* v_e; il occuperait alors la position E. La droite ED est donc la direction de l'*accélération d'entraînement* j_e, et on trouvera la valeur de cette accélération par l'équation

$$j_e = \frac{2 \times ED}{dt^2}.$$

Pendant que le mobile va de A en B, en vertu de son mouvement relatif, la trajectoire AB se déplace, et arrive au bout du temps dt à passer par le point D. Si le mouvement d'entraînement était une simple translation, la trajectoire AB se déplacerait parallèlement à elle-même, et prendrait la position DK; mais le mouvement d'entraînement du système invariable formé par les axes peut se décomposer en deux mouvements simples, un mouvement de translation, qu'on peut prendre égal à AD, et un mouvement de rotation autour d'un certain axe PP', passant par le point D (*). Ce second mouvement amènera la trajectoire relative de la position DK à une certaine position DG, qui sera sa position effective au bout du temps dt. Le point mobile que l'observateur voit en B, est donc au bout du temps dt parvenu en un point G; l'arc DG est égal à DK, ou enfin à AB.

Sur les longueurs AC, AE, respectivement égales à $v_r dt$, $v_e dt$, construisons un parallélogramme ACFE; la diagonale AF de ce parallélogramme sera égale à $V dt$, en appelant V la vitesse absolue du point mobile; car cette vitesse absolue est, en grandeur et en direction, la résultante des deux vitesses v_e et v_r. Donc le point mobile serait, au bout du temps dt, parvenu au point F de la tangente AF menée à sa trajectoire absolue, s'il s'était déplacé sur cette tangente avec une vitesse constante égale à V. La droite FG représente la direction de l'accélération absolue J, laquelle a pour valeur

$$J = \frac{2 \times FG}{dt^2}.$$

Achevons le parallélogramme BCFI, puis joignons le point I au point K. Je dis que la droite IK sera égale et parallèle à ED. En effet, l'arc DK n'est autre chose que l'arc AB transporté parallèlement à lui-même le long de la ligne AD. Tous les points de cet arc décrivent, dans ce mouvement de transport, des lignes égales et parallèles. Le point B décrit donc une ligne BK égale et parallèle à AD. Or BI est, par construction, égale et parallèle à CF, laquelle est égale et parallèle à AE. La droite BI est par suite tangente à la courbe BK, et le point I est situé par rapport à cette courbe, comme le point E par rapport à la courbe AD. Donc IK est égale et parallèle à ED.

La droite FG est la résultante géométrique des trois droites FI, IK, KG; les deux premières sont respectivement égales et pa-

---

rallèles aux droites CB et ED ; multiplions par le facteur $\frac{2}{dt^2}$ les quatre côtés du quadrilatère FIKGF ; ces côtés deviendront respectivement j_r, j_e, $\frac{2 \times KG}{dt^2}$ et J ; de sorte que l'accélération du mouvement J est la résultante des trois accélérations suivantes :

l'accélération, j_r, du mouvement relatif ;

l'accélération, j_e, du mouvement d'entraînement, c'est-à-dire l'accélération qu'aurait le point s'il était lié invariablement aux axes mobiles ;

enfin une *accélération complémentaire*, j_e.

Cette troisième accélération est perpendiculaire au plan contenant l'axe de rotation instantanée, PP', du système de comparaison, et la tangente à la trajectoire relative, DK ; elle est dirigée dans le sens KG, c'est-à-dire dans le sens dans lequel la rotation du système mobile autour de l'axe PP' tend à entraîner l'extrémité K de l'arc DK, mené dans le sens de la vitesse relative (*) ; enfin elle a pour mesure $\frac{2 \times KG}{dt^2}$. Pour évaluer KG, abaissons des points K et G des perpendiculaires KL, GL, sur l'axe PP' ; elles tomberont toutes deux au même point L, centre de l'arc de cercle infiniment petit KG. Soit ω la vitesse angulaire du système mobile de comparaison autour de l'axe PP' ; l'angle GLK sera égal à ωdt ; on a d'ailleurs

$$DG = v_r dt, \quad \text{et} \quad GL = DG \sin(GDP') = DG \sin(\omega, v_r).$$

Donc

$$GK = \omega dt \times v_r \sin(\omega, v_r)\, dt = \omega v_r \sin(\omega, v_r)\, dt^2 ;$$

et l'accélération complémentaire j_e a pour valeur

$$j_e = 2 \omega v_r \sin(\omega, v_r).$$

(*) En général, on convient d'attribuer à l'axe de rotation un sens particulier, qui sera ici DP' ; c'est le sens dans lequel un observateur couché le long de l'axe, les pieds en D, la tête en P', verrait s'effectuer de gauche à droite la rotation instantanée même. Si l'on se reporte à cette convention, on pourra dire que l'accélération complémentaire j_e est dirigée *vers la droite* de l'observateur couché le long de l'axe, et regardant l'extrémité, K, de la vitesse relative représentée par l'arc DK.

On voit qu'elle est nulle dans trois cas :

1° Si $v_r = 0$, ou si le point est en équilibre relatif;

2° Si $\omega = 0$, ou si le mouvement d'entraînement est une translation;

3° Enfin si $\sin(\omega, v_r) = 0$, c'est-à-dire si la vitesse relative du mobile est dirigée suivant l'axe instantané de rotation.

296. Nous allons vérifier cette théorie dans un cas particulier simple.

Un point fixe M, est situé dans le plan du papier; deux axes rectangulaires OX, OY se meuvent dans ce plan autour du point O, dans le sens de la flèche f, avec une vitesse angulaire ω. Par rapport à ces axes mobiles, le point M semble animé d'un mouvement de rotation autour du point O, avec une vitesse égale à ω, en sens contraire du mouvement d'entraînement. On demande de déterminer, par la théorie du mouvement relatif, l'accélération absolue du point M, laquelle accélération est nulle puisque ce point reste immobile.

Fig. 176

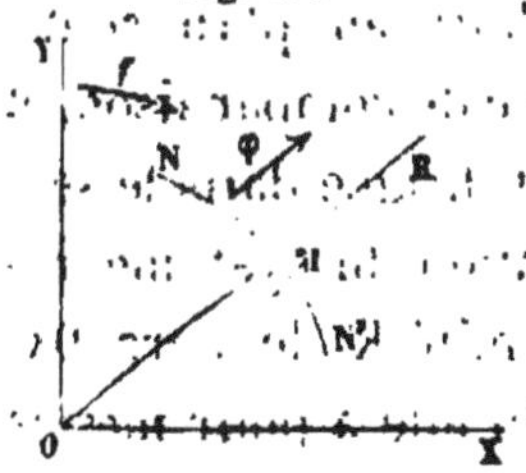

Nous formerons les trois accélérations j_e, j_r et j_c, et les composant en une seule, nous aurons l'accélération totale J.

L'accélération relative j_r, est l'accélération totale d'un point qui parcourt, dans le sens MN, la circonférence décrite du point O comme centre avec OM $= r$ pour rayon, la vitesse angulaire étant constante et égale à ω. L'accélération totale correspondante est centripète, c'est-à-dire dirigée de M vers O et égale à $\omega^2 r$.

L'accélération d'entraînement, j_e, est l'accélération totale qu'aurait le point M entraîné par les axes mobiles si on l'y supposait lié invariablement. Or, dans ce mouvement, le point M parcourrait la même circonférence que tout à l'heure, mais dans le sens MN', et avec une vitesse angulaire égale encore à ω; l'accélération j_e est donc aussi centripète, ou dirigée de M vers O, et égale à $\omega^2 r$.

L'accélération complémentaire j_c, est perpendiculaire à la fois à l'axe de rotation instantané, lequel est normal au plan de la figure,

33

et à la vitesse relative, laquelle est dirigée de M vers N, suivant une perpendiculaire à OM. Donc elle est dirigée suivant le rayon OM, perpendiculaire commune à ces deux droites. Pour savoir quelle est sa direction, transportons la rotation ω des axes du point O au point M lui-même, et examinons dans quel sens cette rotation, qui s'opère de gauche à droite, tend à faire dévier l'extrémité d'une droite MN dirigée dans le sens de la vitesse relative ; on reconnaît que le sens de cette déviation est le sens de la flèche φ ; donc l'accélération j_c est dirigée dans le sens MR, c'est-à-dire en prolongement du rayon OM. Elle est égale à $2\omega v_r \sin(\omega, v_r)$; or v_r, vitesse relative, est égale à ωr ; d'ailleurs l'angle (ω, v_r) est droit ; donc

$$j_c = 2\omega \times \omega r = 2\omega^2 r.$$

Les trois accélérations comprennent, en définitive, deux accélérations centripètes, égales toutes deux à $\omega^2 r$, et une accélération centrifuge égale à $2\omega^2 r$, qui détruit la somme des deux premières. La résultante J est donc nulle, comme on l'avait reconnu d'avance.

DÉCOMPOSITION DE L'ACCÉLÉRATION COMPLÉMENTAIRE SUIVANT LES TROIS AXES MOBILES.

297. Soient OX, OY, OZ, le système d'axes rectangulaires mobiles auquel on rapporte le mouvement d'un point M. Considérons ce point dans une position quelconque M ; menons par ce point une parallèle MP à l'axe instantané de rotation du système d'axes, puis une droite MV représentant en grandeur et en direction la vitesse relative du point M.

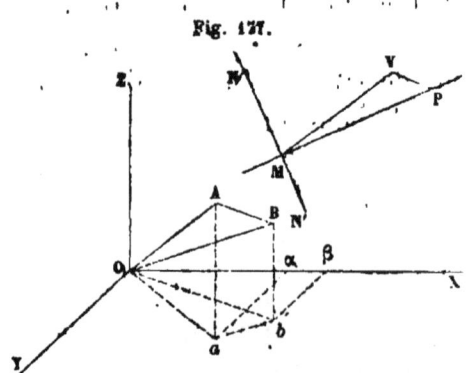

Fig. 127.

Soit ω la vitesse angulaire du système d'axes autour de MP ; nous pourrons prendre une droite finie MP pour représenter en grandeur et en direction cette rotation ω. L'accélération complémentaire aura pour direction une droite NN', élevée par le point M normalement au plan PMV, et pour sens le sens MN, parallèle au sens dans lequel la rotation ω tend à faire tourner, autour de MP, l'extrémité V de la droite représentant la vitesse relative; enfin, pour valeur 2ωv sin (PMV); nous représenterons cette valeur par une droite finie, MN.

Il est commode d'avoir les composantes de cette accélération projetée sur les trois axes OX, OY, OZ, et de les exprimer en fonction des composantes de la rotation ω, et des composantes de la vitesse relative v, rapportées toutes deux aux mêmes axes. Pour obtenir ces composantes, il suffit de projeter la droite MN = 2ωv sin (PMV) sur les trois axes OX, OY, OZ. Mais remarquons que le produit ωv sin (PMV) = MP × MV × sin (PMV) représente le double de l'aire du triangle PMV : la droite MN est donc égale à 4 fois l'aire de ce triangle; et comme elle est perpendiculaire à son plan, il est indifférent de projeter la droite MN sur les axes coordonnés, ou de projeter l'aire du triangle sur les plans coordonnés qui leur sont respectivement perpendiculaires.

Par le point O, menons des droites OA, OB, égales et parallèles aux droites MV, MP; nous formons ainsi un triangle OAB, égal et parallèle au triangle MVP. Cherchons l'aire du triangle Oab, projection du triangle OAB sur le plan XOY.

Les composantes de la rotation ω autour de l'axe MP ou de l'axe OB, seront représentées par les lettres p, q, r; la rotation p s'effectue autour de OX, q autour de OY, r autour de OZ. Si nous projetons le point b en β sur l'axe OX, nous aurons

$$O\beta = p, \quad \beta b = q.$$

De même nous représenterons les composantes de la vitesse relative v par les notations v_x, v_y, v_z, de sorte qu'en projetant le point a en α sur l'axe OX, nous aurons

$$Oa = v_x, \quad \alpha a = v_y.$$

Il s'agit d'évaluer l'aire du triangle Oba en fonction des coordonnées des sommets a et b.

Joignons $b\alpha$, $a\beta$. Le triangle Oab est la différence du quadrilatère $O\alpha b a$ et du triangle $O\alpha b$. Mais le quadrilatère $O\alpha b a$ est la somme du triangle $O\alpha x$ et du triangle $a b \alpha$, et ce dernier triangle est équivalent au triangle $\alpha \beta a$, qui a même base et même hauteur. Donc enfin le quadrilatère $O\alpha b a$ est équivalent au triangle $O\alpha\beta$, et par suite le triangle Oab est égal à la différence

$$O\alpha\beta - O\alpha b,$$

ou à

$$\tfrac{1}{2}(pv_y - qv_x).$$

Le quadruple de l'aire projetée est donc égal à $2(pv_y - qv_x)$ et c'est, par suite, la mesure de la composante de j_c parallèlement à l'axe OZ. Cette expression porte d'ailleurs son signe avec elle. On s'assure en effet, par une discussion de signes, que la composante de j_c est dirigée dans le sens positif de l'axe OZ, lorsque la formule précédente fait l'aire Oab positive, et dans le sens négatif dans le cas contraire. On n'aura donc plus besoin d'une discussion particulière pour fixer le sens dans lequel on doit prendre l'accélération complémentaire; car ses composantes suivant les axes mobiles sont données en grandeur et en signe par les formules très-simples :

$$j_{c,z} = 2(pv_y - qv_x)$$
$$j_{c,x} = 2(qv_z - rv_y)$$
$$j_{c,y} = 2(rv_x - pv_z).$$

298. Si l'on décompose en autant de vitesses particulières qu'on voudra la vitesse relative v, qu'on décompose ensuite en autant de rotations qu'on voudra la rotation ω, qu'enfin on associe successivement chacune des vitesses composantes à chacune des rotations composantes, et que l'on construise l'accélération partielle, j_c, correspondante à chacune de ces combinaisons, l'accélération complémentaire totale sera la résultante de toutes ces accélérations partielles.

On peut le vérifier sur les formules que nous venons d'obtenir.

Observons qu'on peut regarder l'expression $pv_y - qv_x$ comme le moment, par rapport à OZ, d'une force dont les composantes sont v_x et v_y, et dont le point d'application a pour coordonnées p et q. Si l'on décompose cette force en autant de forces qu'on voudra, sans changer son point d'application, la somme des moments des composantes est égale au moment de la résultante. On peut ensuite considérer en particulier l'expression du moment d'une composante de la vitesse, comme le moment d'une force dont les composantes seraient $-p$ et $-q$ et dont les coordonnées seraient v'_x et v'_y; on pourra donc aussi substituer à la rotation $-\omega$, assimilée à une force, autant de rotations composantes que l'on voudra : la somme des moments de ces forces, qui ont toutes pour point d'application le point v'_x, v'_y, sera égale au moment de la force $-\omega$.

Ce principe est souvent utile, et les formules qui nous ont servi à le démontrer n'en sont qu'une application.

Nous avons décomposé en effet la rotation ω en trois rotations p, q, r, et la vitesse relative v en trois vitesses v_x, v_y, v_z. Avec ces deux groupes de trois quantités, on peut former neuf combinaisons renfermées dans le tableau suivant.

	p	q	r
v_x	$\sin(p, v_x)=0$, accélération nulle.	$-2qv_x$ (axe des z).	$+2rv_x$ (axe des y).
v_y	$+2pv_y$ (axe des z).	$\sin(q, v_y)=0$, accélération nulle.	$-2rv_y$ (axe des x).
v_z	$-2pv_z$ (axe des y).	$+2qv_z$ (axe des x).	$\sin(r, v_z)=0$, accélération nulle.

Les éléments q et v_x, considérés seuls, donnent une accélération dirigée suivant l'axe des z, dans le sens négatif, et égale à $-2qv_x$, et ainsi de suite pour toutes les combinaisons.

Réunissant par voie d'addition algébrique les accélérations partielles calculées pour chaque axe coordonné, on retombe sur les formules données plus haut.

APPLICATION A LA DYNAMIQUE.

299. Si J est l'accélération totale dans le mouvement absolu d'un point de masse m, mJ est la force ou la résultante des forces qui agissent sur le point mobile. Les produits mj_x, mj_y, mj_z représenteront de même des forces dont la résultante sera égale à mJ. Par conséquent, mj_r est la résultante de la force mJ et de deux autres forces $-mj_e$, $-mj_e$, égales et contraires aux forces mj_e, mj_e. On mJ est égale à la résultante des forces réelles agissant sur le point matériel; on peut donc traiter un problème de mouvement relatif comme s'il s'agissait d'un mouvement absolu, en adjoignant aux forces réelles qui sollicitent le point mobile deux forces apparentes, savoir: la force $-mj_e$ qu'on appelle la *force d'inertie d'entraînement*, et la force $-mj_e$, qu'on appelle la *force centrifuge composée*, et qui a pour composantes parallèles aux axes mobiles :

$$X = 2m(rv_y - qv_z)$$
$$Y = 2m(pv_z - rv_x)$$
$$Z = 2m(qv_x - pv_y).$$

Ces formules permettent de résoudre toutes les questions de mouvement relatif.

PROBLÈME.

300. Un point M, de masse m, glisse sans frottement le long d'une tige OA, mobile dans le plan horizontal autour du point O, avec une vitesse angulaire ω dirigée dans le sens de la flèche f. Quel sera le mouvement du point?

1re *méthode*, en considérant le mouvement relatif du point M par rapport à la tige OA.

Le mouvement relatif du point M est un mouvement rectiligne; appelons v la vitesse de ce mouvement. La force réelle qui agit sur le point est la réaction normale N de la tige OA. Pour ramener le mouvement relatif à un mouvement absolu, il faut adjoindre à cette force les forces apparentes, savoir :

Fig. 179.

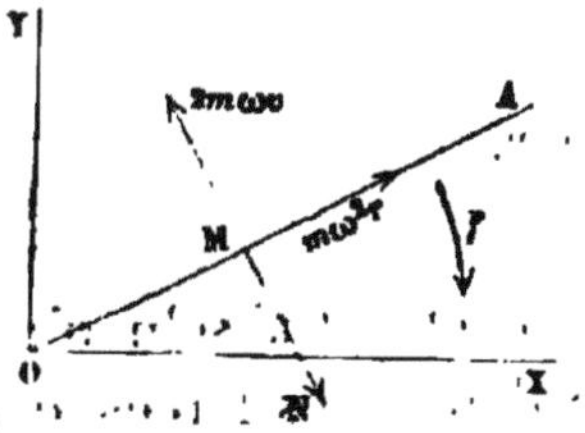

la force d'inertie d'entraînement du point M, considéré comme lié aux axes mobiles; dans ce mouvement d'entraînement, le point M décrit autour du point O, avec une vitesse uniforme, un cercle dont le rayon est OM; et par suite la force d'inertie d'entraînement est la force centrifuge, dirigée de M vers A, et égale à $m\omega^2 \times$ OM $= m\omega^2 r$, en appelant r la distance variable OM;

la force centrifuge composée, qui est perpendiculaire à la fois à l'axe projeté en O et à la vitesse relative, ou à la droite AO; elle est donc dirigée, dans le plan de la figure, normalement à AO; et elle est égale à $2m\omega v$, car ici $\sin(\omega,v) = 1$, puisque l'angle de l'axe O et de la vitesse v est droit.

Ces trois forces ont une résultante égale et contraire à la force $m\dfrac{dv}{dt}$, qui produit le mouvement du point dans la direction OA; pour qu'il en soit ainsi, il faut qu'on ait séparément :

$$m\frac{dv}{dt} = m\omega^2 r$$

et

$$N = 2m\omega v.$$

La première est l'équation du mouvement; la seconde donne la valeur de la réaction normale de la tige.

2° *méthode*, en ne considérant que le mouvement absolu.

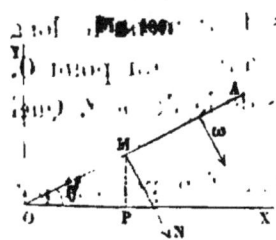

Fig. 180.

Par le point O menons deux axes rectangulaires OX, OY; soient $x =$ OP, $y =$ PM, les coordonnées du point M. On sait que ce point est sollicité par une force dirigée suivant MN; soit N la valeur de la force inconnue; les équations du mouvement absolu du point **M**, seront

$$m \frac{d^2 x}{dt^2} = N \sin \theta,$$

$$m \frac{d^2 y}{dt^2} = -N \cos \theta,$$

θ étant l'angle variable de OA avec OX.

On a donc aussi

$$x = r \cos \theta, \quad y = r \sin \theta.$$

Différentiant,

$$\frac{dx}{dt} = \frac{dr}{dt} \cos \theta - r \sin \theta \frac{d\theta}{dt},$$

$$\frac{dy}{dt} = \frac{dr}{dt} \sin \theta + r \cos \theta \frac{d\theta}{dt}.$$

Remplaçons $\frac{d\theta}{dt}$ par sa valeur $-\omega$, quantité constante,

$$\frac{dx}{dt} = \frac{dr}{dt} \cos \theta + \omega r \sin \theta,$$

$$\frac{dy}{dt} = \frac{dr}{dt} \sin \theta - \omega r \cos \theta.$$

Différentiant une seconde fois,

$$\frac{d^2 x}{dt^2} = \frac{d^2 r}{dt^2} \cos \theta + 2\omega \frac{dr}{dt} \sin \theta - \omega^2 r \cos \theta,$$

$$\frac{d^2 y}{dt^2} = \frac{d^2 r}{dt^2} \sin \theta - 2\omega \frac{dr}{dt} \cos \theta - \omega^2 r \cos \theta.$$

On en déduit donc

$$m \frac{d^2 r}{dt^2} \cos \theta + 2m\omega \frac{dr}{dt} \sin \theta - m \omega^2 r \cos \theta = N \sin \theta,$$

$$m \frac{d^2 y}{dt^2} \sin \theta - 2m\omega \frac{dr}{dt} \cos \theta - m \omega^2 r \sin \theta = -N \cos \theta.$$

Multiplions la première par $\cos \theta$, la seconde par $\sin \theta$ et ajoutons; l'équation résultante se réduit à

$$m \frac{d^2 r}{dt^2} - m \omega^2 r = 0.$$

C'est l'équation du mouvement, identique à

$$m\,\frac{dv}{dt} = m\omega^2 r.$$

Si on multiplie la première équation par $\sin\theta$, la seconde par $\cos\theta$ qu'on retranche, il viendra

$$2m\omega\,\frac{dr}{dt} = N,$$

ou

$$2m\omega v = N,$$

valeur de la réaction normale déjà déduite, par l'autre méthode, de l'expression connue de la force centrifuge composée.

Ce problème fait bien voir que la force centrifuge n'est qu'une force fictive ou apparente; la force N est seule réelle, et elle suffit pour expliquer le mouvement pris par le point mobile.

APPLICATION DE LA THÉORIE DU MOUVEMENT RELATIF A L'ÉTUDE DES MOUVEMENTS OBSERVÉS A LA SURFACE DU GLOBE TERRESTRE.

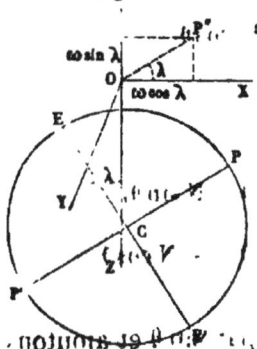

Fig. 181.

301. Soit PP' l'axe autour duquel tourne la terre, de l'ouest à l'est;

EE', le plan de l'équateur;

C, le centre du globe;

O, un point quelconque à la surface du globe; nous le supposons situé dans l'hémisphère boréal (*);

OZ la direction de la *verticale* en ce point.

La verticale est la direction de la *pesanteur*, c'est-à-dire de la résultante de l'attraction du globe terrestre et de la force d'inertie d'en-

_____

(*) Les formules comprennent le cas où le point serait au sud de l'équateur. Il suffit d'y changer le signe de la latitude.

traînement, ou de la force centrifuge due à la rotation uniforme de la terre. L'accélération g, due à la pesanteur, est de même la résultante des accélérations dues à ces deux forces, attraction terrestre et force centrifuge.

Rapportons le mouvement du point mobile à trois axes rectangulaires, OX, OY, OZ. Les axes OX et OY sont dirigés dans le plan horizontal au point O; l'axe OX est dirigé vers le nord, et l'axe OY vers l'est. L'axe OZ est vertical, et dirigé de haut en bas.

Un point libre, de masse m, sera soumis à deux forces : la pesanteur, égale à mg et dirigée parallèlement à OZ, et la force centrifuge composée qu'on peut décomposer suivant les trois axes; les composantes de cette force sont

$$X = 2m\,(rv_y - qv_z),$$
$$Y = 2m\,(pv_z - rv_x),$$
$$Z = 2m\,(qv_x - pv_y).$$

Soient x, y, z les coordonnées du point mobile; nous pouvons remplacer dans ces formules les projections des vitesses sur les axes par $\dfrac{dx}{dt}$, $\dfrac{dy}{dt}$, $\dfrac{dz}{dt}$; observons de plus que la rotation ω de la terre autour de la droite PP' a pour sens P'P ou OP''; décomposée suivant les axes, elle aura pour composantes

$$p = \omega \cos \lambda,$$
$$q = 0,$$
$$r = -\omega \sin \lambda.$$

Les composantes de la force centrifuge composée sont donc

$$X = -2m\,\omega \sin \lambda \, \frac{dy}{dt}$$
$$Y = 2m\,\omega \left(\frac{dz}{dt} \cos \lambda + \frac{dx}{dt} \sin \lambda \right)$$
$$Z = -2m\,\omega \cos \lambda \, \frac{dy}{dt}.$$

Les équations du mouvement relatif du point mobile seront

en appelant X', Y', Z' les composantes de la force extérieure qui le sollicite, abstraction faite de la pesanteur,

$$m \frac{d^2 x}{dt^2} = X' - 2m\omega \sin\lambda \frac{dy}{dt},$$

$$m \frac{d^2 y}{dt^2} = Y' + 2m\omega \left(\frac{dz}{dt} \cos\lambda + \frac{dx}{dt} \sin\lambda \right),$$

$$m \frac{d^2 z}{dt^2} = Z' + mg - 2m\omega \cos\lambda \frac{dy}{dt}.$$

Nous appliquerons ces formules à trois cas particuliers.

1°. *Déviation des corps qui tombent d'une grande hauteur.*

On fera X' = Y' = Z' = 0; on remarquera de plus que les vitesses $\frac{dx}{dt}$, $\frac{dy}{dt}$ sont nécessairement très petites; effaçant les termes qui les contiennent en facteur, on aura pour équations approximatives du mouvement

$$m \frac{d^2 x}{dt^2} = 0,$$

$$m \frac{d^2 y}{dt^2} = 2m\omega \frac{dz}{dt} \cos\lambda;$$

$$m \frac{d^2 z}{dt^2} = mg.$$

De la troisième on tire $\frac{dz}{dt} = gt$, sans constante, si le corps part du repos au moment où l'on fait commencer le temps. Cette valeur, substituée dans la seconde équation, donne

$$\frac{d^2 y}{dt^2} = 2\omega g t \cos\lambda;$$

d'où l'on déduit, sans ajouter de constante,

$$\frac{dy}{dt} = \omega g t^2 \cos\lambda,$$

et

$$y = \frac{1}{3} \omega g t^3 \cos\lambda,$$

valeur de la déviation vers l'est.

La valeur obtenue pour $\frac{dy}{dt}$, substituée dans la première des équations, rigoureuses, conduirait à déterminer une seconde déviation vers le sud (*).

2° *Pendule Foucault.*

Nous supposerons le point mobile attaché par un fil au point O; les forces X′, Y′, Z′, seront les composantes de la tension N du fil; si l'on désigne par l sa longueur, supposée invariable, on aura

$$X' = -N\frac{x}{l},$$

$$Y' = -N\frac{y}{l},$$

$$Z' = -N\frac{z}{l}.$$

Proposons-nous de trouver la loi du mouvement du pendule en projection sur le plan horizontal. Nous nous servirons pour cela des deux premières équations,

$$m\frac{d^2x}{dt^2} = -N\frac{x}{l} - m\omega \sin\lambda \frac{dy}{dt},$$

$$m\frac{d^2y}{dt^2} = -N\frac{y}{l} + 2m\omega\left(\frac{dz}{dt}\cos\lambda + \frac{dx}{dt}\sin\lambda\right).$$

Entre ces deux équations, éliminons N, en multipliant la première par y, la seconde par x, et en retranchant; il viendra

$$m\left(x\frac{d^2y}{dt^2} - y\frac{d^2x}{dt^2}\right) = 2m\omega x\frac{dz}{dt}\cos\lambda + 2m\omega\sin\lambda\left(x\frac{dx}{dt} + y\frac{dy}{dt}\right).$$

Le terme contenant en facteur $\frac{dz}{dt}$ peut être négligé, si, comme nous le supposons, les oscillations du pendule sont limitées à de très petits arcs voisins du point le plus bas de la sphère décrite par le point mobile. Le point m, en effet, sort à peine du plan horizontal

(*) (Voir dans notre *Traité de mécanique*, tome III, § 209 (Hachette. 1874), la solution complète du problème du mouvement relatif d'un point pesant dans le vide, quand on tient compte du mouvement de rotation du globe terrestre.

tangent à cette sphère. Supprimant donc ce terme, il vient l'équation très approchée

$$x \frac{d^2 y}{dt^2} - y \frac{d^2 x}{dt^2} = 2\omega \sin\lambda \left(x \frac{dx}{dt} + y \frac{dy}{dt} \right).$$

Cette équation est intégrable, et donne

$$x \frac{dy}{dt} - y \frac{dx}{dt} = C + \omega \sin\lambda (x^2 + y^2).$$

C désigne la constante introduite par l'intégration; mais cette constante est nulle si nous supposons qu'à chaque oscillation le pendule repasse par la verticale OZ; alors, en effet, on a à la fois $x = 0$ et $y = 0$. Admettons ce cas particulier, l'équation précédente se réduit à

$$x \frac{dy}{dt} - y \frac{dz}{dt} = \omega \sin\lambda (x^2 + y^2),$$

ou bien à

$$\frac{x\,dy - y\,dx}{x^2 + y^2} = \omega \sin\lambda\,dt,$$

équation dont l'intégrale générale est

$$\arctan \frac{y}{x} = \omega t \sin\lambda + C';$$

Sous cette forme on voit que l'angle azimutal du plan dans lequel se fait l'oscillation varie proportionnellement au temps, dans le sens positif, c'est-à-dire dans le sens nord-est-sud-ouest-nord, avec une vitesse angulaire égale à $\omega \sin\lambda$; ce qui est vérifié par l'expérience.

3° *Tendance latérale des corps en mouvement dans le plan horizontal.*

Supposons que le point matériel se meuve dans le plan horizontal avec une vitesse constante V, et soit α l'angle de la direction V avec la partie positive OX de l'axe des x, ou avec le méridien allant au pôle nord, l'angle α étant compté dans le sens positif du nord vers l'est.

Le mouvement étant uniforme, on aura

$$\frac{d^2 x}{dt^2} = 0, \quad \frac{d^2 y}{dt^2} = 0, \quad \frac{d^2 z}{dt^2} = 0;$$

les vitesses projetées seront

$$\frac{dx}{dt} = V \cos \alpha,$$

$$\frac{dy}{dt} = V \sin \alpha,$$

$$\frac{dz}{dt} = 0,$$

et les composantes X', Y', Z', de la force qui agit sur le mobile pour assurer le mouvement qu'on vient de définir seront données par les équations :

$$X' = 2m\omega V \sin \alpha \sin \lambda,$$

$$Y' = -2m\omega V \cos \alpha \sin \lambda,$$

$$Z' = -mg + 2m\omega V \sin \alpha \cos \lambda.$$

La troisième équation nous montre que le mouvement du point altère son poids, mg, d'une manière apparente ; le poids est diminué de $2m\omega V \sin \alpha \cos \lambda$, si l'angle α est $< \pi$, ou si le mouvement est dirigé à l'est du méridien. Il est augmenté de $-2m\omega V \sin \alpha \cos \lambda$, si α est compris entre π et 2π ; c'est-à-dire si le mouvement du point l'entraîne à l'ouest du méridien.

Laissant de côté cette variation apparente de poids, qui est toujours très faible en comparaison de la force mg, occupons-nous des deux composantes horizontales X' et Y'. Leur rapport est

$$\frac{Y'}{X'} = -\cotang \alpha = -\frac{1}{\tang \alpha},$$

donc la résultante de ces deux forces est perpendiculaire à la vitesse V.

La valeur de la résultante est $\sqrt{X'^2 + Y'^2} = 2m\omega V \sin \lambda$; elle est indépendante de la direction de la vitesse.

Enfin, le sens de la vitesse est OV ; ses composantes sont OI et OK. On obtiendra le sens de la résultante R en prenant sur l'axe OX une longueur OK' = OK, dans le même sens que OI, et sur l'axe OY, dans le sens opposé à OK, une longueur OI' = OI. La résultante, OV', de OI' et de OK' est une perpendiculaire à OV, *dirigée vers la gauche* par rapport au mouvement OV ; et c'est aussi la direction de la résultante cherchée.

Fig. 182.

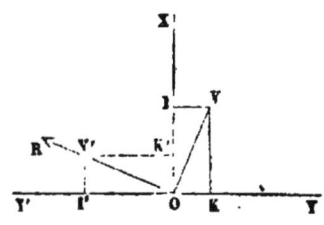

En résumé, la force extérieure qui intervient pour maintenir le mouvement dans la direction OV, est dirigée normalement au mouvement et vers sa gauche, et elle est indépendante de l'orientation de ce mouvement.

Le mouvement OV produit donc une tendance horizontale du point mobile à appuyer vers la droite ; cette tendance a pour mesure $2m\omega V \sin \lambda$; elle est normale au chemin décrit par le point mobile.

Elle se manifeste notamment dans les grands cours d'eau, qui généralement appuient vers la droite dans l'hémisphère boréal ; les courants des mers et les vents alisés sont des exemples du même phénomène.

INTRODUCTION DES FORCES APPARENTES DANS L'ÉQUATION DES FORCES VIVES.

302. Un problème de mouvement relatif peut toujours être traité comme s'il s'agissait du mouvement absolu, pourvu qu'on joigne aux forces réelles les forces apparentes. Or, des deux forces apparentes qu'il faut ainsi appliquer à chaque point mobile, il y en a une, la force centrifuge composée, qui est normale à la vitesse relative, ou au chemin décrit par son point d'application ; son travail est donc nul, et l'équation des forces vives appliquée au mouvement relatif ne contiendra pas, par conséquent, cette force complémentaire.

La force d'inertie d'entraînement disparaît aussi de l'équation des forces vives quand le mouvement d'entraînement est une translation égale et parallèle, à chaque instant, au mouvement du centre de gravité (*). En effet, chaque point, considéré comme lié au système

(*) Il en serait de même encore si le mouvement d'entraînement était une translation rectiligne et uniforme ; car alors la force d'inertie d'entraînement serait nulle. Les équations du mouvement relatif ne diffèrent pas, dans ce cas particulier, des équations du mouvement absolu.

de comparaison mobile, a alors une accélération égale et parallèle à celle du centre de gravité ; de là, en chaque point de masse m appartenant au système, une force égale à $-mj_a$ et parallèle à une même direction ; ces forces parallèles et proportionnelles aux masses se composent en une seule force, appliquée au centre de gravité et égale à $-Mj_a$, M étant la masse totale du système. Le travail de cette résultante est égal à la somme des travaux des composantes ; or ce travail est nul, puisque dans le mouvement relatif le centre de gravité du système reste immobile.

On prouverait de même que les forces apparentes ne figurent pas dans les équations des moments des quantités de mouvement, pris par rapport à des axes de direction constante passant par le centre de gravité. C'est de cette remarque qu'on déduit l'existence du *plan invariable* dans le système du monde, et ce théorème très important dans la dynamique des solides : *Un corps solide, libre dans l'espace, tourne autour de son centre de gravité comme si ce point était fixe.*

303. Nous aurons, dans la théorie des turbines, à résoudre le problème suivant.

Une courbe plane AB est animée, dans le plan du papier, d'un

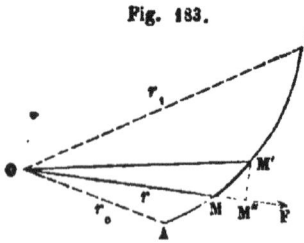

Fig. 183.

mouvement uniforme de rotation autour d'un axe fixe normal à ce plan et projeté en O. Un point mobile M, de masse donnée m, parcourt la courbe avec un certain mouvement relatif. Quel est le travail des forces apparentes qui agissent sur ce point quand il se transporte d'un point A à un autre point B de sa trajectoire relative ?

Il suffit de chercher le travail de la force d'inertie d'entraînement, puisque l'autre force apparente a un travail nul.

Soit ω la vitesse angulaire.

La force d'inertie d'entraînement se réduit ici à la force centrifuge $F = m\omega^2 \times OM = m\omega^2 r$. Son travail, quand le point mobile parcourt un élément infiniment petit MM', de sa trajectoire apparente, est égal à F multiplié par la projection MM″ du chemin décrit; or, à des infiniment petits du second ordre près, MM″ $=$ OM′ $-$ OM $= dr$: l'élément du travail est donc

$$m \omega^2 r dr,$$

et par suite le travail accompli par cette force apparente, du point A au point B, est

$$\int_{r=OA}^{r=OB} m \omega^2 r dr = \frac{1}{2} m \omega^2 (r_1^2 - r_0^2),$$

en faisant $r_0 = OA$, $r_1 = OB$. On peut remarquer que ωr_1 est la vitesse d'entraînement du point B, et ωr_0 la vitesse d'entraînement du point A: le résultat est donc le demi-accroissement de la force vive d'entraînement, quand le point mobile passe du point A au point B.

34

CHAPITRE IV.

DES TURBINES.

304. Les turbines sont des roues hydrauliques dont l'axe est généralement vertical, et dans lesquelles les orifices de l'entrée de l'eau sont distincts des orifices de sortie. Cette dénomination a été imaginée par Burdin en 1824; mais le système était déjà connu dans ses traits principaux. Sans parler des essais plus ou moins grossiers de roues à cuiller ou à cuve, on doit rappeler les études d'Euler sur ce sujet (*Mémoire de Berlin, 1750 à 1754*); sa roue peut être regardée comme le type des récepteurs à axe vertical où l'eau motrice descend à travers une couronne mobile, qui recueille et transmet le travail de la pesanteur. La turbine de Fourneyron appartient à un autre type; la couronne mobile est parcourue horizontalement par les filets liquides, et la variation de la vitesse relative de ces filets est due au travail de la force centrifuge.

Nous allons étudier successivement ces deux systèmes, en commençant par celui de Fourneyron.

TURBINE DE FOURNEYRON.

305. La turbine de Fourneyron se compose essentiellement (fig. 184) :

1° d'un cylindre fixe ABB'A', posé verticalement et traversé suivant son axe par un tube creux CD, appelé *tuyau porte-fond*; le cylindre est ouvert à sa partie inférieure dans la région comprise entre les plan BB', II'; la calotte IDI' est complètement étanche;

2° d'une couronne mobile entourant la région ouverte du cylindre fixe; cette couronne, projetée dans la coupe ci-contre suivant HB, H'B', est rattachée par des bras G, G', à un axe de rotation vertical EF, qui passe dans le tube CD, et qui repose à sa partie inférieure sur une crapaudine F. C'est cet arbre qui transmet aux machines-outils le mouvement communiqué par la couronne mobile HB.

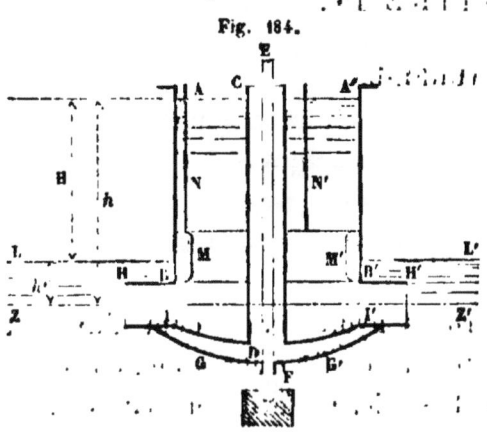

Fig. 184.

L'eau motrice pénètre dans le cylindre fixe, où elle est maintenue à un niveau constant AA'; elle sort par les ouvertures réservées dans la région, IB, pénètre dans la couronne mobile et la met en mouvement en exerçant une pression sur les aubes qui y sont contenues; elle sort enfin dans le bief d'aval, que l'on suppose s'élever jusqu'à un niveau constant LL'.

Les niveaux AA', LL', sont donnés par leurs cotes de hauteur, h et h', au-dessus d'un même plan horizontal ZZ', pour lequel nous prendrons le plan moyen de la couronne mobile.

En plan, la couronne HH' présente une disposition analogue à celle de la roue à aubes courbes de Poncelet. Les aubes sont représentées par les lignes équidistantes ab, $a'b'$, $a''b''$, ... toutes égales entre elles et semblablement placées.

A l'intérieur du cylindre ABA'B', des cloisons fixes équidistantes $c'd'$, $c''d''$, ... sont destinées à diriger l'eau vers les orifices formés par les aubes de la partie mobile; ces cloisons viennent, les unes s'appuyer sur la

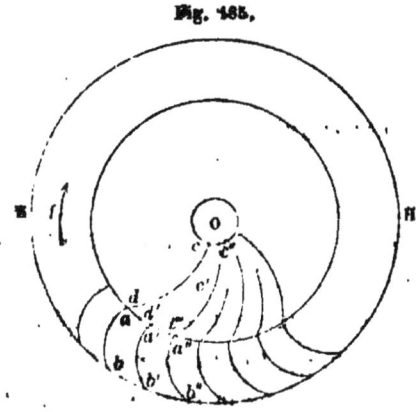

Fig. 185.

paroi extérieure du tube central O; d'autres, plus courtes, sont interrompues à une certaine distance de ce tube. Le tracé que nous donnons ici correspond au cas où la couronne mobile tournerait dans le sens de la flèche *f*.

MM' représente, sur la première figure, la coupe et l'élévation d'un vannage qu'on déplace au moyen des tiges N, N', et qui est destiné à régler l'ouverture des orifices d'après le volume liquide dont on peut disposer. Nous supposerons ici que cette vanne soit entièrement levée.

306. Proposons-nous de déterminer la forme des aubes *ab*, de telle sorte que le travail transmis soit le plus grand possible.

Nous représenterons par *u* la vitesse absolue d'un filet liquide à sa sortie du cylindre fixe; soit *p* la pression du liquide, rapportée à l'unité de surface, dans le plan moyen ZZ' de la couronne; le théorème de Torricelli sera applicable au filet qui s'échappe du cylindre fixe, et nous aurons

$$(1) \qquad u^2 = 2g \left(h + \frac{p_a - p}{\Pi} \right);$$

en appelant p_a la pression atmosphérique qui s'exerce en AA'. Cette formule suppose que dans tout le parcours du cylindre fixe, les filets liquides n'éprouvent point l'effet de la viscosité.

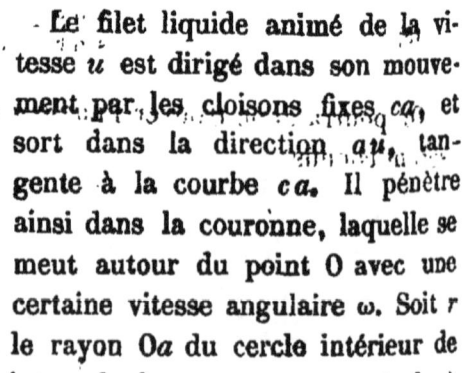

Fig. 186.

Le filet liquide animé de la vitesse *u* est dirigé dans son mouvement par les cloisons fixes *ca*, et sort dans la direction *au*, tangente à la courbe *ca*. Il pénètre ainsi dans la couronne, laquelle se meut autour du point O avec une certaine vitesse angulaire ω. Soit *r* le rayon O*a* du cercle intérieur de la couronne; la vitesse du point *a* de la couronne sera égale à

$\omega r = v$, et dirigée suivant la tangente av à ce cercle. Achevons le parallélogramme $avaw$; le côté aw représentera la vitesse relative w du filet liquide par rapport à l'aube en mouvement.

Pour qu'il n'y ait pas de choc à l'entrée, il faudra donc que l'aube ab soit tangente à la direction de la vitesse aw.

Le filet liquide parcourt la trajectoire relative ab, et sa vitesse n'est pas la même aux divers points de cette courbe; il sort de la couronne au point b avec une vitesse relative w', dirigée suivant la tangente bw'; cette vitesse bw', composée avec la vitesse d'entrainement bv' du point b, donne pour résultante une vitesse u' qui est dirigée suivant la diagonale du parallélogramme $bv'u'w'$, et qui représente la vitesse absolue du liquide à sa sortie de la couronne. C'est cette vitesse absolue, u', qu'il importe de rendre la plus petite possible pour utiliser de la façon la plus complète la puissance motrice de l'eau (§ 277).

La vitesse v étant connue, on exprimera la vitesse w en fonction de u en considérant le triangle uav, qui donne

$$(2) \qquad w^2 = u^2 + v^2 - 2uv\cos\beta;$$

β étant l'angle des vitesses u et v, ou l'angle de l'aube fixe, ca, avec la circonférence intérieure de la couronne.

Le même triangle donne l'angle α que doit faire avec la même couronne, le premier élément de l'aube ab. On a, en effet, la proportion

$$(3) \qquad \frac{\sin\alpha}{\sin\beta} = \frac{u}{w}.$$

On pourra donc trouver l'angle α en fonction de β, dès que u et w seront connus.

La théorème des forces vives nous donnera la relation entre w

Fig. 181.

et w'. Considérons un filet liquide ab, se déplaçant le long de l'aube ab, et partageons-le en une infinité d'éléments tous de même volume, et tels que chacun vienne occuper la place du suivant dans un temps dt infiniment petit. Le demi-accroissement de la force vive du système se réduira à l'échange de la demi-force vive du premier élément contre la demi-force vive du dernier, et si l'on appelle m la masse commune à tous ces éléments, le premier membre de l'équation sera

$$\frac{1}{2} m (w'^2 - w^2).$$

Les forces dont il faut tenir compte sont ici les pressions en a et en b, et la force centrifuge; le travail de la pression en a est égal à p multiplié par le volume décrit par la section du filet, ou à $p \times \frac{mg}{\Pi}$. La pression en b est résistante, et si p' est sa valeur par unité de surface, son travail sera $-p' \frac{mg}{\Pi}$. Le travail de la force centrifuge est équivalent au travail qu'elle produirait si la première petite masse allait occuper la place de la dernière, et nous avons calculé ce travail (§ 308); c'est la demi-différence des forces vives correspondantes aux vitesses d'entraînement, ou enfin $\frac{1}{2} m (v'^2 - v^2)$. Nous avons donc la relation

$$\frac{1}{2} m (w'^2 - w^2) = (p - p') \frac{mg}{\Pi} + \frac{1}{2} m (v'^2 - v^2),$$

ou bien

$$w'^2 - w^2 = 2g \left(\frac{p}{\Pi} - \frac{p'}{\Pi} \right) + v'^2 - v^2.$$

Cette équation n'est que la traduction du théorème de Bernoulli, où l'on aurait remplacé la pesanteur par la force centrifuge. On néglige le frottement du liquide sur la paroi ab; cette force n'est pas bien considérable, à cause de la petitesse de la longueur du canal parcouru, à moins que la section d'écoulement ne soit très restreinte.

La pression p' est celle qui s'exerce en dehors de la couronne, dans une région où les vitesses absolues du liquide sont faibles, et où, par suite, on peut appliquer sans erreur sensible la règle de l'hydrostatique. Nous pourrons donc poser

$$(5) \qquad p' = p_a + \Pi h'.$$

On a une sixième équation pour définir u'. Le triangle $u'bv'$ donne en effet

$$(6) \qquad u'^2 = w'^2 + v'^2 - 2w'v' \cos \gamma,$$

γ étant l'angle $bv'u'$ que fait l'aube au point b avec la circonférence extérieure.

On cherche à rendre u' le plus petit possible; on parviendrait à le rendre rigoureusement nul si l'on faisait $\gamma = 0$ et $v' = w'$; alors le triangle $bv'u'$ se réduirait à un seul côté; mais il est facile de voir que la condition $\gamma = 0$ est impossible à remplir.

En effet, il faut que les arcs de la circonférence extérieure débi-

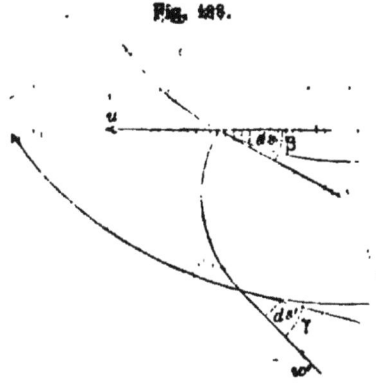

Fig. 149.

tent, sous la vitesse relative w', qui fait avec ces arcs un angle γ, le même volume d'eau que les arcs de la circonférence intérieure, sous la vitesse u, qui fait avec eux un angle β. Soit ds une partie aliquote infiniment petite de la circonférence intérieure; la section droite du filet liquide qui traverse cet arc est proportionnelle à $ds \sin \beta$; le débit est donc proportionnel à $u ds \sin \beta$.

Mais à l'arc ds de la circonférence intérieure, correspond, sur la circonférence extérieure, un arc ds' qui est la même partie aliquote de cette circonférence, et qui est à ds dans le rapport des rayons

r et r'. La section droite étant proportionnelle à $ds'\sin\gamma$, le débit l'est à $w'ds'\sin\gamma$; et l'on aura

$$uds\sin\beta = w'ds'\sin\gamma$$

ou, remplaçant $\dfrac{ds}{ds'}$ par $\dfrac{r}{r'}$,

(7) $ur\sin\beta = w'r'\sin\gamma$.

On ne peut donc faire $\gamma = 0$, car ce serait supposer, ou que le débit de la turbine est nul, ou que la vitesse w' est infinie. On se contentera de donner à γ une petite valeur; c'est en pratique 30°; alors l'équation (7) n'exige pas une trop grande valeur pour w'; on réduit du reste la vitesse u' le plus possible en posant

(8) $u = w'$.

A ces huit équations, on doit ajouter

(9) $\dfrac{v'}{v} = \dfrac{r'}{r}$,

relation entre les vitesses linéaires des deux circonférences de la couronne.

307. Ajoutons les équations (1), (2) et (3), après y avoir fait $w' = v'$ et $p' = p_a + \Pi h$. Il viendra, en observant que la différence $h - h'$ est égale à la hauteur totale H de la chute,

(10) $uv\cos\beta = g\mathrm{H}$.

Cette équation fait connaître le produit uv. L'équation (7) donne le rapport $\dfrac{u}{w}$, ou $\dfrac{u}{v}$ puisque $v' = w'$. D'ailleurs, l'équation (9) permet d'exprimer v' par $\dfrac{vr'}{r}$, de sorte qu'en définitive, on a une équation qui fait connaître $\frac{u}{v}$. De cette équation et de l'équation (10), on peut tirer u et v. Écrivons ensuite, les unes au-dessous des autres, les quatre équations,

(10)	$uv \cos \beta = gH$
(9)	$v'r = vr'$
(8)	$w' = v'$
(7)	$w'r' \sin \gamma = ur \sin \beta,$

et multiplions-les membre à membre, il viendra

$$w'^2 \sin \gamma = gH \tan \beta,$$

et par conséquent

$$(11) \qquad w'^2 = gH \frac{\tan \beta}{\sin \gamma}.$$

Cette équation fait connaître la hauteur due à la vitesse relative de l'eau à la sortie; elle ne dépend que des angles β et γ, et de la hauteur H de la chute; elle est indépendante de la profondeur d'immersion, h'.

La vitesse v' est égale à w'. Quant à la vitesse u', qu'il importe de connaître pour apprécier le rendement du récepteur, on l'obtient par l'équation (6), qui donne, en y introduisant l'hypothèse (8) et la valeur de w'^2 qu'on vient de calculer,

$$\frac{u'^2}{2g} = 2 \frac{w'^2}{2g} (1 - \cos \gamma) = H \tan \beta \frac{1 - \cos \gamma}{\sin \gamma}.$$

La puissance de la chute étant proportionnelle à la hauteur H, le rendement théorique a pour expression

$$(12) \qquad 1 - \tan \beta \times \frac{1 - \cos \gamma}{\sin \gamma} = 1 - \tan \beta \tan \frac{1}{2} \gamma.$$

ce nombre dépend seulement du tracé des cloisons et des aubes. On voit par cette valeur qu'il suffit que γ soit un petit angle pour que le rendement approche de l'unité. Mais on ne doit pas oublier qu'à mesure que γ diminue, les vitesses relatives de l'eau dans les canaux de la turbine augmentent ; les frottements dont nous avons négligé le travail, augmentant avec les vitesses, cesseraient bientôt d'être négligeables. Il n'est donc pas avantageux de réduire γ à une très petite valeur ; 25° est une limite au-dessous de laquelle il ne convient pas de descendre.

308. Le rendement effectif se rapproche beaucoup du rendement théorique lorsque la turbine fonctionne dans les conditions mêmes où elle a été projetée ; mais lorsque le volume d'eau dont on dispose décroît, on est forcé, pour que le tuyau ABA'B' reste plein, ce qui est nécessaire à la transmission des pressions, d'abaisser partiellement le vannage M ; alors l'eau qui traverse la couronne n'a pas un volume suffisant pour occuper, sans diminution de vitesse, toute la section des canaux formés par les aubes ; elle éprouve des tourbillonnements qui réduisent sa vitesse et qui produisent des pertes de force vive. M. Morin, en étudiant par expérience le rendement d'un certain nombre de turbines, a observé des variations de rendement de 0,23 à 0,80, d'après le volume d'eau dépensé. On corrige cet effet en partageant la couronne par des cloisons horizontales équidistantes, et en abaissant la vanne de manière à masquer complètement toute une rangée d'orifices. Mais l'introduction de ces cloisons horizontales augmente notablement le frottement du liquide à son passage dans le récepteur.

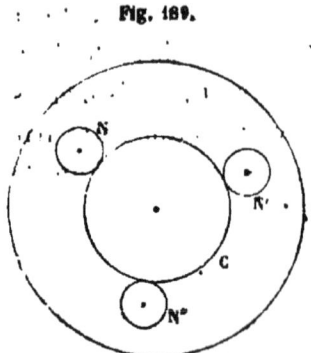

Fig. 189.

Pour déplacer le vannage il faut faire monter et descendre de quantités égales les trois tiges N, N', N'' qui sont disposées en plan aux sommets d'un triangle équilatéral. Pour cela on garnit chacune de ces tiges d'un pas de vis traversant un écrou. Les trois écrous portent une roue dentée, et ces trois roues, de rayons égaux, engrènent avec une même roue dentée, C ; de cette manière, les trois écrous N, N', N'' tournent à la fois d'un même angle quand on en fait tourner un seul. Il en résulte un déplacement longitudinal commun pour les trois tiges, et pour le vannage qui y est attaché.

VANNAGE DE M. CALLON.

309. M. Callon a modifié le vannage imaginé par Fourneyron. Au lieu de faire descendre une vanne qui bouche une fraction déterminée de la hauteur de la couronne, M. Callon intercepte sur toute la hauteur de la couronne une portion seulement de son développement. De cette manière, les tuyaux formés par les aubes courbes de la partie mobile ne se remplissent de liquide qu'à leur passage vis-à-vis des arcs qui restent ouverts. Le mouvement de l'eau n'est plus aussi régulier, car lorsque les tuyaux remplis d'eau passent devant les parties fermées par les vannes, la pression du liquide à l'origine du tuyau subit une notable réduction, par suite de l'interposition de ce diaphragme. On doit avoir soin d'abaisser simultanément deux vannes symétriques par rapport à l'axe de l'appareil; autrement les pressions de l'eau sur la couronne ne s'équilibreraient plus, et l'axe de rotation éprouverait une tendance latérale qui augmenterait le frottement de la crapaudine. Le caractère de la turbine Fourneyron est, au contraire, l'égalité en tous sens des pressions développées sur l'axe de rotation; c'est par là qu'elle est préférable à la roue Poncelet, avec laquelle la couronne mobile a du reste une complète analogie : la roue Poncelet ne reçoit jamais l'eau qu'à sa partie inférieure, et par suite l'axe autour duquel elle tourne supporte le poids de toute l'eau contenue dans l'appareil. De plus, l'eau entre et sort par les mêmes orifices, tandis que dans la turbine Fourneyron, l'eau entre par des orifices spéciaux, et sort par d'autres orifices, sans que l'un de ces écoulements soit jamais gêné par l'autre.

PROBLÈME DE LA CONSTRUCTION D'UNE TURBINE.

310. Proposons-nous de calculer le volume d'eau débité dans l'unité de temps par la turbine.

Soit Q ce volume; appelons b la hauteur de la couronne, que nous supposons partout la même. Nous avons reconnu que la dépense, pour un arc ds de la circonférence intérieure de la roue, était proportionnelle à $u\,ds\sin\beta$; elle est égale à $b\,ds\sin\beta \times u$; et par suite, si la circonférence entière est ouverte à l'écoulement, la dépense totale par unité de temps sera l'intégrale de cette quantité, étendue à toute la circonférence, c'est-à-dire

$$\int 2\pi r b \sin\beta \times u.$$

On a donc

$$Q = 2\pi r b \sin\beta \times u.$$

Mais

$$ur\sin\beta = w'r'\sin\gamma \qquad \text{(équation (7)};$$

donc on a aussi

$$Q = 2\pi b \times w'r'\sin\gamma.$$

Notre équation (44) nous a donné

$$\frac{w'^2}{2g} = \frac{1}{2}\,H\,\frac{\tan\beta}{\sin\gamma}.$$

Donc enfin

$$(45)\quad Q = 2\pi b \times r'\sin\gamma \times \sqrt{g\,H\,\frac{\tan\beta}{\sin\gamma}} = 2\pi b r' \sqrt{g\,H\,\sin\gamma\,\tan\beta}.$$

Cette formule suppose que la circonférence intérieure de la couronne soit ouverte dans tout son développement; si on abaisse la vanne de M. Callon sur une fraction de sa longueur, Q subira une réduction proportionnelle; il en serait de même, si on abaissait la vanne de Fourneyron sur une fraction de la hauteur totale, b.

Les données immédiates de la construction de la turbine sont Q et H; on prend arbitrairement les angles β et γ; les limites pratiques pour β sont 35° à 40°; pour γ, 25° à 30°. Enfin on se donne les rayons r et r'.

Cela posé, l'équation (13) fait connaître la hauteur b:

$$b = \frac{\mathbf{Q}}{2\pi r' \sqrt{gH \sin \gamma \, \mathrm{tang}\, \beta}}.$$

On a d'ailleurs, par l'équation (11),

$$w = \sqrt{gH \frac{\mathrm{tang}\, \beta}{\sin \gamma}},$$

et par l'équation (6), en y introduisant l'hypothèse (8),

$$w' = \sqrt{2gH \frac{\mathrm{tang}\, \beta\,(1 - \cos \gamma)}{\sin \gamma}} = \sqrt{2gH \, \mathrm{tang}\, \beta \, \mathrm{tang}\, \tfrac{1}{2} \gamma}$$

La vitesse v' est égale à w'; la vitesse v se déduit de v' par la relation (9).

Enfin u se tire de l'équation (7), qui donne

$$u = w' \times \frac{r'}{r} \frac{\sin \gamma}{\sin \beta} = \frac{r'}{r} \frac{\sin \gamma}{\sin \beta} \sqrt{gH \frac{\mathrm{tang}\, \beta}{\sin \gamma}} = \frac{r'}{r} \sqrt{2gH \frac{\sin \gamma}{2 \cos \beta \sin \beta}}$$
$$= \frac{r'}{r} \sqrt{2gH \times \frac{\sin \gamma}{\sin 2\beta}}.$$

Il faut que la pression p à l'intérieur de la couronne mobile soit peu différente de la pression extérieure p'; sans quoi l'intervalle qui reste libre entre la partie mobile et la partie fixe livrerait passage à l'eau dans un sens ou dans l'autre : une portion de l'eau motrice sortirait par ce joint sans produire de travail, dans le cas où p serait $> p'$; et il entrerait dans la turbine de l'eau sans vitesse, si p était plus petit que p'. Faisons donc $p = p' = p_{\scriptscriptstyle 0} + \mathrm{H}h$. Cette valeur, substituée dans l'équation (1) nous donnera

$$u'^2 = 2g(h - h') = 2gH.$$

Pour que cette condition soit remplie, il faut donc et il suffit que l'on ait

$$\frac{r'}{r} \sqrt{\frac{\sin \gamma}{\sin 2\beta}} = 1,$$

relation qui lie entre elles les quatre données arbitraires r, r', γ et β (*).

Il faut encore déterminer l'angle α, qui est nécessaire pour le tracé des aubes. Cet angle est donné par l'équation (5)

$$\sin \alpha = \sin \beta \times \frac{u}{w},$$

dans laquelle on doit remplacer u et w par leurs valeurs. Or, l'équation (4) nous donne $w = v$, en observant que $w' = v'$, et que $p = p'$, ce qui entraîne

$$w = \frac{v'r}{r'} = \frac{w'r}{r'} = \frac{r}{r'} \sqrt{gH \frac{\tan g\,\beta}{\sin \gamma}}.$$

Donc enfin

$$\sin \alpha = \sin \beta \, \frac{\sqrt{2gH}}{\dfrac{r}{r'} \sqrt{gH \dfrac{\tan g\,\beta}{\sin \gamma}}} = \frac{r'}{r} \sqrt{\sin \gamma \sin 2\beta},$$

ou bien

$$\sin \alpha = \sqrt{\frac{\sin 2\beta}{\sin \gamma}} \sqrt{\sin \gamma \sin 2\beta} = \sin 2\beta.$$

Et en effet, les composantes w et v étant égales, la vitesse absolue u est bissectrice de l'angle de w avec v, et par suite l'angle $\widehat{(u, v)}$, supplément de α, est double de l'angle (u, v), ou de β. Les angles α et 2β ont donc même sinus.

(*) Si l'on fait $\gamma = 30°$ et $\beta = 40°$, la relation qu'on vient de poser donne

$$\frac{r'}{r} = \sqrt{\frac{\sin 80°}{\sin 30°}} = \sqrt{\frac{0.98}{0.50}} = \sqrt{1,96} = 1,40.$$

Le rendement théorique, dans les mêmes conditions, s'élève à 0.775.

Les hauteurs h, h' restent arbitraires, et liées seulement par la relation $h - h' = H$.

SOLUTION GÉOMÉTRIQUE DU PROBLÈME.

311. M. Bérard a résolu au moyen d'une construction graphique le problème de l'établissement d'une turbine Fourneyron, en partant de données un peu différentes. On se donne encore les rayons r et r', et la hauteur de chute H, d'où l'on déduit la vitesse absolue à l'entrée $u = \sqrt{2gH}$, dans l'hypothèse de $p = p'$. Mais au lieu de se donner les angles β et γ, on se donne les angles α et γ. La question consiste alors à déterminer le meilleur angle β.

Fig. 190.

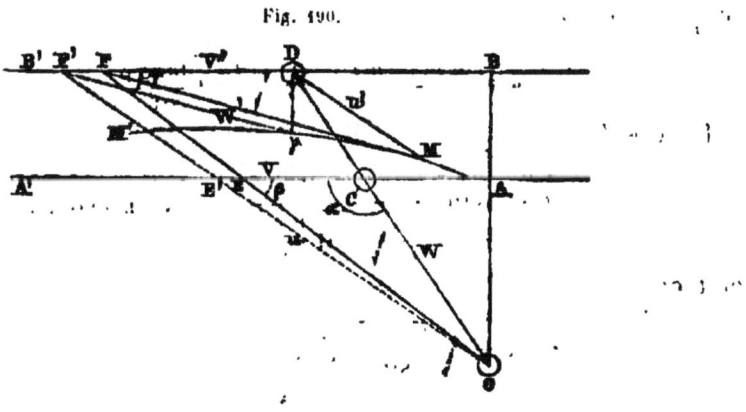

Prenons un point O dans un plan, et menons deux droites parallèles AA', BB', à des distances respectives de ce point égales ou proportionnelles à r et r'. Par le point O menons une droite OC faisant avec les parallèles un angle A'CO $= \alpha$; puis menons arbitrairement une autre droite OE qui fasse avec AA' l'angle AEO que nous regarderons comme égal à β. Le triangle OCE, qui a deux angles respectivement égaux à α et à β, est semblable au triangle formé par les trois vitesses u, v, w à l'entrée de la couronne mobile. Si donc on prend OC pour représenter la vitesse w, opposée à l'angle β, OE, opposé à l'angle α, représentera à la même échelle la vitesse u, et EC la vitesse d'entraînement v de la circonférence intérieure. La vitesse v' de la circonférence extérieure est à v dans le rapport des rayons r et r', ou des droites OA, OB; donc v' est représenté par la longueur FD prise sur la droite BB' entre les droites OC et OE prolongées.

Par le point F menons une droite FM, qui fasse avec FD l'angle donné γ, et prenons sur cette droite, à l'échelle des vitesses, une longueur FM représentative de la valeur w'. Cette vitesse est donnée par l'équation

$$w'^2 = w^2 + v'^2 - v^2,$$

ou par l'équation (4) après suppression des termes $\dfrac{p}{\Pi}$ et $-\dfrac{p'}{\Pi}$ qui se détruisent. L'expression w'^2 est très aisée à construire géométriquement au moyen des quantités $w =$ OC, $v' =$ FD, $v =$ CE, qui sont données sur la figure. On obtiendra donc par une construction simple le point M, et la droite DM sera par conséquent proportionnelle à la vitesse absolue u' à la sortie, puisque le triangle FDM est semblable au triangle des vitesses u', v', w'. Il faut pour que le rendement soit le plus grand possible, que u' soit le plus petit possible. Or faisons mouvoir la droite OE autour du point O; à chaque position correspondra un point M et un angle $\beta =$ AEO. On pourra tracer la courbe MM' lieu des points M. Le point D reste fixe dans ces opérations, et la solution consistera à abaisser la normale Dμ sur cette courbe. Ce sera la moindre valeur de u'. On achèvera la solution en menant μF' parallèle à MF, et en joignant F'O, qui fait connaître l'angle β qu'on doit préférer.

Telle est la construction proposée par M. Bérard. On peut y faire une objection : c'est que la vitesse u, qui est une constante donnée, est représentée par une ligne variable, OE, de sorte que l'échelle des vitesses change d'une position à l'autre de la figure. Il en résulte que les longueurs DM et Dμ, qui toutes deux représentent des valeurs de la vitesse u', ne font pas connaître les grandeurs relatives de ces deux valeurs, et qu'il faudrait pour s'en faire une idée exacte, comparer entre elles, non pas ces longueurs DM et Dμ, mais les rapports de ces longueurs à leurs unités respectives, c'est-à-dire les rapports

$$\frac{DM}{OE} \quad \text{et} \quad \frac{D\mu}{OE}.$$

En pratique, cette distinction est peu importante, parce qu'une faible variation du point E sur la droite AA' entraîne des variations considérables de la longueur DM correspondante. La normale $D\mu$ correspond donc sensiblement au minimum cherché.

Mais on peut affranchir la méthode de cette cause d'erreur, en reprenant les données β et γ, et en déterminant l'angle α, comme on l'a fait dans la solution algébrique du problème.

Fig. 191.

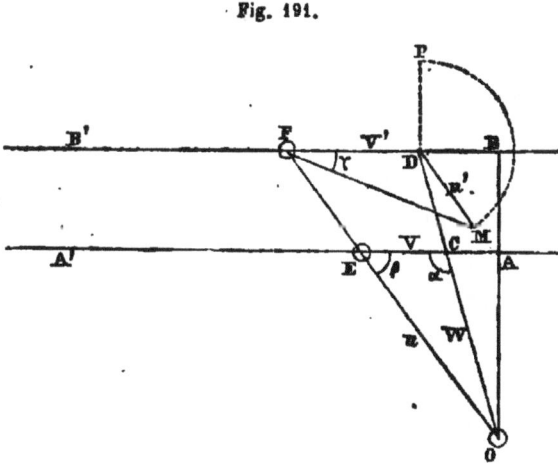

Au lieu de construire le lieu de M quand OE pivote autour du point O, on laissera OE fixe, et l'on fera pivoter OC autour de O, On déterminera, comme tout à l'heure, le point M correspondant à la position de OC ; puis on reportera la longueur DM en DP perpendiculairement à BB'. On construira ainsi la courbe lieu du point P ; les ordonnées DP de cette courbe seront proportionnelles aux valeurs de la vitesse u' estimée à l'échelle qui résulte de l'égalité $u = OE$. Il n'y aura donc plus qu'à mener à cette courbe une tangente parallèle à la droite BB' ; le pied de l'ordonnée correspondante fera

35

connaître la position du point D, et par suite l'angle α qu'il convient de choisir.

312. La turbine Fourneyron se meut au sein de l'eau du bief

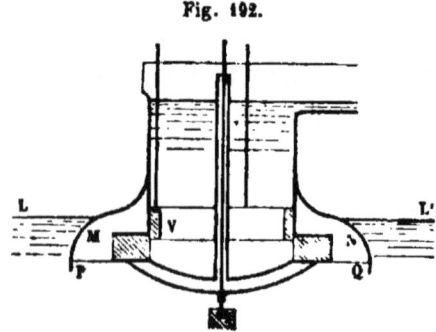

Fig. 192.

d'aval LL'. Cette circonstance n'a pas d'inconvénient lorsque le vannage V est entièrement levé, parce que l'eau coule à plein tuyau dans les canaux de la couronne mobile, et sort avec une très faible vitesse. Mais lorsque l'on abaisse la vanne V, soit qu'on emploie le système de Fourneyron, soit le système de M. Callon, les canaux de la couronne mobile ne sont plus entièrement remplis par l'eau motrice; l'eau du bief d'aval afflue dans les parties vides en vertu de sa pression; elle est entraînée dans le mouvement de rotation de la couronne : de là des tourbillonnements entretenus aux dépens de la force vive disponible, sans compter que la partie mobile se trouve chargée, non-seulement du poids de l'eau motrice, mais encore du poids de cette eau inutile; en un mot, le *poids mort* du système augmente à mesure que le débit devient moindre, et le frottement dans la crapaudine reste le même, bien que le travail disponible ait diminué. Le rendement du récepteur est donc amoindri.

Girard a imaginé d'entourer la couronne mobile d'un capuchon MN qui plonge dans le bief d'aval (fig. 192), puis d'injecter de l'air sous ce capuchon, jusqu'à ce que le niveau de l'eau y ait baissé à un niveau PQ, rasant le plan inférieur de la couronne. Ce résultat obtenu, la turbine tourne dans l'air au lieu de tourner dans l'eau; les portions vides des canaux se remplissent d'air, sans qu'il en résulte de surarge sur l'axe mobile, et cependant le liquide qui sort de la turbine après avoir produit le travail moteur, se trouve dans les mêmes conditions de pression que s'il débouchait directement dans le bief d'aval. Il s'échappe par l'intervalle laissé libre entre le capuchon et l'extérieur de la couronne.

Le même constructeur a imaginé d'injecter de l'eau sous les arbres tournants de manière à les soulever légèrement sur leurs crapaudines. Cette interposition d'une couche liquide suffit pour réduire le coefficient du frottement à une limite extrêmement basse. C'est le principe du chemin de fer glissant dont Girard est l'inventeur, et dont il a fait un essai à La Jonchère, près de Paris.

TURBINE D'EULER.

313. La turbine imaginée au siècle dernier par Euler diffère de la turbine de Fourneyron en ce que l'eau motrice, au lieu de se déplacer horizontalement dans la partie mobile de l'appareil et de lui transmettre le travail de la force centrifuge, descend le long d'une trajectoire dont tous les points sont également éloignés de l'axe de rotation, et transmet à la roue le travail de la pesanteur. Le récepteur doit satisfaire aux conditions de toutes les machines hydrauliques : point de choc à l'entrée des aubes, faible vitesse à la sortie.

Fig. 193.   Fig. 194.

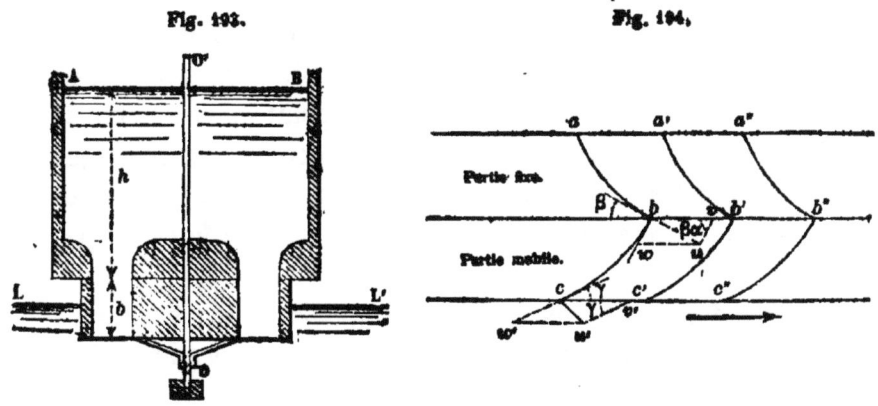

L'eau du bief d'amont, dont le niveau AB est constant, passe par des tuyaux fixes, évasés à l'entrée supérieure de manière à éviter la perte de force vive due au phénomène de l'ajutage cylindrique. Ces tuyaux amènent l'eau dans les canaux de la partie mobile. Coupons l'appareil par une surface cylindrique qui contienne les centres des ouvertures; puis développons cette circonférence sur un plan (fig. 194). Nous obtiendrons la coupe des canaux, tant dans la partie fixe que dans la partie mobile. Dans la partie fixe, ils présenteront la forme ab, $a'b'$, $a''b''$, ...; dans la partie mobile, ils auront la forme bc, $b'c'$, $b''c''$, ... La flèche indique la direction du mouvement de cette dernière partie, et la vitesse linéaire v de ce mouvement est le produit de la vitesse angulaire du tambour par le rayon de la surface cylindrique suivant laquelle on a fait la coupe. Ce rayon est une moyenne entre les distances à l'axe des points les plus éloignés des canaux et des points les plus voisins; la vitesse linéaire qui correspond au cylindre coupant peut être considérée comme une vitesse moyenne, applicable indistinctement à tous les filets liquides qui traversent le récepteur.

L'eau arrive au point b de l'aube avec une vitesse u, dirigée suivant la tangente bu à la trajectoire fixe ab. Elle pénètre dans la partie mobile, qui est animée d'une vitesse v; elle y entre donc avec une vitesse relative w, qui est égale et parallèle au troisième côté du triangle ubv, construit sur les vitesses u et v. Il faut, pour qu'il n'y ait aucun choc à l'entrée, que l'aube mobile bc soit tangente en b à la direction bw.

De b en c, l'eau parcourt la trajectoire relative bc, qui est animée autour de l'axe OO' d'un mouvement de rotation uniforme; le théorème des forces vives fait connaître la relation entre la vitesse relative au point b et la vitesse relative au point c; et comme la force d'inertie d'entraînement ne produit ici aucun travail, puisque les molécules mobiles restent à une distance constante de l'axe, l'équation des forces vives ne contient pas le travail des forces apparentes.

L'eau arrive donc en c avec une vitesse apparente w', tangente à l'aube bc; la vitesse d'entraînement est encore égale à v en ce point, de sorte que la vitesse absolue u', est la résultante des vitesses v et w'. Il faut que la vitesse u' conservée par l'eau à sa sortie soit la plus faible possible.

Appliquons le calcul au mouvement ainsi défini. Soit p la pression telle qu'elle existe au point b, à l'entrée de la partie mobile; la vitesse u sera donnée par l'équation

$$(1) \qquad u^2 = 2g\left(h + \frac{p_a - p}{\Pi}\right),$$

en appelant h la distance verticale de l'entrée du tambour mobile au plan d'eau dans le bief supérieur.

Le triangle buv nous donne les deux équations

$$(2) \qquad w^2 = u^2 + v^2 - 2uv\cos\beta,$$

β étant l'angle des cloisons fixes avec l'horizon au point b, et

$$(3) \qquad \frac{\sin\alpha}{\sin\beta} = \frac{u}{w}.$$

Appliquons au mouvement relatif du filet liquide bc le théorème de Bernoulli, sans tenir compte des forces apparentes, puisque leur travail est nul; nous aurons, en appelant b la hauteur de la couronne mobile,

$$b + \frac{p}{\Pi} + \frac{w^2}{2g} = \frac{p_a}{\Pi} + \frac{w'^2}{2g}.$$

Donc

$$(4) \qquad w'^2 = w^2 + 2g\left(b + \frac{p - p_a}{\Pi}\right).$$

Le triangle cvu' nous donne enfin

$$(5) \qquad u'^2 = v^2 + w'^2 - 2vw'\cos\gamma;$$

γ est l'angle de l'aube mobile avec le plan horizontal au point c.

On ferait $u' = 0$ et on rendrait le rendement égal à l'unité, si on posait $v = w'$, et $\gamma = 0$. Mais cette solution est inadmissible parce qu'elle rend nul le débit.

Si l'on prend en effet deux longueurs ds, égales et infiniment petites, l'une sur la droite bb', l'autre sur la droite cc', il faudra que l'une débite la même quantité d'eau sous la vitesse u, faisant avec sa direction un angle β, que l'autre, sous la vitesse w', faisant avec sa direction un angle γ; d'où l'on conclut

$$(6) \qquad u \sin \beta = w' \sin \gamma.$$

On ne peut donc faire γ nul, à moins de réduire à zéro le débit, ou de rendre infinie la vitesse w', ce qui est impossible.

Pour rendre u le plus petit possible sans augmenter beaucoup w', nous donnerons à γ une petite valeur, 25° à 30° par exemple, et nous ferons en même temps

$$(7) \qquad v = w'.$$

Introduisons cette relation dans l'équation (4), puis ajoutons membre à membre les équations (1), (2) et (4), il vient

$$(8) \qquad h + b = H = \frac{uv \cos \beta}{g},$$

H étant la différence totale de hauteur des deux biefs.

L'équation (6) donne d'ailleurs $u \sin \beta = v \sin \gamma$, en y remplaçant w' par v, qui lui est égal. Donc

$$(9) \qquad \frac{u}{v} = \frac{\sin \gamma}{\sin \beta}.$$

Multiplions membre à membre (8) et (9), nous aurons

$$H = \frac{v^2}{g} \frac{\cos \beta \sin \gamma}{\sin \beta} = \frac{v^2}{g} \frac{\sin \gamma}{\tan \beta}.$$

Donc

$$(10) \qquad v = \sqrt{gH \frac{\tan \beta}{\sin \gamma}}.$$

C'est aussi la valeur de w'; l'équation (5) donne alors

$$\frac{u'^2}{2g} = 2 \times \frac{v^2}{2g} \times (1 - \cos\gamma) = \frac{v^2}{g}(1 - \cos\gamma) = H \frac{\operatorname{tg}\beta}{\sin\gamma}(1 - \cos\gamma) = H \operatorname{tg}\beta \operatorname{tg}\frac{1}{2}\gamma.$$

Donc le rendement de la turbine d'Euler est $1 - \operatorname{tg}\beta \operatorname{tg}\frac{1}{2}\gamma$, car le travail disponible est représenté par la hauteur H.

On connaît les vitesses v, w' et u' en fonction de H. L'équation (9) donne en outre la vitesse $u = v \frac{\sin\gamma}{\sin\beta}$. Et par suite l'équation (1) impose une condition à laquelle la hauteur h et la pression p doivent satisfaire. On a en effet

$$h + \frac{p_a - p}{\Pi} = \frac{u^2}{2g}.$$

L'équation (2) détermine w, et l'équation (4) fait connaître la somme

$$b + \frac{p - p_a}{\Pi} = \frac{w'^2}{2g} - \frac{w^2}{2g}.$$

Mais cette équation rentre dans la précédente, car b n'est autre chose que $H - h$. On peut donc prendre arbitrairement la pression p, et en déduire la hauteur h et l'épaisseur b. Euler supposait que l'intervalle de la partie fixe et de la couronne mobile était assez large pour que l'air pût y circuler sans obstacle. Dans ce cas, il faut faire $p = p_a$, ce qui revient à poser $h = \frac{u^2}{2g}$ et $b = \frac{w'^2 - w^2}{2g}$. La vitesse de l'écoulement, et par suite la dépense d'eau, sont alors indépendantes de la vitesse v de la roue, et ne dépendent que de la portion h de la chute située au-dessus du tambour mobile. Il n'en est pas ainsi dans les turbines construites. Le tambour fixe y est généralement assez rapproché du tambour mobile pour qu'une pression différente de la pression atmosphérique puisse s'y produire; alors la vitesse d'écoulement, u, ne dépend plus uniquement de la hauteur h, et la pression p, développée à l'endroit du joint, varie avec la vitesse v.

La dépense Q de la turbine s'obtiendra en multipliant par $u \sin \beta$ la somme des aires des orifices ouverts suivant le plan horizontal au bas du tambour fixe; si R est le rayon de la circonférence moyenne de ces ouvertures, et l leur largeur commune, on aura, en faisant abstraction de l'épaisseur des cloisons directrices,

$$Q = u \sin \beta \times 2\pi R l.$$

VANNAGE DE LA TURBINE D'EULER.

314. Le vannage de la turbine d'Euler et des types qui en dérivent peut se faire par l'emploi des mêmes procédés que pour la turbine Fourneyron; par exemple, on peut employer le vannage Callon. M. Fontaine a modifié heureusement cette disposition. Au lieu de cloisons rigides venant boucher certains orifices, il emploie un double rouleau conique, autour duquel il enroule des toiles découpées en forme de couronne circulaire; il suffit de faire rouler dans un sens convenable le double cône pour étendre la toile sur une partie des orifices de distribution, qui sont ainsi soustraits à l'alimentation. Les inconvénients de ce vannage sont du reste les mêmes que ceux du vannage Callon.

SOLUTION GRAPHIQUE.

315. La méthode graphique de M. Bérard pour la turbine Four-

Fig. 195.

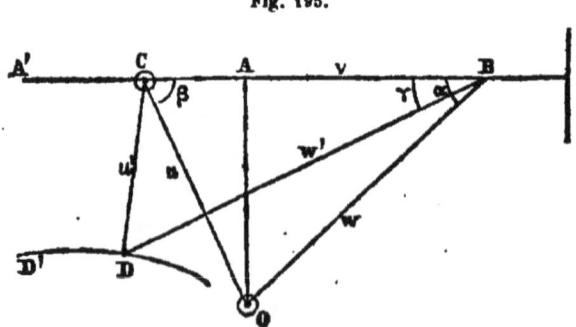

neyron s'étend sans difficulté à la turbine d'Euler. La solution est même plus simple, parce que les deux vitesses d'entraînement, v et v', sont égales. Supposons qu'on se donne les angles β et γ.

Prenons arbitrairement un point O et une droite AA'; menons OC faisant avec AC l'angle donné β; puis essayons un angle α quelconque en menant la droite OB arbitrairement. Admettons que l'on ait $p = p_a$, ou $u^2 = 2gh$. On voit que CB représentera v, et OB représentera w, à l'échelle pour laquelle OC représente u. Menons ensuite BD sous l'angle CBO $= \gamma$, et prenons une longueur BD $= w'$, donnée par l'équation $w'^2 = w^2 + 2gh$. Le troisième côté CD du triangle CBD représentera u'. Si l'on construit le lieu DD' du point D, en déplaçant le point B et en laissant fixes les points O et C, le minimum de u' correspondra à la normale CD abaissée du point C sur la courbe.

TRACÉ DES AUBES DANS LES TURBINES.

316. Soit AB l'aube de la couronne mobile dans la turbine Four-neyron. Elle est assujettie à deux conditions seulement : rencontrer sous un angle donné, α, la circonférence intérieure AM, et sous un angle donné γ, la circonférence extérieure BN. Le tracé de l'aube est arbitraire en dehors de ces conditions. Il convient toutefois d'éviter les courbures trop prononcées, car l'exagération de la courbure

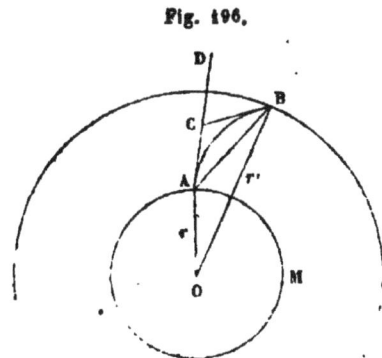

Fig. 196.

nuirait à la facilité de l'écoulement.

Proposons-nous de donner à l'aube une forme circulaire. Il faudra pour cela que nous déterminions le point B de manière que la tangente BC soit égale à la tangente AC. De cette façon, on pourra tracer un arc de cercle tangent en A et en B aux droites CA, CB; cet arc satisfera aux conditions proposées, en conservant du point A au point B une courbure uniforme.

La question est ramenée à construire un quadrilatère OACB, dans lequel les côtés OA et OB sont donnés; ce sont les rayons r et r' de la couronne; les angles CAO $= \alpha + 90°$ et CBO $= 90° - \gamma$ sont aussi donnés; enfin, les deux côtés inconnus CA, CB, sont égaux entre eux.

Joignons AB; le triangle CAB a deux côtés égaux; les angles opposés CAB, CBA, sont aussi égaux, et chacun d'eux est la moitié de l'angle extérieur DCB; soit C cet angle. Nous aurons CAB $=$ CBA $= \dfrac{C}{2}$; donc

$$BAO = CAO - \frac{C}{2} = \alpha + 90° - \frac{C}{2}, \text{ et } ABO = CBO - \frac{C}{2} = 90° - \gamma - \frac{C}{2}.$$

Le triangle OAB donne la proportion

$$\frac{r'}{r} = \frac{\sin\left(\alpha + 90° - \dfrac{C}{2}\right)}{\sin\left(90° - \gamma - \dfrac{C}{2}\right)} = \frac{\cos\left(\alpha - \dfrac{C}{2}\right)}{\cos\left(\gamma + \dfrac{C}{2}\right)}.$$

équation de laquelle on peut déduire l'angle C.

Connaissant l'angle C, on aura l'angle au centre, O, par la relation

$$O + OAB + (180° - C) + CBD = 360°,$$

où tout est connu, excepté O. Une fois l'angle O déterminé, on pourra construire le quadrilatère.

317. Il est facile de résoudre géométriquement le même problème.

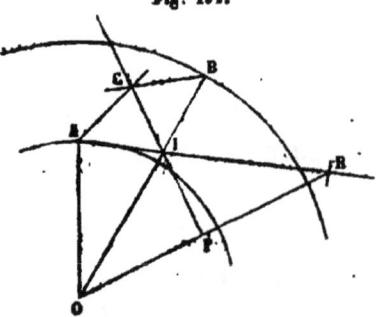

Fig. 197.

Soit A l'angle donné CAO, et B l'angle donné CBO.

Faisons au point A l'angle RAO égal à la différence, A — B, des angles donnés; prenons sur la droite AR une longueur AR $=$ OB $= r'$. Joignons OR; par le milieu P de cette droite élevons une perpendiculaire indéfinie PC. Cette droite coupe en I la droite AR; joignant OI, on aura la direction du rayon cherché OB.

En effet, le point I est à égale distance des points O et R, et à cause de AR = OB, on a aussi AI = BI. Donc le point B et le point A sont symétriques par rapport à la droite P.C; faisons en A et en B des angles CAI, CBI, égaux à l'angle donné B ; les droites AC et BC se couperont en C sur la droite PI, et elles auront des longueurs égales. Le quadrilatère AOBC satisfera donc aux conditions demandées, car les côtés OA et OB sont égaux à r et à r'; l'angle CBI est égal à l'angle donné B ; l'angle CAO est égal à IAO + CAI = IAO + CBI = (A — B) + B = A ; enfin CA = CB.

Si l'on proposait de résoudre un problème analogue avec deux

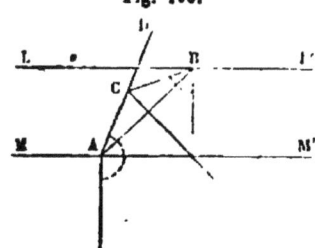

Fig. 198.

droites parallèles LL′, MM′, et c'est ce qui a lieu pour le tracé des aubes dans la turbine d'Euler, on obtiendrait tout de suite la valeur de l'angle C = DCB. Car, dans le triangle isocèle CAB, les angles CAB, CBA, sont égaux chacun à $\frac{C}{2}$, et par suite les angles $A — \frac{C}{2}$ et $B — \frac{C}{2}$ sont supplémentaires; on a donc $A + B — C = 180°$ et $C = 180° — (A + B)$. Une fois C connu, il n'y aura plus qu'à mener la droite AB faisant avec MM′ un angle BAM′ égal à $A — 90° — \frac{C}{2}$.

Tous les constructeurs n'emploient pas l'arc de cercle pour le tracé des aubes. Les uns préfèrent la parabole, dont le tracé est plus facile ; d'autres tiennent à augmenter la courbure du tracé à mesure qu'il s'éloigne du centre, idée qui paraît avoir pour origine l'augmentation du choc de l'eau contre une paroi solide lorsque cette paroi a la forme concave. Cette assimilation semble peu admissible ici ; car loin d'agir par choc, l'eau dans la turbine doit glisser tangentiellement aux aubes pour qu'il n'y ait pas perte de travail.

Quoi qu'il en soit, voici comment on pourra résoudre d'une manière générale le problème du tracé des aubes.

Soit AB l'aube cherchée, qui n'est assujettie qu'à couper sous des angles donnés, A et B, les rayons OA et OB. Rapportons la courbe à l'axe polaire OA, O étant le pôle. Si l'on pose AOM = θ et OM = r, l'angle TMO de la tangente à la courbe avec le rayon OM sera donné

Fig. 199.

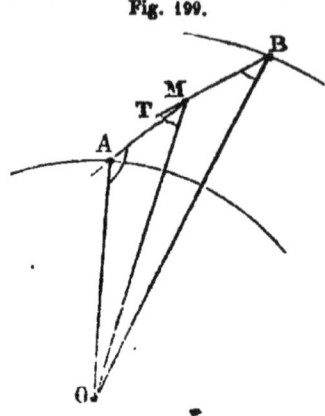

par l'équation

$$\frac{r d\theta}{dr} = \operatorname{tg} \mu,$$

et l'on peut assujettir l'angle μ à varier d'après une loi quelconque entre ses deux valeurs extrêmes aux points A et B, c'est-à-dire entre π — A et B. Entre ces deux limites, on peut, par exemple, poser d'une manière générale

$$\operatorname{tg} \mu = f(r),$$

la fonction f devant prendre les valeurs tg (π — A) = — tg A pour r = OA, et tg μ = B pour r = OB. L'équation de la courbe sera alors

$$\frac{r d\theta}{dr} = f(r),$$

que l'on peut intégrer par quadrature, ce qui donne

$$\theta = \int_{r=OA}^{r} f(r) \frac{dr}{r}.$$

Remarquons l'analogie du problème avec celui qui consiste à déterminer la courbe telle, qu'en roulant sur une courbe donnée, un point entraîné dans son mouvement engendre une seconde courbe donnée (*).

Supposons que l'on prenne pour $f(r)$ une fonction linéaire

telle que
$$f(r) = ar + b,$$

et
par $r = r_1$ on ait $\quad f(r_1) = -\operatorname{tg} A$

par $r = r_2$ on ait $\quad f(r_2) = \operatorname{tg} B.$

Il en résulte

$$f(r) = \frac{\operatorname{tg} B + \operatorname{tg} A}{r_2 - r_1} r - \frac{r_2 \operatorname{tg} A + r_1 \operatorname{tg} B}{r_2 - r_1}$$

et l'équation polaire de l'aube sera

$$\theta = \frac{\operatorname{tg} B + \operatorname{tg} A}{r_2 - r_1} (r - r_1) - \frac{r_2 \operatorname{tg} A + r_1 \operatorname{tg} B}{r_2 - r_1} l\left(\frac{r}{r_1}\right).$$

TURBINES DANS LESQUELLES L'EAU, EN DESCENDANT, SE RAPPROCHE GRADUELLEMENT DE L'AXE.

318. Bélanger a remarqué qu'on pourrait améliorer le rendement théorique de la turbine d'Euler, en faisant en sorte que les filets liquides se rapprochent de l'axe de rotation à mesure qu'ils descendent dans le tambour mobile. Les équations que nous avons posées subsistent toutes dans ce cas, sauf l'équation (h) qui est établie dans l'hypothèse que la pesanteur et les pressions sont les seules forces produisant du travail. Si les trajectoires des filets liquides se rapprochent de l'axe de rotation, la force centrifuge produit un travail négatif mesuré par l'expression

$$\frac{1}{2} m\omega^2(r'^2 - r^2),$$

(*) Voir notre *Traité de Mécanique* (Hachette, 1880), T. Ier, 2e édition, § 146.

ou par

$$\frac{1}{2} m (v'^2 - v^2),$$

de sorte qu'à l'équation (4), il faut substituer l'équation

$$\frac{w'^2}{2g} = b + \frac{w^2}{2g} + \frac{v'^2}{2g} - \frac{v^2}{2g} + \frac{p}{\Pi} - \frac{p_e}{\Pi}.$$

Les calculs sont les mêmes que pour la turbine d'Euler, et conduisent à des valeurs moindres pour w' et pour u'; le rendement est donc amélioré. « Mais cet avantage, dit Bélanger, est difficile à « réaliser, parce qu'à mesure que la vitesse relative de l'eau dans « la roue devient plus petite, il faut que le tuyau dans lequel l'eau « passe augmente de section. » Cette augmentation de section est peu compatible avec le rapprochement de l'axe.

REMARQUE SUR L'EMPLOI DE LA TURBINE D'EULER.

319. On place ordinairement la turbine d'Euler de manière que le

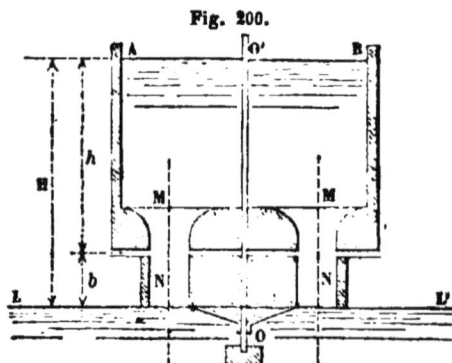
Fig. 200.

plan inférieur du tambour mobile affleure la surface de l'eau LL' dans le bief inférieur. Si l'on établit cette coïncidence en basses eaux, elle n'existera plus pendant les crues. Supposons donc la turbine immergée d'une quantité h'. Les équations (1), (2), (3), subsisteront encore, mais dans l'équation (4) il faudra remplacer la pression p par la pression $p_e + \Pi h'$; ce qui donnera

$$\frac{w'^2}{2g} = b + \frac{w^2}{2g} + \frac{p - p_e}{\Pi} - h' \text{ or } (b - h') + \frac{w^2}{2g} + \frac{p - p_e}{\Pi};$$

cela revient à remplacer b par $b - h'$, hauteur du dessus du tambour mobile au-dessus du bief d'aval.

Les équations du problème seront pour ce cas :

$$(1) \qquad u^2 = 2g \left(h + \frac{p_e - p}{\Pi} \right)$$

$$(2) \qquad w^2 = u^2 + v^2 - 2uv \cos \beta$$

$$(4) \qquad w'^2 = w^2 + 2g \left(b - h' + \frac{p - p_e}{\Pi} \right)$$

$$(5) \qquad u'^2 = v^2 + w'^2 - 2vw' \cos \gamma$$

$$(6) \qquad u \sin \beta = w' \sin \gamma$$

$$(7) \qquad v = w'.$$

Faisant $v = w'$ dans (4), puis ajoutant (1), (2) et (4), il viendra encore

$$0 = h + (b - h') - \frac{uv \cos \beta}{g};$$

c'est-à-dire

$$\frac{uv \cos \beta}{g} = H,$$

hauteur effective de la chute.

Le rendement s'exprime toujours par

$$1 - \tang \beta \, \tang \frac{1}{2} \gamma.$$

320. La turbine d'Euler fonctionne aussi bien quand elle est immergée que quand elle affleure le niveau du bief d'aval, et dans les deux cas elle utilise toute la chute. La seule difficulté qu'elle présente est dans la disposition à donner au vannage. Pour réduire le volume d'eau on ferme certains orifices d'amenée, ou bien on diminue d'une même fraction la section de tous les orifices. Mais ces fermetures partielles ou totales ne peuvent s'opérer sans produire des remous et des pertes de travail qui diminuent le rendement du récepteur.

Un mécanicien de Mulhouse, Jonval, a tourné cette difficulté d'une manière ingénieuse par la disposition suivante.

TURBINE JONVAL.

321. L'eau motrice venant du bief d'amont, dont le niveau AB est constant, passe dans des canaux fixes, puis elle entre dans le tambour mobile placé en CD, à un niveau intermédiaire entre le bief d'amont et le bief d'aval LL'. Après avoir traversé le tambour mobile, au lieu de tomber librement dans le bief inférieur, elle est reçue dans un vase clos EF, à l'intérieur duquel se trouve le support de la crapaudine de l'arbre tournant ZZ'; ce vase s'ouvre dans le bief d'aval au moyen d'une vanne V, qu'on lève plus ou moins pour régler le débit de la turbine, de manière que l'eau coule à plein tuyau dans le vase EF, avec une pression un peu inférieure à la pression atmosphérique. Une cloison étanche isole cette eau de l'air contenu en GH au centre de l'appareil.

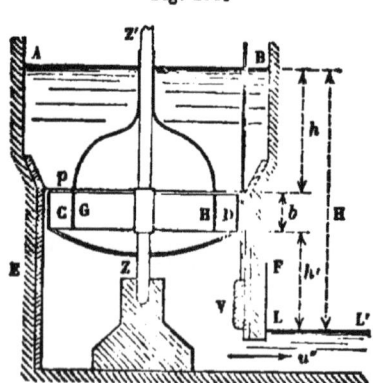

Fig. 201.

Conservons les notations que nous avons employées pour la turbine d'Euler; appelons de plus h' la hauteur du plan inférieur du tambour mobile au-dessus du niveau LL', et u'' la vitesse de sortie de l'eau par l'orifice de fuite.

Nous aurons, en transcrivant d'abord les équations de la turbine d'Euler :

$$(1) \qquad u^2 = 2g\left(h + \frac{p_0 - p}{\Pi}\right)$$

$$(2) \qquad w^2 = u^2 + v^2 - 2uv\cos\beta$$

$$(4) \qquad w'^2 = w^2 + 2g\left(b + \frac{p - p'}{\Pi}\right)$$

$$(5) \qquad u'^2 = v^2 + w'^2 - 2vw'\cos\gamma$$

$$(6) \qquad u\sin\beta = w'\sin\gamma$$

$$(7) \qquad v = w'$$

p', pression de l'eau à la sortie du tambour mobile.

Il y faut joindre l'équation de l'écoulement par la vanne de fuite; cette équation est fournie par le théorème de Bernoulli :

$$(8) \qquad u''^2 = 2g \left(h' + \frac{p' - p_a}{\Pi} \right).$$

Nous supposerons que la vitesse u' soit complétement perdue par l'agitation du liquide, quand il passe des canaux du tambour mobile dans la section beaucoup plus grande du vase EF.

Le débit Q est exprimé, comme nous l'avons vu, par le produit $u \sin \beta \times 2\pi Rl$; il est aussi égal à $u'' \Omega$, Ω représentant la section ouverte à l'écoulement par la vanne de fuite, cette section étant d'ailleurs multipliée, s'il y a lieu, par un coefficient de contraction :

$$(9) \qquad u \sin \beta \times 2\pi Rl = \Omega u'' = Q.$$

Ajoutons les équations (1), (2), (4) et (8), en y introduisant la relation (7) $v = w'$; nous obtiendrons l'équation

$$(10) \qquad u''^2 + 2uv \cos \beta = 2g (h + b + h') = 2g H.$$

Elle donne le produit uv,

$$uv = \frac{gH}{\cos \beta} - \frac{1}{2} \frac{u''^2}{\cos \beta}.$$

L'équation (6) donne d'ailleurs, en y faisant $v = w'$,

$$\frac{u}{v} = \frac{\sin \gamma}{\sin \beta}.$$

Multipliant membre à membre, il vient

$$u^2 = \frac{gH}{\cos \beta} \times \frac{\sin \gamma}{\sin \beta} - \frac{1}{2} \frac{u''^2}{\cos \beta} \times \frac{\sin \gamma}{\sin \beta}$$

et divisant,

$$v^2 = \frac{gH \tan \beta}{\sin \gamma} - \frac{1}{2} \frac{u''^2 \tan \beta}{\sin \gamma}.$$

La vitesse u'' est déterminée par la valeur du débit Q et de la surface Ω; on en déduit les vitesses u, v, puis la pression p [équation (1)], la vitesse v [équation (2)], enfin la pression p' par l'équation (4), et la vitesse u' par l'équation (5), qui se transforme en la suivante :

$$u'^2 = 2v^2(1 - \cos\lambda).$$

Le travail perdu comprend, d'une part, la demi-force vive $\Pi Q\,\dfrac{u''^2}{2g}$ conservée par le liquide qui se rend dans le bief d'aval, et de l'autre la demi-force vive, $\Pi Q\,\dfrac{u'^2}{2g}$, de l'eau à sa sortie du tambour mobile; car cette eau pénètre avec la vitesse u' dans un vase de grande section, où sa vitesse devient presque nulle, et où sa force vive se détruit par l'agitation du liquide. Le travail disponible étant $\Pi Q H$, le travail perdu est

$$\Pi Q \left(\frac{u'^2}{2g} + \frac{u''^2}{2g} \right),$$

et le rendement

$$1 - \frac{\dfrac{u'^2}{2g} + \dfrac{u''^2}{2g}}{H}.$$

Il importe donc de rendre séparément u' et u'' les plus petits possibles.

La pression p' est inférieure à la pression atmosphérique. [Mais] il faut qu'elle ne soit pas trop au-dessous de cette limite, sans quoi le dégagement d'air qui se produirait sous le tambour mobile nuirait à la permanence d'écoulement. De plus, l'atmosphère pressant extérieurement la paroi GH, plus la sous-pression est faible, plus la pression sur l'axe augmente, et plus le frottement de l'axe sur sa crapaudine est nuisible.

TURBINE CENTRIPÈTE.

322. M. Decœur, ingénieur des ponts et chaussées à Thiers (Puy-de-Dôme), a imaginé un nouveau type de turbine, où l'eau, au lieu de traverser la couronne mobile de dedans en dehors, comme dans la

turbine Fourneyron, la traverse de dehors en dedans. L'avantage de cette disposition est de faciliter le vannage et de régler à volonté

Fig. 202.

le débit. L'eau motrice arrive au récepteur par le pourtour extérieur de l'appareil ; elle est dirigée par une série de vannettes *ab*, arti culées aux points *a* ; elle suit ensuite les clo sons *cd* de la couronne mobile, et s'échappe par le centre de la turbine. On règle le dé bit en disposant convenablement de l'orien tation des vannettes *ab*, qu'on déplace toutes à la fois au moyen d'une liaison mécanique. Dans cet appareil la force centrifuge produit un travail négatif, et tend à réduire le débit quand la vitesse angulaire augmente. Cette circonstance donne à la turbine centripète la propriété d'être, entre certaines limites, *autoré- gulatrice*. On trouvera dans les *Annales des ponts et chaussées*, année 1877, un essai de théorie. Le rendement constaté a varié de 0.65 à 0.75. Les appareils de M. Decœur ont diverses dimensions : les diamètres sont compris entre 1 et 2 mètres ; ils permettent de débiter des volumes de 350 à 5,000 litres par seconde, sous des charges d'eau de 1 à 8 mètres.

PERFECTIONNEMENTS IMAGINÉS PAR GIRARD.

323. Girard, l'inventeur de la turbine hydraulique, a construit des turbines dans lesquelles les orifices de sortie de l'eau s'évasent, de manière à augmenter les sections et à réduire les vitesses à la sortie. Il importe d'ailleurs que cet évasement ne soit pas trop considé- rable, sans quoi les filets liquides ne suivraient pas les parois qui doivent les diriger. Girard est allé jusqu'au rapport $\frac{b'}{b} = 3,5$ avec un angle γ réduit à $10°$ (Cf. § 89).

La *turbine à siphon* de Girard est une turbine où l'eau est amenée par un siphon : c'est un artifice qu'on n'a besoin d'employer que s'il faut utiliser une chute très faible.

La *roue-hélice,* du même auteur, est une roue garnie d'ailettes héliçoïdales, qui, plongée dans un courant d'eau, se met en mouvement de la même manière qu'un moulin à vent dans un courant d'air. C'est une sorte de *moulinet de Woltmann* transformé en récepteur.

La *roue-turbine* consiste en une couronne mobile, placée dans un plan vertical; un tuyau, dirigé dans le sens des cloisons fixes de la turbine Fourneyron, amène l'eau motrice sur un arc de petite étendue pris sur la circonférence intérieure de la couronne. La turbine est de cette façon alimentée sur une petite partie de son développement; les autres viennent successivement passer devant le jet moteur, et reçoivent l'une après l'autre la poussée de l'eau motrice. La turbine a son axe horizontal, et commande directement les machines-outils. On peut voir un bel échantillon de ces turbines à l'usine de Saint-Maur, pour l'alimentation de la ville de Paris.

REMARQUES GÉNÉRALES SUR LES TURBINES.

324. Le rendement maximum est celui que nous avons déterminé; il suppose qu'il n'y a pas de travail perdu au passage des canaux mobiles. Il n'en est pas toujours ainsi quand la turbine est en service, car il faudrait que les vitesses u et v eussent les valeurs constantes admises dans la théorie, et il n'est pas possible d'assurer cette constance dans la pratique.

Néanmoins une petite variation dans ces vitesses n'altère pas sensiblement le rendement, en vertu de la propriété connue des maxima et des minima.

Le type des turbines se prête à toute hauteur de chute; les limites extrêmes réalisées jusqu'à présent dans l'industrie sont 30 centimètres et 108 mètres.

Les volumes débités ne sont pas moins variables. On a construit des turbines qui débitent jusqu'à 4 mètres cubes d'eau à la seconde.

Les roues hydrauliques à axe horizontal sont loin de présenter des ressources aussi étendues.

Les meilleures roues hydrauliques sont celles qui marchent lentement.

Les turbines admettent au contraire des vitesses très considérables.

SIMILITUDE DES TURBINES.

325. M. Combes a créé la théorie de la similitude des turbines au point de vue dynamique. Deux turbines sont géométriquement semblables, quand elles ont les mêmes angles α, β, γ, et que les dimensions linéaires r, r', b sont proportionnelles. Soit λ le coefficient par lequel on multiplie ces dimensions pour passer d'une turbine à l'autre;

θ le coefficient des hauteurs H, h, h', qui s'appliquera aussi aux hauteurs représentatives des pressions $\dfrac{p-p_0}{\Pi}$, $\dfrac{p'-p_0}{\Pi}$;

ε le coefficient des vitesses u, v, w, u', v', w';

φ le coefficient du débit.

On aura pour la première turbine, que nous supposerons être du type Fourneyron, les équations

$$(1) \qquad u^2 = 2g\left(h + \frac{p_0 - p}{\Pi}\right),$$

$$(2) \qquad w^2 = u^2 + v^2 - 2uv\cos\beta,$$

$$(3) \qquad \frac{u}{w} = \frac{\sin\alpha}{\sin\beta},$$

$$(4) \qquad \cos^2 - w^2 = 2g\left(\frac{p-p'}{\Pi}\right) + v'^2 - v^2,$$

$$(7) \qquad ur\sin\beta = w'r'\sin\gamma,$$

$$(9) \qquad v'r = vr',$$

$$Q = 2\Pi br'\sin\gamma\sqrt{gH \times \frac{\sin\beta}{\sin\gamma}},$$

et pour la seconde, les mêmes équations, où les quantités u, h, $\dfrac{p_0-p}{\Pi}$, w,... sont multipliées par leurs coefficients respectifs. On en déduit les relations

$$\varepsilon^2 = \theta, \qquad \varphi = \lambda^3 \sqrt{\theta},$$

et le rendement $1 - \dfrac{u'^2}{2g\mathrm{H}}$ ne varie pas, puisque u'^2 est multiplié par ε^2 et H par θ.

Si, par exemple, la hauteur H augmente dans le rapport θ, les dimensions linéaires restant identiques, on aura $\lambda = 1$, et $\varepsilon = \varphi = \sqrt{\theta}$. Le débit et les vitesses varieront comme les racines carrées des hauteurs H.

M. Combes a montré que ces relations subsistent encore quand on tient compte de certaines pertes de travail accessoires, telles que le frottement de l'eau dans les aubes.

ROUES A RÉACTION.

326. Les roues à réaction présentent une grande analogie avec les turbines.

Soit V un vase monté sur un axe vertical ZZ' et rempli d'eau

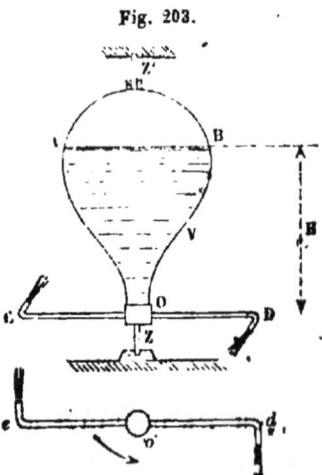

Fig. 203.

jusqu'en AB. Ce vase porte à sa partie inférieure des bras creux, C, D, terminés par des orifices recourbés à angle droit dans le plan horizontal, en sens contraire l'un de l'autre. En plan le système est représenté par la figure cod. On ouvre les orifices, et l'eau s'écoule; le vase se met immédiatement à tourner dans le sens de la flèche (§ 74, note).

Appelons w la vitesse relative de l'eau à la sortie du tube oc; w s'obtiendra en appliquant le théorème du travail au système liquide renfermé dans le vase et dans les canaux, OC, OD, ... ; on trouvera, en appelant H la hauteur du plan AB au-dessus des orifices,

$$w^2 = 2g\,H + v^2,$$

v étant la vitesse linéaire du point C du vase. La vitesse réelle u de l'eau à la sortie est donc

$$u = w - v = -v + \sqrt{2g\,H + v^2}.$$

Le travail perdu est égal à la demi-force vive conservée par l'eau qui s'échappe, ou à $P\dfrac{u^2}{2g}$, P étant le poids écoulé par unité de temps. Le rendement de la machine est

$$1 - \frac{(-v + \sqrt{2g\,H + v^2})^2}{2g\,H}.$$

Ce rapport peut être rendu aussi voisin que l'on voudra de l'unité en prenant v suffisamment grand. Mais à mesure que la vitesse v augmente, w augmente aussi, et par suite les frottements du liquide contre les tuyaux OC, OD, deviennent de plus en plus grands, et absorbent une partie de plus en plus considérable du travail moteur. Le rendement réel peut ainsi décroître, bien que le rendement calculé par la méthode précédente aille en augmentant.

Les roues à réaction ne sont, en résumé, qu'un instrument de physique propre à mettre en évidence l'effet des pressions des liquides. On dit cependant qu'on en a fait une application sur la Clyde, en Écosse, à la propulsion d'un bac à vapeur qui pouvait se gouverner par le seul jeu des robinets de fuite.

CHAPITRE V.

MACHINES DESTINÉES A ÉLEVER L'EAU

327. Les machines destinées à élever l'eau peuvent se partager en deux classes distinctes.

La première classe contient les appareils qui fonctionnent à la manière d'un *seau* ou d'une *écope*.

La seconde renferme les *pompes* et tous les appareils qui utilisent la pression atmosphérique.

On peut former une troisième classe des machines qui, tout en servant à élever l'eau, sont mises en mouvement par l'eau d'une chute, et qui, à ce titre, appartiennent à la série des récepteurs hydrauliques.

MACHINES DE LA PREMIÈRE CLASSE.

328. Les machines de la première classe sont toutes très simples. Il en est que tout le monde connaît, et qui n'ont pour ainsi dire point de théorie : telles sont les *écopes*, les *seaux à bascules*, les *roues à chapelets* verticaux ou inclinés, les *norias*, le *tympan de Vitruve* (*). Nous nous arrêterons seulement à deux machines de cette nature, le *tympan de Lafaye* et la *vis d'Archimède*.

(*) On trouvera des renseignements pratiques fort utiles sur ces divers appareils et sur les autres machines que nous allons décrire, dans l'*Aide-Mémoire* de *M. J. Claudel*.

329. Soit EADF la section droite d'un cylindre droit à base circu-

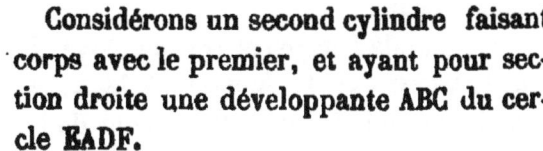

Fig. 204.

laire, dont l'axe O est placé horizontalement.

Considérons un second cylindre faisant corps avec le premier, et ayant pour section droite une développante ABC du cercle EADF.

La courbe ABC est la trajectoire orthogonale des tangentes DB, FC,... menées au cercle. Si donc on fait tourner la figure autour de l'axe O, le point le plus bas, M, de la développante se trouvera toujours à l'intersection de la courbe avec la tangente verticale DB. Une molécule liquide, M, placée en ce point, glissera dans l'intérieur de la surface cylindrique ABC, de manière à rester sur cette verticale, et la rotation de l'appareil dans le sens de la flèche fera monter la molécule M jusqu'au point D, où elle pourra être recueillie dans un canal de fuite. Dans ce mouvement ascensionnel, elle reste à une distance constante OD de l'axe de rotation, de sorte que le moment de la résistance par rapport à l'axe sera toujours le même. La régularité du mouvement ne dépend donc plus que du moteur.

Le tympan de Lafaye est fondé sur l'application de ces principes.

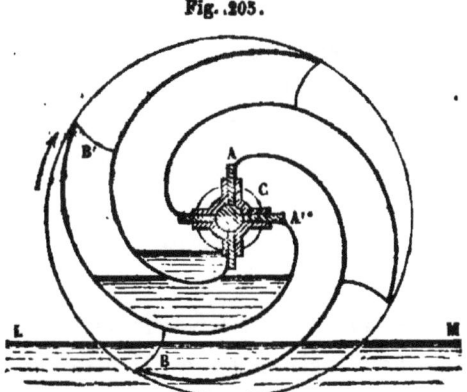

Fig. 205.

La figure 205 en représente un à quatre cloisons.

Chaque cloison, AB, recueille, en plongeant dans l'eau, tout le volume de liquide qui se trouve compris entre la courbe et le plan d'eau LM, au moment de l'émersion du point B, déduction faite, s'il y a lieu, de l'échancrure opérée dans ce volume par la

:loison voisine, A' B'. Le tympan continuant à tourner dans le même
sens, ce volume monte le long de la cloison, et vient se déverser dans
le canal de fuite, à la hauteur de l'arbre de rotation, par l'ouverture C
réservée dans les joues de la machine; pendant tout ce mouvement,
le moment de la résistance par rapport à l'axe conserve sensiblement
la même valeur.

Le tympan de Lafaye est peu employé, bien qu'il ait un bon rendement, parce que la hauteur à laquelle il permet d'élever l'eau
est toujours moindre que la hauteur de l'axe de rotation au-dessus
du plan LM; l'appareil devient très encombrant dès que la hauteur
à laquelle on veut élever l'eau est un peu grande.

VIS D'ARCHIMÈDE.

330. Soit AB un cylindre droit à base circulaire monté sur un axe

Fig. 206.

horizontal CD, qui coïncide avec
son axe de figure et autour duquel il peut tourner. A la surface
de ce cylindre, fixons un tube
creux ayant la forme d'une hélice
AEFG. Si nous faisons glisser
dans ce tube, supposé ouvert aux deux extrémités, une boule de
très petit diamètre, cette boule commencera par tomber au point
le plus bas E de la courbe, et s'y fixera après quelques oscillations.
Si ensuite on fait tourner lentement le cylindre autour de CD, la
boule, entraînée par le mouvement de rotation, ne se trouverait plus
au point le plus bas du tube; elle glissera jusqu'à ce qu'elle ait
repris sa position d'équilibre, au point de l'hélice que la rotation
du cylindre a rendu le plus bas. Le mouvement de rotation
du cylindre produit donc le mouvement de translation de la boule
le long d'une parallèle à l'axe CD; elle marche dans un sens ou
dans l'autre, suivant que la rotation s'opère autour de l'axe dans
un sens ou dans le sens opposé.

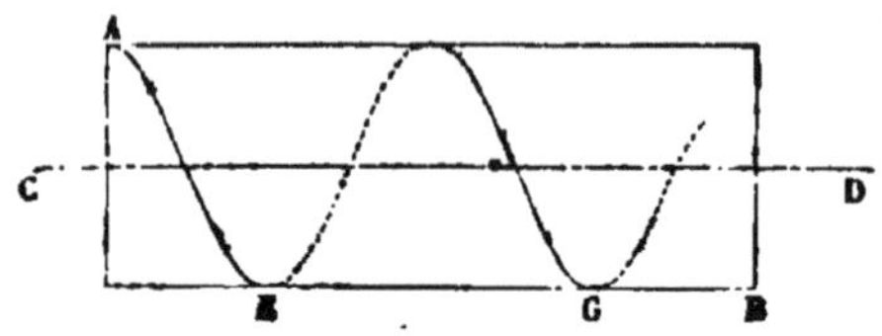

Le même artifice peut être employé pour faire parcourir à la boule
une droite inclinée à l'horizon. Il suffit d'incliner l'axe CD parallèle-

ment à cette droite, et la translation sera encore possible, pourvu qu'avec cette inclinaison, l'hélice ait des tangentes horizontales, ce qui assurera pour la petite boule une position d'équilibre. Cherchons donc s'il y a sur l'hélice donnée des tangentes horizontales quand on incline l'axe du cylindre d'un angle θ sur l'horizon.

331. Soit O'Z le plan horizontale, O'O'' l'axe du cylindre, AC, ED

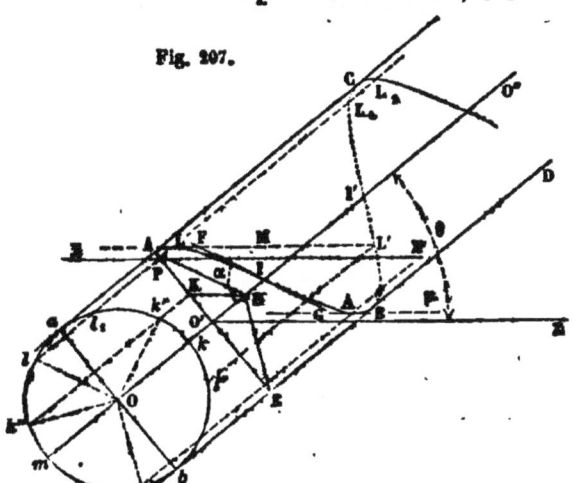

Fig. 207.

ses génératrices extrêmes, enfin AIBΓC la projection de l'hélice sur le plan vertical conduit par l'axe et coïncidant avec le plan du papier. Soit AE la base ou section droite du cylindre, et *ambn* le rabattement de cette base sur le plan du papier.

L'angle constant α que font les tangentes à l'hélice avec l'axe du cylindre est donné sur la figure par l'angle de l'axe O'O'' avec la droite FG, tangente au point d'inflexion I de la sinusoïde AIBΓC. Nous avons donc

$$FIO' = \alpha.$$

Transportons toutes les tangentes à l'hélice parallèlement à elles-mêmes en un point H de l'axe; elles y formeront un cône droit à base circulaire, dont le demi-angle au sommet sera α. On peut faire en sorte que ce cône ait pour base sur le plan AE la base du cylindre lui-même. Il suffit en effet de mener par le point A une parallèle à FG; elle coupera l'axe au sommet H cherché. Le cercle projeté en AE est alors l'*indicatrice sphérique* de l'hélice, puisque toutes les parallèles HA, HE, à ses tangentes sont égales (§ 32). Cela posé, par le point H, menons un plan horizontal dont la trace HK sera parallèle à O'Z; si ce plan coupe le cône, il y aura sur sa surface deux généra- ratrices horizontales projetées toutes deux en HK, et par suite on trouvera sur l'hélice des tangentes horizontales; si, au contraire, HK ne rencontre pas le cône, ou s'il le touche suivant une seule génératrice, il n'y aura sur l'hélice aucun point, ou bien il n'y aura qu'un point unique par spire, où la tangente soit horizontale, et l'équilibre stable de la boule ne sera pas possible à l'intérieur du tube.

La condition pour que l'on puisse faire monter la boule au moyen de la rotation de la vis est donc $\theta < \alpha$, l'angle aigu α étant donné par l'équation

$$\tan g \, \alpha = \frac{2 \pi R}{h},$$

où R est le rayon du cercle de base, et h le pas de l'hélice.

Supposons cette condition remplie, et proposons-nous de trouver les points où les tangentes de l'hélice sont horizontales.

Nous remarquerons, pour résoudre ce problème, que la tangente à l'hélice au point I est parallèle à la génératrice du cône AH, laquelle se projette sur le plan de la base en Oa. Le point I se projette sur le même plan au point m, c'est-à-dire à un quadrant en avant du pied, a, de la génératrice correspondante du cône. Le point de l'hélice où la tangente est parallèle à une génératrice du cône s'obtiendra donc en projection sur le plan de la base, en portant sur la circonférence de cette base, en avant du pied de la génératrice, un arc d'un quadrant.

Appliquons cette règle aux deux génératrices projetées en HK, dont l'une se projette en Ok' et l'autre suivant Ok''; nous trouverons, en élevant les droites Ol, Oλ, perpendiculaires à Ok' et à Ok'' *dans le sens où l'hélice monte autour du cylindre*, les points l et λ qui seront les projections des points demandés; en projection verticale on trouvera les points L et Λ, pour lesquels la tangente est horizontale; l'un, L, correspond au point le plus haut de la spire; l'autre, Λ, au point le plus bas. Une boule unique, roulant sans frottement dans le tube, se fixera au point Λ. Mais on peut remplir le tube de boules semblables, à la condition de ne pas dépasser le niveau L; il suffit pour cela qu'on arrête le remplissage, dans la branche BC, au même niveau L'; si l'on remplit le tube d'eau sur la longueur LBL', la rotation du cylindre autour de son axe, dans le sens *akbm*, produira le déplacement de cette eau parallèlement à l'axe O'O'', c'est-à-dire l'élévation de cette eau.

L'arc LBL' est appelé *arc hydrophore*.

Pour que l'arc hydrophore se remplisse entièrement, il faut qu'à chaque tour entier du cylindre, le bout du tube, A, plonge dans l'eau, et qu'il en sorte seulement au moment où la tangente à l'hélice en ce point devient horizontale; si en effet l'extrémité de l'hélice continuait à cet instant son trajet dans l'eau du bief d'aval, elle n'entraînerait point de liquide à cause de l'inclinaison de ses tangentes; si, au contraire, le tube n'était pas assez immergé, l'arc hydrophore ne pourrait recueillir la totalité de sa contenance. Il faut par conséquent que le cylindre soit plongé dans l'eau jusqu'au niveau du point P; la portion de la base projetée en *lmbkl*, est donc immergée dans le bief d'aval, et le segment complémentaire *lal'* émerge seul. Le bout du tube est plongé pendant tout le parcours de l'arc *l,kbml*; puis il sort de l'eau sur tout le parcours de l'arc *lal,*.

Le tube puise ainsi, à chaque tour, un volume d'eau représenté par la contenance de l'arc hydrophore LABL'; et il ramasse aussi, à chaque tour, un volume d'air correspondant à la longueur du tube qui sort de l'eau, c'est-à-dire à celle qui se projette en *lal,* sur le plan de la base, et en L,L, sur le plan vertical.

Le point L, est l'origine d'un second arc hydrophore qui occupe dans la seconde spire une certaine longueur égale à la longueur du premier. Si le tube était complétement étanche, et qu'il y eût plusieurs spires ainsi remplies partiellement, on voit que l'air admis par le bout du tube, entre chaque introduction d'eau, occuperait sous la pression atmosphérique un arc projeté verticalement en L,CL,, et dont la longueur est proportionnelle à l'arc de cercle *ll,*, puis devrait remplir l'intervalle L,CL,L', compris entre les deux arcs hydrophores successifs, intervalle proportionnel à l'arc de cercle *ll,l'*. Le second arc étant plus grand que le premier, la pression de l'air se trouverait diminuée en L,L,, et par conséquent les arcs hydrophores successifs seraient chassés dans les spires inférieures; la machine ne pourrait donc pas fonctionner. Pour corriger ce défaut, on ouvre des trous capillaires en divers points du tube, ce qui permet à l'air extérieur d'entrer dans le tube et de rétablir la pression atmosphérique, sans donner lieu à aucune déperdition de liquide.

Les anciens, qui connaissaient cette machine, n'ont pas eu l'occasion d'observer cette insuffisance de la quantité d'air admise dans l'appareil; ils employaient un tube formé de branches d'osier, très peu étanche par conséquent, qui permettait la rentrée de l'air, en perdant, il est vrai, beaucoup d'eau.

La vis moderne, telle qu'on l'emploie dans les épuisements, est un cylindre creux à noyau plein, à l'intérieur duquel on construit une surface hélicoïdale à plan directeur. A l'arc hydrophore du tube unique est substituée une *région hydrophore*, terminée, pour chaque spire, à un même plan horizontal. L'air circule librement au-dessus de ces divers plans, et sa pression ne tend pas à se réduire. Dans la *vis hollandaise*, les frottements de l'arbre tournant sur ses tourillons sont notablement réduits, car on détache entièrement la surface hélicoïdale de la surface du cylindre; la moitié inférieure est seule conservée et sert de coursier au liquide; elle soutient une des composantes de son poids. Cette disposition laisse perdre un peu d'eau par le jeu réservé entre le coursier et l'hélicoïde.

C'est pour réunir la vis d'Archimède au moulin à vent que les Hollandais ont employé la transmission connue sous le nom de *joint universel* (*).

On a longtemps employé presque exclusivement la vis d'Archimède aux épuisements pour les travaux publics; mais le perfectionnement des pompes, et les modifications qu'on y a introduites pour les rendre applicables à l'épuisement des eaux les plus boueuses, ont restreint l'emploi de la vis, qui a l'inconvénient d'être un appareil très encombrant.

(*) Sur le joint universel, et la manière de rendre constant le rapport des vitesses angulaires autour des deux axes, voir notre *Traité de mécanique*, 2ᵉ édition, 1ᵉʳ volume, page 462 (Hachette, 1880).

MACHINES DE LA SECONDE CLASSE. — POMPES.

332. Au premier rang des machines de la seconde classe se placent les pompes. Nous ne développerons par la théorie de ces appareils, qui n'est qu'une application élémentaire des principes de l'hydrostatique, et qui se trouve dans tous les traités de physique.

Le piston d'une pompe peut recevoir son mouvement de va-et-vient, soit d'un levier auquel on donne un mouvement circulaire alternatif : c'est ce qui a lieu dans la pompe à incendie et dans les machines à épuisement à balancier, telles que les machines de Newcomen ou de Cornouailles ; soit d'un arbre animé d'un mouvement de rotation continu, et commandant la tige du piston par l'intermédiaire d'une manivelle et d'une bielle.

Dans ce dernier cas il est possible, en réunissant plusieurs pompes sur le même arbre, de régulariser le travail résistant. Nous supposerons, pour fixer les idées, qu'il s'agisse d'une pompe *aspirante* et *foulante;* le coup de piston ascendant produit l'aspiration, et le coup de piston descendant, le refoulement.

333. Soit O l'arbre tournant;

OA la manivelle;

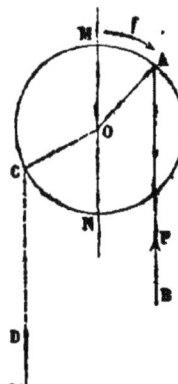

Fig. 208.

AB la bielle, qui est généralement assez longue pour qu'on puisse la regarder comme conservant son parallélisme pendant tout le tour de la manivelle.

L'arbre tourne dans le sens indiqué par la flèche *f*. La bielle fait descendre le piston pendant que le bouton de la manivelle, A, parcourt la demi-circonférence MAN; dans ce mouvement, le piston éprouve et transmet au bouton de la manivelle une résistance P à peu près constante. Lorsque le point mort N est franchi, la bielle et le piston remontent pendant que le bouton parcourt la demi-circonférence NCM, et dans ce mouvement qui produit l'aspiration, le bouton de la manivelle subît une résistance sensiblement constante, P', dirigée en sens contraire de la force P, et à peu près égale à cette force.

Soit α l'angle AOM, formé à un certain instant par la manivelle avec la direction fixe OM, et mesuré dans le sens du mouvement; soit *r* la longueur de la manivelle OA; le moment de la résistance par rapport au point O sera égal à $P \times r \sin \alpha$, tant que le point A décrira la demi-circonférence descendante, et à $-P \times r \sin \alpha$, s'il est situé dans l'autre demi-circonférence; ou autrement, le moment de la résistance est représenté par la fonction

$$\pm \, P r \sin \alpha,$$

en prenant le signe $+$ quand le reste de la division de l'angle α par 2π est compris entre o et π, et le signe $-$ quand le même reste est compris entre π et 2π. A chaque tour, le moment de la résistance passe deux fois par son minimum o, et deux fois par son maximum Pr. La figure suivante représente les valeurs successives du moment.

Fig. 209.

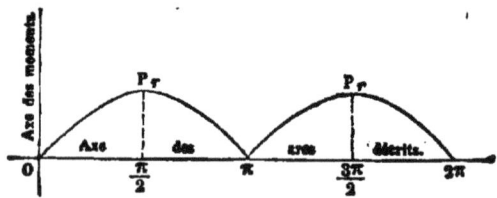

334. Admettons maintenant qu'il y ait deux manivelles à angle droit, OA, OA', calées sur le même arbre O, et que chacune commande le piston d'une pompe; P étant la valeur de la résistance constante opposée par chaque piston au mouvement dans un sens ou dans l'autre, la somme des moments des deux résistances sera donnée par la fonction

$$\pm \, P r \sin \alpha \pm P r \sin \left(\alpha + \frac{\pi}{2} \right),$$

en prenant chaque terme avec le signe qui le rend positif.

Considérons d'abord la période pendant laquelle les deux boutons A et A' sont situés dans la demi-circonférence de droite, comme le représente la figure 210 ; il faut prendre alors les deux termes avec le signe $+$, et la somme des moments se réduit à

$$Pr (\sin \alpha + \cos \alpha).$$

Or les deux forces égales P et P' se composent en une force unique 2P, appliquée au point I, milieu de la corde AA'; tout se passe donc pendant cette première période comme si l'arbre mettait en mouvement une manivelle unique OI, dont la longueur serait $\frac{1}{2} r \sqrt{2}$, et qui ferait avec OM l'angle $\alpha + \frac{\pi}{4}$, cette manivelle subissant au point I une résistance égale à 2P. La somme des moments des résistances est par suite, pendant cette période, exprimée par la fonction

$$2P \times \frac{1}{2} r \sqrt{2} \times \sin \left(\alpha + \frac{\pi}{4} \right) = Pr \sqrt{2} \sin \left(\alpha + \frac{\pi}{4} \right),$$

à laquelle on parviendrait par la transformation connue de $\sin \alpha + \cos \alpha$ en $\sqrt{2} \sin \left(\alpha + \frac{\pi}{4} \right)$. Les limites de la période sont définies par les valeurs $\alpha = 0$ et $\alpha = \frac{\pi}{2}$; le maximum de la fonction précédente a lieu lorsque l'angle $\alpha + \frac{\pi}{4}$ est droit, ou lorsque $\alpha = \frac{\pi}{4}$, valeur comprise entre les limites ; le minimum a lieu pour les valeurs extrèmes ; en résumé, on obtient pour la première période

un minimum Pr,
un maximum $Pr \sqrt{2}$.

La seconde période commence quand le bouton A' franchit le point mort N, et finit quand le point A' y parvient lui-même. Alors la force P' change de sens, et la formule à employer est

$$Pr (\sin \alpha - \cos \alpha),$$

l'angle α variant de $\frac{\pi}{2}$ à π. Les forces P, P', forment un couple dont

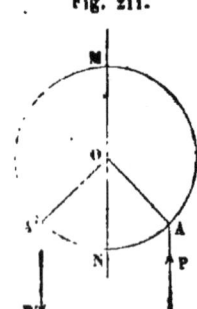

Fig. 211.

le moment est maximum lorsque les manivelles OA, OA', font des angles égaux avec la verticale, ou quand $\alpha = \frac{3\pi}{4}$. Le minimum du moment est Pr, aux deux bouts de la période. Le maximum est $Pr\sqrt{2}$, au milieu.

On reconnaîtrait de même, en examinant les deux autres périodes qui complètent le tour, et qui ne sont au surplus qu'une répétition de la première et de la seconde, que la somme des moments a un maximum égal à $Pr\sqrt{2}$ pour $\alpha = \frac{5\pi}{4}$, et un autre égal encore à $Pr\sqrt{2}$ pour $\alpha = \frac{7\pi}{4}$. Les minima sont tous égaux à Pr, pour α égal à un nombre entier de quadrants. La courbe des moments en fonction de l'angle α présente donc la forme suivante :

Fig. 212.

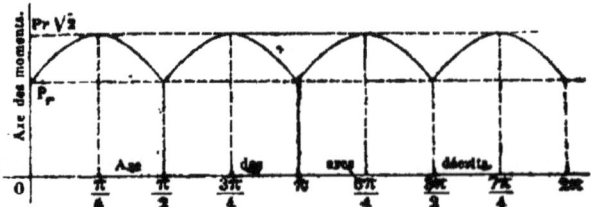

Jamais le moment des résistances n'est réduit à zéro, et le rapport du maximum au minimum est $\sqrt{2}$, ou 1.41. Il y a donc une grande amélioration, comme régularité, par rapport à l'emploi d'une manivelle unique.

335. On obtient une régularité beaucoup plus parfaite encore en

Fig. 213.

employant trois pistons conduits chacun par une manivelle, les trois boutons de manivelles formant les sommets d'un triangle équilatéral.

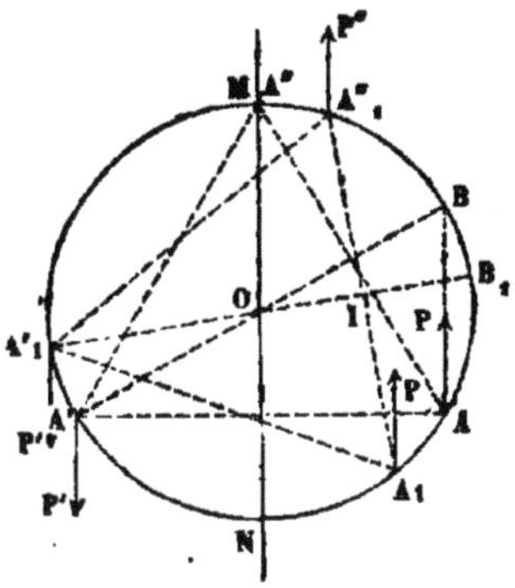

Suivons l'arbre tournant à partir de l'instant où l'un des boutons, A″, passe au point M, jusqu'à l'instant où le bouton suivant, A, passe au point N; cet intervalle comprend un sixième de tour.

À l'instant initial, les deux forces P et P′, appliquées en A et A′, agissent seules; on peut à cet instant supposer la force P appliquée en B, à l'extrémité du diamètre qui aboutit au point A′, puisque ce point se trouve sur la direction de la force. Le point B partage d'ailleurs l'arc MA en deux parties égales, et forme l'extrémité de l'arc que décrit le point A″ pendant la période considérée.

Prenons le triangle formé par les trois boutons dans une position intermédiaire quelconque, A_1 A′, A''_1; les deux forces égales et de même sens, P et P″, appliquées en A et en A″, peuvent se composer en une force unique, 2P, appliquée au point I, milieu de la corde $A_1A''_1$, et cette force, au point de vue des moments, équivaut à une force parallèle, P, appliquée en B_1, à la distance $OB_1 = 2OI$, c'est-à-dire à l'extrémité du diamètre qui aboutit au bouton A′.

Pendant toute la durée de la période, les trois forces P, P′, P″ équivalent donc à deux forces égales à P, appliquées en sens contraires aux deux extrémités du diamètre mené à celui des trois boutons qui est le plus éloigné de l'arbre tournant; elles forment un couple dont le moment est minimum quand le diamètre est incliné de 30° sur l'horizontale, et devient maximum quand le diamètre est horizontal; le moment a donc pour valeurs extrêmes $P \times 2r$ et $? \times 2r \cos 30°$ ou $P \times r\sqrt{3}$.

Les mêmes variations se reproduisent dans chacune des cinq autres périodes qui achèvent le tour entier, et la courbe des moments est représentée par la figure suivante.

Fig. 214.

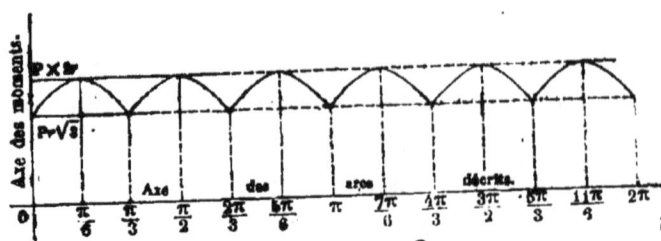

Le rapport des valeurs extrêmes est $\dfrac{2}{\sqrt{3}}$, ou environ 1.15.

336. Les pistons qu'on emploie dans les corps de pompes sont, ou

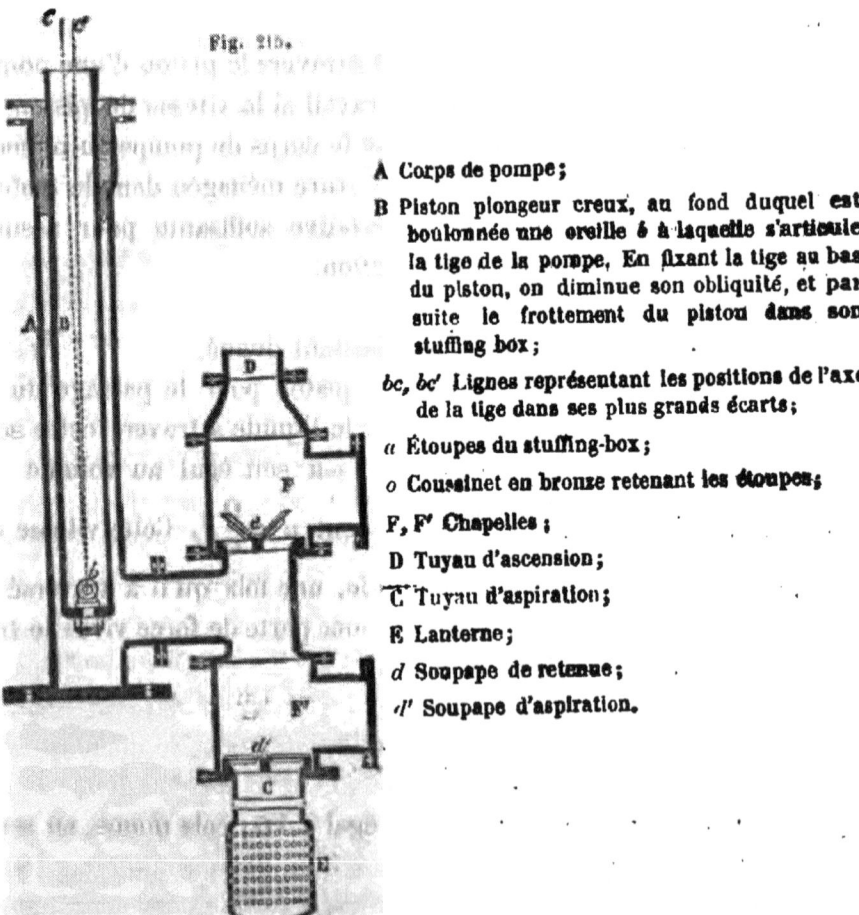

Fig. 215.

A Corps de pompe;

B Piston plongeur creux, au fond duquel est boulonnée une oreille *b* à laquelle s'articule la tige de la pompe. En fixant la tige au bas du piston, on diminue son obliquité, et par suite le frottement du piston dans son stuffing box;

bc, bc' Lignes représentant les positions de l'axe de la tige dans ses plus grands écarts;

a Étoupes du stuffing-box;

o Coussinet en bronze retenant les étoupes;

F, F' Chapelles;

D Tuyau d'ascension;

C Tuyau d'aspiration;

E Lanterne;

d Soupape de retenue;

d' Soupape d'aspiration.

bien des *pistons ordinaires*, ou bien des *pistons plongeurs* (fig. 215).

Les pistons plongeurs sont des cylindres pénétrant dans un corps de pompe de plus grand diamètre, en glissant à l'intérieur d'un *stuffing box*. Cette disposition est préférable à celle qui consiste à employer un piston ordinaire, parce qu'elle rend plus facile la constatation des fuites et l'entretien des garnitures, sans compter que l'alésage d'un piston plongeur se fait sur la surface extérieure du cylindre, opération dont le succès est plus facile que l'alésage intérieur du corps de pompe. Mais le piston plongeur ne peut porter de soupape; on ne peut donc l'employer que pour les pompes aspirantes et foulantes. En général le piston est creux, et on attache la bielle au fond, *b*, pour augmenter la longueur de la bielle et assurer son parallélisme.

337. Le passage des filets liquides à travers le piston d'une pompe entraîne une perte considérable de travail si la vitesse du piston est un peu grande. L'eau comprise dans le corps de pompe au moment du refoulement, doit passer par l'ouverture ménagée dans le piston; elle prend pour cela une vitesse relative suffisante pour assurer le débit malgré la réduction de la section.

Soit Ω la section du cylindre,

V la vitesse du piston à un instant donné,

ω la section réservée dans le piston pour le passage du liquide. La vitesse u que doit prendre le liquide à travers cette section ω doit être telle, que le volume ωu soit égal au volume $V\Omega$ déplacé par le piston, et par conséquent $u = \dfrac{\Omega}{\omega} V$. Cette vitesse est entièrement perdue, puisque le liquide, une fois qu'il a traversé le piston, revient à l'immobilité. Il y a donc perte de force vive: le travail correspondant est mesuré par

$$\frac{1}{2} \frac{\Pi \Omega}{g} u^2,$$

Q étant le débit par unité de temps, égal à $V\Omega$; cela donne, en remplaçant Q et u par leur valeur

$$\frac{1}{2} \frac{\Pi}{g} V\Omega \times \frac{V^2 \Omega^2}{\omega^2} = \frac{1}{2} \frac{\Pi}{g} \frac{\Omega^3}{\omega^3} V^3,$$

quantité qui croît proportionnellement au cube de la vitesse. Il y a donc intérêt à diminuer V, et à augmenter la section ω. Le *piston Letestu*, formé de feuilles de cuir embouti qui s'ouvrent extérieurement, a l'avantage d'offrir de larges sections à l'écoulement du liquide.

838. Les *clapets* qui livrent passage à l'eau doivent s'ouvrir rapidement et se fermer sans choc trop brusque : deux conditions difficiles à remplir à la fois. Aussi n'y a-t-il aucun modèle de clapet qui soit tout à fait satisfaisant. Presque toujours la fermeture est trop rapide quand le sens du mouvement change pour le piston ; le choc qui se produit peut rompre les soupapes ou leur siège, ou enfin produire des coups de bélier dans le corps de pompe et les tuyaux qui y aboutissent. Si au contraire la fermeture était trop lente, une partie de l'eau aspirée par le coup de piston ascendant rentrerait dans le tuyau d'aspiration au coup descendant du piston, avant que la soupape ne fût fermée pour empêcher cette perte.

On peut dire en définitive que la vitesse de marche d'une pompe, c'est-à-dire le nombre de coups de piston qu'elle donne à la minute, est limitée par le temps nécessaire pour la fermeture des soupapes (*). Un léger arrêt de la pompe, à chaque fois que le piston arrive à l'extrémité de sa course, facilite les mouvements des clapets, et assure un bon service de la machine.

(*) Dupuit, *Traité de la conduite et de la distribution des eaux*, chap. XIV. — Dupuit fait observer que la fermeture des clapets d'aspiration est toujours plus bruyante que celle des clapets de refoulement.

TURBINE ÉLÉVATOIRE.

339. La turbine Fourneyron transformée peut être appliquée à l'é-
lévation des eaux.

Fig. 216.

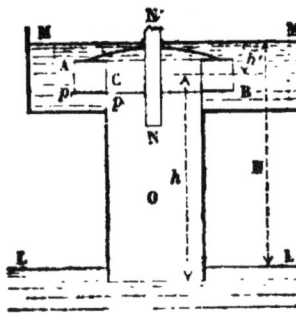

L'appareil se compose alors d'un tuyau
d'aspiration O, plongeant dans l'eau en
LL'; la turbine AB est placée à la partie
supérieure de ce tuyau ; elle est formée
d'une couronne AB mobile autour d'un
axe fixe, NN', et entourant un espace C,
garni de cloisons directrices. Les aubes bc
de la partie mobile ont leur courbure tour-
née dans le même sens que les cloisons
fixes. L'eau rejetée par la couronne mobile
se rend dans un canal de fuite MM, qui la
conduit à un réservoir.

Les conditions à remplir sont encore,
comme pour les moteurs hydrauliques, d'admettre l'eau sans choc
dans la partie mobile, et de l'en faire sortir avec la plus faible
vitesse possible. Nous adopterons les mêmes notations que pour la
turbine Fourneyron, et nous obtiendrons les équations :

Fig. 217.

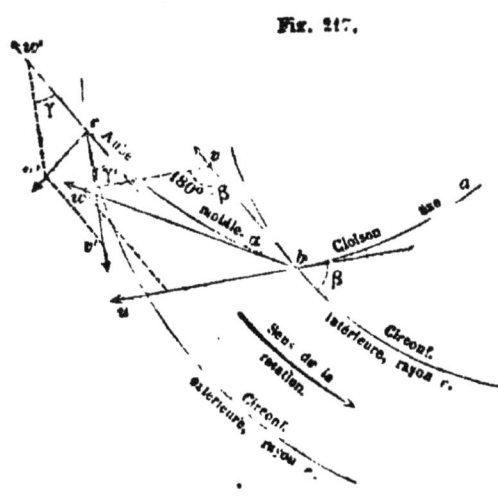

$$\frac{u^2}{2g} = \frac{p_a - p}{\Pi} - h \qquad (1)$$

$$w^2 = u^2 + v^2 + 2uv\cos\beta \qquad (2)$$

$$\frac{\sin\alpha}{\sin\beta} = \frac{u}{w} \qquad (3)$$

$$\frac{w'^2}{2g} - \frac{w^2}{2g} = \frac{p - p'}{\Pi} - \frac{v'^2}{2g} - \frac{v^2}{2g} \qquad (4)$$

$$u'^2 = w'^2 + v'^2 - 2v'w'\cos\gamma \qquad (5$$

$$uv\sin\beta = w'r'\sin\gamma \qquad (6$$

$$v' = w' \qquad (7$$

$$p' = p_a + \Pi h'. \qquad (8)$$

Le rendement sera exprimé par le nombre $1 - \mathrm{tg}\,\beta\,\mathrm{tg}\,\frac{1}{2}\,\gamma$; on voit de plus que la turbine ne peut fournir de l'eau, qu'autant que la pression p est inférieure à la pression atmosphérique, comme cela a lieu dans les pompes. Encore faut-il que cette pression ne soit pas trop faible, ce qui conduit à placer la turbine à une petite hauteur h au-dessus de l'eau à épuiser, et à augmenter h' en conséquence.

La quantité d'eau donnée par la pompe est. $Q = 2\pi r b \times u \sin \beta$.

Cette machine élévatoire n'a pas encore été exécutée.

On peut remarquer que, dans les grandes vitesses, la turbine fonctionne quelle que soit l'inclinaison de son plan ; on peut, par exemple, la placer dans un plan vertical ; l'eau qu'elle élève est recueillie dans l'enveloppe de la machine, et se rend dans le réservoir par un tube implanté à la hauteur de l'axe de rotation (*).

POMPE CENTRIFUGE.

340. La *pompe centrifuge* est une couronne mobile garnie de cloisons directrices BC ; on imprime à la roue un mouvement de rotation dans le sens de la flèche f. L'eau afflue par le centre A, passe entre les aubes qui lui communiquent un mouvement giratoire ; elle sort au point C avec une vitesse relative dirigée suivant CD ; mais cette vitesse se compose avec la vitesse d'entraînement CE du point C, de manière à donner une faible vitesse absolue CF. Le liquide qui

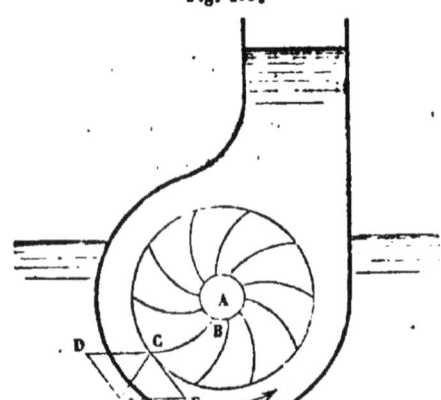

Fig. 218.

(*) En général, si l'on *renverse* un récepteur hydraulique, on obtient un appareil élévatoire. De même, l'appareil propulseur d'un bâtiment, agissant pour mettre l'eau en mouvement (§ 239) peut servir, quand on le rend fixe, à faire monter l'eau. Le *serpent* de M. Le Blanc (*Annales des Ponts et Chaussées,* chronique, 1855) est, par exemple, la machine élévatoire ' correspond à l'emploi de l'hélice propulsive.

sort de la roue est recueilli par l'enveloppe, et s'élève dans le tuyau ascensionnel.

La théorie de cette machine a une analogie complète avec celle des roues à réaction.

La *pompe d'Appold*, fort employée dans les travaux publics, est une pompe centrifuge. Elle présente l'avantage de débiter une grande quantité d'eau sous un volume très restreint : caractère commun aux pompes centrifuges et aux turbines.

M. Decœur a appliqué à la pompe centrifuge un perfectionnement qui consiste à faire passer les filets liquides, à la sortie de la partie mobile, entre deux plateaux circulaires légèrement convergents vers l'extrémité, de manière à constituer une sorte d'ajutage en couronne, débouchant dans le tuyau assensionnel. On constate une amélioration

Fig. 219.

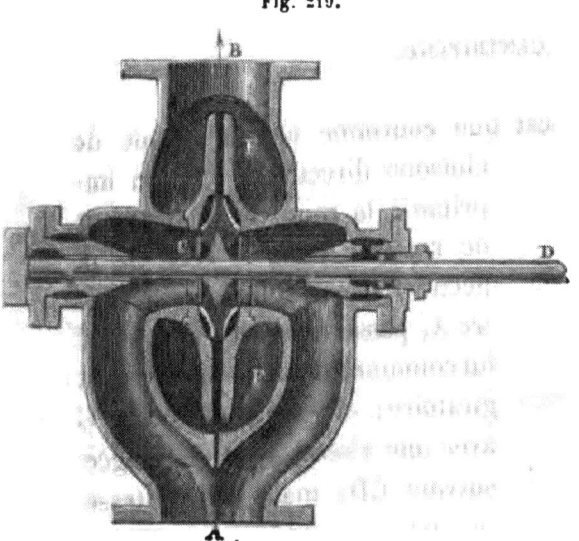

A tuyau d'aspiration ;
B tuyau de refoulement ;
C ventilateur, monté sur l'arbre tournant D ;
F ajutage circulaire.

du rendement pour les pompes centrifuges munies de ce complément, qui contribue sans doute à la régularité de l'écoulement, et tend à restreindre les mouvements tumultueux du liquide.

341. On améliore aussi le rendement de l'appareil, en plaçant sur le même arbre tournant deux ou plusieurs pompes centrifuges égales ; la première aspire le liquide, et le fait passer dans un tuyau qui le

conduit à la seconde ; celle-ci l'envoie à la troisième, et ainsi de suite, jusqu'à la dernière, qui le chasse dans le tuyau ascensionnel. Cette disposition est appliquée, avec deux pompes centrifuges seulement, à la prise d'eau dans l'égout d'Asnières, pour le service des cultures de la plaine de Gennevilliers. M. Alfred Durand-Claye a donné dans les *Annales des ponts et chaussées*, année 1873, la théorie des pompes centrifuges ainsi accolées. Supposons qu'il y en ait n montées sur un même arbre horizontal : si l'on appelle v_i la vitesse linéaire du point C du tambour mobile de la pompe n° i, et w_i la vitesse relative de l'eau à la sortie, p_i et p'_i les pressions en A et en C dans ce même appareil, on aura d'une manière générale

$$(A) \qquad w_i{}^2 = 2g\,\frac{p_i - p'_i}{\Pi} + v_i{}^2, \quad (i = 1, 2, \ldots n),$$

en observant que les vitesses à l'entrée, en A, sont assez petites pour qu'on puisse les négliger. On a de plus

$$v_1 = v_2 = \ldots = v_i = \ldots = v_n,$$

puisque tous les tambours ont le même mouvement, et

$$w_1 = w_2 = \ldots = w_i = \ldots = w_n,$$

puisque chaque pompe débite dans les mêmes conditions un volume égal d'eau. Enfin la pompe n° i est rattachée aux pompes n° $(i-1)$ et n° $(i+1)$, l'extérieur de la pompe n° $(i-1)$ communiquant avec l'intérieur de la pompe n° i, et l'extérieur de celle-ci avec l'intérieur de la pompe n° $(i+1)$; donc

$$p'_1 = p_2, \quad p'_2 = p_3, \ldots p'_{i-1} = p_i, \quad p'_i = p_{i+1}, \ldots p'_{n-1} = p_n.$$

Soit h la hauteur de l'axe des pompes au dessus de l'eau à monter, et h' la cote du réservoir où elle doit arriver au dessus du même axe. On aura encore

et

$$p_1 = p_a - \Pi h$$

$$p'_n = p_b + \Pi h'.$$

Ajoutons les *n* équations (A); il viendra, en tenant compte des relations précédentes, l'équation finale

$$nw^2 = 2g(h + h') + nv^2,$$

où l'on peut effacer les indices. Il en résulte

$$w^2 = 2g\frac{H}{n} + v^2,$$

H étant la hauteur totale, $h + h'$, que l'eau doit franchir. Si l'on suppose les ailettes droites, cas éminemment défavorable, la vitesse absolue *u* à la sortie sera l'hypoténuse d'un triangle rectangle ayant pour côtés *v* et *w*, et l'on aura

$$u^2 = v^2 + w^2 = 2v^2 + 2g\frac{H}{n}:$$

le rendement sera

$$1 - \frac{u^2}{2gH} = 1 - \frac{2v^2 + 2g\dfrac{H}{n}}{2gH}:$$

nombre qui grandit avec *n* par une double raison, parce que $\dfrac{H}{n}$ diminue, et parce que V diminue aussi. M. Durand-Claye donne les résultats suivants. Deux pompes centrifuges ont 440 millimètres de diamètre au tambour, 125 millimètres d'épaisseur, et doivent élever 75 litres à la seconde, à la hauteur de 15 mètres. Si l'on fait fonctionner une pompe seule, il faudra lui faire effectuer 745 tours à la minute pour que l'eau ait à la sortie la vitesse relative $w = 0,433$ nécessaire au débit. Le rendement est alors de 0,507, et la vitesse $v = 17^m,154$. Si on accole les deux pompes, il suffira de leur faire faire 527 tours à la minute, avec la même valeur de *w*, ce qui réduit *v* à $12^m,138$, et ce qui porte le rendement à 0,676.

342. Le *ventilateur* est une pompe centrifuge appliquée au mouvement des gaz. Autrefois on donnait au ventilateur des ailes droites; le rendement était alors assez faible, moins faible cependant qu'il l'eût été pour une machine semblable mettant en mouve-

ment les liquides, parce que l'élasticité du gaz restitue une partie du travail perdu dans les chocs, tandis que l'imcompressibilité des liquides ne donne pas lieu à une telle restitution. M. Combes a montré qu'il y avait un grand avantage à courber les ailes du ventilateur; la théorie de l'appareil est identique à celle que nous venons d'exposer; le rendement observé monte jusqu'à 0.50.

Le ventilateur et les pompes soufflantes sont très utiles pour amener un jet d'air sur un point donné. Mais pour la ventilation des mines, l'emploi de la chaleur paraît préférable. On produit artificiellement, à l'aide du foyer, des courants d'air analogues à ceux que l'échauffement inégal et variable de la surface du globe produit dans l'atmosphère (*).

POMPES ROTATIVES.

343. Le jeu alternatif d'un piston mobile dans un corps de pompe cylindrique n'est pas le seul procédé que l'on puisse employer pour produire l'aspiration et le refoulement d'un liquide. Tout appareil dans lequel on trouve deux capacités de volumes variables, assujetties à croître, puis à diminuer, peut être utilisé comme pompe: le volume augmentant produira une dépression de l'air qui y est renfermé, c'est-à-dire une aspiration, et le volume diminuant chassera l'eau aspirée et produira le refoulement. Ces principes trouvent leur application dans les *pompes rotatives*. Il en existe plusieurs modèles.

Dans la *pompe Ramelli (fig. 220)*, un tambour circulaire C tourne à l'intérieur d'un cylindre creux excentré E, F. Des palettes courbes, au nombre de trois, ab, $a'b'$, $a''b''$, sont articulées en a, a', a'', au pourtour du tambour intérieur, et viennent toucher intérieurement la

---

(*) Voir dans la cinématique de Bour, p. 274, la description du *ventilateur à tambour hexagonal et à volets* de Lemielle, employé pour l'aérage de certaines mines.

paroi du cylindre enveloppe. Si l'on fait tourner le tambour dans le sens indiqué par la flèche, on voit clairement que le volume compris entre les deux cylindres et deux palettes consécutives s'accroît d'un côté de la figure, et décroît de l'autre; d'un côté A il y aura donc aspiration, de l'autre B refoulement.

Fig. 220.

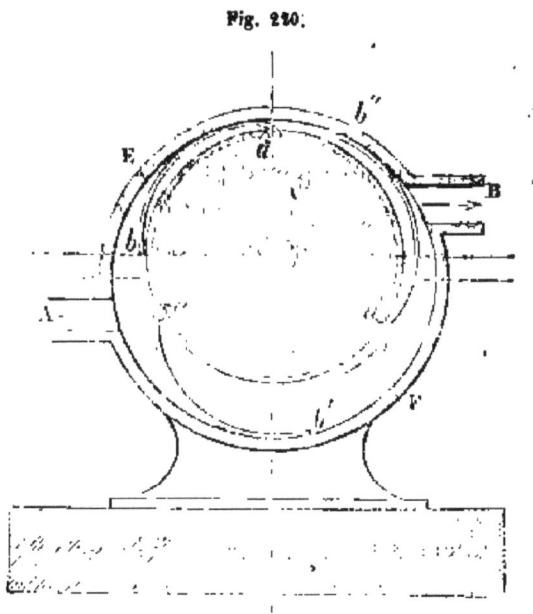

Mais le frottement des palettes contre le cylindre extérieur est très énergique, puisque la pression des deux pièces est mesurée par toute la hauteur de la colonne d'eau refoulée; l'usure des palettes est rapide, et de plus l'eau qui reste comprise entre les deux palettes $a''b''$ et ab, dans un espace qui n'a aucune issue extérieure, et qui n'est pas rigoureusement constant, soumet le liquide et les parois à des excès de pression qui représentent une perte de travail, et qui ont pour effet de détériorer l'appareil.

On a simplifié ce modèle en remplaçant les palettes courbes par des palettes droites, implantées sur le tambour intérieur, et qu'un ressort rappelle au contact de la paroi de l'enveloppe.

Quelquefois on substitue au ressort K un galet concentrique à l'enveloppe extérieure (fig. 221), et qui chasse les palettes jusqu'au con-

tact de la paroie EF. Cet artifice permet de mener trois palettes
montées à 120° au pourtour du tambour intérieur, disposition qui

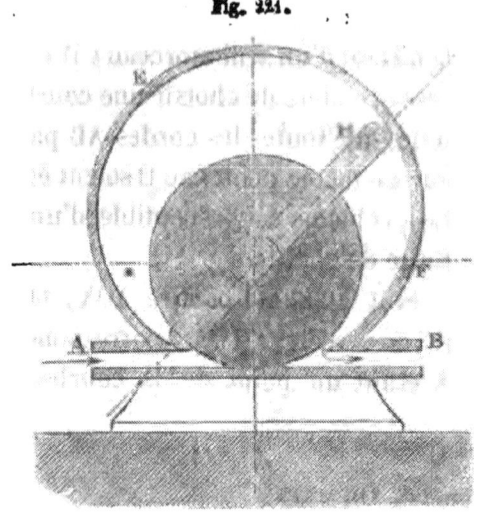

Fig. 221.

A aspiration ;
B refoulement ;
C tambour intérieur excentrique à l'en-
    veloppe EF.
G, H palettes implantées dans le tam-
    bour intérieur, et maintenues au
    contact de l'enveloppe à l'aide
    d'un ressort interposé K.

emprisonne pendant un certain parcours l'eau aspirée dans un espace
sans issue, et paraît ne présenter aucun avantage.

M. Cameré, ingénieur des ponts et chaussées, a perfectionné la
pompe rotative à palettes rectilignes, et en a donné sous le nom de
pompe Erémac un modèle qui fonctionne très bien. L'excentricité de
l'arbre tournant par rapport au cylindre-enveloppe est très petite.
De plus chaque palette H est terminée en P par un évidement cylindrique, au dedans duquel se
meut un fragment de cylindre
R, dont la face extérieure est
profilée suivant la courbure
de l'enveloppe circulaire EF.
Quand le tambour reçoit son
mouvement de rotation, la
palette H est entraînée, et la
poussée du ressort K la main-

Fig. 222.

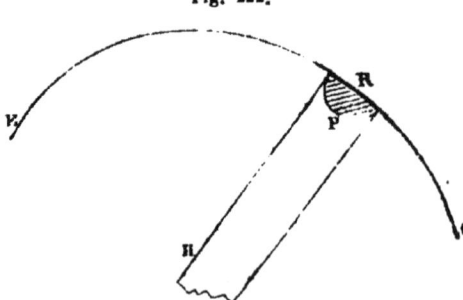

tient au contact de la paroi EF; en même temps le cylindre R glisse
tangentiellement à EF par sa face extérieure, qui a la même cour-

bure, et pivote à l'intérieur de l'évidement cylindrique P. Le contact est ainsi toujours intime entre les pièces frottantes.

344. Il est possible d'éviter l'emploi des ressorts en donnant à

Fig. 223.

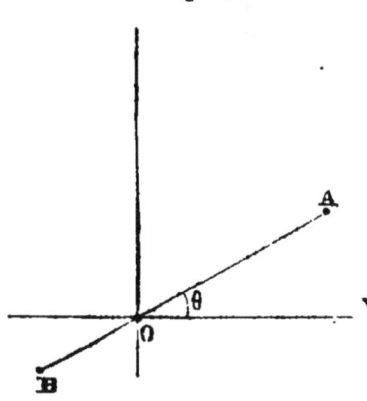

la palette une longueur constante, et en la faisant d'un seul morceau ; il est nécessaire alors de choisir une courbe EF telle, que toutes les cordes AB passant par un même point fixe O soient égales. Ce problème est susceptible d'une infinité de solutions.

Soit θ l'angle polaire AOX, et r le rayon vecteur OA correspondant, A étant un point de la courbe. Soit

$$r = f(\theta)$$

l'équation polaire de cette courbe. On aura

$$OB = f(\theta + \pi)$$

et la condition à remplir est par conséquent exprimée par l'équation

$$f(\theta) + f(\theta + \pi) = \text{constante.}$$

Remarquons qu'il en résulte

$$f(\theta) = f(\theta + 2\pi),$$

de sorte que la fonction cherchée est périodique, et a 2π pour période.

Nous trouverons des solutions en imaginant la fonction $f(\theta)$ exprimée par une somme de sinus et cosinus de l'angle θ et de ses multiples, en nombre fini ou infini : nous poserons en d'autres termes l'équation générale,

$$f(\theta) = A + \sum B_i \cos k\theta + \sum C_i \sin k\theta,$$

A, B_i, C_i, étant des coefficients constants arbitraires. Si l'on y change θ en $\theta + \pi$, il vient

$$f(\theta + \pi) = A + \sum B_i \cos (k\theta + k\pi) + \sum C_i \sin (k\theta + k\pi),$$

et pour que la somme des deux équations donne un résultat constant, il suffit que les coefficients k soient tous des entiers impairs; car on aura, abstraction faite d'un nombre entier de circonférences,

$$\cos(k\theta + k\pi) = \cos(k\theta + \pi) = -\cos k\theta,$$
$$\sin(k\theta + k\pi) = \sin(k\theta + \pi) = -\sin k\theta,$$

et par suite les sinus et cosinus s'annuleront deux à deux dans la somme, et il viendra simplement

$$f(\theta) + f(\theta + \pi) = 2A.$$

La solution la plus simple au point de vue géométrique s'obtient en ne prenant qu'un terme, et en faisant $k = 1$, ce qui donne

$$r = A + B\cos\theta + C\sin\theta$$

pour équation de la courbe, qui est une *conchoïde de cercle*, ou un *limaçon de Pascal*.

Cette courbe se déduit du cercle dont l'équation est

$$r' = B\cos\theta + C\sin\theta,$$

en portant sur le rayon r', à partir de son extrémité, dans un sens et dans l'autre, une longueur constante A, qui doit ici être plus grande que le diamètre du cercle, c'est-à-dire plus grande que $\sqrt{B^2 + C^2}$. On peut simplifier l'équation de la courbe en prenant pour axe polaire le diamètre même du cercle qui sert à la construire. Cela revient à faire $C = 0$, et à poser

$$r = A + B\cos\theta.$$

Faisons abstraction du tambour intérieur qui prend la place d'une certaine quantité d'eau; l'aire élémentaire qui s'ajoute à l'un des segments déterminés par la palette, et qui se retranche de l'autre, lorsque la palette tourne d'un angle de θ, est la différence entre les deux aires engendrées par les rayons vecteurs $OM = A + B\cos\theta$ et $ON = A + B\cos(\theta + \pi) = A - B\cos\theta$.

Elle a en définitive pour valeur

$$\frac{1}{2}(A + B\cos\theta)^2 d\theta - \frac{1}{2}(A - B\cos\theta)^2 d\theta = 2AB\cos\theta d\theta.$$

L'aire totale de la courbe est l'intégrale

$$\frac{1}{2}\int_0^{2\pi}(A + B\cos\theta)^2 d\theta = \frac{\pi}{2}(2A^2 + B^2).$$

La corde mobile, dans la position DE où elle est tangente au cercle OA, joint les tubes d'aspiration et de refoulement, et en la faisant mouvoir dans le sens de la flèche, elle refoule l'eau par le tube D et l'aspire par le tube E. Dans la position moyenne CB, elle partage la courbe en deux parties égales, dont l'aire est mesurée par $\frac{\pi}{4}(2A^2 + B^2)$.

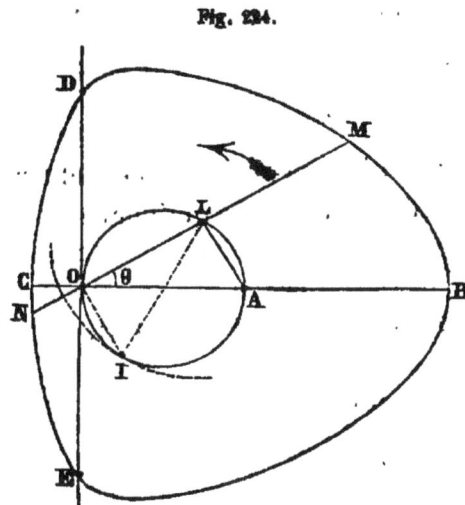

Fig. 224.

L'aire MNEB est égale à l'aire CEB augmentée de l'intégrale $\int_0^\theta 2AB\cos\theta\, d\theta$, des variations subies par cette aire quand la palette passe de la position moyenne CB à la position NM définie par l'angle θ. Donc enfin

$$\text{aire (MNEB)} = \frac{\pi}{4}(2A^2 + B^2) + 2AB\sin\theta.$$

Faisant $\theta = \frac{\pi}{2}$, il vient $\frac{\pi}{4}(2A^2 + B^2) + 2AB$ pour l'aire DEB, et $\frac{\pi}{4}(2A^2 + B^2) - 2AB$ pour l'aire complémentaire DCB. Le rapport des deux segments déterminés par la palette varie donc à chaque tour entre les limites

$$\frac{\frac{\pi}{4}(2A^2 + B^2) + 2AB}{\frac{\pi}{4}(2A^2 + B^2) - 2AB} \quad \text{et} \quad \frac{\frac{\pi}{4}(2A^2 + B^2) - 2AB}{\frac{\pi}{4}(2A^2 + B^2) + 2AB},$$

et est en moyenne égal à l'unité.

On peut remarquer que l'aire OMB—OCN, qui s'ajoute à l'aire CEB, varie proportionnellement à sin θ, c'est-à-dire à la distance AL.

Observons aussi que le centre instantané de la palette, prise dans la position MN, est le point I du cercle OA qui est diamétralement opposé au point L. En effet le point L, milieu de la palette, décrit le cercle OA, et le diamètre IL est normal en L à la trajectoire de ce point. La trajectoire du point O, supposé lié à la droite MN, est cette droite elle-même, et la droite OI lui est normale. Donc I est le centre instantané de rotation de la droite MN. De plus la distance IL étant constante, le point I considéré comme lié à MN est sur un cercle décrit du point L comme centre avec LI pour rayon. En définitive on peut réaliser le mouvement de la palette en la rattachant à un cercle de rayon égal à OA, qu'on ferait rouler sur le cercle fixe de diamètre OA, de manière que le contact soit intérieur.

La quantité d'eau qui doit passer par les tuyaux d'aspiration et de refoulement quand la palette tourne de l'angle $d\theta$ est proportionnelle au produit $2AB \cos \theta d\theta$, de sorte que la vitesse de l'eau dans les tuyaux est proportionnelle au produit $\cos \theta \frac{d\theta}{dt}$. Elle ne peut être constante, puisque le facteur $\cos \theta$ passe par zéro pour $\theta = \frac{\pi}{2}$. Si $\frac{d\theta}{dt}$ est constant, ou si le point L se meut uniformément sur le cercle OA, la vitesse de l'eau varie d'une manière continue, proportionnellement à la droite OL.

Il y a d'autres systèmes de pompes rotatives, dites *pompes à deux axes*, telles que la pompe Évrard, la pompe Greindl, la pompe Behrens, pour la description desquelles nous renverrons à une étude de M. Poillon, ingénieur civil. Il suffit de faire engrener dans certaines conditions deux roues l'une avec l'autre pour constituer une pompe; l'engrenage produit d'un côté l'aspiration et de l'autre le refoulement.

FONTAINE DE HÉRON.

345. Cet appareil a pour objet de faire agir sur la surface libre

d'une masse liquide contenue dans un vase clos, l'air chassé d'un autre vase clos par l'affluence d'une veine liquide; l'eau pressée par cet air est refoulée dans un tube ascensionnel.

La fontaine de Héron a été le type d'une des premières machines à colonne d'eau, établie par Höll pour l'épuisement des mines de Schemnitz (Hongrie) ; c'est aussi le type des *lampes hydrostatiques* de Girard. Pour la description de ces appareils, qu'on n'emploie plus aujourd'hui, nous renverrons au *Traité des machines* de Hachette, 2ᵉ édition, p. 99 et suivantes.

BÉLIER HYDRAULIQUE.

346. Le bélier hydraulique est un appareil destiné à élever les

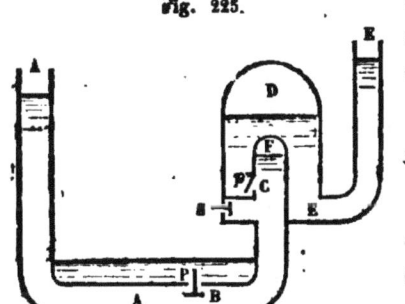

Fig. 225.

eaux en employant la force vive d'une colonne d'eau en mouvement. L'invention en est attribuée à Montgolfier (1796). Voici en quoi consiste cette machine.

L'eau motrice s'écoule par le tuyau A, et s'échappe par l'orifice B; cet orifice peut être fermé par une soupape, P, dont la densité est à peu près double de celle de l'eau. La diminution de pression qui résulte de l'écoulement et des contractions de la veine liquide, suffit pour soulever la soupape P et fermer l'orifice. Alors la colonne liquide est subitement arrêtée; il se développe des pressions très énergiques qui soulèvent la soupape *p*; l'orifice C, ainsi ouvert, donne entrée dans le réservoir d'air D, et dans le tuyau d'ascension, E, qui y fait suite. La pression diminue aussitôt, la soupape P retombe et en même temps l'orifice C se ferme; puis les mêmes phénomènes se reproduisent dans le même ordre.

A chaque fois que la soupape P se ferme, il se produit un *coup de bélier*, qui fait entrer dans le tuyau E une partie de l'eau motrice; le liquide peut s'élever dans ce tuyau à un niveau supérieur à celui du réservoir alimentaire.

Le matelas d'air F a pour effet d'amortir le choc de l'eau contre les parois du tuyau, et d'éviter la rupture. Une soupape particulière, S, permet à l'air extérieur de pénétrer dans la cavité F entre chaque coup de bélier, et de remplacer l'air entraîné dans le tuyau d'ascension.

La théorie de cet appareil n'a pas été faite d'une manière entièrement satisfaisante, malgré les expériences d'Eytelwein, de Morin, et des ingénieurs anglais. Les rendements observés sont très variables, sans qu'on sache bien la raison des différences constatées. Nous renverrons au § 415 de l'*Hydraulique* de d'Abuisson (2ᵉ édit.), et au § 222 de l'*Aide-mémoire* de M. Claudel (7ᵉ édit.), où les règles de la construction du bélier sont exposées en détail. Cet appareil est du reste rarement employé.

BÉLIER D'ÉPUISEMENT.

347. M. Chemin, ingénieur des ponts et chaussées, s'inspirant des idées de M. de Caligny, a construit un *bélier d'épuisement* extrêmement simple, et qui paraît appelé à rendre de grands services pour vider une fouille, toutes les fois qu'on dispose d'une chute d'eau aux environs. L'appareil comprend un bassin CD, où l'on fait arriver l'eau motrice, et qui se prolonge vers le bas par un tuyau KR de plus petit diamètre, formé de quatre planches réunies ensemble à l'aide de clous. A la partie inférieure du tuyau se trouve un sas S fermé par deux soupapes A et B, s'ouvrant l'une de dedans en dehors, l'autre de dehors en dedans. Le sas est plongé dans l'eau de la fouille EE. Un tuyau GH sert à le vider en dehors.

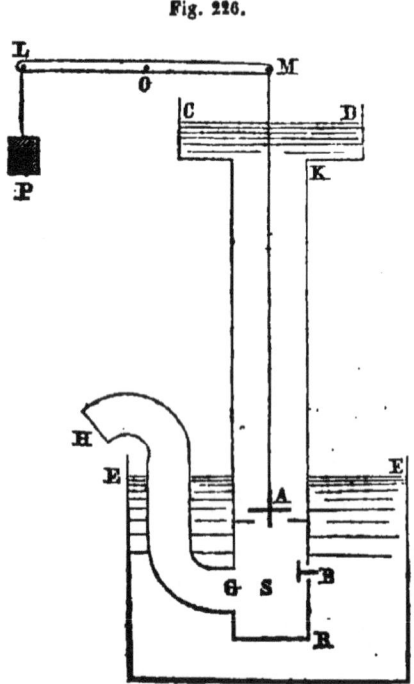

Fig. 226.

La soupape A est attachée par un fil à un levier ML, mobile autour d'un point fixe O, auquel on suspend en L un contre-poids P. Pour mettre en jeu l'appareil, on soulève à l'aide du levier la soupape A. L'eau s'écoule du bassin CD dans le sas, et il en résulte en S une diminution de pression qui appelle l'eau de la fouille à travers l'orifice B; en même temps la soupape A se referme et le courant moteur est interrompu. Mais dès que la pression en S a été reconstituée par l'entrée de l'eau de la fouille, la soupape A est soulevée par le contre-poids P, et une nouvelle émission de liquide moteur a lieu. A chaque fois une certaine quantité d'eau sort par le tube GH, provenant à la fois de l'eau motrice et de l'eau de la fouille. Les deux soupapes A et B continuent ainsi à se fermer et à s'ouvrir alternativement, l'intervention de l'ouvrier n'étant nécessaire qu'au début, pour mettre en train l'appareil. On verra la description et l'usage du bélier d'épuisement dans les *Annales des ponts et chaussées*, avril 1879.

MACHINES A COLONNE D'EAU.

348. Les machines à colonne d'eau sont des récepteurs dans lesquels l'eau motrice, au lieu de produire un mouvement uniforme de rotation, comme cela a lieu pour les roues hydrauliques et les turbines, est directement employée à produire le mouvement alternatif d'un piston dans un cylindre. La machine peut être à simple effet ou à double effet.

La plus ancienne machine à colonne d'eau connue est celle qui fut établie en 1731 par Denisard et de la Deuille (*). Elle avait pour objet d'élever à une certaine hauteur une partie de l'eau de la chute motrice. Bélidor imagina, de 1736 à 1739, une machine analogue dont il donne la description dans son *Architecture hydraulique* (**), mais qui ne fut jamais exécutée. Elle fut imitée dix ans plus tard par Höll, dans une mine de Schemnitz (Hongrie). Ces machines sont toutes à simple effet. L'une des premières machines à double effet est

(*) *Recueil de machines approuvées par l'Académie des sciences*, t. V.
(**) Tome II.

celle qui fut construite à Rosenheim (Bavière) par M. de Reichenbach,
directeur général, pour l'extraction des eaux du puits salé de Rei-
chenhall. Nous allons passer en revue ces différents genres de machines, qui conviennent généralement au cas où l'on dispose d'une
grande chute et d'un petit volume d'eau.

MACHINE D'HUELGOAT.

349. La machine d'Huelgoat (Finistère) a été construite par

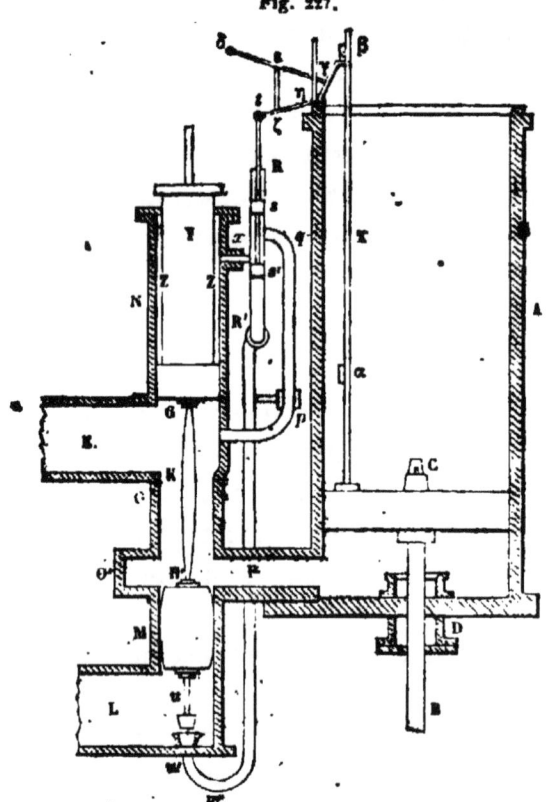

Fig. 227.

M. Juncker, ingénieur des
mines, pour l'épuisement
d'une mine de plomb ar-
gentifère (*). Elle com-
prend deux machines ju-
melles établies l'une près
de l'autre. La chute mo-
trice a 60 mèt. de hauteur.
L'eau de cette chute est employée à élever l'eau qui
commande directement la
tige des pompes d'épuise-
ment ; lorsque le piston
parvient au haut de sa
course, la communication
avec la chute est interrom-
pue ; l'eau contenue dans
le cylindre s'écoule, et le
piston retombe par son
poids, augmenté de celui
de l'attirail de pompes. Le
mécanisme de l'appareil a pour objet l'admission et l'expulsion
alternative de l'eau sous le piston moteur. Dans les types ordinaires des machines à vapeur, on résout une question analogue à
l'aide du tiroir, dont le mouvement alternatif est emprunté à un

(*) *Annales des Mines*, 1838.

excentrique calé sur l'arbre de rotation de la machine. Ici le mouvement rectiligne alternatif du piston n'étant pas transformé en mouvement circulaire continu, on ne peut avoir recours à un pareil procédé. M. Juncker, aidé des conseils de M. de Reichenbach, a résolu le problème d'une manière fort ingénieuse, en se servant des pressions mêmes du liquide.

A est le cylindre;

C, le piston qui commande directement la maîtresse-tige B; une boîte à étoupes, D, donne passage à cette tige à travers le couvercle du cylindre, A, qui reste ouvert à sa partie supérieure.

L'eau motrice arrive par le conduit E ; on en règle l'écoulement au moyen d'une valve. Elle passe dans l'appareil de distribution et entre sous le piston C par le tuyau F. Le piston est déplacé par cette sous-pression et accomplit toute sa course ascendante. L'appareil de distribution consiste en deux pistons, G et H, réunis en un système rigide par une tige de connexion, K. Le système GKH est mobile d'un seul morceau dans l'espace cylindrique MN; on donne au piston supérieur G une surface un peu plus grande qu'au piston inférieur H : la pression totale que l'eau exerce de bas en haut sous la face du piston G est supérieure à la pression totale qu'elle exerce de haut en bas sur la face supérieure du piston H. Le double piston GH tend donc à monter, et il remonte en effet dès que la répartition des pressions au sein de l'eau affluente approche de la loi hydrostatique; ce qui a lieu lorsque la vitesse de l'eau diminue. Le double piston remontant, le piston inférieur H passe à la hauteur de la région O; il sépare alors le tuyau d'amenée, E, du tuyau F, et met ce dernier tuyau en communication avec le tuyau de fuite L. L'eau contenue dans le cylindre s'écoule par ce tuyau, et le piston C redescend, entraîné par son poids et celui des pompes. Une valve placée dans le tuyau L sert à régler la vitesse de l'écoulement.

Une fois le piston C descendu, il faut que l'admission d'un nouveau volume d'eau motrice ait lieu, et pour cela que le double piston distributeur, GH, retourne à sa position première. Ce second mouvement est encore accompli au moyen du jeu des pressions du li-

quide. Un tube de petit diamètre, *pq*, s'ouvre en face du tuyau d'a-
menée E. Il conduit l'eau à un tuyau RR', lequel communique, par
l'intermédiaire du tube *x*, avec le dessus du piston supérieur G, et
par le tube R'R'', avec le tuyau de fuite L. A la partie supérieure de
ce tuyau RR', se trouve un double piston, *ss'*, formant système rigide,
et manœuvré par une tige *t*, qui reçoit du piston C un mouvement
alternatif intermittent, comme nous le montrerons tout à l'heure. Le
piston supérieur G porte, sur sa face d'en haut, un cylindre plein Y
qui se prolonge au delà du couvercle de la partie cylindrique, N, renfermant l'appareil distributeur. Ce cylindre plein, Y, laisse, entre sa
surface et la surface intérieure du cylindre vide N, un espace
libre ZZ, dont la section droite est un peu supérieure à l'excès de
l'aire du piston G sur l'aire du piston H. Si donc on met cet espace
libre en communication avec l'eau motrice, l'excès de sous-pression
subie par le piston G sera équilibré par la pression du liquide admis
en ZZ, et le double piston GKH redescendra pour aller reprendre sa
position primitive, ce qui permettra l'introduction d'une nouvelle
quantité d'eau sous le piston principal.

L'admission de l'eau dans l'espace ZZ a lieu lorsque le petit piston
double *ss'* a la position représentée dans la figure; lorsqu'au contraire la tige *t* s'élève d'une certaine quantité, le piston *s'* vient se
placer entre l'embouchure du tube *q* et l'origine du tube *x*; la
communication cesse alors entre l'espace Z et l'eau motrice; l'eau
qui remplit cet espace s'écoule, par le conduit *x* et le tuyau RR', dans
le tuyau de fuite. Tout le problème est ramené par là à obtenir le
mouvement brusque d'élévation du système *tss'*, lorsque le piston C
arrive au haut de sa course, et le mouvement brusque de descente
du même système, lorsque C arrive au bas du cylindre. Pour cela,
on attache la tige *t* à un levier ηζ*t*, mobile autour d'un point fixe η;
le point ζ est lié par une bride, ζε, au point ε d'un autre levier, γδ,
mobile autour de δ; ce dernier levier est déplacé par des tasseaux
α et β, placés sur une tige X, qui fait corps avec le piston G. Dans la
position indiquée par la figure, le tasseau β appuie sur le levier γδ et
abaisse la tige *t*, de manière à ouvrir à l'eau l'espace ZZ. Lorsque le
piston parvient au haut de sa course, le tasseau α, agissant en sens

contraire sur les mêmes organes, produit le mouvement inverse, et faisant écouler cette eau, force le piston GH à descendre.

L'appareil distributeur, en descendant, est arrêté dans sa course par une tige *u*, qui vient obturer momentanément l'extrémité *u'* du tuyau RR'. Un évidement O' est ménagé dans le tuyau MN en face du tube F; il a pour objet d'équilibrer le piston H sous l'action des poussées du liquide au sein duquel il doit se mouvoir. A son passage devant le tube F, le tuyau reçoit la poussée latérale de l'eau qui est contenue dans le cylindre, et qui y est sous une forte pression; l'eau contenue au même moment dans la cavité O' se trouvant à cette même pression, exerce sur le piston H une pression égale et opposée; on supprime ainsi tout frottement latéral. Des cannelures pratiquées sur le pourtour de ce piston ont pour objet de substituer une variation graduelle à la variation brusque de section qui résulterait du passage du piston H devant l'ouverture E.

Tout a été prévu dans cette belle machine pour diminuer les résistances du mécanisme. La machine met en mouvement un double piston *tss'*, dont la surface et la course sont très petites, et sur lequel les pressions du liquide s'équilibrent. Ce mouvement suffit pour assurer le mouvement convenable de l'appareil distributeur par le seul effet des pressions. Les deux machines jumelles marchent l'une après l'autre avec une grande régularité, et leur rendement est évalué à 0.66.

La maîtresse-tige des pompes commande les tiges d'une série de pompes étagées : chacune puise dans le réservoir alimenté par la pompe inférieure, et verse l'eau dans un réservoir plus élevé, où une troisième pompe vient la reprendre.

On peut comparer le mécanisme de la machine d'Huelgoat à la *cataracte* des machines à vapeur de Cornouailles. Dans les deux cas, il s'agit d'obtenir le jeu alternatif des appareils d'admission, sans qu'on puisse emprunter à un arbre tournant ce mouvement de va-et-vient. Le mouvement d'un arbre tournant se continue indéfiniment malgré le passage des points morts, tandis que les pièces douées d'un mouvement alternatif s'arrêtent au bout de leur course : de là les difficultés spéciales de ce genre de problème.

MACHINE DE VARANGÉVILLE.

350. La machine de Varangéville, près de Saint-Nicolas (Meurthe) est une machine *à double effet*, dans laquelle l'eau motrice agit alternativement sur les deux faces du piston. Elle met en mouvement une pompe destinée à l'épuisement des eaux salées. La chute a une hauteur de 163 mètres, et la dépense d'eau ne s'élève pas à plus de 3^{lit},40 par seconde.

Voici sur quels principes repose la construction de cette machine, analogue, à beaucoup d'égards, à la machine d'Huelgoat.

Fig. 231.

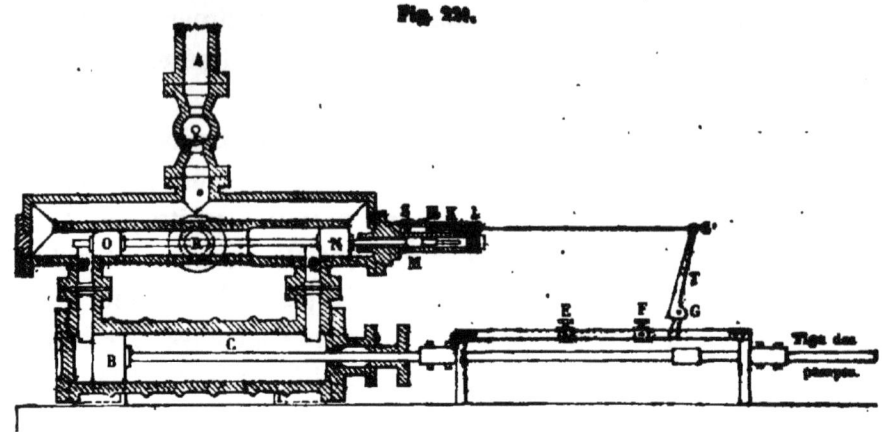

A tuyau d'amenée de l'appareil principal ;
B tuyau de fuite
S ouverture d'amenée de l'appareil secondaire ;
K canal de fuite.

L'eau motrice entre par le conduit A; elle suit le conduit P et vient presser la face gauche du piston B; pendant ce temps, l'eau qui se trouve sur la face droite de ce piston s'écoule par le tube Q dans le conduit R qui sert de tuyau de fuite. L'appareil de distribution consiste dans le double piston ON qui, en oscillant de part et d'autre de sa position moyenne, met successivement en communication avec l'eau motrice et avec le tuyau de fuite chacune des deux faces du piston B.

Le piston N a une surface un peu supérieure à celle du piston
. Un troisième piston, M, faisant corps avec les deux premiers, et
ecevant l'eau motrice sur sa face gauche, a une section assez grande
our équilibrer, et au delà, la tendance de l'ensemble des pistons
et N à appuyer vers la gauche. En résumé, le système ONM, sous
action de l'eau motrice, tend à occuper sa position extrême vers la
roite. Pour le déplacer et le rejeter à gauche, il suffit d'admettre
eau motrice sur la face droite du piston M. C'est à quoi sont destinés
ouverture S et le double piston HI. Dans la position indiquée
ar la figure, l'eau arrive par l'ouverture S, presse le piston M et
hasse vers la gauche tout l'appareil distributeur, grâce à l'excès
e la pression qui s'exerce sur la surface du piston N. Alors la dis-
ibution est renversée dans les tuyaux P et Q. Il s'agit donc de
éplacer au moment opportun le double piston HI, ou de faire
ommuniquer successivement la face droite du piston M avec les
rifices S et K, dont l'un amène l'eau, et dont l'autre ouvre à cette
au une issue extérieure. Le double piston HI est attaché à cet
ffet à une tige qui s'articule au point G′ à un levier GG′, mobile
utour d'un point fixe T; le levier GG′ se déplace dans un sens ou
ans l'autre, sous l'action des tasseaux E et F, lesquels sont entraînés
ar la tige du piston principal; le déplacement du levier a lieu
orsque le piston atteint l'une ou l'autre des extrémités de sa course.
a distribution change donc de sens à chaque pulsation du piston.
ette machine a été imaginée par M. Pfetsch. Pour la description
étaillée et pour le calcul de l'effet mécanique de l'appareil, nous
enverrons aux *Annales des mines*, année 1860, 5ᵉ série, t. XVII. Le
endement observé est de 0.77.

MACHINE ROTATIVE À DOUBLE EFFET.

351. Les machines à colonne d'eau à double effet peuvent être
mployées, comme les machines à vapeur, à mettre en mouvement
n arbre tournant. Le mécanisme de la distribution est très simple;

il se réduit à l'emploi d'un excentrique calé à angle droit en avant de la bielle motrice.

Fig. 222.

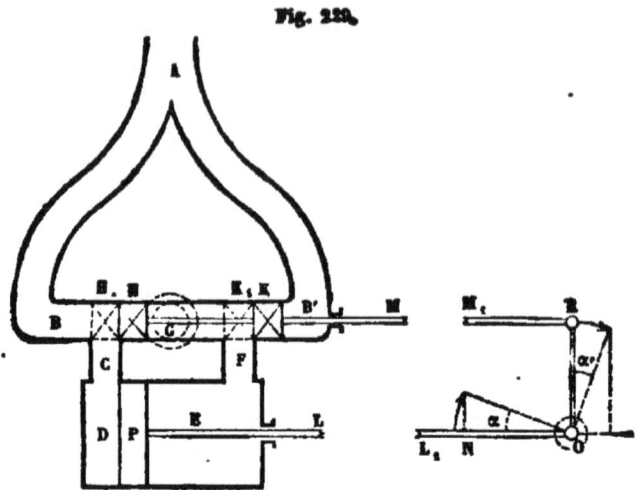

L'eau motrice est amenée par le tuyau A, qui se bifurque en B et B'. Elle passe par le tube C, et entre dans le cylindre D; elle pousse vers la droite le piston P pendant que l'eau introduite sur l'autre face, E, du piston, s'écoule par le tube F et se rend dans le tuyau de fuite, G. L'appareil distributeur consiste en un double piston H, K, qui oscille de part et d'autre de sa position moyenne. L'épaisseur des pistons H et K est égale à la largeur des *lumières* C et F.

Le piston P transmet son mouvement, par la bielle L, à la manivelle N et à l'arbre tournant O. Sur cet arbre tournant est calé un excentrique qui, au point de vue cinématique, équivaut à une manivelle OR, ayant pour longueur le rayon d'excentricité. La droite M_1R représente sur la figure l'extrémité de la bielle qui conduit le double piston H K.

Lorsque le piston P est au bout de sa course, le système HK est dans sa position moyenne H_1K_1 : la manivelle R est d'un angle droit en avant de la manivelle N. Les lumières C et F sont masquées à a fois, mais un petit mouvement du piston suffit pour les ouvrir toutes deux, l'une pour l'admission, l'autre pour l'évacuation du liquide. La course de l'appareil HK est égale au double de la largeur des lumières. Il est facile de calculer, d'après ces données, quelle ouerture l'appareil offre à chaque instant à l'eau motrice. Le mouvement du système HK peut être considéré comme identique au mouvement de la projection du point R sur une horizontale menée par le centre O de la rotation. Si donc l'arbre tourne d'un angle α, la longueur démasquée des lumières C et F sera sensiblement égale à la projection de OR sur la direction du mouvement général. Faisons $R = l$, quantité qui doit être égale à la largeur commune des ouvertures C et F, nous aurons pour longueur démasquée $l \sin \alpha$; soit b l'autre dimension des lumières, la surface ouverte à l'écoulement sera donc $bl \sin \alpha$. Pendant le même temps, le piston P décrit, à partir de l'extrémité de sa course, un chemin égal à la projection du chemin parcouru par le point N, c'est-à-dire

$$L (1 - \cos \alpha)$$

n appelant L la demi-course, ou la longueur ON de la manivelle.

Soit Ω la section du cylindre, et V la vitesse d'écoulement de eau par les lumières. Pendant un temps dt, la section libre des lumières débitera un volume d'eau égal à

$$bl \sin \alpha \times V dt.$$

r, dans le même temps, le piston engendre un volume égal à

$$\Omega \times d [L (1 - \cos \alpha)] = \Omega L \sin \alpha \, d\alpha.$$

es deux volumes seront égaux si l'on a

$$bl \sin \alpha \times V dt = \Omega L \sin \alpha \, d\alpha,$$

u bien

$$\frac{d\alpha}{dt} = \frac{bl V}{\Omega L},$$

u encore

$$\frac{V}{L \left(\frac{d\alpha}{dt} \right)} = \frac{\Omega}{bl};$$

'est-à-dire que la vitesse d'écoulement de l'eau dans les conduits

C et F doit être à la vitesse linéaire, $L\frac{d\alpha}{dt}$, du bouton N de la manivelle, dans le rapport de l'aire du piston à l'aire des lumières. Si
cette condition est satisfaite, le jeu de l'appareil distributeur ne produira jamais d'étranglement qui gêne le mouvement du liquide.

Mais cette conclusion n'est qu'approximativement vraie, puisqu'elle
repose sur l'hypothèse du parallélisme des bielles, et fut-elle rigoureuse au point de vue géométrique, l'extension ou la compression
des tiges M et L, sous les efforts alternatifs développés, n'assurerait
pas au mécanisme une précision absolue. Aussi convient-il de mettre
les tubes B, B' en communication avec des réservoirs d'air, ou d'employer tout autre artifice analogue, pour éviter les *coups de bélier* que
produiraient dans les divers tuyaux les modifications trop brusques
des vitesses de la masse liquide affluente, par suite des variations du
débouché qui lui serait offert.

Girard a proposé un moyen bien simple d'éviter ces effets sans
interposition de matelas d'air : c'est d'allonger un peu la tige qui
réunit les deux pistons distributeurs; de cette manière, les deux
orifices C et F ne peuvent jamais être entièrement fermés à la fois.

COLONNES OSCILLANTES.

352. Les oscillations d'une colonne d'eau dans les branches d'un
vase communiquant, au moment où l'équilibre est rompu, ont fourni
à M. de Caligny un moyen d'accélérer le remplissage des écluses.
Nous nous bornerons ici à donner quelques notions sur le principe
de son appareil.

Soit MNP un siphon renversé, à branches verticales, de sections
inégales. On supposera que la branche horizontale N qui réunit les
deux branches verticales ne présente aucun étranglement brusque.
de sorte que la variation des sections offertes à l'écoulement du liquide se fasse par degrés insensibles. L'eau occupe à un instant

lonné la position définie par les niveaux AA′ dans une branche et ₃B′ dans l'autre, et elle est en repos dans cette position, grâce à 'interposition d'une cloison étanche dans la branche de communi-

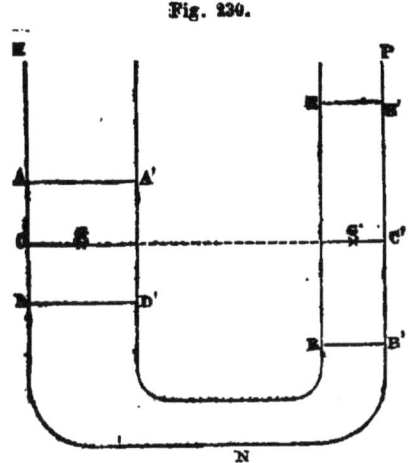

Fig. 230.

cation N. Cela posé on retire cette cloison, et l'eau, n'étant plus en équilibre, se met à osciller à la façon d'un pendule entre deux niveaux définis, AA′ et DD′ dans la grande branche, BB′ et EE′ dans la petite, autour d'une position moyenne d'équilibre CC′, qu'elle atteint au bout d'un certain temps, lorsque les frottements ont réduit les vitesses à zéro. Abstraction faite des frottements du liquide contre lui-même et contre les parois, l'oscillation se conserverait indéfiniment.

Cherchons les limites entre lesquelles elle s'opère. L'une de ces limites est la position primitive AA′, BB′. Dans cette position la force vive du liquide est nulle. La force vive sera également nulle dans la position DD′, EE′ pour laquelle le travail de la pesanteur est égal à zéro. Or la quantité d'eau perdue par la grande branche est égale à la quantité d'eau gagnée par la petite; il y a échange du poids d'eau AD contre le poids égal BE. Le premier poids a son centre de gravité au milieu de la hauteur AD, le second au milieu de la hauteur BE, et le travail de la pesanteur est nul si ces deux milieux ont la même altitude.

Or il en est ainsi lorsque les deux centres de gravité de AD et de EB sont situés tous deux dans le plan d'équilibre CC′. On a nécessairement, en effet,

$$\text{volume AC} = \text{volume BC};$$

si l'on double la dénivellation AC, BC, pour atteindre les niveaux D, E, on aura aussi

$$\text{volume CD} = \text{volume CE};$$

le centre de gravité de la colonne AD est alors au point G dans le plan moyen, et le centre de gravité de BE en G' dans ce même plan. L'oscillation sera donc limitée aux niveaux A et D dans la grande branche, et aux niveaux B et E dans la petite. Soit x la course du liquide dans la première, y la course du liquide dans la seconde, Ω et ω les sections; ces quantités seront liées par la relation

$$\Omega x = \omega y.$$

Si, au moment où la colonne de droite atteint le niveau E, on ferme la communication des deux branches en rétablissant la cloison dans le tuyau N, on pourra maintenir le liquide dans la situation DE, et on aura élevé le niveau de l'eau dans la petite branche d'une quantité égale à BE. En réalité l'ascension n'est pas aussi forte, parce que la colonne oscillante subit des travaux négatifs dont nous avons fait abstraction.

REMARQUES SUR LES MACHINES ÉLÉVATOIRES.

353. On emploie les machines élévatoires dans deux circonstances principales : d'abord pour se procurer l'eau dont on a besoin, ensuite pour enlever des eaux nuisibles qui inondent une fouille, un terrain ou une mine. Dans les deux cas, il s'agit d'élever à une hauteur donnée H un certain volume d'eau V, dans un temps donné T secondes. Le travail utile de la machine s'obtiendra en multipliant le poids ΠV par la hauteur H, et la *puissance utile estimée en chevaux-vapeur*, à raison de 75 kilogrammètres en une seconde par cheval, sera exprimée par la fraction

$$\frac{\Pi V H}{75 T}.$$

Le travail moteur à dépenser pour produire ce travail utile s calculera en divisant le nombre ainsi obtenu par le rendement de l'appareil élévatoire qu'on veut employer, et le quotient par le rendement de la machine qui mettra cet appareil en mouvement.

354. Le choix de la machine élévatoire dépend d'une foule d'éléments divers.

Pour une petite quantité d'eau à rejeter à une faible hauteur en dehors d'une fouille, on se servira, par exemple, de l'écope ou des seaux à bras. La hauteur devient-elle plus grande, de 2 à 4 mètres par exemple, on emploiera la vis d'Archimède ou le tympan de Lafaye ; au-dessus de 4ᵐ, il faudra recourir à une ou plusieurs pompes si le volume d'eau à enlever dans l'unité de temps est très considérable. Les pompes se prêtent à toutes les hauteurs et permettent d'atteindre les profondeurs les plus considérables. La noria convient particulièrement pour élever en peu d'instants un petit volume d'eau à une grande hauteur, lorsqu'un tel travail doit s'opérer d'une manière discontinue.

355. Il y a aussi une grande variété dans le choix du moteur à employer pour mettre en mouvement les appareils élévatoires.

Les principaux moteurs sont les hommes, les chevaux, quelquefois les ânes ou les bœufs (*), le vent et la vapeur. La première question à résoudre est celle de la puissance du moteur; la seconde, celle de la place qu'il exige. Ce dernier point de vue a une importance capitale sur les chantiers où il y a à faire des épuisements. L'emploi des machines à vapeur locomobiles paraît commandé dès qu'il s'agit de développer en peu de temps et sur un espace restreint un grand travail utile.

On peut employer aussi une machine hydraulique, soit une roue, soit une turbine, soit une machine à colonne d'eau; cette dernière solution suppose qu'on ait à sa disposition un certain volume d'eau tombant d'une grande hauteur. L'ancienne machine de Marly, qui

---

(*) *Sakieh* d'Égypte, *Cuppilay* de l'Inde (*Annales des ponts et chaussées*, octobre 1869 ; *Irrigations de l'Inde*, par M. Lamairesse).

élevait les eaux de la Seine au moyen de pompes aspirantes et foulantes, était mise en mouvement par quatorze roues à palettes (*).

Les polders de Hollande n'étaient asséchés autrefois que par des vis d'Archimède mises en mouvement par des moulins à vent. Aujourd'hui on donne, non sans raison, la préférence aux machines à vapeur (**).

356. C'est en Angleterre que l'usage de ces machines pour les épuisements s'est primitivement répandu. Le premier essai réellement pratique est, après la machine atmosphérique de Newcomen, appelée aussi *pompe à feu*, la machine à basse pression de Watt, qui n'en a été, à vrai dire, qu'un notable perfectionnement. L'emploi de la détente a permis, bientôt après, de pousser très loin l'économie du combustible, et enfin la machine de Cornouailles est devenue le type le plus remarquable des machines destinées aux épuisements.

On l'emploie, dans la Cornouaille anglaise, aux épuisements de mines de cuivre et d'étain, dont les galeries s'étendent à de grandes profondeurs et sont continuellement exposées aux inondations. Le comté de Cornouailles est fort éloigné des districts houillers de l'Angleterre; le charbon y est donc à un prix élevé, ce qui conduit, non seulement à en consommer peu, mais encore à n'en employer que de bon. La qualité du combustible est assurément pour quelque chose dans la supériorité constatée de ces machines. Les causes spéciales de cette supériorité sont la haute pression de la vapeur à l'admission, la longueur de la détente, qu'on peut régler à volonté, un temps d'arrêt complet entre chaque oscillation simple du piston, ce qui donne aux clapets des pompes le temps de se fermer sans choc, et la disposition particulière des soupapes qui règlent la distribution.

Les machines de Cornouailles sont à simple effet, et la descente des pistons des pompes s'opère sous l'action de leur poids propre et du

---

(*) *Annales des ponts et chaussées*, 1864; *Études sur les eaux de Marly et de Versailles*, par M. Vallès. — Belidor, *Arch. hydraulique*, t. II.

(**) La *roue-pompe*, sorte de roue élévatoire à palettes courbes, paraît convenir très bien pour ce genre d'épuisements. V. *La roue-pompe, nouvel appareil perfectionné*, par M. le capitaine J. B. H. Van Royen (Utrecht, Kemink et fils, 1876).

poids des tiges auxquelles ils sont attachés. La course des pistons, dans un sens et dans l'autre, n'est pas limitée par les liaisons de la machine, et pour éviter les chocs sur les couvercles des cylindres, il faut faire porter sur des tampons à ressort l'extrémité du balancier. La détente et la vitesse de l'allure générale de la machine se règlent au moyen de la cataracte et d'après la position donnée aux tasseaux sur les poutrelles; ce règlement exige un mécanicien intelligent et exercé, et la surveillance de la machine en mouvement demande aussi plus de soins que celle d'une autre machine à vapeur.

357. On a essayé, notamment à Paris et à Lyon, d'appliquer les machines de Cornouailles à des prises d'eau en rivière. Dans ce cas, il faut introduire dans la machine un contre-poids lourd et encombrant, équivalent au poids des tiges des pompes dans les mines. Outre cet inconvénient, la flexibilité d'allure de la machine de Cornouailles, très motivée pour les mines où la quantité d'eau à extraire est variable d'un jour à l'autre, n'est pas nécessaire pour un service quotidien à peu près régulier. Aussi pensons-nous, avec Dupuit, que les machines doivent être employées seulement pour l'usage propre auquel elles ont été primitivement destinées. Leur principal mérite, qui consiste à brûler peu de charbon, résulte de l'augmentation de la détente, et l'expérience montre que les autres machines se prêtent aux mêmes économies quand elles fonctionnent avec une détente prolongée, et qu'elles sont d'ailleurs construites avec soin et dirigées par un mécanicien habile.

358. Les machines qui servent au desséchement du lac de Harlem sont des machines à double cylindre, mettant en mouvement un certain nombre de pompes qui puisent l'eau dans les canaux de l'ancien lac, et la déversent en dehors du périmètre desséché. Là encore la longueur de la détente permet d'obtenir à peu de frais un excellent service.

Ces machines sont au nombre de trois; elles ont une puissance de 600 chevaux chacune. Elles ont emprunté la plupart de leurs dispositions aux machines de Cornouailles; les pistons mettent en mouvement onze balanciers pour l'un, huit balanciers pour chacun des deux autres; ces balanciers rayonnent autour du bâtiment de la machine et font mouvoir les pistons des pompes. On peut interrompre à volonté le travail d'une ou de plusieurs pompes. Les trois machines, en vingt-quatre heures, peuvent enlever 20 millions de mètres cubes d'eau; elles ne brûlent que $1^{kil}.75$ par heure et par cheval. Les pompes ont des clapets obliques, et un léger arrêt de la machine, lorsque les pistons moteurs atteignent leur point le plus bas, en facilite la fermeture. Cet arrêt est obtenu à l'aide de la cataracte; les pompes donnent six coups à la minute; la course de leur piston est de $3^m.05$ et son diamètre de $1^m.85$. La machine a exigé l'emploi d'un contre-poids (*).

359. Pour les distributions d'eau dans les villes, la meilleure machine à vapeur paraît être *la machine rotative à action directe*, mettant en mouvement deux ou trois pompes, montées sur le même arbre de couche. Les types perfectionnés, avec une détente variable, brûlent peu de charbon et marchent parfaitement. Les machines qu'on destine à mettre des pompes en mouvement ne doivent recevoir qu'un volant de faible poids, qui laisse sentir le ralentissement de la marche au passage des points morts. C'est le moyen de faciliter la fermeture des clapets et d'éviter les coups violents qui pourraient amener des ruptures. La préférence donnée aux machines à action directe sur les machines à balancier, résulte de ce qu'elles sont plus légères et moins encombrantes, et surtout de ce que les actions qu'elles développent dans leur mouvement sont plus faciles à équilibrer.

360. Nous terminerons ces généralités en donnant d'après Dupuit, qui a été jusqu'ici notre guide, la marche à suivre pour établir les dépenses d'une prise d'eau avec machine à vapeur.

(*) *Du desséchement du lac de Harlem*, par M. Gevers d'Endegeest. — *Annales des ponts et chaussées*, le comté de Lincoln, t. XII, 1856.

Soit Q, *en litres*, le volume d'eau à élever par période de vingt-quatre heures, dans la saison de plus forte consommation ;

$q = \dfrac{Q}{86400}$ sera le volume d'eau, en litres, à élever en une seconde.

Soit h la hauteur à laquelle l'eau doit être élevée.

Le nombre $\dfrac{qh}{75}$ est en chevaux-vapeur la puissance utile qu'il est nécessaire de donner à la machine.

En doublant ce résultat, on pourra faire le service en douze heures, ce qui évitera les embarras et les dépenses d'un service de nuit. En partageant cette puissance entre deux machines égales, on assurera encore mieux la continuité du service.

La dépense d'installation comprend le prix de la machine, avec la chaudière et les pompes ; Dupuit l'estime au maximum à 2.500 fr. par cheval ; il y faut ajouter le prix des bâtiments et de la cheminée.

La dépense annuelle comprend les frais d'entretien et de réparation, les frais de personnel (un mécanicien, avec un, deux ou trois chauffeurs, suivant l'importance de la machine et la durée de son travail journalier), et les dépenses de charbon et de graissage. Il y a une vingtaine d'années, une bonne machine brûlait 2 kilogrammes de charbon par heure et par cheval. Les perfectionnements récents de la machine à vapeur ont réduit cette quantité, et on trouve aujourd'hui des types qui brûlent à peine un kilogramme. On estime qu'une machine demande pour un demi-centime environ de graisse par heure de service. Pour tenir compte des dépenses de l'allumage, on les regarde comme équivalentes à la dépense de combustible afférente à un service d'une heure et demie.

Cette évaluation dépend d'ailleurs de la dureté plus ou moins grande du combustible employé.

Dupuit recommande de stipuler dans le marché passé avec le constructeur la puissance de la machine en chevaux, le volume engendré par le piston de la pompe, et le nombre de coups que les pompes devront donner par minute dans la marche normale.

SYSTÈME HYDRAULIQUE D'ARMSTRONG.

361. Le système hydraulique dû à M. Armstrong, le célèbre ingénieur de Newcastle, n'est autre chose qu'une application en grand de la presse hydraulique de Pascal. Cet appareil très simple, imaginé par Pascal comme exemple de la transmission des pressions dans les liquides, et décrit par lui dans son *Traité de l'équilibre des liqueurs* (1650), est devenue une machine industrielle lorsque Bramah, en 1796, eut inventé les cuirs emboutis. M. Armstrong a montré ensuite le parti qu'on pouvait tirer d'une colonne d'eau en charge pour effectuer certains travaux. Ne pouvant donner une description détaillée de ces appareils, nous transcrirons du moins ici la description sommaire suivante, que nous empruntons à l'*Exposé de la situation de la mécanique appliquée* (*).

« Les appareils hydrauliques imaginés par M. Armstrong ont pour objet d'obtenir, par le travail régulier d'une machine à vapeur, un travail disponible de beaucoup supérieur, pendant un court intervalle de temps, à la limite de puissance que cette machine pourrait développer pendant la même période. Le service des gares et des docks exige la production discontinue de semblables efforts, de durée généralement assez courte. C'est une série de *coups de collier*, qui exigeraient d'une machine à vapeur une action courte et très énergique; et pour que la machine fût capable de les produire dans le temps convenable, il faudrait lui donner une puissance qui ne trouverait aucun emploi utile dans les intervalles de ces actions successives. La chaudière brûlerait du charbon sans production de travail, pour se trouver en feu au moment où la machine aurait à agir.

« M. Amstrong réduit, par le système hydraulique, la puissance de la machine motrice à la moyenne des travaux à produire dans une période suffisamment longue, vingt-quatre heures par exemple. Concevons, pour simplifier cette exposition, que la machine à vapeur

(*) Paris, Hachette, 1867, page 141.

fonctionne d'une manière continue, et qu'on l'emploie à élever de l'eau dans un réservoir placé à un certain niveau. C'est au réservoir ainsi alimenté qu'on empruntera la puissance motrice : on pourra en régler à volonté la dépense par le jeu des robinets : on pourra la faire naître et l'interrompre aux moments opportuns. Le système hydraulique comprend donc, en principe, un moteur à vapeur de puissance moyenne, un réservoir d'eau alimenté par ce moteur, et des machines à colonne d'eau ou presses hydrauliques, qu'on met en action à volonté par un simple mouvement de clapets, en faisant écouler une certaine quantité de l'eau emmagasinée dans le réservoir.

« On se servira par exemple du système hydraulique pour effectuer dans une gare toutes les manœuvres de force du matériel fixe, pour donner à une grue les deux mouvements qui lui sont nécessaires. Le système hydraulique s'applique de même au service des plaques tournantes. La manœuvre, faite à l'aide d'un appareil qu'on peut régler à volonté, communique à la plaque un mouvement doux qui n'a sur le matériel aucune action destructive. Dans les docks le système hydraulique s'applique au chargement et au déchargement des navires.

« Les appareils de M. Armstrong ont reçu des perfectionnements de détail qui en rendent aujourd'hui l'installation très commode.

« Prenons pour exemple la gare de Bercy, du chemin de fer de Paris à la Méditerranée. Le réservoir n'est pas en charge, mais à côté s'élève une colonne de 10 mètres environ de hauteur, dans laquelle la machine à vapeur injecte de l'eau ; la pression y est maintenue au degré convenable au moyen d'un contre-poids très lourd, qui pèse à la façon d'un piston sur la surface supérieure du liquide. La machine à vapeur amène ce contre-poids à son point le plus haut ; cette hauteur obtenue, elle s'arrête d'elle-même. Mais aussitôt que les travaux de la gare ont abaissé le niveau de l'eau dans la colonne, la machine se remet en mouvement et ne s'arrête que quand le niveau supérieur est atteint de nouveau. L'eau dépensée par les presses hydrauliques qui donnent le mouvement à tous les appareils de la gare retourne au réservoir, où la machine à vapeur la reprend pour la refouler dans la colonne, de sorte que c'est toujours la même eau qui circule dans cet ensemble de machines.

« Telle est la disposition qu'on donne aujourd'hui aux *accumulateurs hydrauliques.* »

Le même passage fait ressortir l'analogie du système hydraulique avec l'installation des écluses sur les rivières et les canaux navigables : l'écluse est comme une grue hydraulique primitive appliquée au déplacement vertical des corps flottants.

Dans certaines villes, à Hull, par exemple, l'eau est distribuée sous pression dans tous les quartiers, et permet d'effectuer les travaux mécaniques les plus variés. Le même artifice est employé dans plusieurs villes de la Suisse, et sert à résoudre le problème de la distribution de force motrice dans les petits ateliers.

Signalons encore le parti que la maison *Twedell*, en Angleterre, a su tirer du système hydraulique et de l'accumulateur, pour exercer des pressions très énergiques, et, au besoin, pour développer des chocs par l'intermédiaire de tubes articulés, aux points où il est nécessaire de les produire. L'eau sous pression est utilisée dans le système Twedell pour faire une foule de travaux, notamment les rivures. L'appareil donne à volonté un *coup de marteau hydraulique.*

THÉORIE DE L'ASCENSEUR.

362. Il y a plusieurs systèmes d'ascenseurs ; nous n'entreprendrons pas de les décrire, et nous nous bornerons à exposer ici les principes qu'on applique à tous. L'ascenseur sera pour nous un plateau mobile, qui se déplace verticalement sous la poussée de l'eau, et qui doit être en équilibre indifférent à quelque hauteur qu'on l'arrête. Pour cela, en même temps qu'on l'attache à la tige qui plonge dans le liquide et en reçoit la poussée, on le suspend à des chaînes qu'on fait passer sur des poulies, et à l'extrémité desquelles on place des contrepoids. Le problème à résoudre consiste à disposer les diverses parties mobiles de l'appareil de manière que le centre de gravité de

l'ensemble, y compris l'eau, reste à la même hauteur dans toutes les positions du système.

Soit AB le plateau que nous supposerons d'épaisseur négligeable ;

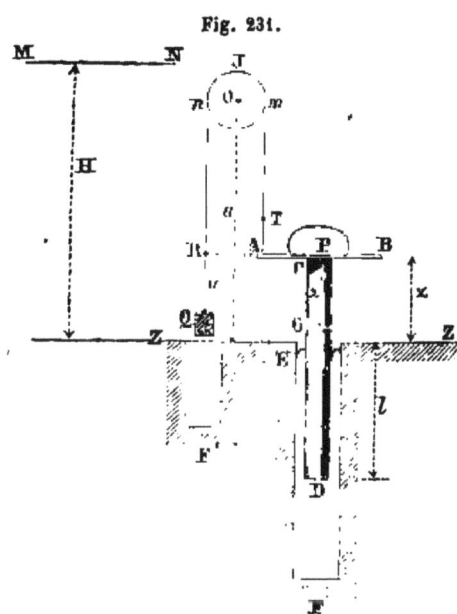

Fig. 231.

CD la tige de longueur l, qui s'enfonce dans le puits EF, où pénètre l'eau motrice ; des cuirs de Bramah E, placés à l'orifice supérieur, empêchent les fuites de l'eau à l'endroit où le piston sort du puits ;

AmnQ une chaîne homogène, attachée en A au plateau, passant sur la poulie fixe J, et portant à son extrémité inférieure un poids Q. En réalité, il y a plusieurs contre-poids et autant de chaînes et de poulies ; les chaînes s'attachent au pourtour de la plate-forme AB ; mais pour l'exposition de la théorie, on peut admettre que tous ces systèmes sont réunis en un seul, où les poids des chaînes et tous les contre-poids se trouveront totalisés ;

P le poids du plateau et de sa surcharge ;

MN le niveau de la surface libre du réservoir qui fournit l'eau motrice, à la cote H au dessus du sol ZZ' ; ce niveau est pris à la hauteur convenable pour tenir compte de l'accumulateur, s'il y en a un ;

q le poids de l'unité de longueur de la tige ;

s la section de la tige ;

q' le poids de l'unité de longueur de la chaîne ;

p la pression par unité de surface exercée par l'eau sur la section inférieure D de la tige ;

T la tension de la chaîne au point A où elle s'attache à la plate-forme ;

z la hauteur de la plate-forme au dessus du sol ;

u la longueur QR de la chaîne comprise entre le contre-poids Q et le niveau de la plate-forme ;

λ la longueur totale AmnQ de la chaîne, diminuée de la longueur mJn de l'arc qui s'applique sur la poulie ;

a la hauteur du centre O de la poulie au dessus du sol ZZ'.

Un second puits F' reçoit le contre-poids Q, s'il est nécessaire de le faire descendre au dessous du sol.

L'équilibre du piston et de la plate-forme sous la poussée de l'eau et sous la traction de la chaîne s'exprime par l'équation

(1)
$$T + pS = P + ql.$$

La pression p est réglée par la loi de l'hydrostatique, *pourvu que le déplacement de l'ascenseur soit très lent*; elle est mesurée par la colonne d'eau comprise entre le niveau MN et la section D, et l'on a

(2)
$$p = \Pi(H + l - z),$$

Π désignant le poids spécifique du liquide. Ici deux cas sont à examiner, suivant que H est constant ou variable. Lorsque l'ascenseur monte de la quantité dz, la quantité d'eau à fournir par le réservoir est Sdz; si donc Ω est la section du réservoir, il en résulte une diminution de hauteur égale à $\frac{S}{\Omega} dz$, de sorte qu'on a la relation

$$dH = - \frac{S}{\Omega} dz,$$

ou bien

(3)
$$H = H_0 - \frac{S}{\Omega} z,$$

H_0 étant la valeur H pour $z = 0$. On voit donc que H est une fonction de z, mais que si Ω est très grand par rapport à S, on peut attribuer à H une valeur constante H_0. Néanmoins nous conserverons au calcul sa généralité, en remplaçant dans l'équation (2) H par sa valeur déduite de (3), ce qui donne

(4)
$$p = \Pi\left[H_0 + l - z\left(1 + \frac{S}{\Omega} \right) \right].$$

La tension **T** dépend de la hauteur relative du contre-poids par rapport à la plate-forme. Nous avons appelé λ la somme $Am + nQ$ des deux brins verticaux qui se détachent de la poulie. Le brin Am est égal à $a - z$; le brin nQ surpasse le brin Am de la quantité que nous désignons par u. Donc

$$u + 2(a - z) = \lambda.$$

Cela posé, la tension **T** au point **A** est égale à la tension de la chaîne au point R, laquelle soutient le brin RQ et le contre-poids Q; on a donc

$$(5) \qquad T = Q + q'u = Q + q'[\lambda - 2(a - z)].$$

Substituons dans l'équation (1) les valeurs de **T** et de p; il viendra l'équation définitive

$$(6) \quad Q + q'[\lambda - 2(a - z)] + \Pi S\left[H_0 + l - z\left(1 + \frac{S}{\Omega}\right)\right] = P + ql,$$

qu'on peut écrire

$$Q + q'(\lambda - 2a) + \Pi S(H_0 + l) - P - ql + \left[2q' - \Pi S\left(1 + \frac{S}{\Omega}\right)\right]z = 0.$$

Pour que l'équilibre soit indifférent, il faut et il suffit que cette équation soit satisfaite quel que soit z, ce qui exige qu'on ait les deux relations

$$(7) \quad Q + q'(\lambda - 2a) + \Pi S(H_0 + l) = P + ql, \qquad 2q' = \Pi S\left(1 + \frac{S}{\Omega}\right).$$

On peut prendre arbitrairement tout ce qui se rapporte à la tige et au plateau.

L'ensemble des chaînes devra représenter, par mètre courant, un poids q' sensiblement égal à la moitié du poids d'eau déplacé par un mètre de longueur de la tige. Le contre-poids Q est donné par la première équation, dans laquelle $\lambda - 2a$ peut encore être choisi arbitrairement.

Supposons ces conditions remplies. On aura à chercher les tensions développées dans la chaîne et dans la tige. Dans la chaîne, la tension la plus grande a lieu aux points m et n; elle est égale à

$$(8) \qquad \dot{\mathrm{T}}' = \mathrm{Q} + q'(u + a - z) = \mathrm{Q} + q'(\lambda - a + z),$$

de sorte qu'elle augmente avec z, et qu'on en déterminera la plus grande valeur en supposant l'ascenseur parvenu à l'extrémité supérieure de sa course.

Pour la tige, appelons x la distance CG d'une section quelconque G au plateau. Si R est la tension développée dans cette section, on aura pour l'équilibre du morceau GD

$$\mathrm{RS} + q(l - x) = p\mathrm{S},$$

ou bien

$$\mathrm{R} = p - \frac{q(l - x)}{\mathrm{S}}.$$

Remplaçant p par sa valeur (4) en fonction de z, il viendra

$$(9) \qquad \mathrm{R} = \Pi \left[\mathrm{H_0} + l - z \left(1 + \frac{\mathrm{S}}{\Omega} \right) \right] - q \frac{l - x}{\mathrm{S}},$$

équation linéaire en z et en x, et qui exprime R par les ordonnées d'une surface plane. On voit que R est nul lorsque l'on a

$$(10) \qquad \Pi \left[\mathrm{H_0} + l - z \left(1 + \frac{\mathrm{S}}{\Omega} \right) \right] = q \frac{l - x}{\mathrm{S}},$$

ou, ce qui revient au même, pour une section G telle, que le poids du morceau GD soit égal à la sous-pression de l'eau. En général cette section où la tension est nulle existe toujours dans la tige ; car le poids P de la plate-forme et de son chargement n'est jamais bien considérable, et il faut même qu'il soit très petit par rapport au poids de la tige pour que l'appareil puisse satisfaire approximativement aux conditions de l'équilibre indifférent, quelles que soient les charges qu'on admette sur la plate-forme. S'il en est ainsi, l'extrémité supérieure de la tige est soumise à une tension sensiblement égale à T, tandis que la base D reçoit une compression égale à $p\mathrm{S}$. La tension R est donc positive en C, négative en D, et change de signe pour une section intermédiaire, dont la distance x est donnée en fonction de z par l'équation (10).

En général, une machine à vapeur est employée à entretenir à niveau constant le réservoir MN ; et le maniement de l'appareil s'obtient en ouvrant le tube d'amenée de l'eau, s'il s'agit de monter, ou le robinet d'évacuation qui laisse l'eau s'échapper, si l'on veut descendre. On reconnaît les traits principaux du système hydraulique.

Voici, à titre de renseignements, quelques données relatives à l'ascenseur du Trocadéro, construit à l'occasion de l'Exposition universelle de 1878 :

Course de l'ascenseur. . . . . 62^m.50

Course de l'ascenseur. 62ᵐ.50

Longueur du piston en fonte. . . . . 63 .00
Diamètre. . . . . 0 .25
Profondeur du puits. . . . . 64 .00
Diamètre. . . . . 0 .90
Surface du plateau de la cabine. . . . . 10 mètres carrés.
Poids du piston plongeur. . . . . 20 tonnes ¹/₂.
— de la cabine. . . . . 5 —
— de l'ensemble des contre-poids, qui sont au nombre de deux. . . . . 2 —
Cotes du réservoir au dessus du sol. . . . . 75 mètres.
Dépense d'eau par voyage. . . . . 6 mètres cubes.

Le réservoir est entretenu à un niveau sensiblement constant au moyen de pompes qui sont mises en mouvement par une machine à vapeur. Le travail des pompes est réglé de manière à fournir au réservoir 1 mètre cube d'eau par minute.

Dans le système Heurtebise, l'équilibre indifférent est obtenu sans chaîne ni contre-poids. Le rôle de contre-poids est rempli par un piston auxiliaire de gros diamètre, qui se meut sous la poussée de l'eau dans un corps de pompe latéral au tube principal. Les déplacements du piston principal et du piston auxiliaire sont réglés par le simple jeu des pressions, de manière que le centre de gravité général de l'appareil, eau comprise, reste à une hauteur constante.

PUITS ARTÉSIENS.

363. Les *puits artésiens* établissent une communication libre entre la surface du sol et les masses d'eau souterraines comprises entre deux formations imperméables. Supposons qu'on implante un tube

piézométrique indéfini dans la couche qui comprend une nappe liquide. L'eau va monter dans le tube jusqu'à la hauteur qui mesurera la pression du liquide au point d'insertion du piézomètre. Le niveau ainsi obtenu est inférieur au plan de charge de la nappe liquide, si elle est animée d'une certaine vitesse, ou si elle appartient à un courant souterrain ; alors le plan de charge est au dessus du sommet de la colonne piézométrique de toute la hauteur, $\frac{u^2}{2g}$, due à la vitesse de ce courant. On peut assimiler la nappe liquide en mouvement à l'eau qui coule dans un tuyau de diamètre D, et poser, entre la vitesse u et la pente j de la ligne de la charge, une équation de la forme

$$\tfrac{1}{4} Dj = \varphi(u),$$

$\varphi(u)$ étant une fonction de la vitesse u. Le mouvement de l'eau au sein de la terre s'opère généralement par des interstices très petits ; dans ce cas, la fonction $\varphi(u)$ est sensiblement proportionnelle à la première puissance de la variable u (§ 121, note), et comme on peut faire entrer le facteur $\frac{1}{4}$ D dans le coefficient de cette fonction, on pourra poser

$$j = \mu u,$$

μ étant un nombre qui dépend de la nature du terrain à travers lequel coule la nappe liquide. Il paraît vraisemblable d'admettre aussi que la vitesse u est sensiblement la même dans toute l'étendue d'un même terrain, de même que la vitesse moyenne d'un fleuve est partout la même dans la traversée d'une même formation géologique (§ 169). En un mot, le mouvement de l'eau souterraine est supposé uniforme ; la ligne de charge est alors parallèle en tous ses points à la ligne piézométrique.

Soient AB, A'B', les surfaces de séparation de la couche aquifère avec les terrains imperméables qui constituent pour elle une véritable conduite forcée. On insère au point C de la couche un tube vertical indéfini, CD ; l'eau monte dans ce tube, en vertu de sa pression, jusqu'en un point D, et la hauteur CD est la mesure de cette pression, abstraction faite de la pression atmosphérique. Il peut arriver que le sommet de la colonne soit en un point D', inférieur à la surface FG du sol. Alors le puits artésien devient un *puits absor-*

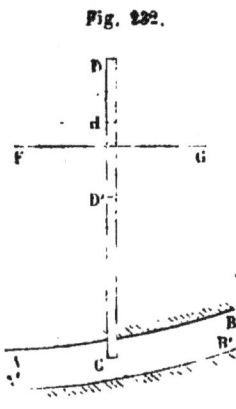

Fig. 232.

bant; si l'on y jette une petite quantité d'eau, le puits ne se remplit pas, et la nappe intérieure absorbe toute l'eau qu'on y a versée. Supposons d'abord que la vitesse u du liquide souterrain soit nulle ou très petite. Admettons que le niveau piézométrique soit au point D, au-dessus du sol, et coupons le tube en un point H inférieur au point D. Cela revient à réduire en ce point la pression du liquide à la pression atmosphérique; par suite, il se fera par la section H un écoulement de liquide, comme par un tuyau qui sortirait d'un réservoir et déboucherait librement dans l'air. Cherchons quel sera le débit de ce tube.

Soit R le rayon du tube supposé constant dans toute son étendue ;

$CD = h$ la hauteur piézométrique au point C, abstraction faite de la pression atmosphérique ;

et $CH = x$ la longueur conservée par le tube après qu'on l'a coupé au point H.

La longueur du tube CH est x; au point C la hauteur piézométrique est $h + \frac{p_0}{\Pi}$; au point H, elle n'est plus que $\frac{p_0}{\Pi}$. La pente piézométrique rapportée à la longueur du tuyau est donc

$$\frac{h}{x},$$

et par suite l'équation du mouvement du liquide dans le tube est

$$\frac{Rh}{x} = b_1 v^2.$$

A chaque hauteur x correspond à une vitesse v et un débit $Q = v \times \pi R^2$. On peut, connaissant R, x, b_1 et v, déterminer la hauteur h qui mesure la pression au sein de la masse liquide souterraine.

Si le débit Q est très petit par rapport au volume de la nappe d'eau souterraine, le régime de cette nappe en sera à peine changé, et le puits fournira d'une manière continue le même volume d'eau. Le produit d'un puits artésien n'est pas influencé par les saisons, lorsque l'étendue de la nappe d'eau qui l'alimente est assez grande pour rendre indifférente l'irrégularité des pluies. Telle est l'influence des grandes masses : le volant d'une machine corrige les variations de la vitesse d'un arbre tournant; la masse d'un train sur un chemin de fer assure l'uniformité du mouvement, malgré les inégalités du travail de la locomotive; la masse de l'Océan produit un effet analogue sur la température moyenne des îles et du littoral, et resserre entre deux limites étroites les variations du thermomètre d'une saison à l'autre.

Si la vitesse du courant souterrain n'est ni nulle ni très petite, tout se passe comme si l'écoulement dans la nappe et dans le tube s'opérait par une *conduite branchée.*

Soit z la hauteur piézométrique au point C, abstraction faite de la pression atmosphérique.

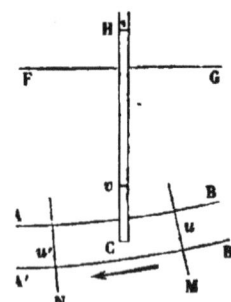

Fig. 233.

La hauteur piézométrique au point H, évaluée de même, sera égale à zéro.

Appelons Ω la somme des sections d'écoulement dans la couche ABB'A; on peut admettre que cette section est la même dans deux coupes, faites, l'une M en amont, l'autre N en aval du puits artésien; appelons Q le débit de la couche aquifère dans la section d'amont, Q' le débit de la même couche en aval, et $q = Q - Q'$ le débit du puits.

Si l'on fait abstraction des diverses pertes de charge, on aura pour l'écoulement entre M et C l'équation

$$j = \mu u,$$

entre C et u' l'équation

$$j' = \mu u',$$

et dans le tuyau CH

$$R \frac{h}{x} = b_1 v^2,$$

avec les équations de débit

$$Q = \Omega u,$$
$$Q' = \Omega u',$$
$$q = Q - Q' = \pi R^2 \times v.$$

Le débit Q' étant inférieur à Q de tout le débit, q, du puits artésien, on voit que la vitesse u' est inférieure à u; par conséquent j' est inférieur à j; l'ouverture du puits artésien a donc pour conséquence une variation dans la ligne piézométrique de la nappe souterraine.

Si le tracé de la nappe souterraine est à peu près connu, on pourra calculer les valeurs des pentes j et j'; on aura donc le rappor $\frac{u}{u'}$ des vitesses, et par suite le rapport $\frac{Q}{Q'}$ des débits. On connaî d'ailleurs la différence $Q - Q' = q$, qui est égale au débit du puits. Donc on peut obtenir dans ce cas la mesure du débit Q de la nappe souterraine.

En faisant varier les pressions au sein de cette nappe on pourra faire varier les débits. L'observation du débit à diverses hauteurs x peut fournir ainsi de précieuses indications sur le mouvement du liquide souterrain. On voit en même temps quelle influence peut avoir sur un puits artésien déjà construit l'ouverture d'un second puits pénétrant jusqu'à la même nappe. C'est ce qu'on a constaté pour le puits de Grenelle, quand on a ouvert le puits artésien de Passy.

Les observations de ce genre, pour être entièrement concluantes, exigent que le puits soit entièrement tubé; autrement on n'est pas sûr qu'il n'y ait pas de pertes de liquide par infiltration à travers les parois naturelles du forage (*).

Le succès d'un forage pour donner de l'eau est loin d'être certain, à moins qu'on n'en ait déjà fait dans le voisinage quelques tentatives, et c'est en définitive un moyen coûteux de se procurer une eau chaude, et qu'on ne peut employer à tous les usages.

(*) V. sur cette question des puits artésiens Darcy, *des Fontaines de Dijon*, chap. III, p. 137. — Dupuit, *Traité de la conduite et de la distribution des eaux*, 2ᵉ édition, § 44 et suiv. — *Annales des ponts et chaussées*, 1866. *Note relative au calcul des débits des puits artésiens, observés à différentes hauteurs, et à l'influence des diamètres de colonnes ascensionnelles*, par M. Michal.

SYSTÈME HANRIAU.

364. M. Hanriau, de Meaux, a imaginé de faire usage d'un puits absorbant, où il peut perdre l'eau motrice, pour créer une chute qu'il utilise pour faire monter de l'eau à un niveau déterminé. L'appareil récepteur et l'appareil élévatoire sont tous deux des *chapelets* d'inégales longueurs, montés sur un même arbre tournant. Le chapelet élévatoire MM prend l'eau dans le puits D, la fait remonter par le tube K, et la déverse dans la bâche L. Ce chapelet est mis en mouvement, par l'intermédiaire de la poulie Q, à l'aide du chapelet moteur JJJ, dont le brin descendant traverse le tube H. Il suffit d'ouvrir un robinet pour amener au tube l'eau du puits D; elle descend en entraînant le chapelet, et se rend au fond R du puisard E, d'où elle se perd dans les couches absorbantes du sous-sol. D'après cette disposition, une partie de l'eau du puits D tombe dans le puits inférieur, et le travail réalisé par cette chute sert à faire monter un certain poids d'eau au niveau du sol.

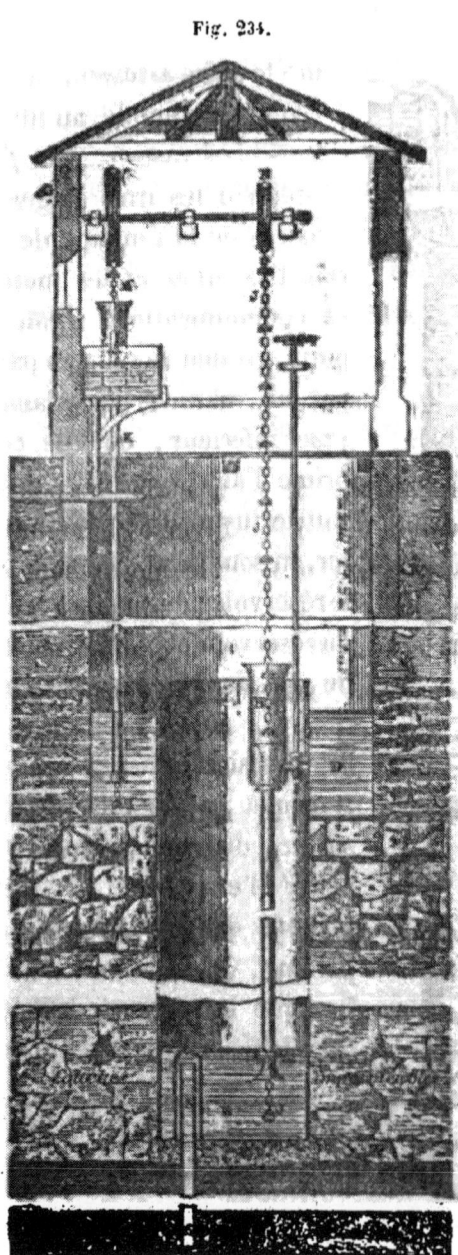

Fig. 234.

365. Le même inventeur emploie les puits artésiens pour faire fonctionner une fontaine de Héron, qui élève une partie des eaux fournies par le puits à un niveau supérieur à celui qu'elles atteindraient naturellement. Le tube *au* repré-

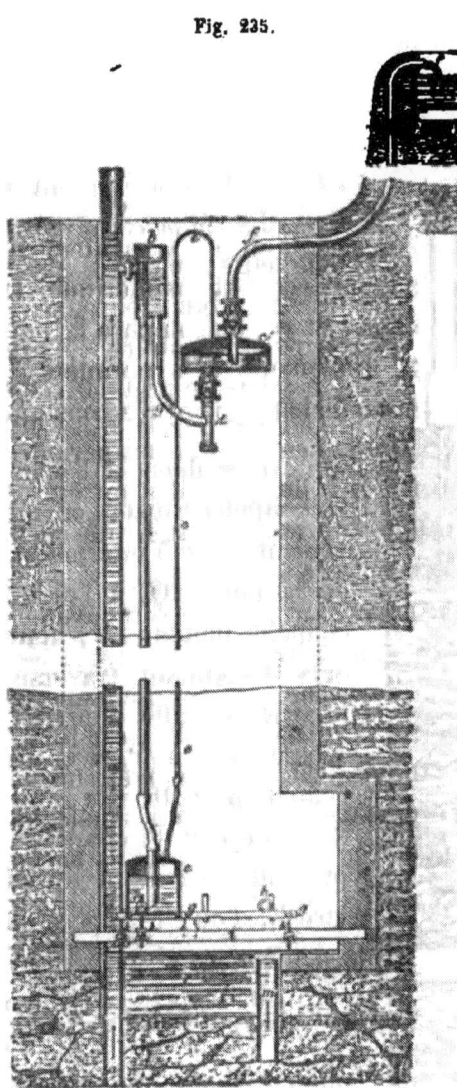

Fig. 235.

sente le puits artésien, où l'eau arrive, par exemple, au niveau du sol. Les vases *c*, *c'* et *f* représentent les trois étages ordinaires de la fontaine de Héron. Des tubes *ef* les mettent en communication. L'eau du puits artésien se rend en partie par un tube vertical dans le vase inférieur, où elle comprime l'air. Une autre partie suit le tuyau *g*, et va alimenter, en soulevant des soupapes, le réservoir intermédiaire. L'air du réservoir inférieur augmente de pression à mesure que ce réservoir se remplit, et l'excès de pression ainsi produit se transmet par le tube *ee* à la surface du liquide du réservoir *c'*; l'eau monte sous cette poussée dans le réservoir supérieur, où elle se déverse. Lorsque le réservoir inférieur est plein, le jeu de l'appareil devrait cesser; mais le fond de ce vase est attaché à un levier *gg* qui bascule, lorsque la charge d'eau qu'il supporte atteint une certaine limite; le vase se vide aussitôt dans le puits *l*, et par le tube *m* dans les couches absorbantes situées plus bas. Le levier est alors ramené dans la position horizontale par le contre-poids mobile *h*, et le vase inférieur se trouvant refermé peut se remplir de nouveau; il en est de même du réservoir intermédiaire *c'*, qui n'étant plus soumis à un excès de pression intérieure, laisse arriver par les soupapes une nouvelle quantité d'eau. L'appareil, en définitive, fonctionne automatiquement avec intermittences régulières (*).

366. La théorie des *jets d'eau* a une certaine analogie avec celle des puits artésiens.

Un jet vertical monte à peu près à la hauteur due à la vitesse des molécules liquides sortant de l'orifice, c'est-à-dire à la hauteur du plan de charge sur l'orifice, moins la pression atmosphérique. La différence est due à la résistance de l'air, et si l'on compare la hauteur observée à la hauteur calculée, on trouve que la première est égale à la seconde multipliée par un coefficient à peu près constant, que d'Aubuisson fixe en moyenne à 0.93. Les anciennes expériences sur les jets d'eau sont dues à Mariotte et à Bossut; elles ont été reprises par Baumgarten, qui a constaté une augmentation du coefficient à mesure que le diamètre de l'orifice augmente (*).

Les jets inclinés donnent une image persistante du mouvement parabolique des corps pesants. Abstraction faite de la résistance de l'air, la gerbe formée par les filets d'eau lancés avec une même vitesse dans toutes les directions autour d'un même point, est limitée à un paraboloïde de révolution à axe vertical, dont le foyer coïncide avec le centre de l'orifice, et à un même moment, toutes les molécules qui ont traversé à la fois l'orifice se trouvent situées sur la surface d'une même sphère (**).

Enfin, les *jets d'eau en nappe*, par exemple l'expérience de la cloche, fournissent de précieuses indications sur la viscosité des liquides et sur l'action de l'air pour détruire la continuité de l'écoulement.

(*) Voir sur ces appareils un rapport de M. Haton de la Goupillière à la Société d'encouragement, janvier 1876.
(*) Darcy, *Fontaines publiques de la ville de Dijon*, p. 435.
(**) Ch. Delaunay, *Mécanique rationnelle*, p. 103.

INJECTEUR GIFFARD.

367. Nous avons vu (§ 86) que l'écoulement d'un fluide par un ajutage est un moyen de produire une aspiration dans un tube latéral, et nous avons fait remarquer que ce phénomène, étudié pour la première fois par Venturi, pouvait être regardé comme le point de départ du procédé inventé par M. Giffard pour l'alimentation des chaudières. On peut y ajouter une série d'expériences de Savart sur le choc des veines liquides sortant de vases entretenus à des niveaux constants (*). Savart a observé que dans certains cas la veine sortant de l'un des deux vases pénétrait par l'orifice ouvert dans l'autre, malgré la pression du liquide intérieur. L'*injecteur Giffard* repose pour ainsi dire sur une combinaison de ces deux ordres de phénomènes : la vapeur qui s'écoule d'un générateur rentre dans le même générateur en soulevant une soupape, et en entraînant jusqu'à vingt fois son poids d'eau. L'invention remonte à l'année 1859 ; depuis cette époque, l'injecteur a été appliqué à toutes les machines à vapeur, et rend les plus grands services, surtout pour les locomotives, où le service régulier des pompes était si souvent interrompu. La théorie de cet appareil est encore un peu obscure, malgré les travaux de M. Combes (**) et les expériences dont il a été l'objet, entre autres celles de M. Deloy (***). Nous nous bornerons ici à donner une description de l'injecteur, et à indiquer la théorie sommaire que M. Giffard en a proposée lui-même.

La vapeur A sort de la chaudière par le tuyau YY', qui s'ouvre au moyen du robinet B ; elle entoure un tuyau percé de trous *oo*, et traversé longitudinalement par une *aiguille* D qui finit en pointe.

(*) *Annales de physique et de chimie*, t. LV, 1833. — Expériences citées par Poncelet, *Introd. à la Mécanique industrielle*, p. 677.
(**) *Annales des mines*, 5ᵉ série; t. XV, p. 169. — *Ibid.*, t. XVII, p. 321.
(***) *Annales des mines*, 5ᵉ série; t. XVII, p. 301.

Le tuyau se termine par une *tuyère* O. La manivelle E, mettant en
mouvement une vis, sert à déplacer l'aiguille D, et à régler l'ouverture libre de la tuyère. Outre ce premier règlement, on peut

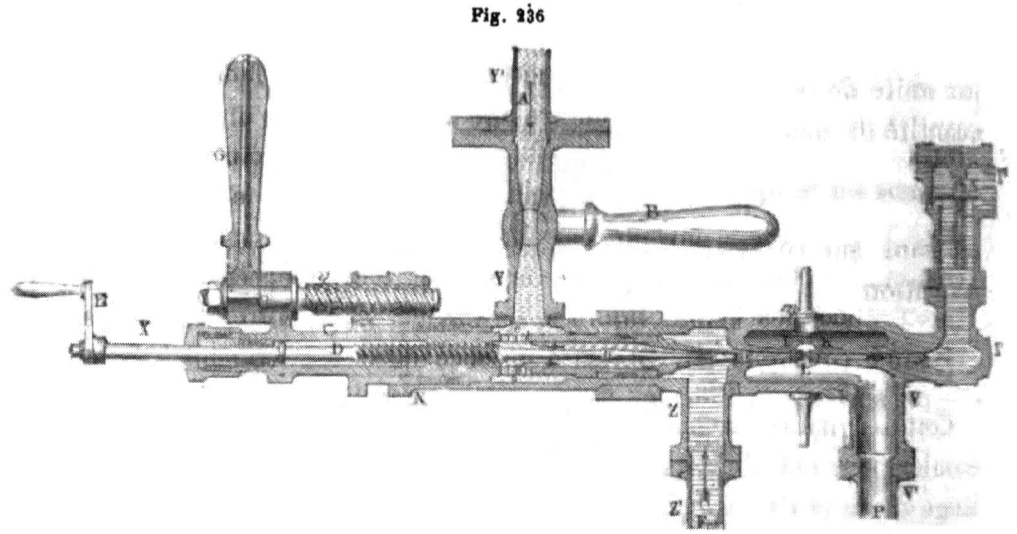

Fig. 236

donner à la tuyère de petits déplacements vers la droite ou vers la
gauche, au moyen de la vis *g* manœuvrée par la poignée G.

L'aiguille sert à mettre l'appareil en train; on l'engage dans la
tuyère pour activer le courant de vapeur; on la retire quand l'aspiration est bien établie.

Le jet de vapeur arrive au point O animé d'une grande vitesse.
L'espace O communique par un tuyau ZZ' avec le réservoir qui
contient l'eau destinée à l'alimentation. Le passage du jet de vapeur
dans la région O produit une aspiration, et l'eau F afflue par le tuyau
ZZ'. Il se fait en O un mélange de vapeur et d'eau qui traverse l'ouverture I, passe dans une région où il est soumis à la pression
atmosphérique, et rentre dans la chaudière par le *tuyau divergent*
X', en soulevant la soupape N. Un conduit VV' appelé *trop-plein*,
permet l'évacuation du liquide qui manque l'entrée du tuyau X'. La
paroi qui entoure l'espace IK est percée d'orifices qu'on peut fermer
ou ouvrir à volonté, en tournant la bague *m*, percée d'ouvertures
correspondantes.

Si l'on appelle V la vitesse du jet de vapeur à la sortie de la tuyère, et P le poids de vapeur qui s'écoule dans l'unité de temps, la quantité de mouvement du fluide qui sort de la chaudière pendant un temps θ sera représentée par $\dfrac{PV\theta}{g}$. Appelons Q le poids d'eau entraîné par unité de temps, et v la vitesse du mélange qui passe en L; la quantité de mouvement du mélange d'eau et de vapeur, rapportée de même au temps θ, sera $\left(\dfrac{P+Q}{g}\right)v\theta$; les forces extérieures qui agissant sur ce système sont sensiblement nulles; on aura donc l'équation

$$PV = (P + Q)v.$$

Cette équation donne le poids P de vapeur qu'il faut laisser écouler pour entraîner dans la chaudière le poids, P + Q, du mélange d'eau et de vapeur. En général, on estime le poids, P + Q en augmentant de 40 p. 100 environ le poids de la vapeur que la chaudière produit dans l'unité de temps, poids qui est à peu près proportionnel à la surface de chauffe. Cette addition de 40 p. 100 a pour objet de tenir compte de l'eau liquide entraînée avec la vapeur dans les cylindres. Il reste à déterminer les vitesses v et V. Or la pression qui règne en O autour de la veine de vapeur animée de la vitesse V est peu différente de la pression atmosphérique. On peut donc admettre avec M. Giffard que cette vitesse V est celle qu'acquerrait dans l'air un jet gazeux sortant librement d'un vase où la pression serait égale à celle de la vapeur dans la chaudière. On peut d'ailleurs assimiler ce gaz à un liquide dont le poids spécifique Π serait constant. Désignons par n le nombre d'atmosphères de la vapeur; p_0 représentant la pression atmosphérique, la vitesse V sera donnée par l'équation

$$V = \sqrt{2g\,\frac{p_0 \times (n-1)}{\Pi}}.$$

La vitesse v à l'entrée du tuyau divergent doit être déterminée de telle sorte, que l'effort exercé par le système en mouvement sur la soupape N soit capable de maintenir cette soupape levée malgré la pression du liquide contenu dans la chaudière. On représente cette vitesse par la formule

$$v = \sqrt{2g\mathrm{K} \times \frac{p_0(n-1)}{\Pi'}}$$

dans laquelle Π' est le poids spécifique de l'eau liquide, et K un coefficient supérieur à l'unité, qu'on détermine empiriquement. On prend ordinairement $\Pi' = 1,000^{kil}$ et K $= 2.00$ à 2.25.

Les poids P et Q sont d'ailleurs liés aux sections minimum, ω et ω', de la tuyère et du tuyau divergent, par les relations

$$P = \omega V\Pi.$$
$$P + Q = \omega'v\Pi'',$$

où Π représente le poids spécifique de la vapeur, et Π'' le poids spécifique du mélange de vapeur et d'eau qui traverse la section ω'. Le poids Π'' est à peu près la moitié du poids spécifique de l'eau liquide, c'est-à-dire 500 kilog. Ces équations font connaître les sections ω et ω'.

Prenons pour exemple une chaudière où la pression est de 7 atmosphères ; elle a pour surface de chauffe 25 mètres carrés, et chaque mètre carré produit en moyenne 20 kilog. de vapeur par heure.

Le poids P + Q se calculera en augmentant de 40 centièmes le poids de la vapeur produite par heure, et en divisant par 3600 pour ramener les mesures à la seconde. Il viendra

$$P + Q = \frac{25 \times 20 \times 1,40}{3\,600} = \frac{700^{kil}}{3\,600} = 0^{kil}.194.$$

On a de plus

$$n = 7.$$

Le poids spécifique Π de la vapeur saturée à 7 atmosphères, c'est-à-dire sous la température de 165°, est $3^{kil}.5$.

On aura donc successivement

$$V = \sqrt{2g \times \frac{10\,330 \times 6}{3.5}} = \sqrt{2g \times 17\,709} = 590^m \text{ environ,}$$

$$v = \sqrt{2g \times 2.25 \times \frac{10\,330 \times 6}{1\,000}} = \sqrt{2g \times 139^m.54} = 52^m.30.$$

$$P = 0^{kil}.194 \times \frac{v}{V} = 0^{kil}.194 \times \frac{52.3}{590} = 0^{kil}.017$$

$$Q = 0.194 - 0.017 = 0.177$$

$$\omega = \frac{P}{V \times \Pi} = \frac{0.017}{590 \times 3.5} = 0^{mc}.0000083$$

$$\omega' = \frac{P \times Q}{v \times \Pi''} = \frac{0.194}{52.30 \times 500} = 0^{mc}.0000074.$$

La section de la tuyère devra recevoir un diamètre de 3 millimètres 1/2, et la section minimum du tuyau convergent un diamètre de 3 millimètres.

368. Connaissant les poids P et Q, il est facile de trouver la température de l'eau d'alimentation introduite dans la chaudière.

Appelons T la température de la vapeur sortant de la tuyère;

T' la température de l'eau aspirée par le tuyau ZZ';

Et t la température du mélange à l'entrée du tube divergent.

Le poids P de vapeur aura perdu, en passant de la température T à la température t, une quantité de chaleur qui sera égale, sauf des déperditions peu importantes, à la quantité de chaleur gagnée par le poids Q d'eau en passant de la température T' à la température t.

Or la chaleur perdue par 1 kilogramme de vapeur qui passe, sous pression constante, de la température T degrés à celle de t degrés est égale à l'excès de la chaleur nécessaire pour vaporiser sous cette pression 1 kilogramme d'eau liquide prise à zéro, sur la chaleur contenue à $t°$ dans l'eau liquide, ou d'après Regnault à la différence

$$(606.5 + 0.305\,T) - t.$$

La quantité de chaleur abandonnée par le poids P de vapeur est le produit de cette différence par P. La chaleur gagnée par le poids Q d'eau liquide de T' à $t°$ est d'ailleurs

$$Q \times (t - T').$$

On a donc l'égalité

$$P(606.5 + 0.305\,T - t) = Q(t - T')$$

et l'on en déduit

$$t = \frac{P(606.5 + 0.305\,T) + QT'}{P + Q}.$$

La température T n'est pas égale à la température de la chaudière; on ne la connaît pas avec beaucoup d'exactitude; mais on peut l'évaluer au moins à 100°, et l'équation donnera une limite inférieure de la température t.

Dans l'exemple que nous venons de donner, si l'on suppose

$$T' = 10°, \quad \text{et} \quad T = 100°,$$

on aura

$$t = \frac{0.017 \times 637 + 0.177 \times 10}{0.194} = \frac{12.60}{0.194} = 64° \text{ environ.}$$

Le principe de l'injecteur Giffard peut être appliqué aussi bien à l'épuisement des liquides et à la condensation de la vapeur qu'à l'alimentation des chaudières. Le *condenseur-éjecteur* d'Alexandre Morton permet, par exemple, de supprimer la pompe à air des machines à vapeur (*).

Une autre belle application de l'éjecteur est celle qui a été faite par M. Smith au *frein à vide* ou *vacuum brake*. Un jet de vapeur sortant de la locomotive détermine une forte dépression de l'air contenu dans une conduite étanche qui règne dans toute l'étendue du train. Cette dépression suffit pour mettre en mouvement, sous la pression de l'atmosphère, des pistons qui produisent le serrage des sabots contre les roues, et l'enrayage du train s'opère ainsi en quelques secondes.

(*) *Compte rendu des expériences sur le condenseur-éjecteur* de M. Alexandre Morton, par M. J. Macquorn Rankine (Extrait des *Transactions of the Institution of Engineers in Scotland*, 1868-69. — Paris, Dunod, 1869.)

369. Le *pulsomètre* a pour objet d'élever de l'eau à l'aide d'une certaine dépense de vapeur. Il se compose de deux chambres A,A, en forme de poire, communiquant à leur partie supérieure avec un

Fig. 327.

Coupe des chambres en poire et de la chambre d'aspiration.

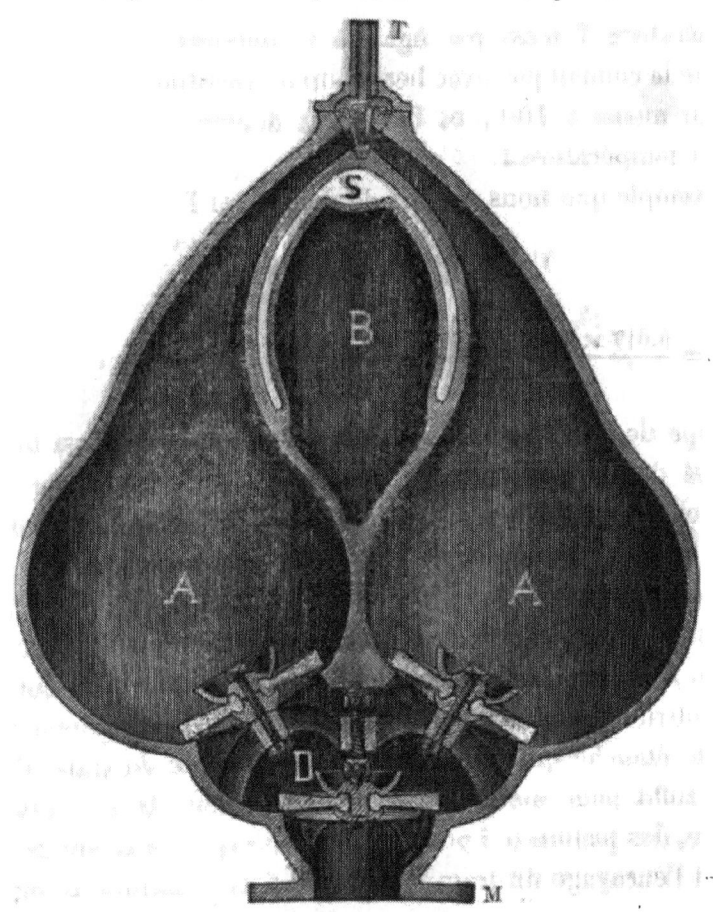

tuyau T qui amène la vapeur; le dessous des chambres est occupé par des clapets qui s'ouvrent de dehors en dedans, et qui les font communiquer avec une *chambre d'aspiration* D, fermée elle-même par un clapet s'ouvrant dans le même sens. En avant de la chambre d'aspiration se trouve la *chambre de refoulement h*, munie de deux clapets et communiquant avec les chambres en poire. Un réservoir d'air B, placé entre les deux poires, communique avec la chambre d'aspiration.

Fig. 238.

Coupe de la chambre de refoulement,

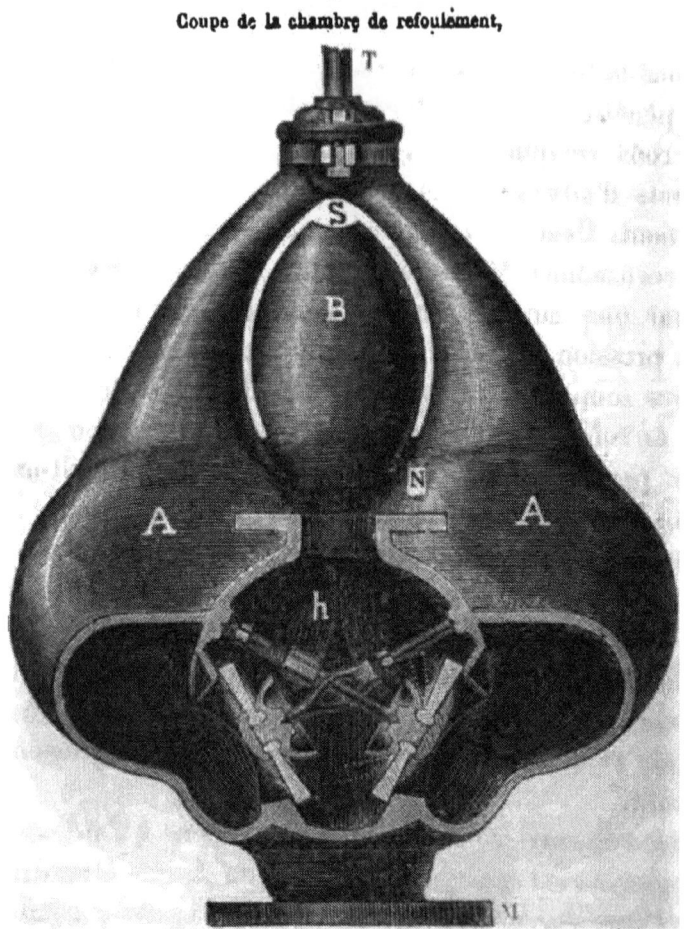

Une soupape oscillante, placée au point S où les deux poires se réunissent au tuyau d'amenée de la vapeur, ferme et ouvre alternativement les deux poires, et laisse la vapeur pénétrer à pleine pression dans l'une, en même temps qu'elle la laisse se condenser dans l'autre.

Le pulsomètre est l'organe central auquel se réunissent trois uyaux, savoir : le tuyau T, qui amène la vapeur; le tuyau d'aspira- ion, qui est boulonné à la bride M, et le tuyau de refoulement,)oulonné à la bride N.

Le jeu de l'appareil résulte de l'oscillation de la soupape S, .aquelle est dans un état d'équilibre instable, et se jette alternati- vement à droite et à gauche, suivant les pressions qu'elle subit. Supposons-la tombée du côté droit, et fermant la poire droite. La vapeur pénètre alors librement dans la poire gauche, que nous supposerons remplie d'eau. La pression refoule cette eau, ferme les clapets d'admission, et soulève les clapets de la chambre de refoulement. L'eau se trouve ainsi chassée par la vapeur dans le tuyau ascensionnel. Mais bientôt la vapeur, qui est en contact avec l'eau par une surface graduellement croissante, se condense et perd sa pression. La diminution de pression détermine un mouve- ment des soupapes; la soupape S bascule et se jette à gauche, les clapets de refoulement retombent et ceux d'aspiration se soulèvent. Le vide partiel produit dans la poire gauche produit une aspira- tion, qui ramène l'eau dans la chambre D et dans l'autre poire. Pen- dant ce temps les mêmes phénomènes se succèdent dans la poire droite, et on conçoit que l'affluence du jet de vapeur, qui d'abord agit à pleine pression, puis se condense dans chaque poire, com- munique à l'eau un mouvement ascensionnel que le matelas d'air contribue à rendre plus régulier. Des reniflards sont ménagés pour entretenir la quantité d'air du réservoir B, qui autrement irait en diminuant.

La mise en train de l'appareil peut se faire à l'aide de la vapeur seule, moyennant qu'on ouvre et qu'on ferme alternativement le tuyau d'amenée; mais il est préférable d'amorcer le pulsomètre en le remplissant d'avance d'eau, ainsi que le tube d'aspiration. Pour que l'appareil fonctionne dans de bonnes conditions, il est prudent de limiter la hauteur de la colonne d'aspiration à 4 à 6 mètres d'eau; la hauteur de refoulement doit être un peu inférieure à la colonne d'eau équivalente à la pression de la vapeur.

On évalue à 1° environ par 5 mètres d'élévation, l'excès de tem-

pérature communiquée à l'eau montée, par suite de la quantité de
vapeur qui s'y condense.

Le pulsomètre constitue un appareil élévatoire des plus simples,
il se prête au passage de toutes les matières liquides, et peut fonctionner dans les conditions les plus diverses. Il n'exige presque pas
d'installation; on peut, par exemple, le suspendre dans un puits
avec des cordages, sans être forcé d'y faire descendre les ouvriers
pour installer un appareil hydraulique. On s'en sert comme pompe
à incendie, comme pompe à épuisement, comme condenseur et
pompe à air des machines à vapeur; on peut le faire fonctionner
avec la vapeur de condensation d'une machine, si la hauteur à laquelle on doit élever l'eau est suffisamment petite; il est susceptible,
en un mot, des usages les plus variés.

Le *pulsateur* de M. Bretonnière est fondé sur un principe analogue
au pulsomètre de Hall, seulement on y trouve un diaphragme faisant
piston qui sépare toujours la vapeur de l'eau sur laquelle la pression doit s'exercer. L'appareil est plus perfectionné, mais en même
temps moins original et moins simple.

SUPPLÉMENT.

DÉTERMINATION GRAPHIQUE DES COEFFICIENTS DES FORMULES DU MOUVEMENT UNIFORME DES EAUX COURANTES.

370. Le problème de la détermination des coefficients constants qui entrent dans les formules du mouvement uniforme est ramené, comme on l'a vu (§§ 114, 122, 176), au tracé d'une droite qui s'écarte le moins possible d'un certain nombre de points situés dans le plan, et dont chacun résume les résultats d'une expérience. Plusieurs méthodes peuvent être employées pour cette détermination, entre autres la *méthode des moindres carrés*. Nous en donnerons ici une traduction graphique, que nous empruntons à des notes de M. le professeur Giuseppe Jung, extraites des comptes rendus de l'*Institut royal lombard* (série II, vol. XIII, fasc. VIII et IX, Milan 1880).

Soient donnés dans un plan n points rapportés à deux axes rectangulaires, et définis de position par les coordonnées

$$x_1 \text{ et } y_1, \quad x_2 \text{ et } y_2, \ldots\ldots x_n \text{ et } y_n;$$

nous supposerons pour plus de généralité que ces points aient des masses

$$m_1, \quad m_2, \ldots\ldots m_n,$$

et nous chercherons une droite $y = ax + b$ telle, qu'en formant pour chaque point les différences $y_1 - ax_1 - b,\ y_2 - ax_2 - b, \ldots\ldots y_n - ax_n - b$, la somme des produits des masses par les carrés de ces différences soit la moindre possible, ou que la fonction

$$S = \sum_{i=1}^{i=n} m_i (y_i - ax_i - b)^2$$

soit un minimum. Remarquons tout de suite l'analogie de la somme S avec un moment d'inertie; c'est la somme des produits des masses par les carrés des distances à la droite cherchée, mais ces distances, au lieu d'être prises suivant les normales à la droite, sont comptées sur des droites parallèles à l'axe OY. On pourrait appeler la somme S le *moment d'inertie oblique* des points donnés par rapport à la droite cherchée.

Il est facile de reconnaître d'abord que la droite doit passer par le centre de gravité des points donnés.

Considérons en effet une droite quelconque (L), puis menons à cette droite une parallèle (λ) passant par le centre de gravité G des points donnés. Soit y' la distance d'un des points donnés à la droite (L), mesurée parallèlement à l'axe OY, et η' la distance du même point, mesurée suivant la même parallèle, à la droite (λ); on aura

$$y' = \eta' + a,$$

a désignant la distance oblique des deux parallèles. On en déduit

$$y'^2 = \eta'^2 + 2a\eta' + a^2.$$

Multiplions par m, et faisons la somme, étendue à tous les points; il viendra

$$\sum my'^2 = \sum m\eta'^2 + 2a \sum m\eta' + a^2 \sum m.$$

Or $\sum m\eta' = 0$, puisque la droite (λ), par rapport à laquelle on prend les distances η', passe au centre de gravité G. La somme $\sum my'^2$ se compose donc seulement de la somme $\sum m\eta'^2$ relative à la droite (λ), et du produit Ma^2 de la masse totale par le carré de la distance oblique des deux droites. Lorsqu'on transporte parallèlement à elle-même la droite (L) au centre de gravité, on réduit donc le moment d'inertie oblique de la quantité Ma^2, et par suite la droite qui rend minimum le moment d'inertie oblique est une de celles qui passent au centre de gravité.

On remarquera l'identité de cette théorie et de celle que nous avons établie (§ 49 de la *Résistance des matériaux*) pour les moments d'inertie proprement dits.

371. La question est donc ramenée à déterminer l'orientation d'une droite passant par le centre de gravité, qui rende minimum le moment d'inertie oblique. Pour cela reportons-nous à la construction donnée au § 48 de la *Résistance des matériaux* pour la recherche des rayons de giration des systèmes plans. Construisons l'*ellipse centrale d'inertie* des points donnés, et prenons pour demi-axes de cette ellipse les rayons de giration du système de points par rapport à l'axe conjugué. Prenons, par exemple, $GA = a = \rho_{GB}$, et $GA = b = \rho_{AG}$. Si

l'on demande le rayon de giration par rapport à une droite GN passant par le point G, il suffira de prendre la distance MP à cette droite

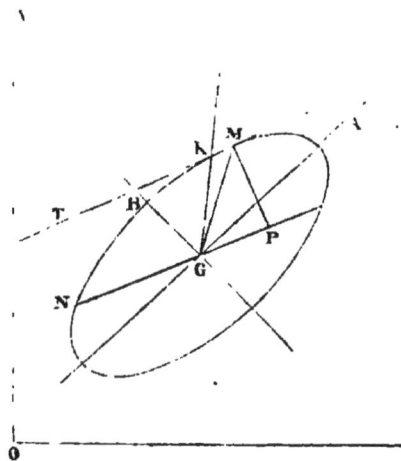

Fig. 259.

GN du point M, extrémité du diamètre conjugué GM à la direction
GN. On aura MP $= \rho_{GN}$, et le *moment d'inertie normal* du système
par rapport à GN sera égal au produit

$$\mathbf{M} \times \overline{\mathbf{MP}^2},$$

ou encore, sera le même que si
toute la masse des points donnés
était concentrée en un point quelconque de la tangente MT, parallèle à GN.

Pour passer des moments d'i-
nertie normaux aux moments d'inertie obliques, les distances étant
prises parallèlement à une direction donnée, on observera qu'il suffit
de substituer à MP, distance normale des deux parallèles GM, MT, la
distance des deux mêmes droites mesurée suivant l'obliquité voulue.
En effet, les distances obliques se déduisent des distances normales en
les multipliant par un même facteur, égal à l'inverse du cosinus de
l'angle compris entre les normales et les obliques, et ce facteur affecte
de la même manière les distances individuelles et la distance
moyenne MP. Si donc on mène par le point G une droite GK parallèle à l'axe des y, et qu'on détermine le point K où elle rencontre la
tangente MT, la somme $\sum m_i (y_i - a x_i - b)^2$, prise par rapport à la
droite GM, sera égale au produit

$$\mathbf{M} \times \overline{\mathbf{GK}^2}.$$

Le minimum de la somme correspond au minimum du segment GK.

Or le point K, appartenant à la tangente à l'ellipse au point M,
est situé en dehors de l'ellipse, et le minimum de GK a lieu lorsque
le rayon GM coïncide avec le rayon GK, c'est-à-dire lorsque la
droite GN est le diamètre conjugué de la direction donnée GK; car

41

alors le point K coïncide avec le point M, et tombe sur l'ellipse même. On en déduit ce théorème, dû à M. Jung :

La droite qui rend minimum le moment d'inertie oblique, les distances étant prises parallèlement à une direction donnée, est le diamètre conjugué de cette direction dans l'ellipse centrale d'inertie.

Si l'on demandait de rendre minimum la somme des produits des masses par les carrés des distances prises normalement à la droite cherchée, il faudrait faire coïncider cette droite avec le grand axe de l'ellipse d'inertie.

Cette théorie trouve son application dans l'hydraulique pour la résolution des problèmes auxquels nous avons renvoyé. Le facteur m_i à attribuer au point n^o i peut être un *coefficient de précision*, si les observations ne présentent pas le même degré d'exactitude ; si la précision est la même pour toutes, on fera tous les coefficients m égaux à l'unité. On peut aussi poser d'une manière générale $m_i = \dfrac{1}{y_i^2}$, et alors la somme S deviendra

$$\sum \frac{1}{y_i^2}\,(y_i^2 - ax_i - b)^2 = \sum \left(1 - a\,\frac{x_i}{y_i} - \frac{b}{y_i}\right)^2,$$

ou la *somme des carrés des erreurs relatives* ; c'est cette somme qu'il importe, en général, de rendre la plus petite possible.

372. Le problème est ramené dans tous les cas à la construction de l'ellipse centrale d'inertie d'un système de points donnés dont les masses sont connues. Il est très facile de réduire ce problème à la recherche du centre de gravité d'un système de points situés dans un plan. Supposons d'abord qu'on ait trouvé les coordonnées du point G, centre de gravité des points donnés. Faisant passer par ce point deux axes rectangulaires, on aura à déterminer les trois sommes

$$\sum mx^2, \quad \sum my^2, \quad \sum mxy,$$

qui suffisent pour définir l'ellipse d'inertie.

Prenons arbitrairement une longueur a, et posons

$$x^2 = ax', \quad y^2 = ay', \quad xy = az'.$$

Les quantités x', y', z' pourront se déterminer graphiquement avec beaucoup de facilité en fonction de x et de y. Multipliant par m et ajoutant, il viendra

$$\sum mx^2 = a \sum mx',$$

$$\sum my^2 = a \sum my',$$

$$\sum myx = a \sum mz',$$

de sorte que la recherche des trois sommes se ramène à la recherche du centre de gravité des points de masse m qui ont pour coordonnées x' et y', et à la recherche de l'abscisse du centre de gravité des points de masse m qui ont pour abscisse la quantité z'. On a donc en définitive à chercher 1° le centre de gravité G des points donnés ; 2° le centre de gravité des points qu'on en déduit, (x', y'); 3° l'abscisse du centre de gravité des points d'abscisse z'. La recherche de ces centres de gravité se fait aisément par la composition de forces parallèles, qu'on abrège encore par l'emploi du polygone funiculaire (Résistance, § 288). Il en faut un pour déterminer l'une des coordonnées du point cherché. En somme, le tracé de l'ellipse d'inertie et de la droite $y = ax + b$ qui s'en déduit, suppose seulement l'emploi de cinq polygones funiculaires.

La solution donnée par M. Jung est susceptible de nombreuses extensions, pour lesquelles nous renverrons à ses notes du 15 et du 29 avril 1880 à l'*Institut Lombard*.

SIPHON DU CANAL SAINT-MARTIN.

373. Belgrand a fait passer sous la Seine les eaux d'égoût des quartiers de Paris situés sur la rive gauche, à l'aide de la *conduite forcée du pont de l'Alma* ; et pour éviter les amas de matières étrangères au point bas de la conduite, il a employé une boule en bois, de diamètre un peu moindre que le tuyau ; entraînée par le mouvement du liquide, cette boule parcourt en quelques minutes la conduite forcée tout entière, où elle détermine point par point des chasses qui suffisent pour enlever tous les dépôts.

M. Maurice Lévy vient de réussir à faire passer les eaux des égoûts

de Bercy au-dessus du canal Saint-Martin, par un siphon qui a 8 mètres de flèche, et qu'il a pu établir sans interrompre un seul instant
la navigation du canal. Pour amorcer ce siphon, et pour en entretenir le mouvement continu malgré l'insuffisance de la pression au
point le plus haut, et le dégagement des gaz si abondant dans une
masse liquide aussi riche en matières organiques, M. Lévy, sur le
conseil de M. Cornu, se sert de *trompes*, c'est-à-dire de jets d'eau
alimentés par les conduites de la Ville, et qui produisent dans le
siphon une aspiration énergique à la façon d'un ajutage ou d'un
éjecteur. Il y a trois trompes semblables juxtaposées. Quand elles
fonctionnent ensemble, elles amorcent le siphon en six minutes;
l'une seulement continue à agir dès que l'écoulement est commencé.
Les mouvements des valves qui commandent le jeu des trompes
sont automatiques; elles cessent d'agir d'elles-mêmes quand la vitesse des eaux d'égout devient très considérable, par exemple au
moment des grandes averses; l'entraînement des matières n'exige
plus alors aucun appel extérieur.

Pour empêcher le mélange des eaux d'égoût avec les eaux pures
des trompes, l'aspiration exercée par celles-ci s'opère sur les premières par l'intermédiaire d'une cheminée de 10m.50 de hauteur,
que les eaux sales ne pourraient franchir quelle que soit l'aspiration
produite par le jet.

Le régime régulier de l'appareil exige une dépense de 300 à 350
mètres cubes en vingt-quatre heures.

On peut consulter, sur cette ingénieuse solution d'un problème
qui se rencontre fréquemment dans les travaux de drainage des
villes, le résumé donné par M. Maurice Lévy dans les *Comptes rendus
de l'Académie des sciences* du 10 mai 1880, et la chronique des
Annales des ponts et chaussées, juillet 1880.

RECUEIL DE TABLES.

Le Recueil de tables que nous donnons ici se divise en deux parties : la première comprend des *Tables arithmétiques* destinées à faciliter les calculs; la seconde, des *Tables spéciales à l'hydraulique.*

PREMIÈRE PARTIE.

TABLES ARITHMÉTIQUES.

––––––

TABLE I.

CARRÉS ET CUBES DES NOMBRES ENTIERS DE 1 A 1000, LONGUE
DES CIRCONFÉRENCES ET SURFACES DES CERCLES POUR LES
MÈTRES DE 1 A 1000 (*Table I du Recueil de M. Claudel*).

Usage de la table des carrés pour faire des multiplications.

On a l'identité

$$ab = \left(\frac{a+b}{2}\right)^2 - \left(\frac{a-b}{2}\right)^2.$$

Pour multiplier le nombre a par le nombre b, on peut donc former
les nombres $\dfrac{a+b}{2}$, $\dfrac{a-b}{2}$, chercher leurs carrés en se servant de
la table, et prendre la différence. Ce sera le produit demandé. Une
table de carrés, à simple entrée, peut donc tenir lieu de la table à
double entrée de Pythagore.

Si les nombres a et b sont entiers et moindres que 1000, la demi-
somme $\dfrac{a+b}{2}$ n'excède pas la limite de la table I; mais les nombres

$\dfrac{a \pm b}{2}$ peuvent n'être pas entiers, et alors la table ne contient pas leurs carrés. Dans ce cas, on peut procéder de la façon suivante.

Des deux nombres entiers a et b, l'un est alors pair, l'autre impair. Nous pouvons poser

$$ab = (a-1)b + b.$$

On obtiendra donc le produit $(a-1)b$ en formant les carrés des entiers $\dfrac{a+b-1}{2}$ et $\dfrac{a-b-1}{2}$, et en les retranchant, puis on ajoutera le nombre b à la différence.

On peut encore observer que si $\dfrac{a \pm b}{2}$ ne sont pas entiers, ils sont de la forme $N + \dfrac{1}{2}$, N désignant un entier. Leurs carrés sont de la forme

$$N^2 + N + \frac{1}{4},$$

et la différence des carrés est égale à

$$N^2 - N'^2 + N - N'.$$

Des deux manières on est ramené à chercher des nombres dans la table, et à les combiner par voie d'addition ou de soustraction avec des nombres connus.

On pourrait encore introduire ou supprimer le facteur 2 dans l'un des deux facteurs, de manière à ramener les deux nombres qu'on doit multiplier à être tous deux pairs ou tous deux impairs, ce qui rend entières leur demi-somme et leur demi-différence. Il restera à doubler ou à diviser par 2 le produit obtenu.

Exemple 1. On demande le produit de 493 par 567.

		moitié	carrés
	567		
	493		
somme	1060	530	28 09 00
différence	74	37	13 69
		différence	27 95 31
		produit cherché.	

II. On demande le produit de 494 par 567.

1ʳᵉ MÉTHODE. On cherche le produit de 493 par 567.

On trouve	27 95 31
et l'on ajoute	5 67
on obtient le produit cherché	28 00 98

2ᵐᵉ MÉTHODE.

567
494

		moitié		carré de	
somme	1061	530 $\frac{1}{2}$		530.....	28 09 00
différence	73	36 $\frac{1}{2}$		36	12 96
		différence = 494		différence à ajouter	27 96 04 494
				produit cherché	28 00 98

3ᵐᵉ MÉTHODE.

494 = 247 × 2.

567
247

	moitiés		carrés
814	407		16 56 49
320	160		2 56 00
		différence	14 00 49
	double, ou produit cherché		28 00 98

L'emploi de la table des carrés, dans ces conditions, est plus rapide que celui de la table des logarithmes; car on n'a que deux nombres à chercher, et le calcul fait conduit directement au produit demandé, et non au logarithme de ce produit.

La table des carrés ne se prête pas aussi bien à simplifier la division. On peut s'en servir néanmoins pour cet usage, moyennant qu'on ait une table des puissances de degré — 1 des nombres qui doivent servir de diviseurs. Supposons, en effet, qu'on ait une table qui donne à la lecture le nombre $\frac{1}{b}$ exprimé en décimales, en fonction du nombre entier b. Diviser a par b, c'est multiplier a par $\frac{1}{b}$, opération qui pourra se faire au moyen de la table des carrés. On trouvera, table II, une table des valeurs de $\frac{1}{b}$ en fonction de b pour les 100 premiers nombres entiers. La division est du reste une opération moins laborieuse que la multiplication, et moins sujette à erreur.

Lorsqu'une fonction F de deux variables x et y est telle qu'on ait identiquement

$$F(x, y) = \varphi(x+y) + \psi(x-y),$$

les valeurs numériques de cette fonction peuvent être données par deux tables à simple entrée, l'une de la fonction φ, l'autre de la fonction ψ. Dans le cas où $F(x, y) = xy$, les fonctions φ et ψ ne diffèrent que par le signe, et sont exprimées par une seule et même table. La condition est satisfaite si l'on a entre les secondes dérivées partielles $\frac{d^2F}{dx^2} = \frac{d^2F}{dy^2}$.

Il semble que toute fonction F, satisfaisant à une équation aux différences partielles de la forme

$$A_0 \frac{d^m F}{dx^m} + A_1 \frac{d^m F}{dx^{m-1} dy} + A_2 \frac{d^m F}{dx^{m-2} dy^2} + \dots + A_m \frac{d^m F}{dy^m} = 0,$$

dans laquelle A_0, $A_1, \dots$ A_m sont des constantes, soit susceptible d'une réduction analogue, pourvu que l'équation algébrique

$$A_0 \alpha^m + A_1 \alpha^{m-1} + \dots + A_m = 0$$

n'ait pas de racines égales; en effet, F est alors la somme de m fonctions de fonctions linéaires simples des variables x et y. Les valeurs numériques de la fonction F pourraient donc être obtenues en combinant par voie d'addition les valeurs de m fonctions d'une seule variable, prises chacune dans une table à simple entrée.

Il en est ainsi, en effet, lorsque les racines de l'équation

$$A_0 \alpha^m + A_1 \alpha^{m-1} + \dots = 0$$

sont réelles; autrement, les fonctions dans lesquelles se décompose la fonction F portent sur des variables imaginaires, et les valeurs numériques d'une fonction d'une variable imaginaire, $\beta + \gamma \sqrt{-1}$, ne peuvent être données, en général, que par une table à double entrée, dont les arguments sont β et γ.

Racines ou dia. et.	Carrés.	Cubes.	Circon-férences.	Cercles.	Racines ou diamèt.	Carrés.	Cubes.	Circon-férences.	Cercles.
1	1	1	3.14	0.79	51	2601	132651	160.22	2042.82
2	4	8	6.28	3.14	52	2704	140608	163.36	2123.72
3	9	27	9.42	7.07	53	2809	148877	166.50	2206.18
4	16	64	12.57	12.57	54	2916	157464	169.65	2290.22
5	25	125	15.71	19.63	55	3025	166375	172.79	2375.83
6	36	216	18.85	28 27	56	3136	175616	175.93	2463.01
7	49	343	21.99	38.48	57	3249	185193	179.07	2551.76
8	64	512	25.13	50.27	58	3364	195112	182.21	2642.08
9	81	729	28 27	63.62	59	3481	205379	185.35	2733.97
10	100	1000	31.42	78.54	60	3600	216000	188.50	2827.43
11	121	1331	34.56	95.03	61	3721	226981	191.64	2922.47
12	144	1728	37.70	113 10	62	3844	238328	194 78	3019.07
13	169	2197	40 84	132.73	63	3969	250047	197.92	3117.25
14	196	2744	43.98	153.94	64	4096	262144	201.06	3216.99
15	225	3375	47.12	176.71	65	4225	274625	204.20	3318.31
16	256	4096	50 27	201.06	66	4356	287496	207.35	3421.19
17	289	4913	53.41	226.98	67	4489	300763	210.49	3525.65
18	324	5832	56.55	254.47	68	4624	314432	213.63	3631.68
19	361	6859	59.69	283.53	69	4761	328509	216.77	3739.28
20	400	8000	62.83	314.16	70	4900	343000	219.91	3848.45
21	441	9261	65.97	346.36	71	5041	357911	223.05	3959.19
22	484	10648	69.12	380.13	72	5184	373248	226.19	4071.50
23	529	12167	72.26	415.48	73	5329	389017	229.34	4185.39
24	576	13824	75.40	452.39	74	5476	405224	232.48	4300.84
25	625	15625	78.54	490.87	75	5625	421875	235.62	4417.86
26	676	17576	81.68	530.93	76	5776	438976	238.76	4536.46
27	729	19683	84.82	572.56	77	5929	456533	241.90	4656.63
28	784	21952	87.96	615.75	78	6084	474552	245.04	4778.36
29	841	24389	91.11	660.52	79	6241	493039	248.19	4901.67
30	900	27000	94.25	706.86	80	6400	512000	251.33	5026.55
31	961	29791	97.39	754.77	81	6561	531441	254.47	5153.00
32	1024	32768	100.53	804.25	82	6724	551368	257.61	5281.02
33	1089	35937	103.67	855.30	83	6889	571787	260.75	5410 61
34	1156	39304	106.81	907.92	84	7056	592704	263.89	5541.77
35	1225	42875	109.96	962.11	85	7225	614125	267.04	5674.50
36	1296	46656	113.10	1017.88	86	7396	636056	270.18	5808.80
37	1369	50653	116.24	1075.21	87	7569	658503	273.32	5944.68
38	1444	54872	119.38	1134.11	88	7744	681472	276.46	6082.12
39	1521	59319	122.52	1194.59	89	7921	704969	279.60	6221.14
40	1600	64000	125.66	1256.64	90	8100	729000	282.74	6361.73
41	1681	68921	128.81	1320.25	91	8281	753571	285.88	6503.88
42	1764	74088	131 95	1385.44	92	8464	778688	289.03	6647.61
43	1849	79507	135.09	1452.20	93	8649	804357	292.17	6792.91
44	1936	85184	138 23	1520.53	94	8836	830584	295.31	6939 78
45	2025	91125	141.37	1590.43	95	9025	857375	298.45	7088.22
46	2116	97336	144.51	1661.90	96	9216	884736	301.59	7238.23
47	2209	103823	147.65	1734 94	97	9409	912673	304.73	7389.81
48	2304	110592	150.80	1809 56	98	9604	941192	307.88	7542.96
49	2401	117649	153.94	1885.74	99	9801	970299	311.02	7697.69
50	2500	125000	157.08	1963.50	100	10000	1000000	314.16	7853.98

50   100

Racines ou diamèt.	Carrés.	Cubes.	Circon-férences.	Cercles.	Racines ou diamèt.	Carrés.	Cubes.	Circon-férences.	Cercles.
101	10201	1030301	317.30	8011.85	151	22801	3442951	474.38	17908
102	10404	1061208	320.44	8171.28	152	23104	3511808	477.52	18146
103	10609	1092727	323.58	8332.29	153	23409	3581577	480.66	18385
104	10816	1124864	326.72	8494.87	154	23716	3652264	483.81	18627
105	11025	1157625	329.87	8659.01	155	24025	3723875	486.95	18869
106	11236	1191016	333.01	8824.73	156	24336	3796416	490.09	19113
107	11449	1225043	336.15	8992.02	157	24649	3869893	493.23	19359
108	11664	1259712	339.29	9160.88	158	24964	3944312	496.37	19607
109	11881	1295029	342.43	9331.32	159	25281	4019679	499.51	19856
110	12100	1331000	345.58	9503.32	160	25600	4096000	502.65	20106
111	12321	1367631	348.72	9676.89	161	25921	4173281	505.80	20358
112	12544	1404928	351.86	9852.03	162	26244	4251528	508.94	20612
113	12769	1442897	355.00	10028.75	163	26569	4330747	512.08	20867
114	12996	1481544	358.14	10207.03	164	26896	4410944	515.22	21124
115	13225	1520875	361.28	10386.89	165	27225	4492125	518.36	21382
116	13456	1560896	364.42	10568.32	166	27556	4574296	521.50	21642
117	13689	1601613	367.57	10751.32	167	27889	4657463	524.65	21901
118	13924	1643032	370.71	10935.88	168	28224	4741632	527.79	22167
119	14161	1685159	373.85	11122.02	169	28561	4826809	530.93	22432
120	14400	1728000	376.99	11309.73	170	28900	4913000	534.07	22698
121	14641	1771561	380.13	11499.01	171	29241	5000211	537.21	22966
122	14884	1815848	383.27	11689.87	172	29584	5088448	540.35	23235
123	15129	1860867	386.42	11882.29	173	29929	5177717	543.50	23506
124	15376	1906624	389.56	12076.28	174	30276	5268024	546.64	23779
125	15625	1953125	392.70	12271.85	175	30625	5359375	549.78	24053
126	15876	2000376	395.84	12468.98	176	30976	5451776	552.92	24328
127	16129	2048383	398.98	12667.69	177	31329	5545233	556.06	24606
128	16384	2097152	402.12	12867.96	178	31684	5639752	559.20	24885
129	16641	2146689	405.27	13069.81	179	32041	5735339	562.33	25165
130	16900	2197000	408.41	13273.23	180	32400	5832000	565.49	25447
131	17161	2248091	411.55	13478.22	181	32761	5929741	568.63	25730
132	17424	2299968	414.69	13684.78	182	33124	6028568	571.77	26016
133	17689	2352637	417.83	13892.91	183	33489	6128487	574.91	26302
134	17956	2406104	420.97	14102.61	184	33856	6229504	578.05	26590
135	18225	2460375	424.12	14313.88	185	34225	6331625	581.19	26880
136	18496	2515456	427.26	14526.72	186	34596	6434856	584.34	27172
137	18769	2571353	430.40	14741.14	187	34969	6539203	587.48	27465
138	19044	2628072	433.54	14957.12	188	35344	6644672	590.62	27759
139	19321	2685619	436.68	15174.68	189	35721	6751269	593.76	28055
140	19600	2744000	439.82	15393.80	190	36100	6859000	596.90	28353
141	19881	2803221	442.96	15614.50	191	36481	6967871	600.04	28652
142	20164	2863288	446.11	15836.77	192	36864	7077888	603.19	28953
143	20449	2924207	449.25	16060.61	193	37249	7189057	606.33	29255
144	20736	2985984	452.39	16286.02	194	37636	7301384	609.47	29559
145	21025	3048625	455.53	16513.00	195	38025	7414875	612.61	29865
146	21316	3112136	458.67	16741.55	196	38416	7529536	615.75	30172
147	21609	3176523	461.81	16971.67	197	38809	7645373	618.89	30481
148	21904	3241792	464.96	17203.36	198	39204	7762392	622.04	30791
149	22201	3307949	468.10	17436.62	199	39601	7880599	625.18	31103
150	22500	3375000	471.24	17671.46	200	40000	8000000	628.32	31416

150   **200**

Racines ou diamèt.	Carrés.	Cubes.	Circon-férences.	Cercles.	Racines ou diamèt.	Carrés.	Cubes.	Circon-férences.	Cercles.
201	40401	8120601	631.46	31731	251	63001	15813251	788.54	49481
202	40804	8242408	634.60	32047	252	63504	16003008	791.68	49876
203	41209	8365427	637.74	32365	253	64009	16194277	794.82	50273
204	41616	8489664	640.88	32685	254	64516	16387064	797.96	50671
205	42025	8615125	644.03	33006	255	65025	16581375	801.11	51071
206	42436	8741816	647.17	33329	256	65536	16777216	804.25	51472
207	42849	8869743	650.31	33654	257	66049	16974593	807.39	51875
208	43264	8998912	653.45	33979	258	66564	17173512	810.53	52279
209	43681	9129329	656.59	34307	259	67081	17373979	813.67	52685
210	44100	9261000	659.73	34636	260	67600	17576000	816.81	53093
211	44521	9393931	662.88	34967	261	68121	17779581	819.96	53502
212	44944	9528128	666.02	35299	262	68644	17984728	823.10	53913
213	45369	9663597	669.16	35633	263	69169	18191447	826.24	54325
214	45796	9800344	672.30	35968	264	69696	18399744	829.38	54739
215	46225	9938375	675.44	36305	265	70225	18609625	832.52	55155
216	46656	10077696	678.58	36644	266	70756	18821096	835.66	55572
217	47089	10218313	681.73	36984	267	71289	19034163	838.81	55990
218	47524	10360232	684.87	37325	268	71824	19248832	841.95	56410
219	47961	10503459	688.01	37668	269	72361	19465109	845.09	56832
220	48400	10648000	691.15	38013	270	72900	19683000	848.23	57256
221	48841	10793861	694.29	38360	271	73441	19902511	851.37	57680
222	49284	10941048	697.43	38708	272	73984	20123648	854.51	58107
223	49729	11089567	700.58	39057	273	74529	20346417	857.65	58535
224	50176	11239424	703.72	39408	274	75076	20570824	860.80	58965
225	50625	11390625	706.86	39761	275	75625	20796875	863.94	59396
226	51076	11543176	710.00	40115	276	76176	21024576	867.08	59828
227	51529	11697083	713.14	40471	277	76729	21253933	870.22	60263
228	51984	11852352	716.28	40828	278	77284	21484952	873.36	60699
229	52441	12008989	719.42	41187	279	77841	21717639	876.50	61136
230	52900	12167000	722.57	41548	280	78400	21952000	879.65	61575
231	53361	12326391	725.71	41910	281	78961	22188041	882.79	62016
232	53824	12487168	728.85	42273	282	79524	22425768	885.93	62458
233	54289	12649337	731.99	42638	283	80089	22665187	889.07	62902
234	54756	12812904	735.13	43005	284	80656	22906304	892.21	63347
235	55225	12977875	738.27	43374	285	81225	23149125	895.35	63794
236	55696	13144256	741.42	43744	286	81796	23393656	898.50	64242
237	56169	13312053	744.56	44115	287	82369	23639903	901.64	64692
238	56644	13481272	747.70	44488	288	82944	23887872	904.78	65144
239	57121	13651919	750.84	44863	289	83521	24137569	907.92	65597
240	57600	13824000	753.98	45239	290	84100	24389000	911.06	66052
241	58081	13997521	757.12	45617	291	84681	24642171	914.20	66508
242	58564	14172488	760.27	45996	292	85264	24897088	917.35	66966
243	59049	14348907	763.41	46377	293	85849	25153757	920.49	67426
244	59536	14526784	766.55	46759	294	86436	25412184	923.63	67887
245	60025	14706125	769.69	47144	295	87025	25672375	926.77	68349
246	60516	14886936	772.83	47529	296	87616	25934336	929.91	68813
247	61009	15069223	775.97	47916	297	88209	26198073	933.05	69279
248	61504	15252992	779.12	48305	298	88804	26463592	936.19	69746
249	62001	15438249	782.26	48695	299	89401	26730899	939.34	70215
250	62500	15625000	785.40	49087	300	90000	27000000	942.48	70686

250

300

Racines ou diamèt.	Carrés.	Cubes.	Circonférences.	Cercles.	Racines ou diamèt.	Carrés.	Cubes.	Circonférences.	Cercles.
301	90601	27270901	945.62	71158	351	123201	43243551	1102.70	96762
302	91204	27543608	948.76	71631	352	123904	43614208	1105.84	97314
303	91809	27818127	951.90	72107	353	124609	43986977	1108.98	97868
304	92416	28094464	955.04	72583	354	125316	44361864	1112.12	98423
305	93025	28372625	958.19	73062	355	126025	44738875	1115.27	98980
306	93636	28652616	961.33	73542	356	126736	45118016	1118.41	99538
307	94249	28934443	964.47	74023	357	127449	45499293	1121.55	100098
308	94864	29218112	967.61	74506	358	128164	45882712	1124.69	100660
309	95481	29503629	970.75	74991	359	128881	46268279	1127.83	101223
310	96100	29791000	973.89	75477	360	129600	46656000	1130.97	101788
311	96721	30080231	977.04	75964	361	130321	47045881	1134.11	102354
312	97344	30371328	980.18	76454	362	131044	47437928	1137.26	102922
313	97969	30664297	983.32	76945	363	131769	47832147	1140.40	103491
314	98596	30959144	986.46	77437	364	132496	48228544	1143.54	104062
315	99225	31255875	989.60	77931	365	133225	48627125	1146.68	104635
316	99856	31554496	992.74	78427	366	133956	49027896	1149.82	105209
317	100489	31855013	995.88	78924	367	134689	49430863	1152.96	105784
318	101124	32157432	999.03	79423	368	135424	49836032	1156.11	106362
319	101761	32461759	1002.17	79923	369	136161	50243409	1159.25	106941
320	102400	32768000	1005.31	80425	370	136900	50653000	1162.39	107521
321	103041	33076161	1008.45	80928	371	137641	51064811	1165.53	108103
322	103684	33386248	1011.59	81433	372	138384	51478848	1168.67	108687
323	104329	33698267	1014.73	81940	373	139129	51895117	1171.81	109272
324	104976	34012224	1017.88	82448	374	139876	52313624	1174.96	109858
325	105625	34328125	1021.02	82958	375	140625	52734375	1178.10	110447
326	106276	34645976	1024.16	83469	376	141376	53157376	1181.24	111036
327	106929	34965783	1027.30	83982	377	142129	53582633	1184.38	111628
328	107584	35287552	1030.44	84496	378	142884	54010152	1187.52	112221
329	108241	35611289	1033.58	85012	379	143641	54439939	1190.66	112815
330	108900	35937000	1036.73	85530	380	144400	54872000	1193.81	113411
331	109561	36264691	1039.87	86049	381	145161	55306341	1196.95	114009
332	110224	36594368	1043.01	86570	382	145924	55742968	1200.09	114608
333	110889	36926037	1046.15	87092	383	146689	56181887	1203.23	115209
334	111556	37259704	1049.29	87616	384	147456	56623104	1206.37	115812
335	112225	37595375	1052.43	88141	385	148225	57066625	1209.51	116416
336	112896	37933056	1055.58	88668	386	148996	57512456	1212.65	117021
337	113569	38272753	1058.72	89197	387	149769	57960603	1215.80	117628
338	114244	38614472	1061.86	89727	388	150544	58411072	1218.94	118237
339	114921	38958219	1065.00	90259	389	151321	58863869	1222.08	118847
340	115600	39304000	1068.14	90792	390	152100	59319000	1225.22	119459
341	116281	39651821	1071.28	91327	391	152881	59776471	1228.36	120072
342	116964	40001688	1074.42	91863	392	153664	60236288	1231.50	120687
343	117649	40353607	1077.57	92401	393	154449	60698457	1234.65	121304
344	118336	40707584	1080.71	92941	394	155236	61162984	1237.79	121922
345	119025	41063625	1083.85	93482	395	156025	61629875	1240.93	122542
346	119716	41421736	1086.99	94025	396	156816	62099136	1244.07	123163
347	120409	41781923	1090.13	94569	397	157609	62570773	1247.21	123786
348	121104	42144192	1093.27	95115	398	158404	63044792	1250.35	124410
349	121801	42508549	1096.42	95662	399	159201	63521199	1253.50	125036
350	122500	42875000	1099.56	96211	400	160000	64000000	1256.64	125664

Racines ou diamèt.	Carrés.	Cubes.	Circon-férences.	Cercles.	Racines ou diamèt.	Carrés.	Cubes.	Circon-férences.	Cercles.
401	160801	64481201	1259.78	126293	451	203401	91733851	1416.86	159751
402	161604	64964808	1262.92	126923	452	204304	92345408	1420.00	160460
403	162409	65450827	1266.06	127556	453	205209	92959677	1423.14	161171
404	163216	65939264	1269.20	128190	454	206116	93576664	1426.28	161883
405	164025	66430125	1272.35	128825	455	207025	94196375	1429.42	162597
406	164836	66923416	1275.49	129462	456	207936	94818816	1432.57	163313
407	165649	67419143	1278.63	130100	457	208849	95443993	1435.71	164030
408	166464	67917312	1281.77	130741	458	209764	96071912	1438.85	164748
409	167281	68417929	1284.91	131382	459	210681	96702579	1441.99	165468
410	168100	68921000	1288.05	132025	460	211600	97336000	1445.13	166190
411	168921	69426531	1291.19	132670	461	212521	97972181	1448.27	166914
412	169744	69934528	1294.34	133317	462	213444	98611128	1451.42	167639
413	170569	70444997	1297.48	133965	463	214369	99252847	1454.56	168365
414	171396	70957944	1300.62	134614	464	215296	99897344	1457.70	169093
415	172225	71473375	1303.76	135265	465	216225	100544625	1460.84	169823
416	173056	71991296	1306.90	135918	466	217156	101194696	1463.98	170554
417	173889	72511713	1310.04	136572	467	218089	101847563	1467.12	171287
418	174724	73034632	1313.19	137228	468	219024	102503232	1470.27	172021
419	175561	73560059	1316.33	137885	469	219961	103161709	1473.41	172757
420	176400	74088000	1319.47	138544	470	220900	103823000	1476.55	173494
421	177241	74618461	1322.61	139205	471	221841	104487111	1479.69	174234
422	178084	75151448	1325.75	139867	472	222784	105151048	1482.83	174974
423	178929	75686967	1328.89	140531	473	223729	105823817	1485.97	175716
424	179776	76225024	1332.04	141196	474	224676	106496424	1489.11	176460
425	180625	76765625	1335.18	141863	475	225625	107171875	1492.26	177205
426	181476	77308776	1338.32	142531	476	226576	107850176	1495.40	177952
427	182329	77854483	1341.46	143201	477	227529	108531333	1498.54	178701
428	183184	78402752	1344.60	143872	478	228484	109215352	1501.68	179451
429	184041	78953589	1347.74	144545	479	229441	109902239	1504.82	180203
430	184900	79507000	1350.88	145220	480	230400	110592000	1507.96	180956
431	185761	80062991	1354.03	145896	481	231361	111284641	1511.11	181711
432	186624	80621568	1357.17	146574	482	232324	111980168	1514.25	182467
433	187489	81182737	1360.31	147254	483	233289	112678587	1517.39	183225
434	188356	81746504	1363.45	147934	484	234256	113379904	1520.53	183984
435	189225	82312875	1366.59	148617	485	235225	114084125	1523.67	184745
436	190096	82881856	1369.73	149301	486	236196	114791256	1526.81	185508
437	190969	83453453	1372.88	149987	487	237169	115501303	1529.96	186272
438	191844	84027672	1376.02	150674	488	238144	116214272	1533.10	187038
439	192721	84604519	1379.16	151363	489	239121	116930169	1536.24	187805
440	193600	85184000	1382.30	152053	490	240100	117649000	1539.38	188574
441	194481	85766121	1385.44	152745	491	241081	118370771	1542.52	189345
442	195364	86350888	1388.58	153439	492	242064	119095488	1545.66	190117
443	196249	86938307	1391.73	154134	493	243049	119823157	1548.81	190890
444	197136	87528384	1394.87	154830	494	244036	120553784	1551.95	191665
445	198025	88121125	1398.01	155528	495	245025	121287375	1555.09	192442
446	198916	88716536	1401.15	156228	496	246016	122023936	1558.23	193221
447	199809	89314623	1404.29	156930	497	247009	122763473	1561.37	194000
448	200704	89915392	1407.43	157633	498	248004	123505992	1564.51	194782
449	201601	90518849	1410.58	158337	499	249001	124251499	1567.65	195565
450	202500	91125000	1413.72	159043	500	250000	125000000	1570.80	196350

450   500

42

Racines ou diamèt.	Carrés.	Cubes.	Circon-férences.	Cercles.	Racines ou diamèt.	Carrés.	Cubes.	Circon-férences.	Cercles.
501	251001	125751501	1573,94	197136	551	303601	167284151	1731,02	238448
502	252004	126506008	1577,08	197923	552	304704	168196608	1734,16	239314
503	253009	127263527	1580,22	198713	553	305809	169112377	1737,30	240182
504	254016	128024064	1583,36	199504	554	306916	170031464	1740,44	241051
505	255025	128787625	1586,50	200296	555	308025	170953875	1743,58	241922
506	256036	129554216	1589,65	201090	556	309136	171879616	1746,73	242795
507	257049	130323843	1592,79	201886	557	310249	172808693	1749,87	243669
508	258064	131096512	1595,93	202683	558	311364	173741112	1753,01	244545
509	259081	131872229	1599,07	203482	559	312481	174676879	1756,15	245422
510	260100	132651000	1602,21	204282	560	313600	175616000	1759,29	246301
511	261121	133432831	1605,35	205084	561	314721	176558481	1762,43	247181
512	262144	134217728	1608,50	205887	562	315844	177504328	1765,58	248063
513	263169	135005697	1611,64	206692	563	316969	178453547	1768,72	248947
514	264196	135796744	1614,78	207498	564	318096	179406144	1771,86	249832
515	265225	136590875	1617,92	208307	565	319225	180362125	1775,00	250719
516	266256	137388096	1621,06	209117	566	320356	181321496	1778,14	251607
517	267289	138188413	1624,20	209928	567	321489	182284263	1781,29	252497
518	268324	138991832	1627,34	210741	568	322624	183250432	1784,42	253388
519	269361	139798359	1630,49	211556	569	323761	184220009	1787,57	254281
520	270400	140608000	1633,63	212372	570	324900	185193000	1790,71	255176
521	271441	141420761	1636,77	213189	571	326041	186169411	1793,85	256072
522	272484	142236648	1639,91	214009	572	327184	187149248	1796,99	256970
523	273529	143055667	1643,05	214829	573	328329	188132517	1800,13	257869
524	274576	143877824	1646,19	215651	574	329476	189119224	1803,27	258770
525	275625	144703125	1649,34	216475	575	330625	190109375	1806,43	259672
526	276676	145531576	1652,48	217301	576	331776	191102976	1809,56	260576
527	277729	146363183	1655,62	218128	577	332929	192100033	1812,70	261482
528	278784	147197952	1658,76	218956	578	334084	193100552	1815,84	262389
529	279841	148035889	1661,90	219787	579	335241	194104539	1818,98	263298
530	280900	148877000	1665,04	220618	580	336400	195112000	1822,12	264209
531	281961	149721291	1668,19	221452	581	337561	196122941	1825,27	265120
532	283024	150568768	1671,33	222287	582	338724	197137368	1828,41	266033
533	284089	151419437	1674,47	223123	583	339889	198155287	1831,55	266949
534	285156	152273304	1677,61	223961	584	341056	199176704	1834,69	267865
535	286225	153130375	1680,75	224801	585	342225	200201625	1837,83	268783
536	287296	153990656	1683,89	225642	586	343396	201230056	1840,97	269703
537	288369	154854153	1687,04	226484	587	344569	202262003	1844,11	270624
538	289444	155720872	1690,18	227329	588	345744	203297472	1847,26	271547
539	290521	156590849	1693,32	228175	589	346921	204336469	1850,40	272471
540	291600	157464000	1696,46	229022	590	348100	205379000	1853,54	273397
541	292681	158340421	1699,60	229871	591	349281	206425071	1856,68	274325
542	293764	159220088	1702,74	230722	592	350464	207474688	1859,82	275254
543	294849	160103007	1705,88	231574	593	351649	208527857	1862,96	276184
544	295936	160989184	1709,03	232428	594	352836	209584584	1866,11	277117
545	297025	161878625	1712,17	233283	595	354025	210644875	1869,25	278051
546	298116	162771336	1715,31	234140	596	355216	211708736	1872,39	278986
547	299209	163667323	1718,45	234998	597	356409	212776173	1875,53	279923
548	300304	164566592	1721,59	235858	598	357604	213847192	1878,67	280862
549	301401	165469149	1724,73	236720	599	358801	214921799	1881,81	281802
550	302500	166375000	1727,88	237583	600	360000	216000000	1884,96	282744

Racines ou diamèt.	Carrés.	Cubes.	Circon-férences.	Cercles.	Racines ou diamèt.	Carrés.	Cubes.	Circon-férences.	Cercles.
601	361201	217 081 801	1888.10	283887	651	423801	275 894 451	2045.18	332853
602	362404	218 167 208	1891.24	284631	652	425104	277 167 808	2048.32	333876
603	363609	219 256 227	1894.38	285578	653	426409	278 445 077	2051.46	334901
604	364816	220 348 864	1897.52	286528	654	427716	279 726 264	2054.60	335927
605	366025	221 445 125	1900.66	287475	655	429025	281 011 375	2057.74	336955
606	367236	222 545 016	1903.81	288486	656	430336	282 300 416	2060.88	337985
607	368449	223 648 543	1906.95	289379	657	431649	283 593 393	2064.03	339016
608	369664	224 755 712	1910.09	290333	658	432964	284 890 312	2067.17	340049
609	370881	225 866 529	1913.23	291289	659	434281	286 191 179	2070.31	341084
610	372100	226 981 000	1916.37	292247	660	435600	287 496 000	2073.45	342119
611	373321	228 099 131	1919.51	293206	661	436921	288 804 781	2076.59	343157
612	374544	229 220 928	1922.65	294166	662	438244	290 117 528	2079.73	344196
613	375769	230 346 397	1925.80	295128	663	439569	291 434 247	2082.86	345237
614	376996	231 475 544	1928.94	296090	664	440896	292 754 944	2086.02	346279
615	378225	232 608 375	1932.08	297057	665	442225	294 079 625	2089.16	347323
616	379456	233 744 896	1935.22	298024	666	443556	295 408 296	2092.30	348368
617	380689	234 885 113	1938.36	298992	667	444889	296 740 963	2095.44	349415
618	381924	236 029 032	1941.50	299962	668	446224	298 077 632	2098.58	350464
619	383161	237 176 659	1944.65	300934	669	447561	299 418 309	2101.72	351514
620	384400	238 328 000	1947.79	301907	670	448900	300 763 000	2104.87	352565
621	385641	239 483 061	1950.93	302882	671	450241	302 111 711	2108.01	353618
622	386884	240 641 848	1954.07	303858	672	451584	303 464 448	2111.15	354673
623	388129	241 804 367	1957.21	304836	673	452929	304 821 217	2114.29	355730
624	389376	242 970 624	1960.35	305815	674	454276	306 182 024	2117.43	356788
625	390625	244 140 625	1963.50	306796	675	455625	307 546 875	2120.58	357847
626	391876	245 314 376	1966.64	307779	676	456976	308 915 776	2123.72	358908
627	393129	246 491 883	1969.78	308763	677	458329	310 288 733	2126.86	359971
628	394384	247 673 152	1972.92	309748	678	459684	311 665 752	2130.00	361035
629	395641	248 858 189	1976.06	310736	679	461041	313 046 839	2133.14	362101
630	396900	250 047 000	1979.20	311725	680	462400	314 432 000	2136.28	363168
631	398161	251 239 591	1982.34	312715	681	463761	315 821 241	2139.42	364237
632	399424	252 435 968	1985.49	313707	682	465124	317 214 568	2142.57	365308
633	400689	253 636 137	1988.63	314700	683	466489	318 611 987	2145.71	366380
634	401956	254 840 104	1991.77	315696	684	467856	320 013 504	2148.85	367453
635	403225	256 047 875	1994.91	316692	685	469225	321 419 125	2151.99	368528
636	404496	257 259 456	1998.05	317690	686	470596	322 828 856	2155.13	369605
637	405769	258 474 853	2001.19	318690	687	471969	324 242 703	2158.27	370684
638	407044	259 694 072	2004.34	319692	688	473344	325 660 672	2161.42	371764
639	408321	260 917 119	2007.48	320695	689	474721	327 082 769	2164.56	372845
640	409600	262 144 000	2010.62	321699	690	476100	328 509 000	2167.70	373928
641	410881	263 374 721	2013.76	322705	691	477481	329 939 371	2170.84	375013
642	412164	264 609 288	2016.90	323713	692	478864	331 373 888	2173.98	376099
643	413449	265 847 707	2020.04	324722	693	480249	332 812 557	2177.12	377187
644	414736	267 089 984	2023.19	325732	694	481636	334 255 384	2180.27	378276
645	416025	268 336 125	2026.33	326745	695	483025	335 702 375	2183.44	379367
646	417316	269 586 136	2029.47	327758	696	484416	337 153 536	2186.55	380459
647	418609	270 840 023	2032.61	328775	697	485809	338 608 873	2189.69	381554
648	419904	272 097 792	2035.75	329792	698	487204	340 068 392	2192.83	382649
649	421201	273 359 449	2038.89	330810	699	488601	341 532 099	2195.97	383746
650	422500	274 625 000	2042.04	331831	700	490000	343 000 000	2199.11	384845

650   **700**

Racines ou diamèt.	Carrés.	Cubes.	Circonférences.	Cercles.	Racines ou diamèt.	Carrés.	Cubes.	Circonférences.	Cercles.
701	491401	344472101	2202.26	385945	751	564001	423564751	2359.34	442965
702	492804	345948408	2205.40	387047	752	565504	425259008	2362.48	444148
703	494209	347428927	2208.54	388151	753	567009	426957777	2365.62	445328
704	495616	348913664	2211.68	389256	754	568516	428661064	2368.76	446511
705	497025	350402625	2214.82	390363	755	570025	430368875	2371.90	447697
706	498436	351895816	2217.96	391471	756	571536	432081216	2375.04	448883
707	499849	353398243	2221.11	392580	757	573049	433798093	2378.19	450072
708	501264	354894912	2224.25	393692	758	574564	435519512	2381.33	451262
709	502681	356400829	2227.39	394805	759	576081	437245479	2384.47	452455
710	504100	357911000	2230.53	395919	760	577600	438976000	2387.61	453648
711	505521	359425431	2233.67	397035	761	579121	440711081	2390.75	454841
712	506944	360944128	2236.81	398153	762	580644	442450728	2393.89	456037
713	508369	362467097	2239.96	399272	763	582169	444194947	2397.04	457234
714	509796	363994344	2243.10	400393	764	583696	445943744	2400.18	458464
715	511225	365525875	2246.24	401515	765	585225	447697125	2403.32	459635
716	512656	367061696	2249.38	402639	766	586756	449455096	2406.46	460837
717	514089	368601813	2252.52	403765	767	588289	451217663	2409.60	462041
718	515524	370146232	2255.66	404892	768	589824	452984832	2412.74	463247
719	516961	371694959	2258.81	406020	769	591361	454756609	2415.88	464454
720	518400	373248000	2261.95	407150	770	592900	456533000	2419.03	465663
721	519841	374805361	2265.09	408282	771	594441	458314011	2422.17	466873
722	521284	376367048	2268.23	409416	772	595984	460099648	2425.31	468085
723	522729	377933067	2271.37	410550	773	597529	461889917	2428.45	469298
724	524176	379503424	2274.51	411687	774	599076	463684824	2431.59	470513
725	525625	381078125	2277.65	412825	775	600625	465484375	2434.73	471730
726	527076	382657176	2280.80	413965	776	602176	467288576	2437.88	472948
727	528529	384240583	2283.94	415106	777	603729	469097433	2441.02	474168
728	529984	385828352	2287.08	416248	778	605284	470910952	2444.16	475389
729	531441	387420489	2290.22	417393	779	606841	472729139	2447.30	476612
730	532900	389017000	2293.36	418539	780	608400	474552000	2450.44	477836
731	534361	390617891	2296.50	419686	781	609961	476379541	2453.58	479062
732	535824	392223168	2299.65	420835	782	611524	478211768	2456.73	480290
733	537289	393832837	2302.79	421986	783	613089	480048687	2459.87	481519
734	538756	395446904	2305.93	423138	784	614656	481890304	2463.01	482750
735	540225	397065375	2309.07	424292	785	616225	483736625	2466.15	483982
736	541696	398688256	2312.21	425447	786	617796	485587656	2469.29	485216
737	543169	400315553	2315.35	426604	787	619369	487443403	2472.43	486451
738	544644	401947272	2318.50	427762	788	620944	489303872	2475.58	487688
739	546121	403583419	2321.64	428922	789	622521	491169069	2478.72	488927
740	547600	405224000	2324.78	430084	790	624100	493039000	2481.86	490167
741	549081	406869021	2327.92	431247	791	625681	494913671	2485.00	491409
742	550564	408518488	2331.06	432412	792	627264	496793088	2488.14	492652
743	552049	410172407	2334.20	433578	793	628849	498677257	2491.28	493897
744	553536	411830784	2337.34	434746	794	630436	500566184	2494.42	495143
745	555025	413493625	2340.49	435916	795	632025	502459875	2497.57	496391
746	556516	415160936	2343.63	437087	796	633616	504358336	2500.71	497641
747	558009	416832723	2346.77	438259	797	635209	506261573	2503.85	498892
748	559504	418508992	2349.91	439433	798	636804	508169592	2506.99	500145
749	561001	420189749	2353.05	440609	799	638401	510082399	2510.13	501399
750	562500	421875000	2356.19	441786	800	640000	512000000	2513.27	502655

750   800

Racines ou diamèt.	Carrés.	Cubes.	Circon-férences.	Cercles.	Racines ou diamèt.	Carrés.	Cubes.	Circon-férences.	Cercles.
801	64 16 01	513 922 401	2516.42	503912	851	72 42 01	616 295 051	2673.50	568786
802	64 32 04	515 849 608	2519.56	505171	852	72 59 04	618 470 208	2676.64	570124
803	64 48 09	517 781 627	2522.70	506432	853	72 76 09	620 650 477	2679.78	571463
804	64 64 16	519 718 464	2525.84	507694	854	72 93 16	622 835 864	2682.92	572803
805	64 80 25	521 660 125	2528.96	508958	855	73 10 25	625 026 375	2686.06	574146
806	64 96 36	523 606 616	2532.12	510223	856	73 27 36	627 222 016	2689.20	575490
807	65 12 49	525 557 943	2535.27	511490	857	73 44 49	629 422 793	2692.34	576835
808	65 28 64	527 514 112	2538.41	512758	858	73 61 64	631 628 712	2695.49	578182
809	65 44 81	529 475 129	2541.55	514028	859	73 78 81	633 839 779	2698.63	579530
810	65 61 00	531 441 000	2544.69	515300	860	73 96 00	636 056 000	2701.77	580880
811	65 77 21	533 411 731	2547.83	516573	861	74 13 21	638 277 381	2704.91	582232
812	65 93 44	535 387 328	2550.97	517848	862	74 30 44	640 503 928	2708.05	583585
813	66 09 69	537 367 797	2554.11	519124	863	74 47 69	642 735 647	2711.19	584940
814	66 25 96	539 353 144	2557.26	520402	864	74 64 96	644 972 544	2714.34	586297
815	66 42 25	541 343 375	2560.40	521681	865	74 82 25	647 214 625	2717.48	587655
816	66 58 56	543 338 496	2563.54	522962	866	74 99 56	649 461 896	2720.62	589014
817	66 74 89	545 338 513	2566.68	524245	867	75 16 89	651 714 363	2723.76	590375
818	66 91 24	547 343 432	2569.82	525529	868	75 34 24	653 972 032	2726.90	591738
819	67 07 61	549 353 259	2572.96	526814	869	75 51 61	656 234 909	2730.04	593102
820	67 24 00	551 368 000	2576.11	528102	870	75 69 00	658 503 000	2733.19	594468
821	67 40 41	553 387 661	2579.25	529391	871	75 86 41	660 776 311	2736.33	595835
822	67 56 84	555 412 248	2582.39	530681	872	76 03 84	663 054 848	2739.47	597204
823	67 73 29	557 441 767	2585.53	531973	873	76 21 29	665 338 617	2742.61	598575
824	67 89 76	559 476 224	2588.67	533267	874	76 38 76	667 627 624	2745.75	599947
825	68 06 25	561 515 625	2591.81	534562	875	76 56 25	669 921 875	2748.89	601320
826	68 22 76	563 559 976	2594.96	535858	876	76 73 76	672 221 376	2752.04	602696
827	68 39 29	565 609 283	2598.10	537157	877	76 91 29	674 526 133	2755.18	604073
828	68 55 84	567 663 552	2601.24	538456	878	77 08 84	676 836 152	2758.32	605451
829	68 72 41	569 722 789	2604.38	539756	879	77 26 41	679 151 439	2761.46	606831
830	68 89 00	571 787 000	2607.52	541061	880	77 44 00	681 472 000	2764.60	608212
831	69 05 61	573 856 191	2610.66	542365	881	77 61 61	683 797 841	2767.74	609595
832	69 22 24	575 930 368	2613.81	543671	882	77 79 24	686 128 968	2770.88	610980
833	69 38 89	578 009 537	2616.95	544979	883	77 96 89	688 465 387	2774.03	612366
834	69 55 56	580 093 704	2620.09	546288	884	78 14 56	690 807 104	2777.17	613754
835	69 72 25	582 182 875	2623.23	547599	885	78 32 25	693 154 125	2780.31	615143
836	69 88 96	584 277 056	2626.37	548912	886	78 49 96	695 506 456	2783.45	616534
837	70 05 69	586 376 253	2629.51	550226	887	78 67 69	697 864 103	2786.59	617927
838	70 22 44	588 480 472	2632.65	551541	888	78 85 44	700 227 072	2789.73	619321
839	70 39 21	590 589 719	2635.80	552858	889	79 03 21	702 595 369	2792.88	620717
840	70 56 00	592 704 000	2638.94	554177	890	79 21 00	704 969 000	2796.02	622114
841	70 72 81	594 823 321	2642.08	555497	891	79 38 81	707 347 971	2799.16	623513
842	70 89 64	596 947 688	2645.22	556819	892	79 56 64	709 732 288	2802.30	624913
843	71 06 49	599 077 107	2648.36	558142	893	79 74 49	712 121 957	2805.44	626315
844	71 23 36	601 211 584	2651.50	559467	894	79 92 36	714 516 984	2808.58	627718
845	71 40 25	603 351 125	2654.65	560794	895	80 10 25	716 917 375	2811.73	629124
846	71 57 16	605 495 736	2657.79	562122	896	80 28 16	719 323 136	2814.87	630530
847	71 74 09	607 645 423	2660.93	563452	897	80 46 09	721 734 273	2818.01	631938
848	71 91 04	609 800 192	2664.07	564783	898	80 64 04	724 150 792	2821.15	633348
849	72 08 01	611 960 049	2667.21	566116	899	80 82 01	726 572 699	2824.29	634760
850	72 25 00	614 125 000	2670.35	567450	900	81 00 00	729 000 000	2827.43	636172

Racines ou diamèt.	Carrés.	Cubes.	Circon-férences.	Cercles.	Racines ou diamèt.	Carrés.	Cubes.	Circon-férences.	Cercles.
901	811801	731432701	2830.57	637587	951	904401	860085351	2987.65	710315
902	813604	733870808	2833.72	639003	952	906304	862801408	2990.80	711810
903	815409	736314327	2836.86	640421	953	908209	865523177	2993.94	713306
904	817216	738763264	2840.00	641840	954	910116	868250664	2997.08	714803
905	819025	741217625	2843.14	643261	955	912025	870983875	3000.22	716303
906	820836	743677416	2846.28	644683	956	913936	873722816	3003.36	717804
907	822649	746142643	2849.42	646107	957	915849	876467493	3006.50	719306
908	824464	748613312	2852.57	647533	958	917764	879217912	3009.65	720810
909	826281	751089429	2855.71	648960	959	919681	881974079	3012.79	722316
910	828100	753571000	2858.85	650388	960	921600	884736000	3015.93	723823
911	829921	756058031	2861.99	651818	961	923521	887503681	3019.07	725332
912	831744	758550528	2865.13	653250	962	925444	890277128	3022.21	726842
913	833569	761048497	2868.27	654684	963	927369	893056347	3025.35	728354
914	835396	763551944	2871.42	656118	964	929296	895841344	3028.50	729867
915	837225	766060875	2874.56	657555	965	931225	898632125	3031.64	731382
916	839056	768575296	2877.70	658993	966	933156	901428696	3034.78	732899
917	840889	771095213	2880.84	660433	967	935089	904231063	3037.92	734417
918	842724	773620632	2883.98	661874	968	937024	907039232	3041.06	735937
919	844561	776151559	2887.12	663317	969	938961	909853209	3044.20	737458
920	846400	778688000	2890.27	664761	970	940900	912673000	3047.34	738981
921	848241	781229961	2893.41	666207	971	942841	915498611	3050.49	740506
922	850084	783777448	2896.55	667654	972	944784	918330048	3053.63	742032
923	851929	786330467	2899.69	669103	973	946729	921167317	3056.77	743559
924	853776	788889024	2902.83	670554	974	948676	924010424	3059.91	745088
925	855625	791453125	2905.97	672006	975	950625	926859375	3063.05	746619
926	857476	794022776	2909.11	673460	976	952576	929714176	3066.19	748151
927	859329	796597983	2912.26	674915	977	954529	932574833	3069.34	749685
928	861184	799178752	2915.40	676372	978	956484	935441352	3072.48	751221
929	863041	801765089	2918.54	677831	979	958441	938313739	3075.62	752758
930	864900	804357000	2921.68	679291	980	960400	941192000	3078.76	754296
931	866761	806954491	2924.82	680753	981	962361	944076141	3081.90	755837
932	868624	809557568	2927.96	682216	982	964324	946966168	3085.04	757378
933	870489	812166237	2931.11	683680	983	966289	949862087	3088.19	758922
934	872356	814780504	2934.25	685147	984	968256	952763904	3091.33	760466
935	874225	817400375	2937.39	686615	985	970225	955671625	3094.47	762013
936	876096	820025856	2940.53	688084	986	972196	958585256	3097.61	763561
937	877969	822656953	2943.67	689555	987	974169	961504803	3100.75	765111
938	879844	825293672	2946.81	691028	988	976144	964430272	3103.89	766662
939	881721	827936019	2949.96	692502	989	978121	967361669	3107.04	768214
940	883600	830584000	2953.10	693978	990	980100	970299000	3110.18	769769
941	885481	833237621	2956.24	695455	991	982081	973242271	3113.32	771325
942	887364	835896888	2959.38	696934	992	984064	976191488	3116.46	772882
943	889249	838561807	2962.52	698415	993	986049	979146657	3119.59	774441
944	891136	841232384	2965.66	699897	994	988036	982107784	3122.74	776002
945	893025	843908625	2968.81	701380	995	990025	985074875	3125.88	777564
946	894916	846590536	2971.95	702865	996	992016	988047936	3129.03	779128
947	896809	849278123	2975.09	704352	997	994009	991026973	3132.17	780693
948	898704	851971392	2978.23	705840	998	996004	994011992	3135.31	782260
949	900601	854670349	2981.37	707330	999	998001	997002999	3138.45	783828
950	902500	857375000	2984.51	708822	1000	1000000	1000000000	3141.59	785398

TABLE II.

TABLE DES INVERSES DES **100** PREMIERS NOMBRES, DES CINQUIÈMES
PUISSANCES DE CES NOMBRES ET DE LEURS INVERSES, DE LEURS
RACINES CARRÉES ET DE LEURS RACINES CUBIQUES.

$\frac{1}{N^5}$	$\frac{1}{N}$	N	N^5	$\sqrt{N}$	$\sqrt[3]{N}$
1,0000 000000	1.	1	1	1.000	1.000
0,03125	0.5	2	32	1.414	1.259
0,0041 152270	0.3333	3	243	1.732	1.442
0.0009 765625	0.25	4	1024	2.000	1.587
0,00032	0.20	5	3125	2.236	1.709
0.0001 286009	0.1666	6	7776	2.449	1.817
0,0000 594990	0.1429	7	16807	2.645	1.912
0,0000 305175	0.125	8	32768	2.828	2.000
0,0000 169351	0.1111	9	59049	3.000	2.080
0,0000 100000	0.1	10	100000	3.162	2.154
0,0000 062092	0.0909	11	161051	3.316	2.225
0,0000 040187	0.0833	12	248832	3.464	2.289
0,0000 026343	0.0769	13	371293	3.605	2.351
0,0000 018593	0.0714	14	537824	3.741	2.410
0,0000 013168	0.0666	15	759375	3.872	2.466
0,0000 009536	0.0625	16	1048576	4.000	2.519
0,0000 007042	0.0588	17	1419857	4.123	2.571
0,0000 005292	0.0555	18	1889568	4.242	2.620
0,0000 003750	0.0526	19	2476099	4.358	2.668
0,0000 003125	0.05	20	3200000	4.472	2.714
0,0000 002443	0.0476	21	4084101	4.582	2.758
0,0000 001940	0.0455	22	5153632	4.690	2.802
0,0000 001553	0.0435	23	6436343	4.795	2.843
0,0000 001255	0.0417	24	7962624	4.898	2.884
0,0000 001024	0.04	25	9765625	5.000	2.924
0,0000 000844.65	0.0385	26	11884376	5.099	2.962
0,0000 000696.91	0.0370	27	14348907	5.196	3.000
0,0000 000581.04	0.0357	28	17210368	5.291	3.036
0,0000 000487.53	0.0345	29	20511149	5.385	3.072
0,0000 000417.52	0.0333	30	24300000	5.477	3.107
0,0000 000349.29	0.0323	31	28629151	5.567	3.141
0,0000 000298.02	0.0313	32	33554432	5.656	3.174
0,0000 000255.52	0.0303	33	39135393	5.744	3.207
0,0000 000220.09	0.0294	34	45435424	5.830	3.239
0,0000 000190.39	0.0286	35	52521875	5.946	3.271
0,0000 000165.38	0.0278	36	60466176	6.000	3.301
0,0000 000144.24	0.0270	37	69343957	6.082	3.332
0,0000 000126.21	0.0263	38	79235168	6.164	3.361
0,0000 000110.83	0.0257	39	90224199	6.244	3.391
0,0000 000097.65	0.0250	40	102400000	6.324	3.419
0,0000 000086.31	0.0244	41	115856201	6.403	3.448
0,0000 000076.52	0.0238	42	130691232	6.480	3.476
0,0000 000068.02	0.0233	43	147008443	6.557	3.503
0,0000 000060.64	0.0227	44	164916224	6.632	3.530
0,0000 000054.19	0.0222	45	184528125	6.708	3.556
0,0000 000048.55	0.0217	46	205962976	6.782	3.583
0,0000 000043.60	0.0213	47	229345007	6.855	3.608
0,0000 000039.25	0.0208	48	254803968	6.928	3.634
0,0000 000035.40	0.0204	49	282475249	7.000	3.659
0,0000 000032.00	0.0200	50	312500000	7.071	3.684
0,0000 000028.98	0.0196	51	345025251	7.141	3.708

$\frac{1}{N^6}$	$\frac{1}{N}$	N	N^3	$\sqrt{N}$	$\sqrt[3]{N}$
0,0000000026.30	0.0192	52	380 204 032	7.214	3.732
0,0000000023.91	0.0189	53	418 195 493	7.280	3.756
0,0000000021.63	0.0185	54	459 165 024	7.348	3.779
0,0000000019.87	0.0182	55	503 284 375	7.416	3.802
0,0000000018.16	0.0179	56	550 731 776	7.483	3.825
0,0000000016.62	0.0175	57	601 692 057	7.549	3.848
0,0000000015.24	0.0172	58	656 356 768	7.615	3.870
0,0000000013.99	0.0169	59	714 924 299	7.681	3.892
0,0000000012.86	0.0166	60	776 000 000	7.745	3.914
0,0000000011.84	0.0164	61	844 596 304	7.810	3.936
0,0000000010.92	0.0161	62	916 432 832	7.874	3.957
0,0000000010.08	0.0159	63	992 436 543	7.937	3.979
0,0000000009 31	0.0156	64	1 073 741 824	8.000	4.000
0,0000000008.64	0.0154	65	1 160 290 625	8.062	4.020
0,0000000007.99	0.0152	66	1 252 332 576	8.124	4.041
0,0000000007.44	0.0149	67	1 350 125 407	8.185	4.061
0,0000000006.88	0.0147	68	1 453 933 568	8.246	4.081
0,0000000006.39	0.0145	69	1 564 034 349	8.306	4.101
0,0000000005.95	0 0142	70	1 680 700 000	8.366	4.121
0,0000000005.54	0.0141	71	1 804 229 351	8.426	4.140
0,0000000005.17	0.0139	72	1 934 917 632	8.485	4.160
0,0000000004.82	0.0137	73	2 073 071 593	8.544	4.179
0,0000000004.51	0.0135	74	2 219 006 624	8.602	4.198
0,0000000004.21	0.0133	75	2 373 046 875	8.660	4.217
0,0000000003.94	0.0132	76	2 535 525 376	8.747	4.235
0,0000000003.69	0.0130	77	2 706 784 157	8.774	4.254
0,0000000003.46	0.0128	78	2 887 174 368	8 834	4.272
0,0000000003.25	0.0127	79	3 077 056 399	8.888	4.290
0,0000000003.05	0.0125	80	3 276 800 000	8.944	4.308
0,0000000002.87	0.0123	81	3 486 784 401	9.000	4.326
0,0000000002.70	0.0122	82	3 707 398 432	9.055	4.344
0,0000000002.54	0.0120	83	3 939 040 643	9.110	4.362
0,0000000002.39	0.0119	84	4 182 119 424	9.165	4.379
0,0000000002.25	0.0118	85	4 437 053 125	9.219	4.396
0,0000000002.13	0.0116	86	4 704 270 476	9.273	4.414
0,0000000002.01	0.0115	87	4 984 209 207	9.327	4.434
0,0000000001.89	0.0114	88	5 277 319 168	9.380	4.447
0,0000000001.79	0.0112	89	5 584 059 449	9.433	4.465
0,0000000001.69	0.0111	90	5 904 900 000	9.486	4.481
0,0000000001.60	0.0110	91	6 240 321 451	9.530	4.497
0,0000000001.52	0.0109	92	6 590 815 232	9.594	4.514
0,0000000001.44	0.0108	93	6 956 883 693	9.643	4.530
0,0900000001.36	0.0106	94	7 339 040 224	9.695	4.546
0,0000000001.29	0.0105	95	7 737 809 375	9.746	4.562
0,0000000001.23	0.0104	96	8 153 726 976	9.797	4.578
0,0000000001.16	0.0103	97	8 587 340 257	9.848	4.594
0,0000000001.11	0 0102	98	9 039 207 968	9.899	4.610
0,0000000001.05	0.0101	99	9 509 900 499	9.949	4.626
0,0000000001.00	0.0100	100	10 000 000 000	10.000	4.641

TABLE III.

TABLE DES VALEURS NUMÉRIQUES DE CERTAINES FONCTIONS SIMPLES DU NOMBRE π.

$$\pi = 3{,}14159\ 26535\ 89733\ldots \quad \log. \pi = 0{,}49714\ 9872694.$$

$$2\pi = 6{,}283185307.$$

$$3\pi = 9{,}424777961.$$

$$\frac{1}{2}\pi = 1{,}570796327.$$

$$\frac{1}{3}\pi = 1{,}047197551.$$

$$\frac{1}{4}\pi = 0{,}78540.$$

$$\frac{4}{3}\pi = 4{,}188790204.$$

$$\frac{1}{\pi} = 0{,}318309886.$$

$$\frac{2}{\pi} = 0{,}63662.$$

$$\frac{1}{2\pi} = 0{,}159154944.$$

$$\frac{3}{2\pi} = 0{,}47746.$$

$$\frac{1}{3\pi} = 0{,}42444.$$

$$\pi\sqrt{2} = 4{,}44288938.$$

$$\frac{\pi}{\sqrt{2}} = 2{,}22144469.$$

$$\frac{\sqrt{2}}{\pi} = 0{,}450158458.$$

$$\frac{2\sqrt{2}}{\pi} = 0{,}90032.$$

$$\sqrt{\pi} = 1{,}772453851.$$

$$2\sqrt{\pi} = 3{,}544907702.$$

$$\frac{1}{2}\sqrt{\pi} = 0{,}886226926.$$

$$\sqrt{\frac{\pi}{2}} = 1{,}253314137.$$

$$\sqrt{\frac{2}{\pi}} = 0{,}797884561.$$

$$\pi^2 = 9{,}86904401.$$

$$\frac{1}{\pi^2} = 0{,}101321184.$$

(Extrait des *Tables, formules et données numériques* du Général Lipine, 1re partie, p. 179. Saint-Pétersbourg, 1843.)

TABLE IV.

RÉDUCTION DES ARCS DE CERCLE EN PARTIES DU RAYON.

ARC 1° = 0,0174533.

EXEMPLE. — Trouver en parties du rayon l'arc qui correspond à un angle au centre de 53° 15′ 7″ 8.

Pour		
50°	0, 872 665	
3°	0, 052 359 9	
10′	0, 002 909	
5′	0, 001 454 4	
7″	0, 000 033 9	
0″,8	0, 000 003 88	
Somme....	0, 929 426.08	

10″	0,000 048	10′	0,002 909	10°	0,174 533
20″	0,000 097	20′	0,005 818	20°	0,349 066
30″	0,000 145	30′	0,008 727	30°	0,523 599
40″	0,000 194	40′	0,011 636	40°	0,698 132
50″	0,000 242	50′	0,014 544	50°	0,872 665
60″	0,000 294	60′	0,017 453	60°	1,047 198
70″	0,000 339	70′	0,020 362	70°	1,221 731
80″	0,000 388	80′	0,023 274	80°	1,396 264
90″	0,000 436	90′	0,026 180	90°	1,570 797

TABLE V.

LOGARITHMES HYPERBOLIQUES.

TABLE V.

LOGARITHMES HYPERBOLIQUES DES NOMBRES DE CENTIÈME EN CENTIÈME, DE 1 A 2, DE DIXIÈME EN DIXIÈME, DE 2 A 5, DES ENTIERS DE 5 A 10, ET DES NOMBRES 20, 100 ET 200.

On peut facilement, à l'aide de cette table, trouver le logarithme hyperbolique d'un nombre quelconque.

EXEMPLE. — Trouver le logarithme hyperbolique de 637.

$637 = 200 \times 3,185$ log. 1,60...0,47 000

$3,185 = 2 \times 1,5925.$ log. 1,59...0,46 373.   0,46373

Différence. . . . $0,00\,627 \times 0,25 =$ 0,00157

log. 1,5925	somme	0,46530
log. 2		0,69315
log. 200		5,29832
log. 637 =		6,45677

TABLE V.   669

Logarihmes hyperboliques.

e = 2,718281828459045.....   log. vulg. de e = 0,434294481903252.....

log. hyp. 10 = 2,302585092994045.

N.	LOG. HYP. N.	N.	LOG. HYP. N.	N.	LOG. HYP. N	N.	LOG. HYP. N.
1.00	0,00000	1.35	0.30010	1.70	0.53063	2.50	0.91629
1.01	0,00995	1.36	0.30748	1.71	0.53649	2.60	0.95551
1.02	0,01980	1.37	0.31481	1.72	0.54232	2.70	0.99325
1.03	0,02956	1.38	0.32208	1.73	0.54812	2.80	1.02962
1.04	0,03922	1.39	0.32930	1.74	0.55389	2.90	1.06471
1.05	0,04879	1.40	0.33647	1.75	0.55962	3.00	1.09861
1.06	0,05827	1.41	0.34359	1.76	0.56531	3.10	1.13140
1.07	0,06766	1.42	0.35066	1.77	0.57098	3.20	1.16315
1.08	0,07696	1.43	0.35767	1.78	0.57661	3.30	1.19392
1.09	0,08618	1.44	0.36464	1.79	0.58222	3.40	1.22378
1.10	0,09531	1.45	0.37156	1.80	0.58779	3.50	1.25276
1.11	0,10436	1.46	0.37844	1.81	0.59333	3.60	1.28093
1.12	0,11333	1.47	0.38526	1.82	0.59884	3.70	1.30833
1.13	0,12222	1.48	0.39204	1.83	0.60432	3.80	1.33500
1.14	0,13103	1.49	0.39878	1.84	0.60977	3.90	1.36098
1.15	0,13976	1.50	0.40547	1.85	0.61519	4.00	1.38629
1.16	0,14842	1.51	0.41211	1.86	0 62058	4.10	1.41099
1.17	0,15700	1.52	0.41871	1.87	0.62594	4.20	1.43508
1.18	0,16551	1.53	0.42527	1.88	0.63127	4.30	1.45861
1.19	0,17395	1.54	0.43178	1.89	0.63658	4.40	1.48160
1.20	0,18232	1.55	0.43825	1.90	0.64740	4.50	1.50408
1.21	0,19062	1.56	0.44469	1.91	0.64710	4.60	1.52606
1.22	0,19885	1.57	0.45108	1.92	0.65233	4.70	1.54756
1.23	0,20704	1.58	0.45742	1.93	0.65752	4.80	1.56862
1.24	0,21511	1.59	0.46373	1.94	0.66269	4.90	1.58924
1.25	0,22314	1.60	0.47000	1.95	0.66783	5.00	1.60944
1.26	0,23111	1.61	0.47623	1.96	0.67294	6.00	1.79176
1.27	0,23902	1.62	0.48243	1.97	0.67803	7.00	1.94591
1.28	0,24686	1.63	0.48858	1.98	0.68340	8.00	2.07944
1.29	0,25464	1.64	0.49470	1.99	0 68843	9.00	2.19722
1.30	0,26236	1.65	0.50078	2.00	0.69345	10.00	2.30258
1.31	0,27003	1.66	0.50682	2.10	0.74194	20.00	2.99573
1.32	0,27763	1.67	0.51282	2.20	0.78846	100.00	4.60517
1.33	0,28518	1.68	0.51879	2.30	0.83294	200.00	5.29832
1.34	0,29267	1.69	0.52473	2.40	0.87547		

TABLE VI.

LIGNES TRIGONOMÉTRIQUES NATURELLES DES ANGLES
DE MINUTE EN MINUTE.

(Table II du recueil de M. Claudel.)

0°

'	Sinus.	Cosinus.	Tangente.	Cotangente.	
0	0.0000000	1.0000000	0.0000000	Infinie	60
1	0.0002909	0.9999999	0.0002909	3437.74667	59
2	05818	99998	05818	1718.87319	58
3	08727	99996	08727	1145.91530	57
4	11636	99993	11636	859.43630	56
5	14544	99989	14544	687.54887	55
6	17453	99984	17453	572.95721	54
7	20362	99979	20362	491.10600	53
8	23271	99973	23271	429.71757	52
9	26180	99966	26180	381.97099	51
10	29089	99958	29089	343.77371	50
11	0.0031998	0.9999949	0.0031998	312.52137	49
12	34907	99939	34907	286.47773	48
13	37815	99928	37816	264.44080	47
14	40724	99917	40725	245.55198	46
15	43633	99905	43633	229.18166	45
16	46542	99892	46542	214.85762	44
17	49451	99878	49451	202.21875	43
18	52360	99863	52360	190.98419	42
19	55268	99847	55269	180.93220	41
20	58177	99830	58178	171.88540	40
21	0.0061086	0.9999813	0.0061087	163.70019	39
22	62995	99795	63996	156.25905	38
23	65904	99776	66905	149.46501	37
24	68813	99756	69814	143.23712	36
25	72721	99736	72723	137.50745	35
26	75630	99714	75632	132.21851	34
27	78539	99692	78541	127.32134	33
28	81448	99668	81450	122.77396	32
29	84357	99644	84360	118.54018	31
30	87265	99619	87269	114.58865	30
31	0.0090174	0.9999593	0.0090178	110.89205	29
32	93083	99566	93087	107.42648	28
33	95992	99539	95996	104.17003	27
34	98900	99511	98905	101.10680	26
35	0.0101809	99482	0.0101814	98.217943	25
36	04718	99452	04723	95.489475	24
37	07627	99421	07633	92.908487	23
38	10535	99389	10542	90.463336	22
39	13444	99356	13451	88.143572	21
40	16353	99323	16361	85.939791	20
41	0.0119261	0.9999289	0.0119270	83.843507	19
42	22170	99254	22179	81.847041	18
43	25079	99218	25088	79.943430	17
44	27987	99181	27998	78.126342	16
45	30896	99143	30907	76.390000	15
46	33805	99104	33817	74.729165	14
47	36713	99065	36726	73.138991	13
48	39622	99025	39635	71.615070	12
49	42530	98984	42545	70.153346	11
50	45439	98942	45454	68.750087	10
51	0.0148348	0.9998899	0.0148364	67.401854	9
52	51256	98855	51273	66.105472	8
53	54165	98811	54183	64.858007	7
54	57073	98766	57093	63.656741	6
55	59982	98720	60002	62.499154	5
56	62890	98673	62912	61.382905	4
57	65799	98625	65821	60.305820	3
58	68707	98576	68731	59.265872	2
59	71616	98527	71641	58.261174	1
60	74524	98477	74551	57.289962	0
	Cosinus	Sinus.	Cotang.	Tangente.	'

1°

'	Sinus.	Cosinus.	Tangente.	Cotang.	
0	0.0174524	0.9998477	0.0174551	57.289962	60
1	77432	98426	77460	56.350590	59
2	80341	98374	80370	55.441517	58
3	83249	98321	83280	54.561330	57
4	86158	98267	86190	53.708587	56
5	89066	98222	89100	52.882189	55
6	91974	98157	92010	52.080673	54
7	94883	98101	94920	51.303157	53
8	97791	98044	97830	50.548506	52
9	0.0200699	97986	0.0200740	49.815726	51
10	03608	97927	03650	49.103881	50
11	0.0206516	0.9997867	0.0206560	48.412084	49
12	09424	97806	09470	47.739561	48
13	12332	97745	12380	47.085843	47
14	15241	97683	15291	46.448862	46
15	18149	97620	18201	45.829551	45
16	21057	97556	21111	45.226141	44
17	23965	97491	24021	44.638596	43
18	26873	97425	26932	44.066113	42
19	29781	97359	29842	43.508122	41
20	32690	97292	32753	42.964077	40
21	0.0235598	0.9997224	0.0235663	42.438464	39
22	38506	97155	38574	41.915798	38
23	41414	97085	41484	41.410588	37
24	44322	97014	44395	40.917412	36
25	47230	96943	47305	40.435837	35
26	50138	96871	50216	39.965460	34
27	53046	96798	53127	39.505895	33
28	55954	96724	56038	39.056771	32
29	58862	96649	58948	38.617738	31
30	61769	96573	61859	38.188459	30
31	0.0264677	0.9996496	0.0264770	37.768613	29
32	67585	96419	67681	37.357892	28
33	70493	96341	70592	36.956001	27
34	73401	96262	73503	36.562659	26
35	76309	96182	76414	36.177596	25
36	79216	96101	79325	35.800553	24
37	82124	96019	82236	35.431282	23
38	85032	95936	85148	35.069546	22
39	87940	95853	88059	34.715115	21
40	90847	95769	90970	34.367771	20
41	0.0293755	0,9995684	0.0293882	34.027363	19
42	96662	95598	96793	33.693609	18
43	99570	95511	99705	33.366194	17
44	0.0302478	95424	0.0302616	33.045173	16
45	05385	95336	05528	32.730261	15
46	08293	95247	08439	32.421295	14
47	11200	95157	11351	32.118099	13
48	14108	95066	14263	31.820516	12
49	17015	94974	17174	31.528392	11
50	19922	94881	20086	31.241577	10
51	0.0322830	0.9994788	0.0322998	30.959926	9
52	25737	94693	25910	30.683307	8
53	28644	94599	28822	30.411588	7
54	31552	94505	31734	30.144619	6
55	34459	94406	34646	29.882299	5
56	37366	94308	37558	29.624490	4
57	40273	94209	40471	29.371106	3
58	43181	94009	43383	29.122005	2
59	46088	94009	46295	28.877089	1
60	48995	93908	49208	28.636253	0
	Cosinus.	Sinus.	Cotang.	Tangente.	'

2°

'	Sinus.	Cosinus.	Tangente.	Cotang.	
0	0.034899	0.999391	0.034921	28.636253	60
1	5190	9381	5212	28.399397	59
2	5481	9370	5503	28.166422	58
3	5772	9360	5795	27.937233	57
4	6062	9350	6086	27.711740	56
5	6353	9339	6377	27.489853	55
6	6644	9328	6668	27.271486	54
7	6934	9318	6960	27.056557	53
8	7225	9307	7251	26.844984	52
9	7516	9296	7542	26.636690	51
10	7806	9285	7834	26.431600	50
11	0.038097	0.999274	0.038125	26.229648	49
12	8388	9263	8416	26.030738	48
13	8678	9252	8707	25.834823	47
14	8969	9240	8999	25.641832	46
15	9259	9229	9290	25.451700	45
16	9550	9218	9581	25.264361	44
17	9841	9206	9873	25.079757	43
18	0.040132	9194	0.040164	24.897826	42
19	0422	9188	0456	24.718519	41
20	0713	9171	0747	24.541758	40
21	0.041004	0.999159	0.041038	24.367509	39
22	1294	9147	1330	24.195714	38
23	1585	9135	1621	24.026320	37
24	1876	9123	1912	23.859277	36
25	2166	9111	2204	23.694537	35
26	2457	9098	2495	23.532052	34
27	2748	9086	2787	23.371777	33
28	3038	9073	3078	23.213666	32
29	3329	9061	3370	23.057677	31
30	3619	9048	3661	22.903765	30
31	0.043910	0.999036	0.043952	22.751892	29
32	4201	9023	4244	22.602015	28
33	4491	9010	4535	22.454096	27
34	4782	8997	4827	22.308097	26
35	5072	8984	5118	22.163980	25
36	5363	8971	5410	22.021710	24
37	5654	8957	5701	21.881251	23
38	5944	8944	5993	21.742569	22
39	6235	8931	6284	21.605630	21
40	6525	8917	6576	21.470401	20
41	0.046816	0.998904	0.046867	21.336851	19
42	7106	8890	7159	21.204949	18
43	7397	8876	7450	21.074664	17
44	7688	8862	7742	20.945966	16
45	7978	8848	8033	20.818828	15
46	8269	8834	8325	20.693220	14
47	8559	8820	8617	20.569115	13
48	8850	8806	8908	20.446486	12
49	9140	8792	9200	20.325307	11
50	9431	8778	9491	20.205553	10
51	0.049721	0.998763	0.049783	20.087199	9
52	0.050012	8749	0.050075	19.970219	8
53	0302	8734	0366	19.854591	7
54	0593	8719	0658	19.740291	6
55	0883	8705	0950	19.627296	5
56	1174	8690	1241	19.515584	4
57	1464	8675	1533	19.405133	3
58	1755	8660	1824	19.295922	2
59	2045	8645	2116	19.187930	1
60	2336	8629	2408	19.081137	0
	Cosinus.	Sinus.	Cotang.	Tangente.	'

87°

3°

'	Sinus.	Cosinus.	Tangente.	Cotang.	
0	0.052336	0.998629	0.052408	19.081137	60
1	2626	8614	2699	18.975523	59
2	2917	8599	2991	18.871068	58
3	3207	8584	3283	18.767754	57
4	3498	8568	3575	18.665562	56
5	3788	8552	3866	18.564473	55
6	4079	8537	4158	18.464471	54
7	4369	8521	4450	18.365537	53
8	4660	8505	4742	18.267654	52
9	4950	8489	5033	18.170807	51
10	5241	8473	5325	18.074977	50
11	0.055531	0.998457	0.055617	17.980150	49
12	5822	8441	5909	17.886310	48
13	6112	8425	6201	17.793442	47
14	6402	8408	6492	17.701529	46
15	6693	8392	6784	17.610559	45
16	6983	8375	7076	17.520516	44
17	7274	8359	7368	17.431385	43
18	7564	8342	7660	17.343155	42
19	7854	8325	7952	17.255809	41
20	8145	8308	8243	17.169337	40
21	0.058435	0.998291	0.058535	17.083728	39
22	8726	8274	8827	16.998957	38
23	9016	8257	9119	16.915025	37
24	9306	8240	9411	16.831915	36
25	9597	8223	9703	16.749614	35
26	9887	8205	9995	16.668112	34
27	0.060178	8188	0.060287	16.587396	33
28	0468	8170	0579	16.507455	32
29	0758	8153	0871	16.428277	31
30	1049	8135	1163	16.349856	30
31	0.061339	0.998117	0.061455	16.272174	29
32	1629	8099	1747	16.195225	28
33	1920	8081	2039	16.118998	27
34	2210	8063	2331	16.043482	26
35	2500	8045	2623	15.968667	25
36	2791	8027	2915	15.894545	24
37	3081	8008	3207	15.821104	23
38	3371	7990	3499	15.748337	22
39	3661	7972	3791	15.676233	21
40	3952	7953	4083	15.604784	20
41	0.064242	0.997934	0.064375	15.533981	19
42	4532	7916	4667	15.463814	18
43	4823	7897	4959	15.394276	17
44	5113	7878	5251	15.325358	16
45	5403	7859	5543	15.257052	15
46	5693	7840	5836	15.189349	14
47	5984	7821	6128	15.122242	13
48	6274	7801	6420	15.055725	12
49	6564	7782	6712	14.989784	11
50	6854	7763	7004	14.924417	10
51	0.067145	0.997743	0.067297	14.859615	9
52	7435	7724	7589	14.795372	8
53	7725	7704	7881	14.731679	7
54	8015	7684	8173	14.668529	6
55	8306	7664	8465	14.605916	5
56	8596	7644	8758	14.543835	4
57	8886	7624	9050	14.482272	3
58	9176	7604	9342	14.421250	2
59	9466	7584	9635	14.360696	1
60	9757	7564	9927	14.300656	0
	Cosinus.	Sinus.	Cotang.	Tangente.	'

86°

4°

°	Sinus.	Cosinus.	Tang.	Cotang.	'
0	0.06976	0.99756	0.06993	14.30067	60
1	0.07005	754	0.07022	24113	59
2	034	752	051	18209	58
3	063	750	080	12354	57
4	092	748	110	06546	56
5	121	746	139	00786	55
6	150	744	168	13.95072	54
7	179	742	197	89405	53
8	208	740	227	83783	52
9	237	738	256	78206	51
10	266	736	285	72674	50
11	0.07295	0.99734	0.07314	13.67186	49
12	324	731	344	61741	48
13	353	729	373	56339	47
14	382	727	402	50980	46
15	411	725	431	45662	45
16	440	723	461	40387	44
17	469	721	490	35152	43
18	498	719	519	29957	42
19	527	716	548	24803	41
20	556	714	578	19688	40
21	0.07585	0.99712	0.07607	13.14813	39
22	614	710	636	09676	38
23	643	708	665	04577	37
24	672	705	695	12.99616	36
25	701	703	724	94692	35
26	730	701	753	89806	34
27	759	699	782	84956	33
28	788	696	812	80142	32
29	817	694	841	75363	31
30	846	692	870	70621	30
31	0.07875	0.99689	0.07899	12.65913	29
32	904	687	929	61239	28
33	933	685	958	56600	27
34	962	683	987	51994	26
35	991	680	0.08017	47422	25
36	0.08020	678	046	42883	24
37	049	676	075	38377	23
38	078	673	104	33903	22
39	107	671	134	29461	21
40	136	669	163	25051	20
41	0.08165	0.99666	0.08192	12.20672	19
42	194	664	222	16324	18
43	223	661	251	12006	17
44	252	659	280	07719	16
45	281	657	309	03462	15
46	310	654	339	11.99235	14
47	339	652	368	95037	13
48	368	649	397	90868	12
49	397	647	427	86728	11
50	426	644	456	82617	10
51	0.08455	0.99642	0.08485	11.78533	9
52	484	639	514	74478	8
53	513	637	544	70450	7
54	542	635	573	66449	6
55	571	632	602	62476	5
56	600	630	632	58529	4
57	629	627	661	54609	3
58	658	624	690	50715	2
59	687	622	720	46847	1
60	716	619	749	43005	0
	Cosinus.	Sinus.	Cotang.	Tangente.	'

5°

°	Sinus.	Cosinus.	Tang.	Cotang.	'
0	0.08716	0.99619	0.08749	11.43005	60
1	745	617	778	39189	59
2	774	614	807	35397	58
3	803	612	837	31630	57
4	831	609	866	27889	56
5	860	607	895	24171	55
6	889	604	925	20478	54
7	918	602	954	16809	53
8	947	599	983	13164	52
9	976	596	0.09043	09542	51
10	0.09005	594	042	05943	50
11	0.09034	0.99591	0.09071	11.02367	49
12	063	588	101	10.98815	48
13	092	586	130	95285	47
14	121	583	159	91778	46
15	150	580	189	88292	45
16	179	578	218	84829	44
17	208	575	247	81387	43
18	237	572	277	77967	42
19	266	570	306	74569	41
20	295	567	335	71191	40
21	0.09324	0.99564	0.09365	10.67835	39
22	353	562	394	64499	38
23	382	559	423	61184	37
24	411	556	453	57890	36
25	440	553	482	54615	35
26	469	551	511	51361	34
27	498	548	541	48126	33
28	527	545	570	44911	32
29	556	542	600	41716	31
30	585	540	629	38540	30
31	0.09614	0.99537	0.09658	10.35383	29
32	642	534	688	32245	28
33	671	531	717	29126	27
34	700	528	746	26025	26
35	729	526	776	22943	25
36	758	523	805	19879	24
37	787	520	834	16833	23
38	816	517	864	13805	22
39	845	514	893	10795	21
40	874	511	923	07803	20
41	0.09903	0.99508	0.09952	10.04828	19
42	932	506	981	01871	18
43	961	503	0.10011	9.98931	17
44	990	500	040	96007	16
45	0.10019	497	069	93101	15
46	048	494	099	90211	14
47	077	491	128	87338	13
48	106	488	158	84482	12
49	135	485	187	84641	11
50	164	482	216	78817	10
51	0.10192	0.99479	0.10246	9.76009	9
52	222	476	275	73217	8
53	250	473	305	70441	7
54	279	470	334	67680	6
55	308	467	363	64935	5
56	337	464	393	62205	4
57	366	461	422	59490	3
58	395	458	452	56791	2
59	424	455	481	54106	1
60	453	452	510	51436	0
	Cosinus.	Sinus.	Cotang.	Tangente.	'

85°   84°

6° · 83°

'	Sinus	Cosinus	Tang	Cotang	'
0	0.10453	0.99452	0.10510	9.51436	60
1	482	449	540	48781	59
2	511	446	569	46141	58
3	540	443	599	43515	57
4	569	440	628	40904	56
5	597	437	658	38307	55
6	626	434	687	35724	54
7	655	431	716	33155	53
8	684	428	746	30599	52
9	713	424	775	28058	51
10	742	421	805	25530	50
11	0.10771	0.99418	0.10834	9.23018	49
12	800	415	863	20516	48
13	829	412	893	18028	47
14	858	409	922	15554	46
15	887	406	952	13093	45
16	916	402	981	10646	44
17	945	399	0.11011	08211	43
18	973	396	040	05789	42
19	0.11002	393	070	03379	41
20	031	390	099	00983	40
21	0.11060	0.99386	0.11128	8.98598	39
22	089	383	158	96227	38
23	118	380	187	93867	37
24	147	377	217	91520	36
25	176	374	246	89185	35
26	205	370	276	86862	34
27	234	367	305	84551	33
28	263	364	335	82252	32
29	291	360	364	79964	31
30	320	357	394	77689	30
31	0.11349	0.99354	0.11423	8.75425	29
32	378	351	453	73172	28
33	407	347	482	70931	27
34	436	344	511	68701	26
35	465	341	541	66482	25
36	494	337	570	64275	24
37	523	334	600	62078	23
38	552	331	629	59893	22
39	580	327	659	57718	21
40	609	324	688	55555	20
41	0.11638	0.99320	0.11718	8.53402	19
42	667	317	747	51259	18
43	696	314	777	49128	17
44	725	310	806	47007	16
45	754	307	836	44896	15
46	783	303	865	42795	14
47	812	300	895	40705	13
48	840	297	924	38625	12
49	869	293	954	36555	11
50	898	290	983	34496	10
51	0.11927	0.99286	0.12013	8.32446	9
52	956	283	042	30406	8
53	985	279	072	28376	7
54	0.12014	276	101	26355	6
55	043	272	131	24345	5
56	071	269	160	22345	4
57	100	265	190	20352	3
58	129	262	219	18370	2
59	158	258	249	16398	1
60	187	255	278	14435	0
	Cosinus.	Sinus.	Cotang.	Tang.	'

7° · 82°

'	Sinus	Cosinus	Tang	Cotang	'
0	0.12187	0.99255	0.12278	8.14439	60
1	216	251	308	12481	59
2	245	248	338	10538	58
3	274	244	367	08600	57
4	302	240	397	06674	56
5	331	237	426	04756	55
6	360	233	456	02848	54
7	389	230	485	00948	53
8	418	226	515	7.99058	52
9	447	222	544	97176	51
10	476	219	574	95302	50
11	0.12504	0.99215	0.12603	7.93438	49
12	533	211	633	91592	48
13	562	208	662	89734	47
14	591	204	692	87895	46
15	620	200	722	86064	45
16	649	197	751	84242	44
17	678	193	781	82428	43
18	706	189	810	80622	42
19	735	186	840	78825	41
20	764	182	869	77035	40
21	0.12793	0.99178	0.12899	7.75254	39
22	822	175	929	73480	38
23	851	171	958	71715	37
24	880	167	988	69957	36
25	908	163	0.13017	68208	35
26	937	160	047	66466	34
27	966	156	076	64732	33
28	995	152	106	63005	32
29	0.13024	148	136	61287	31
30	053	144	165	59575	30
31	0.13081	0.99141	0.13195	7.57872	29
32	110	137	224	56176	28
33	139	133	254	54487	27
34	168	129	284	52806	26
35	197	125	313	51132	25
36	226	122	343	49465	24
37	254	118	372	47806	23
38	283	114	402	46154	22
39	312	110	432	44509	21
40	341	106	461	42871	20
41	0.13370	0.99102	0.13491	7.41240	19
42	399	098	520	39616	18
43	427	094	550	37999	17
44	456	091	580	36389	16
45	485	087	609	34786	15
46	514	083	639	33190	14
47	543	079	669	31600	13
48	572	075	698	30018	12
49	600	071	728	28442	11
50	629	067	758	26873	10
51	0.13658	0.99063	0.13787	7.25310	9
52	687	059	817	23754	8
53	716	055	847	22204	7
54	744	051	876	20661	6
55	773	047	906	19125	5
56	802	043	935	17594	4
57	831	039	965	16071	3
58	860	035	995	14553	2
59	889	031	0.14024	13042	1
60	917	027	054	11537	0
	Cosinus.	Sinus.	Cotang.	Tang.	'

8°

'	Sinus.	Cosinus.	Tang.	Cotang.	'
0	0.13917	0.99027	0.14054	7.11537	60
1	946	023	084	10088	59
2	975	019	113	08546	58
3	0.14004	015	143	07059	57
4	033	011	173	05579	56
5	061	006	202	41105	55
6	090	002	232	02687	54
7	119	0,98998	262	01174	53
8	148	994	291	6.99718	52
9	177	990	321	98268	51
10	205	986	351	96823	50
11	0.14234	0.98982	0.14381	6.95385	49
12	263	978	410	93952	48
13	292	973	440	92525	47
14	320	969	470	91104	46
15	349	965	499	89688	45
16	378	961	529	88278	44
17	407	957	559	86874	43
18	436	953	588	85475	42
19	464	948	618	84082	41
20	493	944	648	82694	40
21	0.14522	0.98940	0.14678	6.81312	39
22	551	936	707	79936	38
23	580	931	737	78564	37
24	608	927	767	77199	36
25	637	923	796	75838	35
26	666	919	826	74483	34
27	695	914	856	73133	33
28	723	910	886	71789	32
29	752	906	915	70450	31
30	781	902	945	69116	30
31	0.14810	0.98897	0.14975	6.67787	29
32	838	893	0.15005	66463	28
33	867	889	034	65144	27
34	896	884	064	63831	26
35	925	880	094	62523	25
36	954	876	124	61219	24
37	982	871	153	59921	23
38	0.15011	867	183	58627	22
39	040	863	213	57339	21
40	069	858	243	56055	20
41	0.15097	0.98854	0.15272	6.54777	19
42	126	849	302	53503	18
43	155	845	332	52234	17
44	184	841	362	50970	16
45	212	836	391	49710	15
46	241	832	421	48456	14
47	270	827	451	47206	13
48	299	823	481	45961	12
49	327	818	511	44720	11
50	356	814	540	43484	10
51	0.15385	0.98809	0.15570	6.42253	9
52	414	805	600	41026	8
53	442	800	630	39804	7
54	471	796	660	38587	6
55	500	791	689	37374	5
56	529	787	719	36165	4
57	557	782	749	34961	3
58	586	778	779	33761	2
59	615	773	809	32566	1
60	643	.769	838	31375	0
	Cosinus.	Sinus.	Cotang.	Tang.	'

9°

'	Sinus.	Cosinus.	Tang.	Cotang.	'
0	0.15643	0.98769	0.15838	6.31375	60
1	672	764	868	30189	59
2	701	760	898	29007	58
3	730	755	928	27829	57
4	758	751	958	26655	56
5	787	746	988	25486	55
6	816	741	0.16017	24321	54
7	845	737	047	23160	53
8	873	732	077	22003	52
9	902	728	107	20851	51
10	931	723	137	19703	50
11	0.15959	0.98718	0.16167	6.18559	49
12	988	714	196	17419	48
13	0.16017	709	226	16283	47
14	046	704	256	15151	46
15	074	700	286	14023	45
16	103	695	316	12899	44
17	132	690	346	11779	43
18	160	686	376	10664	42
19	189	681	406	09552	41
20	218	676	435	08444	40
21	0.16246	0.98671	0.16465	6.07340	39
22	275	667	495	06240	38
23	304	662	525	05143	37
24	333	657	555	04051	36
25	361	652	585	02962	35
26	390	648	615	01878	34
27	419	643	645	00797	33
28	447	638	674	5.99720	32
29	476	633	704	98646	31
30	505	629	734	97576	30
31	0.16533	0.98624	0.16764	5.96510	29
32	562	619	794	95448	28
33	591	614	824	94390	27
34	620	609	854	93335	26
35	648	604	884	92288	25
36	677	600	914	91235	24
37	706	595	944	90191	23
38	734	590	974	89151	22
39	763	585	0.17004	88114	21
40	792	580	033	87080	20
41	0.16820	0.98575	0.17063	5.86051	19
42	849	570	093	85024	18
43	878	565	123	84001	17
44	906	561	153	82982	16
45	935	556	183	81966	15
46	964	551	213	80953	14
47	992	546	243	79944	13
48	0.17021	541	273	78938	12
49	050	536	303	77936	11
50	078	531	333	76937	10
51	0.17107	0.98526	0.17363	5.75941	9
52	136	521	393	74949	8
53	164	516	423	73960	7
54	193	511	453	72974	6
55	222	506	483	71992	5
56	250	501	513	71013	4
57	279	496	543	70037	3
58	308	491	573	69064	2
59	336	486	603	68094	1
60	365	481	633	67128	0
	Cosinus.	Sinus.	Cotang.	Tang.	'

10°   **11°**

'	Sinus	Cosinus	Tang	Cotang		'	Sinus	Cosinus	Tang	Cotang	
0	0.17365	0.98481	0.17633	5.67128	60	0	0.19081	0.98163	0.19438	5.14455	60
1	393	476	663	66165	59	1	109	157	468	13658	59
2	422	471	693	65205	58	2	138	152	498	12862	58
3	451	466	723	64248	57	3	167	146	529	12069	57
4	479	461	753	63295	56	4	195	140	559	11279	56
5	508	455	783	62344	55	5	224	135	589	10490	55
6	537	450	813	61397	54	6	252	129	619	09704	54
7	565	445	843	60452	53	7	281	124	649	08921	53
8	594	440	873	59511	52	8	309	118	680	08139	52
9	623	435	903	58573	51	9	338	112	710	07360	51
10	651	430	933	57638	50	10	366	107	740	06584	50
11	0.17680	0.98425	0.17963	5.56706	49	11	0.19395	0.98101	0.19770	5.05809	49
12	708	420	993	55777	48	12	423	096	801	05037	48
13	737	414	0.18023	54851	47	13	452	090	831	04267	47
14	766	409	053	53927	46	14	480	084	861	03499	46
15	794	404	083	53007	45	15	509	079	891	02734	45
16	823	399	113	52090	44	16	538	073	921	01971	44
17	852	394	143	51176	43	17	566	067	952	01210	43
18	880	389	173	50264	42	18	595	061	982	00451	42
19	909	383	203	49356	41	19	623	056	0.20012	4.99695	41
20	937	378	233	48451	40	20	652	050	042	98940	40
21	0.17966	0.98373	0.18263	5.47548	39	21	0.19680	0.98044	0.20073	4.98188	39
22	995	368	293	46648	38	22	709	039	103	97438	38
23	0.18023	362	323	45751	37	23	737	033	133	96690	37
24	052	357	353	44857	36	24	766	027	164	95945	36
25	081	352	383	43966	35	25	794	021	194	95201	35
26	109	347	414	43077	34	26	823	016	224	94460	34
27	138	341	444	42192	33	27	851	010	254	93721	33
28	166	336	474	41309	32	28	880	004	285	92984	32
29	195	331	504	40429	31	29	908	0.97998	315	92249	31
30	224	325	534	39552	30	30	937	992	345	91516	30
31	0.18252	0.98320	0.18564	5.38677	29	31	0.19965	0.97987	0.20376	4.90785	29
32	281	315	594	37805	28	32	994	981	406	90056	28
33	309	310	624	36936	27	33	0.20022	975	436	89330	27
34	338	304	654	36070	26	34	051	969	466	88605	26
35	367	299	684	35206	25	35	079	963	497	87882	25
36	395	294	714	34345	24	36	108	958	527	87162	24
37	424	288	745	33487	23	37	136	952	557	86444	23
38	452	283	775	32631	22	38	165	946	588	85727	22
39	481	277	805	31778	21	39	193	940	618	85013	21
40	510	272	835	30928	20	40	222	934	648	84300	20
41	0.18538	0.98267	0.18865	5.30080	19	41	0.20250	0.97928	0.20679	4.83590	19
42	567	261	895	29235	18	42	279	922	709	82882	18
43	595	256	925	28393	17	43	307	916	739	82175	17
44	624	250	955	27553	16	44	336	910	770	81471	16
45	652	245	986	26715	15	45	364	905	800	80769	15
46	681	240	0.19016	25880	14	46	393	899	830	80068	14
47	710	234	046	25048	13	47	421	893	861	79370	13
48	738	229	076	24218	12	48	450	887	891	78673	12
49	767	223	106	23391	11	49	478	881	921	77978	11
50	795	218	136	22566	10	50	507	875	952	77286	10
51	0.18824	0.98212	0.19166	5.21744	9	51	0.20535	0.97869	0.20982	4.76595	9
52	852	207	197	20925	8	52	563	863	0.21013	75906	8
53	881	201	227	20107	7	53	592	857	043	75219	7
54	910	196	257	19293	6	54	620	851	073	74534	6
55	938	190	287	18480	5	55	649	845	104	73851	5
56	967	185	317	17671	4	56	677	839	134	73170	4
57	995	179	347	16863	3	57	706	833	164	72490	3
58	0.19024	174	378	16058	2	58	734	827	195	71813	2
59	052	168	408	15256	1	59	763	821	225	71137	1
60	081	163	438	14455	0	60	791	815	256	70463	0
	Cosinus.	Sinus.	Cotang.	Tang.	'		Cosinus.	Sinus.	Cotang.	Tang.	'

79°   **78°**

12°

'	Sinus.	Cosinus.	Tang.	Cotang.	
0	0.20791	0.97815	0.21256	4.70463	60
1	820	809	286	4.69791	59
2	848	803	316	9121	58
3	877	797	347	8452	57
4	905	790	377	7786	56
5	933	784	408	7121	55
6	962	778	438	6458	54
7	990	772	469	5797	53
8	0.21019	766	499	5138	52
9	047	760	529	4480	51
10	076	754	560	3825	50
11	0.21104	0.97748	0.21590	4.63171	49
12	132	742	621	2518	48
13	161	735	651	1868	47
14	189	729	682	1219	46
15	218	723	712	0572	45
16	246	717	743	4.59927	44
17	275	711	773	9283	43
18	303	705	804	8641	42
19	331	696	834	8001	41
20	360	692	864	7363	40
21	0.21388	0.97686	0.21895	4.56726	39
22	417	680	925	6091	38
23	445	673	956	5458	37
24	474	667	986	4826	36
25	502	661	0.22017	4196	35
26	530	655	047	3568	34
27	559	648	078	2941	33
28	587	642	108	2316	32
29	616	636	139	1693	31
30	644	630	169	1071	30
31	0.21672	0.97623	0.22200	4.50451	29
32	701	617	230	4.49832	28
33	729	611	261	9215	27
34	758	604	292	8600	26
35	786	598	322	7986	25
36	814	592	353	7374	24
37	843	585	383	6764	23
38	871	579	414	6155	22
39	899	573	444	5548	21
40	928	566	475	4942	20
41	0.21956	0.97560	0.22505	4.44338	19
42	985	553	536	3735	18
43	0.22013	547	567	3134	17
44	041	541	597	2534	16
45	070	534	628	1936	15
46	098	528	658	1340	14
47	126	521	689	0745	13
48	155	515	719	0152	12
49	183	508	750	4.39560	11
50	212	502	781	8969	10
51	0.22240	0.97496	0.22811	4.38381	9
52	268	489	842	7793	8
53	297	483	872	7207	7
54	325	476	903	6623	6
55	353	470	934	6040	5
56	382	463	964	5459	4
57	410	457	995	4879	3
58	438	450	0.23026	4300	2
59	467	444	056	3723	1
60	495	437	087	3148	0
	Cosinus.	Sinus.	Cotang.	Tang.	'

77°

13°

'	Sinus.	Cosinus.	Tang.	Cotang.	
0	0.22495	0.97437	0.23087	4.33148	60
1	523	430	117	2573	59
2	552	424	148	2001	58
3	580	417	179	1430	57
4	608	411	209	0860	56
5	637	404	240	0291	55
6	665	398	271	4.29724	54
7	693	391	301	9159	53
8	722	384	332	8595	52
9	750	378	363	8032	51
10	778	371	393	7471	50
11	0.22807	0.97365	0.23424	4.26911	49
12	835	358	455	6352	48
13	863	351	485	5795	47
14	892	345	516	5239	46
15	920	338	547	4685	45
16	948	331	578	4132	44
17	977	325	608	3580	43
18	0.23005	318	639	3030	42
19	033	311	670	2481	41
20	062	304	700	1933	40
21	0.23090	0.97298	0.23731	4.21387	39
22	118	291	762	0842	38
23	146	284	793	0298	37
24	175	278	823	4.19756	36
25	203	271	854	9215	35
26	231	264	885	8675	34
27	260	257	916	8137	33
28	288	251	946	7600	32
29	316	244	977	7064	31
30	345	237	0.24008	6530	30
31	0.23373	0.97230	0.24039	4.15997	29
32	401	223	069	5466	28
33	429	217	100	4934	27
34	458	210	131	4405	26
35	486	203	162	3877	25
36	514	196	193	3350	24
37	542	189	223	2825	23
38	571	182	254	2301	22
39	599	176	285	1778	21
40	627	169	316	1256	20
41	0.23656	0.97162	0.24347	4.10736	19
42	684	155	377	0216	18
43	712	148	408	4.09699	17
44	740	141	439	9182	16
45	769	134	470	8666	15
46	797	127	501	8152	14
47	825	120	532	7639	13
48	853	113	562	7127	12
49	882	106	593	6616	11
50	910	100	624	6107	10
51	0.23938	0.97093	0.24655	4.05599	9
52	966	086	686	5092	8
53	995	079	717	4586	7
54	0.24023	072	747	4081	6
55	051	065	778	3578	5
56	079	058	809	3076	4
57	108	051	840	2574	3
58	136	044	871	2074	2
59	164	037	902	1576	1
60	192	030	933	1078	0
	Cosinus.	Sinus.	Cotang.	Tang.	'

76°

14°   **15°**

'	Sinus.	Cosinus.	Tang.	Cotang.		'	Sinus.	Cosinus.	Tang.	Cotang.	'
0	0.24192	0.97030	0.24933	4.01078	60	0	0.25882	0.96593	0.26795	3.73205	60
1	220	023	964	0582	59	1	910	585	826	2771	59
2	249	015	995	0086	58	2	938	578	857	2338	58
3	277	008	0.25026	3.99592	57	3	966	570	888	1907	57
4	305	001	056	9099	56	4	994	562	920	1476	56
5	333	0.96994	087	8607	55	5	0.26022	555	951	1046	55
6	361	987	118	8117	54	6	050	547	982	0616	54
7	390	980	149	7627	53	7	079	540	0.27013	0188	53
8	418	973	180	7139	52	8	107	532	044	3.69761	52
9	446	966	211	6651	51	9	135	524	076	9335	51
10	474	959	242	6165	50	10	163	517	107	8909	50
11	0.24503	0.96952	0.25273	3.95680	49	11	0.26191	0.96509	0.27138	3.68485	49
12	531	945	304	5196	48	12	219	502	169	8061	48
13	559	937	335	4713	47	13	247	494	201	7638	47
14	587	930	366	4232	46	14	275	486	232	7217	46
15	615	923	397	3751	45	15	303	479	263	6796	45
16	644	916	428	3271	44	16	331	471	294	6376	44
17	672	909	459	2793	43	17	359	463	326	5957	43
18	700	902	490	2316	42	18	387	456	357	5538	42
19	728	894	521	1839	41	19	415	448	388	5121	41
20	756	887	552	1364	40	20	443	440	419	4705	40
21	0.24784	0.96880	0.25583	3.90890	39	21	0.26471	0.96433	0.27451	3.64289	39
22	813	873	614	0417	38	22	500	425	482	3874	38
23	841	866	645	3.89945	37	23	528	417	513	3461	37
24	869	859	676	9474	36	24	556	410	545	3048	36
25	897	851	707	9004	35	25	584	402	576	2636	35
26	925	844	738	8536	34	26	612	394	607	2224	34
27	953	837	769	8068	33	27	640	386	638	1814	33
28	982	829	800	7601	32	28	668	379	670	1405	32
29	0.25010	822	831	7136	31	29	696	371	701	0996	31
30	038	815	862	6671	30	30	724	363	732	0588	30
31	0.25066	0.96807	0.25893	3.86208	29	31	0.26752	0.96355	0.27764	3.60181	29
32	094	800	924	5745	28	32	780	347	795	3.59775	28
33	122	793	955	5284	27	33	808	340	826	9370	27
34	151	786	986	4824	26	34	836	332	858	8966	26
35	179	778	0.26017	4364	25	35	864	324	889	8562	25
36	207	771	048	3906	24	36	892	316	920	8160	24
37	235	764	079	3449	23	37	920	308	952	7758	23
38	263	756	110	2992	22	38	948	301	983	7357	22
39	291	749	141	2537	21	39	976	293	0,28015	6957	21
40	320	742	172	2083	20	40	0.27004	285	046	6557	20
41	0.25348	0.96734	0.26203	3.81630	19	41	0.27032	0.96277	0.28077	3.56159	19
42	376	727	235	1177	18	42	060	269	109	5761	18
43	404	719	266	0726	17	43	088	261	140	5364	17
44	432	712	297	0276	16	44	116	253	172	4966	16
45	460	705	328	3.79827	15	45	144	246	203	4573	15
46	488	697	359	9378	14	46	172	238	234	4179	14
47	516	690	390	8931	13	47	200	230	266	3785	13
48	545	682	421	8485	12	48	228	222	297	3393	12
49	573	675	452	8040	11	49	256	214	329	3001	11
50	601	667	483	7595	10	50	284	206	360	2609	10
51	0.25629	0.96660	0.26515	3.77152	9	51	0.27312	0.96198	0.28391	3.52219	9
52	657	653	546	6709	8	52	340	190	423	1829	8
53	685	645	577	6268	7	53	368	182	454	1441	7
54	713	638	608	5828	6	54	396	174	486	1053	6
55	741	630	639	5388	5	55	424	166	517	0666	5
56	769	623	670	4950	4	56	452	158	549	0279	4
57	798	615	701	4512	3	57	480	150	580	3.49894	3
58	826	608	733	4075	2	58	508	142	612	9509	2
59	854	600	764	3640	1	59	536	134	643	9125	1
60	882	593	795	3205	0	60	564	126	675	8741	0
	Cosinus.	Sinus.	Cotang.	Tang.	'		Cosinus.	Sinus.	Cotang.	Tang.	

16°

′	Sinus.	Cosinus.	Tang.	Cotang.	
0	0.27564	0.96126	0.28675	3.48741	60
1	592	118	706	8359	59
2	620	110	738	7977	58
3	648	102	769	7595	57
4	676	094	800	7216	56
5	704	086	832	6837	55
6	731	078	864	6458	54
7	759	070	895	6080	53
8	787	062	927	5703	52
9	815	054	958	5327	51
10	843	046	990	4951	50
11	0.27871	0.96037	0.29021	3.44576	49
12	899	029	053	4202	48
13	927	021	084	3829	47
14	955	013	116	3456	46
15	983	005	147	3084	45
16	0.28011	0.95997	179	2713	44
17	039	989	210	2343	43
18	067	981	242	1973	42
19	095	972	274	1604	41
20	123	964	305	1236	40
21	0.28150	0.95956	0.29337	3.40869	39
22	178	948	368	0502	38
23	206	940	400	0136	37
24	234	931	432	3.39771	36
25	262	923	463	9406	35
26	290	915	495	9042	34
27	318	907	526	8679	33
28	346	898	558	8317	32
29	374	890	590	7955	31
30	402	882	621	7594	30
31	0.28429	0.95874	0.29653	3.37234	29
32	457	865	685	6875	28
33	485	857	716	6516	27
34	513	849	748	6158	26
35	541	841	780	5800	25
36	569	832	811	5443	24
37	597	824	843	5087	23
38	625	816	875	4732	22
39	652	807	906	4377	21
40	680	799	938	4023	20
41	0.28708	0.95791	0.29970	3.33670	19
42	736	782	0.30001	3317	18
43	764	774	033	2965	17
44	792	766	065	2614	16
45	820	757	097	2264	15
46	847	749	128	1914	14
47	875	740	160	1565	13
48	903	732	192	1216	12
49	931	724	224	0868	11
50	959	715	255	0521	10
51	0.28937	0.95707	0.30287	3.30174	9
52	0.29015	698	319	3.29829	8
53	042	690	351	9483	7
54	070	681	382	9139	6
55	098	673	414	8795	5
56	126	664	446	8452	4
57	154	656	478	8109	3
58	182	647	509	7767	2
59	209	639	541	7426	1
60	237	630	573	7085	0
	Cosinus.	Sinus.	Cotang.	Tang.	′

17°

′	Sinus.	Cosinus.	Tang.	Cotang.	
0	0.29237	0.95630	0.30573	3.27085	60
1	265	622	605	6745	59
2	293	613	637	6406	58
3	321	605	669	6067	57
4	348	596	700	5729	56
5	376	588	732	5392	55
6	404	579	764	5055	54
7	432	571	796	4719	53
8	460	562	828	4383	52
9	487	554	860	4048	51
10	515	545	891	3714	50
11	0.29543	0.95536	0.30923	3.23381	49
12	571	528	955	3048	48
13	599	519	987	2715	47
14	626	511	0.31019	2384	46
15	654	502	051	2053	45
16	682	493	083	1722	44
17	710	485	115	1392	43
18	737	476	147	1063	42
19	765	467	178	0734	41
20	793	459	210	0406	40
21	0.29821	0.95450	0.31242	3.20079	39
22	849	441	274	3.19752	38
23	876	433	306	9426	37
24	904	424	338	9100	36
25	932	415	370	8775	35
26	960	407	402	8451	34
27	987	398	434	8127	33
28	0.30015	389	466	7804	32
29	043	380	498	7481	31
30	071	372	530	7159	30
31	0.30098	0.95363	0.31562	3.16838	29
32	126	354	594	6517	28
33	154	345	626	6197	27
34	182	337	658	5877	26
35	209	328	690	5558	25
36	237	319	722	5240	24
37	265	310	754	4922	23
38	292	301	786	4605	22
39	320	293	818	4288	21
40	348	284	850	3972	20
41	0.30376	0.95275	0.31882	3.13656	19
42	403	266	914	3341	18
43	431	257	946	3027	17
44	459	248	978	2718	16
45	486	240	0.32010	2400	15
46	514	231	042	2087	14
47	542	222	074	1775	13
48	570	213	107	1464	12
49	597	204	139	1153	11
50	625	195	171	0842	10
51	0.30653	0.95186	0.32203	3.10532	9
52	680	177	235	0223	8
53	708	168	267	3.09914	7
54	736	159	299	9606	6
55	763	150	331	9298	5
56	791	142	363	8991	4
57	819	133	396	8685	3
58	846	124	428	8379	2
59	874	115	460	8073	1
60	902	106	492	7768	0
	Cosinus.	Sinus.	Cotang.	Tang.	′

18°   **19°**

'	Sinus.	Cosinus.	Tang.	Cotang.		'	Sinus.	Cosinus.	Tang.	Cotang.	
0	0.30902	0.95106	0.32492	3.07768	60	0	0.32557	0.94552	0.34433	2.90421	60
1	929	097	524	7464	59	1	584	542	465	0147	59
2	957	088	556	7166	58	2	612	533	498	2.89873	58
3	985	079	588	6857	57	3	639	523	530	9600	57
4	0.31012	070	621	6554	56	4	667	514	563	9327	56
5	040	061	653	6252	55	5	694	504	596	9055	55
6	068	052	685	5950	54	6	722	495	628	8783	54
7	095	043	717	5649	53	7	749	485	661	8512	53
8	123	033	749	5349	52	8	777	476	693	8246	52
9	151	024	782	5049	51	9	804	466	726	7970	51
10	178	015	814	4749	50	10	832	457	758	7700	50
11	0.31206	0.95006	0.32846	3.04450	49	11	0.32859	0.94447	0.34791	2.87430	49
12	233	0.94997	878	4152	48	12	887	438	824	7161	48
13	261	988	911	3854	47	13	914	428	856	6892	47
14	289	979	943	3556	46	14	942	418	889	6624	46
15	316	970	975	3260	45	15	969	409	922	6356	45
16	344	961	0.33007	2963	44	16	997	399	954	6089	44
17	372	952	040	2667	43	17	0.33024	390	987	5822	43
18	399	943	072	2372	42	18	051	380	0.35019	5555	42
19	427	933	104	2077	41	19	079	370	052	5289	41
20	454	924	136	1782	40	20	106	361	085	5023	40
21	0.31482	0.94915	0.33169	3.01489	39	21	0.33134	0.94351	0.35117	2.84758	39
22	510	906	201	1196	38	22	161	342	150	4494	38
23	537	897	233	0903	37	23	189	332	183	4229	37
24	565	888	266	0611	36	24	216	322	216	3965	36
25	592	878	298	0319	35	25	244	313	248	3702	35
26	620	869	330	0028	34	26	271	303	281	3439	34
27	648	860	363	2.99738	33	27	298	293	314	3176	33
28	675	851	395	9447	32	28	326	284	346	2914	32
29	703	842	427	9158	31	29	353	274	379	2653	31
30	730	832	460	8869	30	30	381	264	412	2391	30
31	0.31758	0.94823	0.33492	2.98580	29	31	0.33408	0.94254	0.35445	2.82130	29
32	786	814	524	8292	28	32	436	245	477	1870	28
33	813	805	557	8004	27	33	463	235	510	1610	27
34	841	795	589	7717	26	34	490	225	543	1350	26
35	868	786	621	7430	25	35	518	215	576	1091	25
36	896	777	654	7144	24	36	545	206	608	0833	24
37	923	768	686	6858	23	37	573	196	641	0574	23
38	951	758	718	6573	22	38	600	186	674	0316	22
39	979	749	751	6288	21	39	627	176	707	0059	21
40	0.32006	740	783	6004	20	40	655	167	740	2.79802	20
41	0.32034	0.94730	0.33816	2.95720	19	41	0.33682	0.94157	0.35772	2.79545	19
42	061	721	848	5437	18	42	710	147	805	9289	18
43	089	712	881	5155	17	43	737	137	838	9033	17
44	116	702	913	4872	16	44	764	127	871	8778	16
45	144	693	945	4590	15	45	792	118	904	8523	15
46	171	684	978	4309	14	46	819	108	937	8269	14
47	199	674	0.34010	4028	13	47	846	098	969	8014	13
48	227	665	043	3748	12	48	874	088	0.36002	7761	12
49	254	656	075	3468	11	49	901	078	035	7507	11
50	282	646	108	3189	10	50	929	068	068	7254	10
51	0.32309	0.94637	0.34140	2.92910	9	51	0.33956	0.94058	0.36101	2.77002	9
52	337	627	173	2632	8	52	983	049	134	6750	8
53	364	618	205	2354	7	53	0.34011	039	167	6498	7
54	392	609	238	2076	6	54	038	029	199	6247	6
55	419	599	270	1799	5	55	065	019	232	5996	5
56	447	590	303	1523	4	56	093	009	265	5746	4
57	474	580	335	1246	3	57	120	0.93999	298	5496	3
58	502	571	368	0971	2	58	147	989	331	5246	2
59	529	561	400	0696	1	59	175	979	364	4997	1
60	557	552	433	0421	0	60	202	969	397	4748	0
	Cosinus.	Sinus.	Cotang.	Tang.	'		Cosinus.	Sinus.	Cotang.	Tang.	'

20°   **21°**

′	Sinus.	Cosinus.	Tang.	Cotang.	′	Sinus.	Cosinus.	Tang.	Cotang.	
0	0.34202	0.93969	0.36397	2.74748	0	0.35837	0.93358	0.38386	2.60509	60
1	229	959	430	4499	1	864	348	420	0283	59
2	257	949	463	4251	2	891	337	453	0057	58
3	284	939	496	4004	3	918	327	487	2.59831	57
4	311	929	529	3758	4	945	316	520	9606	56
5	339	919	562	3509	5	973	306	553	9381	55
6	366	909	595	3263	6	0.36000	295	587	9156	54
7	393	899	628	3017	7	027	285	620	8932	53
8	421	889	661	2771	8	054	274	654	8708	52
9	448	879	694	2526	9	081	264	687	8484	51
10	475	869	727	2281	10	108	253	721	8261	50
11	0.34503	0.93859	0.36760	2.72036	11	0.36135	0.93243	0.38754	2.58038	49
12	530	849	793	1792	12	162	232	787	7815	48
13	557	839	826	1548	13	190	222	821	7593	47
14	584	829	859	1305	14	217	211	854	7371	46
15	612	819	892	1062	15	244	201	888	7150	45
16	639	809	925	0819	16	271	190	921	6928	44
17	666	799	958	0577	17	298	180	955	6707	43
18	694	789	991	0335	18	325	169	988	6487	42
19	721	779	0.37024	0094	19	352	159	0.39022	6266	41
20	748	769	057	2,69853	20	379	148	055	6046	40
21	0.34775	0.93759	0.37090	2.69612	21	0.36406	0.93137	0.39089	2.55827	39
22	803	748	123	9371	22	433	127	122	5608	38
23	830	738	157	9131	23	461	116	156	5389	37
24	857	728	190	8892	24	488	106	190	5170	36
25	884	718	223	8653	25	515	095	223	4952	35
26	912	708	256	8414	26	542	084	257	4734	34
27	939	698	289	8175	27	569	074	290	4516	33
28	966	688	322	7937	28	596	063	324	4299	32
29	993	677	355	7700	29	623	052	357	4082	31
30	0.35021	667	388	7462	30	650	042	391	3865	30
31	0.35048	0.93657	0.37422	2.67225	31	0.36677	0.93031	0.39425	2.53648	29
32	075	647	455	6989	32	704	020	458	3432	28
33	102	637	488	6752	33	731	010	492	3217	27
34	130	626	521	6516	34	758	0.92999	526	3001	26
35	157	616	554	6281	35	785	988	559	2786	25
36	184	606	588	6046	36	812	978	593	2571	24
37	211	596	621	5811	37	839	967	626	2357	23
38	239	585	654	5576	38	867	956	660	2142	22
39	266	575	687	5342	39	894	945	694	1929	21
40	293	565	720	5109	40	921	935	727	1715	20
41	0.35320	0.93555	0.37754	2.64875	41	0.36948	0.92924	0.39761	2.51502	19
42	347	544	787	4642	42	975	913	795	1289	18
43	375	534	820	4410	43	0.37002	903	829	1076	17
44	402	524	853	4177	44	029	892	862	0864	16
45	429	514	887	3945	45	056	881	896	0652	15
46	456	503	920	3714	46	083	870	930	0440	14
47	483	493	953	3483	47	110	859	963	0229	13
48	511	483	986	3252	48	137	849	997	0018	12
49	538	472	0.38020	3021	49	164	838	0.40031	2.49807	11
50	565	462	053	2791	50	191	827	065	9597	10
51	0.35592	0.93452	0.38086	2.62561	51	0.37218	0.92816	0.40098	2.49386	9
52	619	441	120	2332	52	245	805	132	9177	8
53	647	431	153	2103	53	272	794	166	8967	7
54	674	420	186	1874	54	299	784	200	8758	6
55	701	410	220	1646	55	326	773	234	8549	5
56	728	400	253	1418	56	353	762	267	8340	4
57	755	389	286	1190	57	380	751	301	8132	3
58	782	379	320	0963	58	407	740	335	7924	2
59	810	368	353	0736	59	434	729	369	7716	1
60	837	358	386	0509	60	461	718	403	7509	0
	Cosinus.	Sinus.	Cotang.	Tang.		Cosinus.	Sinus.	Cotang.	Tang.	′

22°

′	Sinus.	Cosinus.	Tang.	Cotang.	′
0	0.37461	0.92718	0.40403	2.47509	60
1	488	707	436	7302	59
2	515	697	470	7095	58
3	542	686	504	6888	57
4	569	675	538	6682	56
5	595	664	572	6476	55
6	622	653	606	6270	54
7	649	642	640	6065	53
8	676	631	674	5860	52
9	703	620	707	5655	51
10	730	609	741	5451	50
11	0.37757	0.92598	0.40775	2.45246	49
12	784	587	809	5043	48
13	811	576	843	4839	47
14	838	565	877	4636	46
15	865	554	911	4433	45
16	892	543	945	4230	44
17	919	532	979	4027	43
18	946	521	0.41013	3825	42
19	973	510	047	3623	41
20	999	499	081	3422	40
21	0.38026	0.92488	0.41115	2.43220	39
22	053	477	149	3019	38
23	080	466	183	2819	37
24	107	455	217	2618	36
25	134	444	251	2418	35
26	161	432	285	2218	34
27	188	421	319	2019	33
28	215	410	353	1819	32
29	241	399	387	1620	31
30	268	388	421	1422	30
31	0.38295	0.92377	0.41455	2.41223	29
32	322	366	490	1025	28
33	349	355	524	0827	27
34	376	343	558	0629	26
35	403	332	592	0432	25
36	430	321	626	0235	24
37	456	310	660	0038	23
38	483	299	694	2.39841	22
39	510	287	728	9645	21
40	537	276	763	9449	20
41	0.38564	0.92265	0.41797	2.39253	19
42	591	254	831	9058	18
43	617	243	865	8863	17
44	644	231	899	8668	16
45	671	220	933	8473	15
46	698	209	968	8279	14
47	725	198	0.42002	8084	13
48	752	186	036	7891	12
49	778	175	070	7697	11
50	805	164	105	7504	10
51	0.38832	0.92152	0.42139	2.37311	9
52	859	141	173	7118	8
53	886	130	207	6925	7
54	912	119	242	6733	6
55	939	107	276	6541	5
56	966	096	310	6349	4
57	993	085	345	6158	3
58	0.39020	073	379	5967	2
59	046	062	413	5776	1
60	073	050	447	5585	0
	Cosinus.	Sinus.	Cotang.	Tang.	′

67°

23°

′	Sinus.	Cosinus.	Tang.	Cotang.	′
0	0.39073	0.92050	0.42447	2.35585	60
1	100	039	482	5395	59
2	127	028	516	5205	58
3	153	016	551	5015	57
4	180	005	585	4825	56
5	207	0.91994	619	4636	55
6	234	982	654	4447	54
7	260	971	688	4258	53
8	287	959	722	4069	52
9	314	948	757	3881	51
10	341	936	791	3693	50
11	0.39368	0.91925	0.42826	2.33505	49
12	394	914	860	3317	48
13	421	902	894	3130	47
14	448	891	929	2943	46
15	474	879	963	2756	45
16	501	868	998	2570	44
17	528	856	0.43032	2383	43
18	555	845	067	2197	42
19	581	833	101	2012	41
20	608	822	136	1826	40
21	0.39635	0.91810	0.43170	2.31641	39
22	661	799	205	1456	38
23	688	787	239	1271	37
24	715	775	274	1086	36
25	741	764	308	0902	35
26	768	752	343	0718	34
27	795	741	378	0534	33
28	822	729	412	0351	32
29	848	718	447	0167	31
30	875	706	481	2.29984	30
31	0.39902	0.91694	0.43516	2.29801	29
32	928	683	550	9619	28
33	955	671	585	9437	27
34	982	660	620	9254	26
35	0.40008	648	654	9073	25
36	035	636	689	8891	24
37	062	625	724	8710	23
38	088	613	758	8528	22
39	115	601	793	8348	21
40	141	590	828	8167	20
41	0.40168	0.91578	0.43862	2.27987	19
42	195	566	897	7806	18
43	221	555	932	7626	17
44	248	543	966	7447	16
45	275	531	0.44001	7267	15
46	301	519	036	7088	14
47	328	508	071	6909	13
48	355	496	105	6730	12
49	381	484	140	6552	11
50	408	472	175	6374	10
51	0.40434	0.91461	0.44210	2.26196	9
52	461	449	244	6018	8
53	488	437	279	5840	7
54	514	425	314	5663	6
55	541	414	349	5486	5
56	567	402	384	5309	4
57	594	390	418	5132	3
58	621	378	453	4956	2
59	647	366	488	4780	1
60	674	355	523	4604	0
	Cosinus.	Sinus.	Cotang.	Tang.	′

66°

24°

'	Sinus.	Cosinus.	Tang.	Cotang.	'
0	0.40674	0.91355	0.44523	2.24604	60
1	700	343	558	4428	59
2	727	331	593	4252	58
3	753	319	627	4077	57
4	780	307	662	3902	56
5	806	295	697	3727	55
6	833	283	732	3553	54
7	860	272	767	3378	53
8	886	260	802	3204	52
9	913	248	837	3030	51
10	939	236	872	2857	50
11	0.40966	0.91224	0.44907	2.22688	49
12	992	212	942	2510	48
13	0.41019	200	977	2337	47
14	045	188	0.45012	2164	46
15	072	176	047	1992	45
16	098	164	082	1819	44
17	125	152	117	1647	43
18	151	140	152	1475	42
19	178	128	187	1304	41
20	205	116	222	1132	40
21	0.41231	0.91104	0.45257	2.20961	39
22	257	092	292	0790	38
23	284	080	327	0619	37
24	310	068	362	0449	36
25	337	056	397	0278	35
26	363	044	432	0108	34
27	390	032	467	2.19938	33
28	416	020	502	9769	32
29	443	008	538	9599	31
30	469	0.90996	573	9430	30
31	0.41496	0.90984	0.45608	2.19261	29
32	522	972	643	9092	28
33	549	960	678	8923	27
34	575	948	713	8755	26
35	602	936	748	8587	25
36	628	924	784	8419	24
37	655	911	819	8251	23
38	681	899	854	8084	22
39	707	887	889	7916	21
40	734	875	924	7749	20
41	0.41760	0.90863	0.45960	2.17582	19
42	787	851	995	7416	18
43	813	839	0.46030	7249	17
44	840	826	065	7083	16
45	866	814	101	6917	15
46	892	802	136	6751	14
47	919	790	171	6585	13
48	945	778	206	6420	12
49	972	766	242	6255	11
50	998	753	277	6090	10
51	0.42024	0.90741	0.46312	2.15925	9
52	051	729	348	5760	8
53	077	717	383	5596	7
54	104	704	418	5432	6
55	130	692	454	5268	5
56	156	680	489	5104	4
57	183	668	525	4940	3
58	209	655	560	4777	2
59	235	643	595	4614	1
60	262	631	631	4451	0
	Cosinus.	Sinus.	Cotang.	Tang.	'

65°

25°

'	Sinus.	Cosinus.	Tang.	Cotang.	'
0	0.42262	0.90631	0.46631	2.14451	60
1	288	618	666	4288	59
2	315	606	702	4125	58
3	341	594	737	3963	57
4	367	582	773	3801	56
5	394	569	808	3639	55
6	420	557	843	3477	54
7	446	545	879	3316	53
8	473	532	914	3154	52
9	499	520	950	2993	51
10	525	507	985	2832	50
11	0.42552	0.90495	0.47021	2.12671	49
12	578	483	056	2511	48
13	604	470	092	2350	47
14	631	458	128	2190	46
15	657	446	163	2030	45
16	683	433	199	1871	44
17	709	421	234	1711	43
18	736	408	270	1552	42
19	762	396	305	1392	41
20	788	383	341	1233	40
21	0.42815	0.90371	0.47377	2.11075	39
22	841	358	412	0916	38
23	867	346	448	0758	37
24	894	334	483	0600	36
25	920	321	519	0441	35
26	946	309	555	0284	34
27	972	296	590	0126	33
28	999	284	626	2.09969	32
29	0.43025	271	662	9811	31
30	051	259	698	9654	30
31	0.43077	0.90246	0.47733	2.09498	29
32	104	233	769	9341	28
33	130	221	805	9184	27
34	156	208	840	9028	26
35	182	196	876	8872	25
36	209	183	912	8716	24
37	235	171	948	8560	23
38	261	158	984	8405	22
39	287	146	0.48019	8250	21
40	313	133	055	8094	20
41	0.43340	0.90120	0.48091	2.07939	19
42	366	108	127	7785	18
43	392	095	163	7630	17
44	418	082	198	7476	16
45	445	070	234	7321	15
46	471	057	270	7167	14
47	497	045	306	7014	13
48	523	032	342	6860	12
49	549	019	378	6706	11
50	575	007	414	6553	10
51	0.43602	0.89994	0.48450	2.06400	9
52	628	981	486	6247	8
53	654	968	521	6094	7
54	680	956	557	5942	6
55	706	943	593	5790	5
56	732	930	629	5637	4
57	759	918	665	5485	3
58	785	905	701	5333	2
59	811	892	737	5182	1
60	837	879	773	5030	0
	Cosinus.	Sinus.	Cotang.	Tang.	'

64°

26°

'	Sinus.	Cosinus.	Tang.	Cotang.	'
0	0.43837	0.89879	0.48773	2.05030	60
1	863	867	809	4879	59
2	889	854	845	4728	58
3	916	841	881	4577	57
4	942	828	917	4426	56
5	968	816	953	4276	55
6	994	803	989	4125	54
7	0.44020	790	0.49026	3975	53
8	046	777	062	3825	52
9	072	764	098	3675	51
10	098	752	134	3526	50
11	0.44124	0.89739	0.49170	2.03376	49
12	151	726	206	3227	48
13	177	713	242	3078	47
14	203	700	278	2929	46
15	229	687	315	2780	45
16	255	674	351	2631	44
17	281	662	387	2483	43
18	307	649	423	2335	42
19	333	636	459	2187	41
20	359	623	495	2039	40
21	0.44385	0.89610	0.49532	2.01891	39
22	411	597	568	1743	38
23	437	584	604	1596	37
24	464	571	640	1449	36
25	490	558	677	1302	35
26	516	545	713	1155	34
27	542	532	749	1008	33
28	568	519	786	0862	32
29	594	506	822	0715	31
30	620	493	858	0569	30
31	0.44646	0.89480	0.49894	2.00423	29
32	672	467	931	0277	28
33	698	454	967	0131	27
34	724	441	0.50004	1.99986	26
35	750	428	040	9841	25
36	776	415	076	9695	24
37	802	402	113	9550	23
38	828	389	149	9406	22
39	854	376	185	9261	21
40	880	363	222	9116	20
41	0.44906	0.89350	0.50258	1.98972	19
42	932	337	295	8828	18
43	958	324	331	8684	17
44	984	311	368	8540	16
45	0.45010	298	404	8396	15
46	036	285	441	8253	14
47	062	272	477	8110	13
48	088	259	514	7966	12
49	114	245	550	7823	11
50	140	232	587	7680	10
51	0.45166	0.89219	0.50623	1.97538	9
52	192	206	660	7395	8
53	218	193	696	7253	7
54	243	180	733	7111	6
55	269	167	769	6969	5
56	295	153	806	6827	4
57	321	140	843	6685	3
58	347	127	879	6544	2
59	373	114	916	6402	1
60	399	101	953	6261	0
	Cosinus.	Sinus.	Cotang.	Tang.	'

63°

27°

'	Sinus.	Cosinus.	Tang.	Cotang.	'
0	0.45399	0.89101	0.50953	1.96261	60
1	425	087	989	6120	59
2	451	074	0.51026	5979	58
3	477	061	063	5838	57
4	503	048	099	5698	56
5	529	035	136	5557	55
6	554	021	173	5417	54
7	580	008	209	5277	53
8	606	0.88995	246	5137	52
9	632	981	283	4997	51
10	658	968	319	4858	50
11	0.45684	0.88955	0.51356	1.94718	49
12	710	942	393	4579	48
13	736	928	430	4440	47
14	762	915	467	4301	46
15	787	902	503	4162	45
16	813	888	540	4023	44
17	839	875	577	3885	43
18	865	862	614	3746	42
19	891	848	651	3608	41
20	917	835	688	3470	40
21	0.45942	0.88822	0.51724	1.93332	39
22	968	808	761	3195	38
23	994	795	798	3057	37
24	0.46020	782	835	2920	36
25	046	768	872	2782	35
26	072	755	909	2645	34
27	097	741	946	2508	33
28	123	728	983	2371	32
29	149	715	0.52020	2235	31
30	175	701	057	2098	30
31	0.46201	0.88688	0.52094	1.91962	29
32	226	674	131	1826	28
33	252	661	168	1690	27
34	278	647	205	1554	26
35	304	634	242	1418	25
36	330	620	279	1282	24
37	355	607	316	1147	23
38	381	593	353	1012	22
39	407	580	390	0876	21
40	433	566	427	0741	20
41	0.46458	0.88553	0.52464	1.90607	19
42	484	539	501	0472	18
43	510	526	538	0337	17
44	536	512	575	0203	16
45	561	499	613	0069	15
46	587	485	650	1.89935	14
47	613	472	687	9801	13
48	639	458	724	9667	12
49	664	445	761	9533	11
50	690	431	798	9400	10
51	0.46716	0.88417	0.52836	1.89266	9
52	742	404	873	9133	8
53	767	390	910	9000	7
54	793	377	947	8867	6
55	819	363	985	8734	5
56	844	349	0.53022	8602	4
57	870	336	059	8469	3
58	896	322	096	8337	2
59	921	308	134	8205	1
60	947	295	171	8073	0
	Cosinus.	Sinus.	Cotang.	Tang.	'

62°

28°

'	Sinus.	Cosinus.	Tang.	Cotang.	
0	0.46947	0.88295	0.53171	1.88073	60
1	973	281	208	7941	59
2	999	267	246	7809	58
3	0.47024	254	283	7677	57
4	050	240	320	7546	56
5	076	226	358	7415	55
6	101	213	395	7283	54
7	127	199	432	7152	53
8	152	185	470	7021	52
9	178	172	507	6891	51
10	204	158	545	6760	50
11	0.47229	0.88144	0.53582	1.86630	49
12	255	130	620	6499	48
13	281	117	657	6369	47
14	306	103	694	6239	46
15	332	089	732	6109	45
16	358	075	769	5979	44
17	383	062	807	5850	43
18	409	048	844	5720	42
19	434	034	882	5591	41
20	460	020	920	5462	40
21	0.47486	0.88006	0.53957	1.85333	39
22	511	0.87993	995	5204	38
23	537	979	0.54032	5075	37
24	562	965	070	4946	36
25	588	951	107	4818	35
26	614	937	145	4689	34
27	639	923	183	4561	33
28	665	909	220	4433	32
29	690	896	258	4305	31
30	716	882	296	4177	30
31	0.47741	0.87868	0.54333	1.84049	29
32	767	854	371	3922	28
33	793	840	409	3794	27
34	818	826	446	3667	26
35	844	812	484	3540	25
36	869	798	522	3413	24
37	895	784	560	3286	23
38	920	770	597	3159	22
39	946	756	635	3033	21
40	971	743	673	2906	20
41	0.47997	0.87729	0.54711	1.82780	19
42	0.48022	715	748	2654	18
43	048	701	786	2528	17
44	073	687	824	2402	16
45	099	673	862	2276	15
46	124	659	900	2150	14
47	150	645	938	2025	13
48	175	631	975	1899	12
49	201	617	0.55013	1774	11
50	226	603	051	1649	10
51	0.48252	0.87589	0.55089	1.81524	9
52	277	575	127	1399	8
53	303	560	165	1274	7
54	328	546	203	1149	6
55	354	532	241	1025	5
56	379	518	279	0901	4
57	405	504	317	0777	3
58	430	490	355	0653	2
59	456	476	393	0529	1
60	481	462	431	0405	0
	Cosinus.	Sinus.	Cotang.	Tang.	'

61°

29°

'	Sinus.	Cosinus.	Tang.	Cotang.	
0	0.48481	0.87462	0.55431	1.80405	60
1	506	448	469	0281	59
2	532	434	507	0156	58
3	557	420	545	0034	57
4	583	405	583	1.79911	56
5	608	391	621	9788	55
6	634	377	659	9665	54
7	659	363	697	9542	53
8	684	349	736	9419	52
9	710	335	774	9296	51
10	735	321	812	9174	50
11	0.48761	0.87306	0.55850	1.79051	49
12	786	292	888	8929	48
13	811	278	926	8807	47
14	837	264	964	8685	46
15	862	250	0.56003	8563	45
16	887	235	041	8441	44
17	913	221	079	8319	43
18	938	207	117	8198	42
19	964	193	156	8077	41
20	989	178	194	7955	40
21	0.49014	0.87164	0.56232	1.77834	39
22	040	150	270	7713	38
23	065	136	309	7592	37
24	090	121	347	7471	36
25	116	107	385	7351	35
26	141	093	424	7230	34
27	166	079	462	7110	33
28	192	064	500	6990	32
29	217	050	539	6869	31
30	242	036	577	6749	30
31	0.49268	0.87021	0.56616	1.76629	29
32	293	007	654	6510	28
33	318	0.86993	693	6390	27
34	344	978	731	6271	26
35	369	964	770	6151	25
36	394	949	808	6032	24
37	419	935	846	5913	23
38	445	921	885	5794	22
39	470	906	923	5675	21
40	495	892	962	5556	20
41	0.49521	0.86878	0.57000	1.75437	19
42	546	863	039	5319	18
43	571	849	078	5200	17
44	596	834	116	5082	16
45	621	820	155	4964	15
46	647	805	193	4846	14
47	672	791	232	4728	13
48	697	777	271	4610	12
49	723	762	309	4492	11
50	748	748	348	4375	10
51	0.49773	0.86733	0.57386	1.74257	9
52	798	719	425	4140	8
53	824	704	464	4022	7
54	849	690	503	3905	6
55	874	675	541	3788	5
56	899	661	580	3671	4
57	924	646	619	3555	3
58	950	632	657	3438	2
59	975	617	696	3321	1
60	0.50000	603	735	3205	0
	Cosinus.	Sinus.	Cotang.	Tang.	'

60°

30°

′	Sinus.	Cosinus.	Tang.	Cotang.	
0	0.50000	0.86603	0.57735	1.73205	60
1	025	588	774	3089	59
2	050	573	813	2973	58
3	076	559	851	2857	57
4	101	544	890	2741	56
5	126	530	929	2625	55
6	151	515	968	2509	54
7	176	501	0.58007	2393	53
8	201	486	046	2278	52
9	227	471	085	2163	51
10	252	457	124	2047	50
11	0.50277	0.86442	0.58162	1.71932	49
12	302	427	201	1817	48
13	327	413	240	1702	47
14	352	398	279	1588	46
15	377	384	318	1473	45
16	403	369	357	1358	44
17	428	354	396	1244	43
18	453	340	435	1129	42
19	478	325	474	1015	41
20	503	310	513	0901	40
21	0.50528	0.86295	0.58552	1.70787	39
22	563	281	591	0673	38
23	578	266	631	0560	37
24	603	251	670	0446	36
25	628	237	709	0332	35
26	654	222	748	0219	34
27	679	207	787	0106	33
28	704	192	826	1.69992	32
29	729	178	865	9879	31
30	754	163	904	9766	30
31	0.50779	0.86148	0.58944	1.69653	29
32	804	133	983	9541	28
33	829	119	0.59022	9428	27
34	854	104	061	9315	26
35	879	089	101	9203	25
36	904	074	140	9091	24
37	929	059	179	8979	23
38	954	045	218	8865	22
39	979	030	258	8754	21
40	0.51004	015	297	8643	20
41	0.51029	0.86000	0.59336	1.68531	19
42	054	0.85985	376	8419	18
43	079	970	415	8308	17
44	104	956	454	8196	16
45	129	941	494	8085	15
46	154	926	533	7974	14
47	179	911	573	7863	13
48	204	896	612	7752	12
49	229	881	651	7641	11
50	254	866	691	7530	10
51	0.51279	0.85851	0.59730	1.67419	9
52	304	836	770	7309	8
53	329	821	809	7198	7
54	354	806	849	7088	6
55	379	792	888	6978	5
56	404	777	928	6867	4
57	429	762	967	6757	3
58	454	747	0.60007	6647	2
59	479	732	046	6538	1
60	504	717	086	6428	0
	Cosinus.	Sinus.	Cotang.	Tang.	′

59°

31°

′	Sinus.	Cosinus.	Tang.	Cotang.	
0	0.51504	0.85717	0.60086	1.66428	60
1	529	702	126	6318	59
2	554	687	165	6209	58
3	579	672	205	6099	57
4	604	657	245	5990	56
5	628	642	284	5881	55
6	653	627	324	5772	54
7	678	612	364	5663	53
8	703	597	403	5554	52
9	728	582	443	5445	51
10	753	567	483	5337	50
11	0.51778	0.85551	0.60522	1.65223	49
12	803	536	562	5120	48
13	828	521	602	5011	47
14	852	506	642	4903	46
15	877	491	681	4795	45
16	902	476	721	4687	44
17	927	461	761	4579	43
18	952	446	801	4471	42
19	977	431	841	4363	41
20	0.52002	416	881	4256	40
21	0.52026	0.85400	0.60921	1.64148	39
22	051	385	960	4041	38
23	076	370	0.61000	3934	37
24	101	355	040	3826	36
25	126	340	080	3719	35
26	151	325	120	3612	34
27	175	310	160	3505	33
28	200	294	200	3398	32
29	225	279	240	3292	31
30	250	264	280	3185	30
31	0.52275	0.85249	0.61320	1.63079	29
32	299	234	360	2972	28
33	324	218	400	2866	27
34	349	203	440	2760	26
35	374	188	480	2654	25
36	399	173	520	2548	24
37	423	157	561	2442	23
38	448	142	601	2336	22
39	473	127	641	2230	21
40	498	112	681	2125	20
41	0.52522	0.85096	0.61721	1.62019	19
42	547	081	761	1914	18
43	572	066	801	1808	17
44	597	051	842	1703	16
45	622	035	882	1598	15
46	646	020	922	1493	14
47	671	005	962	1388	13
48	696	0.84989	0.62003	1283	12
49	720	974	043	1179	11
50	745	959	083	1074	10
51	0.52770	0.84943	0.62124	1.60970	9
52	794	928	164	0865	8
53	819	913	204	0761	7
54	844	897	245	0657	6
55	869	882	285	0553	5
56	893	866	325	0449	4
57	918	851	366	0345	3
58	943	836	406	0241	2
59	967	820	446	0137	1
60	992	805	487	0033	0
	Cosinus.	Sinus.	Cotang.	Tang.	′

58°

32° **33°**

'	Sinus.	Cosinus.	Tang.	Cotang.		'	Sinus.	Cosinus.	Tang.	Cotang.	
0	0.52992	0.84805	0.62487	1.60033	60	0	0.54464	0.83867	0.64941	1.53986	60
1	0.53017	789	527	1.59930	59	1	488	851	982	3888	59
2	041	774	568	9826	58	2	513	835	0.65023	3791	58
3	066	759	608	9723	57	3	537	819	065	3693	57
4	091	743	649	9620	56	4	561	804	106	3595	56
5	115	728	689	9517	55	5	586	788	148	3497	55
6	140	712	730	9414	54	6	610	772	189	3400	54
7	164	697	770	9311	53	7	635	756	231	3302	53
8	189	681	811	9208	52	8	659	740	272	3205	52
9	214	666	852	9105	51	9	683	724	314	3107	51
10	238	650	892	9002	50	10	708	708	355	3010	50
11	0.53263	0.84635	0.62933	1.58900	49	11	0.54732	0.83692	0.65397	1.52913	49
12	288	619	973	8797	48	12	756	676	438	2816	48
13	312	604	0.63014	8695	47	13	781	660	480	2719	47
14	337	588	055	8593	46	14	805	645	521	2622	46
15	361	573	095	8490	45	15	829	629	563	2525	45
16	386	557	136	8388	44	16	854	613	604	2429	44
17	411	542	177	8286	43	17	878	597	646	2332	43
18	435	526	217	8184	42	18	902	581	688	2235	42
19	460	511	258	8083	41	19	927	565	729	2139	41
20	484	495	299	7981	40	20	951	549	771	2043	40
21	0.53509	0.84480	0.63340	1.57879	39	21	0.54975	0.83533	0.65813	1.51946	39
22	533	464	380	7778	38	22	999	517	854	1850	38
23	558	448	421	7676	37	23	0.55024	501	896	1754	37
24	583	433	462	7575	36	24	048	485	938	1658	36
25	607	417	503	7474	35	25	072	469	980	1562	35
26	632	402	544	7372	34	26	097	453	0.66021	1466	34
27	656	386	584	7271	33	27	121	437	063	1370	33
28	681	370	625	7170	32	28	145	421	105	1275	32
29	705	355	666	7069	31	29	169	405	147	1179	31
30	730	339	707	6969	30	30	194	389	189	1084	30
31	0.53754	0.84324	0.63748	1.56868	29	31	0.55218	0.83373	0.66230	1.50988	29
32	779	308	789	6767	28	32	242	356	272	0893	28
33	804	292	830	6667	27	33	266	340	314	0797	27
34	828	277	871	6566	26	34	291	324	356	0702	26
35	853	261	912	6466	25	35	315	308	398	0607	25
36	877	245	953	6366	24	36	339	292	440	0512	24
37	902	230	994	6265	23	37	363	276	482	0417	23
38	926	214	0.64035	6165	22	38	388	260	524	0322	22
39	951	198	076	6065	21	39	412	244	566	0228	21
40	975	182	117	5966	20	40	436	228	608	0133	20
41	0.54000	0.84167	0.64158	1.55866	19	41	0.55460	0.83212	0.66650	1.50038	19
42	024	151	199	5766	18	42	484	195	692	1.49944	18
43	049	135	240	5666	17	43	509	179	734	9849	17
44	073	120	281	5567	16	44	533	163	776	9755	16
45	097	104	322	5467	15	45	557	147	818	9661	15
46	122	088	363	5368	14	46	581	131	860	9566	14
47	146	072	404	5269	13	47	605	115	902	9472	13
48	171	057	446	5170	12	48	630	098	944	9378	12
49	195	041	487	5071	11	49	654	082	986	9284	11
50	220	025	528	4972	10	50	678	066	0.67028	9190	10
51	0.54244	0.84009	0.64569	1.54873	9	51	0.55702	0.83050	0.67071	1.49097	9
52	269	0.83994	610	4774	8	52	726	034	113	9003	8
53	293	978	652	4675	7	53	750	017	155	8909	7
54	317	962	693	4576	6	54	775	001	197	8816	6
55	342	946	734	4478	5	55	799	0.82985	239	8722	5
56	366	930	775	4379	4	56	823	969	282	8629	4
57	391	915	817	4281	3	57	847	953	324	8536	3
58	415	899	858	4183	2	58	871	936	366	8442	2
59	439	883	899	4085	1	59	895	920	409	8349	1
60	464	867	941	3986	0	60	919	904	451	8256	0
	Cosinus.	Sinus.	Cotang.	Tang.	'		Cosinus.	Sinus.	Cotang.	Tang.	'

34°

'	Sinus.	Cosinus.	Tang.	Cotang.	
0	0.55919	0.82904	0.67451	1.48256	60
1	943	887	493	8163	59
2	968	871	536	8070	58
3	992	855	578	7977	57
4	0.56016	839	620	7885	56
5	040	822	663	7792	55
6	064	806	705	7699	54
7	088	790	748	7607	53
8	112	773	790	7514	52
9	136	757	832	7422	51
10	160	741	875	7330	50
11	0.56184	0.82724	0.67917	1.47238	49
12	208	708	960	7146	48
13	232	692	0.68002	7054	47
14	256	675	045	6962	46
15	280	659	088	6870	45
16	305	643	130	6778	44
17	329	626	173	6686	43
18	353	610	215	6595	42
19	377	593	258	6503	41
20	401	577	301	6411	40
21	0.56425	0.82561	0.68343	1.46320	39
22	449	544	386	6229	38
23	473	528	429	6137	37
24	497	511	471	6046	36
25	521	495	514	5955	35
26	545	478	557	5864	34
27	569	462	599	5773	33
28	593	446	642	5682	32
29	617	429	685	5592	31
30	641	413	728	5501	30
31	0.56665	0.82396	0.68771	1.45410	29
32	689	380	814	5320	28
33	713	363	857	5229	27
34	736	347	900	5139	26
35	760	330	942	5048	25
36	784	314	985	4958	24
37	808	297	0.69028	4868	23
38	832	281	071	4778	22
39	856	264	114	4688	21
40	880	248	157	4598	20
41	0.56904	0.82231	0.69200	1.44508	19
42	928	214	243	4418	18
43	952	198	286	4329	17
44	976	181	329	4239	16
45	0.57000	165	372	4149	15
46	024	148	416	4060	14
47	047	132	489	3970	13
48	071	115	502	3881	12
49	095	098	545	3792	11
50	119	082	588	3703	10
51	0.57143	0.82065	0.69631	1.43614	9
52	167	048	675	3525	8
53	191	032	718	3436	7
54	215	015	761	3347	6
55	238	0.81999	804	3258	5
56	262	982	847	3169	4
57	286	965	891	3080	3
58	310	949	934	2992	2
59	334	932	977	2903	1
60	358	915	0.70021	2815	0
	Cosinus.	Sinus.	Cotang.	Tang.	'

35°

'	Sinus.	Cosinus.	Tang.	Cotang.	
0	0.57358	0.81915	0.70021	1.42815	60
1	381	899	064	2726	59
2	405	882	107	2638	58
3	429	865	151	2550	57
4	453	848	194	2462	56
5	477	832	238	2374	55
6	501	815	281	2286	54
7	524	798	325	2198	53
8	548	781	368	2110	52
9	572	765	412	2022	51
10	596	748	455	1934	50
11	0.57619	0.81731	0.70499	1.41847	49
12	643	714	542	1759	48
13	667	698	586	1672	47
14	691	681	629	1584	46
15	715	664	673	1497	45
16	738	647	717	1409	44
17	762	631	760	1322	43
18	786	614	804	1235	42
19	809	597	848	1148	41
20	833	580	891	1061	40
21	0.57857	0.81563	0.70935	1.40974	39
22	881	546	979	0887	38
23	904	530	0.71023	0800	37
24	928	513	066	0714	36
25	952	496	110	0627	35
26	976	479	154	0540	34
27	999	462	198	0454	33
28	0.58023	445	242	0367	32
29	047	428	285	0281	31
30	070	412	329	0195	30
31	0.58094	0.81395	0.71373	1.40109	29
32	118	378	417	0022	28
33	141	361	461	1.39936	27
34	165	344	505	9850	26
35	189	327	549	9764	25
36	212	310	593	9679	24
37	236	293	637	9593	23
38	260	276	681	9507	22
39	283	259	725	9421	21
40	307	242	769	9336	20
41	0.58330	0.81225	0.71813	1.39250	19
42	354	208	857	9165	18
43	378	191	901	9079	17
44	401	174	946	8994	16
45	425	157	990	8909	15
46	449	140	0.72034	8824	14
47	472	123	078	8738	13
48	496	106	122	8654	12
49	519	089	166	8568	11
50	543	072	211	8484	10
51	0.58567	0.81055	0.72255	1.38399	9
52	590	038	299	8314	8
53	614	021	344	8229	7
54	637	004	388	8145	6
55	661	0.80987	432	8060	5
56	684	970	477	7976	4
57	708	953	521	7891	3
58	731	936	565	7807	2
59	755	919	610	7722	1
60	779	902	654	7638	0
	Cosinus.	Sinus.	Cotang.	Tang.	'

36°

'	Sinus.	Cosinus.	Tang.	Cotang.	
0	0.58779	0.80902	0.72654	1.37638	60
1	802	885	699	7554	59
2	826	867	743	7470	58
3	849	850	788	7386	57
4	873	833	832	7302	56
5	896	816	877	7218	55
6	920	799	921	7134	54
7	943	782	966	7050	53
8	967	765	0.73010	6967	52
9	990	748	055	6883	51
10	0.59014	730	100	6800	50
11	0.59037	0.80713	0.73144	1.36716	49
12	061	696	189	6633	48
13	084	679	234	6549	47
14	108	662	278	6466	46
15	131	644	323	6383	45
16	154	627	368	6300	44
17	178	610	413	6217	43
18	201	593	457	6133	42
19	225	576	502	6051	41
20	248	558	547	5968	40
21	0.59272	0.80541	0.73592	1.35885	39
22	295	524	637	5802	38
23	318	507	681	5719	37
24	342	489	726	5637	36
25	365	0.80472	771	5554	35
26	389	455	816	5472	34
27	412	438	861	5389	33
28	435	420	906	5307	32
29	459	403	951	5224	31
30	482	386	996	5142	30
31	0.59506	0.80368	0.74041	1.35060	29
32	529	351	086	4978	28
33	552	334	131	4896	27
34	576	316	176	4814	26
35	599	299	221	4732	25
36	622	282	267	4650	24
37	646	264	312	4568	23
38	669	247	357	4487	22
39	693	230	402	4405	21
40	716	212	447	4323	20
41	0.59739	0.80195	0.74492	1.34242	19
42	763	178	538	4160	18
43	786	160	583	4079	17
44	809	143	628	3998	16
45	832	125	674	3916	15
46	856	108	719	3835	14
47	879	091	764	3754	13
48	902	073	810	3673	12
49	926	056	855	3592	11
50	949	038	900	3511	10
51	0.59972	0.80021	0.74946	1.33430	9
52	995	003	991	3349	8
53	0.60019	0.79986	0.75037	3268	7
54	042	968	082	3187	6
55	065	951	128	3107	5
56	089	934	173	3026	4
57	112	916	219	2946	3
58	135	899	264	2865	2
59	158	881	310	2785	1
60	181	864	355	2704	0
	Cosinus.	Sinus.	Cotang.	Tang.	'

53°

37°

'	Sinus.	Cosinus.	Tang.	Cotang.	
0	0.60181	0.79864	0.75355	1.32704	60
1	205	846	401	2624	59
2	228	829	447	2544	58
3	251	811	492	2464	57
4	274	793	538	2384	56
5	298	776	584	2304	55
6	321	758	629	2224	54
7	344	741	675	2144	53
8	367	723	721	2064	52
9	390	706	767	1984	51
10	414	688	812	1904	50
11	0.60437	0.79671	0.75858	1.31825	49
12	460	653	904	1745	48
13	483	635	950	1666	47
14	506	618	996	1586	46
15	529	600	0.76042	1507	45
16	553	583	088	1427	44
17	576	565	134	1348	43
18	599	547	180	1269	42
19	622	530	226	1190	41
20	645	512	272	1110	40
21	0.60668	0.79494	0.76318	1.31031	39
22	691	477	364	0952	38
23	714	459	410	0873	37
24	738	441	456	0795	36
25	761	424	502	0716	35
26	784	406	548	0637	34
27	807	388	594	0558	33
28	830	371	640	0480	32
29	853	353	686	0401	31
30	876	335	733	0323	30
31	0.60899	0.79318	0.76779	1.30244	29
32	922	300	825	0166	28
33	945	282	871	0087	27
34	968	264	918	0009	26
35	991	247	964	1.29931	25
36	0.61015	229	0.77010	9853	24
37	038	211	057	9775	23
38	061	193	103	9696	22
39	084	176	149	9618	21
40	107	158	196	9541	20
41	0.61130	0.79140	0.77242	1.29463	19
42	153	122	289	9385	18
43	176	105	335	9307	17
44	199	087	382	9229	16
45	222	069	428	9152	15
46	245	051	475	9074	14
47	268	033	521	8997	13
48	291	015	568	8919	12
49	314	0.78998	615	8842	11
50	337	980	661	8764	10
51	0.61360	0.78962	0.77708	1.28687	9
52	383	944	754	8610	8
53	406	926	801	8533	7
54	429	908	848	8456	6
55	451	891	895	8379	5
56	474	873	941	8302	4
57	497	855	988	8225	3
58	520	837	0.78035	8148	2
59	543	819	082	8071	1
60	566	801	129	7994	0
	Cosinus.	Sinus.	Cotang.	Tang.	'

52°

44

38°   39°

'	Sinus.	Cosinus.	Tang.	Cotang.		'	Sinus.	Cosinus.	Tang.	Cotang.	
0	0.61566	0.7~801	0.78129	1.27994	60	0	0.62932	0.77715	0.80978	1.23490	60
1	589	783	175	7917	59	1	955	696	0.81027	3416	59
2	612	765	222	7841	58	2	977	678	075	3343	58
3	635	747	269	7764	57	3	0.63000	660	123	3270	57
4	658	729	316	7688	56	4	022	641	171	3196	56
5	681	711	363	7611	55	5	045	623	220	3123	55
6	704	693	410	7535	54	6	068	605	268	3050	54
7	726	676	457	7458	53	7	090	586	316	2977	53
8	749	658	504	7382	52	8	113	568	364	2904	52
9	772	640	551	7306	51	9	135	550	413	2831	51
10	795	622	598	7230	50	10	158	531	461	2758	50
11	0.61818	0.78604	0.78645	1.27153	49	11	0.63180	0.77513	0.81510	1.22685	49
12	841	586	692	7077	48	12	203	494	558	2612	48
13	864	568	739	7001	47	13	225	476	606	2539	47
14	887	550	786	6925	46	14	248	458	655	2467	46
15	909	532	834	6849	45	15	271	439	703	2394	45
16	932	514	881	6774	44	16	293	421	752	2321	44
17	955	496	928	6698	43	17	316	402	800	2249	43
18	978	478	975	6622	42	18	338	384	849	2176	42
19	0.62001	460	0.79022	6546	41	19	361	366	898	2104	41
20	024	442	070	6471	40	20	383	347	946	2031	40
21	0.62046	0.78424	0.79117	1.26395	39	21	0.63406	0.77329	0.81995	1.21959	39
22	069	405	164	6319	38	22	428	310	0.82044	1886	38
23	092	387	212	6244	37	23	451	292	092	1814	37
24	115	369	259	6169	36	24	473	273	141	1742	36
25	138	351	306	6093	35	25	496	255	190	1670	35
26	160	333	354	6018	34	26	518	236	238	1598	34
27	183	315	401	5943	33	27	540	218	287	1526	33
28	206	297	449	5867	32	28	563	199	336	1454	32
29	229	279	496	5792	31	29	585	181	385	1382	31
30	251	261	544	5717	30	30	608	162	434	1310	30
31	0.62274	0.78243	0.79591	1.25842	29	31	0.63630	0.77144	0.82483	1.21238	29
32	297	225	639	5567	28	32	653	125	531	1166	28
33	320	206	686	5492	27	33	675	107	580	1094	27
34	342	188	734	5417	26	34	698	088	629	1023	26
35	365	170	781	5343	25	35	720	070	678	0951	25
36	388	152	829	5268	24	36	742	051	727	0879	24
37	411	134	877	5193	23	37	765	033	776	0808	23
38	433	116	924	5118	22	38	787	014	825	0736	22
39	456	098	972	5044	21	39	810	0.76996	874	0665	21
40	479	079	0.80020	4969	20	40	832	977	923	0593	20
41	0.62502	0.78061	0.80067	1.24895	19	41	0.63854	0.76959	0.82972	1.20522	19
42	524	043	115	4820	18	42	877	940	0.83022	0451	18
43	547	025	163	4746	17	43	899	921	071	0379	17
44	570	007	211	4672	16	44	922	903	120	0308	16
45	592	0.77988	258	4597	15	45	944	884	169	0237	15
46	615	970	306	4523	14	46	966	866	218	0166	14
47	638	952	354	4449	13	47	989	847	268	0095	13
48	660	934	402	4375	12	48	0.64011	828	317	0024	12
49	683	916	450	4301	11	49	033	810	366	1.19953	11
50	706	897	498	4227	10	50	056	791	415	9882	10
51	0.62728	0.77879	0.80546	1.24153	9	51	0.64078	0.78772	0.83465	1.19811	9
52	751	861	594	4079	8	52	100	754	514	9740	8
53	774	843	642	4005	7	53	123	735	564	9669	7
54	796	824	690	3931	6	54	145	717	613	9599	6
55	819	806	738	3858	5	55	167	698	662	9528	5
56	842	788	786	3784	4	56	190	679	712	9457	4
57	864	769	834	3710	3	57	212	661	761	9387	3
58	887	751	882	3637	2	58	234	642	811	9316	2
59	909	733	930	3563	1	59	256	623	860	9246	1
60	932	715	978	3490	0	60	279	604	910	9175	0
	Cosinus.	Sinus.	Cotang.	Tang.	'		Cosinus.	Sinus.	Cotang.	Tang.	'

40° — 41°

'	Sinus.	Cosinus.	Tang.	Cotang.	'	Sinus.	Cosinus.	Tang.	Cotang.	'
0	0.64279	0.76604	0.83910	1.19175	60	0.65606	0.75471	0.86929	1.15037	60
1	301	586	960	9105	59	628	452	980	4970	59
2	323	567	0.84009	9035	58	650	433	0.87031	4902	58
3	346	548	059	8964	57	672	414	082	4834	57
4	368	530	108	8894	56	694	395	133	4767	56
5	390	511	158	8824	55	716	375	184	4699	55
6	412	492	208	8754	54	738	356	236	4632	54
7	435	473	258	8684	53	759	337	287	4565	53
8	457	455	307	8614	52	781	318	338	4498	52
9	479	436	357	8544	51	803	299	389	4430	51
10	501	417	407	8474	50	825	280	441	4363	50
11	0.64524	0.76398	0.84457	1.18404	49	0.65847	0.75261	0.87492	1.14296	49
12	546	380	507	8334	48	869	241	543	4229	48
13	568	361	556	8264	47	891	222	595	4162	47
14	590	342	606	8194	46	913	203	646	4095	46
15	612	323	656	8125	45	935	184	698	4028	45
16	635	304	706	8055	44	956	165	749	3961	44
17	657	286	756	7986	43	978	146	801	3894	43
18	679	267	806	7916	42	0.66000	126	852	3828	42
19	701	248	855	7846	41	022	107	904	3761	41
20	723	229	906	7777	40	044	088	955	3694	40
21	0.64746	0.76210	0.84956	1.17708	39	0.66066	0.75069	0.88007	1.13627	39
22	768	192	0.85006	7638	38	088	050	059	3561	38
23	790	173	057	7569	37	109	030	110	3494	37
24	812	154	107	7500	36	131	011	162	3428	36
25	834	135	157	7430	35	153	0.74992	214	3361	35
26	856	116	207	7361	34	175	973	265	3295	34
27	878	097	257	7292	33	197	953	317	3228	33
28	901	078	307	7223	32	218	934	369	3162	32
29	923	059	358	7154	31	240	915	421	3096	31
30	945	041	408	7085	30	262	896	473	3029	30
31	0.64967	0.76022	0.85458	1.17016	29	0.66284	0.74876	0.88524	1.12963	29
32	989	003	509	6947	28	306	857	576	2897	28
33	0.65011	0.75984	559	6878	27	327	838	628	2831	27
34	033	965	609	6809	26	349	818	680	2765	26
35	055	946	660	6741	25	371	799	732	2699	25
36	077	927	710	6672	24	393	780	784	2633	24
37	099	908	761	6603	23	414	760	836	2567	23
38	122	889	811	6535	22	436	741	888	2501	22
39	144	870	862	6466	21	458	722	940	2435	21
40	166	851	912	6398	20	480	703	992	2369	20
41	0.65188	0.75832	0.85963	1.16329	19	0.66501	0.74683	0.89045	1.12303	19
42	210	813	0.86014	6261	18	523	664	097	2238	18
43	232	794	064	6192	17	545	644	149	2172	17
44	254	775	115	6124	16	566	625	201	2106	16
45	276	756	166	6056	15	588	606	253	2041	15
46	298	737	216	5987	14	610	586	306	1975	14
47	320	718	267	5919	13	632	567	358	1909	13
48	342	699	318	5851	12	653	548	410	1844	12
49	364	680	368	5783	11	675	528	463	1778	11
50	386	661	419	5715	10	697	509	515	1713	10
51	0.65408	0.75642	0.86470	1.15647	9	0.66718	0.74490	0.89567	1.11648	9
52	430	623	521	5579	8	740	470	620	1582	8
53	452	604	572	5511	7	762	451	672	1517	7
54	474	585	623	5443	6	783	431	725	1452	6
55	496	566	674	5375	5	805	412	777	1387	5
56	518	547	725	5308	4	827	392	830	1321	4
57	540	528	776	5240	3	848	373	883	1256	3
58	562	509	827	5172	2	870	353	935	1191	2
59	584	490	878	5104	1	891	334	988	1126	1
60	606	471	929	5037	0	913	314	0.90040	1061	0
	Cosinus.	Sinus.	Cotang.	Tang.	'	Cosinus.	Sinus.	Cotang.	Tang.	'

49° — 48°

42°

'	Sinus.	Cosinus.	Tang.	Cotang.	
0	0.66913	0.74314	0.90040	1.11061	60
1	935	295	093	0996	59
2	956	276	146	0931	58
3	978	256	199	0867	57
4	999	237	251	0802	56
5	0.67021	217	304	0737	55
6	043	198	357	0672	54
7	064	178	410	0607	53
8	086	159	463	0543	52
9	107	139	516	0478	51
10	129	120	569	0414	50
11	0.67151	0.74100	0.90621	1.10349	49
12	172	080	674	0285	48
13	194	061	727	0220	47
14	215	041	781	0156	46
15	237	022	834	0091	45
16	258	002	887	0027	44
17	280	0.73983	940	1.09963	43
18	301	963	993	9899	42
19	323	944	0.91046	9834	41
20	344	924	099	9770	40
21	0.67366	0.73904	0.91153	1.09706	39
22	387	885	206	9642	38
23	409	865	259	9578	37
24	430	846	313	9514	36
25	452	826	366	9450	35
26	473	806	419	9386	34
27	495	787	473	9322	33
28	516	767	526	9258	32
29	538	747	580	9195	31
30	559	728	633	9131	30
31	0.67580	0.73708	0.91687	1.09067	29
32	602	688	740	9003	28
33	623	669	794	8940	27
34	645	649	847	8876	26
35	666	629	901	8813	25
36	688	610	955	8749	24
37	709	590	0.92008	8686	23
38	730	570	062	8622	22
39	752	551	116	8559	21
40	773	531	170	8496	20
41	0.67795	0.73511	0.92223	1.08432	19
42	816	491	277	8369	18
43	837	472	331	8306	17
44	859	452	385	8243	16
45	880	432	439	8179	15
46	901	412	493	8116	14
47	923	393	547	8053	13
48	944	373	601	7990	12
49	965	353	655	7927	11
50	987	333	709	7864	10
51	0.68008	0.73314	0.92763	1.07801	9
52	029	294	817	7738	8
53	051	274	872	7676	7
54	072	254	926	7613	6
55	093	234	980	7550	5
56	115	215	0.93034	7487	4
57	136	195	088	7425	3
58	157	175	143	7362	2
59	179	155	197	7299	1
60	200	135	252	7237	0
	Cosinus.	Sinus.	Cotang.	Tang.	'

43°

'	Sinus.	Cosinus.	Tang.	Cotang.	
0	0.68200	0.73135	0.93252	1.07237	60
1	221	116	306	7174	59
2	242	096	360	7112	58
3	264	076	415	7049	57
4	285	056	469	6987	56
5	306	036	524	6925	55
6	327	016	578	6862	54
7	349	0.72996	633	6800	53
8	370	976	688	6738	52
9	391	957	742	6676	51
10	412	937	797	6613	50
11	0.68433	0.72917	0.93852	1.06551	49
12	455	897	906	6489	48
13	476	877	961	6427	47
14	497	857	0.94016	6365	46
15	518	837	071	6303	45
16	539	817	125	6241	44
17	561	797	180	6179	43
18	582	777	235	6117	42
19	603	757	290	6056	41
20	624	737	345	5994	40
21	0.68645	0.72717	0.94400	1.05932	39
22	666	697	455	5870	38
23	688	677	510	5809	37
24	709	657	565	5747	36
25	730	637	620	5685	35
26	751	617	676	5624	34
27	772	597	731	5562	33
28	793	577	786	5501	32
29	814	557	841	5439	31
30	835	537	896	5378	30
31	0.68857	0.72517	0.94952	1.05317	29
32	878	497	0.95007	5255	28
33	899	477	062	5194	27
34	920	457	118	5133	26
35	941	437	173	5072	25
36	962	417	229	5010	24
37	983	397	284	4949	23
38	0.69004	377	340	4888	22
39	025	357	395	4827	21
40	046	337	451	4766	20
41	0.69067	0.72317	0.95506	1.04705	19
42	088	297	562	4644	18
43	109	277	618	4583	17
44	130	257	673	4522	16
45	151	236	729	4461	15
46	172	216	785	4401	14
47	193	196	841	4340	13
48	214	176	897	4279	12
49	235	156	952	4218	11
50	256	136	0.96008	4158	10
51	0.69277	0.72116	0.96064	1.04097	9
52	298	095	120	4036	8
53	319	075	176	3976	7
54	340	055	232	3915	6
55	361	035	288	3855	5
56	382	015	344	3794	4
57	403	0.71995	400	3734	3
58	424	974	457	3674	2
59	445	954	513	3613	1
60	466	934	569	3553	0
	Cosinus.	Sinus.	Cotang.	Tang.	'

44°

'	Sinus.	Cosinus.	Tang.	Cotang.	
0	0.69466	0.71934	0.96569	1.03553	60
1	487	914	625	3493	59
2	508	894	681	3432	58
3	529	873	738	3372	57
4	549	853	794	3312	56
5	570	833	850	3252	55
6	591	813	907	3192	54
7	612	792	963	3132	53
8	633	772	0.97020	3072	52
9	654	752	076	3012	51
10	675	732	133	2952	50
11	0.69696	0.71711	0.97189	1.02892	49
12	717	691	246	2832	48
13	737	671	302	2772	47
14	758	650	359	2713	46
15	779	630	416	2653	45
16	800	610	472	2593	44
17	821	590	529	2533	43
18	842	569	586	2474	42
19	862	549	643	2414	41
20	883	529	700	2355	40
21	0.69904	0.71508	0.97756	1.02295	39
22	925	488	813	2236	38
23	946	468	870	2176	37
24	966	447	927	2117	36
25	987	427	984	2057	35
26	0.70008	407	0.98041	1998	34
27	029	386	098	1939	33
28	049	366	155	1879	32
29	070	345	213	1820	31
30	091	325	270	1761	30
31	0.70112	0.71305	0.98327	1.01702	29
32	132	284	384	1642	28
33	153	264	441	1583	27
34	174	243	499	1524	26
35	195	223	556	1465	25
36	215	203	613	1406	24
37	236	182	671	1347	23
38	257	162	728	1288	22
39	277	141	786	1229	21
40	298	121	843	1170	20
41	0.70319	0.71100	0.98901	1.01112	19
42	339	080	958	1053	18
43	360	059	0.99016	0994	17
44	381	039	073	0935	16
45	401	019	131	0876	15
46	422	0.70998	189	0818	14
47	443	978	247	0759	13
48	463	957	304	0701	12
49	484	937	362	0642	11
50	505	916	420	0583	10
51	0.70525	0.70896	0.99478	1.00525	9
52	546	875	536	0467	8
53	567	855	594	0408	7
54	587	834	652	0350	6
55	608	813	710	0291	5
56	628	793	768	0233	4
57	649	772	826	0175	3
58	670	752	884	0116	2
59	690	731	942	0058	1
60	711	711	1.00000	1.00000	0
	Cosinus.	Sinus.	Cotang.	Tang.	'

45°

SECONDE PARTIE.

TABLES POUR FACILITER LES CALCULS D'HYDRAULIQUE.

TABLE VII.

VITESSES DUES A UNE HAUTEUR DONNÉE.

$$v = \sqrt{2gh}. \qquad g = 9,8088.$$

HAUTEURS de chute.	VITESSES correspondantes.	HAUTEURS de chute.	VITESSES correspondantes.	HAUTEURS de chute.	VITESSES correspondantes.	HAUTEURS de chute.	VITESSES correspondantes.	HAUTEURS de chute.	VITESSES correspondantes.
m.	m.	m.	m.	m.	m.	m.	m.	m.	m.
0,001	0,140	0,45	2,971	0,98	4,384	1,51	5,443	2,04	6,326
0,002	0,198	0,46	3,004	0,99	4,407	1,52	5,461	2,05	6,341
0,003	0,243	0,47	3,037	1,00	4,429	1,53	5,479	2,06	6,357
0,004	0,280	0,48	3,069	1,01	4,451	1,54	5,496	2,07	6,372
0,005	0,313	0,49	3,100	1,02	4,473	1,55	5,514	2,08	6,388
0,006	0,343	0,50	3,132	1,03	4,495	1,56	5,532	2,09	6,403
0,007	0,370	0,51	3,163	1,04	4,517	1,57	5,550	2,10	6,418
0,008	0,395	0,52	3,194	1,05	4,539	1,58	5,567	2,11	6,434
0,009	0,420	0,53	3,224	1,06	4,560	1,59	5,585	2,12	6,449
0,01	0,443	0,54	3,253	1,07	4,582	1,60	5,603	2,13	6,464
0,02	0,626	0,55	3,285	1,08	4,603	1,61	5,620	2,14	6,479
0,03	0,767	0,56	3,314	1,09	4,624	1,62	5,637	2,15	6,494
0,04	0,886	0,57	3,344	1,10	4,645	1,63	5,655	2,16	6,510
0,05	0,990	0,58	3,373	1,11	4,666	1,64	5,672	2,17	6,525
0,06	1,085	0,59	3,402	1,12	4,687	1,65	5,690	2,18	6,540
0,07	1,172	0,60	3,431	1,13	4,708	1,66	5,707	2,19	6,555
0,08	1,253	0,61	3,459	1,14	4,729	1,67	5,724	2,20	6,570
0,09	1,329	0,62	3,488	1,15	4,750	1,68	5,741	2,21	6,584
0,10	1,401	0,63	3,516	1,16	4,770	1,69	5,758	2,22	6,599
0,11	1,468	0,64	3,543	1,17	4,790	1,70	5,775	2,23	6,614
0,12	1,534	0,65	3,571	1,18	4,811	1,71	5,792	2,24	6,629
0,13	1,597	0,66	3,598	1,19	4,831	1,72	5,809	2,25	6,644
0,14	1,657	0,67	3,625	1,20	4,852	1,73	5,826	2,26	6,658
0,15	1,715	0,68	3,652	1,21	4,872	1,74	5,842	2,27	6,673
0,16	1,772	0,69	3,679	1,22	4,892	1,75	5,859	2,28	6,688
0,17	1,826	0,70	3,706	1,23	4,913	1,76	5,876	2,29	6,703
0,18	1,879	0,71	3,732	1,24	4,933	1,77	5,893	2,30	6,717
0,19	1,931	0,72	3,758	1,25	4,953	1,78	5,909	2,31	6,732
0,20	1,981	0,73	3,784	1,26	4,972	1,79	5,926	2,32	6,746
0,21	2,030	0,74	3,810	1,27	4,991	1,80	5,942	2,33	6,761
0,22	2,078	0,75	3,836	1,28	5,011	1,81	5,959	2,34	6,775
0,23	2,124	0,76	3,861	1,29	5,031	1,82	5,975	2,35	6,790
0,24	2,170	0,77	3,886	1,30	5,050	1,83	5,992	2,36	6,804
0,25	2,215	0,78	3,911	1,31	5,069	1,84	6,008	2,37	6,819
0,26	2,259	0,79	3,936	1,32	5,089	1,85	6,024	2,38	6,833
0,27	2,301	0,80	3,961	1,33	5,108	1,86	6,041	2,39	6,847
0,28	2,344	0,81	3,986	1,34	5,127	1,87	6,057	2,40	6,862
0,29	2,385	0,82	4,011	1,35	5,146	1,88	6,073	2,41	6,876
0,30	2,426	0,83	4,035	1,36	5,165	1,89	6,089	2,42	6,890
0,31	2,466	0,84	4,059	1,37	5,184	1,90	6,105	2,43	6,904
0,32	2,506	0,85	4,083	1,38	5,203	1,91	6,122	2,44	6,919
0,33	2,544	0,86	4,107	1,39	5,222	1,92	6,138	2,45	6,933
0,34	2,582	0,87	4,131	1,40	5,241	1,93	6,154	2,46	6,947
0,35	2,620	0,88	4,155	1,41	5,259	1,94	6,170	2,47	6,961
0,36	2,658	0,89	4,178	1,42	5,278	1,95	6,186	2,48	6,975
0,37	2,694	0,90	4,202	1,43	5,297	1,96	6,202	2,49	6,989
0,38	2,730	0,91	4,225	1,44	5,315	1,97	6,217	2,50	7,003
0,39	2,766	0,92	4,248	1,45	5,333	1,98	6,232	2,51	7,017
0,40	2,801	0,93	4,271	1,46	5,351	1,99	6,248	2,52	7,031
0,41	2,836	0,94	4,294	1,47	5,370	2,00	6,264	2,53	7,045
0,42	2,870	0,95	4,317	1,48	5,388	2,01	6,279	2,54	7,059
0,43	2,904	0,96	4,340	1,49	5,406	2,02	6,295	2,55	7,073
0,44	2,938	0,97	4,362	1,50	5,425	2,03	6,311	2,56	7,087

HAUTEURS de chute.	VITESSES correspondantes.	HAUTEURS de chute.	VITESSES correspondantes.	HAUTEURS de chute.	VITESSES correspondantes.	HAUTEURS de chute.	VITESSES correspondantes.	HAUTEURS de chute.	VITESSES correspondantes.
m.	m.	m.	m.	m.	m.	m.	m.	m.	m.
2,57	7,101	3,14	7,849	3,71	8,531	4,28	9,163	4,85	9,754
2,58	7,114	3,15	7,861	3,72	8,543	4,29	9,174	4,86	9,764
2,59	7,128	3,16	7,873	3,73	8,554	4,30	9,185	4,87	9,774
2,60	7,142	3,17	7,886	3,74	8,568	4,31	9,196	4,88	9,784
2,61	7,156	3,18	7,898	3,75	8,577	4,32	9,206	4,89	9,794
2,62	7,169	3,19	7,911	3,76	8,588	4,33	9,217	4,90	9,804
2,63	7,183	3,20	7,923	3,77	8,600	4,34	9,227	4,91	9,814
2,64	7,197	3,21	7,936	3,78	8,611	4,35	9,238	4,92	9,824
2,65	7,210	3,22	7,948	3,79	8,623	4,36	9,248	4,93	9,834
2,66	7,224	3,23	7,960	3,80	8,634	4,37	9,259	4,94	9,844
2,67	7,237	3,24	7,973	3,81	8,645	4,38	9,270	4,95	9,854
2,68	7,251	3,25	7,985	3,82	8,657	4,39	9,280	4,96	9,864
2,69	7,265	3,26	7,997	3,83	8,668	4,40	9,291	4,97	9,874
2,70	7,278	3,27	8,009	3,84	8,679	4,41	9,301	4,98	9,884
2,71	7,291	3,28	8,022	3,85	8,691	4,42	9,312	4,99	9,894
2,72	7,305	3,29	8,034	3,86	8,702	4,43	9,322	5,00	9,904
2,73	7,318	3,30	8,046	3,87	8,713	4,44	9,333	5,25	10,149
2,74	7,332	3,31	8,058	3,88	8,725	4,45	9,343	5,50	10,387
2,75	7,345	3,32	8,070	3,89	8,736	4,46	9,354	5,75	10,621
2,76	7,358	3,33	8,082	3,90	8,747	4,47	9,364	6,00	10,849
2,77	7,372	3,34	8,095	3,91	8,758	4,48	9,375	6,25	11,073
2,78	7,385	3,35	8,107	3,92	8,769	4,49	9,385	6,50	11,292
2,78	7,398	3,36	8,119	3,93	8,780	4,50	9,396	6,75	11,507
2,80	7,411	3,37	8,131	3,94	8,792	4,51	9,406	7,00	11,718
2,81	7,425	3,38	8,143	3,95	8,803	4,52	9,417	7,25	11,926
2,82	7,437	3,39	8,155	3,96	8,814	4,53	9,427	7,50	12,130
2,83	7,451	3,40	8,167	3,97	8,825	4,54	9,437	7,75	12,330
2,84	7,464	3,41	8,179	3,98	8,836	4,55	9,448	8,00	12,528
2,85	7,477	3,42	8,191	3,99	8,847	4,56	9,458	8,25	12,722
2,86	7,490	3,43	8,203	4,00	8,858	4,57	9,468	8,50	12,913
2,87	7,503	3,44	8,215	4,01	8,869	4,58	9,479	8,75	13,102
2,88	7,517	3,45	8,227	4,02	8,880	4,59	9,489	9,00	13,288
2,89	7,530	3,46	8,239	4,03	8,892	4,60	9,500	9,25	13,471
2,90	7,543	3,47	8,251	4,04	8,903	4,61	9,510	9,50	13,652
2,91	7,556	3,48	8,263	4,05	8,914	4,62	9,520	9,75	13,830
2,92	7,569	3,49	8,274	4,06	8,925	4,63	9,530	10,00	14,006
2,93	7,582	3,50	8,286	4,07	8,936	4,64	9,541	11,00	14,690
2,94	7,594	3,51	8,298	4,08	8,946	4,65	9,551	12,00	15,343
2,95	7,607	3,52	8,310	4,09	8,957	4,66	9,561	13,00	15,970
2,96	7,620	3,53	8,322	4,10	8,968	4,67	9,572	14,00	16,572
2,97	7,633	3,54	8,333	4,11	8,979	4,68	9,582	15,00	17,154
2,98	7,646	3,55	8,345	4,12	8,990	4,69	9,592	16,00	17,717
2,99	7,659	3,56	8,357	4,13	9,001	4,70	9,602	17,00	18,257
3,00	7,672	3,57	8,369	4,14	9,012	4,71	9,612	18,00	18,791
3,01	7,684	3,58	8,380	4,15	9,023	4,72	9,623	19,00	19,306
3,02	7,697	3,59	8,392	4,16	9,034	4,73	9,633	20,00	19,808
3,03	7,710	3,60	8,404	4,17	9,045	4,74	9,643	21,00	20,297
3,04	7,722	3,61	8,415	4,18	9,055	4,75	9,653	22,00	20,775
3,05	7,735	3,62	8,427	4,19	9,066	4,76	9,663	23,00	21,242
3,06	7,748	3,63	8,439	4,20	9,077	4,77	9,673	24,00	21,698
3,07	7,760	3,64	8,450	4,21	9,088	4,78	9,684	25,00	22,146
3,08	7,773	3,65	8,462	4,22	9,099	4,79	9,694	26,00	22,584
3,09	7,786	3,66	8,474	4,23	9,109	4,80	9,704	27,00	23,015
3,10	7,798	3,67	8,485	4,24	9,120	4,81	9,714	28,00	23,437
3,11	7,811	3,68	8,497	4,25	9,131	4,82	9,724	29,00	23,852
3,12	7,823	3,69	8,508	4,26	9,142	4,83	9,734	30,00	24,260
3,13	7,836	3,70	8,520	4,27	9,152	4,84	9,744	31,00	24,661

HAUTEURS de chute.	VITESSES correspondantes.	HAUTEURS de chute.	VITESSES correspondantes.	HAUTEURS de chute.	VITESSES correspondantes.	HAUTEURS de chute.	VITESSES correspondantes.	HAUTEURS de chute.	VITESSES correspondantes.
m.	m.	m.	m.	m.	m.	m.	m.	m.	m.
32	25,055	54	32,548	76	38,613	98	43,847	200	62,638
33	25,444	55	32,848	77	38,866	99	44,070	205	63,416
34	25,826	56	33,145	78	39,117	100	44,292	210	64,185
35	26,203	57	33,440	79	39,367	105	45,386	215	64,944
36	26,575	58	33,732	80	39,616	110	46,454	220	65,695
37	26,942	59	34,021	81	39,863	115	47,498	225	66,438
38	27,303	60	34,308	82	40,108	120	48,519	230	67,171
39	27,660	61	34,593	83	40,352	125	49,520	235	67,898
40	28,013	62	34,875	84	40,594	130	50,500	240	68,616
41	28,361	63	35,155	85	40,835	135	51,462	245	69,328
42	28,704	64	35,433	86	41,074	140	52,407	250	70,031
43	29,044	65	35,709	87	41,313	145	53,334	255	70,728
44	29,380	66	35,983	88	41,549	150	54,246	260	71,418
45	29,712	67	36,254	89	41,785	155	55,143	265	72,102
46	30,040	68	36,524	90	42,019	160	56,025	270	72,780
47	30,365	69	36,791	91	42,252	165	56,894	275	73,450
48	30,686	70	37,057	92	42,483	170	57,749	280	74,114
49	31,004	71	37,321	93	42,713	175	58,592	285	74,773
50	31,329	72	37,583	94	42,942	180	59,424	290	75,426
51	31,631	73	37,843	95	43,170	185	60,243	295	76,074
52	31,939	74	38,101	96	43,397	190	61,052	300	76,716
53	32,245	75	38,358	97	43,622	195	61,850		

TABLE VIII.

TABLES HYDRAULIQUES DE PRONY ET EYTELWEIN
(ANCIENNE THÉORIE)

Vitesses moyennes v.	Valeurs correspondantes de RI dans les canaux. EYTELWEIN.	de RI dans les canaux. DE PRONY.	de $\frac{1}{4}$ DJ dans les tuyaux. DE PRONY.	Vitesses moyennes v.	Valeurs correspondantes de RI dans les canaux. EYTELWEIN.	de RI dans les canaux. DE PRONY.	de $\frac{1}{4}$ DJ dans les tuyaux. DE PRONY.
0.01	0.000 000 3	0.000 000 5	0.000 000 2	m 0.51	0.000 107 5	0.000 103 1	0.000 099 4
0.02	0.000 000 6	0.000 001 0	0.000 000 5	0.52	0.000 111 5	0.000 106 8	0.000 103 2
0.03	0.000 001 1	0.000 001 6	0.000 000 8	0.53	0.000 115 5	0.000 110 4	0.000 107 0
0.04	0.000 001 6	0.000 002 3	0.000 001 3	0.54	0.000 119 7	0.000 114 2	0.000 110 9
0.05	0.000 002 1	0.000 003 0	0.000 001 7	0.55	0.000 123 9	0.000 118 0	0.000 114 9
0.06	0.000 002 8	0.000 003 8	0.000 002 3	0.56	0.000 128 2	0.000 121 9	0.000 118 9
0.07	0.000 003 5	0.000 004 6	0.000 002 9	0.57	0.000 132 6	0.000 125 8	0.000 123 0
0.08	0.000 004 3	0.000 005 5	0.000 003 6	0.58	0.000 137 0	0.000 129 8	0.000 127 2
0.09	0.000 005 1	0.000 006 5	0.000 004 4	0.59	0.000 141 6	0.000 133 9	0.000 131 5
0.10	0.000 006 0	0.000 007 5	0.000 005 2	0.60	0.000 146 1	0.000 138 0	0.000 135 8
0.11	0.000 007 1	0.000 008 6	0.000 006 1	0.61	0.000 150 8	0.000 142 2	0.000 140 2
0.12	0.000 008 2	0.000 009 8	0.000 007 1	0.62	0.000 155 6	0.000 146 5	0.000 144 6
0.13	0.000 009 3	0.000 011 0	0.000 008 1	0.63	0.000 160 4	0.000 150 8	0.000 149 1
0.14	0.000 010 6	0.000 012 3	0.000 009 3	0.64	0.000 165 3	0.000 155 1	0.000 153 7
0.15	0.000 011 9	0.000 013 6	0.000 010 4	0.65	0.000 170 2	0.000 159 6	0.000 158 4
0.16	0.000 013 2	0.000 015 0	0.000 011 7	0.66	0.000 175 3	0.000 164 1	0.000 163 1
0.17	0.000 014 7	0.000 016 5	0.000 013 0	0.67	0.000 180 3	0.000 168 6	0.000 167 9
0.18	0.000 016 2	0.000 018 0	0.000 014 4	0.68	0.000 185 5	0.000 173 3	0.000 172 8
0.19	0.000 017 8	0.000 019 6	0.000 015 9	0.69	0.000 190 8	0.000 177 9	0.000 177 8
0.20	0.000 019 5	0.000 021 3	0.000 017 4	0.70	0.000 196 1	0.000 182 7	0.000 182 8
0.21	0.000 021 2	0.000 023 0	0.000 019 0	0.71	0.000 201 5	0.000 187 5	0.000 187 9
0.22	0.000 023 0	0.000 024 7	0.000 020 7	0.72	0.000 207 0	0.000 192 4	0.000 193 0
0.23	0.000 024 9	0.000 026 6	0.000 022 4	0.73	0.000 212 5	0.000 197 3	0.000 198 2
0.24	0.000 026 9	0.000 028 5	0.000 024 2	0.74	0.000 218 1	0.000 202 3	0.000 203 5
0.25	0.000 028 9	0.000 030 4	0.000 026 1	0.75	0.000 223 8	0.000 207 3	0.000 208 9
0.26	0.000 031 0	0.000 032 5	0.000 028 0	0.76	0.000 229 6	0.000 212 4	0.000 214 3
0.27	0.000 033 2	0.000 034 6	0.000 030 1	0.77	0.000 235 4	0.000 217 6	0.000 219 8
0.28	0.000 035 4	0.000 036 7	0.000 032 2	0.78	0.000 241 3	0.000 222 9	0.000 225 4
0.29	0.000 037 8	0.000 038 9	0.000 034 3	0.79	0.000 247 3	0.000 228 2	0.000 231 0
0.30	0.000 040 2	0.000 041 2	0.000 036 5	0.80	0.000 253 4	0.000 233 5	0.000 236 8
0.31	0.000 042 5	0.000 043 5	0.000 038 8	0.81	0.000 259 5	0.000 238 9	0.000 242 5
0.32	0.000 045 2	0.000 045 9	0.000 041 2	0.82	0.000 265 7	0.000 244 4	0.000 248 4
0.33	0.000 047 8	0.000 048 4	0.000 043 6	0.83	0.000 272 0	0.000 250 0	0.000 254 3
0.34	0.000 050 5	0.000 050 9	0.000 046 2	0.84	0.000 278 3	0.000 255 6	0.000 260 3
0.35	0.000 053 3	0.000 053 4	0.000 048 7	0.85	0.000 284 7	0.000 261 3	0.000 266 3
0.36	0.000 056 1	0.000 056 1	0.000 051 4	0.86	0.000 291 2	0.000 267 0	0.000 272 5
0.37	0.000 059 0	0.000 058 8	0.000 054 1	0.87	0.000 297 8	0.000 272 8	0.000 278 7
0.38	0.000 062 0	0.000 061 6	0.000 056 9	0.88	0.000 304 4	0.000 278 6	0.000 284 9
0.39	0.000 065 1	0.000 064 4	0.000 059 7	0.89	0.000 311 1	0.000 284 6	0.000 291 3
0.40	0.000 068 2	0.000 067 3	0.000 062 7	0.90	0.000 317 9	0.000 290 6	0.000 297 7
0.41	0.000 071 4	0.000 070 2	0.000 065 6	0.91	0.000 324 8	0.000 296 6	0.000 304 2
0.42	0.000 074 7	0.000 073 2	0.000 068 7	0.92	0.000 331 7	0.000 302 7	0.000 310 7
0.43	0.000 078 0	0.000 076 3	0.000 071 8	0.93	0.000 338 7	0.000 308 9	0.000 317 3
0.44	0.000 081 4	0.000 079 4	0.000 075 0	0.94	0.000 345 8	0.000 315 1	0.000 324 0
0.45	0.000 084 9	0.000 082 6	0.000 078 3	0.95	0.000 358 0	0.000 321 4	0.000 330 8
0.46	0.000 088 5	0.000 085 9	0.000 081 7	0.96	0.000 360 2	0.000 327 7	0.000 337 6
0.47	0.000 092 2	0.000 089 2	0.000 085 1	0.97	0.000 367 5	0.000 334 2	0.000 344 5
0.48	0.000 095 9	0.000 092 6	0.000 088 6	0.98	0.000 374 9	0.000 340 6	0.000 351 5
0.49	0.000 099 7	0.000 096 0	0.000 092 1	0.99	0.000 382 3	0.000 347 2	0.000 358 5
0.50	0.000 103 5	0.000 099 6	0.000 095 7	1.00	0.000 389 8	0.000 353 8	0.000 365 6

VITESSES moyennes v.	VALEURS CORRESPONDANTES			VITESSES moyennes v.	VALEURS CORRESPONDANTES		
	de RI dans les canaux.		de $\frac{1}{4}$ DJ dans les tuyaux.		de RI dans les canaux.		de $\frac{1}{4}$ DJ dans les tuyaux.
	EYTELWEIN.	DE PRONY.	DE PRONY.		EYTELWEIN.	DE PRONY.	DE PRONY.
m 1.01	0.000 397 4	0.000 360 4	0.000 372 8	m 1.51	0.000 870 1	0.000 772 4	0.000 820 2
1.02	0.000 405 1	0.000 367 2	0.000 380 0	1.52	0.000 881 4	0.000 782 2	0.000 831 0
1.03	0.000 412 8	0.000 373 9	0.000 387 3	1.53	0.000 892 8	0.000 792 1	0.000 841 8
1.04	0.000 420 6	0.000 380 8	0.000 394 7	1.54	0.000 904 3	0.000 802 0	0.000 852 6
1.05	0.000 428 6	0.000 387 7	0.000 402 2	1.55	0.000 915 8	0.000 812 0	0.000 863 6
1.06	0.000 436 4	0.000 394 7	0.000 409 7	1.56	0.000 927 4	0.000 822 1	0.000 874 6
1.07	0.000 444 5	0.000 401 7	0.000 417 3	1.57	0.000 939 1	0.000 832 2	0.000 885 6
1.08	0.000 452 6	0.000 408 8	0.000 424 9	1.58	0.000 950 9	0.000 842 4	0.000 896 8
1.09	0.000 460 7	0.000 415 9	0.000 432 7	1.59	0.000 962 7	0.000 852 7	0.000 908 0
1.10	0.000 469 0	0.000 423 2	0.000 440 5	1.60	0.000 974 6	0.000 863 0	0.000 919 3
1.11	0.000 477 3	0.000 430 4	0.000 448 3	1.61	0.000 986 6	0.000 873 3	0.000 930 6
1.12	0.000 485 7	0.000 437 8	0.000 456 3	1.62	0.000 998 6	0.000 883 8	0.000 942 0
1.13	0.000 494 2	0.000 445 2	0.000 464 3	1.63	0.001 010 8	0.000 894 3	0.000 953 5
1.14	0.000 502 7	0.000 452 7	0.000 472 4	1.64	0.001 023 0	0.000 904 8	0.000 965 1
1.15	0.000 511 3	0.000 460 2	0.000 480 5	1.65	0.001 035 2	0.000 915 5	0.000 976 7
1.16	0.000 520 0	0.000 467 8	0.000 488 7	1.66	0.001 047 6	0.000 926 1	0.000 988 3
1.17	0.000 528 8	0.000 475 4	0.000 497 0	1.67	0.001 059 9	0.000 936 9	0.001 000 2
1.18	0.000 537 6	0.000 483 1	0.000 505 4	1.68	0.001 072 5	0.000 947 7	0.001 012 0
1.19	0.000 546 5	0.000 490 9	0.000 513 8	1.69	0.001 085 0	0.000 958 6	0.001 024 0
1.20	0.000 555 5	0.000 498 8	0.000 522 3	1.70	0.001 097 7	0.000 969 5	0.001 033 9
1.21	0.000 564 6	0.000 506 7	0.000 530 9	1.71	0.001 110 4	0.000 980 5	0.001 048 0
1.22	0.000 573 7	0.000 514 6	0.000 539 5	1.72	0.001 123 1	0.000 991 5	0.001 060 1
1.23	0.000 582 9	0.000 522 6	0.000 548 2	1.73	0.001 136 0	0.001 002 6	0.001 072 3
1.24	0.000 592 1	0.000 530 7	0.000 557 0	1.74	0.001 148 9	0.001 013 8	0.001 08. 5
1.25	0.000 601 5	0.000 538 9	0.000 565 8	1.75	0.001 162 0	0.001 025 1	0.001 096 9
1.26	0.000 610 9	0.000 547 1	0.000 574 7	1.76	0.001 175 0	0.001 036 4	0.001 109 0
1.27	0.000 620 5	0.000 555 3	0.000 583 7	1.77	0.001 188 1	0.001 047 7	0.001 121 7
1.28	0.000 630 0	0.000 563 7	0.000 592 8	1.78	0.001 201 4	0.001 059 2	0.001 134 5
1.29	0.000 639 6	0.000 572 1	0.000 601 9	1.79	0.001 214 6	0.001 070 6	0.001 146 0
1.30	0.000 649 3	0.000 580 5	0.000 611 1	1.80	0.001 228 1	0.001 082 2	0.001 159 6
1.31	0.000 659 1	0.000 589 0	0.000 620 4	1.81	0.001 241 6	0.001 093 8	0.001 172 0
1.32	0.000 669 0	0.000 597 6	0.000 629 7	1.82	0.001 255 1	0.001 105 4	0.001 185 0
1.33	0.000 678 9	0.000 606 3	0.000 639 1	1.83	0.001 268 6	0.001 117 2	0.001 198 0
1.34	0.000 688 9	0.000 615 0	0.000 648 6	1.84	0.001 282 3	0.001 129 0	0.001 211 0
1.35	0.000 699 0	0.000 623 7	0.000 658 1	1.85	0.001 296 0	0.001 140 9	0.001 224 0
1.36	0.000 709 1	0.000 632 6	0.000 667 7	1.86	0.001 309 7	0.001 152 8	0.001 237 1
1.37	0.000 719 3	0.000 641 4	0.000 677 4	1.87	0.001 323 7	0.001 164 8	0.001 250 2
1.38	0.000 729 6	0.000 650 4	0.000 687 1	1.88	0.001 337 5	0.001 176 8	0.001 263 3
1.39	0.000 740 0	0.000 659 4	0.000 697 0	1.89	0.001 351 6	0.001 188 9	0.001 276 5
1.40	0.000 750 4	0.000 668 5	0.000 706 9	1.90	0.001 365 7	0.001 201 1	0.001 290 1
1.41	0.000 760 9	0.000 677 6	0.000 716 8	1.91	0.001 379 8	0.001 213 3	0.001 303 6
1.42	0.000 771 5	0.000 686 8	0.000 726 8	1.92	0.001 394 1	0.001 225 6	0.001 317 1
1.43	0.000 782 2	0.000 696 1	0.000 736 9	1.93	0.001 408 4	0.001 238 0	0.001 330 7
1.44	0.000 792 9	0.000 705 4	0.000 747 1	1.94	0.001 422 8	0.001 250 4	0.001 344 3
1.45	0.000 803 7	0.000 714 8	0.000 757 3	1.95	0.001 437 3	0.001 262 8	0.001 356 1
1.46	0.000 814 6	0.000 724 2	0.000 767 7	1.96	0.001 451 9	0.001 275 4	0.001 371 6
1.47	0.000 825 8	0.000 733 7	0.000 778 0	1.97	0.001 466 4	0.001 288 0	0.001 385 7
1.48	0.000 836 6	0.000 743 3	0.000 788 5	1.98	0.001 481 1	0.001 300 6	0.001 399 6
1.49	0.000 847 7	0.000 752 9	0.000 799 0	1.99	0.001 495 9	0.001 313 4	0.001 413 6
1.50	0.000 858 9	0.000 762 6	0.000 809 6	2.00	0.001 510 7	0.001 326 2	0.001 427 7

VITESSES moyennes v.	VALEURS CORRESPONDANTES		de $\frac{1}{4}DJ$ dans les tuyaux.	VITESSES moyennes v.	VALEURS CORRESPONDANTES		de $\frac{1}{4}DJ$ dans les tuyaux.
	EYTELWEIN.	DE PRONY.	DE PRONY.		EYTELWEIN.	DE PRONY.	DE PRONY.
2.01	0.001 525 7	0.001 339 0	0.001 441 8	2.51	0.002 363 8	0.002 060 3	0.002 237 6
2.02	0.001 540 5	0.001 351 9	0.001 456 0	2.52	0.002 382 4	0.002 076 3	0.002 255 3
2.03	0.001 555 6	0.001 364 9	0.001 470 3	2.53	0.002 401 2	0.002 092 4	0.002 273 0
2.04	0.001 570 7	0.001 377 9	0.001 484 7	2.54	0.002 419 9	0.002 108 5	0.002 290 8
2.05	0.001 585 9	0.001 391 0	0.001 499 1	2.55	0.002 438 8	0.002 124 7	0.002 308 7
2.06	0.001 601 2	0.001 404 2	0.001 513 6	2.56	0.002 457 7	0.002 140 9	0.002 326 7
2.07	0.001 616 5	0.001 417 4	0.001 528 1	2.57	0.002 476 8	0.002 157 2	0.002 344 8
2.08	0.001 632 0	0.001 430 7	0.001 542 8	2.58	0.002 495 8	0.002 173 6	0.002 362 9
2.09	0.001 647 4	0.001 444 0	0.001 557 5	2.59	0.002 514 9	0.002 190 0	0.002 381 0
2.10	0.001 663 0	0.001 457 4	0.001 572 2	2.60	0.002 534 0	0.002 206 5	0.002 399 3
2.11	0.001 678 6	0.001 470 9	0.001 587 1	2.61	0.002 553 4	0.002 223 1	0.002 417 6
2.12	0.001 694 3	0.001 484 4	0.001 602 0	2.62	0.002 572 8	0.002 239 7	0.002 436 0
2.13	0.001 710 1	0.001 498 0	0.001 616 9	2.63	0.002 592 2	0.002 256 4	0.002 454 5
2.14	0.001 725 7	0.001 511 7	0.001 632 0	2.64	0.002 611 8	0.002 273 1	0.002 473 0
2.15	0.001 741 9	0.001 525 4	0.001 647 1	2.65	0.002 631 3	0.002 290 0	0.002 491 6
2.16	0.001 757 9	0.001 539 2	0.001 662 3	2.66	0.002 650 9	0.002 306 6	0.002 510 2
2.17	0.001 774 0	0.001 553 0	0.001 677 5	2.67	0.002 670 7	0.002 323 8	0.002 529 0
2.18	0.001 790 1	0.001 566 9	0.001 692 8	2.68	0.002 690 5	0.002 340 7	0.002 547 8
2.19	0.001 806 3	0.001 580 9	0.001 708 2	2.69	0.002 710 4	0.002 357 8	0.002 566 7
2.20	0.001 822 6	0.001 594 9	0.001 723 7	2.70	0.002 730 3	0.002 374 9	0.002 585 6
2.21	0.001 838 9	0.001 609 0	0.001 739 2	2.71	0.002 750 4	0.002 392 1	0.002 604 6
2.22	0.001 855 4	0.001 623 1	0.001 754 8	2.72	0.002 770 4	0.002 409 3	0.002 623 7
2.23	0.001 871 9	0.001 637 3	0.001 770 5	2.73	0.002 790 6	0.002 426 6	0.002 642 9
2.24	0.001 888 5	0.001 651 6	0.001 786 2	2.74	0.002 810 8	0.002 444 0	0.002 662 1
2.25	0.001 905 2	0.001 665 9	0.001 802 1	2.75	0.002 831 1	0.002 461 4	0.002 681 4
2.26	0.001 921 8	0.001 680 3	0.001 817 9	2.76	0.002 851 5	0.002 478 9	0.002 700 7
2.27	0.001 938 7	0.001 694 8	0.001 833 9	2.77	0.002 872 0	0.002 496 5	0.002 720 2
2.28	0.001 955 5	0.001 709 3	0.001 849 9	2.78	0.002 892 5	0.002 514 1	0.002 739 7
2.29	0.001 972 5	0.001 723 9	0.001 866 0	2.79	0.002 913 1	0.002 531 8	0.002 759 2
2.30	0.001 989 5	0.001 738 5	0.001 882 2	2.80	0.002 933 8	0.002 549 5	0.002 778 9
2.31	0.002 006 7	0.001 753 2	0.001 898 4	2.81	0.002 954 5	0.002 567 3	0.002 798 6
2.32	0.002 023 8	0.001 768 0	0.001 914 7	2.82	0.002 975 4	0.002 585 1	0.002 818 4
2.33	0.002 041 0	0.001 782 8	0.001 931 0	2.83	0.002 996 3	0.002 603 1	0.002 838 2
2.34	0.002 058 4	0.001 797 7	0.001 947 5	2.84	0.003 017 2	0.002 621 0	0.002 858 1
2.35	0.002 075 7	0.001 812 6	0.001 964 0	2.85	0.003 038 3	0.002 639 1	0.002 878 1
2.36	0.002 093 2	0.001 827 7	0.001 980 6	2.86	0.003 059 4	0.002 657 2	0.002 898 2
2.37	0.002 110 7	0.001 842 7	0.001 997 2	2.87	0.003 080 6	0.002 675 4	0.002 918 3
2.38	0.002 128 4	0.001 857 9	0.002 013 9	2.88	0.003 101 8	0.002 693 6	0.002 938 5
2.39	0.002 146 0	0.001 873 1	0.002 030 7	2.89	0.003 123 2	0.002 711 9	0.002 958 8
2.40	0.002 163 7	0.001 888 3	0.002 047 6	2.90	0.003 144 6	0.002 730 2	0.002 979 1
2.41	0.002 181 6	0.001 903 7	0.002 064 5	2.91	0.003 166 1	0.002 748 7	0.002 999 5
2.42	0.002 199 5	0.001 919 0	0.002 081 5	2.92	0.003 187 6	0.002 767 1	0.003 020 0
2.43	0.002 217 5	0.001 934 5	0.002 098 5	2.93	0.003 209 2	0.002 785 7	0.003 040 5
2.44	0.002 235 5	0.001 950 0	0.002 115 7	2.94	0.003 230 9	0.002 804 3	0.003 061 2
2.45	0.002 253 6	0.001 965 6	0.002 132 9	2.95	0.003 252 7	0.002 822 9	0.003 081 9
2.46	0.002 271 8	0.001 981 2	0.002 150 2	2.96	0.003 274 5	0.002 841 7	0.003 102 6
2.47	0.002 290 0	0.001 996 9	0.002 167 5	2.97	0.003 296 5	0.002 860 5	0.003 123 4
2.48	0.002 308 4	0.002 012 6	0.002 184 9	2.98	0.003 318 5	0.002 879 3	0.003 144 3
2.49	0.002 326 8	0.002 028 5	0.002 202 4	2.99	0.003 340 5	0.002 898 3	0.003 165 3
2.50	0.002 345 3	0.002 044 3	0.002 219 9	3.00	0.003 362 7	0.002 917 2	0.003 186 3

TABLE IX.

TABLE DE M. FOURNEYRON.

Mouvement de l'eau dans les tuyaux. — Ancienne théorie.

Vitesses moyennes.	$J^2Q \times 10^9$.	Vitesses moyennes.	$J^2Q \times 10^9$.	Vitesses moyennes.	$J^2Q \times 10^9$.	Vitesses moyennes.	$J^2Q \times 10^6$.
0.01	0.000 005	0.51	63.346 67	1.01	1763.592	1.51	12 766.25
0.02	0.000 059	0.52	69.569 20	1.02	1850.939	1.52	13 489.09
0.03	0.000 262	0.53	76.268 82	1.03	1944.713	1.53	13 623.04
0.04	0.000 786	0.54	83.474 67	1.04	2036.043	1.54	14 068.33
0.05	0.001 896	0.55	91.214 88	1.05	2133.942	1.55	14 525.20
0.06	0.003 966	0.56	99.518 64	1.06	2235.602	1.56	14 993.96
0.07	0.007 498	0.57	108.4162	1.07	2341.100	1.57	15 474.54
0.08	0.013 140	0.58	117.9387	1.08	2450.543	1.58	15 967.16
0.09	0.021 704	0.59	128.1186	1.09	2564.041	1.59	16 472.87
0.10	0.034 185	0.60	138.9894	1.10	2681.705	1.60	16 990.99
0.11	0.051 780	0.61	150.5856	1.11	2803.650	1.61	17 522.07
0.12	0.075 903	0.62	172.9428	1.12	2929.990	1.62	18 066.35
0.13	0.108 208	0.63	176.0980	1.13	3060.843	1.63	18 624.07
0.14	0.150 603	0.64	190.0892	1.14	3196.334	1.64	19 195.47
0.15	0.205 272	0.65	204.9556	1.15	3336.574	1.65	19 780.82
0.16	0.274 694	0.66	220.7375	1.16	3481.696	1.66	20 380.35
0.17	0.361 644	0.67	237.4767	1.17	3631.823	1.67	20 994.34
0.18	0.469 248	0.68	255.2161	1.18	3787.085	1.68	21 623.04
0.19	0.600 966	0.69	273.9996	1.19	3947.612	1.69	22 266.70
0.20	0.760 624	0.70	292.8729	1.20	4113.525	1.70	22 925.64
0.21	0.952 437	0.71	314.8827	1.21	4284.991	1.71	23 600.02
0.22	1.181 017	0.72	337.0769	1.22	4462.117	1.72	24 290.20
0.23	1.454 400	0.73	360.5049	1.23	4645.052	1.73	4996.44
0.24	1.769 059	0.74	385.2175	1.24	4833.937	1.74	25 749.02
0.25	2.139 925	0.75	411.2668	1.25	5028.947	1.75	26 458.20
0.26	2.570 403	0.76	438.7063	1.26	5230.438	1.76	27 214.29
0.27	3.067 394	0.77	467.5908	1.27	5437.749	1.77	27 987.56
0.28	3.638 309	0.78	497.9768	1.28	5651.900	1.78	28 778.31
0.29	4.291 090	0.79	529.9249	1.29	5872.745	1.79	29 586.83
0.30	5.034 226	0.80	563.4854	1.30	6100.439	1.80	30 413.42
0.31	5.876 776	0.81	598.7291	1.31	6335.442	1.81	31 258.36
0.32	6.828 380	0.82	635.7130	1.32	6577.042	1.82	32 122.02
0.33	7.899 285	0.83	674.5014	1.33	6826.214	1.83	33 004.64
0.34	9.100 858	0.84	715.1601	1.34	7082.912	1.84	33 906.55
0.35	10.443 490	0.85	757.7570	1.35	7347.275	1.85	34 828.08
0.36	11.939 690	0.86	802.3591	1.36	7619.472	1.86	35 769.53
0.37	13.602 96	0.87	849.0367	1.37	7899.677	1.87	36 731.23
0.38	15.446 45	0.88	897.8616	1.38	8188.065	1.88	37 713.54
0.39	17.484 14	0.89	948.9067	1.39	8484.814	1.89	38 716.69
0.40	19.731 82	0.90	1002.247	1.40	8790.104	1.90	39 741.10
0.41	22.204 44	0.91	1057.959	1.41	9104.119	1.91	40 787.08
0.42	24.918 67	0.92	1116.121	1.42	9427.044	1.92	41 854.97
0.43	27.891 94	0.93	1176.813	1.43	9759.067	1.93	42 945.12
0.44	31.142 49	0.94	1240.117	1.44	10100.38	1.94	44 057.85
0.45	34.688 45	0.95	1306.116	1.45	10451.17	1.95	45 193.54
0.46	38.550 42	0.96	1374.894	1.46	10811.65	1.96	46 352.52
0.47	42.748 73	0.97	1446.540	1.47	11182.00	1.97	47 535.16
0.48	47.304 86	0.98	1521.144	1.48	11562.43	1.98	48 741.84
0.49	52.241 21	0.99	1598.788	1.49	11953.15	1.99	49 972.84
0.50	57.581 07	1.00	1679.574	1.50	12354.36	2.00	51 228.62

Vitesses moyennes.	$J^2Q \times 10^9$.	Vitesses moyennes.	$J^2Q \times 10^9$.	Vitesses moyennes.	$J^2Q \times 10^9$.	Vitesses moyennes.	$J^2Q \times 10^9$.
2.01	52509.52	2.26	93858.90	2.51	157949.5	2.76	252977.4
2.02	53815.94	2.27	95936.66	2.52	161065.6	2.77	257560.7
2.03	55148.18	2.28	98049.03	2.53	164264.7	2.78	260240.2
2.04	56506.70	2.29	100199.5	2.54	167508.3	2.79	266926.7
2.05	57894.86	2.30	102387.5	2.55	170806.0	2.80	271710.6
2.06	59304.05	2.31	104613.6	2.56	174155.5	2.81	276563.0
2.07	60743.67	2.32	106878.2	2.57	177557.2	2.82	281484.4
2.08	62214.10	2.33	109484.8	2.58	181042.0	2.83	286475.7
2.09	63706.76	2.34	111525.1	2.59	184520.3	2.84	291537.6
2.10	65234.05	2.35	113908.2	2.60	188082.9	2.85	296670.7
2.11	66784.38	2.36	116332.2	2.61	191700.2	2.86	304875.9
2.12	68367.46	2.37	118797.1	2.62	195372.9	2.87	307153.8
2.13	69979.80	2.38	121303.7	2.63	199101.8	2.88	312505.4
2.14	71622.73	2.39	123852.3	2.64	202887.3	2.89	317934.2
2.15	73296.37	2.40	126443.7	2.65	206730.2	2.90	323432.2
2.16	75001.16	2.41	129078.2	2.66	210631.2	2.91	329009.1
2.17	76737.51	2.42	131756.4	2.67	214590.8	2.92	334662.6
2.18	78505.89	2.43	134479.0	2.68	218609.7	2.93	340393.6
2.19	80306.70	2.44	137246.3	2.69	222688.6	2.94	346202.8
2.20	82140.44	2.45	140059.0	2.70	226828.1	2.95	352094.0
2.21	84007.46	2.46	142947.7	2.71	231029.0	2.96	358059.1
2.22	85908.32	2.47	145822.8	2.72	235294.9	2.97	364107.9
2.23	87843.43	2.48	148775.0	2.73	239617.6	2.98	370238.1
2.24	89813.25	2.49	151774.8	2.74	244006.5	2.99	376450.6
2.25	91818.24	2.50	154822.8	2.75	248459.6	3.00	382746.3

TABLE X.

DU MOUVEMENT DE L'EAU DANS LES TUYAUX (NOUVELLE THÉORIE).

Formules de Darcy

$$RJ = b_1 u^2, \qquad \alpha = \frac{J}{Q^2}.$$

(Tuyaux neufs).

DIAMÈTRES D.	VALEURS de b_1.	VALEURS de α.	DIAMÈTRES D.	VALEURS de b_1.	VALEURS de α.	DIAMÈTRES D.	VALEURS de b_1.	VALEURS de α.
m.			m.			m.		
0,01	0,001 804	116 790 000	0,18	0,000 578	19,836	0,39	0,000 540	0,388 11
0,02	0 001 154	2 338 500	0,19	0,000 575	15,059	0,40	0,000 539	0,341 34
0,027	0,000 986	445 600	0,20	0,000 571	11,571	0 41	0,000 538	0,501 12
0,03	0,000 938	250 310	0,21	0,000 568	9,018 5	0,42	0,000 537	0,286 45
0,04	0,000 890	52 561	0,216	0,000 566	7,806 1	0,43	0,000 537	0,236 87
0,05	0,000 765	15 574	0 22	0,000 565	7,109 2	0,44	0,000 536	0,210 76
0,054	0,000 746	10 535	0,23	0,000 563	5,672 2	0,45	0,000 535	0,188 01
0,06	0,000 722	6 020,9	0,24	0,000 560	4,561 0	0,46	0 000 535	0,168 44
0,07	0,000 691	2 666,1	0,25	0,000 558	3,705 2	0,47	0,000 534	0,150 99
0,08	0,000 668	1 321,9	0,26	0,000 556	3,034 5	0 48	0 000 533	0,135 65
0,081	0,000 666	1 238,6	0,27	0,000 554	2,503 6	0,49	0,000 533	0,122 36
0,09	0,000 650	713,81	0,28	0,000 553	2,083 6	0,50	0,000 532	0,110 39
0,10	0,000 636	412,42	0,29	0,000 551	1,742 0	0,55	0,000 530	0,068 288
0,108	0,000 626	276,27	0,30	0,000 550	1,467 7	0,60	0,000 528	0,044 031
0,11	0,000 624	251,25	0,31	0,000 548	1 241 2	0,65	0,000 526	0,029 397
0,12	0 000 614	160,01	0,32	0,000 547	1,057 1	0,70	0,000 525	0,020 256
0,13	0,000 606	105,84	0,325	0,000 546	0,976 47	0,75	0,000 524	0,014 319
0,135	0,000 602	87,058	0,33	0,000 546	0,904 70	0,80	0,000 523	0,010 359
0,14	0,000 599	72,222	0,34	0,000 545	0,777 83	0,85	0,000 522	0,007 6289
0,15	0,000 593	50,639	0,35	0,000 543	0,670 42	0,90	0,000 521	0,005 7215
0,16	0,000 587	36,301	0,36	0,000 542	0,581 26	0,95	0,000 520	0,063 4615
0,162	0,000 586	34,057	0,37	0,000 541	0,505 91	1,00	0,000 519	0,003 8655
0,17	0,000 583	26,626	0,38	0,000 541	0,442 75			

TABLE XI.

POUR AIDER AU CALCUL DU RAYON MOYEN D'UN CANAL DE SECTION
TRAPÉZOÏDALE, ET DE L'AIRE DE CETTE SECTION.

Section ω.

Périmètre mouillé χ.

Rayon moyen $\dfrac{\omega}{\chi}$.

Profondeur de l'eau h

Largeur au plafond $=$ l'unité.

Rapport de la base à la hauteur du talus, n.

$$\omega = h(1 + nh)$$

$$\chi = 1 + 2h\sqrt{1 + n^2}.$$

TABLE XII

CALCUL DU RAYON MOYEN D'UN CANAL DE SECTION TRAPÉZOÏDALE.

s	h=0m,1 q	h=0m,1 m	h=0m,2 q	h=0m,2 m	h=0m,3 q	h=0m,3 m	h=0m,4 q	h=0m,4 m	h=0m,5 q	h=0m,5 m	h=0m,6 q	h=0m,6 m	h=0m,7 q	h=0m,7 m	h=0m,8 q	h=0m,8 m	h=0m,9 q	h=0m,9 m	h=1m,0 q	h=1m,0 m
0,0	0,100	0,083	0,200	0,143	0,300	0,187	0,400	0,222	0,500	0,259	0,600	0,273	0,700	0,291	0,800	0,308	0,900	0,321	1,00	0,333
0,1	0,104	0,084	0,204	0,146	0,309	0,193	0,416	0,231	0,525	0,262	0,636	0,288	0,749	0,314	0,864	0,334	0,984	0,349	1,10	0,365
0,2	0,102	0,084	0,208	0,148	0,318	0,197	0,432	0,238	0,550	0,272	0,672	0,302	0,798	0,329	0,928	0,353	1,068	0,374	1,20	0,394
0,3	0,103	0,085	0,212	0,150	0,327	0,201	0,448	0,244	0,575	0,281	0,708	0,314	0,847	0,344	0,992	0,371	1,143	0,397	1,30	0,421
0,4	0,403	0,085	0,216	0,451	0,336	0,204	0,464	0,249	0,600	0,289	0,744	0,325	0,896	0,357	1,056	0,387	1,224	0,416	1,40	0,444
0,5	0,404	0,086	0,220	0,452	0,345	0,206	0,480	0,253	0,625	0,295	0,780	0,333	0,945	0,368	1,120	0,402	1,305	0,433	1,50	0,463
0,6	0,405	0,086	0,221	0,452	0,354	0,208	0,496	0,256	0,650	0,300	0,816	0,340	0,994	0,378	1,184	0,413	1,386	0,447	1,60	0,480
0,7	0,406	0,086	0,228	0,453	0,363	0,210	0,512	0,259	0,675	0,304	0,852	0,346	1,043	0,385	1,248	0,423	1,467	0,459	1,70	0,494
0,8	0,407	0,086	0,232	0,453	0,372	0,240	0,528	0,261	0,700	0,306	0,888	0,350	1,092	0,391	1,312	0,430	1,548	0,469	1,80	0,505
0,9	0,408	0,086	0,236	0,453	0,384	0,241	0,544	0,262	0,725	0,309	0,924	0,353	1,141	0,396	1,376	0,436	1,629	0,476	1,90	0,515
1,0	0,409	0,086	0,240	0,453	0,390	0,241	0,560	0,263	0,750	0,311	0,960	0,356	1,190	0,399	1,440	0,444	1,710	0,482	2,00	0,522
1,1	0,440	0,086	0,244	0,453	0,399	0,241	0,576	0,263	0,775	0,312	0,996	0,358	1,239	0,402	1,504	0,445	1,794	0,487	2,10	0,528
1,2	0,441	0,085	0,248	0,453	0,408	0,240	0,592	0,263	0,800	0,312	1,032	0,359	1,288	0,404	1,568	0,448	1,879	0,491	2,20	0,533
1,3	0,442	0,085	0,252	0,453	0,417	0,240	0,608	0,263	0,825	0,312	1,068	0,360	1,337	0,406	1,632	0,450	1,953	0,494	2,30	0,537
1,4	0,413	0,085	0,256	0,452	0,426	0,240	0,624	0,263	0,800	0,312	1,104	0,360	1,386	0,407	1,696	0,452	2,034	0,496	2,40	0,540
1,5	0,414	0,084	0,260	0,452	0,435	0,210	0,640	0,262	0,875	0,312	1,140	0,360	1,435	0,407	1,760	0,453	2,115	0,498	2,50	0,543
1,6	0,415	0,084	0,264	0,454	0,444	0,209	0,656	0,261	0,900	0,311	1,176	0,360	1,484	0,407	1,824	0,454	2,196	0,500	2,60	0,545
1,7	0,416	0,081	0,268	0,450	0,453	0,208	0,672	0,264	0,925	0,341	1,212	0,360	1,533	0,407	1,888	0,454	2,277	0,500	2,70	0,546
1,8	0,417	0,084	0,272	0,449	0,462	0,207	0,688	0,260	0,950	0,310	1,248	0,360	1,582	0,407	1,952	0,455	2,358	0,500	2,80	0,547
1,9	0,448	0,084	0,276	0,448	0,471	0,206	0,704	0,259	0,975	0,309	1,284	0,360	1,631	0,407	2,016	0,455	2,439	0,500	2,90	0,548
2,0	0,419	0,083	0,280	0,448	0,480	0,205	0,720	0,258	4,000	0,309	1,320	0,360	1,680	0,407	2,080	0,455	2,520	0,500	3,00	0,548
2,1	0,420	0,083	0,284	0,447	0,489	0,204	0,736	0,257	4,025	0,308	1,356	0,358	1,729	0,406	2,144	0,454	2,601	0,500	3,10	0,548
2,2	0,421	0,083	0,288	0,446	0,498	0,203	0,752	0,256	4,050	0,307	1,392	0,358	1,778	0,406	2,208	0,454	2,682	0,500	3,20	0,549
2,3	0,422	0,082	0,292	0,446	0,507	0,202	0,768	0,255	4,075	0,306	1,428	0,356	1,827	0,405	2,272	0,453	2,763	0,500	3,30	0,549
2,4	0,423	0,082	0,296	0,445	0,516	0,201	0,784	0,255	4,100	0,306	1,464	0,355	1,876	0,404	2,336	0,453	2,844	0,500	3,40	0,548
2,5	0,424	0,082	0,300	0,445	0,525	0,201	0,800	0,254	4,125	0,305	1,500	0,355	1,925	0,404	2,400	0,452	2,925	0,500	3,50	0,548
2,6	0,425	0,081	0,301	0,444	0,534	0,200	0,816	0,253	4,150	0,304	1,536	0,354	1,974	0,403	2,464	0,452	3,006	0,500	3,60	0,548
2,7	0,426	0,081	0,308	0,444	0,543	0,199	0,832	0,252	4,175	0,303	1,572	0,353	2,023	0,402	2,528	0,454	3,087	0,500	3,70	0,547
2,8	0,427	0,080	0,312	0,443	0,552	0,198	0,848	0,251	4,200	0,302	1,608	0,352	2,072	0,401	2,592	0,450	3,168	0,499	3,80	0,547
2,9	0,428	0,080	0,316	0,442	0,561	0,197	0,864	0,251	4,225	0,301	1,644	0,351	2,121	0,401	2,656	0,450	3,249	0,498	3,90	0,547
3,0	0,430	0,080	0,320	0,144	0,570	0,197	0,880	0,250	4,250	0,300	1,680	0,350	2,170	0,400	2,720	0,449	3,330	0,498	4,00	0,546

TABLE XII.

MOUVEMENT DE L'EAU DANS LES CANAUX.

Formules de M. Bazin.

Table des valeurs du coefficient A :

$$RI = Ac^2.$$

VALEURS de R	VALEURS DE $\frac{RI}{c^2}$				VALEURS de R	VALEURS DE $\frac{RI}{c^2}$			
	Parois très unies.	Parois unies.	Parois peu unies.	Parois en terre.		Parois très unies.	Parois unies.	Parois peu unies.	Parois en terre.
0,01	0,000600	»	»	»	0,38	0,000162	0,000225	0,000398	0,001201
0,02	0,000375	0,000855	»	»	0,39	0,000162	0,000224	0,000394	0,001177
0,03	0,000300	0,000633	»	»	0,40	0,000161	0,000223	0,000390	0,001155
0,04	0,000262	0,000522	»	»	0,41	0,000161	0,000222	0,000386	0,001134
0,05	0,000240	0,000456	0,001440	»	0,42	0,000161	0,000222	0,000383	0,001113
0,06	0,000225	0,000412	0,001250	»	0,43	0,000160	0,000221	0,000380	0,001094
0,07	0,000214	0,000380	0,001097	»	0,44	0,000160	0,000220	0,000376	0,001075
0,08	0,000206	0,000356	0,000990	»	0,45	0,000160	0,000220	0,000373	0,001058
0,09	0,000200	0,000338	0,000907	»	0,46	0,000160	0,000219	0,000370	0,001041
0,10	0,000195	0,000323	0,000840	0,003780	0,47	0,000160	0,000218	0,000368	0,001025
0,11	0,000191	0,000311	0,000785	0,003462	0,48	0,000159	0,000218	0,000365	0,001009
0,12	0,000188	0,000301	0,000750	0,003197	0,49	0,000159	0,000217	0,000362	0,000994
0,13	0,000185	0,000292	0,000702	0,002972	0,50	0,000159	0,000217	0,000360	0,000980
0,14	0,000182	0,000285	0,000669	0,002780	0,51	0,000159	0,000216	0,000358	0,000966
0,15	0,000180	0,000279	0,000640	0,002613	0,52	0,000159	0,000216	0,000355	0,000953
0,16	0,000178	0,000273	0,000615	0,002468	0,53	0,000158	0,000215	0,000353	0,000940
0,17	0,000176	0,000268	0,000593	0,002339	0,54	0,000158	0,000215	0,000351	0,000928
0,18	0,000175	0,000264	0,000573	0,002224	0,55	0,000158	0,000214	0,000349	0,000916
0,19	0,000174	0,000260	0,000556	0,002122	0,56	0,000158	0,000214	0,000347	0,000905
0,20	0,000172	0,000256	0,000540	0,002030	0,57	0,000158	0,000213	0,000345	0,000894
0,21	0,000171	0,000253	0,000526	0,001947	0,58	0,000158	0,000213	0,000343	0,000883
0,22	0,000170	0,000250	0,000513	0,001871	0,59	0,000158	0,000213	0,000342	0,000873
0,23	0,000170	0,000248	0,000501	0,001802	0,60	0,000158	0,000212	0,000340	0,000863
0,24	0,000169	0,000245	0,000490	0,001738	0,61	0,000157	0,000212	0,000338	0,000854
0,25	0,000168	0,000243	0,000480	0,001680	0,62	0,000157	0,000211	0,000337	0,000845
0,26	0,000167	0,000241	0,000474	0,001626	0,63	0,000157	0,000211	0,000335	0,000836
0,27	0,000167	0,000239	0,000462	0,001576	0,64	0,000157	0,000211	0,000334	0,000827
0,28	0,000166	0,000237	0,000454	0,001530	0,65	0,000157	0,000210	0,000332	0,000818
0,29	0,000166	0,000236	0,000447	0,001487	0,66	0,000157	0,000210	0,000331	0,000810
0,30	0,000165	0,000234	0,000440	0,001447	0,67	0,000157	0,000210	0,000330	0,000802
0,31	0,000165	0,000233	0,000434	0,001409	0,68	0,000157	0,000210	0,000328	0,000794
0,32	0,000164	0,000232	0,000428	0,001374	0,69	0,000157	0,000209	0,000327	0,000787
0,33	0,000164	0,000230	0,000422	0,001341	0,70	0,000156	0,000209	0,000326	0,000780
0,34	0,000163	0,000229	0,000416	0,001309	0,71	0,000156	0,000209	0,000325	0,000773
0,35	0,000163	0,000228	0,000411	0,001280	0,72	0,000156	0,000208	0,000323	0,000766
0,36	0,000163	0,000227	0,000407	0,001252	0,73	0,000156	0,000208	0,000322	0,000759
0,37	0,000162	0,000226	0,000402	0,001226	0,74	0,000156	0,000208	0,000321	0,000753

VALEURS de R	VALEURS DE $\frac{RI}{v^2}$				VALEURS de R	VALEURS DE $\frac{RI}{v^2}$			
	Parois très unies.	Parois unies.	Parois peu unies.	Parois en terre.		Parois très unies.	Parois unies.	Parois peu unies.	Parois en terre.
0,75	0,000456	0,000208	0,000320	0,000747	1,54	0,000453	0,000199	0,000279	0,000507
0,76	0,000456	0,000208	0,000349	0,000741	1,56	0,000453	0,000199	0,000278	0,000504
0,77	0,000456	0,000207	0,000348	0,000735	1,58	0,000453	0,000198	0,000278	0,000502
0,78	0,000456	0,000207	0,000347	0,000729	1,60	0,000453	0,000198	0,000277	0,000499
0,79	0,000456	0,000207	0,000346	0,000723	1,62	0,000453	0,000198	0,000277	0,000496
0,80	0,000456	0,000207	0,000345	0,000718	1,64	0,000453	0,000198	0,000277	0,000493
0,81	0,000456	0,000206	0,000344	0,000742	1,66	0,000453	0,000198	0,000276	0,000494
0,82	0,000455	0,000206	0,000343	0,000707	1,68	0,000453	0,000198	0,000276	0,000488
0,83	0,000455	0,000206	0,000342	0,000702	1,70	0,000453	0,000198	0,000275	0,000486
0,84	0,000455	0,000206	0,000311	0,000697	1,72	0,000453	0,000198	0,000275	0,000483
0,85	0,000455	0,000206	0,000314	0,000692	1,74	0,000453	0,000198	0,000274	0,000481
0,86	0,000455	0,000205	0,000310	0,000687	1,76	0,000453	0,000198	0,000274	0,000479
0,87	0,000455	0,000205	0,000309	0,000682	1,78	0,000453	0,000197	0,000274	0,000477
0,88	0,000455	0,000205	0,000308	0,000678	1,80	0,000453	0,000197	0,000273	0,000474
0,89	0,000455	0,000205	0,000307	0,000673	1,82	0,000452	0,000197	0,000273	0,000472
0,90	0,000455	0,000205	0,000307	0,000669	1,84	0,000452	0,000197	0,000273	0,000470
0,91	0,000455	0,000205	0,000306	0,000665	1,86	0,000452	0,000197	0,000272	0,000468
0,92	0,000455	0,000204	0,000305	0,000660	1,88	0,000452	0,000197	0,000272	0,000466
0,93	0,000455	0,000204	0,000305	0,000656	1,90	0,000452	0,000197	0,000272	0,000464
0,94	0,000455	0,000204	0,000304	0,000652	1,92	0,000452	0,000197	0,000271	0,000462
0,95	0,000455	0,000204	0,000304	0,000648	1,94	0,000452	0,000197	0,000271	0,000460
0,96	0,000455	0,000204	0,000303	0,000645	1,96	0,000452	0,000197	0,000271	0,000459
0,97	0,000455	0,000204	0,000302	0,000644	1,98	0,000452	0,000197	0,000270	0,000457
0,98	0,000455	0,000204	0,000301	0,000637	2,00	0,000452	0,000197	0,000270	0,000455
0,99	0,000455	0,000203	0,000301	0,000634	2,10	0,000452	0,000196	0,000269	0,000447
1,00	0,000455	0,000203	0,000300	0,000630	2,20	0,000452	0,000196	0,000267	0,000439
					2,30	0,000452	0,000196	0,000266	0,000432
1,02	0,000454	0,000203	0,000299	0,000623	2,40	0,000452	0,000196	0,000265	0,000426
1,04	0,000454	0,000203	0,000298	0,000617	2,50	0,000452	0,000195	0,000264	0,000420
1,06	0,000454	0,000203	0,000297	0,000640	2,60	0,000452	0,000195	0,000263	0,000415
1,08	0,000454	0,000202	0,000296	0,000604	2,70	0,000452	0,000195	0,000262	0,000410
1,10	0,000454	0,000202	0,000295	0,000598	2,80	0,000452	0,000195	0,000261	0,000405
1,12	0,000454	0,000202	0,000294	0,000592	2,90	0,000452	0,000195	0,000261	0,000404
1,14	0,000454	0,000202	0,000293	0,000587	3,00	0,000452	0,000194	0,000260	0,000397
1,16	0,000454	0,000204	0,000292	0,000582	3,10	0,000451	0,000194	0,000259	0,000393
1,18	0,000454	0,000201	0,000291	0,000577	3,20	0,000451	0,000194	0,000259	0,000389
1,20	0,000454	0,000204	0,000290	0,000572	3,30	0,000451	0,000194	0,000258	0,000386
1,22	0,000454	0,000201	0,000289	0,000567	3,40	0,000451	0,000194	0,000258	0,000383
1,24	0,000454	0,000204	0,000288	0,000562	3,50	0,000451	0,000194	0,000257	0,000380
1,26	0,000454	0,000201	0,000288	0,000558	3,60	0,000451	0,000194	0,000257	0,000377
1,28	0,000454	0,000200	0,000287	0,000553	3,70	0,000451	0,000194	0,000256	0,000375
1,30	0,000453	0,000200	0,000286	0,000549	3,80	0,000451	0,000194	0,000256	0,000372
1,32	0,000453	0,000200	0,000285	0,000545	3,90	0,000451	0,000193	0,000255	0,000370
1,34	0,000453	0,000200	0,000285	0,000544	4,00	0,000451	0,000193	0,000255	0,000368
1,36	0,000453	0,000200	0,000284	0,000537	4,25	0,000451	0,000193	0,000254	0,000362
1,38	0,000453	0,000200	0,000283	0,000534	4,50	0,000451	0,000193	0,000253	0,000358
1,40	0,000453	0,000199	0,000283	0,000530	4,75	0,000451	0,000193	0,000253	0,000354
1,42	0,000453	0,000199	0,000282	0,000526	5,00	0,000451	0,000193	0,000252	0,000350
1,44	0,000453	0,000199	0,000282	0,000523	5,25	0,000451	0,000193	0,000251	0,000347
1,46	0,000453	0,000199	0,000281	0,000520	5,50	0,000451	0,000192	0,000251	0,000344
1,48	0,000453	0,000199	0,000281	0,000516	5,75	0,000451	0,000192	0,000250	0,000344
1,50	0,000453	0,000199	0,000280	0,000543	6,00	0,000451	0,000192	0,000250	0,000338
1,52	0,000453	0,000199	0,000279	0,000510					

La deuxième table de M. Bazin donne pour les quatre principaux types de parois, les valeurs de $\dfrac{1}{\sqrt{A}}$ en fonction du rayon moyen R.

Il est facile de se passer de cette table en s'aidant des tables XII, II et I.

La table XII fait connaître A en fonction de R.

La table II donne l'inverse $\dfrac{1}{A}$.

Enfin la table I sert à obtenir $\sqrt{\dfrac{1}{A}}$ ou $\dfrac{1}{\sqrt{A}}$.

Exemple.

Soit R = 1^m,54 pour les *parois très unies*.

La table XII donne   A = 0,000153.

Donc $\dfrac{1}{A} = \dfrac{100\,000}{15,3}$.

La table II, en regard de N = 15, donne $\dfrac{1}{N} = 0,0666$.

en regard de N = 16,   — $\dfrac{1}{N} = 0,0625$,

pour N = 15,3, on aura, par une interpolation, $\dfrac{1}{N} = 0,0654$.

Donc $\dfrac{100\,000}{15,3} = \dfrac{1}{A} = 0,0654 \times 100\,000 = 6540$.

Cherchant ce nombre, ou plutôt le nombre centuplé, 654000, dans la colonne des carrés de la table I, on voit que la racine cherchée est un peu moindre que 80,9.

On prendra donc $\dfrac{1}{\sqrt{A}} = 80,9$.

TABLE DES MATIÈRES

INTRODUCTION.

MÉCANIQUE DES FLUIDES ET RÉSUMÉ DES PRINCIPES DE LA MÉCANIQUE.

LIVRE PREMIER.

ÉCOULEMENT DES LIQUIDES PAR DES ORIFICES.

LIVRE II.

MOUVEMENT DE L'EAU DANS LES TUYAUX.

LIVRE III.

MOUVEMENT DE L'EAU DANS LES CANAUX DÉCOUVERTS.

SUPPLÉMENT.

TABLES.

FIN DE LA TABLE DES MATIÈRES.

INDEX ALPHABÉTIQUE

FIN DE L'INDEX ALPHABÉTIQUE.

Paris. — Imprimerie Arnous de Rivière, rue Racine, 26.

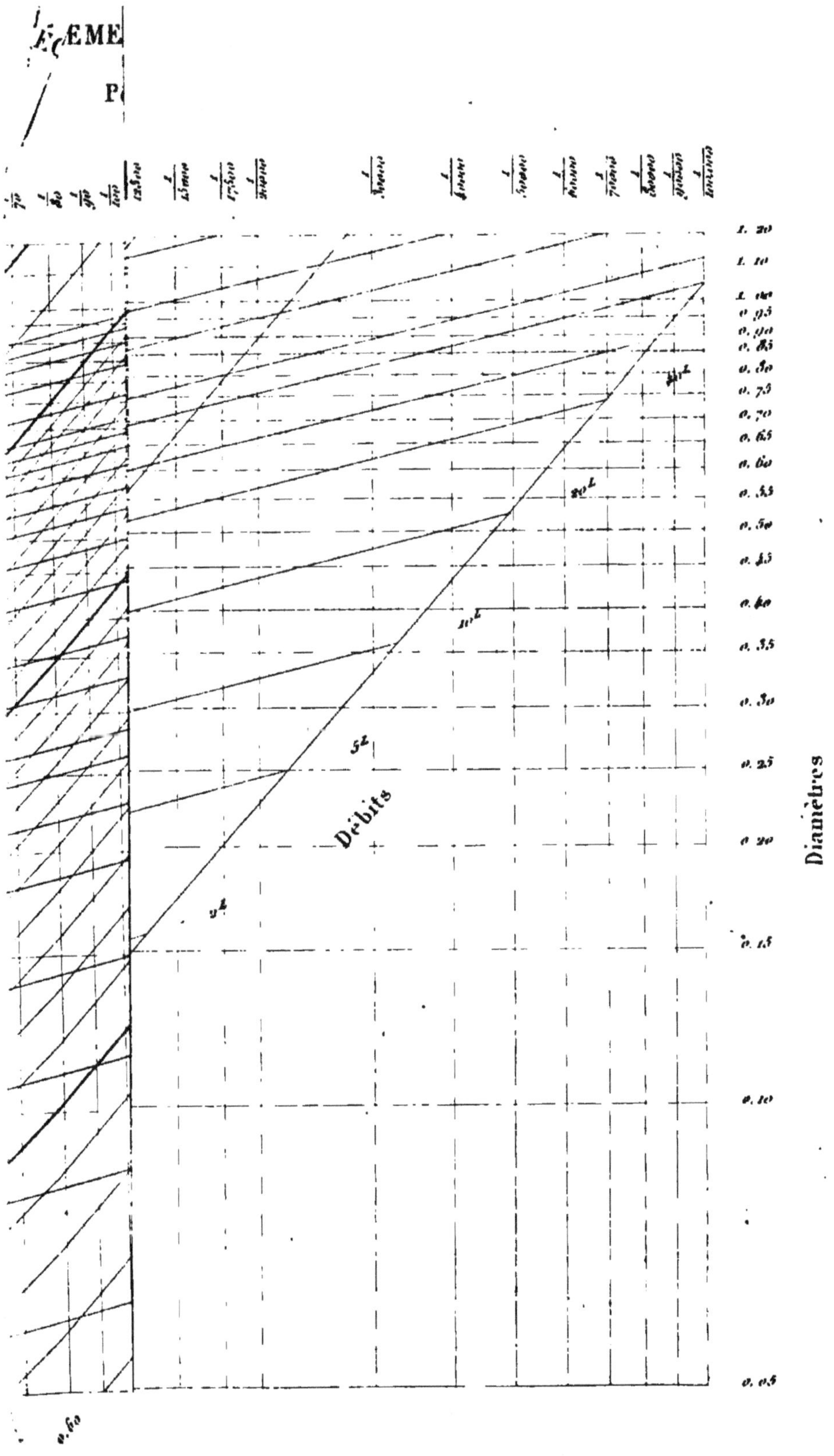

Lemaitre, Graveur

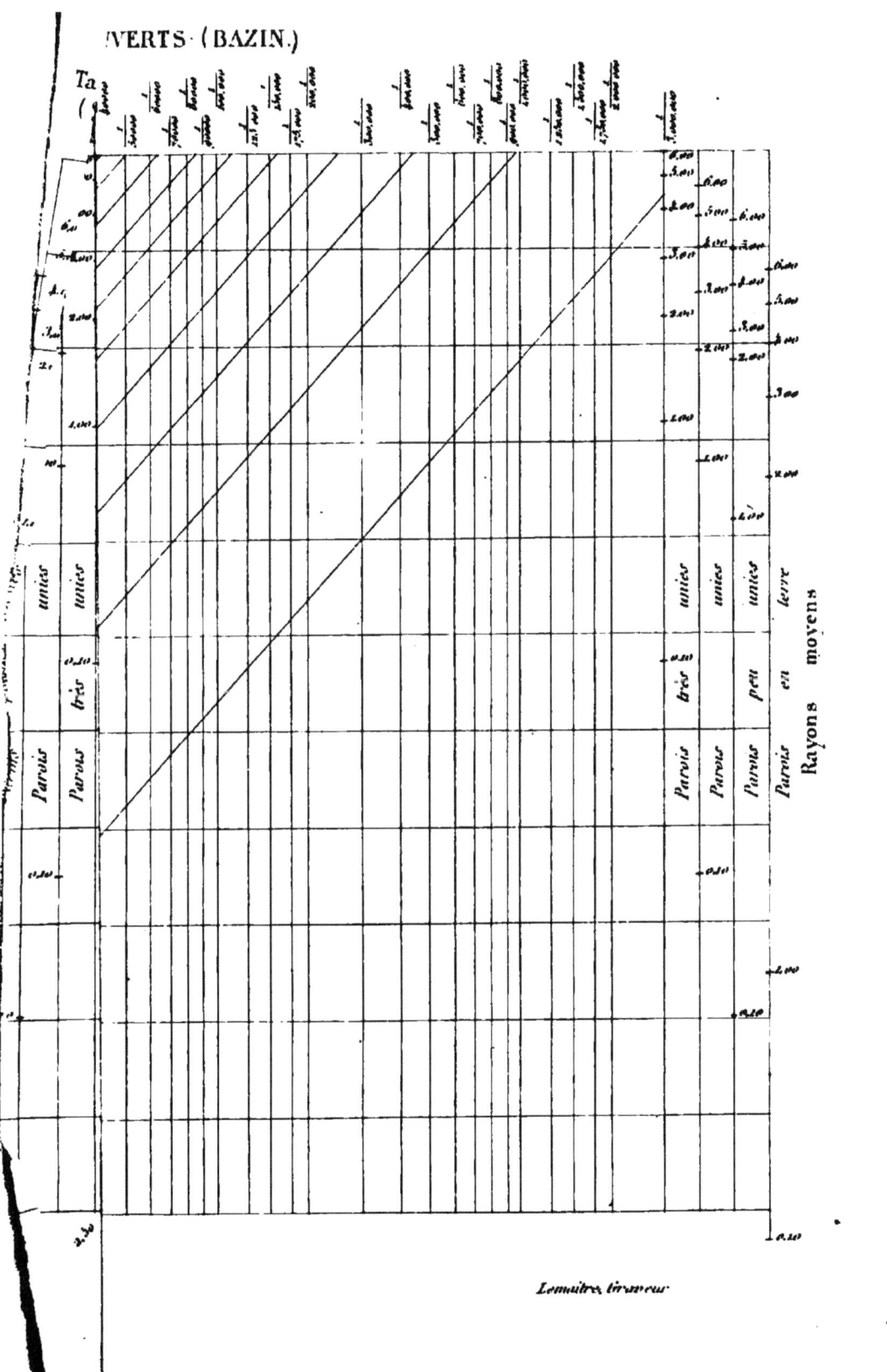

NVERTS · (BAZIN.)

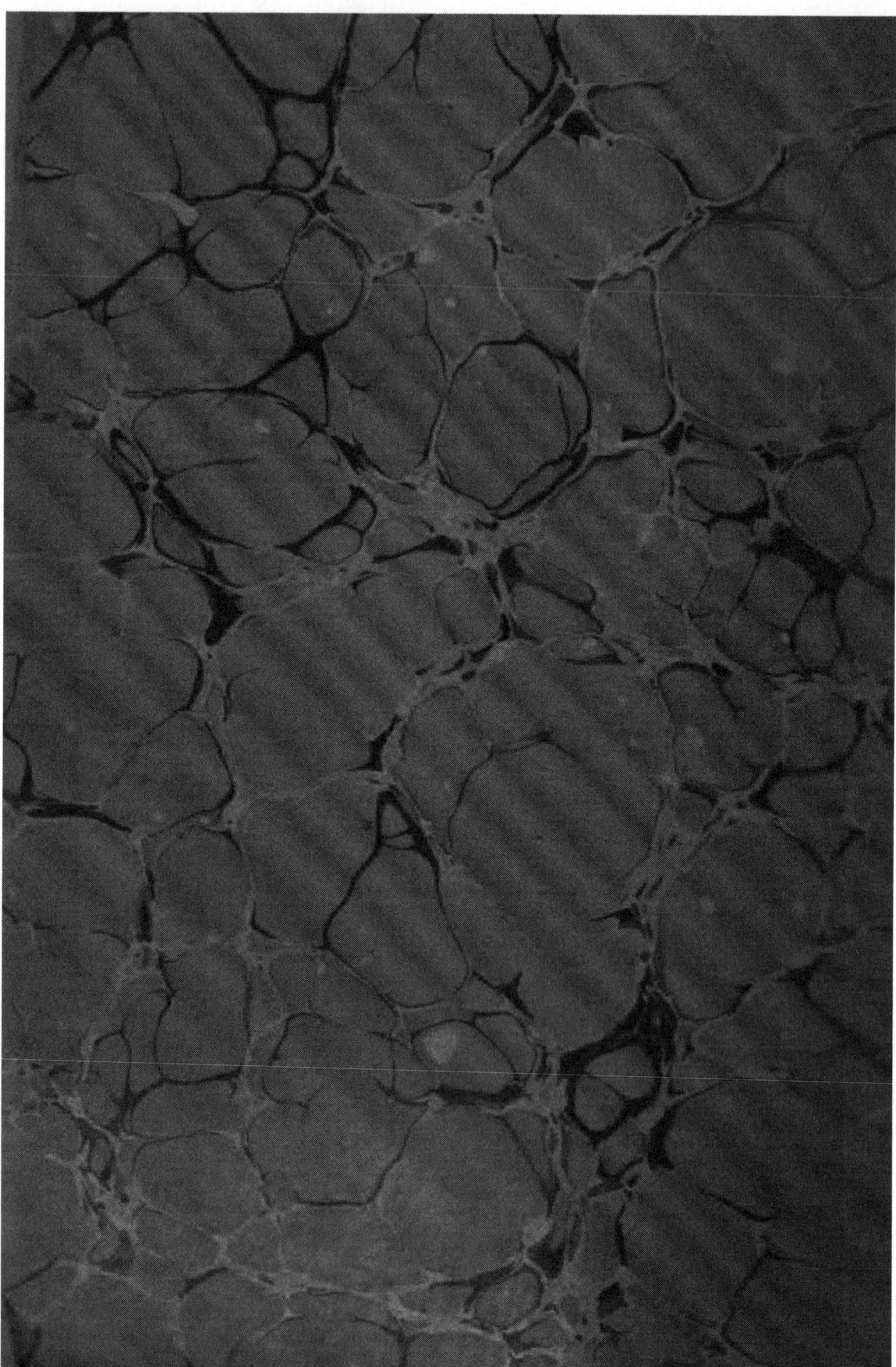

Lightning Source UK Ltd.
Milton Keynes UK
UKHW030627240321
380904UK00007B/465

9 781145 712065